D1618542

Enke

Embryologie der Haustiere

Ein Kurzlehrbuch

Bertram Schnorr, Monika Kressin

5., neu bearbeitete Auflage

220 Abbildungen, 14 Tabellen

Enke Verlag · Stuttgart

Bibliografische Information
Der Deutschen Bibliothek

Die Deutsche Bibliothek verzeichnet diese Publikation in der Deutschen Nationalbibliografie; detaillierte bibliografische Daten sind im Internet über http://dnb.ddb.de abrufbar.

Anschrift der Autoren:

Prof. Dr. med. vet. Bertram Schnorr
Professor Dr. med. vet. Monika Kressin
Institut für Veterinär-Anatomie,
-Histologie und -Embryologie
Justus-Liebig-Universität Gießen
Frankfurter Straße 98, D-35392 Gießen

1. Auflage 1985
2. Auflage 1989
3. Auflage 1996
4. Auflage 2001

Wichtiger Hinweis: Wie jede Wissenschaft ist die Medizin ständigen Entwicklungen unterworfen. Forschung und klinische Erfahrung erweitern unsere Erkenntnisse, insbesondere was Behandlung und medikamentöse Therapie anbelangt. Soweit in diesem Werk eine Dosierung oder eine Applikation erwähnt wird, darf der Leser zwar darauf vertrauen, dass Autoren, Herausgeber und Verlag große Sorgfalt darauf verwandt haben, dass diese Angabe **dem Wissensstand bei Fertigstellung des Werkes** entspricht.

Für Angaben über Dosierungsanweisungen und Applikationsformen kann vom Verlag jedoch keine Gewähr übernommen werden. **Jeder Benutzer ist angehalten,** durch sorgfältige Prüfung der Beipackzettel der verwendeten Präparate und gegebenenfalls nach Konsultation eines Spezialisten festzustellen, ob die dort gegebene Empfehlung für Dosierungen oder die Beachtung von Kontraindikationen gegenüber der Angabe in diesem Buch abweicht. Eine solche Prüfung ist besonders wichtig bei selten verwendeten Präparaten oder solchen, die neu auf den Markt gebracht worden sind. **Jede Dosierung oder Applikation erfolgt auf eigene Gefahr des Benutzers.** Autoren und Verlag appellieren an jeden Benutzer, ihm etwa auffallende Ungenauigkeiten dem Verlag mitzuteilen.

Unsere Homepage: www.enke.de

Printed in Germany

Umschlaggestaltung: Thieme Verlagsgruppe
Satz: Druckhaus Götz GmbH, Ludwigsburg,
System: CCS Textline
Druck und Bindung: Grafisches Centrum Cuno, Calbe

ISBN 3-8304-1061-1
ISBN 978-3-8304-1061-4 1 2 3 4 5 6

Vorwort zur 5. Auflage

Nach mehr als 20 Jahren erscheint nun das Kurzlehrbuch der „Embryologie der Haustiere" in der 5. Auflage. Damit kann die ursprüngliche Grundkonzeption dieses Kompendiums, das nicht immer leicht verständliche Sachgebiet der Entwicklungsgeschichte übersichtlich darzustellen, als gelungen bezeichnet werden. Die in der 4. Auflage begonnenen Verbesserungen am Text und an den Abbildungen wurden fortgesetzt. Dies betrifft vor allem das neue Layout, bei dem durch unterschiedlichen Farbdruck der Überschriften und gleichzeitig farbige Unterlagerung die Übersicht über den Wissensstoff leichter erfassbar geworden ist. Weiterhin wurden 8 Schwarz-Weiß-Abbildungen farbig reproduziert und gleichzeitig mit Textänderungen bei der Spermato- und Ovogenese die vergleichende Abbildung 2.10 farbig gestaltet. Dem aktuellen Stand der wissenschaftlichen Forschung entsprechend wurde dem Kapitel 7 ein Abschnitt über Stammzellen hinzugefügt.

Wir danken dem Enke Verlag – vor allem Frau Dr. Arnold und Frau Listmann – für die vorgeschlagene Neugestaltung und deren gelungene Ausführung. Ferner gilt unser Dank Frau A. Hild und Herrn R. Seidel für die Hilfe bei der Herstellung der veränderten Abbildungen und Frau Dr. M. Schnorr für ihre Lektorentätigkeit.

Gießen im Sommer 2006

Monika Kressin
Bertram Schnorr

Vorwort zur 1. Auflage

Die Erweiterung unseres Wissens auf dem Gebiet der Tiermedizin hat zwangsläufig zu höheren Belastungen der Studierenden während der Ausbildung, insbesondere in der Vorbereitungszeit für die Prüfungen, geführt. So ist es verständlich, daß die Studierenden wiederholt den Wunsch nach einem kurzgefaßten Lehrbuch der embryonalen und fetalen Entwicklung der Haustiere geäußert haben. Mit der Herausgabe dieses Kompendiums wurde versucht, das nicht immer leicht verständliche Sachgebiet der Entwicklungslehre übersichtlich darzustellen. Diesem Zweck dient auch die Drucklegung in zwei Spalten, die Hervorhebung im Text durch andere Schrifttypen und die Übernahme besonders instruktiver Abbildungen aus den Standardwerken der Embryologie des Menschen und der Tiere. Ferner wurden zahlreiche neue Zeichnungen und Fotografien geschaffen, die durch Übersichtstabellen eine sinnvolle Ergänzung erhielten.

Die Zeichnungen wurden unter meiner Anleitung von der wissenschaftlichen Zeichnerin, Frau *H. Juchniewicz*, und die Fotografien von den technischen Assistentinnen des Veterinär-Anatomischen Instituts angefertigt.

Die Gliederung des Buches folgt der bekannten Einteilung mit besonderer Berücksichtigung der allgemeinen Embryologie, die neben den Haussäugern auch die Labortiere und die Vögel umfaßt. Da die Embryologie als Grundlagenfach für die Reproduktionsbiologie, in der immer mehr biotechnische Verfahren praxisreif werden, eine besondere Rolle spielt, wurden in dem Buch die Abschnitte über Gammetogenese, Sexualzyklus, Befruchtung und Plazentation ausführlich abgehandelt. Um den Umfang des Buches dennoch gering zu halten, habe ich bei der Beschreibung der Organentwicklung nur die Säuger berücksichtigt. Auf die spezielle Beschreibung der Fehlentwicklungen (Teratologie) wurde verzichtet; dies soll den Lehr- und Handbüchern der Pathologie vorbehalten bleiben.

Mein Dank gilt an erster Stelle dem Verlag Ferdinand Enke für sein Entgegenkommen und Verständnis für die Ausgestaltung des Buches und die gelungene Reproduktion der Abbildungen. Zu Dank verpflichtet bin ich ferner Frau *H. Juchniewicz* und Frau *J. Perschbacher* für die hervorragenden Zeichnungen, histologischen und fotografischen Arbeiten sowie die Durchsicht des Manuskriptes und nicht zuletzt meiner Frau für ihren vielstündigen Einsatz bei der Entwurf- und Korrekturarbeit.

Gießen, im Sommer 1985 *Bertram Schnorr*

Inhalt

Einleitung 1

Progenese, Vorentwicklung 3

1 **Primordialkeimzellen** ... 3

2 **Entwicklung und Bau der Samenzellen** ... 4
2.1 Spermatogenese ... 4
2.2 Sertoli-Zellen ... 6
2.3 Steuerung der Spermatogenese ... 8
2.4 Bau des Spermiums ... 8
2.5 Zeitlicher Ablauf der Spermatogenese ... 11
2.6 Spermientransport und epididymale Spermienreifung ... 11
2.7 Ejakulat, Sperma ... 12

3 **Entwicklung und Bau der Eizellen** ... 14
3.1 Ovogenese (Oogenese) ... 14
3.2 Gelbkörperbildung ... 18
3.3 Follikelatresie ... 18
3.4 Ovogenese beim Vogel ... 19
3.5 Bau der Eizelle ... 19

4 **Reifungsvorgänge an Samen- und Eizellen, Meiosis** ... 23
4.1 Chromosomen und Chromosomensatz ... 23
4.2 Erste Reifeteilung ... 24
4.3 Zweite Reifeteilung ... 25

5 **Sexualzyklus** ... 26
5.1 Zeitlicher Ablauf des Sexualzyklus ... 26
5.2 Zyklusphasen ... 28
5.3 Menstruationszyklus beim Menschen ... 33
5.4 Hormonale Steuerung des Sexualzyklus ... 33

6 **Befruchtung, Fertilisation** ... 35
6.1 Ort der Befruchtung und Wanderung der Eizelle ... 35
6.2 Begattung und Spermientransport ... 35
6.3 Besamung, Imprägnation ... 37
6.4 Vorkernverschmelzung, Syngamie ... 38
6.5 Geschlechtsbestimmung ... 38
6.6 Abnorme Befruchtung und Parthenogenese ... 38

7 **Reproduktionsbiologische Techniken und Manipulationen an Keim- und Embryonalzellen** ... 40
7.1 „Künstliche“ Besamung (KB) ... 40
7.2 In-vitro-Fertilisation (IVF) ... 40
7.3 Intrazytoplasmatische Spermieninjektion (ICSI) ... 41
7.4 Embryotransfer (ET) ... 41
7.5 Klonen ... 41
7.6 Chimären ... 43
7.7 Genomanalyse und Gentransfer ... 43
7.8 Stammzellen ... 45

Primitiventwicklung 47

8 **Furchung, Fissio** ... 47
8.1 Furchungstypen ... 47
8.2 Furchung bei höheren Säugetieren ... 49
8.3 Furchung beim Vogel ... 50
8.4 Entwicklungsphysiologische Grundbegriffe ... 50

9 **Keimblattbildung, Gastrulation** ... 51
9.1 Gestaltungsvorgänge bei der Keimblattbildung ... 52
9.2 Keimblattbildung bei höheren Säugetieren ... 53
9.3 Keimblattbildung beim Vogel ... 55
9.4 Formveränderung an der Keimblase ... 57

10 Anlage der Primitivorgane und Abfaltung des Embryos 59
10.1 Bildung der Chorda dorsalis 59
10.2 Differenzierungen am Ektoderm 59
10.3 Differenzierungen am Entoderm 61
10.4 Differenzierungen am Mesoderm 61
10.5 Abfaltung des Embryos 63
10.6 Anlage des Darmes 63
10.7 Biologische Grundlagen der Morphogenese 64

11 Entwicklung der Hüllen und Anhänge 66
11.1 Chorion 66
11.2 Dottersack 67
11.3 Amnion 68
11.4 Allantois 69
11.5 Nabelstrang, Funiculus umbilicalis 70

12 Bildung der äußeren Körperform .. 72
12.1 Umbildungen im Kopfbereich 72
12.2 Bildung des Halses und der Leibeswand 72
12.3 Bildung des Schwanzes 72
12.4 Entwicklung der Gliedmaßen 74
12.5 Kiemenbogenapparat und branchiogene Organe 74

13 Altersbeurteilung der Frucht 77

Plazentation beim Säuger und Embryonalhüllen beim Vogel 80

14 Allgemeine Plazentationslehre 80
14.1 Placenta fetalis 80
14.2 Placenta materna und Implantation ... 80
14.3 Plazenta-Typen 82
14.4 Embryotrophe 85
14.5 Funktion der Plazenta 86
14.6 Immunologie der Plazenta 87
14.7 Fruchtwässer 87
14.8 Plazenta und Geburt 88
14.9 Methoden der Trächtigkeitsdiagnose .. 88

15 Plazentation bei Haussäugetieren und Mensch 90
15.1 Plazentation beim Pferd 90
15.2 Plazentation beim Schwein 94
15.3 Plazentation beim Wiederkäuer 98
15.4 Plazentation bei Hund und Katze 105
15.5 Plazentation bei Mensch und Labortieren 111

16 Embryonalhüllen des Vogels 113

Kongenitale Missbildungen, Teratologie 117

17 Ursachen, Entstehung, Diagnose und Therapie von Fehlbildungen ... 117
17.1 Umweltfaktoren als Missbildungsursachen 117
17.2 Genetisch verursachte Missbildungen . 118
17.3 Diagnose und Therapie 119

Entwicklung der Organe 121

18 Entwicklung der Haut und Hautorgane 121
18.1 Haut 121
18.2 Milchdrüse 124
18.3 Zehenendorgan 127
18.4 Horn der Wiederkäuer 127
18.5 Federn 128

19 Entwicklung des Nervensystems ... 129
19.1 Rückenmark 129
19.2 Gehirn 133
19.3 Neuralleiste 138
19.4 Gehirn- und Rückenmarkshäute 138
19.5 Peripheres Nervensystem 139
19.6 Vegetatives Nervensystem 139

20 Entwicklung der endokrinen Drüsen . . . 140
20.1 Hypophyse . . . 140
20.2 Epiphyse . . . 141
20.3 Nebenniere . . . 141
20.4 Schilddrüse . . . 142
20.5 Epithelkörperchen . . . 142

21 Entwicklung der Sinnesorgane . . . 143
21.1 Sensible Endigungen in der Haut . . . 143
21.2 Geschmacksorgan . . . 143
21.3 Geruchsorgan . . . 144
21.4 Auge . . . 144
21.5 Ohr . . . 147

22 Entwicklung der Verdauungsorgane . . . 151
22.1 Mundhöhle und Gaumen . . . 152
22.2 Lippen, Backen und Gesichtsform . . . 154
22.3 Zunge . . . 155
22.4 Speicheldrüsen . . . 156
22.5 Zähne . . . 157
22.6 Differenzierung des Schlunddarmes . . . 159
22.7 Speiseröhre . . . 159
22.8 Magen . . . 161
22.9 Dünn- und Dickdarm . . . 163
22.10 After . . . 167
22.11 Leber . . . 168
22.12 Pankreas . . . 170

23 Entwicklung der Atmungsorgane . . . 174
23.1 Dorsalteil . . . 174
23.2 Ventralteil . . . 175

24/25 Entwicklung der Harn- und Geschlechtsorgane . . . 180

24 Entwicklung der Harnorgane . . . 180
24.1 Vorniere, Pronephros . . . 180
24.2 Urniere, Mesonephros . . . 181
24.3 Nachniere, Metanephros . . . 182
24.4 Harnblase und Harnröhre . . . 185

25 Entwicklung der Geschlechtsorgane . . . 187
25.1 Keimdrüsen . . . 187
25.2 Geschlechtsgänge . . . 193
25.3 Bänder der Geschlechtsorgane . . . 195
25.4 Deszensus der Keimdrüsen . . . 196
25.5 Äußere Geschlechtsorgane . . . 198
25.6 Geschlechtsdifferenzierung . . . 201
25.7 Sexuelle Zwischenstufen . . . 202

26 Entwicklung des Blutkreislaufes . . . 205
26.1 Anlage der Blutgefäße . . . 205
26.2 Blutbildung . . . 205
26.3 Herz . . . 206
26.4 Arterien . . . 213
26.5 Venen . . . 215
26.6 Fetaler Blutkreislauf . . . 217

27 Entwicklung des Lymphsystems . . . 221
27.1 Lymphgefäße und Lymphknoten . . . 221
27.2 Milz . . . 221
27.3 Mandeln (Tonsillen) . . . 222
27.4 Thymus . . . 222
27.5 Bursa Fabricii . . . 223

28 Bildung der Körperhöhlen und des Zwerchfells . . . 223

29 Entwicklung der Knochen und Gelenke . . . 228
29.1 Knochenbildung und Knochenwachstum . . . 228
29.2 Rumpfskelett . . . 231
29.3 Gliedmaßenskelett . . . 233
29.4 Schädel . . . 234
29.5 Knochenverbindungen . . . 236

30 Entwicklung der Muskulatur . . . 238
30.1 Glatte Muskulatur . . . 238
30.2 Quergestreifte Skelettmuskulatur . . . 238
30.3 Herzmuskulatur . . . 239

Anhang 241

Literatur . . . 244
Sachregister . . . 246

Einleitung

Die **Embryologie** ist die Lehre von der Entwicklung des Individuums, die mit der Befruchtung und den unmittelbaren Vorbereitungen dazu beginnt und bis hin zur Geburt reicht. Man bezeichnet diese Phase der Entwicklung auch als pränatale oder intrauterine Entwicklungsperiode. Sie bildet zusammen mit der sich daran anschließenden postnatalen oder extrauterinen Periode die *Ontogenese*. Von ihr ist die *Progenese* abgrenzbar, die sich mit der Bildung und dem Bau der Keimzellen (Gametogenese), dem Ablauf des Sexualzyklus und der Befruchtung beschäftigt.

Die **pränatale Periode** kann man zunächst rein formell in die Phase der Primitiventwicklung und die der Organentwicklung unterteilen. Dabei umfasst die *Primitiventwicklung* die Furchung, Keimblattbildung und Ausbildung der Primitivorgane (Chorda, Neuralrohr, Urwirbel, primitives Darmrohr) und Eihäute. Die anschließende Phase der *Organentwicklung* beginnt mit der Bildung der Organanlagen und setzt sich mit ihrem Wachstum und ihrer Differenzierung bis zur Geburt fort. Zur Herausbildung der Gestalt eines Organismus, seiner *Morphogenese*, gehört sowohl die Entstehung seiner Organe, *Organogenese*, als auch die *Histogenese*, d. h. die Differenzierung der Zellen mit ihrer spezifischen Funktion.

Aufgrund anderer Gesichtspunkte wird die pränatale Entwicklung in drei Abschnitte, die Blastogenese, die Embryonal- und die Fetalperiode unterteilt.

Als *Blastogenese* wird die Zeit von der Befruchtung bis zur Bildung der zweischichtigen Keimscheibe bezeichnet. Sie dauert beim Hund 16, bei Mensch, Pferd und Rind 14, Katze 12, Schaf 10 und Schwein 9 Tage. Die anschließende *Embryonalperiode* beginnt mit dem Auftreten des Primitivstreifens und beinhaltet die Bildung des Mesoderms, der Primitivorgane und der Eihäute sowie die Anlage sämtlicher Organe. Der Keimling wird in dieser Zeit als *Embryo* bezeichnet. Die Embryonalperiode dauert beim Menschen bis zur 8., bei Pferd und Rind bis zur ca. 6., Schaf 5., Schwein und Hund 4,5. und Katze bis zur 4. Woche (s. a. **Tab. 13.1**). In der nachfolgenden, bis zur Geburt reichenden *Fetalperiode* differenzieren sich die meisten Organe aus. Die Frucht bezeichnet man in dieser Entwicklungsphase als Fetus (Fötus). Sein Reifegrad ist zum Zeitpunkt der Geburt bei den einzelnen Säugetierarten verschieden.

Tab. 0.1 Perioden der Individualentwicklung (Ontogenese)

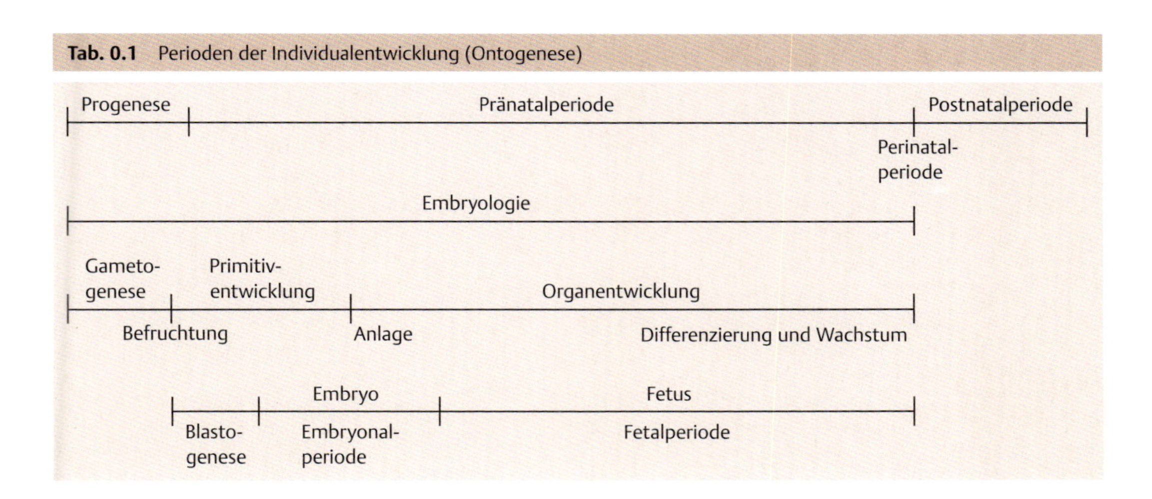

Unter den höheren Säugetieren (Eutheria) ist die Entwicklung bei den Nestflüchtern (Pfd., Wdk., Schw., Meerschweinchen) weiter fortgeschritten als bei den Nesthockern (Hd., Ktz., Ratte, Maus, Kaninchen), die hilflos und mit geschlossenen Augen geboren werden. Bei den niederen Säugetieren (Beuteltiere, Metatheria) erfolgt die Geburt der Früchte bereits in einer frühen Entwicklungsphase. Das Neugeborene reift an der Zitze im Beutel aus, der damit einen Teil der Gebärmutterfunktion übernimmt.

Die unmittelbar nach der Geburt einsetzende **postnatale Periode** beginnt mit dem Säuglingsalter, von dem die Neugeborenen- oder Neonatalperiode besonders abgetrennt werden kann. Auf das Säuglingsalter folgt die Zeit der Jungtierentwicklung, die über die Präpubertätsphase in die Geschlechtsreife, Pubertät, übergeht. Erst mit dem nachfolgenden Stadium der Zuchtreife erreichen die Tiere ihre Reproduktionsphase. Nach ihrer Beendigung führt die Entwicklung schließlich über die Alterung zur Senilität.

Im Gegensatz zu den höheren, viviparen Säugetieren legen die oviparen **Vögel** befruchtete Eier ab, bei denen die Entwicklung zur Zeit der Eiablage bis zur zweischichtigen Keimscheibe fortgeschritten ist. Die Entwicklung wird nun unterbrochen und erst durch die Brutwärme fortgesetzt. Huhn, Ente und Gans, die ein vollständiges Dunengefieder und weitgehend entwickelte Organsysteme besitzen, kommen beim Schlüpfen aus dem Ei als Nestflüchter zur Welt. Die Tauben hingegen sind Nesthocker, die als blinde und fast nackte Tiere schlüpfen und einer wochenlangen intensiven Brutpflege bedürfen.

Progenese, Vorentwicklung

Am Anfang jeder Individualentwicklung der Wirbeltiere steht die Befruchtung, d. h. die Vereinigung von Ei- und Samenzelle zur befruchteten Eizelle oder **Zygote**. Die männlichen und weiblichen Keimzellen, **Gameten**, müssen zuvor Differenzierungs- und Reifevorgänge durchlaufen. Die Bildung und Entwicklung der Geschlechtszellen wird als **Gametogenese** bezeichnet. Aus ihr gehen beim männlichen Tier die kleinen, fast zytoplasmafreien und sehr beweglichen **Spermien** hervor. Beim weiblichen Tier hingegen entsteht die große, nährstoffreiche und kaum bewegliche Eizelle, **Ovum**. Sie wird bei der Befruchtung von den mobilen Spermien aufgesucht. Um die Konstanz der Chromosomenzahl zu gewährleisten, muss vor der Verschmelzung der Keimzellen durch die Reifeprozesse der diploide Chromosomensatz auf den haploiden reduziert werden.

1 Primordialkeimzellen

Stammzellen der männlichen und weiblichen Geschlechtszellen sind die **Primordialkeimzellen**, Gonozyten, Urkeimzellen. Ihre Herkunft ist in der **Keimbahn** festgelegt. Nach der Keimbahnlehre ist die Geschlechtszellinie determiniert, d. h. bereits nach den ersten Furchungsteilungen hat sich entschieden, aus welchen Blastomeren die Keimzellen hervorgehen werden. Die Primordialkeimzellen sind diploid und unterscheiden sich durch ihre Größe und ihren kugeligen Kern sowie ihren Gehalt an alkalischer Phosphatase und Glykogen von den kleineren, somatischen Zellen. Urkeimzellen finden sich beim Säuger zunächst extraembryonal, und zwar im Epithel des Dottersackes in unmittelbarer Nähe der Allantoisanlage (**Abb. 1.1**). Von hier aus wandern sie ab dem Ende des ersten Monats in die Keimdrüsenanlage ein, indem sie über das Bindegewebe des Enddarmes ins Mesenterium und schließlich über die Nierenanlage in die Genitalleiste gelangen. Diese **Wanderung** erfolgt sowohl aktiv durch amöboide Eigenbewegung als auch durch passive Verlagerung infolge Abfaltung des Embryonalkörpers.

Beim *Vogel* sammeln sich die Primordialkeimzellen zeitweilig in der mesodermfreien Zone vor der Embryoanlage an (**Abb. 9.10**). Sie werden von hier über die Blutbahn in die Gonadenanlage transportiert.

Die *Anzahl* der Urkeimzellen, die sich bereits bis zur Besiedelung der Keimdrüsenanlage erhöht hat, nimmt gegen Ende der Geschlechtsdifferenzierung drastisch zu. Während beim weiblichen Geschlecht

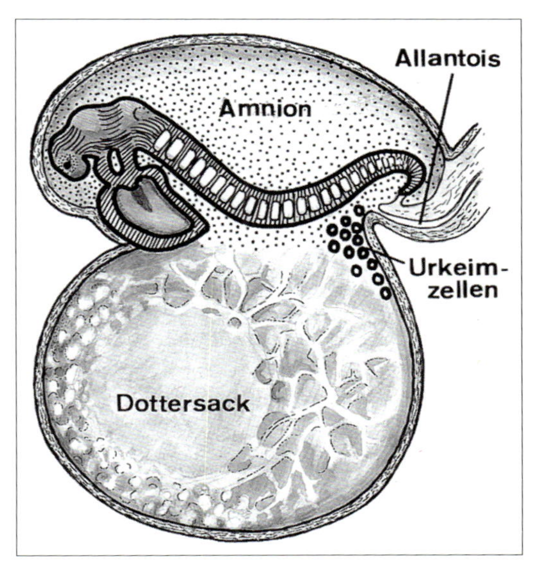

Abb. 1.1 Lage der Primordialkeimzellen in der Wand des Dottersackes beim 3 Wochen alten menschlichen Embryo (nach Witschi 1948)

die primordialen Keimzellen in der Rinde verbleiben und sich zu den **Ovogonien** entwickeln, gelangen sie in der Hodenanlage ins Mark und differenzieren sich in der folgenden fetalen und postnatalen Entwicklung zu den **Spermatogonien**. Ein nicht geringer Teil an Gonozyten degeneriert aber auch in dieser Zeit, ohne sich weiter zu entwickeln.

2 Entwicklung und Bau der Samenzellen

2.1 Spermatogenese

Die weitere Entwicklung der **Spermatogonien** zu den morphologisch reifen **Spermien** setzt erst mit dem Eintritt der Geschlechtsreife ein. Durch Vermehrungs- und Reifungsprozesse entstehen aus den Spermatogonien zunächst die haploiden Spermatiden, die sich anschließend im Rahmen der Spermiogenese zu morphologisch reifen Spermien differenzieren. Diesen Vorgang bezeichnet man als Spermatogenese. Er vollzieht sich als zyklisch ablaufender Samenbildungsprozess in den Samenkanälchen, *Tubuli seminiferi* (**Abb. 2.1 a**).

Die **Samenkanälchen** (Hodenkanälchen) haben einen Durchmesser von 200 – 300 µm und werden außen von einer bindegewebigen Lamina propria begrenzt. An diese schließt sich lumenwärts die Basalmembran an, die das **Keimepithel** trägt (**Abb. 2.1 b; 2.5**). Zu diesem zählen die *Zellgenerationen der Spermatogenese* und eine zweite Zellart, die somatischen *Sertoli-Zellen*, die an der Samenzellbildung beteiligt sind.

Vermehrungsperiode

Die Vermehrung der Spermatogonien erfolgt tierartlich unterschiedlich. Beim Rind entstehen aus der Stammspermatogonie durch mitotische Teilung zwei A-**Spermatogonien**, von denen sich zunächst nur der *A_2-Typ* weiter zu zwei intermediären Spermatogonien teilt (**Abb. 2.2**). Aus diesen ge-

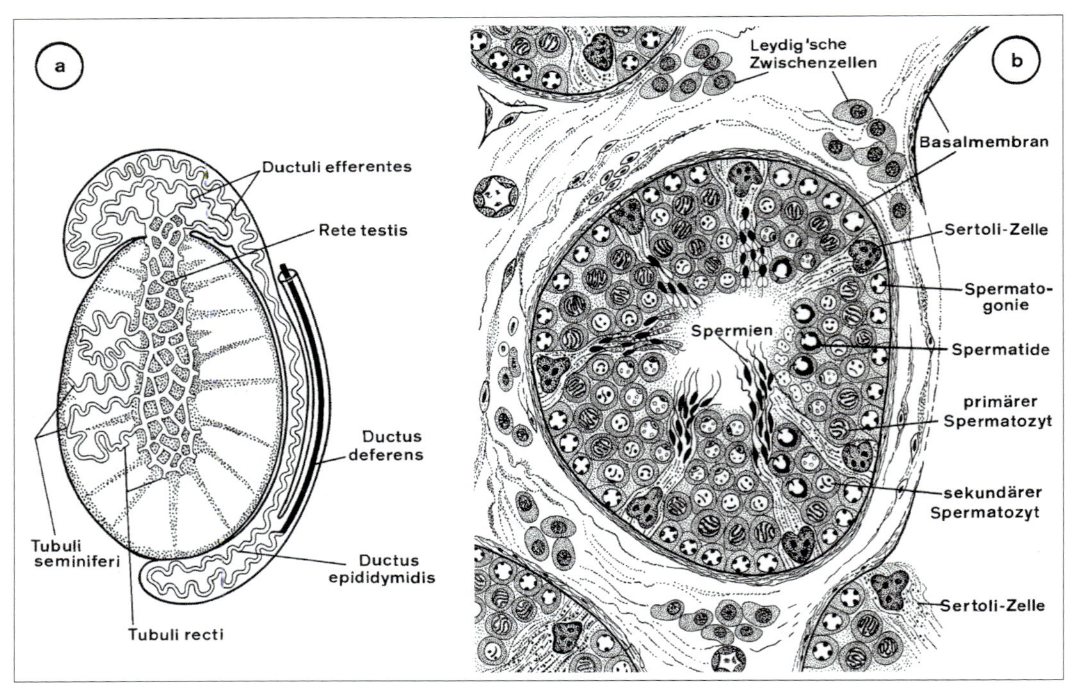

Abb. 2.1 Gangsystem des Hodens: a) Hoden des Bullen (in Anlehnung an Tröger 1969); b) Querschnitt eines Samenkanälchens vom Schafbock

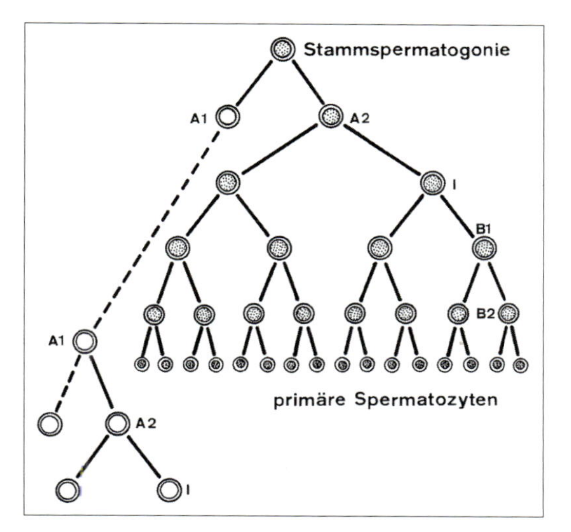

Abb. 2.2 Vermehrung der Spermatogonien beim Bullen mit A-, Intermediär (I)- und B-Spermatogonien (nach Ortavant et al.: Spermatogenesis in Domestic Mammals. In: H.H. Cole, P.T. Cupps: Reproduction in Domestic Animals. Academic Press, New York 1977)

hen in drei folgenden Teilungsschritten die B_1- und B_2-Spermatogonien und schließlich 16 Tochterzellen hervor, die sich zu Spermatozyten I. Ordnung (primäre Spermatozyten) weiterentwickeln. Die zweite Tochterzelle (*A_1-Typ*) verharrt eine gewisse Zeit in Ruhe und wird wieder zur Stammspermatogonie. Sie teilt sich erst wieder, wenn die aus der A_2-Spermatogonie hervorgegangenen Zellen sich zu primären Spermatozyten entwickelt haben.

Die Spermatogonien liegen in unmittelbarer Nachbarschaft der Basalmembran und sind mittelgroße, runde Zellen mit kugeligem, chromatinreichem Zellkern. Die A-, B- und intermediären Spermatogonien lassen sich aufgrund ihrer unterschiedlichen Struktur voneinander abgrenzen.

Reifungsperiode

Die aus den B-Spermatogonien hervorgegangenen **Spermatozyten I. Ordnung**, die sich anfangs kaum von ihren Vorstufen unterscheiden, vergrößern sich schließlich um das Doppelte und entfernen sich von der Basalmembran (**Abb. 2.1 b; 2.3**). Sie stellen die größten und markantesten Zellen des Keimepithels dar und liegen in mehreren Schichten übereinander. Diese Wachstumsprozesse mit gleichzeitiger Vergrößerung und struktureller Veränderung der Zellkerne vollziehen sich in der Prophase der nachfolgenden 1. Reifeteilung.

Reifeteilungen

In zwei schnell aufeinander folgenden Teilungsschritten (Meiosis) entstehen die **Spermatozyten II. Ordnung** (Präspermatiden) und daraus die **Spermatiden** (**Spermiden**), die einen haploiden Chromoso-

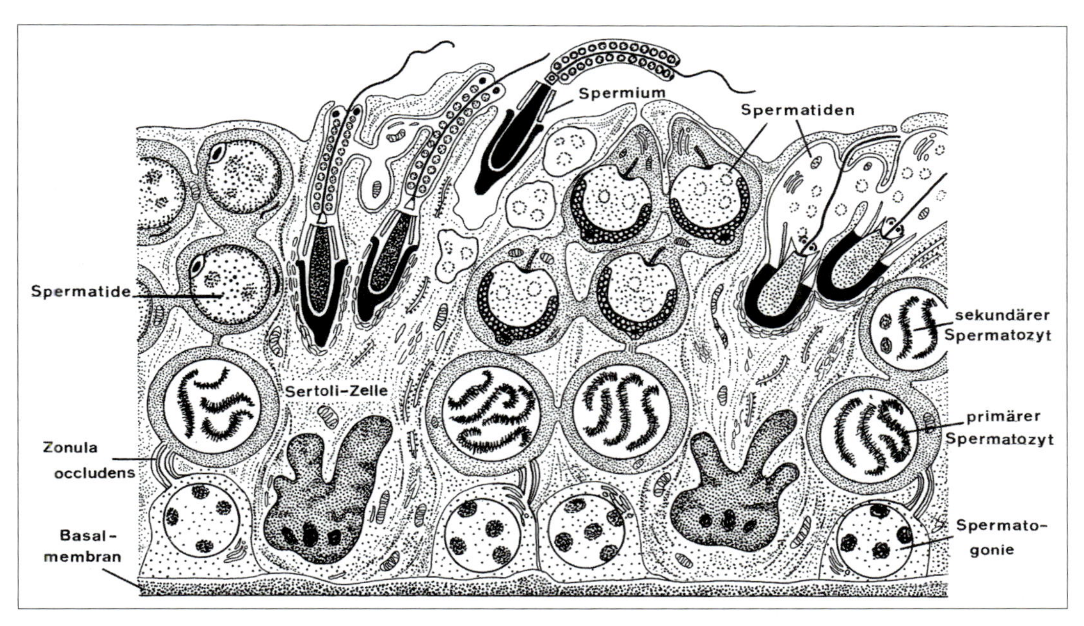

Abb. 2.3 Halbschematische Darstellung des Keimepithels des Bullenhodens

mensatz besitzen (**Abb. 2.10**). Da sich die sekundären Spermatozyten rasch weiter entwickeln, kommen sie nur in geringer Anzahl vor. Im Gegensatz dazu sind die Spermatiden sehr zahlreich. Sie stellen neben den Spermien die kleinsten Zellen dar.

Aus einer Spermatozyte I. Ordnung gehen vier reife Geschlechtszellen hervor, von denen beim Säuger zwei ein X-Chromosom und zwei ein Y-Chromosom besitzen. Beim Vogel sind die Spermatiden hingegen homogametisch. Im Bezug auf den Chromosomenbestand haben die Spermatiden die Reifeprozesse hinter sich. Sie sind fertige Gameten; ganz im Gegenteil zu den Eizellen, die erst nach der Ovulation die Reifeperiode beenden.

Im Gegensatz zu den Mitosen somatischer Zellen haben die Teilungen der männlichen Keimzellen mit Ausnahme der Stammspermatogonien eine unvollständige Zytokinese, wodurch alle Tochterzellen einer Stammzelle bis zur späten Spermatide über *Zytoplasmabrücken* miteinander verbunden bleiben. So entstehen Gruppen zusammenhängender Spermatogonien, Spermatozyten und Spermatiden (**Abb. 2.3; 2.9**). Die Verbindung geht erst mit der Transformation zum Spermium verloren. Durch die Interzellularbrücken wird sichergestellt, dass auch die haploiden Keimzellenstadien mit den Produkten eines kompletten, d.h. diploiden Genoms ausgestattet sind. Dies bedeutet einen gewissen Schutz vor defekten Genkopien. Auch werden auf diese Weise Androspermatiden und Androspermien mit Produkten solcher essentiellen Gene ausgestattet, die nur das X-Chromosom tragen, nicht jedoch das Y-Chromosom.

Spermiogenese

Im letzten Abschnitt der Samenzellbildung entstehen aus den runden Spermatiden die **Spermien**, Spermatozoen, die als Transportform der Keimzellen anzusehen sind. Im Verlaufe dieser tiefgreifenden Umbauprozesse, die Spermiogenese (früher: Spermiohistogenese) oder Differenzierungsperiode genannt werden, kommt es zur Bildung des Akrosoms (von gr. akros für Spitze und soma für Körper), zur Umgestaltung und Umstrukturierung des Zellkernes und zum Aufbau der Geißel. Der Ablauf der Spermiogenese lässt sich in vier Phasen unterteilen (**Abb. 2.4**).

Am Anfang steht die **Golgi-Phase**, bei der intensiv PAS-positive, membranbegrenzte, proakrosomale Vesikel im Golgi-Apparat gebildet werden. Sie vereinigen sich zu einem einzelnen akrosomalen Bläschen, das sich an der Kernmembran im Bereich des späteren Vorderendes anheftet. Am Gegenpol der Zelle induziert eins der Zentriolen die Entwicklung der Geißel.

Bei der anschließenden **Kappenphase** breitet sich die Membran des akrosomalen Bläschens bis über den Äquator der Kernoberfläche als Kopfkappe aus. Von den beiden an den hinteren Kernpol verlagerten Zentriolen dient das distale als Basalkörper der inzwischen verlängerten Geißel.

In der **akrosomalen Phase** wird der an die Peripherie verlagerte Zellkern in die Länge gezogen und leicht abgeflacht. Sein Chromatin kondensiert zunehmend. Bei dieser Chromatinkondensation erfolgt ein Austausch basischer Kernproteine, indem Histone durch Protamine ersetzt werden. Durch fast vollständige Verteilung des akrosomalen Materials in der Hülle und durch Verdichtung kommt es zur endgültigen Differenzierung des *Akrosoms*, das sich der Verformung des Zellkernes anpasst. In der Zwischenzeit hat sich auch die Spermatide gedreht, so dass der akrosomale Pol in Richtung Basalmembran des Samenkanälchens zeigt. Das Zytoplasma wird in die Länge gezogen und umgibt den proximalen Abschnitt der Geißel. Um diesen lagern sich Mitochondrien an. Im Bereich des distalen Zentriols entsteht aus dem Chromatoidkörper der Schlussring. Ferner wird eine aus Mikrotubuli bestehende Manschette gebildet.

Mit der **Reifephase** wird die Transformation der Spermatide beendet und dabei der für die jeweilige Tierart typisch geformte Kopf entwickelt. Der Schlussring wird distal verlagert und die Manschette verschwindet. Hals, Mittelstück und Schwanz erhalten ihre endgültige Struktur. Der Hauptteil des Zytoplasmas mit Golgi-Apparat, Mitochondrien, Lipidtropfen und Ribosomen wird eliminiert. Diese als Rest- oder Residualkörper bezeichneten Anteile werden von den Sertoli-Zellen phagozytiert oder ins Lumen der Samenkanälchen abgegeben. Nur ein kleines, am Anfangsteil der Geißel haftendes Zytoplasmatröpfchen bleibt vorerst erhalten und verschwindet bei der Endausreifung der Spermien im Nebenhoden.

2.2 Sertoli-Zellen

Die polymorphen Sertoli-Zellen stellen die somatischen Zellen des Keimepithels dar (**Abb. 2.1; 2.3**). Ihr anpassungsfähiges und kompliziert gestaltetes Zytoplasma erstreckt sich von der Basalmembran bis zum Lumen des Tubulus und bettet mit Ausnahme der basalen Stammzellen alle Keimzellen allseitig ein. Ihr großer und gelappter Kern liegt im basa-

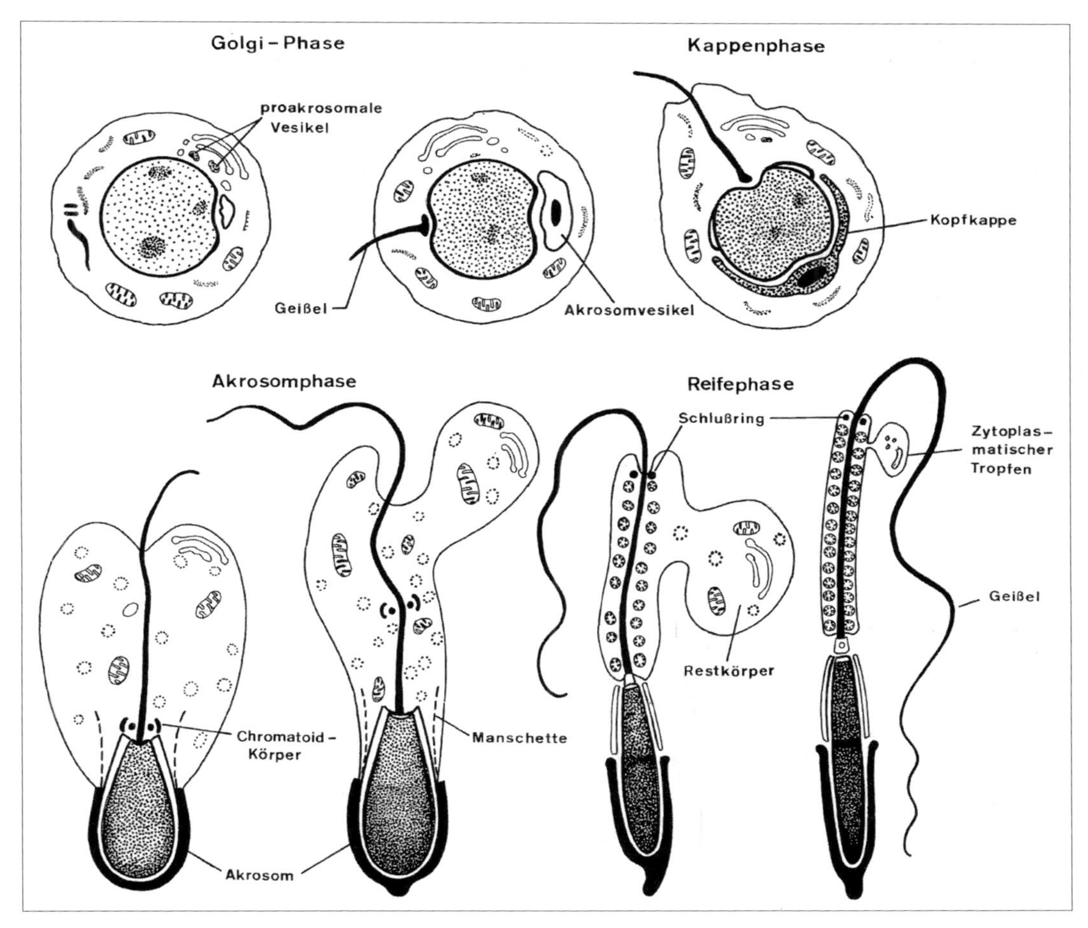

Abb. 2.4 Phasen der Spermiogenese beim Bullen

len Teil der Zelle. Die Zahl der Sertoli-Zellen bleibt mit Erreichen der Geschlechtsreife annähernd konstant.

Die Funktionen der Sertoli-Zellen sind vielfältig und essentiell für den geregelten Ablauf der Spermiogenese. So sezernieren sie die tubuläre Flüssigkeit und erfüllen stützende und ernährende Funktionen für die eingebetteten Keimzellen. Sie errichten die **Blut-Hoden-Schranke**, deren morphologisches Korrelat Zellverbindungen in Form von Zonulae occludentes sind. Diese verbinden im basalen Drittel benachbarte Sertoli-Zellen eng miteinander und stellen eine Diffusionsbarriere des Interzellularraumes dar. Es ensteht ein basales und ein adluminales Kompartiment des Keimepithels (**Abb. 2.3**), deren Mikromilieu sich maßgeblich unterscheidet. So haben die im basalen Kompartiment liegenden Spermatogenesestadien (Spermatogonien und präleptotäne primäre Spermatozyten) m.o.w. uneingeschränkten Zugang zu allen im Blut und in der Lymphe zirkulierenden Stoffen, nicht jedoch diejenigen des adluminalen Kompartiments (alle übrigen Stadien der Spermatogenese). Auf diese Weise wird ein wirkungsvolle Schutz der antigenetisch veränderten meiotischen und haploiden Keimzellen vor dem Immunsystem des Körpers erreicht. Außerdem sezernieren die Sertoli-Zellen trophische und hormonelle Faktoren (u.a. Androgen-bindendes Protein und Inhibin) in das adluminale Kompartiment und schaffen so ein entwicklungsförderndes Milieu. Eine weitere wichtige Funktion der Sertoli-Zellen liegt in der Phagozytose des Residualkörpers und physiologischerweise zugrunde gegangener Keimzellen, deren Zahl beachtlich ist.

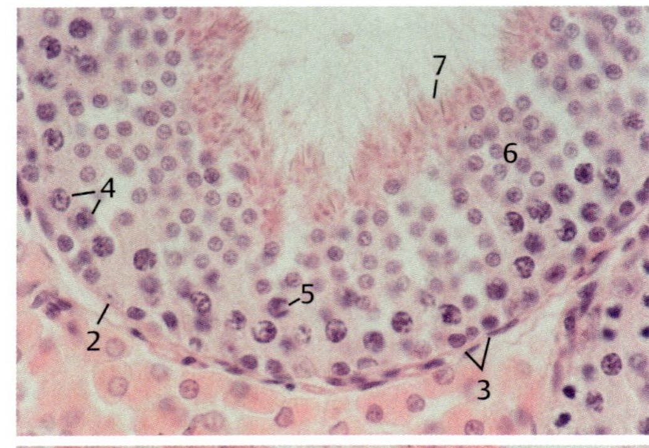

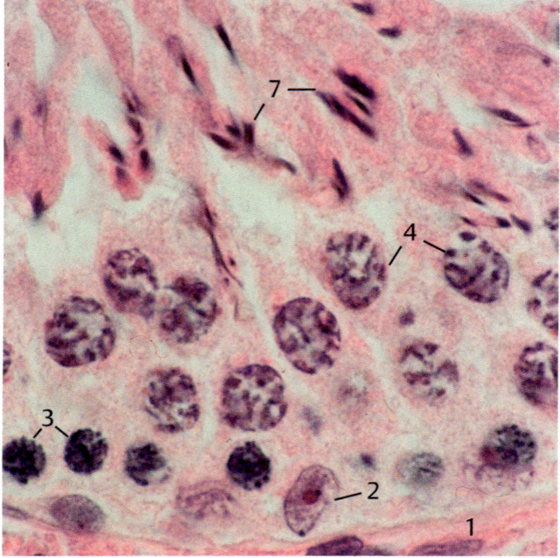

Abb. 2.5 Anschnitte von Samenkanälchen, Eber, HE. Vergr. unten 700x, oben 300x (aus Weyrauch/Smollich; 1998) 1 Lamina propria, 2 Sertoli-Zellen, 3 Spermatogonien, 4 primäre Spermatozyten, 5 sekundärer Spermatozyt, 6 Spermatiden, 7 Spermien.

2.3 Steuerung der Spermatogenese

Die Keimzellentwicklung wird hormonal durch die gonadotrophen Hormone der Hypophyse, FSH (follikelstimulierendes Hormon, Folliberin) und ICSH oder LH (zwischenzellstimulierendes Hormon oder luteinisierendes Hormon, Lutropin) sowie durch Androgene der Leydigschen Zwischenzellen des Hodens (**Abb. 2.1**) gesteuert. Das **FSH** stimuliert die Spermiogenese und greift hauptsächlich an den Sertoli-Zellen an. Es bewirkt u.a. die Bildung eines Androgen-bindenden Proteins (ABP), das die Androgene vor einer weiteren Verstoffwechselung schützt. **ICSH** veranlasst die Produktion von Androgenen in den Leydig-Zellen. Neben einer allgemeinen anabolen Wirkung fördern **Androgene** die Spermatogenese. Über spezifische Funktionen der Androgene gehen die Meinungen auseinander. Sie reichen von der Beeinflussung des Keimepithels, der Sertoli-Zellen, der Permeabilität der Basalmembran bis hin zur Schaffung eines günstigen Milieus.

Die Freisetzung der hypophysären Gonadotropine FSH und ICSH wird wiederum durch zentrale Impulse des Hypothalamus in Form von Gonadotropin-Releasing Hormonen (**GNRH**) gesteuert. Hemmend auf die Freisetzung von GNRH wirkt das Peptidhormon **Inhibin** der Sertoli-Zellen. Über negative **Feedback-Mechanismen** kontrollieren die Androgene ihre eigene Biosynthese sowohl auf der zentralnervösen Ebene (Hypothalamus und Hypophyse) als auch auf der testikulären Ebene.

2.4 Bau des Spermiums

Die ausgereiften Spermien, deren Gesamtlänge bei den Haussäugern zwischen 55 – 80 µm (s. **Tab. 2.1**), beim Huhn 100 µm und bei der Taube 180 µm beträgt, bestehen aus Kopf und Schwanz (**Abb. 2.6; 2.7; 2.8**). Alle Anteile sind vom Plasmalemm überzogen, das regional unterschiedliche Lipid- und Glykoproteinzusammensetzungen aufweist („surface domains“) und damit funktionell heterogen ist.

Kopf. Bei den *Haussäugetieren* zeigt der abgeplattete Kopf von der Aufsicht eine ovale bis birnenförmige und von der Kante eine m.o.w. keilförmige Gestalt. Bei *Ratte, Maus* und *Hamster* besitzt er

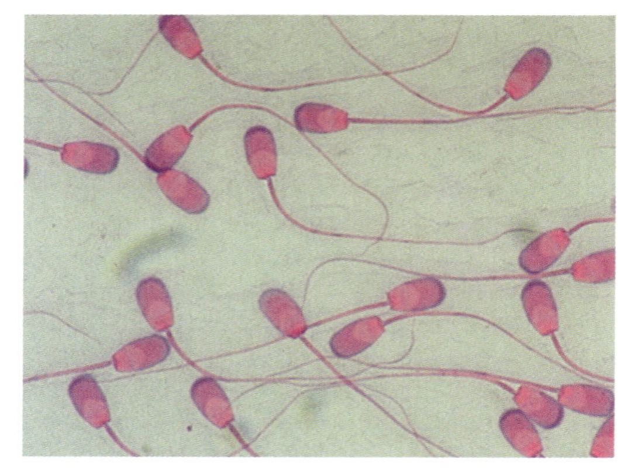

Abb. 2.6 Spermien vom Bullen, HE, Vergr. 730x (aus Weyrauch/Smollich, 1998)

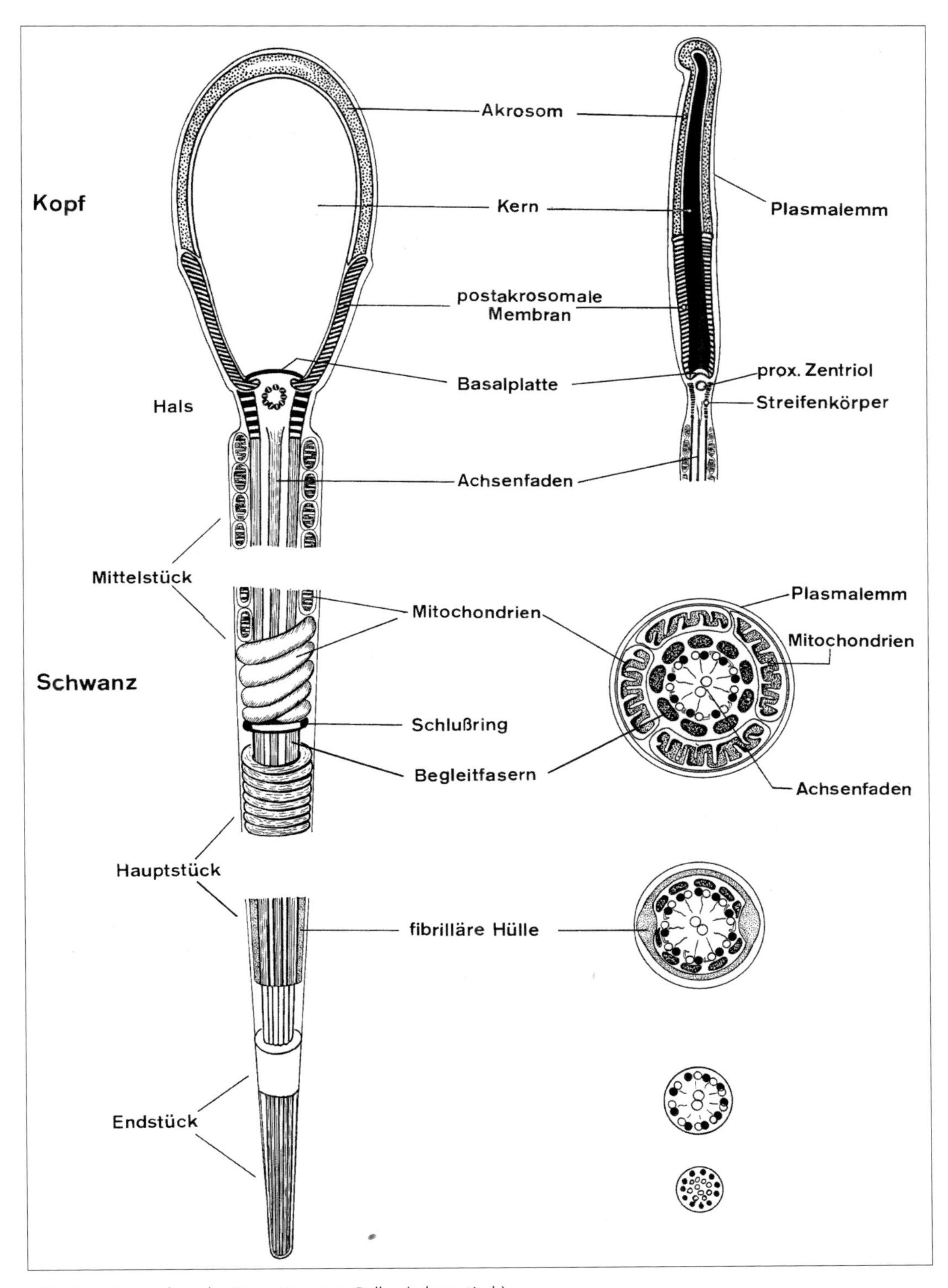

Abb. 2.7 Feinstruktur des Spermiums vom Bullen (schematisch)

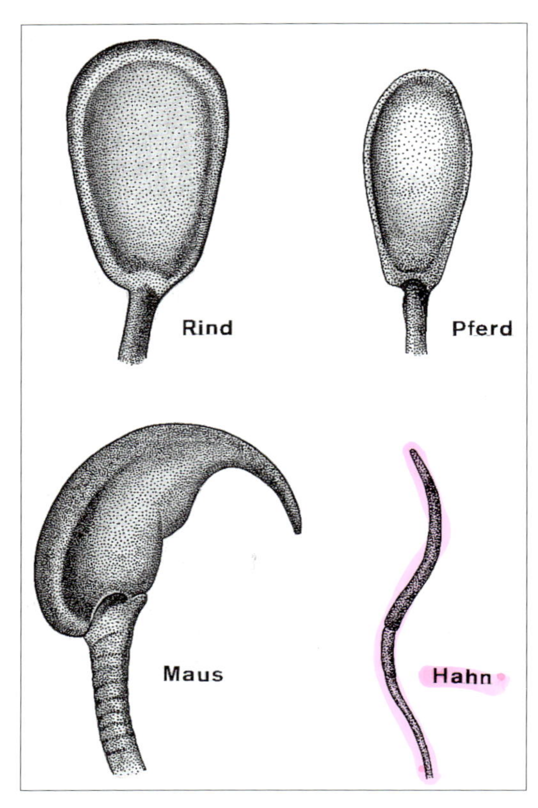

Abb. 2.8 Form des Spermienkopfes bei verschiedenen Tieren

Sichelform und beim *Vogel* ist er schlank, etwas schraubenförmig und der apikale Teil dolchartig zugespitzt. Hauptbestandteil des Kopfes ist der Zellkern, dessen apikale zwei Drittel von der Kopfkappe, dem *Akrosom*, bedeckt werden. Dieses enthält zahlreiche Enzyme, unter ihnen die *Hyaluronidase, Neuraminidase* und das *Akrosin*, die beim Eindringen in die Eihüllen (Corona radiata und Zona pellucida) und in die Eizelle eine wichtige Rolle spielen. Der hintere Teil des Kernes wird von einer lamellär strukturierten, postakrosomalen Membran umgeben.

Schwanz. Der Spermienschwanz (Flagellum) gliedert sich in Hals, Mittelstück, Hauptstück und Endstück.

Der **Spermienhals** besteht aus der in einer Eindellung des Kernes gelegenen *Basalplatte* und dem peripheren, segmentierten *Streifenkörper*. Er umgibt die Zentriolen, von denen das proximale bei der späteren Befruchtung die Spindel bildet, da die Eizelle kein Zentriol mehr besitzt. Das distale Zentriol dient als Basalkörper für die Geißel.

Das **Mittelstück** besitzt zentral den *Achsenfaden*, der wie eine Kinozilie aus 2 zentral gelegenen Tubuli und 9 peripheren Doppelröhrchen besteht. Hinzu kommen 9 dickere, quergestreifte *Begleitfasern*, die vom Streifenkörper des Halses ausgehen. Um diesen fibrillären Anteil liegen in spiraliger Anordnung die *Mitochondrien*. Beim Rind sind es bis zu 80 Windungen. Am Übergang zum Hauptstück des Schwanzes befindet sich der Schlussring.

Das **Hauptstück** des **Schwanzes** ist der längste Abschnitt des Spermiums und besteht aus dem *Achsenfaden* mit *Begleitfasern* und einer *fibrillären Hülle*. Im **Endstück** fehlen die Begleitfasern und die Fibrillenscheide. Hier ist der Achsenfaden nur vom Plasmalemm umgeben.

Die *morphologische Beschaffenheit* der Spermien ist ein wichtiges Kriterium bei der Beurteilung über deren Befruchtungsfähigkeit. Nicht selten auftretende Abweichungen von der normalen Gestalt gelten als Abnormitäten. Sie entstehen entweder während der Spermatogenese oder später bei der Nebenhodenwanderung. Höchstens 15 % abnormer Spermien dürfen im Ejakulat enthalten sein, darüberliegende Werte verschlechtern das Befruchtungsvermögen des Spermas.

Zu den Spermienabnormitäten gehören Missbildungen, Deformitäten und Beschädigungen, die an Kopf, Hals und Schwanz auftreten können. Die Veränderungen zeigen sich an der Kopfform, am Akrosom und an der postakrosomalen Membran. Der Schwanz kann schlingen-oder schnörkelförmig gestaltet bzw. doppelt, dreifach oder vierfach ausgebildet sein. Auch zweiköpfige Spermien kommen vor.

Die **Fortbewegung** der Spermien kommt durch rhythmisch peitschende Bewegungen der Geißel zustande. Die notwendige Energie dazu wird durch die Atmung und die Glykolyse bereitgestellt, die mittels ATP und Kreatinphosphat übertragen wird. Für normale Spermien beträgt die Geschwindigkeit der Vorwärtsbewegung 4 – 5 mm/min. Mindestens 80 % der Samenzellen sollen in einem gut befruchtungsfähigen Ejakulat Vorwärtsbewegungen zeigen. Die Spermien besitzen ferner die Fähigkeit, sich gegen einen Flüssigkeitsstrom zu bewegen (positive Rheotaxis).

2.5 Zeitlicher Ablauf der Spermatogenese

Die *Dauer* der Spermatogenese, beginnend bei den Mitosen der Spermatogonien bis zur Ablösung der Spermien von den Sertoli-Zellen, wurde für den Bullen auf 54, Eber 34 und den Schafbock auf 49 Tage ermittelt. Dieser **Spermatogenesezyklus** läuft in den Tubuli seminiferi nicht überall zeitlich synchron ab. Um vielmehr zu jedem Zeitpunkt ausreichende Mengen ausdifferenzierter Spermien bereitstellen zu können, beginnen die Spermatogonien entlang eines Tubulus zeitlich versetzt. Daher ist in einem Tubulusquerschnitt jeweils nur eine Entwicklungsstufe anzutreffen, während im Tubuluslängsschnitt verschiedene charakteristische Zellbilder der Spermatogenese wellenartig aufeinander folgen (**Spermatogenesewelle**). Die verschiedenen Zellassoziationen, die als Phasen des Keimepithelzyklus bezeichnet werden, werden vor allem durch die unterschiedlichen Entwicklungsstufen und die Lage der Spermatiden bei der Transformation hervorgerufen. Bei Wiederkäuern und Schweinen werden acht Phasen unterschieden (**Abb. 2.9**).

Phase 1. Fertige Spermien sind nicht vorhanden. Die jungen, immer noch runden Spermatiden beginnen sich mit ihrem Vorderende in Richtung Basalmembran zu orientieren.

Phase 2. Streckung der Spermatide.

Phase 3. Weitere Streckung des Spermatidenkernes und Bildung von Spermatidenbündeln im Zytoplasma der Sertoli-Zellen. An der neuen Generation vollzieht sich die 1. Reifeteilung.

Phase 4. Bildung der charakteristischen Kopfform der Spermatide. An der neuen Generation läuft die 1. und 2. Reifeteilung ab.

Phase 5. Spermatiden liegen ährenförmig tief im Zytoplasma der Sertoli-Zellen. Die jungen Spermatiden besitzen staubartiges Chromatin.

Phase 6. Die älteren Spermatiden sind weitgehend ausdifferenziert. Die Spermatidenbündel wandern in Richtung Tubuluslumen.

Phase 7. Die Spermien sind fertig entwickelt und lösen sich aus dem Zytoplasma der Sertoli-Zellen.

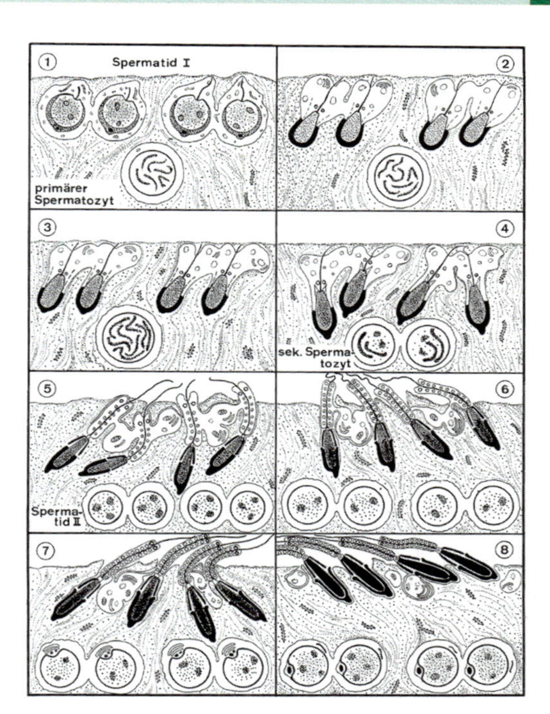

Abb. 2.9 Phasen des Keimepithelzyklus beim Bullen (in Anlehnung an Ortavant et al., 1997)

Phase 8. Die fertigen Spermien ordnen sich saumartig an und werden ins Tubuluslumen freigesetzt. Die neue Generation der Spermatiden ist noch kreisrund.

Der hier aufgeführte Keimepithelzyklus dauert beim Bullen 13,5, beim Schafbock 10,5 und beim Eber 8,5 Tage. Da die Gesamtdauer der Spermatogenese, beginnend mit der Bildung der Spermatogonien bis zur Freisetzung der fertigen Spermien von den Sertoli-Zellen, für den Bullen 54, Eber 34 und Schafbock 49 Tage beträgt, kommen pro Spermatogenesezyklus (s. a. oben) somit bei Bulle und Eber 4 und beim Schafbock 4,7 Keimepithelzyklen vor.

2.6 Spermientransport und epididymale Spermienreifung

Nach dem Verlust des Residualkörpers lösen sich die Spermien aus dem Zytoplasma der Sertoli-Zellen (*Spermiation*) und gelangen ins Lumen der Tubuli seminiferi. Von hier werden sie mit dem Flüssigkeitsstrom durch Kontraktion myoider Zellen in der Wand der Samenkanälchen über die Tubuli recti, das Rete testis und die Ductuli efferentes in den Nebenhodenkanal transportiert (**Abb. 2.1 a**), wo sie ausreifen und vorwiegend im Nebenhodenschwanz gespeichert werden. Aus dem Nebenhodenkopf entnommene Spermien sind unfruchtbar.

Der Transport der Spermien vom Nebenhodenkopf bis zum Nebenhodenschwanz dauert ca. zwei Wochen und wird durch Kontraktionen der glatten Muskelzellen in der Kanalwand bewerkstelligt. Währenddessen kommt es zur endgültigen Ausreifung der Spermien. Als ihr sichtbares Zeichen gilt der Verlust des Zytoplasmatröpfchens vom Mittelstück. Ferner erwerben die Spermien die Fähigkeit zur gerichteten Vorwärtsbewegung. Weiterhin verändern sich im Laufe der epididymalen Reifung die Zusammensetzung und die Antigenität des Plasmalemms sowie der Stoffwechsel. Bei einigen Spezies lassen sich Umstrukturierungen des Akrosoms beobachten.

2.7 Ejakulat, Sperma

Bei der Ejakulation wird ein Gemisch aus Zellen und Samenflüssigkeit (Plasma) abgegeben, das als Sperma oder Ejakulat bezeichnet wird. Darin kommen neben den vielen ausdifferenzierten **Spermien** in geringer Anzahl unreife Samenzellen, abgestoßene Epithelzellen, kernlose Zytoplasmatropfen und auch Leukozyten vor. Das **Samenplasma** (Seminalplasma) setzt sich neben dem Sekret der Tubuli seminiferi und des Nebenhodens vorwiegend aus Sekreten der akzessorischen Geschlechtsdrüsen zusammen und dient als Transportmittel bei der Ejakulation sowie Energiequelle für die Motilität. Es stimuliert ferner die Aktivität und den Stoffwechsel der Spermien und enthält als charakteristische Bestandteile Fruktose, Inositol, Sorbitol, Zitronensäure und Phospholipide.

Die *Gesamtmenge* des Ejakulats und deren Spermiendichte zeigt nicht nur erhebliche tierartliche Unterschiede (s. **Tab. 2.1**), sondern ist u. a. auch vom Alter und Gesundheitszustand der Tiere sowie von äußeren Reizen abhängig. Die Ejakulate der Haustiere besitzen einen leichten Eigengeruch und sind von weißlicher, bei Wiederkäuern gelblicher *Farbe*. Die *Konsistenz* des Spermas ist bei Wiederkäuern und Hahn rahmig, beim Schwein milchig-flockig, bei Pferd und Hund wässrig und beim Kater wolkig-trüb.

Aufbereitung und Konservierung des Spermas

Zur Durchführung der „künstlichen" Besamung (instrumentelle Samenübertragung) ist es notwendig, die Lebens- und Befruchtungsfähigkeit der Samenzellen über längere Zeit aufrechtzuerhalten. Hierzu muss das Sperma unmittelbar nach der Ejakulation aufbereitet und konserviert werden, was durch Zugabe von Verdünnermedien und Temperatursenkung erreicht wird. Die Verdünnung bringt gleichzeitig den Vorteil, dass eine größere Anzahl an Samenportionen hergestellt werden kann.

Die **Verdünnermedien** sollen die Energie- und Mineralstoffzufuhr sichern, einen isotonischen Druck mit den Spermien haben und eine Pufferwirkung gegen Stoffwechselprodukte besitzen. Sie müssen keimfrei sein und gegen Bakterien schützen. Besondere Bedeutung kommt der Hemmung der

Tab. 2.1 Angaben über Spermien und Ejakulat (nach verschiedenen Autoren)

Tier	Länge der Spermien in µm	Anzahl der Spermien im µl	Menge des Ejakulats in ml	pH-Wert
Rind	75–80	1.000.000	4–8	6,2–6,8
Ziege	60–70	2.500.000	0,5–2,8	6,8–7,0
Schaf	70–80	3.000.000	0,5–2	6,8–7,0
Schwein	50–60	100.000	150–500	7,2–7,4
Pferd	60	120.000	30–200	7,2–7,8
Hund	60	200.000	2–15	6,6–6,8
Katze	60	1.500.000	0,03–0,3	7,4
Huhn	80–100	4.000.000	0,5–2	6,3–7,8

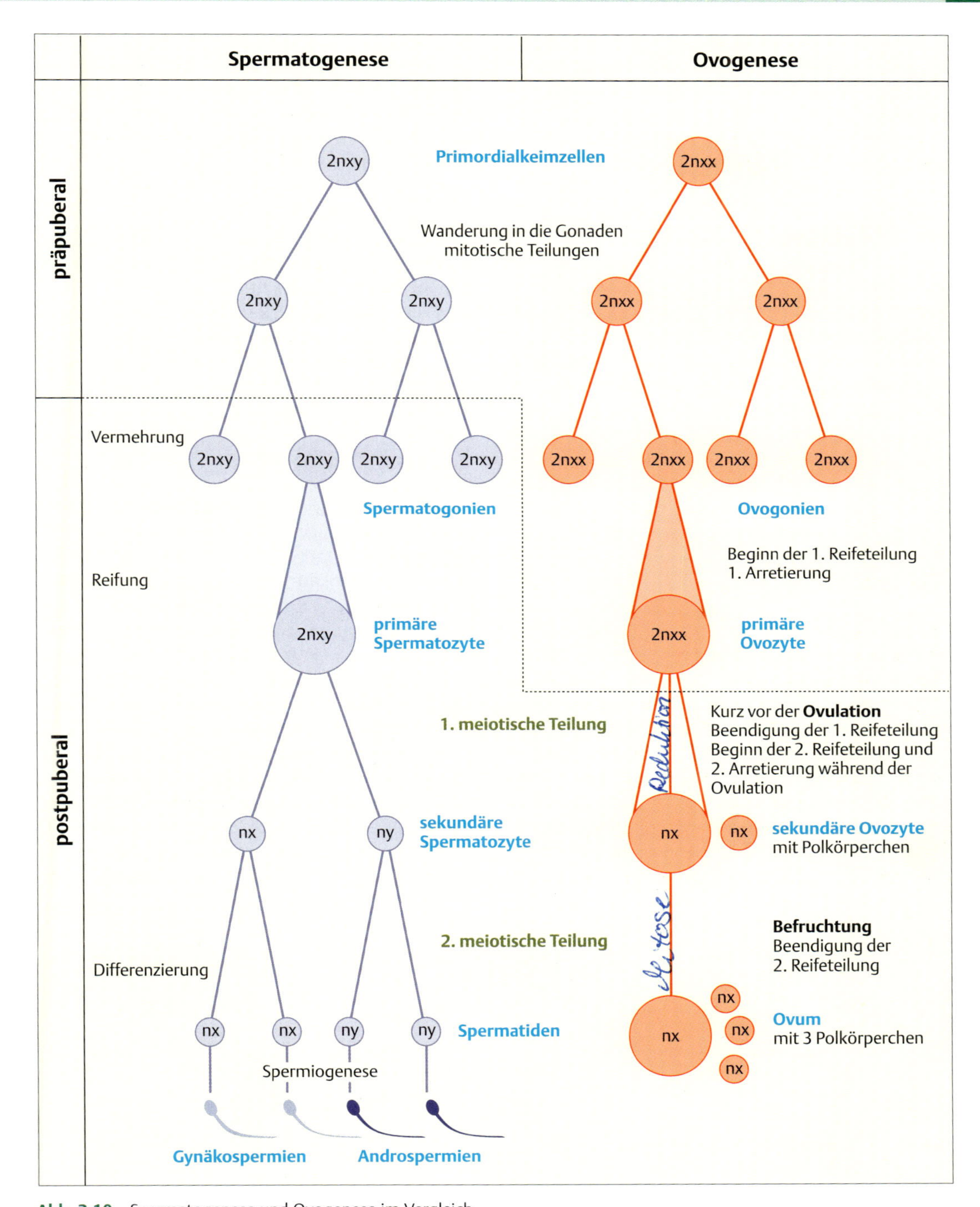

Abb. 2.10 Spermatogenese und Ovogenese im Vergleich

Stoffwechselvorgänge durch die **Temperatursenkung** zu. Man unterscheidet die Kurzzeitkonservierung bei + 5 °C (*Flüssigkonservierung*) und Langzeitkonservierung bei -196 °C (*Gefrierkonservierung*), bei der die Lagerung in flüssigem Stickstoff über Jahre möglich ist. Bei beiden Arten der Konservierung werden unterschiedlich zusammengesetzte Verdünnermedien verwendet. Als charakteristische Bestandteile sind Eidotter, Laktose oder Glukose, Antibiotika und bei der Langzeitkonservierung als Gefrierschutzmittel Glyzerin im Verdünner enthalten.

Zusammenfassung

Entwicklung und Bau der Samenzellen

- Die Bildung und Entwicklung der männlichen und weiblichen Geschlechtszellen, **Gametogenese**, nehmen ihren Ausgang von diploiden **Primordialkeimzellen**, die beim Säuger zuerst in der Dottersackwand nachweisbar sind und von hier in die Gonadenanlage einwandern. Beim männlichen Tier werden diese zu den **Spermatogonien**. Erst mit dem Einsetzen der Geschlechtsreife differenzieren sich diese im Rahmen der **Spermatogenese** zu Spermien: Auf der Basalmembran der Tubuli seminiferi liegende *Stammspermatogonien* teilen sich in der *Vermehrungsperiode* laufend mitotisch, um einerseits die Stammzellenpopulation zu erhalten, andererseits über intermediäre Stadien *Spermatozyten I. Ordnung* hervorzubringen. Diese entwickeln sich durch die 1. meiotische Teilung zu Spermatozyten II. Ordnung und in der 2. Reifeteilung zu haploiden *Spermatiden*. Mit Ausnahme der Stammspermatogonien sind alle Entwicklungsstadien über Zytoplasmabrücken miteinander verbunden.
- Die Transformation der Spermatide zum *Spermium* vollzieht sich in der mehrphasigen *Spermiogenese*, an der eine Golgi-Phase, eine Kappenphase, eine akrosomale Phase und eine Reifephase unterschieden werden.
- Der Kopf des **Spermiums** enthält als Kern das extrem kondensierte genetische Material, umgeben vom enzymhaltigen Akrosom, während der Schwanz zur Geißel umgebaut ist.
- Die Spermatogenese vollzieht sich in engster Beziehung zu den somatischen **Sertoli-Zellen**, die u.a. die **Blut-Hoden-Schranke** errichten. Sertoli-Zellen bilden gemeinsam mit den verschiedenen Stadien der Keimzellen das **Keimepithel**.
- Die Entwicklung von der Spermatogonie bis zur Ablösung des Spermiums von der Sertoli-Zelle dauert beim Rind 54 Tage. Um die kontinuierliche Produktion und Abgabe von Spermien zu sichern, läuft dieser *Spermatogenesezyklus* im Keimepithel zeitlich und räumlich versetzt ab mit nur jeweils einer typischen Keimzellassoziation im Tubulusquerschnitt. Acht *Phasen des Keimepithelzyklus* werden beim Rind unterschieden mit einer Gesamtdauer von 13 1/2 Tagen. Die endgültige Ausreifung der Spermien vollzieht sich während ihrer ca. zweiwöchigen **Nebenhodenpassage**. Gemeinsam mit dem Seminalplasma bilden sie das **Sperma**.

3 Entwicklung und Bau der Eizellen

Die Eizellbildung, Ovogenese, vollzieht sich in der Rindenschicht des Ovars und findet ihren Abschluss nach dem Eisprung bei der Befruchtung. Die Eizellen bleiben im Gegensatz zu den männlichen Geschlechtszellen kugelig, nehmen an Größe erheblich zu und erhalten Einlagerungen von Dotter. Sie werden von einer unterschiedlichen Anzahl epithelialer Zellen umgeben und bilden mit diesen im Ovar verschiedene Stadien von Follikeln. Nach der Abgabe der Eizelle beim Follikelsprung entsteht aus der Follikelwandung der Gelbkörper. Aber nur die wenigsten Follikel gelangen zur Ovulation. Die meisten bilden sich zurück; es kommt zur physiologischen Follikelatresie.

3.1 Ovogenese (Oogenese)

Bei der Ovogenese (**Abb. 2.10; 3.1; 3.2**) ist im Gegensatz zur Spermatogenese die Vermehrung der Keimzellen bereits pränatal beendet. Die Reifungsphase wird durch eine lange Ruhephase, Dictyotän, in eine erste und zweite Periode unterteilt. Die erste Reifeteilung kommt i.d.R. kurz vor der Ovulation

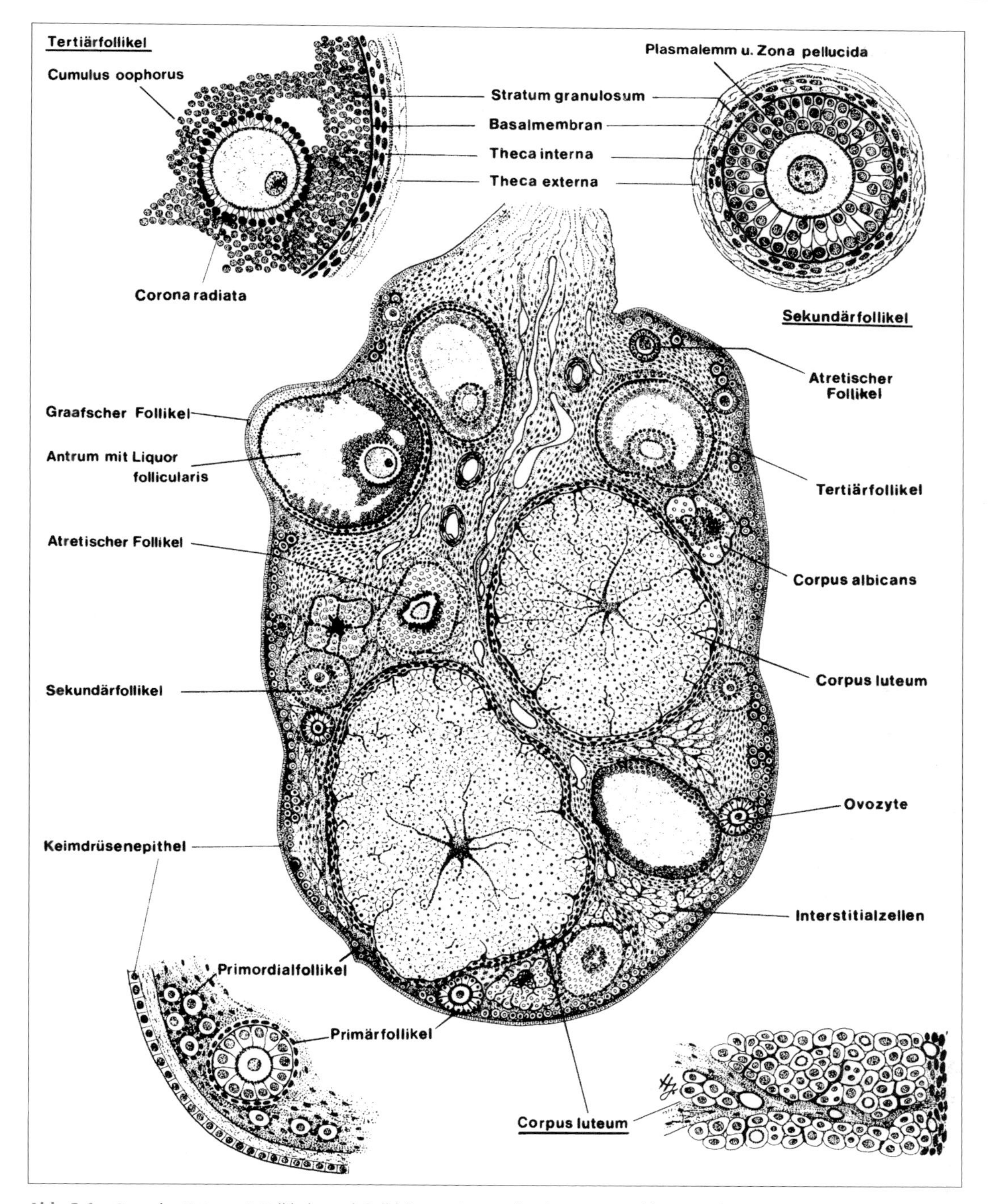

Abb. 3.1 Ovar der Katze mit Follikeln und Gelbkörpern in verschiedenen Entwicklungsstadien

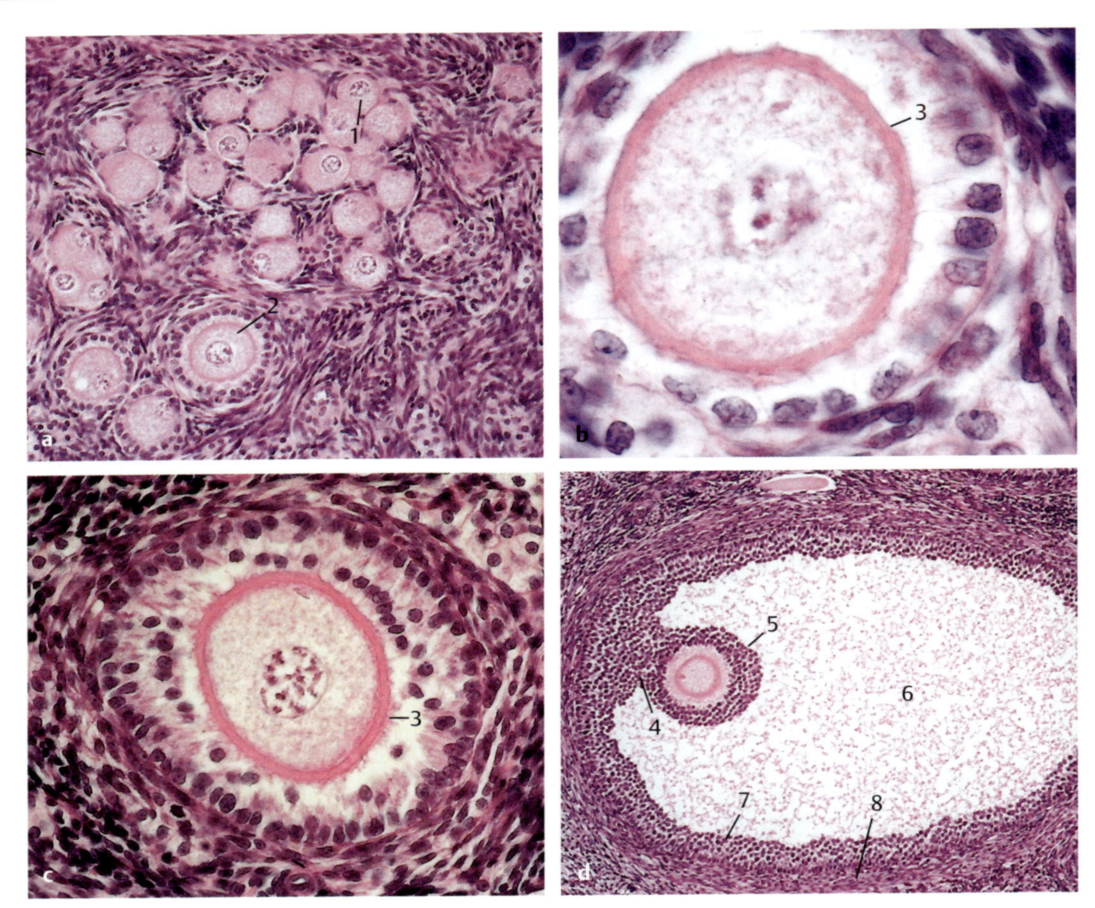

Abb. 3.2 Anschnitte vom Ovar der Katze, HE; Vergr. a 145 x; b 800 x; c 250 x; d 70 x (aus Weyrauch/Smollich; 1998). a Primordialfollikel (1) und Primärfollikel (2); b Primärfollikel; c Sekundärfollikel; d Tertiärfollikel; 3 Zona pellucida; 4 Cumulus oophorus mit Eizelle, 5 Corona radiata, 6 Antrum, 7 Stratum granulosum, 8 Theca folliculi

zum Ende, und die zweite Reifeteilung findet ihren Abschluss nach dem Eindringen der Spermien bei der Befruchtung.

Vermehrungsperiode

Die aus den Primordialkeimzellen hervorgegangenen **Ovogonien** (Oogonien) machen in relativ kurzer Zeit zahlreiche mitotische Teilungen durch und bilden mit den somatischen Zellen der Keimstränge sog. Eiballen. Ovogonien, die von einer Stammzelle abstammen, liegen in Gruppen zusammen und sind durch Interzellularbrücken untereinander verbunden, d.h. sie bilden Zellklone aus genetisch identischen Zellen. Der Vermehrungsprozess ist bei den meisten Arten bereits in der frühen pränatalen Entwicklung abgeschlossen. Mit der Differenzierung der Ovogonien zu Ovozyten (Oozyten) 1. Ordnung (primäre Ovozyten) in der nachfolgenden ersten Reifungsperiode ist die Gesamtpopulation an Keimzellen festgelegt. Ihre Anzahl kann sich von nun an nur noch durch Ovulationen und Atresie verringern. So wird beim Mensch im 5. Fetalmonat das Maximum von ca. 7 Millionen Keimzellen erreicht.

Erste Reifungsperiode

Sie umfasst das Wachstum der Ovogonien zu den **primären Ovozyten** beim Eintritt in die Prophase der ersten Reifeteilung (präleptotänes Stadium). Dies erfolgt bei Mensch, Pferd, Wiederkäuer und Meerschweinchen bereits vor der Geburt, bei Schwein und Katze bis in die postnatale Periode hinein und bei Hund, Kaninchen und Hamster in den ersten Wochen nach der Geburt. Kurz nach Beginn des Diplotänstadiums wird die 1. Reifeteilung arretiert und die primären Ovozyten treten in eine längere Ruhephase (Diktyotän), die erst zu Beginn der präovulatorischen Follikelreifung beendet wird und unter Umständen viele Jahre, beim Mensch auch Jahrzehnte dauert. Die 30 – 50 µm große Eizelle wird in dieser Entwicklungsstufe von einem einschichtigen Plattenepithel umgeben und bildet zusammen mit diesen somatischen Zellen den **Primordialfollikel**. Die Eizelle ist nun individualisiert, und es beginnt die **Follikulogenese**. Die Arretierung der 1. Reifeteilung erfolgt durch einen von den Follikelepithelzellen sezernierten Faktor. Beim geschlechtsreifen Rind sind ca. 100.000, beim Schwein 120.000 und beim Menschen 400.000 Primordialfollikel ausgebildet.

Eizellen, die nicht in einem Follikel eingeschlossen werden, gehen zugrunde.

Zweite Reifungsperiode

Mit Beginn der Geschlechtsreife wird die Follikulogenese fortgeführt, d. h. ein Teil der Primordialfollikel tritt in die 2. Reifungsperiode ein, bei der die Eizelle ihre endgültige Größe (ca. 150 µm) erreicht und die Follikel über Primär- und Sekundärfollikel zu den vesikulären Tertiärfollikeln heranwachsen. Diese erreichen entweder über die präovulatorische Reifung die Ovulation oder sie degenerieren. Fetal und präpuberal aus Primordialfollikeln entstandene Entwicklungsstufen atresieren. Die Follikelreifung ist ein dynamischer Prozess, bei dem sich ständig Primordialfollikel zu vesikulären entwickeln und dabei vom Rand in die Tiefe des Ovars verlagert werden.

In der Regel besitzt jeder Follikel eine Eizelle. Bei multiparen Tieren kommen aber auch mehrere (2 – 6) Ovozyten vor.

Primärfollikel. Das flache Follikelepithel wird kubisch und schließlich zylindrisch. Um die Eizelle beginnt der Aufbau der azellulären Zona pellucida als zusätzliche Glykoproteinschicht.

Sekundärfollikel. Die Eizelle hat einen Durchmesser von 100 µm erreicht, und die Zona pellucida ist als vollständige Hülle ausgebildet. Das Follikelepithel entwickelt sich durch mitotische Teilungen zum mehrschichtigen *Stratum granulosum*. Um diese Schicht wird die zweischichtige **Theca folliculi** gebildet, die vom Follikelepithel durch eine Basalmembran getrennt wird. Die *Theca interna* besteht aus zahlreichen Kapillarnetzen und epitheloiden Zellen mit der Fähigkeit zur Steroidsynthese (Oestrogenvorläufer). Die Zellen des Follikelepithels und der Theca interna exprimieren FSH- und LH-Rezeptoren. Die *Theca externa* baut sich aus kollagenen Fasern und Stromafibrozyten auf.

Tertiärfollikel. Durch Sekretion der Granulosazellen entsteht *Liquor follicularis*, der sich zwischen den Zellen ansammelt und zur Hohlraumbildung beiträgt. Die Zwischenräume vereinigen sich zu einer einheitlichen Höhle, *Antrum folliculare* genannt. Der Follikel nimmt erheblich an Umfang zu und die ca. 150 µm große Eizelle wird exzentrisch in den Eihügel, *Cumulus oophorus*, verlagert. Die sie umgebenden Granulosazellen ordnen sich zur *Corona radiata* an und produzieren jetzt im Zusammenhang mit den Zellen der Theca interna vermehrt Oestrogene, die hauptsächlich in die Blutbahn, aber auch in die Follikelflüssigkeit gelangen.

Präovulatorisches Wachstum und Ovulation

Die Bildung des sprungreifen *Graafschen Follikels* und die anschließende Freisetzung der Eizelle (**Abb. 3.1; 6.1**) ist von einem bestimmten Verhältnis von FSH und LH abhängig. Die Ovulation erfolgt entweder spontan oder wird, wie bei der Katze und dem Kaninchen, durch den Deckakt induziert (Einzelheiten siehe Sexualzyklus).

Bei der *präovulatorischen Reifung* führt der LH-Anstieg zur Vermehrung der Granulosazellen und Zunahme der Follikelflüssigkeit, die eine sehr hohe Östrogenkonzentration aufweist. Die ursprünglich breitflächige Verbindung des Cumulus oophorus mit dem Stratum granulosum wird bis auf einen dünnen Stiel reduziert, der auch einreißen kann, so dass die Eizelle mit Corona radiata frei in der Flüssigkeit flottiert. In der Endphase der präovulatorischen Reifung kommt es schließlich in einem umschriebenen Gebiet der Follikelwand zur Bildung des Stigmas, einer dünnen, anämischen, durchsichtigen Stelle, die sich zur Blase erhebt. Der Follikel hat jetzt seine Endgröße erreicht, die beim Pferd 35 mm, Schwein 12 mm und Rind 20 mm beträgt. Das Dünnwerden erfolgt durch lokale Auflösung des Stratum granulosum, wobei die Zellen phagozytiert oder in die Follikelflüssigkeit abgestoßen werden. Der Vorgang wird durch proteolytische Enzyme der Granulosazellen bewirkt, die gleichzeitig die Bindegewebszüge der Follikelwand angreifen. Die Ruptur der Blase ist weniger die Folge weiterer intrafollikulärer Drucksteigerung, sondern in erster Linie auf die Leistungen der Enzyme und auf die lokale Anämie zurückzuführen. Dies wird schon durch die Tatsache bewiesen, dass bei den pathologischen Follikelzysten, die keine proteolytischen Fermente enthalten, die mechanischen Kräfte nicht ausreichen, um eine Ovulation herbeizuführen. Der *Eisprung* selbst erfolgt selten explosiv, meistens quillt die leicht visköse Flüssigkeit aus dem Follikel langsam hervor (Eiausfluss). Mit dem Flüssigkeitsstrom gelangt die Eizelle nebst Zona pellucida, Corona radiata und abgelösten Granulosazellen (*Ovozyten-Cumulus-Komplex*) in die freie Bauchhöhle und wird von dem durch die Zilien des Eileitertrichters erzeugten Sog erfasst und in die Tubenöffnung transportiert.

Reifeteilungen

Die im Dictyotänstadium verharrende primäre Ovozyte beendet in der präovulatorischen Reifung ihre *erste meiotische Teilung* (**Abb. 2.10**). Durch ungleiche Zytokinese entsteht daraus die **sekundäre Ovozyte** mit dem Hauptteil des Zytoplasmas und ein kleines, abortives *Polkörperchen*, das im perivitellinen Raum zwischen Plasmalemm und Zona pellucida liegt. Unmittelbar auf die Bildung des ersten Polkörpers wird die *zweite Reifeteilung* eingeleitet, die kurzzeitig in der Metaphase arretiert wird. Erst nach Eindringen des Spermiums beim Befruchtungsvorgang wird die 2. Reifeteilung zu Ende geführt. Auch bei dieser Teilung wird das Zytoplasma ungleich verteilt. Es entsteht die haploide, reife Eizelle, **Ovum**, und ein weiteres Polkörperchen. Da sich das erste weiter teilen kann, kommen insgesamt drei abortive Zellen vor, die während der anschließenden Furchung bald zugrunde gehen. Die befruchtungsfähige, mit halbem Chromosomensatz ausgestattete Eizelle besitzt kein Zentriol.

3.2 Gelbkörperbildung

Beim Säugetier wird nach der Ovulation aus der kollabierten Follikelwand der Gelbkörper, *Corpus luteum*, aufgebaut (**Abb. 3.1; 5.2; 5.3; 5.4**), der eine temporär inkretorische Drüse darstellt und Progesteron produziert.

Direkt nach dem Follikelsprung fällt die Follikelhöhle zusammen und die Wandung legt sich in Falten. Im Hohlraum tritt ein Blutkoagulum auf (Corpus haemorrhagicum), das später resorbiert wird. Durch Einlagerung von Lipoiden mit Lipochromen wandeln sich in der *Anbildungsphase* (Proliferationsphase) die Zellen der Theca interna zu *Thecaluteinzellen* und die Granulosazellen zu *Granulosaluteinzellen* um. Beim Rind und Schaf kommen allerdings keine Thecaluteinzellen vor. Von der Theca wachsen Zellen und vor allem Bindegewebe mit Kapillaren zwischen die Granulosazellen ein und sorgen für die *Vaskularisation*. Die bereits in der präovulatorischen Phase stark vermehrten, polyedrischen Granulosazellen vergrößern sich nun um das Zwei- bis Dreifache, wodurch das Organ an Größe stark zunimmt. Der Gelbkörper im *Stadium der Blüte* wird außen von gefäßreichem Stroma umgeben und besitzt im Zentrum einen Bindegewebskern. Die Gruppen von Luteinzellen werden von einem dreidimensionalen Kapillarnetz umgeben.

Kommt es zur Trächtigkeit, so bleibt der Gelbkörper als *Corpus luteum graviditatis* (**Abb. 5.4**) über längere Zeit im Blütestadium erhalten. Die Rückbildung setzt erst im Laufe der Gravidität ein, allerdings in Abhängigkeit von der Tierart zeitlich sehr unterschiedlich. Erfolgt jedoch keine Befruchtung, dann sprechen wir vom *Corpus luteum cyclicum s. periodicum*. Hier beginnt die Rückbildung sofort, dauert aber doch wesentlich länger als die Entstehung. Bei polyoestrischen Tieren reicht der Abbau in mehrere nachfolgende Zyklen hinein.

Die **Rückbildung** ist gekennzeichnet durch eine fettige Degeneration der Luteinzellen und verstärkte Bindegewebsbildung. Histiozyten phagozytieren die in hyaline Massen übergegangenen Luteinzellen, und am Schluss bleibt eine kleine Bindegewebsnarbe, *Corpus fibrosum s. albicans*, übrig (**Abb. 3.1**). Ist dieses pigmentiert, so spricht man vom *Corpus nigrescens*. Beim Rind aber wird der Gelbkörper ab 28. Tag der Ovulation zum *Corpus rubrum*, das sich später zu einer brennendroten Narbe zurückbildet.

3.3 Follikelatresie

Die Follikelatresie, bei der die Mehrzahl der angelegten Ovozyten der Involution anheimfällt, erfasst Follikel aller Entwicklungsstufen. Es ist bekannt, dass der Ablauf der Atresie durch Gonadotropine und Steroide gesteuert wird, aber völlig unklar bleibt, warum eine Ovozyte zur Reife gelangt („dominanter Follikel"), während die Nachbarzellen eliminiert werden. Als mögliche Ursache wird das Verschwinden der Hormonrezeptoren an den Granulosazellen angesehen.

Die *degenerativen Prozesse* erfassen nicht nur die Eizellen, sondern auch das Follikelepithel. Wichtigstes Merkmal aller Stadien der Follikelatresie ist zunächst das Schrumpfen der Ovozyte und der Granulosazellen. Zellreste werden durch Histiozyten phagozytiert. Granulosazellen der Primordial-, Primär- und kleinen Sekundärfollikel sind relativ resistent gegen Atresie. Sie können bei einigen Säugern sogar nach dem völligen Verschwinden der Ovozyten erhalten bleiben. Sie bilden Epithelreihen, die histochemische Eigenschaften einer Steroidsynthese zeigen. Am atretischen Sekundär- und Tertiärfollikel hingegen degenerieren und verschwinden die Granulosazellen, während die Theca interna hypertrophiert. Diese Thecazellen bilden im Stroma zahlreiche interstitielle Drüsenzellen, die an der Oestrogensynthese beteiligt sind. Als Rest bleibt schließlich von den großen atretischen Follikeln nur noch eine bindegewebige Narbe übrig.

3.4 Ovogenese beim Vogel

Die Ovogenese beim Vogel erfolgt nur im aktiven, linken Ovar, wo zur Zeit des Schlupfes die Vermehrung der Ovogonien und ihre Umwandlung zu Ovozyten I. Ordnung abgeschlossen ist. Mit der Geschlechtsreife entwickeln sich die Eizellen zu großen, dotterreichen und gestielten Follikeln. Da während der Legeperiode neben 4 – 5 großen Follikeln mit einem Durchmesser von 4 cm zahlreiche kleinere vorhanden sind, sieht das linke Ovar wie eine Traube aus (**Abb. 3.3**).

Der **Follikel** besteht aus der großen Ovozyte und der Follikelwand. Eine Hohlraumbildung erfolgt nicht. Die mehrschichtige **Follikelwand** setzt sich von innen nach außen aus folgenden Schichten zusammen (**Abb. 3.3; 3.5**):

1. der Zona radiata,
2. dem Stratum granulosum, das aus einer einschichtigen Zellage und einer breiten Basalmembran besteht,
3. der bindegewebigen, kompakten Theca interna und der lockeren Theca externa,
4. der bindegewebigen Tunica superficialis und
5. dem Keimdrüsenepithel als äußeren Abschluss.

Die erste Reifeteilung erfolgt vor der Ovulation und die zweite im Eileiter. Nach dem Follikelsprung bleibt die Follikelwand als Kelch (Calix) zurück, dessen innere Zellen zwar proliferieren und vermutlich auch Hormone produzieren (Bildung des sog. postovulatorischen Follikels), aber keinen Gelbkörper aufbauen. Der Kelch wird innerhalb von sechs Tagen zurückgebildet.

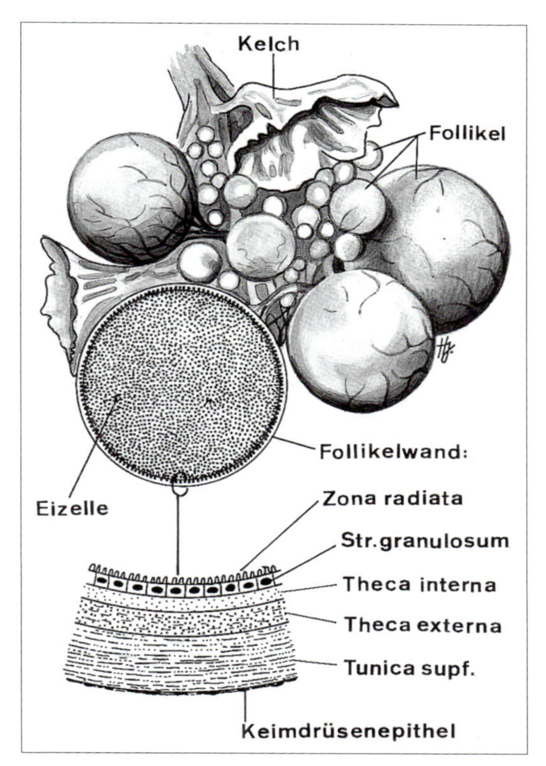

Abb. 3.3 Eierstock vom Huhn und halbschematische Darstellung der Follikelwand

3.5 Bau der Eizelle

Die reife Eizelle, **Ovum** (**Abb. 3.2; 3.4**), stellt die größte Zelle des Körpers dar und besitzt alle Fähigkeiten, sich zu einem neuen Individuum zu entwickeln. Ihre Größe ist abhängig vom Dottergehalt und beträgt bei den dotterarmen Zellen der Säugetiere zwischen 60 und 180 µm (Pfd. 135 µm, Rd. und Schf. 178 µm, Zg. 140 µm, Schw. 120 – 140 µm, Hd. 135 – 180 µm, Ktz. 120 – 150 µm, Ratte und Maus 60 – 75 µm, Mensch 130 – 150 µm, Kan. 150 µm), bei den dotterreichen Eiern des Huhnes bis zu 40 mm.

Der *Zellkern* ist kugelig und besitzt ein deutliches Kernkörperchen. Das Plasmalemm bildet zahlreiche Mikrovilli aus und ist zur Membranvesikulation befähigt. An *Zellorganellen* kommen neben Mitochondrien, Golgi-Apparat, Ribosomen und Vesikel des glatten endoplasmatischen Reticulums auch multivesikuläre Körper und peripher kortikale Granula vor. Ein funktionsfähiges Zentriol fehlt der befruchtungsfähigen Eizelle. Von besonderem Interesse sind die Dottereinlagerungen (Deutoplasma).

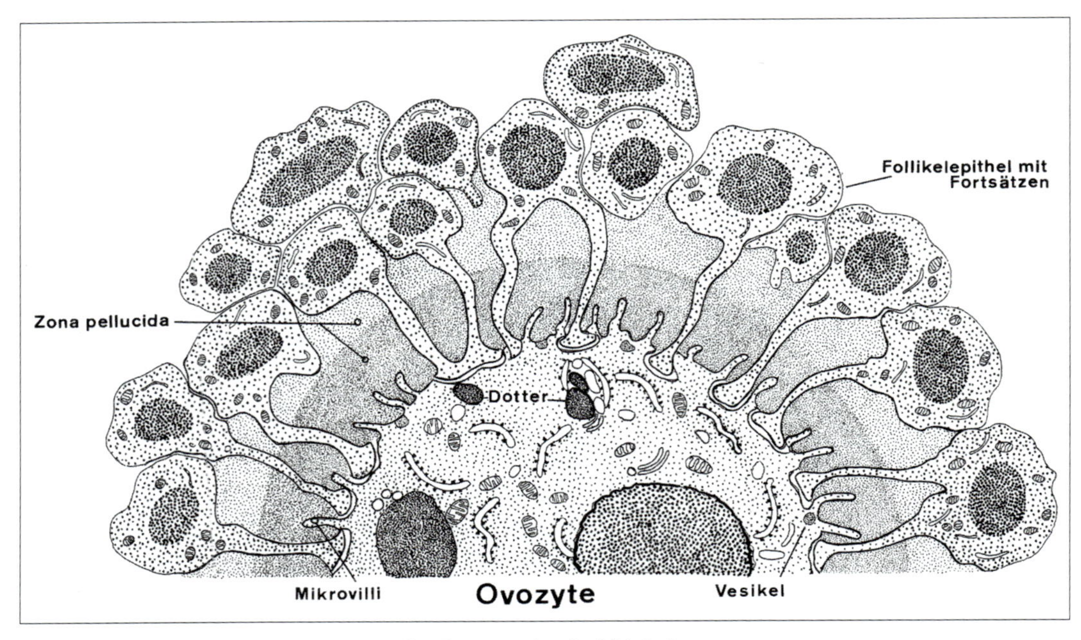

Abb. 3.4 Ausschnitt der Eizelle mit Zona pellucida eines Sekundärfollikels der Katze

Dotter, Vitellus

Unter Dotter wird die Gesamtheit der in der Eizelle deponierten Nahrungsreserven verstanden, die in Form von Granula bzw. Blättchen vorkommen und aus Eiweiß, Kohlenhydraten, Fetten, Phospholipiden und Salzen bestehen. Die gelbliche Färbung wird durch Karotinoide bewirkt. Die Dotterbildung geht vom „Dotterkern" aus, der aus dem Zentrosom und dem Golgi-Apparat besteht. Am Aufbau der Dotterpartikel selbst sind Mitochondrien, das endoplasmatische Retikulum und multivesikuläre Körper beteiligt. Während bei der Eizelle der Vögel hochorganisierte Dotterplättchen mit kristallinen Strukturen entstehen, sind die Dotterpartikel der Säugereizelle weniger entwickelt. Die Menge und Verteilung des Dotters sind bei den einzelnen Tierarten unterschiedlich und bestimmen den weiteren Ablauf der Entwicklung.

Dottermenge. Die Eizellen des Amphioxus lanceolatus und der Säuger besitzen wenig Dotter. Man nennt sie deshalb *oligolezithale* Eier. Durch die Vorgänge bei der Furchung und Keimblattbildung wissen wir, dass beim Säuger eine sekundäre Dotterarmut vorliegt, d. h., sie sind im Laufe der phylogenetischen Entwicklung wieder dotterarm geworden. Bei Branchiostoma lanceolatum besteht eine primäre Dotterarmut. Mäßig dotterreiche, *mesolezithale* Eier besitzen zahlreiche Amphibien. Viele Dottereinlagerungen, *polylezithale* Eier, kommen bei Insekten, Spinnen, Knochenfischen, Monotremen, Reptilien und Vögeln vor (**Abb. 8.1**).

Dotterverteilung. Bei den oligolezithalen Eiern der Säuger ist der Dotter gleichmäßig im Zytoplasma verteilt. Sie heißen deshalb *isolezithale* Eier. Meso- und polylezithale Eier hingegen besitzen meistens eine ungleiche, polare Dotteranhäufung, sie sind *telolezithal*. Der Kern mit Zytoplasma bildet oben den animalen Pol und die schweren Dottermassen unten den vegetativen Pol. Bei den polylezithalen Eiern der Insekten und Spinnen liegen die Dottermassen zentral, sie sind *zentrolezithal*.

Hüllen der Eizelle

Man unterscheidet primäre, sekundäre und tertiäre Membranen oder Hüllen der Eizelle.

Primäre Hülle. Darunter versteht man das Plasmalemm der Eizelle, auch Eimembran genannt. Beim **Säuger** besitzt sie Mikrovilli, die mit der Entwicklung der Zona pellucida immer länger werden, das Zonamaterial durchziehen und über Desmosomen mit der Zellmembran der Follikelzellen in Verbindung stehen. Gleichzeitig sind Fortsätze der Follikelzellen mit der Ovozyte verbunden. Beim **Vogel**

bilden radiäre Plasmalemmfortsätze zusammen mit in gleicher Richtung verlaufenden Ausstülpungen des Follikelepithels die Zona radiata (**Abb. 3.5**). Dieses ineinandergreifende Fortsatzsystem wird aber noch vor der Ovulation wieder aufgelöst.

Als primäre Hülle ist auch die **Zona pellucida** der **Säuger** anzusehen, da sie ausschließlich ein Produkt der Eizelle darstellt. Es handelt sich um eine unterschiedlich dicke (6–30 μm), an der lebenden Zelle transparent erscheinende Membran. Die Entstehung der Zona pellucida beginnt mit der Absonderung von Inseln fibrillären Materials in die Interzellularräume zwischen Granulosazellen und Ovozyt. Durch Vereinigung der Inseln bildet sich eine die gesamte Eizelle umgebende Hülle, die im Stadium des Sekundär- und Tertiärfollikels aus einer dichten inneren und lockeren äußeren Schicht aufgebaut ist. Biochemisch besteht die Zona pellucida aus Proteoglycanen und Glykoproteinen, von denen letztere Rezeptoreigenschaften für Spermatozoen besitzen. Die Zona pellucida wird von Kanälchen durchzogen, in denen Mikrovilli der Ovozyte und Fortsätze des Follikelepithels liegen. Diese bis in die Eizelle eindringenden Zytoplasmaausläufer sollen der Bereitstellung von Nährstoffen für die Eizelle dienen. Neben der mechanischen Stützfunktion für die Zellfortsätze verhindert die Zona pellucida bei der Befruchtung durch Auftreten der Zonareaktion eine Polyspermie. Nach der Befruchtung hält sie die Furchungszellen zusammen und unterbindet eine vorzeitige Implantation im Eileiter. Außerdem stellt sie eine Immunitätsbarriere gegen körpereigene Lymphozyten dar.

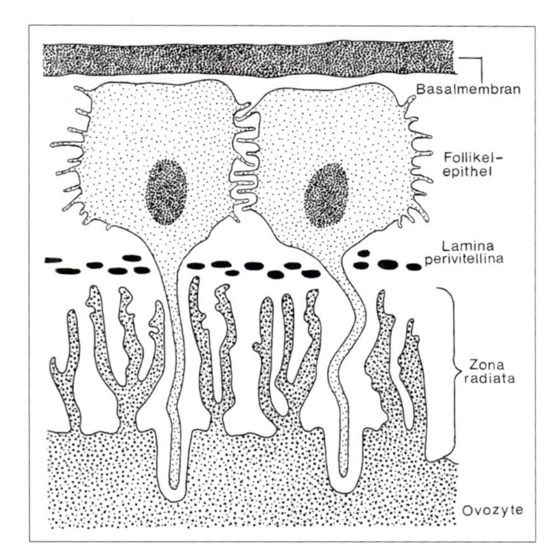

Abb. 3.5 Zona radiata und Lamina perivitellina der Ovozyte beim Vogel (aus A.S. King: Aves urogenital system. In R. Getty (Hrsg.): Sisson and Grossmann's The Anatomy of Domestic Animals, Vol. 2, 5. Aufl. 1975)

Sekundäre Hüllen. Sekundäre Membranen werden vom Follikelepithel gebildet. Hierzu wird die 0,2–0,6 μm dicke *perivitelline* Schicht der Eizelle des **Vogels** gerechnet, die sich zwischen Granulosazellen und Plasmalemm als ein Netzwerk langer, elektronendichter Fasern bildet (**Abb. 3.5**).

Tertiäre Hüllen. Tertiäre Membranen werden von der Schleimhaut des Eileiters bzw. Uterus gebildet. Hierzu gehören die *Gallerthülle* der Eizelle der Fische, Amphibien und einiger Säugetiere (Kan., Pfd., Hd.), die *mittlere* und *äußere Dottermembran, Eiweißschicht* und *Schalenhaut* beim Vogelei sowie die *Kalkschale* der Sauropsideneier. An den Eizellen der meisten höheren Säugetiere fehlen also tertiäre Membranen.

Aufbau des Vogeleies

An der **Eizelle**, Dotterkugel, des Vogeleies bildet der abgeflachte Zellkern mit dem umgebenden Bildungsplasma die *Keimscheibe* (Discus germinativus), die am animalen Pol auf dem aus weißem Dotter bestehenden Dotterbett, *Latebra*, ruht (**Abb. 3.6**). Um dieses Dotterbildungszentrum, das zapfenförmig in die Eizelle hineinragt, lagert sich in konzentrischen Schichten *gelber* und *weißer Dotter* an. An der Oberfläche wird die Dotterkugel von den **Dottermembranen** (**Abb. 3.6**) begrenzt. Diese bestehen aus: 1. dem Plasmalemm, 2. der perivitellinen Membran (Lamina perivitellina), die möglicherweise vom Follikelepithel gebildet wird, 3. der fast homogenen mittleren Dottermembran (Lamina continua) und 4. der äußeren, feinfaserigen Dottermembran (Lamina extravitellina). Die beiden letzten sind Produkte des Eileiters.

Die Dotterkugel mit Dottermembranen wird vom **Eiweiß**, Eiklar, umgeben, das aus einer äußeren und inneren dünnflüssigen und einer mittleren zähflüssigen Schicht besteht. Im Eiweiß liegen in der Längsachse des Eies die strangartig und spiralig aufgedrehten *Hagelschnüre*, Chalazen. Sie sind mit der äußeren Dottermembran verbunden und lassen Drehbewegungen der Eizelle zu, damit die Keimscheibe stets nach oben zu liegen kommt. Die Eiweißschicht wird außen von der zweiblättrigen **Schalenhaut** umgeben, deren Blätter am stumpfen

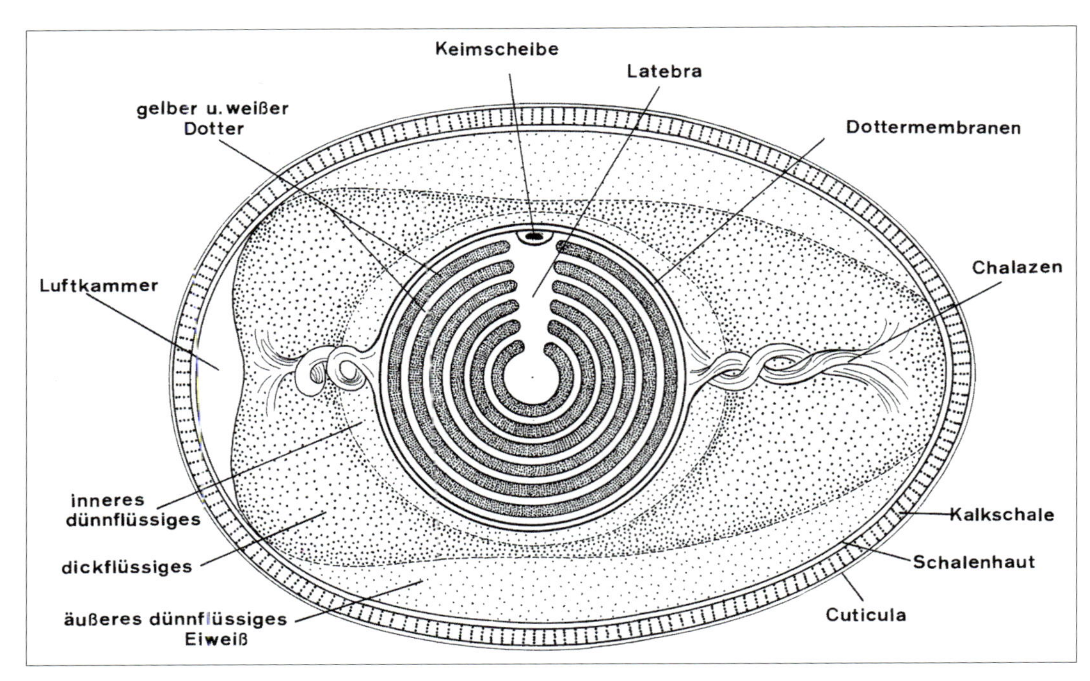

Abb. 3.6 Aufbau des Eies vom Huhn

Pol des Eies die *Luftkammer* begrenzen. Den äußeren Abschluss des Eies bildet die aus Kalziumsphäriten aufgebaute **Kalkschale**, die Poren besitzt und von einer *Kutikula* bedeckt wird.

Zusammenfassung

Entwicklung und Bau der Eizellen

■ **Ovogenese.** Die Ovogenese vollzieht sich in der Rindenschicht des Ovars und findet ihren Abschluss bei der Befruchtung, Aus **Primordialkeimzellen** hervorgegangene **Ovogonien** teilen sich in der pränatalen *Vermehrungsphase* lebhaft, ehe sie in der 1. Reifungsperiode nach Eintritt in die 1. Reifeteilung, die arretiert wird, zu den primären Ovozyten heranwachsen. Dies erfolgt entweder vor (Pfd., Wdk., Msch.) oder nach der Geburt (Schw., Hd., Ktz.) und führt zur Bildung von **Primordialfollikeln** (Eizellen mit flachem, einschichtigem Follikelepithel). Damit ist die Gesamtpopulation an Keimzellen (Rd. ca. 100.000, Schw. 120.000) angelegt. Nach einer langen Ruhephase (Diktyotän) setzt sich die Ovo- und Follikulogenese mit dem Eintritt in die Geschlechtsreife fort. Während dieser *2. Reifungsperiode* entstehen unter dem Einfluss von FSH **Primärfollikel** (Eizelle mit kubischem Epithel), **Sekundärfollikel** (Eizelle mit Granulosazellen und Theca folliculi) und **Tertiärfollikel** (Eizelle im Eihügel, Liquor folliculi), die sich zum sprungreifen **Graafschen Follikel** entwickeln. Diese präovulatorische Reifung führt unter LH-Anstieg zur Vermehrung der Granulosazellen und Zunahme der Follikelflüssigkeit. Die Endgröße der Follikel beträgt beim Pferd 35, Rind 20 und Schwein 12 mm. Bei der Ovulation gelangt die Eizelle mit Zona pellicuda und Granulosazellen in die Bauchhöhle und wird in die Tubenöffnung transportiert. Kurz vor der Ovulation wird die arretierte 1. Reifeteilung der primären Ovozyte beendet und die 2. Reifeteilung eingeleitet, wodurch die **sekundäre Ovozyte** und ein Polkörperchen entstehen. Die *2. Reifeteilung* mit Bildung des **Ovum** wird erst mit der Befruchtung vollendet.

■ **Gelbkörper, Corpus luteum.** Nach der Ovulation entsteht aus der Follikelwand der Progesteron produzierende Gelbkörper. Dabei wachsen Thecazellen und gefäßhaltiges Bindegewebe zwischen die sich stark vergrößernden Granulosazellen vor. Durch Einlagerung von Lipoiden und Lipochromen bilden sich Thecalutein- und Granulosaluteinzellen, die im Stadium der Blüte gruppenweise von Kapillarnetzen umgeben werden. Kommt es zur Trächtigkeit, bleibt der Gelbkörper als **Corpus luteum graviditatis** über längere Zeit im Blütestadium erhalten. Bei ausbleibender Befruchtung bildet er sich sofort zurück. Dieser Gelbkörper wird als **Corpus luteum cyclicum s. periodicum** bezeichnet.

■ **Follikelatresie.** Die wenigsten Follikel gelangen zur Ovulation. Die meisten bilden sich zurück; es kommt zur physiologischen Follikelatresie, die Follikel aller Entwicklungsstufen umfasst.

■ **Ovogenese beim Vogel.** Die Ovogenese beim Vogel erfolgt nur im linken, aktiven Ovar und führt mit der Geschlechtsreife zur Bildung großer, gestielter Follikel mit dotterreicher Eizelle. Nach der Ovulation bleibt die Follikelwand als Kelch übrig, der keinen Gelbkörper entwickelt, sondern sich rasch zurückbildet.

■ **Bau der Eizelle.** Reife Eizellen stellen die größten Zellen des Körpers dar. Dotterarme Zellen der Säugetiere haben eine Größe zwischen 60 und 180 µm, die der dotterreichen Eier des Huhnes von 40 mm. Die als Nahrungsreserven eingelagerten Dottergranula bzw. Blättchen bestehen aus Eiweiß, Kohlenhydraten, Fetten, Phospholipiden, Salzen und Karotinoiden und sind in tierartlich unterschiedlichen Mengen und Verteilungen vorzufinden. Amphioxus und die Säugetiere besitzen dotterarme, oligolezithale Eier, Amphibien mäßig dotterreiche, mesolezithale Eier und Reptilien sowie Vögel dotterreiche, polylezithale Eier. Oligolezithale Eier weisen eine gleichmäßige, isolezithale Dotterverteilung auf. Meso- und polylezithale Eier haben eine ungleiche, polare Dotteranhäufung und sind somit telolezithal.

■ **Hüllen der Eizelle.** *Primäre Hüllen* sind das Produkt der Eizelle. Zu ihnen gehört das Plasmalemm und beim Säuger zusätzlich die Zona pellucida, die Rezeptoreneigenschaften für Spermien besitzt, Polyspermie und vorzeitige Implantation im Eileiter verhindert, Furchungszellen zusammenhält und eine Immunitätsbarriere bildet. *Sekundäre Hüllen* werden vom Follikelepithel gebildet. Hierzu gehört die perivitelline Membran der Vogeleizelle. Zu den *tertiären Hüllen* gehören die Gallerthülle der Eizelle von Pferd und Hund sowie die mittlere und äußere Dottermembran, Eiweißschicht, Schalenhaut und Kalkschale des Vogeleies. Sie werden vom Eileiter bzw. Uterus gebildet.

■ **Aufbau des Vogeleies.** Die *Eizelle* (Dotterkugel) besteht aus konzentrischen Schichten gelben und weißen Dotters, die sich um die Latebra angelagert haben. Auf dieser ruht am animalen Pol die Keimscheibe (Zellkern mit Bildungsplasma). Die Oberfläche wird von Dottermembranen (Plasmalemm sowie perivitelline, mittlere und äußere Dottermembran) begrenzt. Nach außen folgt das *Eiweiß*, das aus einer inneren und äußeren dünnflüssigen und einer mittleren dickflüssigen Schicht besteht. Im Eiweiß sind *Hagelschnüre* verankert, die mit der äußeren Dottermembran verbunden sind. Den Abschluss bilden nach außen die zweiblättrige Schalenhaut mit Luftkammer am stumpfen Pol und die *Kalkschale* mit Kutikula.

4 Reifungsvorgänge an Samen- und Eizellen, Meiosis

Bei der Meiose dient die 1. Reifeteilung der Halbierung des diploiden Chromosomensatzes. Sie schafft ferner die Möglichkeit des Austausches genetischer Informationen zwischen homologen (väterlichen und mütterlichen) Chromosomenpaaren. Die 2. Reifeteilung vollzieht sich wie eine normale Mitose, mit dem Unterschied, dass nur der haploide Chromosomensatz daran teilnimmt (**Abb. 2.10; 4.2**).

4.1 Chromosomen und Chromosomensatz

Die im Zellkern lokalisierten, die Erbanlagen (Gene) tragenden Chromosomen liegen im Interphasenkern in der entspiralisierten Funktionsform vor. Bei der Teilung werden sie in die sichtbare Transportform umgewandelt. Der Chromosomenbestand ist artspezifisch konstant und beträgt als diploider (vom gr. diplóos für doppelt) Chromosomensatz bei Mensch 46, Pferd 64, Esel 62, Rind und Ziege 60, Schaf 54, Schwein 38, Hund 78, Katze 38,

Kaninchen 44, Huhn 78, Meerschweinchen 64, Ratte 42 und weiße Maus 40.

Von jedem diploiden Chromosomensatz sind zwei Chromosomen für die Geschlechtsbestimmung verantwortlich. Sie heißen *Geschlechtschromosomen* oder *Gonosomen*. Bei weiblichen Säugern sind dies zwei X-Chromosomen und bei männlichen die ungleichen X- und Y-Chromosomen.

Die anderen Chromosomen sind paarweise von gleicher Form und Größe und heißen *Autosomen*. So hat zum Beispiel das männliche Rind 29 Autosomenpaare und die Gonosomen X und Y (**Abb. 4.1**). Die systematische Wiedergabe des Chromosomensatzes wird Karyotyp genannt.

Die geraden oder hufeisenförmigen Chromosomen besitzen eine unterschiedlich lokalisierte primäre Einschnürung, das *Zentromer* oder *Kinetochor*, an dem bei der Teilung die Spindelfasern ansetzen. Die beidseitigen Chromosomenarme bestehen in der frühen Metaphase aus zwei spiralig gewundenen *Chromatiden*, zwischen denen bereits in dieser Anordnung der Spalt für die nachfolgende Chromosomenteilung auftritt. Jede Chromatide besteht aus einer einzigen *DNS (Desoxyribonukleinsäure)-Doppelspirale*, die um basische Proteine, *Histone*, gewunden ist. Durch die komplizierte Faltung der DNS-Spirale und ihre Anordnung zu den Histonen wird schließlich die Chromatide lichtmikroskopisch sichtbar. Elektronenmikroskopisch lässt sich im Interphasenkern ein ca. 10 nm dicker *Chromosomenfaden* nachweisen, in dem eine ca. 2 nm dicke Subfibrille zu erkennen ist. Die Subfibrille stellt die in Histonen eingebettete DNS-Doppelspirale dar. DNS und Histone sind zum größten Teil zu knötchenförmigen *Nukleosomen* organisiert.

Die Chromosomen haben die Aufgabe, genetische Informationen im genetischen Code der DNS zu speichern und durch identische Reduplikation weiterzugeben. Ferner regeln sie die genetische Information von der DNS auf die RNS und die RNS-Synthese.

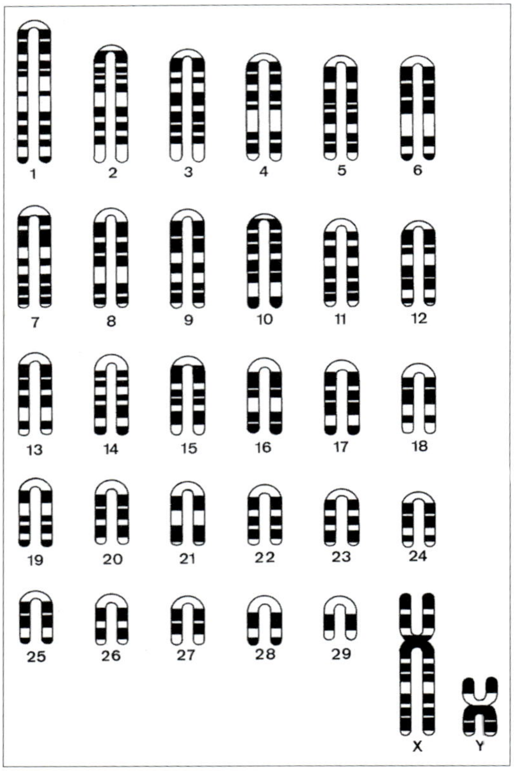

1 2 3 4 5 6
7 8 9 10 11 12
13 14 15 16 17 18
19 20 21 22 23 24
25 26 27 28 29 X Y

Abb. 4.1 Schematische Darstellung der Chromosomen vom Rind nach der Gießener-Nomenklatur (Abbildung A. Herzog, Gießen)

4.2 Erste Reifeteilung

Prophase I. Nachdem in der letzten Interphase die identische Reduplikation der DNS stattgefunden hat, beginnt die erste meiotische Teilung mit der Prophase, die den längsten und kompliziertesten Abschnitt der Meiose darstellt. Sie lässt sich in fünf Stadien unterteilen, wobei sie bei der Ovogenese zwischen dem Diplotän und der Diakinese jahrelang durch das *Diktyotän* unterbrochen wird.

Im *Leptotän* treten die Chromosomen als dünne Fäden im Kern in Erscheinung (**Abb. 4.2**). Im folgenden Zygotän beginnen sich die homologen väterlichen und mütterlichen Chromosomen zusammenzulegen und Bivalente zu bilden (Synapsis oder Konjugation). Bei der Paarung liegen die sich entsprechenden Chromosomenabschnitte nebeneinander. Die Anzahl der Bivalente entspricht der haploiden Zahl an Chromosomen. Nachdem sich die Chromosomen auf der ganzen Länge gepaart und durch Spiralisation verkürzt und verdickt haben, ist das *Pachytänstadium* erreicht. Da die Chromosomen jeweils aus zwei Chromatiden bestehen, zwischen denen jetzt ein Längsspalt sichtbar wird, bilden die Bivalente vier Stränge, die Tetrade. In dieser Zeit erfolgt das *„crossing over"* (Faktorenaustausch), wobei zwischen väterlichen und mütterlichen Chromosomen homologe Abschnitte ausgetauscht werden, was zur Neuanordnung der Gene (Rekombination) führt. Im *Diplotän* stoßen sich die gepaarten Chromosomen voneinander ab. Sie bleiben aber an bestimmten

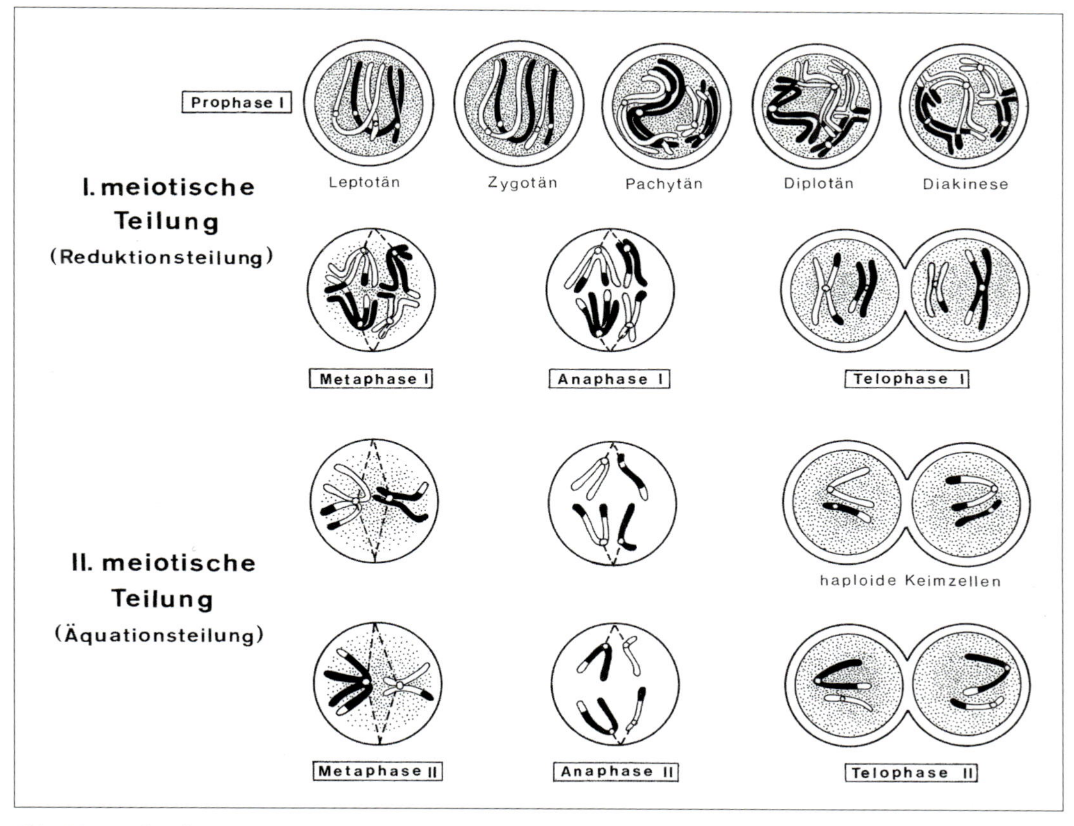

Abb. 4.2 Stadien der Meiose

Stellen (Chiasmata), an denen „crossing over" stattgefunden hat, noch miteinander verbunden. Auf das Diplotänstadium folgt nun in der Spermatozyte unmittelbar, in der Ovozyte jedoch erst nach der verlängerten Ruhephase die *Diakinese*. Hier sind die stark kontrahierten Chromosomen nur noch an ihren Enden über chiasmatische Verbindungen aneinander geheftet. Je nach Lage und Anzahl der Berührungsstellen bilden die Bivalente Kreuze oder Schlingen. In der späten Prophase besitzen die Chromosomen der Ovozyten seitliche Ausstülpungen in Form von Schleifen und Verzweigungen („Lampenbürsten"-Organisation), die RNS bilden.

Metaphase I. Die Kernmembran verschwindet, die Spindel bildet sich heraus, und die Chromosomen ordnen sich in der Äquatorialebene an.

Anaphase I. Die Spindelfasern ziehen die homologen Chromosomen zu den Polen. Die identischen Chromatiden bleiben noch zusammen.

Telophase I. Mit der rasch folgenden Zytoplasmateilung ist die 1. Reifeteilung beendet. Da eine Trennung der homologen 2-Chromatid-Chromosomen im ganzen stattgefunden hat, besitzen die Tochterzellen nur den haploiden (vom gr. aplóos für einfach) Chromosomensatz. Die erste meiotische Teilung ist folglich eine Reduktionsteilung.

4.3 Zweite Reifeteilung

Die zweite meiotische Teilung ist eine Äquationsteilung, bei der ohne vorhergehende identische Reduplikation der DNS und ohne Prophase die Stadien der Metaphase II, Anaphase II und Telophase II durchlaufen werden. Die bis jetzt am Zentromer zusammengehaltenen identischen Chromatiden werden auf die Tochterzellen verteilt.

Zusammenfassung

Meiose

- Bei der Meiose entstehen durch zwei aufeinanderfolgende Zellteilungen aus einer diploiden Zelle vier haploide. Die **1. Reifeteilung** ist eine Reduktionsteilung, bei der nach Tetradenbildung und Genaustausch zwischen homologen Chromosomen die Chromosomenpaare getrennt werden. Jedes Chromosom besteht aus zwei identischen, am Zentromer verbundenen Chromatiden. Diese werden bei der **2. Reifeteilung**, die wie eine Mitose abläuft, auf die Tochterzellen verteilt.

5 Sexualzyklus

Als Sexualzyklus werden alle morphologischen, hormonellen und biochemischen Veränderungen bezeichnet, die in periodischen Abständen beim weiblichen Tier eine oder mehrere Eizellen bereitstellen (ovarieller Zyklus), die Gebärmutterschleimhaut für die Aufnahme und Entwicklung der Keimblase vorbereiten (uteriner Zyklus) und die Paarungswilligkeit gewährleisten. Neben den Veränderungen an der Schleimhaut des Uterus, die im übrigen in Abhängigkeit von der späteren Plazentation tierartlich unterschiedlich stark sind, kommen solche gleichzeitig auch am Eileiter, an der Zervix und der Vagina vor. Als Besonderheit und Mittelpunkt des Sexualzyklus der Tiere sind die allgemeinen Symptome anzusehen, die sich in Form der Brunst (Oestrus) zeigen. Man spricht deshalb auch vom *Brunstzyklus*.

Das Wort Oestrus kommt vom griechischen oistros und bedeutet „Leidenschaft" oder Pferdebremse. Es beschreibt das erregte nervöse Verhalten einer Kuh, wenn sie von einer solchen Fliege angegriffen wird – ähnlich wie sich das Tier während der Brunst verhält.

5.1 Zeitlicher Ablauf des Sexualzyklus

Der Sexualzyklus beginnt mit der Geschlechtsreife (s. **Tab. 5.1**) und wiederholt sich in periodischer Reihenfolge, wenn er nicht durch die Gravidität unterbrochen wird. Hinsichtlich der Wiederkehr des Sexualzyklus mit Auftreten der äußerlich sichtbaren Zeichen der Brunst im Verlauf eines Jahres unterscheiden wir zwischen poly-, di- und monoestrischen Tieren.

Polyoestrisch mit mehreren hintereinander wiederkehrenden Zyklen sind Pferd, Wiederkäuer, Schwein, Katze, Maus, Ratte und Kaninchen.

Dioestrisch ist der Hund, bei dem die Brunst nur zweimal im Jahr auftritt. Bezieht man jedoch das Auftreten der Brunst auf die Sexualsaison, dann ist die Hündin saisonal **monoestrisch**, da sich an einen Zyklus eine Ruhephase anschließt, der sog. Anöstrus.

Monoestrisch mit einer Brunst im Jahr sind zahlreiche wildlebende Tiere wie zum Beispiel Reh, Hirsch, Gemse und Wildschwein. Der Sexualzyklus sowie die nachfolgende Befruchtung und Entwick-

Tab. 5.1 Angaben zur Geschlechts- und Zuchtreife (nach verschiedenen Autoren)

Spezies	Eintritt der Geschlechtsreife (Monate)	Eintritt der Zuchtreife (Monate)
Pferd	16–24	24–36
Rind	8–11	♂ 12 ♀ 14–18
Schaf	♂ 3–6 ♀ 5–10	8–18
Ziege	♂ 5–9 ♀ 8–10	8–18
Schwein	5–8	♂ 7–9 ♀ 8–9
Hund	7–10	24
Katze	7–9	9–14
Kaninchen	3–4	7–9
Meerschweinchen	2–2,5	6
Ratte	50–70 Tage	3,5–4
Maus	28–49 Tage	2–3
Goldhamster	1	2

lung sind so abgestimmt, dass die Geburt in eine für das Neugeborene klimatisch und ernährungsmäßig günstige Jahreszeit fällt. Diesem Ziel dient auch die beim Reh vorkommende viermonatige Ruheperiode im Blastozystenstadium.

Dauer des Sexualzyklus (Tab. 5.2)

Pferd. Die Stute ist saisonal polyoestrisch mit einem variablen Zyklus, der u.a. neurohormonell durch die Tageslichtdauer gesteuert wird. In der Hauptpaarungssaison von Mai bis Juli dauert der Zyklus 21 (19–23) Tage und ist durch deutliche Rossen gekennzeichnet.

Verlängert und unregelmäßig ist der Zyklus in der Adaptationsphase von Februar bis April, wodurch in Mitteleuropa die Paarungssaison von Februar bis Juli reicht. Bis in den Oktober laufen jedoch noch sehr regelmäßige Zyklen ab. Bei der Mehrheit der Stuten tritt infolge ovarieller Inaktivität ein Winter-Anoestrus auf, gewöhnlich von November bis Februar.

Rind. Das Rind ist asaisonal polyoestrisch. Die Zyklusdauer beträgt 21 Tage.

Schaf. Das Schaf ist saisonal polyoestrisch mit einer Paarungszeit im Herbst und einer Zyklusdauer

Tab. 5.2 Vergleichende Angaben über Sexualzyklus und Trächtigkeit (nach verschiedenen Autoren)

Spezies	Dauer des Zuklus (Tage)	Dauer der Brunst (Tage)	Zeitpunkt der Ovulation	Dauer der Trächtigkeit (Tage)	Brunstwiederkehr post partum
Pferd	21 (19–23)	5–7	1–2 Tage vor Brunstende	336 (340)	7–12 Tage p. p.
Rind	21	1	6–12 Stunden nach Brunstende	280 (284)	3–6 Wochen p. p.
Schaf	16–17	1–2	2. Hälfte der Brunst	150	3–5 Wochen p. p. oder nächste Saison
Ziege	21	1–2	gegen Brunstende	150	nächste Saison
Schwein	21	1–2 (3)	30–36 Stunden nach Brunstbeginn	114	3–8 Tage nach Absetzen der Ferkel
Hund	2–3 Mon. u. 4–6 Mon. Anoestrus	9 (4–12)	nach Abklingen der Blutungen über mehrere Tage	63	5–6 Monate p. p.
Katze	14–28[1] 40–50[2]	6–15 2–4	24–30 Stunden nach dem Deckakt	58–63	je nach Jahreszeit 1–21 (8) Wochen p. p.
Kaninchen	28	Brunstsymptome wenig ausgeprägt	10 Stunden nach dem Deckakt	30–32	ca. 35 Tage p. p.
Meerschweinchen	16	50 Stunden	einige Stunden nach Brunstbeginn	63–70	weniger als 24 Stunden p. p.
Ratte	4–6	14 Stunden	einige Stunden nach Brunstbeginn	21–23	weniger als 24 Stunden p. p.
Maus	3–9	13 Stunden	einige Stunden nach Brunstbeginn	18–23	weniger als 24 Stunden p. p.
Goldhamster	4–7	6 Stunden	12 Stunden nach Deckakt	16	4–6 Tage p. p.

[1] Anovulatorischer Zyklus
[2] Pseudogravider Zyklus

von 16 – 17 Tagen. Bei manchen Rassen (Merinofleischschaf, Merinolandschaf, Bergschaf) tritt der Zyklus jedoch über das ganze Jahr auf (asaisonaler Zyklus).

Ziege. Auch die Ziege ist jahreszeitlich polyoestrisch mit einer Zyklusdauer von 21 Tagen. Für in nördlichen Breiten lebende Tiere liegt die Zeit von September bis Januar. In den tropischen Gebieten kommt bei Ziegen kein Anoestrus vor.

Schwein. Beim Schwein tritt die Brunst das ganze Jahr in Intervallen von 21 (9 – 23) Tagen auf.

Hund. Der Zyklus der Hündin zeigt große rassespezifische und individuelle Unterschiede. Die Läufigkeit tritt meist zweimal im Jahr auf. Die Oestrusintervalle (Sexualsaison) schwanken jedoch zwischen 6 – 9 Monaten. Jede Sexualsaison besteht aus einer Phase sexueller Aktivität, dem eigentlichen Zyklus von 2 – 3 Monaten und dem anschließenden Anoestrus, der 4 – 6 Monate dauert.

Katze. Freilebende und Wildkatzen sind saisonal polyoestrisch mit einer Fortpflanzungsperiode im Herbst und einer im Frühjahr (ab Januar), in der jeweils mehrere Zyklen auftreten. Auf die Paarungssaison folgt der mehrmonatige Anoestrus. Der Anoestrus kann bei Hauskatzen ausbleiben, d. h. sie sind das ganze Jahr über zyklisch. Der Grund dafür liegt in der Stimulierung des Zyklusgeschehens durch länger andauernde (Kunst-) Lichteinwirkung. Da bei der Katze die Ovulation neurohormonal durch den Deckakt ausgelöst wird, kommt neben dem graviden Zyklus ein pseudogravider und ein anovulatorischer Zyklus vor. Der *pseudogravide Zyklus* tritt dann auf, wenn nach dem Deckakt zwar eine Ovulation, aber keine Befruchtung stattfindet. Er dauert ca. 40 – 50 Tage. Erfolgt keine Kopulation, unterbleibt auch die Ovulation. Dieser *anovulatorische Zyklus* ist kurz und dauert 21 (14 – 28) Tage. Bei Rassekatzen kann die Dauer des Zyklus sehr variieren. Generell weisen Katzen einen individuellen Zyklus auf.

Wiedereintritt der Brunst nach der Geburt

Nach der Gravidität muss zunächst unter Abgabe der sog. Lochien (Schleim mit Blut und abgestoßenen Epithelien) im Puerperium die Regeneration der Uterusschleimhaut erfolgen, ehe der neue Zyklus beginnen kann. Das Wiederauftreten der Brunst erfolgt beim Pferd 5 – 12 Tage p. p. (post partum) als sogenannte Fohlenrosse, Rind 3 – 6 Wochen p. p., Schaf 3 – 5 Wochen p. p. oder nächste Saison, Ziege nächste Saison und Hund ca. 5 – 6 Monate nach der Geburt. Bei der Katze beträgt diese Zeit je nach Jahreszeit bzw. Auftreten des Anoestrus 1 – 21, im Mittel 8 Wochen p. p.. Das Schwein wird 3 – 8 Tage nach Absetzen der Ferkel wieder brünstig (**Tab. 5.2**).

Ende der Fortpflanzungsperiode

Die Sexualfunktion erlischt beim weiblichen Tier erst im hohen Alter. Bei der Stute und der Hündin ist die Fruchtbarkeit bis ins Greisenalter möglich. Auch Rinder können mit 20 – 25 Jahren noch trächtig werden. Meistens erreichen jedoch Wiederkäuer und Schweine nicht das Alter, in dem die Fortpflanzungsfähigkeit zu Ende geht.

5.2 Zyklusphasen

Bei den Haussäugetieren steht während des Sexualzyklus der *Oestrus* mit seinen äußerlich sichtbaren Merkmalen im Vordergrund. Im nachfolgenden *Metoestrus* verschwinden die äußeren und inneren Brunsterscheinungen und die Deckbereitschaft besteht nicht mehr. Nach einer längeren Phase sexueller Ruhe, dem *Dioestrus*, kündigt sich der neue Zyklus durch das Einsetzen typischer Verhaltensänderungen im *Prooestrus* an. Diesen Phasen des **Brunstzyklus** werden der Einfachheit wegen die Veränderungen an Ovar und Uterus zugeordnet. Der erste Tag des Zyklus wird im allgemeinen mit Beginn der Brunst, bei der Hündin mit Einsetzen der Genitalblutungen festgelegt. Durch diese Unterteilung ist der Prooestrus der letzte Abschnitt des vorausgegangenen Zyklus (**Abb. 5.1; 5.2**).

Prooestrus, Vorbrunst

Die Vorbrunst erstreckt sich vom Einsetzen der Verhaltensänderungen bis zum Auftreten der Paarungsbereitschaft.

Ovar. Am Ovar liegt die *Follikelreifungsphase* vor, in der sich Tertiärfollikel vergrößern und zu Graafschen Follikeln heranwachsen. Diese besitzen beim Rind eine Größe von 12 – 15 mm und beim Schwein von 6 – 11 mm.

Uterus. Unter dem Einfluss der Oestrogene entsteht die *Proliferationsphase*, die den Uterus auf die Brunst vorbereitet. Die Schleimhaut verdickt sich und ödematisiert, das Oberflächenepithel wird hö-

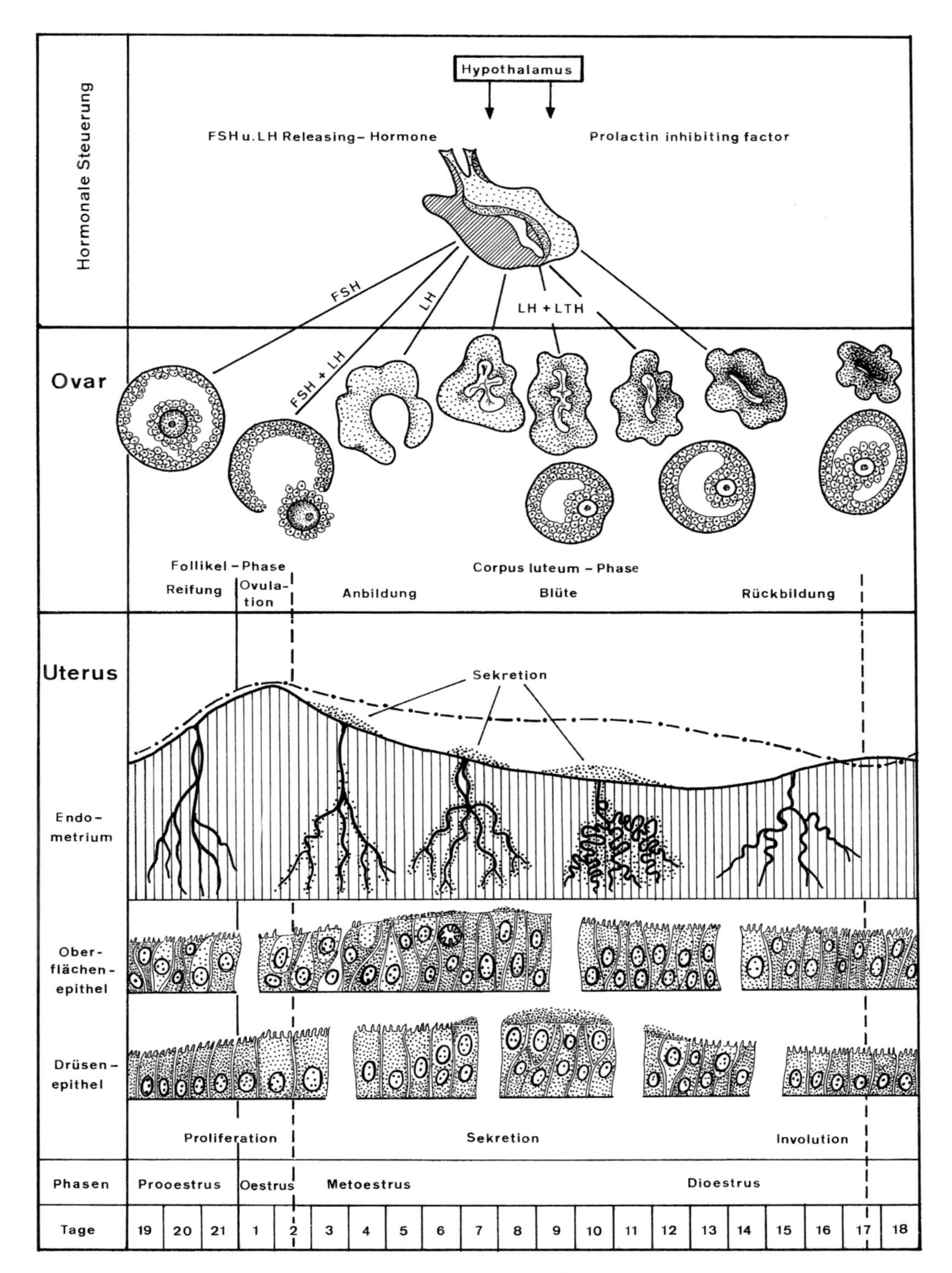

Abb. 5.1 Sexualzyklus des Rindes (nach Spörri, 1966 und Vollmerhaus, 1957). Die obere, gestrichelte Linie in der Darstellung des Endometriums gibt die von Kaliner (1963) und Eichner (1963) angegebenen Werte an.

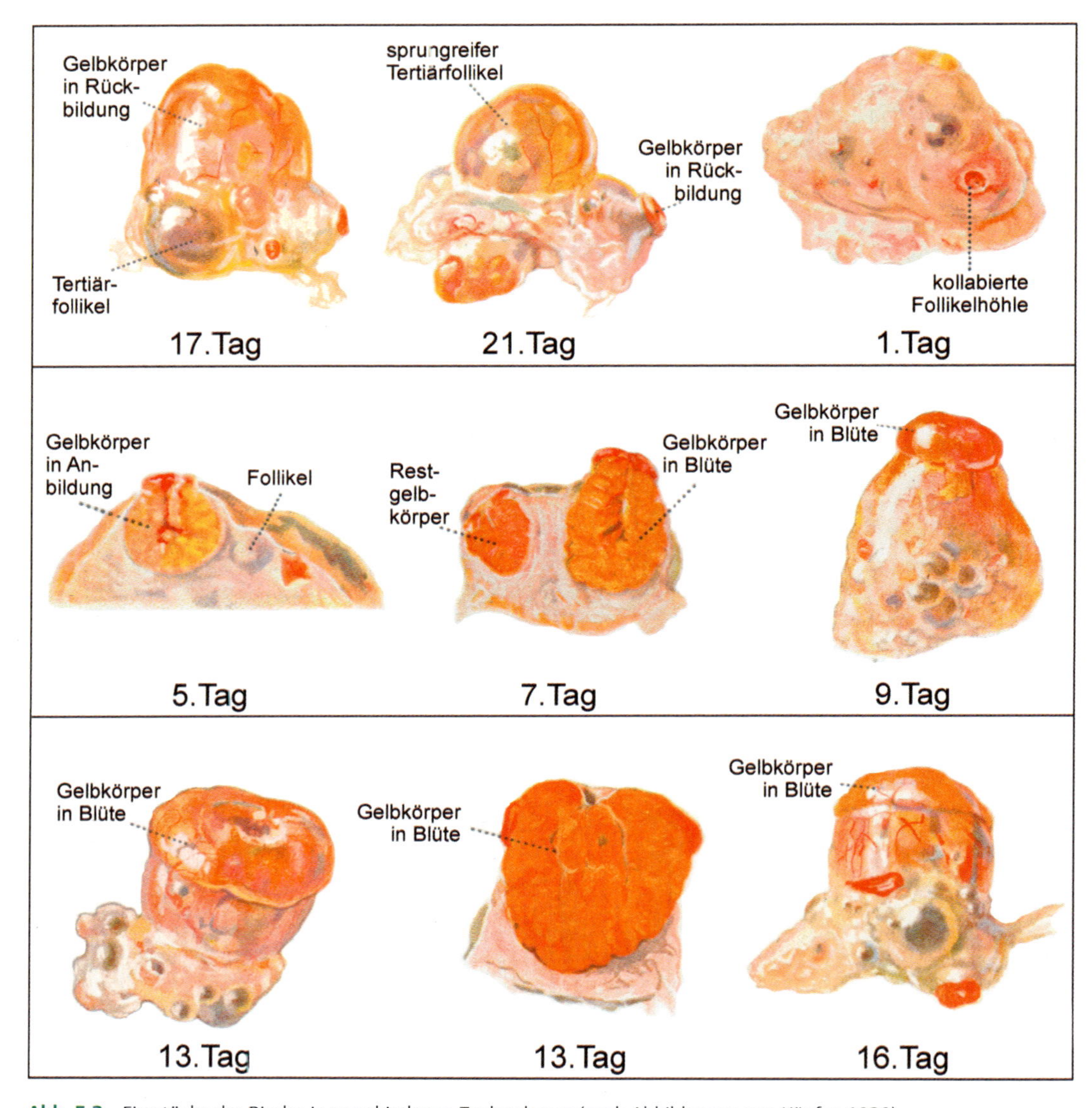

Abb. 5.2 Eierstöcke des Rindes in verschiedenen Zyklusphasen (nach Abbildungen von Küpfer, 1920)

her und bildet bei der Hündin typische Krypten aus. Die Uterindrüsen beginnen mit dem Wachstum (Stadium der beginnenden Drüsenhyperplasie). Der sonst visköse, vorwiegend von der Zervix gebildete Schleim nimmt unter der Oestrogenwirkung mehr dünnflüssige Konsistenz an. Bei der Hündin treten prooestrale Blutungen auf.

Oestrus, Brunst

Als Brunst wird nur der Zeitabschnitt des Zyklus bezeichnet, in dem die weiblichen Tiere bereit sind, den Deckakt zu dulden. Als Ausdruck der Paarungsbereitschaft verharren die Tiere bei Druck auf den Rücken in typischer Stellung (Duldungsreflex). Die Tiere zeigen Unruhe, Erregung, erhöhte Reizbarkeit und lassen ihre Stimme ertönen. Sie springen auf andere Tiere auf. Infolge der Hyperämie sind Vagina und Vulva verdickt und gerötet. Aus dem leicht geöffneten Zervikalkanal tritt fadenziehender, „spinnbarer" Schleim hervor, der oft als sog. Brunstschnur aus der Vulva heraushängt.

Ovar. Im Ovar entstehen durch das präovulatorische Wachstum sprungreife Graafsche Follikel, deren Endgröße beim Pferd 35 mm, Rind 20 mm, bei

Schaf, Ziege und Schwein 12 mm beträgt. Die Ovulation erfolgt bei den meisten Tieren gegen Ende der Brunst, oder wie beim Rind auch kurz danach als *Spontanovulation* (s. **Tab. 5.2**). Bei Kaninchen und Katze liegt eine *provozierte Ovulation* vor, die, ausgelöst durch den Deckakt, ca. 24 – 30 Stunden danach erfolgt. Die Ovulation lässt sich durch Gaben von Hormonen beeinflussen, was bei der Konzeptionsverhütung beim Menschen zur Anwendung kommt, aber auch bei Tieren zur Brunstsynchronisation therapeutisch genutzt wird.

Bei den uniparen Tieren Pferd und Rind kommt in der Regel nur ein Follikel zur Ovulation. Ausnahmsweise auftretende Mehrlinge entstehen entweder durch mehrfache Ovulationen (zweieiige Zwillinge, mehreiige Mehrlinge) oder durch Trennung der Embryonalanlagen (eineiige Zwillinge). Schafe bringen 1 – 2 Junge zur Welt, und bei der Ziege sind Zwillings- und Drillingsgeburten die Regel.

Bei den multiparen Tieren (Flfr., Schw.) springen nicht nur mehrere Follikel, bei älteren Schweinen bis zu 20, sondern die Follikel können auch mehrere Eizellen besitzen. Wenn in einer Ovulationsperiode Eizellen von mehreren Partnern befruchtet werden, spricht man von Überschwängerung, *Superfecundatio*. Erfolgt trotz vorangegangener Befruchtung eine weitere Brunst mit Ovulation und Befruchtung, was äußerst selten vorkommt, entsteht eine Überbefruchtung, *Superfetatio*.

Uterus. Die Proliferationsphase mit Durchsaftung der Schleimhaut setzt sich fort, und das Oberflächenepithel zeigt holokrine Sekretion. An der Uterusmuskulatur setzt eine rege Motilität ein, die für den Spermientransport wichtig ist. Beim Jungrind können unterschiedlich starke Blutungen in der Schleimhaut auftreten. Die Zervix zeigt vermehrte Schleimproduktion; aber auch die Uterindrüsen sollen an der Produktion von Brunstschleim beteiligt sein. Bei der Hündin verschwinden die Blutungen, der Ausfluss wird blasser und schließlich schleimig. Die Blutextravasate im Uterus werden resorbiert.

Bezeichnungen der Brunst

Pferd: rossig; *Rind*: ochselig, bullig, stierig, rindern; *Schaf und Ziege*: bockig; *Schwein*: rauschig, rollig, hitzig; *Hund*: heiß, hitzig, läufig und *Katze*: raunzig, hitzig, rollig. Bei der Hündin beinhaltet der Begriff *„Läufigkeit"* allerdings mehr als nur die Zeit der Brunst mit der Deckbereitschaft, sondern hierzu gehören auch die Phase der prooestralen Blutung und die 2 – 3 Tage des Metoestrus.

Metoestrus, Postoestrus, Nachbrunst

Diese kurze, meist nur wenige Tage dauernde Phase erstreckt sich vom Zeitpunkt des Erlöschens der Paarungswilligkeit bis zum Abklingen der äußeren und inneren Brunstsymptome (Verschwinden der vermehrten Hyperämie und Sekretion an Zervix, Vagina und Vestibulum sowie Schluss des Zervikalkanals).

Ovar. Am Eierstock *beginnt* die *Gelbkörperphase*, die im Zeichen des Aufbaues des Corpus luteum und unter Einfluss seines Hormons, des Progesteron, steht. Der Gelbkörper befindet sich im Metoestrus noch im Stadium der Anbildung (Proliferation), das auch als frühe Gelbkörperphase bezeichnet wird. Mit dem Gelbkörperaufbau steigt die Progesteronproduktion.

Uterus. Unter dem Einfluss der Progesteronwirkung vollzieht sich an der Uterusschleimhaut der *Übergang* von der Proliferations- in die *Sekretionsphase*, bei der die Uterindrüsen die stärkste Ausbildung und Schlängelung sowie eine lebhafte Sekretion zeigen. Die Uteruskontraktionen werden eingestellt.

Dioestrus, Interoestrus, Zwischenbrunst

Als Interoestrus bezeichnet man jenen Abschnitt des Zyklus, in dem jegliche Brunstsymptome fehlen. Er stellt die längste Phase des Brunstzyklus dar.

Ovar. Im ersten Abschnitt dieser Phase erreichen die *Gelbkörper* ihr *Blütestadium*. Das ist bei Rind und Schaf am 8., bei Pferd, Schwein und Katze etwa am 10.– 13. Tag der Fall. Die Gelbkörper der Hündin zeigen etwa 20 Tage post ovulationem ihre höchste Aktivität.

Beim Rind hat der Gelbkörper in der Blüte eine Größe von 20 – 25 mm und eine intensiv orangerote Farbe. Beim Pferd überragt er die Oberfläche des Ovars nicht und ist somit auch rektal nur schwer palpierbar. Die Gelbkörper von Schwein und Schaf sind ca. 10 mm groß und blaßrosa bzw. graurot gefärbt.

Wenn keine Befruchtung stattfindet (steriler Zyklus), beginnt (bei Rd. ab 17. Tag, Schf., Zg., Schw. ab 15. Tag, Hd. ab 20. Tag) unter Wirkung der vom Endometrium produzierten Prostaglandine die *Rückbildung des Gelbkörpers*, der damit zum *Corpus luteum cyclicum* s. periodicum wird (**Abb. 5.2, 5.3**). Mit der Verkleinerung ändert sich beim Rind die Farbe von orangerot zu zitronengelb und beim Schwein von blaßrosa zu weiß. Der Rückbildungs-

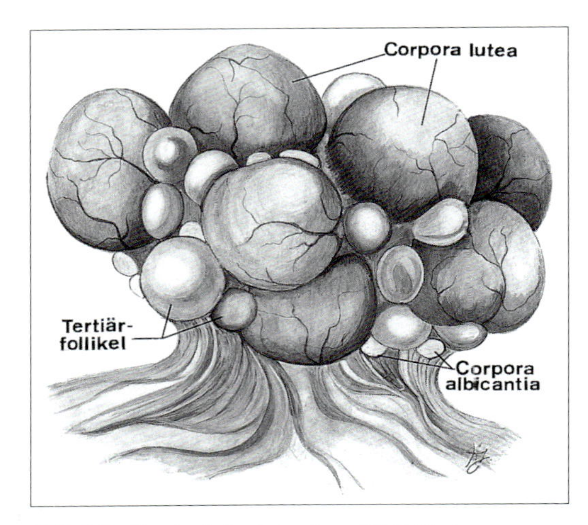

Abb. 5.3 Eierstock des Schweines, 15. Zyklustag

vorgang ist mit Eintritt des neuen Zyklus noch nicht abgeschlossen, sondern dauert bei den polyoestrischen Tieren über mehrere Brunstperioden an.

Beim *Rind* wird der Gelbkörper ab dem 28. Tag nach der Ovulation zum *Corpus rubrum*, das sich später zu einer roten Narbe zurückentwickelt. Bei den anderen Tieren, bei denen die gelbe Farbe kaum deutlich hervortrat, entsteht bei der Schrumpfung bald das *Corpus albicans* bzw. *nigrescens*. Bleibt der Gelbkörper bestehen, ohne dass eine Befruchtung stattgefunden hat, liegt eine pathologische Form, das Corpus luteum persistens, vor.

Uterus. Zur Zeit der Blüte des Gelbkörpers befindet sich die Uterusschleimhaut im Stadium der maximalen Drüsenhyperplasie mit verstärkter Sekretion. In dieser *Sekretionsphase* ist die Uterusschleimhaut für die Implantation der Blastozyste vorbereitet.

Erfolgt nach ausbleibender Befruchtung die Rückbildung des Gelbkörpers, erlischt die sekretorische Tätigkeit der Uterindrüsen und ihre Schlängelung wird zurückgebildet. Beim Hund werden Gewebsbestandteile resorbiert. Es kommt aber nicht zur Abstoßung ganzer Schleimhautschichten mit Blutungen, wie dies beim Menschen der Fall ist.

Verlauf des Sexualzyklus

Pferd. Der Prooestrus dauert ca. 6 Tage, der Oestrus 5 – 7 Tage, und die Ovulation findet 1 – 2 Tage vor dem Brunstende statt. Der Dioestrus wird gewöhnlich nicht vom Metoestrus unterschieden und dauert ca. 13 – 15 Tage.

Rind. Der Prooestrus dauert 2 – 3 Tage, der Oestrus etwa 18 Stunden, der Metoestrus 3 – 4 Tage und der Dioestrus 13 – 14 Tage. Die Ovulation erfolgt 6 – 12 Stunden nach dem Abklingen der äußeren Brunsterscheinungen. Eine met- oder postoestrale Blutung tritt v. a. bei Jungrindern auf („Abbluten"). Dem aus der Scheide abgehenden Schleim ist Blut aus der Gebärmutter beigemengt.

Schaf. Der Prooestrus dauert 2 Tage und die Brunst 1 – 2 Tage. Die Ovulation erfolgt gegen Ende der Brunst. Der Metoestrus dauert 2 – 3 Tage und die restlichen Tage entfallen auf den Dioestrus.

Ziege. Der Zyklusverlauf entspricht weitgehend dem des Schafes.

Schwein. Prooestrus und Oestrus dauern jeweils ca. 2 – 3 Tage, wobei die Ovulation 30 – 36 Stunden nach dem Brunstbeginn stattfindet. Diese mehrstündige Ovulationsphase wird als Voll- oder Hochrausche bezeichnet. Der Metoestrus währt 2 – 4 Tage, und die restlichen Tage entfallen auf den Dioestrus.

Hund. Der Prooestrus dauert im Mittel neun (3 – 16) Tage. Die Östrogendominanz verursacht eine starke Hyperämie des Endometriums und Diapedeseblutungen in die Uterushöhle, die zu blutigem Ausfluss, den prooestralen Blutungen (Aufbaublutungen), führen. Der Oestrus dauert ebenfalls neun (4 – 12) Tage. Nach dem Abklingen der Blutungen erfolgen Ovulationen über mehrere Tage, am häufigsten während der ersten drei Tage. Auf den Metoestrus über drei Tage folgt der progesterondominierte Dioestrus von 75 (51 – 82) Tagen. Hohe Prolaktinkonzentrationen führen zu einer vorübergehenden physiologischen Pseudogravidität (Scheinträchtigkeit) mit Anbildung der Milchdrüse. Am Ende des Dioestrus kommt es zu einer subklinisch verlaufenden Abbruchblutung des Endometriums. Mit dem Absinken des Progesteronspiegels geht die Hündin in den Anoestrus über, der durch Inaktivität der Ovarien gekennzeichnet ist. Dessen Länge variiert rasseabhängig sehr stark und dehnt sich über 125 (15 – 265) Tage aus.

Katze. Der Prooestrus dauert 1 – 3 Tage. Da beim *pseudograviden Zyklus* 24 – 30 Stunden nach dem Deckakt zwar eine provozierte Ovulation, aber keine Befruchtung stattfindet, dauert der Oestrus nur 4 – 6 Tage. Im 1 – 2 Tage dauernden Metoestrus beginnt die Ausbildung eines zyklischen Gelbkörpers

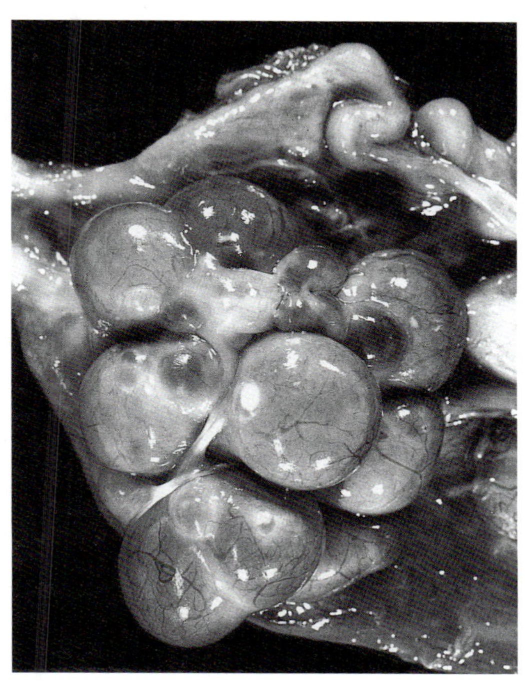

Abb. 5.4 Eierstock eines frühträchtigen Schweines mit Gelbkörpern, Vergr. ca. 2 x

und im Dioestrus besteht Scheinträchtigkeit von 30 – 45 Tagen. Beim *anovulatorischen Zyklus*, wo keine Kopulation und damit auch keine Ovulation und naturgemäß keine Bildung des Gelbkörpers erfolgt, ist der Oestrus auf 10 – 14 Tage verlängert. Während des Met- und Dioestrus liegt die Zeit der Follikelatresie vor.

5.3 Menstruationszyklus beim Menschen

Charakteristisches Kennzeichen des Zyklus bei der Frau sind die im Abstand von etwa 28 +/- 4 Tagen auftretenden Menstruationsblutungen.

Am Anfang steht die Menstruationsphase (Desquamationsphase) von 2 – 6 Tagen, bei der die zyklisch veränderte, obere Schleimhautschicht (Zona functionalis) der Gebärmutter abgestoßen und mit Blut ausgeschwemmt wird. In der folgenden Follikelphase (Proliferationsphase) vergrößern sich die Tertiärfollikel und die Uterusschleimhaut regeneriert sich, ausgehend von dem erhaltenen tiefen Anteil des Endometriums (Zona basalis). Zwischen 12. und 15. Tag erfolgt die Ovulation, nachdem vorher in einem zehnstündigen Wachstumsspurt ein Tertiärfollikel zum sprungreifen Graafschen Follikel herangewachsen war. An die Ovulation schließt sich die 14 Tage dauernde Gelbkörperphase (Sekretionsphase) an.

Brunsterscheinungen, wie sie bei den Tieren vorkommen, gibt es beim Menschen nicht.

5.4 Hormonale Steuerung des Sexualzyklus

Die Follikelreifung, Ovulation und Gelbkörperbildung und die damit einhergehende periodische Entwicklung östrogenbildender und progesteronproduzierender Strukturen im Ovar unterliegen der Steuerung durch Gonadotropine der Hypophyse (**Abb. 5.1**). Die Rückbildung des Gelbkörpers erfolgt durch Prostaglandine.

Hypophysenvorderlappenhormone. Im Vorderlappen der Adenohypophyse werden **Gonadotropine** gebildet. Dazu zählen das **FSH**, Follitropin, Follikelstimulierendes Hormon; **LH**, Lutropin, Luteinisierungshormon (ICSH, Zwischenzellenstimulierendes Hormon) und das **LTH**, Luteotropes Hormon (Prolaktin). Ihre Ausschüttung wird durch Neurohormone des Hypothalamus beeinflusst. Die Abgabe von FSH und LH wird durch Gonadotropin-Releasing-Hormone (GNRH, Gonadoliberin) stimuliert und die Produktion von LTH durch den „Prolactin Inhibiting Factor" gehemmt.

FSH ist in erster Linie für die Follikelreifung verantwortlich. Für die Sekretion von Androgenen in der Theca interna und deren Metabolisierung zu Östrogenen und vor allem für die Ovulation ist ein Zusammenwirken von FSH und LH bei gleichzeitigem **LH**-Anstieg notwendig. Diese kombinierte Wirkung bestimmt die absolute Anzahl der zum Eisprung kommenden Follikel und das Verhältnis ovulierender zu atretischen Follikeln. Der für die Ovulation notwendige Anstieg von LH kommt durch die gesteigerte Östrogensekretion bei Abwesenheit von Progesteron zustande. Bereits vor der Ovulation werden die Granulosazellen durch LH für ihre spätere Progesteronsynthese programmiert. Die Erhaltung des Gelbkörpers und seine fortgesetzte Progesteronproduktion während der Gravidität wird von **Prolaktin** (LTH) und LH (hypophysärer luteotroper Komplex) gesteuert. Die Hauptaufgabe von Prolaktin besteht in der Mammogenese und Galaktopoese.

Oestrogene. Die als Wachstumsfaktoren für den weiblichen Geschlechtsapparat anzusehenden Oestrogene entstehen vor allem im reifen Ovarialfollikel. Dabei werden in der Theca interna gebildete Androgene in den Granulosazellen zu Oestrogenen umgewandelt. Oestrogene sind verantwortlich für die Proliferation des Endometriums, und sie versetzen die glatte Muskulatur in erhöhte Kontraktionsbereitschaft.

Progesteron. Das Trächtigkeitshormon Progesteron sorgt für die Aufnahme und Entwicklung der Keimblase im Uterus. Im Ovar sind vermutlich nur die Granulosaluteinzellen des Corpus luteum zur Bildung von Progesteron befähigt. Unter dem Einfluss des Progesterons geht das Endometrium in die Sekretionsphase über, und die Kontraktionsbereitschaft der glatten Muskulatur nimmt ab. Bei der Trächtigkeit wird außer bei Ziege, Rind und Schwein der Gelbkörper nach einer bestimmten Zeit durch die Plazenta als Progesteronquelle abgelöst.

Sekretionsregulierung. Die Konzentration von Oestrogenen bzw. Progesteron reguliert über den Hypothalamus die Ausschüttung der gonadotropen Hormone des Hypophysenvorderlappens (Regelkreise). Führt eine niedrige bzw. hohe Hormonkonzentration im Plasma zu vermehrter bzw. verminderter Bildung von Hypophysenhormonen, dann spricht man vom „negativen Feed-back". Das umgekehrte Verhalten wird als „positiver Feed-back" bezeichnet. Dies ist bei der Ovulation der Fall, wo hoher Oestrogengehalt eine vermehrte Ausschüttung an LH zur Folge hat.

Prostaglandine. Prostaglandine sind biologisch wirksame Stoffe (ungesättigte Hydroxyfettsäuren mit 20 C-Atomen und einem Zyklopentanring), die in viele Abläufe der Fortpflanzungsbiologie eingreifen. Sie wurden in Extrakten nahezu aller Gewebe gefunden und kommen in besonders hoher Konzentration in der Samenflüssigkeit vor.

In der Uterusschleimhaut entsteht unter dem Einfluss des Progesterons das Prostaglandin PGF 2α, das für die Rückbildung des Gelbkörpers verantwortlich ist. Die Applikation von PGF 2α oder eines seiner Analoge führt innerhalb weniger Stunden zur Luteolyse.

In der **Klinik** werden Prostaglandine bei stiller Brunst, beim Corpus luteum pseudograviditatis und zur Zyklusverkürzung, Synchronisation, Aborteinleitung sowie Geburtseinleitung therapeutisch eingesetzt. In der Rinderpraxis konnte damit die früher praktizierte und mit zahlreichen Gefahren verbundene Enukleation des Gelbkörpers durch eine bessere Methode ersetzt werden.

Zusammenfassung

Sexualzyklus

- Der Sexualzyklus umfasst alle periodischen Veränderungen vorrangig der Ovarien (**ovarieller Zyklus**) und des Endometriums (**uteriner Zyklus**), die zum Heranreifen und zur Ovulation einer (oder mehrerer) befruchtungsfähigen(r) Eizelle(n) führen und die zur Einnistung und Entwicklung des befruchteten Eies in der Gebärmutterschleimhaut notwendig sind. Bei den Säugetieren steht äußerlich die **Brunst** (Oestrus) mit der Paarungsbereitschaft im Vordergrund.
- Der ausgesprochen **speziesspezifische** Zyklusverlauf bezieht sich auf die zeitliche Abfolge der Brunstintervalle ebenso wie auf die Dauer und den Verlauf der einzelnen Zyklusphasen.
- **Polyoestrisch** sind Tiere mit mehreren hintereinander wiederkehrenden Zyklen. Pferd, Schaf, Ziege und Katze sind saisonal und Rind sowie Schwein asaisonal polyoestrisch. **Monoestrisch** mit einer Brunst im Jahr bzw. Sexualsaison sind wildlebende Tiere (z. B. Reh, Hirsch). Die **Hündin** ist bezüglich des Auftretens der Brunst pro Jahr *dioestrisch*, auf die Sexualsaison bezogen jedoch **saisonal monoestrisch**.
- Die wichtigsten Daten über die Zyklusdauer, Dauer der Brunst, Zeitpunkt der Ovulation und Brunstwiederkehr nach der Geburt sind in **Tab. 5.2** nachzulesen.
- Vier **Zyklusphasen** werden unterschieden. Der östrogendominierte Prooestrus entspricht am Ovar der *Follikelreifungsphase* und am Endometrium der *Proliferationsphase*. Das zentrale Ereignis des **Oestrus** ist die Ovulation, währenddessen sich die Uterusschleimhaut weiter aufbaut. Im **Metoestrus** beginnt aus dem gesprungenen Follikel die Bildung des Corpus luteum, dessen *Progesteron* die *Sekretionsphase* des Endometriums einleitet. Die Gelbkörperphase erreicht während der längsten Zyklusphase, dem **Dioestrus,** mit dem *Corpus*

luteum in Blüte ihren Höhepunkt, ebenso wie die endometriale Sekretionsphase. Endometriale *Prostaglandine* bewirken in einem sterilen Zyklus die Luteolyse mit nachfolgender Rückbildung der Uterusschleimhaut. In einem graviden Zyklus wird das Corpus luteum cyclicum zum Corpus luteum graviditatis. Zeiten weitgehender ovarieller Inaktivität werden als **Anoestrus** bezeichnet.

- Die zyklischen Vorgänge am Ovar unterliegen der **zentralen Regulation** durch gonadotrope Releasing Hormone des Hypothalamus und durch Gonadotropine (FSH, LH, LTH) des Hypophysenvorderlappens. Zwischen Ovar und Hypophyse existieren Feedback-Mechanismen.

6 Befruchtung, Fertilisation

Die Befruchtung ist die Vereinigung väterlichen und mütterlichen Erbmaterials durch Verschmelzung der Vorkerne beider Geschlechtszellen. Ihr geht das Eindringen (Imprägnation) des Spermiums in die Ovozyte voraus, ein Vorgang, der als Besamung bezeichnet wird. Im Gegensatz zu der *äußeren Besamung* bei Fischen, Kröten und Fröschen, bei denen die Vereinigung der Gameten außerhalb der Genitalien erfolgt, findet beim Vogel und Säugetier eine *innere Besamung* statt. Die Spermien werden entweder bei der Begattung oder bei der „künstlichen" Besamung in die weiblichen Geschlechtsorgane gebracht, von wo sie in den Eileiter wandern und hier auf die ovulierte Eizelle treffen (**Abb. 6.1**).

6.1 Ort der Befruchtung und Wanderung der Eizelle

Die Befruchtung der Eizelle erfolgt normalerweise in der *Eileiterampulle*. Damit möglichst jede Eizelle dieses physiologische Ziel erreicht, wird ein besonderer Auffangmechanismus wirksam. Bei Nagetieren und Fleischfressern sorgt die vollständig oder fast vollständig das Ovar umgebende Eierstockstasche (periovarialer Sack) dafür, dass die ovulierten Eizellen in das Infundibulum geleitet werden. Die Eizellen, umgeben vom Cumulus oophorus, werden dabei von einem Flüssigkeitssog erfasst, der durch die Tätigkeit der Kinozilien des Eileiterepithels hervorgerufen wird. Bei den anderen Tieren und beim Menschen verhindert die Bewegung des Eileitertrichters, dass die Eizelle in der Peritonäalhöhle verloren geht, denn zur Zeit der Ovulation erheben sich die Fimbrien und bewegen sich über die Eierstocksoberfläche und leiten die Eizellen zur Eileiteröffnung. Hier werden sie ebenfalls vom Sog des durch Kinozilien erzeugten Flüssigkeitsstromes erfasst. Am Weitertransport bis zur Eileiterampulle sind neben dem Kinozilienschlag peristaltische Bewegungen der Wandmuskulatur beteiligt. Sie sind auch für die **Wanderung der Eizelle** bzw. Morula durch den gesamten Eileiter verantwortlich, die bei Mensch 3, Schwein 2–4, Wiederkäuern, Maus, Ratte, Kaninchen 3–4, Katze 4–8, Pferd 4–6 und Hund sogar 6–8 Tage dauert (s. **Tab. 12.1**). Da die fertile Phase der Eizelle nur ca. 24 Stunden anhält, kann die Befruchtung auch nur im Eileiter und nicht distal davon im Uterus erfolgen.

Wenn die befruchtete und in Furchung übergehende Eizelle nicht den normalen Weg durch den Eileiter in die Gebärmutter findet, können pathologische Schwangerschaften entstehen, die bei Tieren allerdings selten auftreten. Bleibt die befruchtete Eizelle im Follikel, kann eine *Ovarialschwangerschaft* entstehen. Entwickelt sie sich im Eileiter, führt dies zur *Eileiterschwangerschaft*. Fällt die befruchtete Eizelle in die Peritonäalhöhle, kann sich daraus eine *primäre Bauchhöhlenschwangerschaft* entwickeln. Eine sekundäre Bauchhöhlenschwangerschaft liegt dann vor, wenn bei normaler Entwicklung nach einer Ruptur der Gebärmutter der Keimling mit Hüllen in die Peritonäalhöhle verlagert wird.

6.2 Begattung und Spermientransport

Durch Kontraktionswellen der Muskulatur des Nebenhodenschwanzes und Samenleiters werden bei der **Ejakulation** die Spermien in die Urethra ausgestoßen, wo sie sich mit den Sekreten der akzessorischen Geschlechtsdrüsen mischen. Die Expulsion

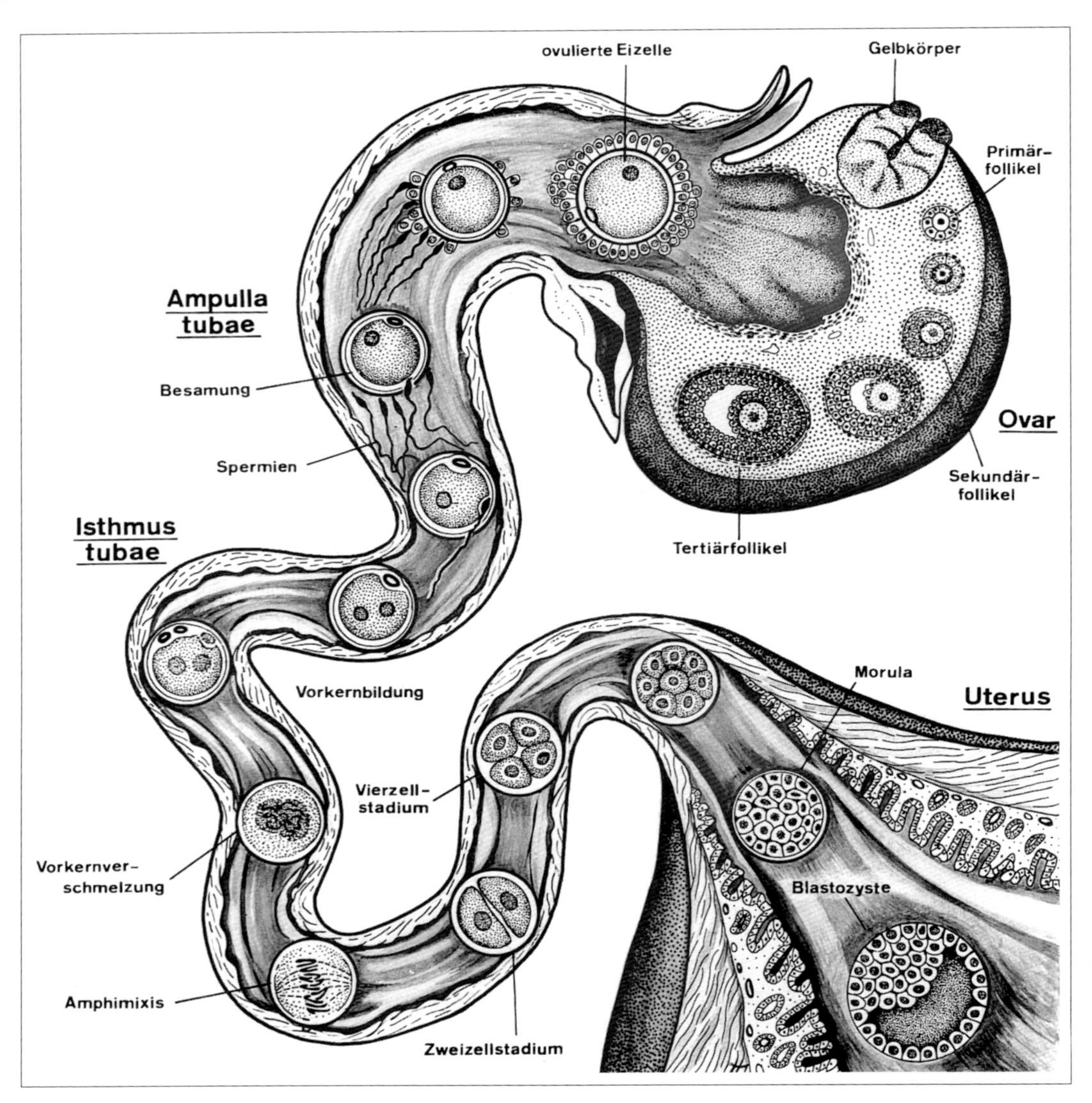

Abb. 6.1 Schematische Darstellung der Ovulation, Befruchtung und Furchung beim Säuger (nach Zietzschmann/Krölling 1955 und Michel 1986)

aus der Harnröhre erfolgt durch Kontraktion des M. sphincter urethrae und der Mm. ischiocavernosi und bulbospongiosi. Der Begattungsvorgang dauert bei Wiederkäuern weniger als eine Minute, beim Pferd etwas länger, Schwein mehrere Minuten und beim Hund 5 – 30 Minuten.

Infolge des kurzen **Deckaktes** und der besonderen Struktur der Zervix wird beim *Wiederkäuer* das Ejakulat im dorsalen Scheidengewölbe abgesetzt. Beim *Pferd* gelangt das Sperma in die Zervix, bei *Schwein* und *Katze* in Zervix und Uterus und beim *Hund* bis in den Uterus.

Die Spermien erreichen relativ schnell, im Durchschnitt nach 1 – 3 Stunden (beim Wdk. auch schon nach 6 – 8 Min.), die Eileiterampulle, wo die Befruchtung stattfindet. Nur die wenigsten kommen am Ziel an, die meisten degenerieren und werden entweder von Leukozyten phagozytiert oder mit Sekreten direkt nach außen abgegeben.

Der **Transport** durch das weibliche Genitale soll in erster Linie passiv durch Kontraktionen der Wandmuskulatur des Uterus und des Eileiters erfolgen, die durch Oxytocin der Neurohypophyse und Prostaglandine des Ejakulates hervorgerufen werden. Darüber hinaus können sich Spermien aktiv gegen den Flüssigkeitsstrom des Uterus- und Tubensekretes bewegen (positive Rheotaxis). Umstritten ist jedoch, ob dieser Eigenbewegung entscheidende Bedeutung bei der Wanderung zur Eileiterampulle zukommt.

Die **fertile Lebenszeit** der Spermien ist im allgemeinen kurz und beträgt meist nicht mehr als 24 Stunden, beim Pferd und Hund jedoch ca. 4 Tage. Beim Huhn, wo die Spermien zwischen besonderen Falten der Vagina (Fossulae spermaticae) eingelagert werden, bleibt die Befruchtungsfähigkeit über 2–3 Wochen erhalten.

6.3 Besamung, Imprägnation

Während des Transportes durch den weiblichen Genitaltrakt erlangen die Spermien ihre Befruchtungsfähigkeit. Sie sind jetzt in der Lage, in die Eizelle einzudringen. Dieser Vorgang heißt **Spermakapazitation.** Er dauert bei Rind 8, Schaf, Schwein und Kaninchen 5, Hund 6 und Mensch 7 Stunden. Die Kapazitation beruht auf der Entfernung eines Dekapazitationsfaktors (Glykosaminoglykan oder Glykoprotein), der im Samenplasma vorkommt. Der Vorgang ist umkehr- und wiederholbar. Bereits kapazitierte Spermien verlieren diese Fähigkeit wieder, wenn sie im Samenplasma resuspendiert werden. Durch erneuten Aufenthalt im weiblichen Geschlechtsapparat erhalten sie die Befruchtungsfähigkeit zurück.

Nach der Entfernung des Dekapazitationsfaktors kommt es zur Aktivierung der akrosomalen Enzyme, zur **Akrosomenreaktion**. Dabei fusionieren an zahlreichen Stellen die äußere Akrosomenmembran und das darüberliegende Plasmalemm (**Abb. 6.2**). Die verschmolzenen Membranabschnitte verschwinden und es entstehen Poren, durch welche die akrosomale Hyaluronidase freigesetzt wird. Sie ist in der Lage, die Zellverbindungen der Corona radiata aufzulösen. Die innere Akrosomenmembran geht jetzt im Äquatorbereich in das Plasmalemm über, und nach Ablösung der verschmolzenen Plasma-Akrosom-Membran, die vorübergehend einen Vesikelkranz bildet, wird sie rostal zur freien Oberfläche. Sie enthält ein trypsinähnliches Enzym, die Protease Akrosin, das die Glykoproteine der Zona pellucida spaltet. Um das Spermium entsteht ein Kanal, über den die Samenzelle in den nun erweiterten perivitellinen Raum gelangt. Die Eizelle wölbt dem Spermium den Empfängnishügel entgegen.

Sobald der Spermienkopf die Ovozytenoberfläche erreicht hat, erfolgt die **Zytoplasmafusion**. In dieser Zeit befindet sich der Spermienschwanz noch in der Zona pellucida. Der Verschmelzungsprozess beginnt an der Kontaktstelle zwischen Mikrovilli der Eizelle und dem Plasmalemm des Spermiums im postakrosomalen Bereich des Kopfes. Die Membran- und Zytoplasmavereinigung schrei-

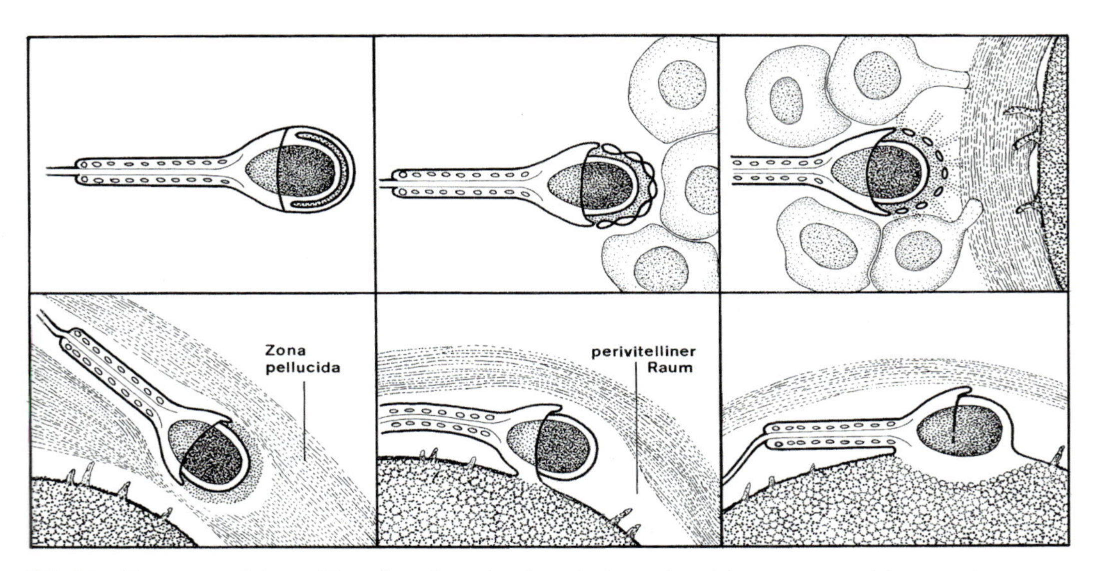

Abb. 6.2 Akrosomenreaktion und Zytoplasmafusion bei der Befruchtung (in Anlehnung an Austin/Short 1976)

tet nach rostral und apikal fort, bis das Spermium vollständig in die Eizelle inkorporiert ist. Die mitgebrachten Mitochondrien und Fibrillen werden aufgelöst. Aus dem Halsstück entwickelt sich das Zentriol für die spätere erste Furchungsteilung. Mit dem Eindringen des Spermiums schrumpft die Eizelle und es entsteht ein perivitelliner Raum. Die Eizelle beendet jetzt ihre zweite meiotische Teilung, wobei sich das zweite Polkörperchen in den perivitellinen Raum abschnürt.

Um das Eindringen weiterer Spermien zu verhindern, wird unmittelbar nach Inkorporation der beiden Zellen in eine gemeinsame Zellmembran eine **Barriere gegen Polyspermie** errichtet. Nach früheren Vorstellungen verhindert die Flüssigkeit im perivitellinen Raum den Durchtritt weiterer Spermien. Heute nimmt man an, dass kortikale Granula der Eizelle ihren Inhalt in den perivitellinen Raum abgeben und damit eine Veränderung an der Zona pellucida (Zonareaktion) hervorrufen, wodurch ein weiteres Eindringen von Spermien ausgeschlossen wird. Möglicherweise spielen auch Umstrukturierungen am Plasmalemm der Eizelle eine Rolle, die nach der Fusion der Gameten durch die Depolarisationswelle ausgelöst wird.

6.4 Vorkernverschmelzung, Syngamie

Nach Vollendung der zweiten Reifeteilung bilden die verbliebenen Chromosomen der Eizelle den weiblichen und die Chromosomen des Spermienkopfes den männlichen Vorkern. Diese **Pronuclei** wachsen zu einer beachtlichen Größe heran, sind bläschenförmig und besitzen zahlreiche Nucleoli. Sie bewegen sich aufeinander zu und treffen sich im Zentrum der Eizelle. Während dieser Phase, die beim Säuger ca. 12 Stunden dauert, erfolgt mit dem Wachstum die identische Reduplikation des Genmaterials als Vorbereitung auf die erste Furchungsteilung.

Der Vorgang der Vorkernverschmelzung wird eingeleitet mit Schrumpfung der Kerne und Verminderung der Nucleoli. Schließlich verschwinden die Kernmembranen, und die Chromosomen bilden sich heraus. Mit der Vermischung (Amphimixis) der Chromosomen und ihrer Anordnung in der Teilungsebene ist die Syngamie vollendet. Es ist die **Zygote** mit diploidem Chromosomensatz entstanden und damit die Endphase der Befruchtung und die Prophase der ersten, mitotischen Furchungsteilung erreicht.

6.5 Geschlechtsbestimmung

Die Festlegung des chromosomalen Geschlechtes erfolgt beim Säuger zum Zeitpunkt der Befruchtung. Dieser Vorgang wird deshalb als **syngame Geschlechtsbestimmung** bezeichnet. Ist die geschlechtliche Determination aber bereits in der unbefruchteten Eizelle vorhanden, wie dies beim Vogel der Fall ist, spricht man von einer **progamen Geschlechtsbestimmung.**

Beim *Säugetier* sind die Weibchen homogametisch, ihre Eizellen besitzen alle nur ein X-Chromosom. Die Männchen sind das heterogametische Geschlecht mit X- oder Y-Chromosomen in den Keimzellen (Drosophila-Typ). Je nachdem, ob ein Gynäkospermium (mit X-Chromosom) oder ein Androspermium (mit Y-Chromosom) in die Eizelle eindringt, entsteht ein weibliches oder ein männliches Tier. Das Geschlecht wird also im Moment der Befruchtung festgelegt.

Beim *Vogel* sind hingegen die männlichen Tiere das homogametische Geschlecht. Die homogametischen Spermien haben alle ein Z-Chromosom. Die weiblichen Tiere sind heterogametisch, da die Eizellen entweder Z- oder W-Chromosomen besitzen (Abraxas-Typ). Das Geschlecht hängt beim Vogel also davon ab, ob ein „Männchenei" oder ein „Weibchenei" befruchtet wird.

6.6 Abnorme Befruchtung und Parthenogenese

Wenn beim Säugetier **Polyspermie** auftritt, dringen zwei Spermien (selten mehr) in die Eizelle ein und es kommt zunächst zu einer normalen Entwicklung. Infolge Triploidie sterben die Embryonen aber in der Mitte der Gravidität ab.

Im Gegensatz hierzu kommt bei Reptilien und beim Vogel eine *„physiologische" Polyspermie* vor. Bis zu 50 Spermien können in die Eizelle eindringen, aber nur ein männlicher Vorkern nimmt an der Syngamie mit dem weiblichen Vorkern teil. Es folgt eine normale Entwicklung.

Schnürt sich das zweite Polkörperchen nicht ab und zwei weibliche Vorkerne vereinigen sich mit dem männlichen, entsteht wie bei der pathologischen Polyspermie der Säuger ein triploider Embryo, der ebenfalls in der Mitte der Schwangerschaft abstirbt.

Von **Gynogenese** spricht man, wenn an der Befruchtung ein genetisch inaktives Spermatozoon teilnimmt, das keinen Vorkern bildet, sondern die

Eizelle nur aktiviert. Da keine zweite Polzelle abgeschnürt wird, ist die Eizelle auch ohne männliche Chromosomen diploid. Diese Art der Fortpflanzung kommt beim Amazon Molly, einem lebendgebärenden Fisch, vor.

Der umgekehrte Vorgang, bei dem der mütterliche Vorkern bei der Befruchtung eliminiert wird und die Entwicklung allein vom männlichen Chromosomensatz ausgeht, wird als **Androgenese** bezeichnet. Sie ist gelegentlich bei Säugetiereizellen zu finden, kommt aber über die ersten Entwicklungsstufen nicht hinaus.

Bei der **Parthenogenese**, Jungfernzeugung, entstehen Nachkommen aus unbefruchteten Eiern. Der Entwicklungsvorgang beginnt im Gegensatz zur Gynogenese ohne Beteiligung eines Spermiums. Parthenogenetisch entwickeln sich z. B. bei der Honigbiene die Männchen (Drohnen), die Bienenweibchen (Königin und Arbeiterin) hingegen durch Befruchtung (s. a. S. 242).

Embryonen, die sich androgenetisch oder gynogenetisch bzw. parthenogenetisch entwickeln, werden auch als **uniparentale Embryonen** bezeichnet. Experimentell werden sie aus Säugetiereizellen hergestellt, deren Entwicklung durch physikalische oder chemische Reize angeregt wurde. Spätestens mit Erreichen des Somitenstadiums sterben uniparentale Säugetierembryonen ab. Die Forschung an diesen andro- und gynogenetischen Embryonen liefert wesentliche Erkenntnisse zur Steuerung der Genexpression.

Zusammenfassung

Befruchtung

- Die Befruchtung ist die Vereinigung väterlichen und mütterlichen Erbgutes durch Verschmelzung der Vorkerne beider Keimzellen, der das Eindringen des Spermiums in die Ovozyte, die Besamung, vorausgeht. Bei Fischen, Kröten und Fröschen findet eine äußere (außerhalb der Genitalien) und beim Vogel sowie Säugetier eine innere Besamung statt.
- **Ort der Befruchtung** ist normalerweise die Eileiterampulle, wohin die ovulierte Eizelle durch besondere Auffangmechanismen und dem vom Eileiter bewirkten Flüssigkeitssog transportiert wird. Die Wanderung der Eizelle bzw. Morula durch den Eileiter dauert 2 – 8 Tage. Da die fertile Phase der Eizelle aber nur ca. 24 Stunden anhält, kann die Befruchtung auch nur im Eileiter und nicht distal davon im Uterus erfolgen. Die durch den Deckakt oder durch artifizielle Insemination in die Gebärmutter übertragenen Spermien erreichen nach 1 – 3 Stunden die Eileiterampulle. Der Transport gegen den Flüssigkeitsstrom erfolgt passiv durch Kontraktionen der Uterus- und Eileiterwandmuskulatur sowie durch aktive Eigenbewegung der Spermien. Die fertile Lebenszeit der Spermien beträgt meist nur 24 Stunden, bei Pferd und Hund jedoch 4 Tage und beim Huhn 2 – 3 Wochen.
- **Besamung.** Während des Transportes der Spermien erfolgt die *Spermakapazitation*, bei der durch Entfernung eines Dekapazitationsfaktors die *Akrosomenreaktion* ausgelöst wird. Diese bewirkt die Freisetzung der akrosomalen Hyaluronidase zur Auflösung der Zellverbindungen der Corona radiata und der Protease Akrosin, die die Glykoproteine der Zona pellucida spaltet. Durch den dabei entstehenden Kanal gelangt das Spermium an die Eizelloberfläche und es kommt zur Zytoplasmafusion. Unmittelbar nach dem Eindringen des Spermiums vollendet die Eizelle die zweite Reifeteilung. Durch Veränderungen an der Zona pellucida (Zonareaktion) und Umstrukturierung am Plasmalemm der Eizelle wird beim Säuger eine Polyspermie verhindert.
- **Vorkernverschmelzung (Syngamie).** Die Chromosomen der Ovozyten II. Ordnung bilden den weiblichen und die Chromosomen des Spermienkopfes den männlichen Vorkern. Während sich die Kerne aufeinander zubewegen, erfolgt an ihnen die identische Reduplikation des Genmaterials. Schließlich verschwinden die Kernmembranen und die Chromosomen vermischen sich. Damit ist die diploide Zygote entstanden, die sich in der Prophase der ersten mitotischen Furchungsteilung befindet.
- Beim Säuger erfolgt die **Geschlechtsbestimmung** durch die Geschlechtschromosomen der Spermien zur Zeit der Befruchtung (syngame Geschlechtsbestimmung). Beim Vogel sind hingegen die weibliche Tiere heterogametisch. Mit der Bildung von „Weibcheneiern“ oder „Männcheneiern“ ist damit das Geschlecht bereits vor der Befruchtung festgelegt (progame Geschlechtsbestimmung).

7 Reproduktionsbiologische Techniken und Manipulationen an Keim- und Embryonalzellen

Mit Hilfe der **Biotechnologie** wird gezielt auf die natürliche Fortpflanzung der Haustiere Einfluss genommen, um die Zuchtleistung deutlich zu steigern. Zu den klassischen biotechnologischen Verfahren der Reproduktion zählen u.a. die Tiefgefrierkonservierung von Sperma und Embryonen, Methoden der Steuerung des Sexualzyklus, die künstliche Besamung, die Gewinnung und der Transfer von Embryonen, die In-vitro-Produktion von Embryonen und die Klonierung. Die **Gentechnik** bietet nicht nur die Möglichkeit, das Genom zu analysieren, sondern dieses über den Transfer definierter Gene gezielt neu zu kombinieren.

7.1 „Künstliche" Besamung (KB)

Bei der „künstlichen" Besamung (artifizielle Insemination) wird vom männlichen Tier gewonnenes Sperma unter Ausschaltung des natürlichen Deckaktes instrumentell in den Geschlechtsweg des weiblichen Tieres übertragen. Die künstliche Besamung, die richtiger instrumentelle Samenübertragung heißen müsste, ist das älteste und am weitesten verbreitete biotechnische Verfahren der Fortpflanzung und ist heute integrierender Bestandteil der Reproduktion bei fast allen landwirtschaftlich genutzten Tieren. Ziel dieser wirtschaftlich sehr effizienten Methode ist es, durch die Auswahl züchterisch wertvoller Vatertiere das Leistungsniveau der nachfolgenden Generation zu verbessern. Durch Ausschaltung von Genitalinfektionen bringt die „künstliche" Besamung darüber hinaus große veterinärhygienische Vorteile. Mit der Einführung der Gefrierkonservierung des Spermas ist ferner ein internationaler Spermaaustausch möglich geworden.

Die *Gewinnung* des Ejakulates erfolgt entweder ohne Paarungsvorgänge (Elektroejakulation, Punktion des Nebenhodenkanals) oder durch Paarung, bei der als Spermasammler eine künstliche Vagina verwendet wird. Die nachfolgende *Spermaaufbereitung* hat zum Ziel, die Befruchtungsfähigkeit der Spermien zu erhalten und die Spermienzahl je Besamungsdosis zu reduzieren. Dies erfolgt durch Zugabe von Verdünnermedien und durch Temperatursenkung. Während früher vorwiegend die Kurzzeitkonservierung bei + 5 °C (Flüssigkonservierung) angewendet wurde, steht heutzutage die Langzeitkonservierung bei -196 °C in flüssigem Stickstoff (Gefrierkonservierung) im Vordergrund (s. a. S. 14).

7.2 In-vitro-Fertilisation (IVF)

Bei der In-vitro-Fertilisation erfolgt die Verschmelzung der Gameten außerhalb des weiblichen Genitaltraktes (extrakorporale Befruchtung). Voraussetzung dafür ist auch hier, dass ein kapazitiertes, befruchtungsfähiges Spermatozoon auf eine reife Eizelle trifft. Die extrakorporale Befruchtung mit anschließendem Embryotransfer gewinnt beim Menschen (Retortenbaby) und den Versuchs- und landwirtschaftlichen Nutztieren immer mehr an Bedeutung, ist jedoch nicht unumstritten. Jede In-vitro-Fertilisation ist auch dann erst als erfolgreich anzusehen, wenn nach Übertragung des Embryos auf einen Empfänger sich lebensfähige Nachkommen entwickelt haben.

Die *Gewinnung der Eizelle* erfolgt durch laparoskopische Follikelpunktion, bei der die Eizelle aspiriert und nachfolgend in einem Fertilisationsmedium unter bestimmten Bedingungen aufbewahrt wird. Bei Kaninchen werden die Spendertiere in der Regel getötet und die Eizellen von den entnommenen Ovarien abgesaugt. Die *Zugabe der Spermien* wird oft erst nach Vorinkubation der Eizelle über 4 – 6 Stunden vorgenommen, um eine Nachreifung eventuell zu früh gewonnener Ovozyten zu ermöglichen. Die *Kapazitierung* der Samenzellen erfolgt meist durch Trennung der Spermien vom Samenplasma. Beim Kaninchen verwendet man Kapazitatorweibchen, die 14 Stunden nach der Besamung getötet werden. Die kapazitierten Samenzellen werden aus dem Uterus herausgespült.

Der *Embryotransfer* wird mit einem dünnen Plastikkatheter vorgenommen, der über die Zervix in die Uterushöhle eingeführt wird. Die Zygote wird dabei mit etwas Flüssigkeit in den Uterus eingespült. Beim Mensch erfolgt die Übertragung 40 – 44 Stunden nach der Insemination. Der kultivierte Keim befindet sich in dieser Zeit im 4-Zellstadium.

7.3 Intrazytoplasmatische Spermieninjektion (ICSI)

Vorrangig im Rahmen der Behandlung von Fertilitätsstörungen beim Menschen werden experimentelle Besamungshilfen angewandt, darunter die intrazytoplasmatische Spermieninjektion (ICSI). Sie wird eingesetzt, wenn Spermien nicht in der Lage sind, die Zona pellucida zu durchdringen und/oder mit der Eimembran zu fusionieren. In diesem Falle wird ein einzelnes Spermium mit Hilfe einer feinen Pipette unmittelbar in das Eizellzytoplasma injiziert.

7.4 Embryotransfer (ET)

Als biotechnisches Verfahren der Fortpflanzung hat sich vor allem beim Rind die Übertragung von Embryonen etabliert. Ziel ist es, die Reproduktionsrate züchterisch wertvoller Muttertiere deutlich zu erhöhen. Mehrere Embryonen werden von einem Rind gewonnen und nach Übertragung auf verschiedene Empfängertiere gleichzeitig ausgetragen (**Abb. 7.1**).

Zunächst muss das Spendertier der Embryonen nach strengen Leistungskriterien sorgfältig ausgesucht werden. Um einen erfolgreichen Embryotransfer zu erreichen, müssen die Zyklen der Spender- und Empfängertiere synchron verlaufen und entsprechend mit Hilfe von Prostaglandinen oder Gestagenen eingestellt werden. Durch Gaben von PMSG oder FSH wird beim Spendertier eine Superovulation induziert, um möglichst viele Eizellen zur Verfügung zu haben. Nach Brunstbeginn erfolgt eine zwei- oder dreimalige Insemination in Abständen von 12 Stunden. Die Embryonen werden meist am 7. oder 7,5. Tag über einen Katheter mit Hilfe einer speziellen PBS-Lösung (phosphate-buffered-saline) unblutig aus der Gebärmutter herausgespült. Beim Rind befinden sich die Embryonen zu diesem Zeitpunkt mehrheitlich im Stadium der kompaktierten Morula (64-Zellstadium) oder der beginnenden Blastozyste. Beide Entwicklungsphasen versprechen gute Transferergebnisse und auch gute Gefriertauglichkeit. Die Übertragung der Embryonen auf das Empfängertier erfolgt vorzugsweise unblutig mittels Pipetten über die Zervix in die Uterushörner.

Durch die Embryoübertragung ist es in erster Linie möglich, die Anzahl der Nachkommen züchterisch wertvoller Muttertiere zu erhöhen. Es können neue Erbanlagen in einen Bestand eingeführt werden, ohne dass dazu Tiere zugekauft und in eine gesunde Herde mit dem Risiko der Einschleppung von Krankheiten aufgenommen werden müssen. Weiterhin lassen sich bei Fleischkühen Zwillingsträchtigkeiten erzielen. Vor dem Transfer kann mit gentechnischen Methoden das Geschlecht der Embryonen bestimmt werden, da weiblichen Nachkommen aus wirtschaftlichen und züchterischen Gründen meist der Vorzug gegeben wird. Durch die Einführung der Gefrierkonservierung ist ferner ein Austausch von Embryonen über Ländergrenzen hinweg möglich, ohne dass Tiertransporte notwendig werden. Tiefgefrorene Embryonen können weiterhin als Genreserven solcher Rassen dienen, die vom Aussterben bedroht sind.

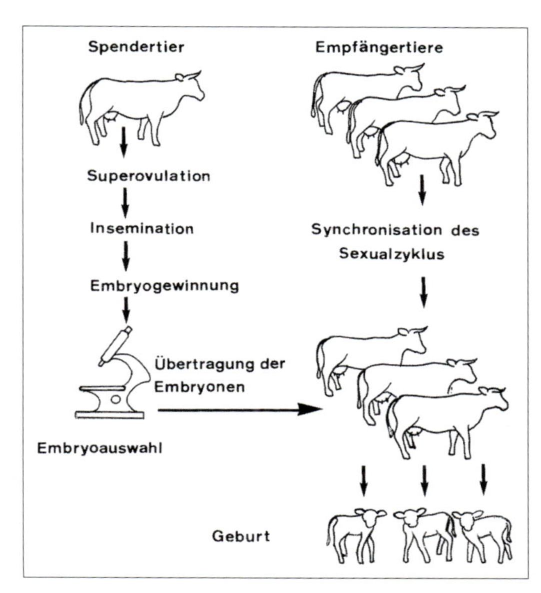

Abb. 7.1 Schematische Darstellung des Embryotransfers beim Rind

Der Embryonentransfer besitzt aber nicht nur in der praktischen Tierzucht Bedeutung, sondern stellt ein wichtiges Instrument in der Reproduktionsforschung dar.

7.5 Klonen

Klone sind Individuen, die untereinander (kern-)genetisch identisch sind. Natürlicherweise entstehen im Säugetierreich Klone nur auf dem Wege der eineiigen Zwillings- und Mehrlingsbildung, indem sich noch totipotente Embryonalzellen früher Entwicklungsstadien trennen (Blastomeren- und

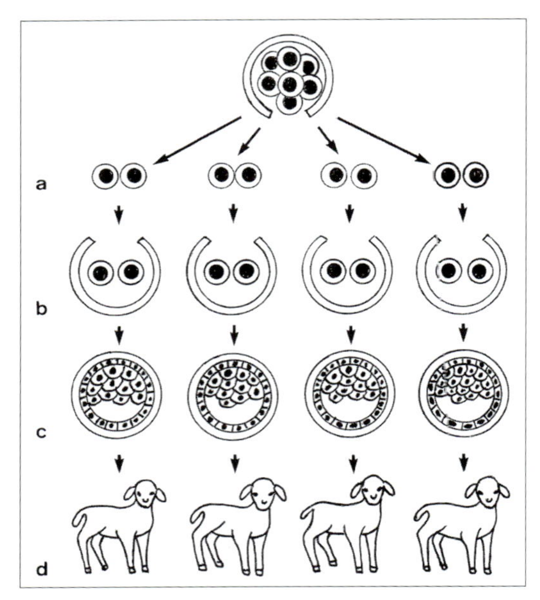

Abb. 7.2 Eineiige Mehrlingsbildung aus Furchungsembryonen am Beispiel des Schafes: a) Aufteilung eines 8-Zell-Embryos in vier 2-Zell-Paare; b) Übertragung in jeweils eine entleerte Zona pellucida; c) Entwicklung zu vier kleinen Blastozysten; d) Geburt von vier identischen Lämmern (frei nach Willadsen 1981)

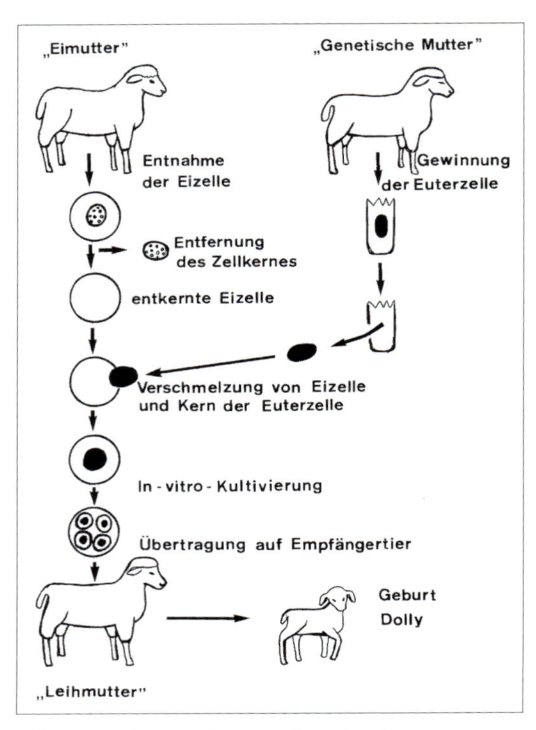

Abb. 7.3 Schematische Darstellung der Klonierung aus adulten Zellen beim Schaf (Schaf Dolly)

Embryonalknotenteilung, vgl. S. 49; 50). Eine ungeschlechtliche Vermehrung von Wirbeltieren und die Entstehung von natürlichen Klonen über die Periode der frühen Embryonalentwicklung hinaus ist nicht möglich.

Experimentelles Klonen von Säugetierembryonen ist sowohl mit embryonalen Zellen als auch mit adulten Zellen möglich (**Abb. 7.2; 7.3**).

Klonierung aus Embryonalzellen

Klonierung durch Embryoteilung. Quasi in Nachahmung der natürlichen eineiigen Mehrlingsbildung werden Embryonen sehr früher Entwicklungsstadien mikrochirurgisch geteilt. Es können totipotente Blastomeren des Morulastadiums mehrfach aufgeteilt und in je eine entleerte Zona pellucida überführt werden, die sich zu normalen Blastozysten und lebensfähigen Individuen entwickeln. Auch über die Teilung von Blastozysten jeweils mit Anteilen vom Embryonalknoten und vom Trophoblasten lassen sich nach Übertragung in eine Zona pellucida normal entwicklungsfähige Teilembryonen klonieren. Mit diesen experimentellen Verfahren eineiiger Mehrlingsbildung lassen sich aus einem Keim lediglich wenige Klongeschwister erzeugen. Der Grund liegt in der Einschränkung der Totipotenz der Blastomeren etwa ab dem 8- bis 16-Zellstadium und in quantitativen Beschränkungen, da auch nach der Teilung immer genügend Zellmaterial vorliegen muss, aus dem sich normale Embryonen entwickeln können.

Klonierung durch Kerntransfer. Durch mikrochirurgische Entfernung des Zellkernes von (besamten) Eizellen werden sogenannte Zytoblasten erzeugt. In einen Zytoblasten wird je ein sogenannter Karyoplast übertragen, d. h. ein Zellkern, der zuvor aus einer Embryonalzelle entfernt wurde. Statt des Karyoblasten kann auch eine kleine Zelle, z. B. eine Blastomere, transferiert werden. Sich entwickelnde Embryonen können auf Empfängertiere übertragen werden. Damit bietet der Kerntransfer die Möglichkeit, genetisch identische Mehrlinge als Klon zu erzeugen, die nicht mehr das Genom der Eizelle besitzen, sondern das des Kernspenders.

Klonierung adulter Tiere

Der erste Klon einer adulten somatischen Zelle erlangte als **Schaf Dolly** 1997 weltweit Berühmtheit. Bis dato ging man davon aus, dass es nicht möglich sei, die Kerne adulter somatischer, d.h. endgültig differenzierter Zellen auf ein Niveau zurück zu führen, das die Entwicklung eines kompletten, gesunden Individuums erlaubt (**Abb. 7.3**).

Dolly entstand durch Fusion einer entkernten Ovozyte („Eimutter") mit einer Euterzelle eines sechsjährigen Schafes („genetische Mutter"). Übertragen auf ein Empfängertier („Leihmutter") entwickelte sich ein lebensfähiges Lamm. Möglich wurde die Reprogrammierung des Euterzellkerns dadurch, dass er vor der Fusion mit dem Ovozytenplasma in die G_0-Phase des Zellkerns gebracht wurde und dadurch innerhalb des Ovozytenplasmas zunächst wieder aktiviert werden musste.

Inzwischen gelang die gezielte Klonierung auch anderer Säugetiere aus Körperzellen erwachsener Tiere.

Das Klonieren von Tieren ist bislang in der Forschung relevant, praktische Bedeutung in der Veterinärmedizin und Tierzucht besitzt dieses Verfahren derzeit nicht. Gleichwohl eröffnet es die Möglichkeit, Säugetierindividuen (z.B. züchterisch wertvolle Tiere) durch genetisch identische Kopien gezielt zu vervielfachen bzw. zu ersetzen. Da durch das Klonen die Neukombination von Genen als Errungenschaft der Evolution wie bei der geschlechtlichen Fortpflanzung entfällt, ist der züchterische Nutzen fraglich bzw. nicht gegeben.

7.6 Chimären

Die griechische Mythologie beschreibt ein aus verschiedenen Tieren (Löwe, Ziege, Schlange) zusammengesetztes Ungeheuer als Chimäre (griech. Chimaira). In der Zoologie wird als Chimäre ein Organismus bezeichnet, der aus genetisch unterschiedlichen Teilen besteht. Er setzt sich aus Zellpopulationen zusammen, die von zwei oder mehr Zygoten entweder derselben Art oder verschiedener Arten abstammen. Die genetisch differenten Zellen bleiben im Organ oder im Organismus stets getrennt, sie fusionieren nicht miteinander.

Spontane Chimärenbildung findet sich im Säugetierreich extrem selten (s. aber Blutchimärismus beim Rd. S. 104), da möglicherweise die Zona pellucida die Verbindung von Zygoten zu Chimären verhindert. Experimentell lassen sich sowohl Ganzkörperchimären als auch Organchimären herstellen.

Organchimären werden durch Injektion von Zellen in einen bereits älteren Embryo erzeugt.

Ganzkörperchimären entstehen zum einen auf dem Wege der Aggregation zweier oder mehrerer annähernd gleich alter Furchungsembryonen nach Entfernung der Zona pellucida, wobei die Embryonen noch nicht das Blastozystenstadium erreicht haben dürfen (*Aggregationschimären*). Zum anderen können Ganzkörperchimären hergestellt werden, indem Embryoblastzellen eines Embryos entnommen und in die Blastozyste eines Empfängerembryos injiziert werden, in dessen Embryoblasten sie sich integrieren (*Injektionschimären*). Es können Embryonen der gleichen Art kombiniert werden, aber auch unterschiedliche Spezies (z.B. Ratte-Maus, Ziege-Schaf, Lama-Kamel), die sich z.T. nach der Implantation in den Uterus einer Wirtsmutter zu lebensfähigen (jedoch infertilen) Individuen entwickeln. Maßgebend für das intrauterine Schicksal der Chimäre ist nicht nur eine ausreichende Kooperation der zusammengebrachten Embryonalzellen, sondern auch die Aufnahme des Trophoblasten durch das Endometrium der Wirtsmutter.

In der Forschung werden Ganzkörperchimären routinemäßig erzeugt, um essentielle Einblicke in die Frühentwicklung von Säugetierembryonen zu erhalten (Entwicklungspotenz der Blastomeren, der Trophoblastzellen, der Embryoblastzellen und der frühen Keimblätter).

7.7 Genomanalyse und Gentransfer

Die Erstellung artspezifischer Genkarten und der Gentransfer stellen die beiden wesentlichen Säulen der **Gentechnik** dar.

Die **Genomanalyse** als systematische Analyse des Genoms unserer landwirtschaftlichen Nutztiere ist, verglichen mit der des Menschen, noch nicht sehr weit vorangeschritten, stellt jedoch die Voraussetzung für die *Gendiagnostik* dar. Einige Erbkrankheiten können bereits jetzt diagnostiziert werden. Praktische Bedeutung besitzt die Gendiagnose u.a. für den Abstammungsnachweis von Zuchttieren.

Unter **Gentransfer** versteht man die gezielte Übertragung artfremder DNA in den Kern einer Empfängerzelle, in dessen Genom sie integriert wird. Ist die transferierte DNA (*das Transgen*) in das gesamte Genom des Empfängertieres integriert, so handelt es sich um ein *transgenes Tier* (**Abb. 7.4**).

Um ein **transgenes Tier** zu erzeugen, wird der Gentransfer im frühembryonalen Entwicklungsab-

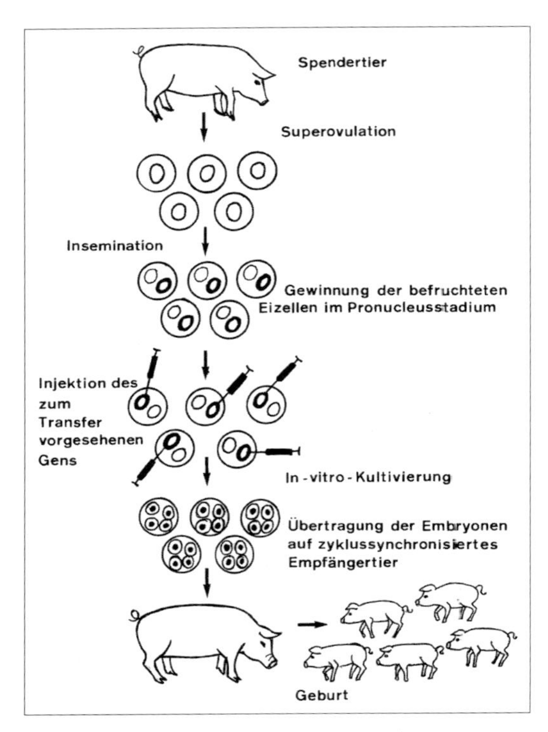

Abb. 7.4 Schematische Darstellung über die Erzeugung transgener Tiere

schnitt durchgeführt, häufig an der isolierten, besamten Eizelle im Pronucleus-Stadium. In einen der beiden Vorkerne, meist den größeren männlichen, werden isolierte, fremde *Gene injiziert*, d.h. eine DNA-Lösung mit Mehrfachkopien des zum Transfer bestimmten Gens. DNA-Abschnitte können mit Hilfe der *Polymerase-Kettenreaktion (PCR)* vervielfacht werden. Die derart manipulierte Eizelle wird in vitro kultiviert, bis sie wie beim Embryotransfer auf eine zyklussynchronisierte Wirtsmutter übertragen wird. Ist das Transgen in das Genom integriert, so wird es zu einem bestimmten Zeitpunkt in bestimmten Zellen aktiviert und beeinflusst bestimmte Eigenschaften oder induziert diese neu. Findet der Gentransfer im Stadium der besamten Eizelle statt, so liegt im Idealfalle in allen Zellen des sich entwickelnden Organismus ein gleichartig verändertes Genom, nicht nur in den Körperzellen, sondern auch in den Keimzellen, vor. So wird die gezielte *Weitergabe des Transgens* auch an die Nachkommen gesichert.

Alternativ zur Geninjektion in das Ei können Transgene in *embryonale Stammzellen* übertragen werden. Dies geschieht u.a. auf dem Wege der *Transfektion*. Hierzu wird das Transgen zuerst in das Genom eines Virus eingebaut. Das „transgene Virus" infiziert nun die Stammzellen, d.h. baut die eigene DNA einschließlich des Transgens in das Genom der Stammzelle ein. Der Erfolg eines Stammzellen-Gentransfers kann über die Erzeugung von Zellklonen und Isolierung von Einzelzellen wesentlich schneller überprüft werden, als es beim Eizellen-Gentransfer der Fall ist. Hier muss erst die Geburt des transgenen Tieres abgewartet werden. Positive Zellklone können darüber hinaus beliebig vermehrt werden. Einzelne Zellen eines Klons können durch Injektion in eine Blastozyste und anschließendem Embryotransfer Chimären bilden, zu denen reinerbige transgene Tiere gehören können.

Die Grundlagenforschung arbeitet vorrangig mit transgenen Mäusen. Sie haben als Modelltiere für die Erforschung menschlicher Erbkrankheiten, die durch gezielte Genmanipulationen in den Tieren erzeugt wurden, große Bedeutung erlangt. Die Erzeugung *transgener landwirtschaftlicher Nutztiere* ist bislang extrem kosten- und zeitaufwendig. Sie ist die Grundlage des sogenannten *gene-pharming* (pharmaceutical farming). Darunter versteht man die Gewinnung von (für den Menschen) therapeutisch wichtigen Substanzen aus der Milch transgener Tiere (Wdk., Schw.). Diese arbeiten quasi als Bioreaktoren zur Arzneimittelproduktion (**Abb. 7.5**). Ein weiterer erfolgversprechender Anwendungsbereich stellt die Schaffung transgener Tiere (v. a. Schweine) als *Organspender* für den Menschen dar, was als *Xenotransplantation* (Organtransplantation eines artfremden Spenders) bezeichnet wird.

Insgesamt versprechen die biotechnologischen und gentechnischen Verfahren großen diagnostischen, therapeutischen und tierzüchterischen Nutzen, bergen aber auch beachtliche biologische, medizinische und ethische Risiken. Wie unterschiedlich Chancen und Gefahren dieser zukunftsbestimmenden Techniken eingeschätzt werden, zeigt ein staatenübergreifender Vergleich der gesetzlichen Grundlagen, die zudem in stetem Wandeln begriffen sind und sehr kontrovers diskutiert werden. Für Deutschland sind rechtliche Grundlagen u.a. neben dem Tierschutzgesetz im Gentechnikgesetz fixiert. Das Embryonenschutzgesetz gilt ausschließlich für die Spezies Mensch.

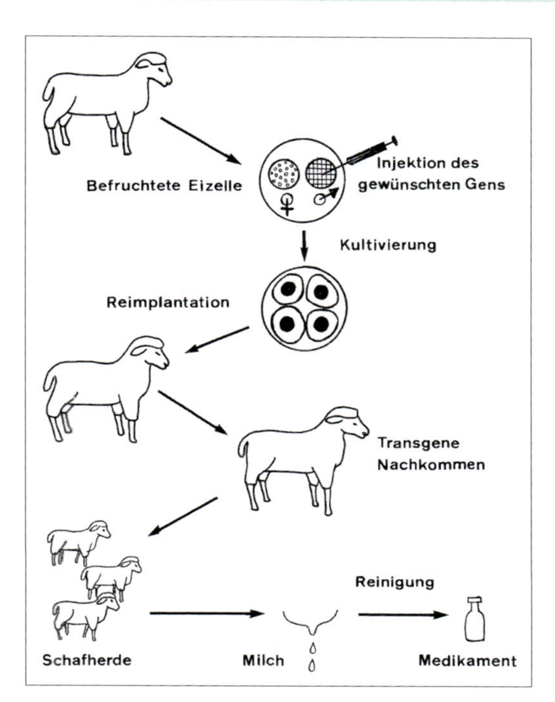

Abb. 7.5 Gewinnung therapeutisch wichtiger Substanzen aus Milch transgener Tiere (gene-pharming)

7.8 Stammzellen

Die Embryonalentwicklung nimmt ihren Ausgang von einer omnipotenten Stammzelle, der Zygote (s. S. 38). Diese Totipotenz bleibt bis zum 8-Zellstadium der Morula erhalten. Als **embryonale Stammzellen** (embryonic stem cells, ES-Zellen) werden die Zellen der präimplantativen Blastozyste bezeichnet, die der inneren Zellmasse angehören (vgl. **Abb. 8.4**). ES-Zellen besitzen *Pluripotenz*, sind unter geeigneten Bedingungen *in vitro unbegrenzt teilungsfähig* und durch ein geeignetes Environment zur *Differenzierung* in eine Vielzahl von Zelltypen bzw. deren Vorläufer fähig. Diese Eigenschaften machen sie zu herausragenden Objekten der Grundlagenforschung und zu therapeutischen Hoffnungsträgern. Ethisch umstritten und weltweit gesetzlich unterschiedlich restriktiv geregelt ist die Forschung mit *humanen ES-Zellen*. Sie werden aus sog. „überzähligen" Blastozyten der in-vitro-Fertilisation (IVF) gewonnen. Die gezielte Erzeugung von Blastozyten durch Zellkerntransfer (SCNT, somatic cell nuclear transfer) stellt eine weitere Möglichkeit dar. Diese bietet im Hinblick auf therapeutische Transplantationen von Gewebe aus embryonalen Stammzelllinien den Vorzug der Immunverträglichkeit. Bei diesem auch als „therapeutisches Klonen" bezeichneten Verfahren wird der Nucleus einer somatischen Zelle des Transplantatempfängers in eine entkernte Eizelle transferiert. Aus der sich entwickelten Blastozyste können personalisierte ES-Zelllinien gewonnen werden, die genetisch mit dem Transplantatempfänger (nahezu) identisch sind. Diese Technik des Zellkerntransfers bietet gleichermaßen die Grundlage des reproduktiven Klonens (vgl. **Abb. 7.3**).

Als *fetale Stammzellen* (EG-Zellen, embryonic germ cells) bezeichnet man primordiale Keimzellen bestimmter Entwicklungsstadien. Aus ihnen lassen sich Stammzelllinien kultivieren, die ebenfalls pluripotent sind und große Ähnlichkeit mit ES-Zellen haben. In vielen Geweben und Organen existieren zeitlebens **adulte Stammzellen**, die gewebe- und organspezifisch für den Ersatz differenzierter Zellen im Rahmen der Homöostase und der Gewebereparatur sorgen (z. B. hämatopoetische Stammzellen im Knochenmark, mesenchymale Stammzellen, Stammzellen im Magen-Darm-Epithel, im Keimepithel des Hodens, in der Epidermis, im Nabelschnurblut). Adulte Stammzellen besitzen die Fähigkeit zur *Selbsterneuerung* (self-renewal), indem sie nach einer Teilung den Erhalt der Stammzellpopulation sichern und sind *Progenitor-Zellen hochdifferenzierter Zellen*. Diese Eigenschaften in Verbindung mit der Immunkompatibilität begründen den erfolgreichen und beim Menschen ethisch unumstrittenen therapeutischen Einsatz autolog verfügbarer adulter Stammzellen u. a. auf dem Gebiet des Zell- und Gewebeersatzes. Im Vergleich zu embryonalen Stammzellen ist ihre Lebensdauer, ihre Vermehrbarkeit und ihr Entwicklungspotenzial begrenzt.

Zusammenfassung

Reproduktionsbiologische Techniken

■ Mit **biotechnologischen Verfahren** wird gezielt Einfluss auf die Reproduktion genommen. Bei der weit verbreiteten *künstlichen Besamung (KB)* wird konserviertes Sperma züchterisch wertvoller Vatertiere instrumentell auf das weibliche Tier übertragen. Die *In-vitro-Fertilisation (IVF)* ist die extrakorporale Befruchtung einer zuvor gewonnenen reifen Eizelle mit anschließender Rückübertragung des frühen Keims in den Uterus. Beim *Embryotransfer (ET)* werden frühe Embryonen eines züchterisch wertvollen Muttertieres gewonnen, auf mehrere zyklussynchronisierte Empfängertiere übertragen und von diesen gleichzeitig ausgetragen. Verfahren zur Erzeugung genetisch identischer Individuen aus embryonalen oder adulten Zellen ermöglichen das *Klonieren*. *Chimären* können erzeugt werden als Organismen, in denen mindestens zwei genetisch unterschiedliche Zelllinien verschiedener Zygoten koexistieren.

■ Wesentliche Verfahren der **Gentechnik** sind die *Genomanalyse*, die *Gendiagnostik* und der *Gentransfer*. Beim Gentransfer wird gezielt artfremde DNA als Transgen in den Kern einer Empfängerzelle übertragen, in dessen Genom sie integriert wird. Ein transgenes Tier weist das Transgen im gesamten Genom auf. Transgene Tiere dienen u. a. der Erforschung von Krankheiten, der Erzeugung pharmazeutischer Substanzen (gene-pharming) und werden mit Blick auf die Möglichkeit der Xenotransplantation erzeugt.

■ Bio- und gentechnologische Verfahren stellen Schlüsseltechniken dar und besitzen immense wissenschaftliche und wirtschaftliche Bedeutung.

■ Als **embryonale Stammzellen** werden pluriopotente Zellen der inneren Zellmasse präimplantativer Blastozysten bezeichnet. Die zeitlebens existierenden **adulten Stammzellen** sorgen gewebe- und organspezifisch für den Ersatz differenzierter Zellen.

Primitiventwicklung

8 Furchung, Fissio

Unmittelbar nach der Befruchtung beginnt die Zygote sich zu teilen. Da hierbei die Zellgrenzen an der Oberfläche als Furchen erscheinen, hat man diese Entwicklungsphase als Furchung und die entstandenen Zellen als Furchungszellen, *Blastomeren*, bezeichnet. Charakteristisch für die Furchungsteilungen ist, dass die Tochterzellen nicht mehr zur Größe der Mutterzelle heranwachsen. Beim Säuger hat so das Endstadium, die Morula, mit zahlreichen Zellen nur die gleiche Größe wie die befruchtete Eizelle. Mit der Zerlegung in kleinere Einheiten wird auch das Verhältnis von Kern zu Zytoplasma zugunsten des Kerns verschoben. Die in der Eizelle ursprünglich vorhandene abnorme Kern-Plasma-Relation erreicht am Ende der Furchung in den Blastomeren wieder den Wert adulter Zellen. Gleichzeitig werden mit der relativen Oberflächenvergrößerung bessere Voraussetzungen für den Stoffaustausch geschaffen.

8.1 Furchungstypen

Der Ablauf der Furchung ist abhängig vom Dottergehalt und der Dotterverteilung, d. h. vom Organisationstyp des Eies (**Abb. 8.1**).

Dottermenge	Dotterverteilung	Eizelle	Furchung	Furchungstyp	Vorkommen
oligolecithal	isolecithal	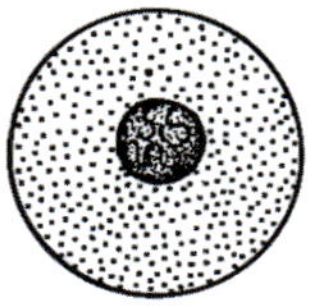 Holoblastisches Ei	 Holoblastier	total adäqual	Säuger Amphioxus
mesolecithal	telolecithal	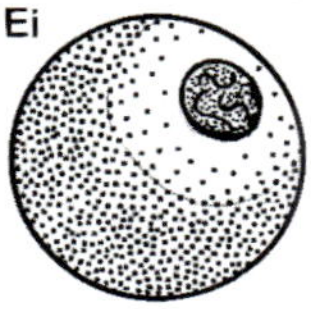		total inäqual	Amphibien
polylecithal	telolecithal	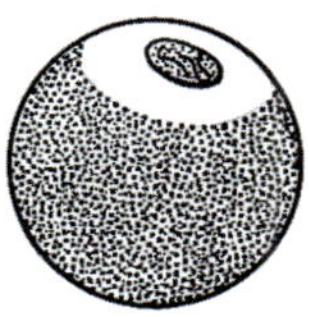 Meroblast. Ei	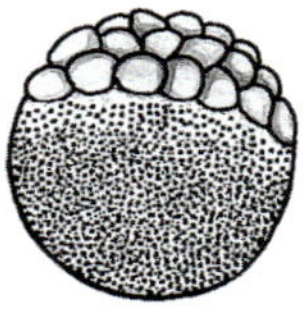 Meroblastier	partiell discoidal	Knochenfische Sauropsiden Monotremen
polylecithal	centrolecithal	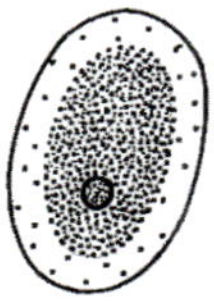	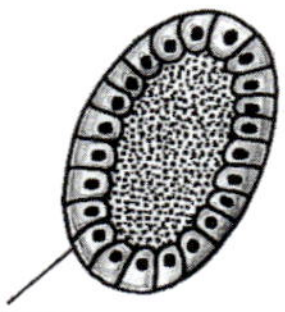 Blastoderm	partiell superfiziell	Insekten Spinnen

Abb. 8.1 Furchungstypen

Totale Furchung

Bei Eizellen mit wenig oder mäßigem Dottergehalt wird bei der Furchung die ganze Zelle in Blastomeren zerlegt. Die totale Furchung (Holoblastiertyp) kann adäqual oder inäqual sein.

Totale, adäquale Furchung. Diese Form der Furchung erfolgt an den oligolezithalen Eizellen der höheren *Säugetiere* und des *Amphioxus* (Lanzettfischchen), bei der die entstandenen Zellen nahezu gleich groß sind.

Beim **Amphioxus** (**Abb. 8.2**) sind die ersten beiden Furchen (Primär- und Kreuzfurche) Meridionalfurchen und laufen vom animalen zum vegetativen Pol. Die folgende Äquatorialfurche ist zum animalen Pol hin verschoben, wodurch an dieser Seite vier kleinere (Mikromeren) und am vegetativen Pol vier größere Zellen (Makromeren) auftreten. Durch fortlaufende Teilungen entsteht am Ende die **Morula** (von lat. morum für Maulbeere) mit 256 Zellen, die sich so umordnen, dass ein bläschenförmiger Keim, die **Blastula**, entsteht. Der Hohlraum heißt Furchungshöhle oder **Blastocoel.** Die Blastula entwickelt sich als Ganzes zum neuen Individuum.

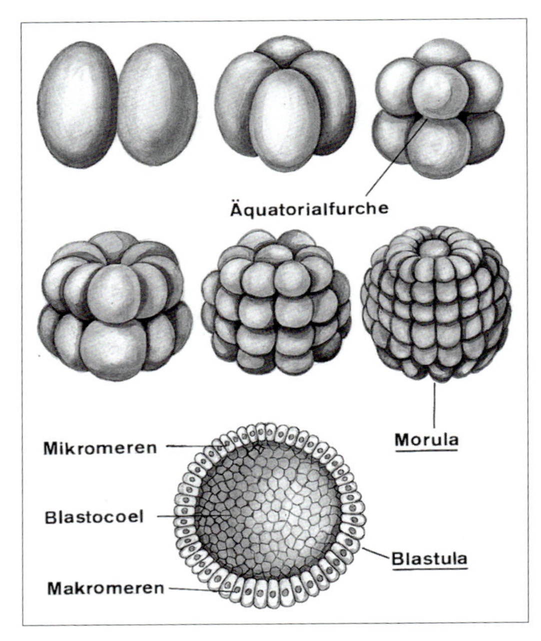

Abb. 8.2 Furchung beim Amphioxus (nach Hatschek aus Fischel 1929)

Totale, inäquale Furchung. Aus den mesolecithalen Eiern der *Amphibien* mit telolezithaler Dotterverteilung gehen sehr unterschiedlich große Blastomeren hervor. Die Furchung ist deshalb eine totale inäquale. Am animalen Eipol, wo ursprünglich der Zellkern lag, treten die deutlich kleineren Mikromeren auf und am gegenüberliegenden vegetativen Pol die großen dotterreichen Makromeren.

Bei den **Amphibien** wird der deutliche Größenunterschied zwischen Mikromeren und Makromeren dadurch ausgelöst, dass die Äquatorialfurche beträchtlich zum animalen Pol verschoben ist (**Abb. 8.3**). Es entsteht eine vielschichtige **Blastula** mit exzentrischer Furchungshöhle. Den Boden (am vegetativen Pol) bilden die dotterreichen Makromeren und das Dach (am animalen Pol) die dotterarmen pigmentierten Mikromeren. Auch hier entwickelt sich die gesamte Blastula zum Embryo.

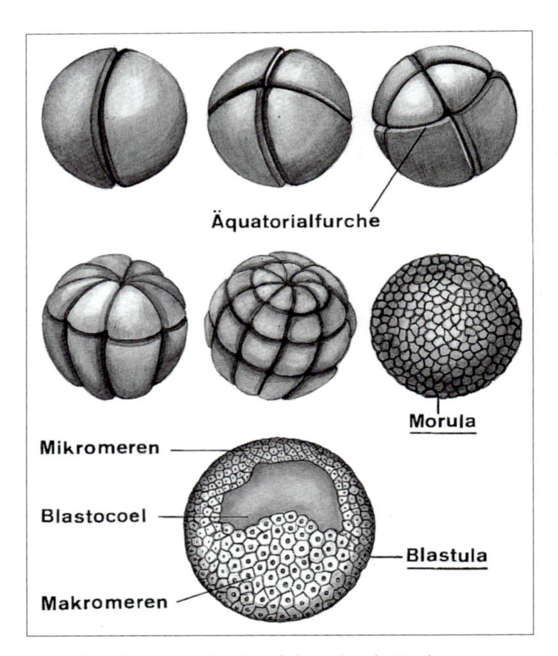

Abb. 8.3 Furchung bei Amphibien (nach Zieglers Modellen)

Partielle Furchung

Besitzen die Eizellen starke Dottereinlagerungen (polylezithale Eier), dann erfasst die Furchung nur das Bildungsplasma. Die Dottermassen bleiben ungefurcht. Auch die partielle Furchung (Meroblastiertyp) kommt in zwei verschiedenen Formen vor.

Bei den telolecithalen Eiern der *Knochenfische*, *Monotremen* und *Sauropsiden* liegt die ungefurchte Dottermasse am vegetativen Pol, und die Blastomeren bilden am animalen Pol eine Keimscheibe. Es handelt sich somit um eine *partielle diskoidale* Furchung.

Liegt die Dottermasse im Zentrum, wie dies bei den zentrolezithalen Eiern der *Spinnen* und *Insekten* vorkommt, so entsteht an der gesamten Eioberfläche eine umhüllende Keimschicht (Blastoderm). Die Entwicklung wird als *partielle superfizielle* Furchung bezeichnet.

8.2 Furchung bei höheren Säugetieren

An den Eizellen der Säugetiere mit sekundärer Dotterarmut findet eine *totale adäquale Furchung* statt, die langsamer als bei den niederen Vertebraten abläuft (**Abb. 8.4**). Während das Froschei ca. einmal pro Stunde furcht, benötigt z. B. die Eizelle der Maus 24 Stunden für die erste und 10 – 12 Stunden für jede weitere Furchung. Ähnlich langsam verläuft die Entwicklung bei anderen Säugern. Die Fur-

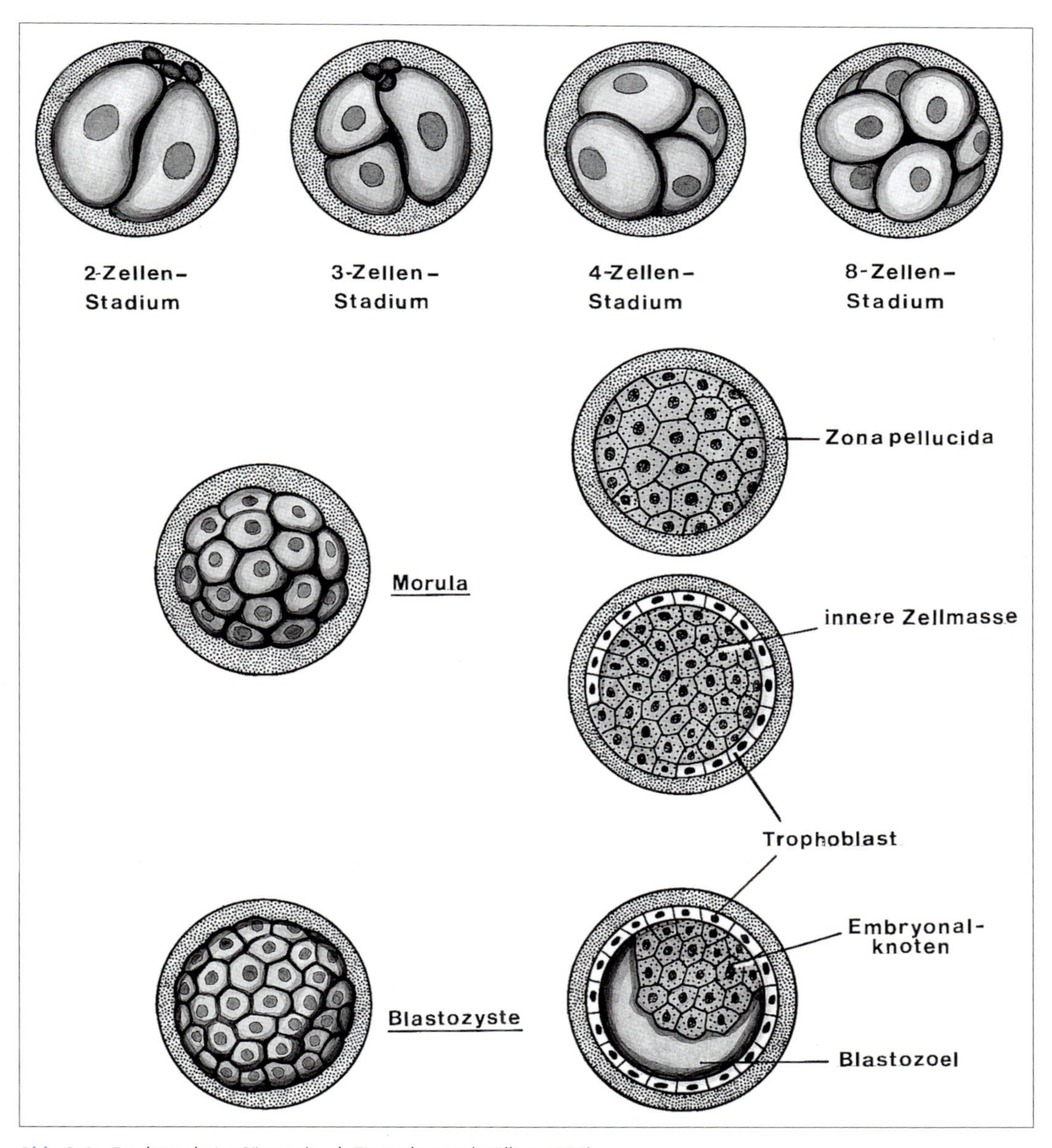

Abb. 8.4 Furchung beim Säuger (nach Zietzschmann/Krölling 1955)

chung beginnt im Eileiter und wird erst nach Eintritt in den Uterus zu Ende geführt. So erreicht beim Rind die Morula mit 16, beim Schaf mit 8 – 10 und beim Schwein mit 8 Blastomeren die Gebärmutter. Während die Corona radiata bereits im Eileiter verloren geht, wird die Zona pellucida meist erst im Uterus aufgelöst. Der Keim wird damit implantationsreif.

Die ersten beiden Furchungsteilungen sind meridional und die dritte äquatorial angeordnet. Der Ablauf der Teilungen ist nicht immer synchron, so dass häufig Stadien mit ungeraden Zellzahlen auftreten, vor allem vom 8-Zellen-Stadium ab. Bereits nach vier oder fünf Teilungen ordnen sich bestimmte Blastomeren innen und andere außen an, wodurch die weitere Entwicklung festgelegt ist. Die aus der Furchung hervorgegangene **Morula** besteht aus der epithelartigen, äußeren Zellschicht und der **inneren Zellmasse**. Nur aus diesem Teil des Keimes entwickelt sich der Embryo, er wird daher als *Embryoblast* bezeichnet. Die äußere Schicht großer, abgeflachter Zellen wird zum **Trophoblasten** (Trophektoderm), aus dem später das Chorion- und Amnionepithel hervorgehen. Durch Flüssigkeitsaufnahme aus dem Uteruslumen, Hohlraumbildung und Zellverlagerung entsteht aus der Morula die Keimblase, **Blastozyste**, mit dem flüssigkeitsgefüllten **Blastocel** im Inneren. Die Zellen des Embryoblasten, jetzt auch als *Embryonalknoten* bezeichnet, stehen nur noch an einer Stelle mit dem Trophoblasten in Verbindung. Die Erscheinung, bei der der Embryonalknoten vom Trophoblasten völlig bedeckt im Inneren liegt, wird als Entypie des Keimfeldes bezeichnet.

Die Blastozyste der Säugetiere ist nicht mit der Blastula von Amphioxus und Amphibien gleichzusetzen, **da aus der Keimblase der Säuger nicht nur der Embryo, sondern auch seine Hüllen hervorgehen.**

8.3 Furchung beim Vogel

Die Furchung beim Vogel beginnt vor der Bildung der Tertiärhüllen und ist bei der Eiablage annähernd beendet. Die großen, dotterreichen Eier durchlaufen eine *partielle diskoidale* Furchung, die zunächst nur den animalen Pol erfasst (**Abb. 8.5**). Die ersten beiden Furchen strahlen zwar meridional aus, beschränken sich aber nur auf den Pol. Es folgen Seitenfurchen, die zur Gitterzeichnung führen und die die Blastomeren zur Peripherie abgrenzen. Die endgültige Abtrennung in der Tiefe erfolgt erst durch die sich anschließenden Zirkulärfurchen. Die Entwicklung schreitet mit der Bildung

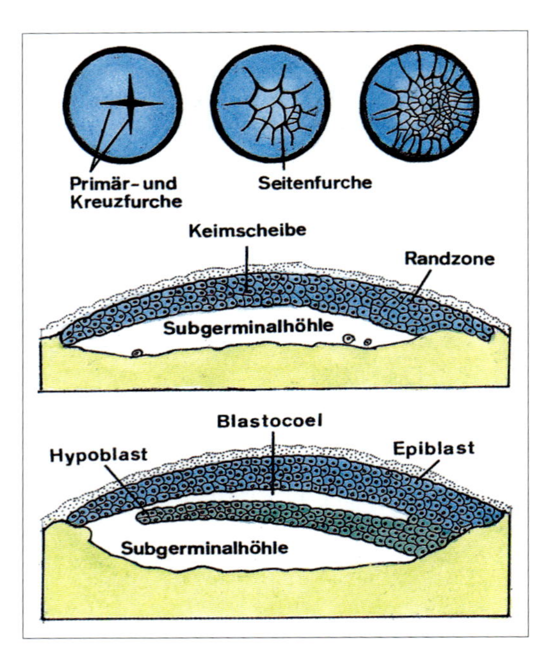

Abb. 8.5 Furchung und Keimblattbildung beim Vogel (aus Pflugfelder 1962)

neuer meridionaler, seitlicher und zirkulärer Furchen in Richtung Äquator fort und lässt eine oberflächliche, mehrschichtige **Keimscheibe** entstehen. Zwischen ihr und dem Dotter bildet sich durch Verflüssigung des Dotters die **Subgerminalhöhle**, die mit der Furchungshöhle vergleichbar ist. An der Peripherie setzt sich das Wachstum fort, und *die neu entstehenden Zellen umwachsen den Dotter.* **Nur die zentralen Blastomeren der Keimscheibe entwickeln sich zum Embryo.** Die peripheren, den Dotter umwachsenden Blastomeren werden zu Hüllen und Anhängen des Keimlings.

8.4 Entwicklungsphysiologische Grundbegriffe

Totipotenz (Omnipotenz). Wie die befruchtete Eizelle, so besitzen auch die Blastomeren bis zum 8-Zellen-Stadium noch die Fähigkeit, den ganzen Embryo zu bilden. Sie sind omnipotent.

Prospektive Potenz. Hierunter versteht man die Summe der Fähigkeiten, die jede Blastomere hat. Dabei spielt es keine Rolle, ob sie genutzt werden; es ist die mögliche Entwicklungsleistung.

Prospektive Bedeutung. Unter normalen Umständen wird von den Blastomeren nur ein Teil der Fähigkeiten genutzt. Ihre tatsächliche spätere Leistung, d.h. ihre prospektive Bedeutung, ist geringer als ihre prospektive Potenz.

Pluripotenz. Damit wird die Fähigkeit von Zellen, Organanlagen und Organen verstanden, sich unter geeigneten Umständen in verschiedene Richtungen zu entwickeln. Die Umstellung von der Omnipotenz zur Pluripotenz erfolgt ab dem 8-Zellen-Stadium.

Induktion. Unter Induktion versteht man die Auslösung eines Differenzierungsvorganges durch den Einfluss der Umgebung während der Frühentwicklung. Meist handelt es sich um die gegenseitige Beeinflussung zweier Gewebe.

Determination. Wenn Zellen oder Gewebe sich durch die Induktion in eine bestimmte Richtung entwickeln und sich auch in einer anderen Umgebung weiter differenzieren, ist ihr Schicksal festgelegt. Sie haben ihre Totipotenz und Pluripotenz verloren und sind jetzt determiniert. Nicht die Herkunft der Zellen entscheidet also über ihr Schicksal, sondern die Einflüsse der Umgebung (Epigenese). Dies vollzieht sich in einer bestimmten Entwicklungsperiode, der Gastrulation (Keimblattbildung). Während am Anfang dieser Phase sich noch fast alle Keimbezirke vertreten können, ist nach der Determination eine ortsgerechte Entwicklung ausgetauschter Keimbezirke nicht mehr möglich.

Es wird angenommen, dass die Determination auf einer weitgehend irreversiblen Blockierung bestimmter Gene oder Gengruppen beruht.

Zusammenfassung

Furchung

- Nach der Befruchtung durchläuft die Zygote mehrere mitotische Furchungsteilungen, aus der immer kleiner werdende **Blastomeren** hervorgehen. Der Ablauf der Furchung ist abhängig von Dottergehalt und Dotterverteilung der Eizellen.
- An den oligolezithalen Eizellen der **Säuger** mit isolezithaler Dotterverteilung findet eine **totale adäquale Furchung** statt, bei der die entstandenen Zellen nahezu gleich groß sind. Die innerhalb der Zona pellucida ablaufenden Furchungen werden erst im Uterus beendet und führen zur Bildung der *Morula*. Durch Zellverlagerung und Hohlraumbildung entsteht aus ihr die *Blastula* (Keimblase) mit flüssigkeitsgefülltem *Blastocoel*. Die Keimblase besteht aus dem äußeren einschichtigen *Trophoblasten*, aus dem später das Chorion- und Amnionepithel hervorgehen, und der *inneren Zellmasse*. Aus ihr entwickelt sich der Embryo (deshalb auch als Embryonalknoten bezeichnet) sowie der Dottersack und das Bindegewebe von Chorion und Amnion.
- Die großen, polylezithalen Eier der **Vögel** durchlaufen eine **partielle, diskoidale Furchung**, die zunächst nur den animalen Pol erfasst. Es entsteht eine oberflächliche, mehrschichtige *Keimscheibe*, die an der Peripherie den Dotter umwächst. Nur die zentralen Blastomeren der Keimscheibe entwickeln sich zum Embryo, die peripheren, den Dotter umwachsenden werden zu Hüllen und Anhängen des Keimlings.

9 Keimblattbildung, Gastrulation

Zur Bildung des dreidimensionalen Embryos setzt sich die Entwicklung nach der Furchung mit der Keimblattbildung fort. Dies sind gerichtet verlaufende Gestaltungsvorgänge, bei denen Zellverschiebungen und Verlagerungen zum Aufbau flächenhafter Zellverbände führen. Zuerst entstehen zwei primäre Keimblätter, das äußere Keimblatt, **Ektoderm** (Ektoblast), und das innere Keimblatt, **Entoderm** (Entoblast). Sekundär bildet sich zwischen beiden das mittlere Keimblatt, **Mesoderm** (Mesoblast), heraus.

In der Phase der Keimblattbildung laufen wichtige Determinationsvorgänge ab, die schließlich zur Differenzierung der Organanlagen aus den Keimblättern führen. Mit Ausnahme der Niere entwickeln sich die Organe aus Material verschiedener Keimblätter. Der Keimblattbegriff hat aber nur deskriptive Bedeutung und beinhaltet keine Leistungsspezifität. So kann sich das gleiche Gewebe, wie das Epithelgewebe, aus allen drei Keimblättern entwickeln. Muskelgewebe kann aus dem Mesoderm und dem Ektoderm hervorgehen. Verpflanzt man ferner Zellen während der frühen Entwicklungsphase, dann entsteht aus ihnen unter dem Einfluss der neuen Umgebung etwas anderes als normalerweise zu erwarten gewesen wäre. Der Keimblattbegriff hat folglich keinerlei Bedeutung für die Determination der Gewebe und Organe.

9.1 Gestaltungsvorgänge bei der Keimblattbildung

Bei den **niederen Wirbeltieren** läuft die Entwicklung als Einstülpungsprozess, *Invagination*, ab und wird als **Gastrulation** bezeichnet. Es entsteht der Urdarm mit Urmund, und die Blastula entwickelt sich zum zweischichtigen Becherkeim, zur Gastrula.

Beim **Amphioxus** stülpen sich am vegetativen Pol die Makromeren ein und legen sich unter Verdrängung des Blastocoels den Mikromeren an (**Abb. 9.1**).

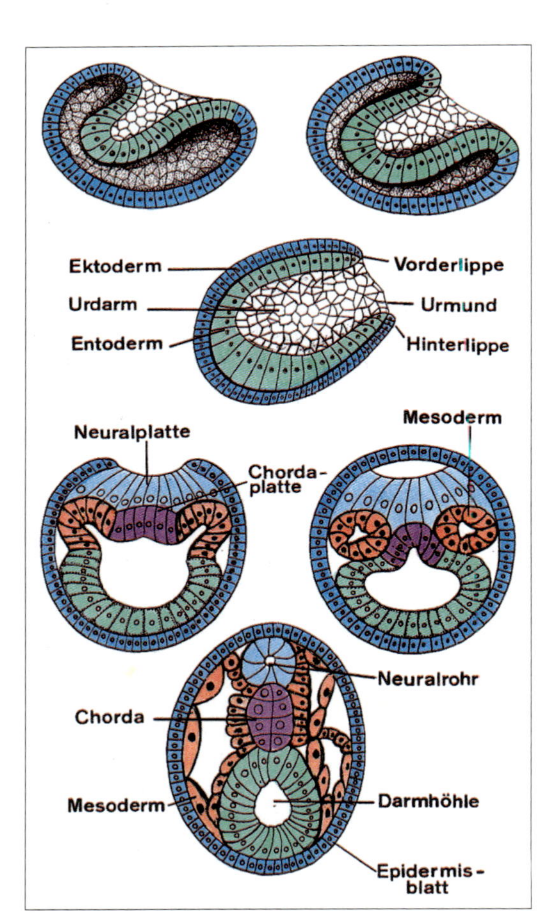

Abb. 9.1 Gastrulation beim Amphioxus (nach Hatschek aus Zietzschmann/Krölling 1955)

So entsteht der zweischichtige Keim, *Gastrula*, mit dem äußeren *Ektoderm* und dem inneren *Entoderm*, das die neugebildete Urdarmhöhle mit Urmund (Gastroporus) begrenzt. Durch Auftreten von Längsfurchen mit nachfolgender Abfaltung entstehen im Entoderm dorsal die Chorda dorsalis und seitlich das Mesoderm, das die sekundäre Leibeshöhle, *Coelom*, auskleidet. Das restliche Entoderm schließt sich zum epithelialen Darmrohr. Dorsal im Ektoderm entsteht die Neuralplatte, die sich zur Neuralfurche einsenkt und schließlich als Neuralrohr abfaltet. Das verbleibende Ektoderm wird zum Epidermisblatt.

Die Gastrulation bei **Amphibien** beginnt mit der Bildung des Urmundes (Blastoporus) im dorsalen Bereich der dotterreichen Zellen der Blastula (**Abb. 9.2**). Zunächst entstehen die Dorsallippe, dann die Seiten- und schließlich die Ventrallippe. Bei der folgenden Invagination werden die Zellen der vegetativen Keimhälfte, das spätere Entoderm, als kompakte Masse ins Innere verlagert. Dabei wird die den Urmund bildende Randzone mit nach innen umgekrempelt. Sie stellt das Mesoderm-Chorda-Material dar, das sich noch während des Invaginationsprozesses vom Ektoderm, der außen verbliebenen animalen Keimhälfte, einschiebt. Aus dem Randzonenmaterial geht dorsal die Chorda dorsalis und seitlich das Mesoderm hervor. Das zunächst am Urdarmboden liegende Entoderm faltet

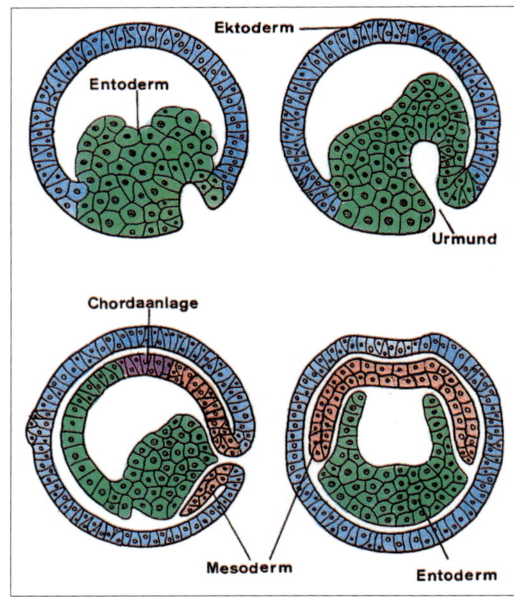

Abb. 9.2 Gastrulation bei Amphibien, schematisch (aus Kühn 1968)

sich seitlich auf und schließt sich dorsal unter der Chorda, wodurch der definitive Darm entsteht. Durch die folgende Abgliederung des Neuralrohres aus dem Ektoderm wird dieses zur Epidermis.

Bei **Säugetieren** und beim **Vogel** erfolgt keine Einstülpung, sondern ein flächenhaftes Auswachsen der Zellverbände. Der Vorgang wird als **Delamination** bezeichnet und ist im übertragenen Sinne als Gastrulation anzusehen.

9.2 Keimblattbildung bei höheren Säugetieren

Am Ende der Furchung besteht die Keimblase der höheren Säugetiere aus dem Trophoblasten und der inneren Zellmasse, dem Embryonalknoten. Der oberhalb vom Embryonalknoten gelegene Abschnitt des Trophoblasten wird als Trophoblastdecke oder „Raubersche Deckschicht" bezeichnet. In der ersten Phase der Gastrulation erfolgt neben der Bildung des Entoderms die Umwandlung des Embryonalknotens zur Keimscheibe. Diese Zellumlagerungen stellen die unbedingte Voraussetzung für die Bildung des Mesoderms, der Chorda dorsalis und des Neuralrohres dar, die in der zweiten Phase abläuft.

Bildung der Keimscheibe

Die Umwandlung des Embryonalknotens zur *Keimscheibe*, dem Embryonalschild, erfolgt bei den einzelnen Tiergruppen durch verschiedene Entwicklungswege (**Abb. 9.3; 9.4; 9.5**).

Raubtiere und Kaninchen. Die rudimentäre Raubersche Deckschicht verschwindet, und der Embryonalknoten wird unter Streckung zu einer Platte als Embryonalschild in den Trophoblasten eingeschaltet.

Huftiere. Durch Blasenbildung im Embryonalknoten entsteht eine *Embryozyste*, deren periphere, von der Rauberschen Deckschicht bedeckte Wand einreißt. Unter Streckung und Abflachung entsteht schließlich die Keimscheibe, die sich dem Trophoblasten einfügt.

Primaten. Die Embryozyste bleibt erhalten, ihre Höhle erweitert sich zur Amnionhöhle. Das Dach wird zum Amnionepithel, der Boden zur Keimscheibe. Wir haben es hier mit einem Spaltamnion zu tun, im Gegensatz zu den Sauropsiden und anderen Säugetieren, wo das Amnion durch Faltung entsteht.

Bildung des Entoderms

Als erste Differenzierung des Embryonalknotens, also noch vor der Bildung der Keimscheibe, tritt eine untere Zellschicht auf. Es handelt sich um den durch *Delamination* entstandenen *Hypoblasten*, der sich mit der Umwandlung zur Keimscheibe weiter ausbreitet, am Trophoblasten entlang bis zum Gegenpol wächst und nun als **Entoderm** bezeichnet wird (**Abb. 9.3; 9.4; 9.5**). Es begrenzt die **Ergänzungshöhle** (Archenteron), aus der später die *Dottersackhöhle* hervorgeht. Die Keimblase ist somit zweischichtig geworden. Nach Bildung der Keimscheibe haben wir an der äußeren Schicht zwischen dem *Ektoderm* (Epiblast) mit hochprismatischem Epithel und dem *Trophoblasten* mit isoprimatischen Zellen zu unterscheiden. Das innen gelegene Entoderm gliedert sich in das intraembryonale und extraembryonale Entoderm.

Die Keimscheibe ist während der Entodermbildung noch rund. Mit Auftreten der Primitivbildungen wird sie oval.

Primitivbildungen und Mesodermbildung

In der zweiten Phase der Keimblattbildung treten bei den Säugern wie bei den Sauropsiden Primitivbildungen auf, die die Proliferationszentren für das Mesoderm und die Chorda dorsalis darstellen (**Abb. 9.6; 9.7; 9.8**). Es sind vorübergehend auftretende Bildungen, die nicht immer deutlich in Erscheinung treten. Die rasche Ausbildung des Mesoderms ist zur Bildung von Blutgefäßen notwendig, um die Ernährung des Keimlings sicher zu stellen.

Durch Zellwanderungen im Ektoderm von lateral nach medial entsteht im hinteren Bereich der jetzt ovalen Keimscheibe der **Primitivstreifen**, wodurch der Keim seine bleibende Längsachse erhält. Der Primitivstreifen verdickt sich vorn zum Primitivknoten und weist hinten vorübergehend den Kaudalwulst auf. Vom **Primitivknoten** aus wächst der **Kopffortsatz** schräg nach vorne und vereinigt sich mit dem Entoderm. Vor der Vereinigungsstelle befindet sich die **Prächordalplatte** (Chordaplatte). Aus ihr gehen der vordere Teil der Chorda dorsalis und das rostrale Mesenchym hervor. Der hintere Abschnitt der Chorda entsteht aus dem Kopffortsatz, der aber auch Teile des Mesoderms liefert. Durch Zellverlagerungen entsteht am Primitivstreifen die *Primitivrinne* und im Primitivknoten die *Primitivgrube*, die sich als *Kopffortsatzkanal* (Chordakanal) auch in den Kopffortsatz fortsetzt. Der Kanal fehlt allerdings beim Rind, wo der Kopffortsatz einen soliden Strang darstellt.

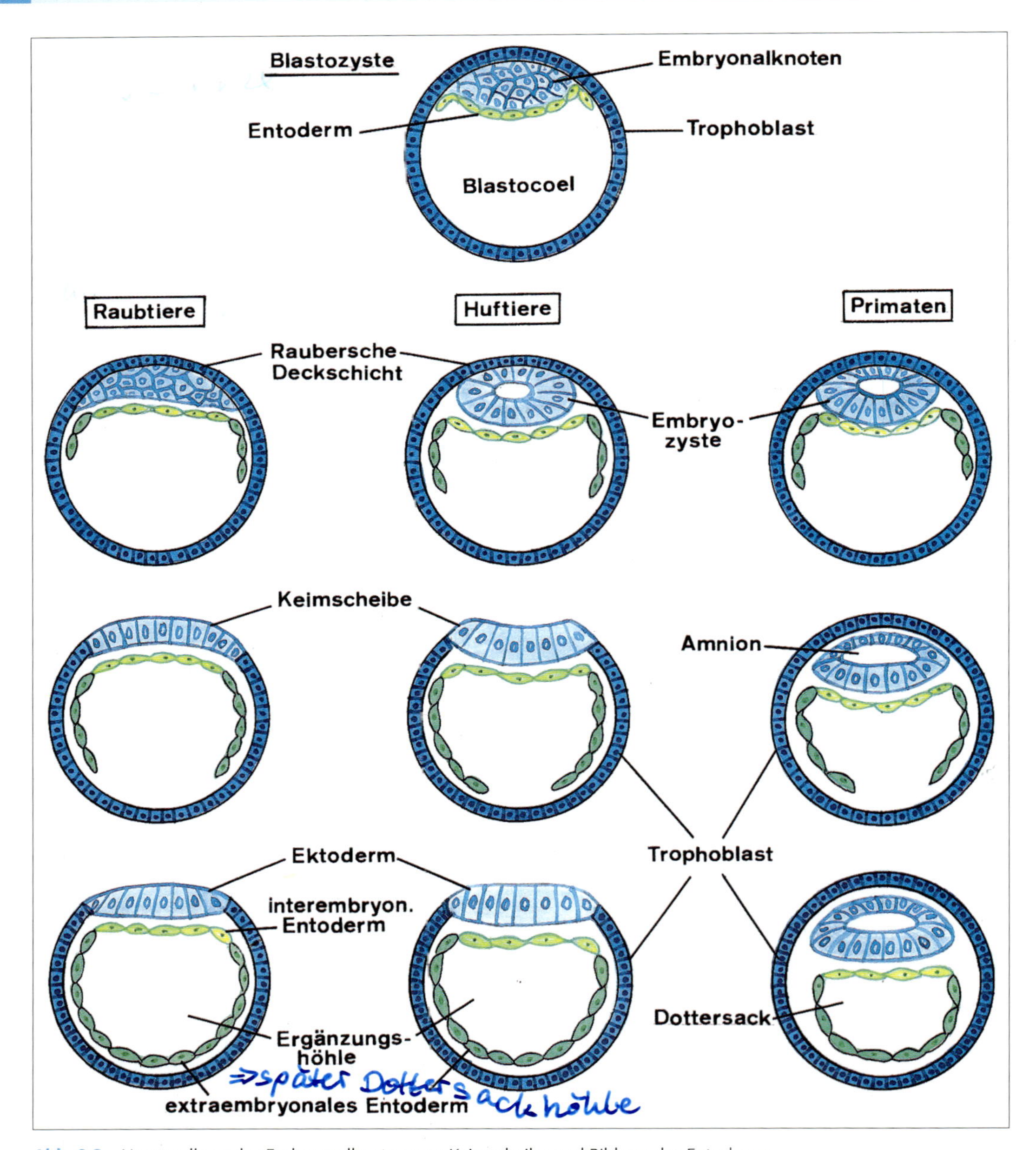

Abb. 9.3 Umwandlung des Embryonalknotens zur Keimscheibe und Bildung des Entoderms

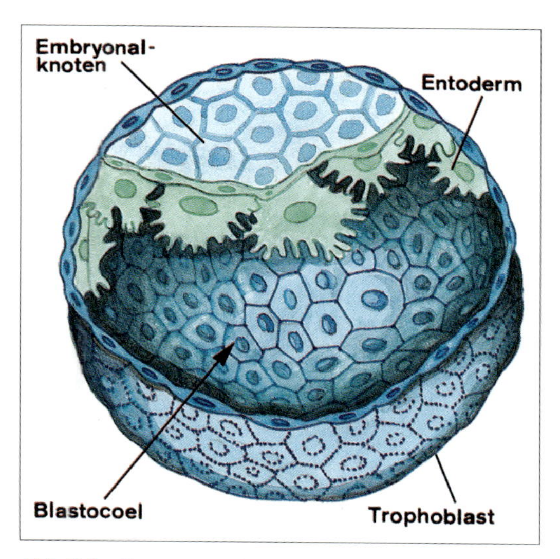

Abb. 9.4 Blastozyste vom Säuger, Rhesusaffe (nach Streeter 1938)

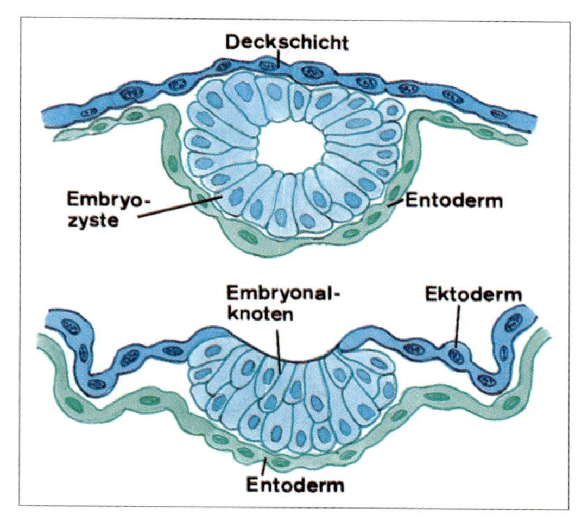

Abb. 9.5 Einverleibung des Embryonalknotens in die Keimblasenwand beim Reh (nach Keibel aus Zietzschmann/Krölling 1955)

Bei der **Mesodermbildung** verlagern sich die Zellen zunächst in die Tiefe. Die nun von Primitivstreifen, Primitivknoten und Kopffortsatz ausschwärmenden Zellen breiten sich zwischen Ektoderm und Entoderm aus. Das Mesodermmaterial schiebt sich auch über den Embryo hinaus zwischen Trophoblast und extraembryonalem Entoderm vor

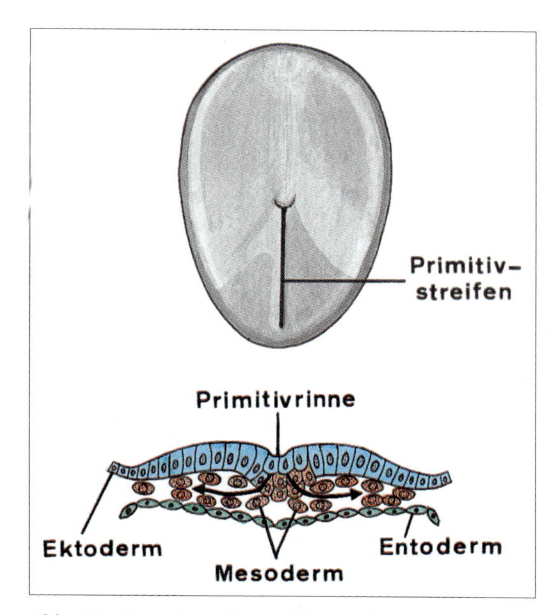

Abb. 9.6 Primitivstreifen und Primitivrinne mit ausschwärmenden Mesodermzellen beim Schwein

und bildet eine zusammenhängende, mehrschichtige, sich ständig vergrößernde Zellmasse, die die gesamte Keimblase umgibt. Das Mesoderm tritt als eigentliches Keimblatt aber nur vorübergehend in Erscheinung, da an ihm rasch Differenzierungen ablaufen, die mit der Anlage bestimmter Organe die Bildung der Körperform einleiten. Als eine wesentliche embryonale Differenzierung ist die Bildung des Mesenchyms anzusehen, das sich jetzt aus dem ursprünglichen epithelialen Verband des Mesoderms entwickelt.

Mesenchym ist das embryonale Bindegewebe, das aus fortsatzreichen Mesenchymzellen und Interzellularflüssigkeit besteht. Es ist von besonderer Bedeutung für den Stofftransport des Keimlings und bewirkt die frühe Blut- und Gefäßbildung. Aus ihm gehen ferner die Binde- und Stützsubstanzen hervor. Der Mesenchymbegriff darf aber nicht mit dem Begriff „Mesoderm" verwechselt werden, denn die Mesenchymbildung erfolgt nicht nur vom Mesoderm aus, sondern auch von der ektodermalen Neuralleiste (Mesektoderm) und der entodermalen Prächordalplatte (Mesentoderm).

9.3 Keimblattbildung beim Vogel

Am Vogelei ist die Furchung zur Zeit der Eiablage nahezu beendet und die mehrschichtige Keimscheibe liegt der großen Dotterkugel auf. Die unter dem zentralen Teil der Keimscheibe entstandene

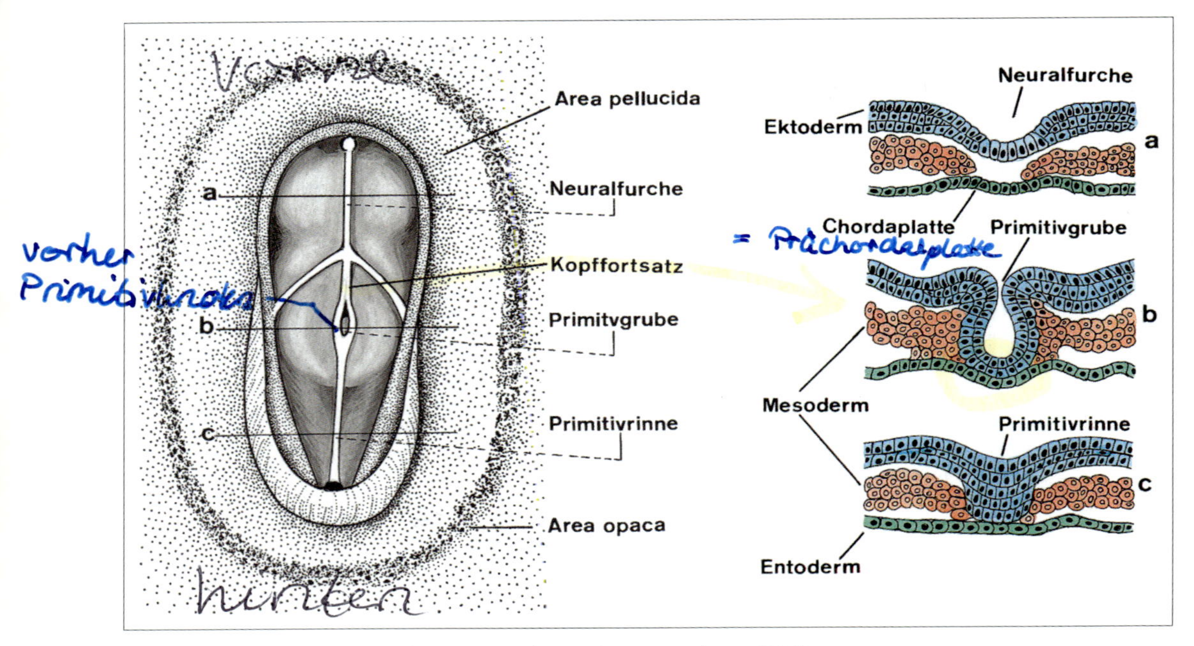

Abb. 9.7 Keimscheibe des Hundes mit Querschnitten (aus Bonnet/Peter 1929)

Subgerminalhöhle wird durch Verflüssigung des Dotters weiter vergrößert. Am Boden der Subgerminalhöhle treten freie Zellen auf, die dem Randgebiet entstammen. Sie sollen wieder in den Verband der Keimscheibe aufgenommen werden. Der zentrale, über der Subgerminalhöhle gelegene, durchscheinende Teil der Keimscheibe heißt **Area pellucida** (**Abb. 9.8**) und hat peripher die Randzone. Diese wird später zur Area vasculosa. Nach außen folgt die dem Dotter anliegende, trüb erscheinende **Area opaca**, die sich mit ihrem peripheren Umwachsungsrand über das unbedeckte Dotterfeld, **Area vitellina**, ausbreitet.

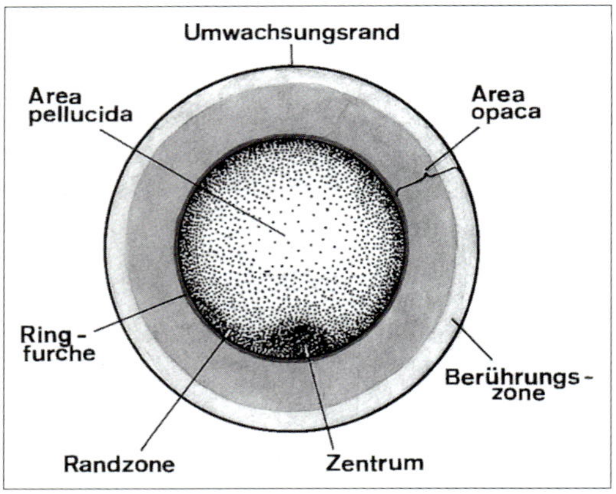

Abb. 9.8 Zonengliederung der Hühnerkeimscheibe (nach Waddington aus Starck 1975)

Bildung des Entoderms

Beim Hühnchen erfolgt die Entodermbildung in der Endphase der Furchung kurz vor der Eiablage. Die Entwicklung beginnt mit Zellproliferationen und Segregationen im peripheren Gebiet der Area pellucida. Die in diesem Bereich in die Tiefe verlagerten größeren Zellen wandern sowohl nach peripher als auch zentralwärts aus. Sie häufen sich ferner an einem Pol, dem späteren Kaudalende der Keimscheibe an. So bildet sich unter der oberflächlichen Schicht kleiner Zellen, dem **Ektoderm**, durch *Delamination der Hypoblast*, der zum einschichtigen **Entoderm** auswächst (**Abb. 8.5**). Das Ektoderm wird bis zur Ausscheidung des Mesoderms (s. u.) auch als *Epiblast* bezeichnet. Der Hohlraum zwischen den beiden Keimblättern ist das **Blastocoel.** Beide Keimblätter umwachsen die Dotterkugel, wobei das Ektoderm etwas schneller als das Entoderm voranschreitet. Die Entwicklung wird nun durch die Eiablage unterbrochen und erst durch die Wirkung der Brutwärme fortgesetzt.

Primitivbildungen und Mesodermbildung

Wie beim Säuger treten bei Sauropsiden Primitivbildungen auf, aus denen sich in gleicher Weise das Mesoderm und die Chorda dorsalis entwickeln (**Abb. 9.9; 9.10; 9.11**). Bereits am ersten Bebrütungstag entsteht der senkrecht zur Längsachse des Eies stehende **Primitivstreifen**, der sich kranial zum Primitivknoten verdickt. Von ihm wächst der beim Vogel solide **Kopffortsatz** aus. Die von den Primitivbildungen zwischen Ekto- und Entoderm ausschwärmenden Zellen breiten sich nach lateral und kaudal aus (**Abb. 9.9**), ehe sie schließlich flügelartig nach vorne schwenken und nach und nach die kraniale mesodermfreie Zone ausfüllen (**Abb. 9.10**). Im extraembryonalen Bereich folgt das Mesoderm den anderen beiden Keimblättern bei der Umwachsung des Dotters.

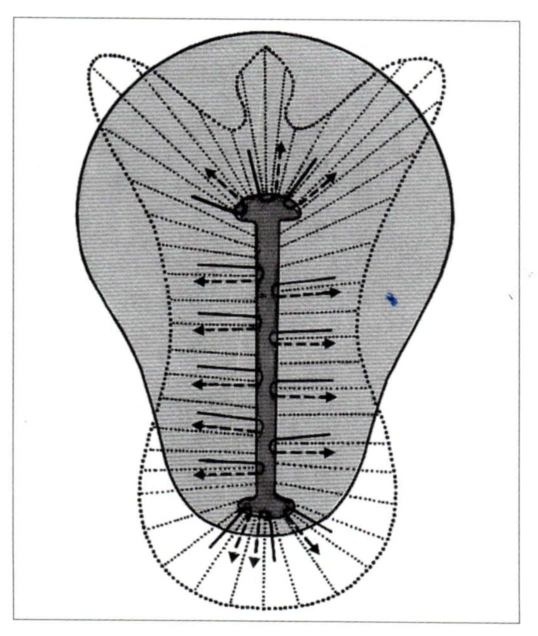

Abb. 9.9 Hühnereikeimscheibe 15 – 18 Std. Bebrütungsdauer. Primitivbildung durch Zellverlagerung von lateral nach medial (schwarze Linien), Verlagerung in die Tiefe und Ausschwärmen des Mesoblasten nach lateral und kaudal (unterbrochene Linien mit Pfeilspitze) (aus Goerttler 1950)

9.4 Formveränderung an der Keimblase

Vor der Implantation wird die Keimblase durch die Aufnahme von Histiotrophe, einem Gemisch aus Uterussekreten und Geweberesten, über den Trophoblasten ernährt. Mit der Möglichkeit der Stoffaufnahme setzt ein rapides Wachstum ein, das nun

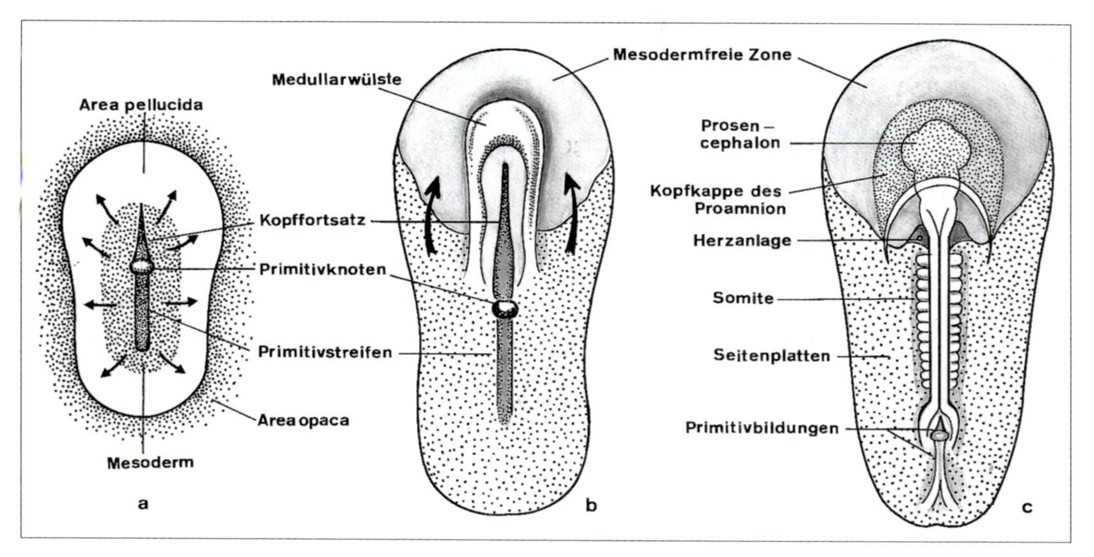

Abb. 9.10 Primitivbildungen und Entstehung des Mesoderms: a) 15 Stunden; b) 20 Stunden; c) 48 Stunden bebrütet (aus Goerttler 1950 und Starck 1975)

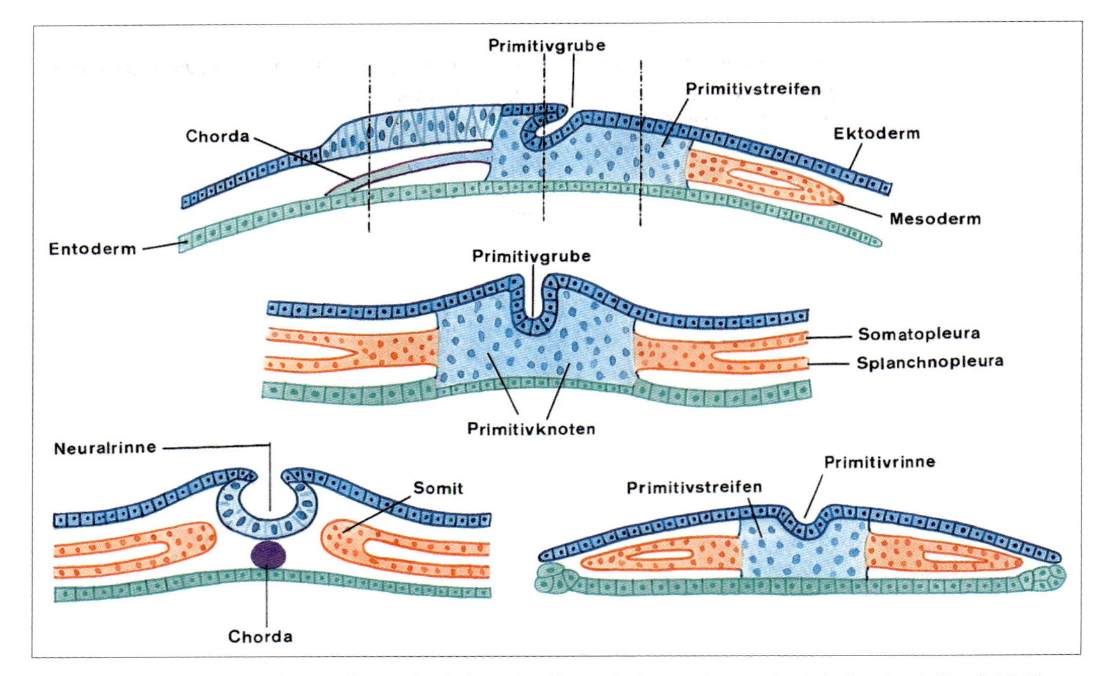

Abb. 9.11 Längsschnitt und Querschnitte durch die Hühnerkeimscheibe, ca. 40 Stunden bebrütet (nach Starck 1975)

während der Phase der Keimblattbildung abläuft und zu tierartlich unterschiedlichen Formveränderungen an der Blastozyste führt.

Beim *Pferd* ist die Keimblase zunächst rund und wird später ovoid. Nach dem Schlüpfen aus der Zona pellucida und durch Flüssigkeitsdruck im Blastocoel dehnt sie sich über 5 cm aus und wird gegen das Uterusepithel gepresst. Bei *Wiederkäuer* und *Schwein* wächst die Blastozyste zu einem langen, schlauchförmigen Gebilde aus, und bei *Fleischfressern* geht sie in die typische Zitronenform über (Einzelheiten siehe Plazentation).

An der Keimblase tritt nun zwischen Keimscheibe und Keimblasenwand die Grenzfurche in Erscheinung. Auf die Grenzfurche folgt nach außen der helle Fruchthof, *Area pellucida*, und der dunkle Fruchthof, *Area opaca*, der auch als Ektoplazentarwulst bezeichnet wird und feine, vom Trophoblasten gebildete Zöttchen besitzt.

Zusammenfassung

Keimblattbildung

- Zur Bildung des dreidimensionalen Embryos entstehen nach der Furchung flächenhafte Zellverbände, Keimblätter, aus denen sich durch Determination die Organanlagen herausdifferenzieren. Primär entstehen das äußere Keimblatt, **Ektoderm**, und das innere Keimblatt, **Entoderm**, zwischen denen sich sekundär das mittlere Keimblatt, **Mesoderm**, herausbildet.
- Bei den **niederen Wirbeltieren** läuft die Keimblattbildung als Einstülpung, **Invagination,** ab und wird als Gastrulation bezeichnet. Bei **Säugetieren** und **Vögeln** erfolgt jedoch ein flächenhaftes Auswachsen der Zellverbände. Dieser Vorgang wird als **Delamination** bezeichnet und ist nur im übertragenen Sinne als Gastrulation anzusehen.
- **Säugetiere.** In der ersten Phase der Keimblattbildung erfolgt die Umwandlung des Embryonalknotens zur Keimscheibe und die Bildung des Mesoderms. Bei Hund, Katze und Kaninchen wird der Embryonalknoten nach Auflösung der ihn bedeckenden Rauberschen Deckschicht unter Streckung als Keimscheibe in den Trophoblasten einverleibt. Bei Huftieren entsteht eine Embryozyste, die peripher einreißt und sich unter Streckung in den Trophoblasten einfügt. Das **Entoderm** entsteht durch Delamination an der Unterseite des Emb-

ryonalknotens, wächst am Trophoblasten entlang bis zum Gegenpol und bildet extraembryonal die Ergänzungshöhle (primäre Dottersackhöhle). Die zweischichtige Keimblase besteht nun außen aus dem intraembryonalen **Ektoderm** und dem *Trophoblasten* und innen aus dem *intra- und extraembryonalen Entoderm.*

- Das **Mesoderm** entwickelt sich über die Anlage von Primitivstreifen, Primitivrinne und Kopffortsatz, die durch von außen nach innen verlaufende Zellströme im Ektoderm entstehen. Die proliferierenden Zellen dieser Primitivbildungen wandern in die Tiefe und breiten sich dann als Mesoderm zwischen Ekto- und Entoderm aus. Dabei schieben sie sich auch über den Embryo hinaus zwischen Trophoblast und extraembryonalem Entoderm vor.
- **Vögel.** Die mehrschichtige Keimscheibe des Vogels besteht aus der zentralen, von der Subgerminalhöhle unterlagerten Area pellucida und der Area opaca, die dem Dotter aufliegt. Durch Delamination bildet sich unter der oberflächlichen Schicht kleiner Zellen, dem *Ektoderm*, der Hypoplast, der zum einschichtigen *Entoderm* auswächst. Der Hohlraum zwischen den beiden Keimblättern ist das Blastocoel. Beide Keimblätter umwachsen die Dotterkugel. Das *Mesoderm* entsteht auf die gleiche Weise wie beim Säuger.

10 Anlage der Primitivorgane und Abfaltung des Embryos

Aus den drei Keimblättern entwickeln sich während der Embryonalperiode die Primitivorgane: Chorda dorsalis, Neuralrohr, Urwirbel und Seitenplatten sowie das primitive Darmrohr.

10.1 Bildung der Chorda dorsalis

Die Chorda dorsalis (**Abb. 9.2; 9.11; 10.3; 10.4**) wird als primitives Stützskelett bei allen Wirbeltieren angelegt. Bei höheren Wirbeltieren wird sie wieder zurückgebildet. Als Reste bleiben bei adulten Tieren die Nuclei pulposi übrig. Der vordere Teil der Chorda dorsalis geht aus der Prächordalplatte des Entoderms und der hintere aus dem Kopffortsatz (s. S. 51; 53) hervor. Die verdickte Prächordalplatte enthält zunächst noch das Mesodermmaterial für den Kopfbereich (Mesentoderm) und liegt dem Ektoderm direkt an. Erst später mit der Bildung der Mundbucht wandert das Kopfmesenchym aus dem Entoderm aus. Die Prächordalplatte wölbt sich zur *Chordarinne* auf und faltet sich als *Chordakanal* aus dem Entoderm ab. Im hinteren Bereich wird der *Kopffortsatzkanal* zum Chordakanal. Der Kanal schließt sich später durchgehend zum soliden Strang. Die Entwicklung der Chorda dorsalis beginnt in der Mitte und setzt sich mit dem Vorwärtsdrängen der Chordaplatte nach vorn fort. Kaudal wächst sie in die aus dem Kaudalknoten entstandene Schwanzknospe ein.

10.2 Differenzierungen am Ektoderm

Gegen Ende der zweiten Entwicklungswoche beginnt bei den Haussäugetieren durch Induktion der Chorda dorsalis die Bildung des Zentralnervensystems, die *Neurulation* (**Abb. 10.1; 10.3**). Als erstes tritt vor dem Primitivknoten durch Wucherung im Ektoderm die **Neuralplatte** auf. Sie besitzt hochprismatische Zellen. Die Seitenteile, die zur Epidermis werden, haben flache Zellen. Die Platte krümmt sich in der Mittellinie ein und lässt die **Neuralrinne** entstehen, die seitlich von den *Neuralfalten* begrenzt wird. Durch stärkere Aufwulstung und Vertiefung der Rinne erfolgt der Verschluss, die Abfaltung zum Neuralrohr mit Zentralkanal. Das Neuralrohr, Neuroektoderm, ist somit aus dem Ektoderm ausgeschieden und liegt unter dem außen verbliebenen **Epidermisblatt** (Oberflächenektoderm).

Der Verschluss zum Neuralrohr beginnt in der Mitte und schreitet allmählich nach vorn und hinten fort (bei Ktz. mit 13, Schw. 14, Schf. 15, Hd. 17, Pfd. 18, Rd. 19 Tagen). An Kopf- und Schwanzende bleiben vorübergehend Öffnungen, der *Neuroporus rostralis* und *caudalis*, übrig (**Abb. 10.1**). Hinter bzw. vor den Öffnungen sind die Neuralfalten zunächst unvereinigt. Im kaudalen Bereich umfassen sie Reste der Primitivbildungen und bilden den Sinus rhomboidalis, der nach kranial in den hinteren Neuroporus übergeht. Der Neuroporus anterior liegt im Bereich der Gehirnanlage. Erst nach dem verhältnismäßig späten Verschluss der Neuropori

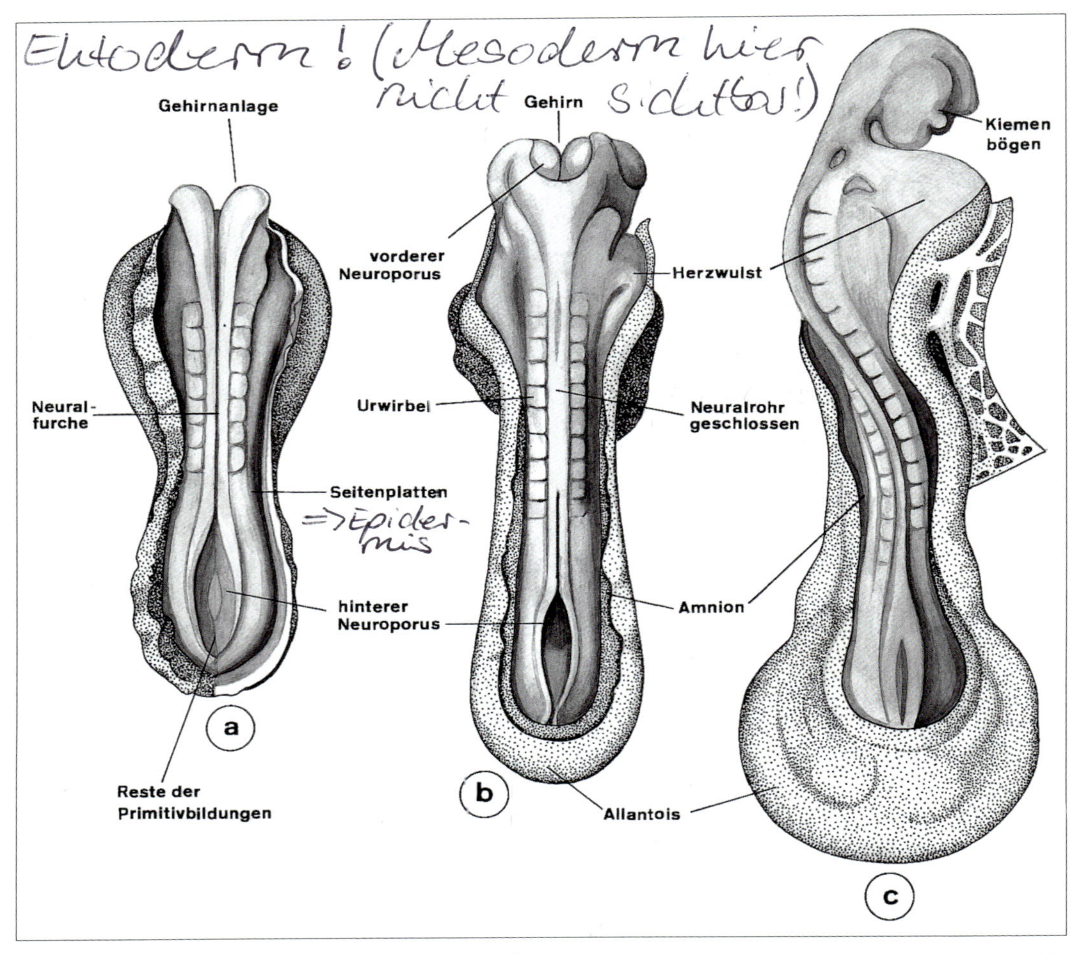

Abb. 10.1 Neurulation am Embryo des Schweines, dargestellt an Keibels Modellen, Länge der Embryonen: a) 3,7 mm; b) 4,7 mm; c) 6,3 mm

ist die Trennung von Neuralrohr und Epidermisblatt vollendet. Durch stärkere Entwicklung und Hohlraumbildung im vorderen Bereich wird sehr zeitig die Trennung von *Hirnrohr* und dem engeren *Medullarrohr* erkennbar. Die frei nach vorn überstehende Gehirnanlage befindet sich im Zweiblasenstadium (Archencephalon und Deuterencephalon) und stellt die Grundlage für die Kopfbildung dar.

Während der Ausbildung des Neuralrohres lösen sich aus dem Übergangsgebiet zwischen Neuralfurche und Epidermisblatt Zellen, die sich seitlich zu den **Neuralleisten** formieren (**Abb. 10.3; 19.2**). Aus ihnen entstehen die Zellen der Spinalganglien und vegetativen Ganglien, Schwannsche Zellen, Nebennierenmark, Pigmentzellen sowie Zellen des Mesektoderms im Kopfbereich.

Schließlich bilden sich nach Schluss der Neuropori weitere, aber paarige ektodermale Verdickungen, die sogenannten **Plakoden**, heraus. Dies sind die *Ohr-* und *Linsenplakoden* (**Abb. 21.1; 21.6**) und später die beiden *Nasenplakoden*.

Aus dem Ektoderm entstehen: Epidermis mit Anhangsgebilden (Haare, Drüsen, Hornsubstanzen), Zahnschmelz; Epithel der Mundhöhle (vorderer Bereich), der Nasenhöhle, des Innenohres, des Analkanals, des Scheidenvorhofes; Augenlinse und Irismuskulatur; Hypophyse, Zentralnervensystem und alle Differenzierungen der Neuralleiste.

10.3 Differenzierungen am Entoderm

Nachdem das Entoderm den Trophoblasten der Keimblase umwachsen hat, kleidet es zunächst nur den **Dottersack** aus (**Abb. 9.3; 11.1**). Mit der Abfaltung des Keimlings wird der unter der Keimscheibe gelegene, nicht unbeträchtliche embryonale Teil zur Bildung der **Darmanlage** in den Embryonalkörper verlagert (**Abb. 10.5; 11.1**). Die Verbindung zwischen Darm und Dottersack wird zunehmend zum *Dottersackstiel* eingeengt. Sekundär werden durch Bildung der **Allantois**, einer Ausstülpung der Kloake, Entodermzellen wieder nach außen ins extraembryonale Coelom verlagert (**Abb. 11.2**).

Aus dem Entoderm entstehen: Epitheliale Anteile des Atmungs- und Verdauungsapparates einschließlich Leber und Pankreas; Epithel der Schilddrüse, Epithelkörperchen, Thymus, Tonsillen; Epithel der Harnblase, Urethra, Prostata und Vagina.

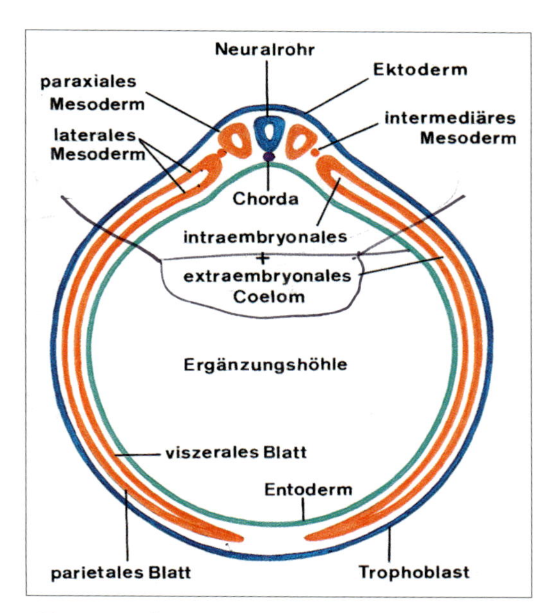

Abb. 10.2 Schematische Darstellung der Differenzierung am Mesoderm (nach Zietzschmann/Krölling 1955)

10.4 Differenzierungen am Mesoderm

Die Differenzierungen am Mesoderm sind von entscheidender Bedeutung für die Entwicklung der Körperform mit gleichzeitiger Bildung der Leibeswand und der Körperhöhlen. Das anfangs eine einheitliche Platte darstellende Mesoderm gliedert sich in das **paraxiale Mesoderm** (Mesoblast der Stamm- oder Achsenzone) und das **laterale Mesoderm**, Seitenplatten (Mesoblast der Seitenzone). Beide werden durch das **intermediäre Mesoderm**, Somitenstiel (Ursegmentstiel), verbunden (**Abb. 10.2**).

Paraxiales Mesoderm

Am seitlich von der Neuralfurche gelegenen paraxialen Mesoderm kommt es sofort zu einer *Segmentierung*, bei der durch Zellbewegung blockförmige Zellaggregate, die **Somite** oder **Urwirbel** (Ursegmente), entstehen (**Abb. 10.2; 10.3**). Zwischen ihnen haben sich Intersegmentalsepten gebildet, die äußerlich als helle Intersegmentalfurchen sichtbar werden. Die Urwirbelbildung beginnt in der Mitte der schuhsohlenförmigen Keimscheibe an deren schmalster Stelle und schreitet zunächst nach vorn bis zum Ohrbläschen (okzipitale Urwirbel) und schließlich nach kaudal bis ans Schwanzende fort. Das rostral der okzipitalen Urwirbel gelegene Mesoderm bleibt unsegmentiert. Beim Rind dauert der gesamte Ablauf der Segmentierung vom 20. bis zum 30. Tag.

Die Urwirbel sind nicht die unmittelbaren Vorgänger der bleibenden Wirbel. Sie liefern neben dem Mesenchym für die sekundäre Wirbelsäule noch die bindegewebige Grundlage der Körperwand im Stammbereich und große Teile der Skelettmuskulatur.

Umformungsprozesse (**Abb. 10.3; 10.4**) am Urwirbel führen zur zentralen Hohlraumbildung, dem **Myocoel**, wodurch aus dem soliden Körper das Urwirbelbläschen entstanden ist, dessen Wandabschnitte sich unterschiedlich weiter entwickeln.

Ventromedialer Wandabschnitt. Er wird als **Sklerotom** bezeichnet, weil er die Proliferationszone für das Mesenchym des Achsenskelettes darstellt. Die Zellen lösen sich hier aus dem Verband und werden spindelförmig. Sie füllen nach Auflösung des ventromedialen Wandbereiches den Hohlraum aus und bilden in ihrer Gesamtheit das *axiale Mesenchym*. Die ausschwärmenden Zellen umgeben als *Sklerotomzellen* die Neuralfurche und die Chorda dorsalis und liefern die Segmente der eigentlichen Wirbelsäule. Ferner umgibt das axiale Mesenchym die primitiven Aorten und liefert das Mesenchym für die Urniere.

Dorsolateraler Wandabschnitt. Dieser Teil des Urwirbels bildet sich zur *Haut-Muskelplatte* um. Ihre

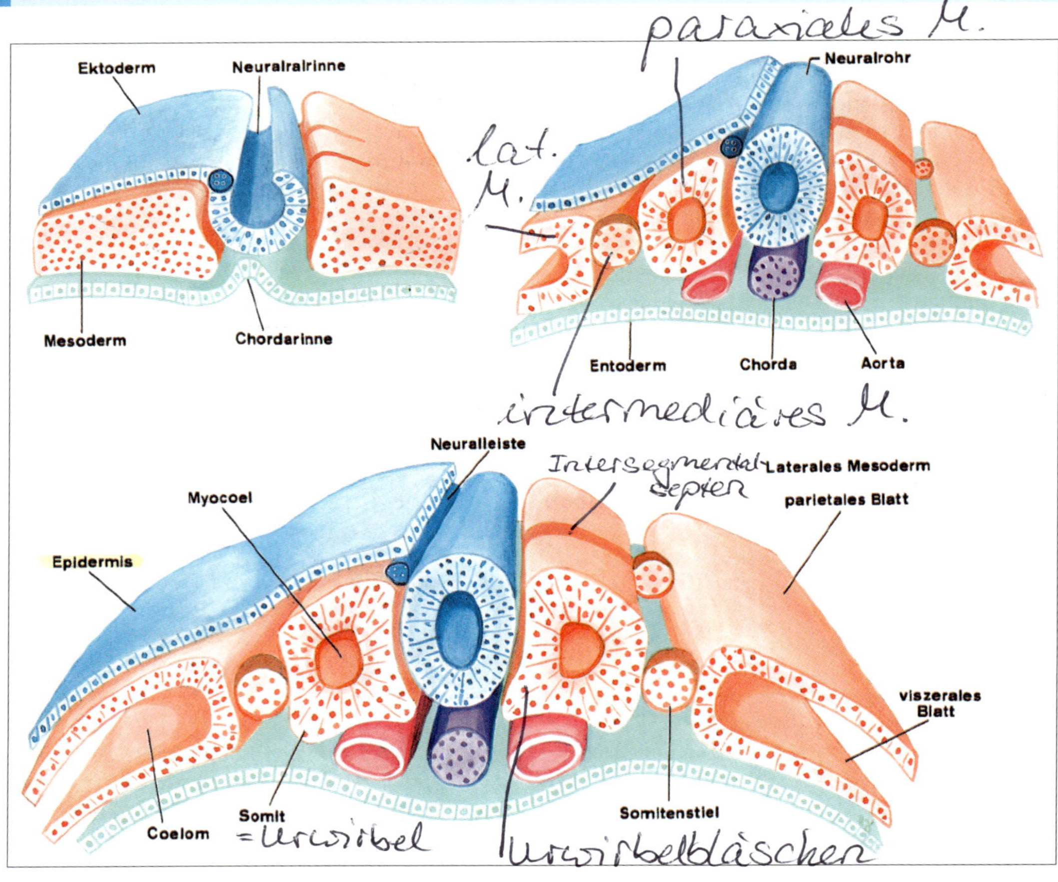

Abb. 10.3 Schematische Darstellung der Bildung des Neuralrohres und der Chorda dorsalis sowie der Differenzierung am Mesoderm (in Anlehnung an Boenig/Bertolini 1971)

obere Lage ist das **Dermatom** (Haut- oder Kutisplatte) und liefert das Bindegewebe der Haut im Stammbereich. Die tiefere Schicht, die vor allem aus Zellen der dorsalen Urwirbelkante entsteht, ist das **Myotom**. Es lässt die zunächst einkernigen Vorläufer der Skelettmuskulatur hervorgehen.

Laterales Mesoderm

Das aus einem embryonalen und einem extraembryonalen Teil bestehende laterale Mesoderm, Seitenplatten, wird durch *flächenparallele Spaltung* in ein parietales und ein viszerales Blatt getrennt (**Abb. 10.2; 10.3; 11.1**).

Zwischen beiden ist dadurch das Zölom entstanden. Bei Pferd und Fleischfresser unterbleibt die Spaltbildung am Gegenpol der Keimblase, wodurch in diesem Bereich die Voraussetzungen zur Bildung einer Dottersackplazenta geschaffen werden (**Abb. 15.3**).

Parietales Blatt. Dieser Anteil legt sich als Hautfaserblatt, *Somatopleura*, dem Ektoderm an. Es bildet embryonal das Mesenchym für die bindegewebigen Anteile der Haut und die gesamte seitliche Körperwand, extraembryonal die bindegewebige Grundlage für das primitive Chorion.

Viszerales Blatt. Es verbindet sich mit dem Entoderm und heißt Darmfaserblatt, *Splanchnopleura*. Aus ihr gehen embryonal die bindegewebigen Anteile und die glatte Muskulatur der Darmwand und extraembryonal die mesenchymale Grundlage für den Dottersack hervor.

Coelom. Das Coelom, das bei Säugetieren keine Verbindung mit dem Myocoel der Urwirbel hat, besteht aus einem embryonalen und einem extraembryonalen Teil (**Abb. 10.2**). Das **intraembryonale Coelom** wird zur Leibeshöhle und geht in seinen

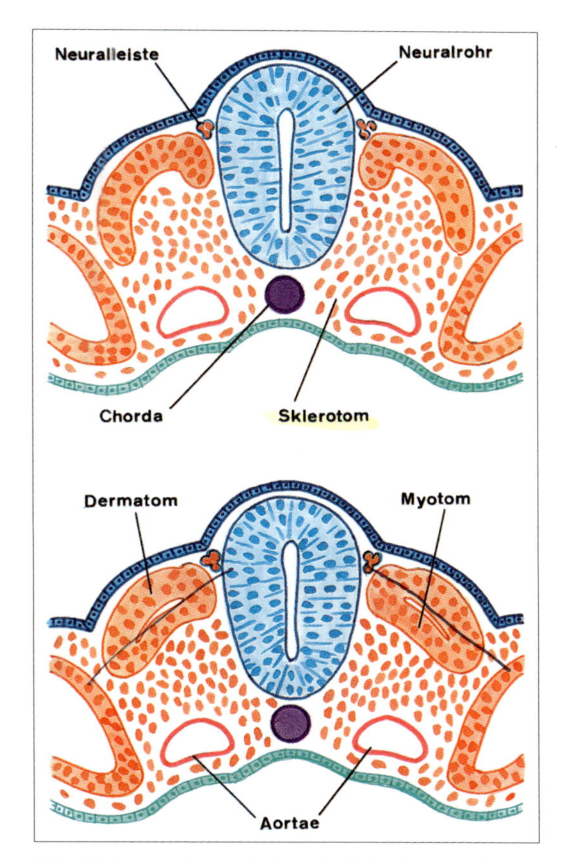

Abb. 10.4 Umbildung der Urwirbel beim Katzenembryo mit einer Länge von 3,5 mm (oben) und 4,5 mm (unten)

kaudalen Bereichen am Rande der Keimscheibe in das extraembryonale Coelom über. Das intraembryonale Coelom (Endocoel) entsteht durch Zusammenfluss isoliert angelegter Spalten im Mesoderm der kardiogenen Zone und im Seitenplattenmesoderm. Es bildet zunächst einen hufeisenförmig gekrümmten, zusammenhängenden Hohlraum. Aus dem bogenförmigen kranialen Abschnitt entsteht später die Perikardhöhle und aus den lateralen Zölomspalten die Pleura- und Peritonäalhöhle (**Abb. 28.1**). Bei der Abfaltung der Keimscheibe vom Dottersack und ihrer Umwandlung zum zylindrischen Körper gehen die Verbindungen zwischen intra- und **extraembryonalem Coelom** (Exocoel) verloren. Beide Blätter des lateralen Mesoderms bilden an der Oberfläche zum intraembryonalen Coelom flache Zellen aus, die als *Coelothel* bezeichnet werden und sich zum Mesothel des Peritonaeum bzw. der Pleura entwickeln.

Intermediäres Mesoderm

Dieses Gewebe löst sich bald von den übrigen Teilen des Mesoderms und bildet in der Hals- und vorderen Brustregion segmental angeordnete Zellhaufen, die späteren *Nephrotome*. Im kaudalen Bereich bleibt es hingegen unsegmentiert und bildet den *nephrogenen Strang*. Aus beiden, dem segmentierten und dem unsegmentierten Mesoderm, entstehen die exkretorischen Anteile der Harnorgane.

Durch die Trennung des intermediären Mesoderms von den Seitenplatten wird aus dem Übergang ihrer Blätter die Mesenterial- oder Gekröseplatte, die sich zum Dorsalgekröse des Darmes entwickelt.

Aus dem Mesoderm entstehen: Binde- und Stützsubstanzen, Skelett-, Herz- und glatte Muskulatur (außer Irismuskeln), Blut, Herz, Blut- und Lymphgefäße, Milz, Nebennierenrinde, Serosa, Nieren, Keimdrüsen (ohne Keimzellen) und Geschlechtsgänge.

10.5 Abfaltung des Embryos

Durch die Differenzierungen am Mesoderm, die Bildung des Amnions und des primitiven Darmes wandelt sich der flache Keimling zum zylindrischen Körper, der sich durch die Nabelbildung mehr und mehr von den Anhängen abhebt (**Abb. 11.1**). Durch die Anlage des Neuralrohres und der Urwirbel war der primitive Rücken entstanden, der sich nun aufkrümmt und zum definitiven Rücken wird. Vermehrtes Wachstum des Neuralrohres und die Anlage der Embryonalhüllen führen zu ventralen Einbiegungen im Kopf- und Schwanzbereich. Diese Einrollung des Embryos ist am stärksten beim Pferd und am geringsten bei Wiederkäuern entwickelt. Daneben können bei Schwein und Pferd Spiraldrehungen vorkommen (**Abb. 10.1**). Als weitere Differenzierung des Embryos treten Beugungsstellen auf, die als Scheitel-, Nacken-, Rücken- und Schwanzhöcker sichtbar werden (**Abb. 12.1**).

10.6 Anlage des Darmes

Mit der Abhebung des Embryos und Einbiegung im Bereich der Grenzfurche entsteht durch Wölbung und Einschnürung des embryonalen Entoderms die in Längsrichtung verlaufende **Darmrinne**. Diese schließt sich vorn und hinten zur Röhre und scheidet als **Darmanlage** aus dem Dottersack aus

(**Abb. 10.5; 11.1**). Mit fortschreitender Einbiegung des Embryos setzt sich auch die Abfaltung des Darmrohres aus dem Dottersack fort. Es entstehen die **vordere Darmbucht** mit der *vorderen Darmpforte* und die **hintere Darmbucht** mit der *hinteren Darmpforte*. Dazwischen liegt die von den Darmfalten begrenzte **Mitteldarmhöhle**, die anfangs über den weiten Darmnabel mit dem Dottersack in Verbindung steht. Der Darmnabel engt sich zum Dottersackstiel (Pedunculus vitellinus, Ductus omphaloentericus) ein und wird zu einer immer länger werdenden Röhre. Ihr legt sich außen der Nabel an, der ursprünglich das Grenzgebiet zwischen Keimling und Keimblasenwand (Grenzfurche) darstellt und später als Amnionscheide des Nabelstranges den Übergang zwischen Leibeswand und Amnion bildet.

Mit der Einkrümmung an Kopf- und Schwanzende kommt es zur Ausbildung der ektodermalen **Mundbucht**, Stomatodaeum, und **Afterbucht**, Proctodaeum. Die Mundbucht wird vom kranialen Darmende durch die aus der Prächordalplatte hervorgegangene **Rachenmembran**, Membrana oropharyngealis, getrennt. Kaudal ist zwischen Darm und Afterbucht die **Kloakenmembran**, Membrana cloacalis, ausgebildet. Beide Membranen bestehen nur aus Ektoderm und Entoderm. Sie reißen bald ein, und so entsteht der von kranial bis kaudal geöffnete *primitive Darm*, der über den Dottersackstiel mit dem Dottersack in Verbindung steht.

Mit der Darmentwicklung und Abfaltung des Embryonalkörpers entsteht zugleich das **Gekröse**. Der Übergang zwischen parietalem und viszeralem Mesoderm wandert nach medial und verschmilzt ventral der Wirbelanlage mit dem der anderen Seite zum einheitlichen *Dorsalgekröse*. Im vorderen Darmbereich legen sich die Schenkel der medialen Wand der Perikardhöhle aneinander und verbinden sich mit dem parietalen Blatt des Mesoderms zum *Ventralgekröse*, das nur bis zur Leberanlage reicht. Es wird bis auf das Mesogastrium ventrale zurückgebildet.

10.7 Biologische Grundlagen der Morphogenese

Die bestimmenden Vorgänge bei der Morphogenese sind Wachstum und Differenzierung.

Wachstum

Unter Wachstum versteht man die Zunahme in der räumlichen Ausdehnung und im Gewicht, das durch Zellvermehrung, Zellvergrößerung und Vermehrung von Interzellularsubstanz stattfinden kann.

Die *Zellproliferation* erfolgt durch mitotische Teilungen, die zum Lebenszyklus der Zelle gehören. Mitosen dienen aber auch der Regeneration. In Ausnahmefällen, wie z.B. bei der Furchung, führt die

Längs

Einsenkung d. Embryos!

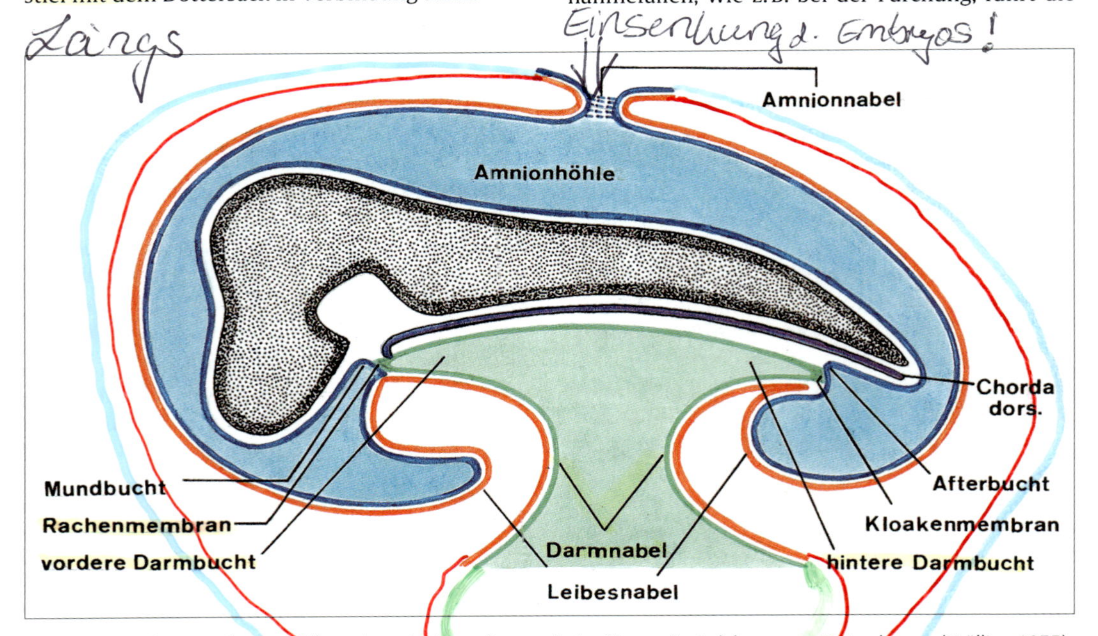

Abb. 10.5 Schematische Darstellung des primitiven Darmes beim Säuger (in Anlehnung an Zietzschmann/Krölling 1955)

Vermehrung der Zellzahl jedoch nicht zum Wachstum im Sinne einer Vergrößerung.

Die *Zellvergrößerung* hat für das Gesamtwachstum des Keimes eine relativ geringe Bedeutung. Sie spielt aber bei einigen Organen und Geweben, wie bei der Differenzierung der Neuroblasten zu Nervenzellen oder bei der Linsenentwicklung mit einer starken Vergrößerung des hinteren Epithels, eine wesentliche Rolle.

Auch die *Vermehrung der Interzellularsubstanz* kann zum Wachstum führen. Als Beispiel sei die Bildung des hyalinen Knorpels aus den mesenchymalen Vorknorpelzellen genannt.

Differenzierung

Die Zellen der ersten Entwicklungsphasen haben noch die gleiche Morphologie und Funktion. Dies ändert sich während der Keimblattbildung, wo die Gleichartigkeit verloren geht. Durch die einsetzende Differenzierung kommt es durch Induktion zur Herausbildung neuer Zellstrukturen und Eigenschaften. So können z. B. aus den völlig gleichartigen Mesenchymzellen über Osteoblasten Osteozyten entstehen oder sich über Myoblasten Muskelzellen mit besonderen Fähigkeiten zur Kontraktion ausbilden. In welche Richtung die Entwicklung führt, wird durch die Determination festgelegt.

Die Grundlage für die Differenzierung besteht in der Fähigkeit, spezifische Enzymmuster und damit zellspezifische Proteine zu bilden. Hierfür wird die Aktivierung bzw. Blockierung bestimmter Gene verantwortlich gemacht.

Die früh entstandenen differenzierten Zellgruppen oder Organe können zur Bildung weiterer Organe induktiv wirken. So induziert die Chorda dorsalis im Ektoderm die Bildung von Nervengewebe und im Mesoderm die Differenzierung zum paraxialen Mesoderm.

Zusammenfassung

Primitivorgane

- Die **Chorda dorsalis** bildet sich im vorderen Teil aus der entodermalen Prächordalplatte und kaudal aus dem Kopffortsatz. Sie wird als primitives Stützskelett bei allen Wirbeltieren angelegt, bei höheren Vertebraten aber wieder zurückgebildet. Als Reste bleiben bei erwachsenen Tieren die Nuclei pulposi übrig.
- **Differenzierung am Ektoderm.** Nach Ausscheidung des Neuralrohres entwickelt sich das Ektoderm zum Epidermisblatt. An der Grenze zwischen den beiden entsteht die Neuralleiste und im Kopfbereich treten paarige ektodermale Verdickungen, sog. Plakoden auf.
- Das **Neuralrohr** entsteht aus der Neuralplatte, die sich zur Neuralfurche einsenkt, seitlich Falten bildet und zum Rohr abfaltet. Aus dem stärkeren vorderen *Hirnrohr* gehen das Gehirn mit Hypophyse sowie Retina, N. opticus und die Irismuskeln hervor. Das engere *Medullarrohr* wird zum Rückenmark.
- Aus dem **Epidermisblatt** entstehen Epidermis mit Haaren und Drüsen, Zahnschmelz sowie Epithel der Mundbucht, des Analkanales und des Scheidenvorhofes.
- Aus der **Neuralleiste** gehen Kopf-, Spinal- und vegetative Ganglien, Schwannsche Zellen, Nebennierenmark, Pigmentzellen sowie Mesektoderm des Kopfbereiches hervor.
- Die **Ohrplakoden** entwickeln sich zum Epithel des häutigen Labyrinthes, die **Linsenplakoden** zur Linse inklusive Kapsel und die **Nasenplakoden** zum Atmungs- und Riechepithel der Nasenhöhle.
- **Differenzierung am Entoderm.** Das extraembryonale Entoderm wird zum *Dottersackepithel* und das intraembryonale zum Epithel der gesamten *Darmanlage*. Es bildet das Epithel von Luftröhre, Kehlkopf, Lunge, Speiseröhre, Magen, Darm, Leber, Pankreas, Schilddrüse, Epithelkörperchen, Thymus, Tonsillen, Harnblase, Harnröhre, Prostata und Vagina. Sekundär werden Entodermzellen zur Bildung der *Allantois* ins extraembryonale Coelom verlagert.
- **Differenzierung am Mesoderm.** Das zunächst einheitliche Mesoderm gliedert sich in das paraxiale, laterale und intermediäre Mesoderm.
- Das seitlich von der Neuralfurche gelegene **paraxiale Mesoderm** wird durch Segmentierung in *Somite* (Urwirbel) zerlegt, die sich durch zentrale Hohlraumbildung (Myocoel) zum Urwirbelbläschen bilden. Deren ventromedialer Wandabschnitt zerfällt zum axialen Mesenchym, das mit Sklerotomzellen die Wirbel aufbaut und Bindegewebe für die primitiven Aorten und die Urnieren liefert. Der dorsolaterale Wandabschnitt wird zur Haut-Muskelplatte mit äußerem *Dermatom* zur Bildung des Bindegewebes der Haut im Stammbereich und dem tiefen *Myotom*, aus dem die Skelettmuskulatur hervorgeht.

- Am **lateralen Mesoderm** entsteht durch flächenparallele Spaltung ein parietales und ein viszerales Blatt. Das *parietale Blatt* bildet embryonal das Bindegewebe der Haut und die gesamte seitliche Bauchwand und extraembryonal das Bindegebe für das Chorion. Das *viszerale Blatt* differenziert sich embryonal zum Bindegewebe sowie zur Muskulatur der Darmwand und extraembryonal zum Mesenchym des Dottersackes. Aus dem Hohlraum zwischen beiden Blättern entsteht das *Coelom*, das aus dem extraembryonalen und intraembryonalen Teil, der späteren Pleura- und Peritonealhöhle, besteht.
- Das **intermediäre Mesoderm** (Somitenstiel) bildet im Hals- und vorderen Brustbereich *Nephrotome* und kaudal davon den *nephrogenen Strang*. Aus beiden gehen die exkretorischen Anteile der Harnorgane hervor.
- **Abfaltung des Embryos**. Die Differenzierung am Mesoderm sowie die Bildung des Amnions und primitiven Darmes führen zur Umwandlung des flachen Keimlings zum zylindrischen Körper. Durch die Anlage des Neuralrohres und der Urwirbel entsteht der sich aufkrümmende Rücken. Schließlich führen das Wachstum des Neuralrohres und die Anlage der Embryonalhüllen zu ventralen Einschnürungen im Kopf- und Schwanzbereich.
- **Anlage des Darmes**. Durch Einschnürungen des embryonalen Entoderms entsteht die *Darmrinne*, die sich vorn und hinten zum Rohr schließt und als *Darmanlage* aus dem Dottersack ausscheidet. Diese besteht aus der *vorderen Darmbucht*, der *Mitteldarmhöhle* und der *hinteren Darmbucht*. Der anfangs weite Darmnabel als Verbindung zwischen Mitteldarmhöhle und Dottersack wächst in die Länge und engt sich zum *Dottersackstiel* ein. Ihm legt sich außen der Nabel (Amnionscheide) an. Kranial wird die vordere Darmbucht durch die *Rachenmembran* von der ektodermalen *Mundbucht* und kaudal die hintere Darmbucht durch die *Kloakenmembran* von der *Afterbucht* getrennt.

11 Entwicklung der Hüllen und Anhänge

Bei Sauropsiden und Säugetieren werden neben dem Dottersack als primärer Anhang weitere schützende Fruchthüllen (Fetalmembranen), das Chorion, das Amnion und die Allantois ausgebildet. Diese Gruppe der Wirbeltiere wird deshalb auch als *Amnioten* bezeichnet. Die Hüllen schützen den Embryo vor Austrocknung und mechanischen Einwirkungen und sie übernehmen die Ernährungs- und Atmungsfunktion. Bei Sauropsiden wird die Ernährung durch Aufnahme des Dotters, bei den viviparen Säugetieren hingegen durch die Plazenta sichergestellt.

Die Ausbildung der Hüllen und Anhänge geht gleichzeitig mit den Differenzierungen am Embryo einher und stellt keinen getrennten Prozess dar. Während Chorion, Dottersack und Amnion aus den Blättern der Keimblase bzw. -scheibe hervorgehen, entsteht die Allantois sekundär als Ausstülpung des Enddarmes.

11.1 Chorion

Das Chorion (Zottenhaut) entwickelt sich aus dem Trophoblasten und dem parietalen Blatt des lateralen Mesoderms. Die Zottenbildung beginnt an der Area opaca (Plazentarwulst) und setzt sich von hier über das gesamte Chorion fort. Die ersten feinen und rein ektodermalen Zotten des Trophoblasten werden als *Primärzotten* und das Chorion als *primäres Chorion* bezeichnet. Primärzotten sind aber nur schwach ausgebildet oder fehlen sogar. Bedingt durch die frühe Mesodermbildung erhalten die ektodermalen Zotten sofort eine mesenchymale Grundlage. Es sind die *sekundären Zotten* und nach Abfaltung des Amnions das *sekundäre Chorion* entstanden (**Abb. 11.1**). Nach Ausbreitung der Allantoisgefäße im Mesenchym bildet sich schließlich das funktionsfähige *tertiäre Chorion*, Allantochorion (**Abb. 11.2**), mit seinen vaskularisierten *Tertiärzotten*, die sich tierartlich unterschiedlich als Teil der Plazenta in die Gebärmutterschleimhaut einsenken.

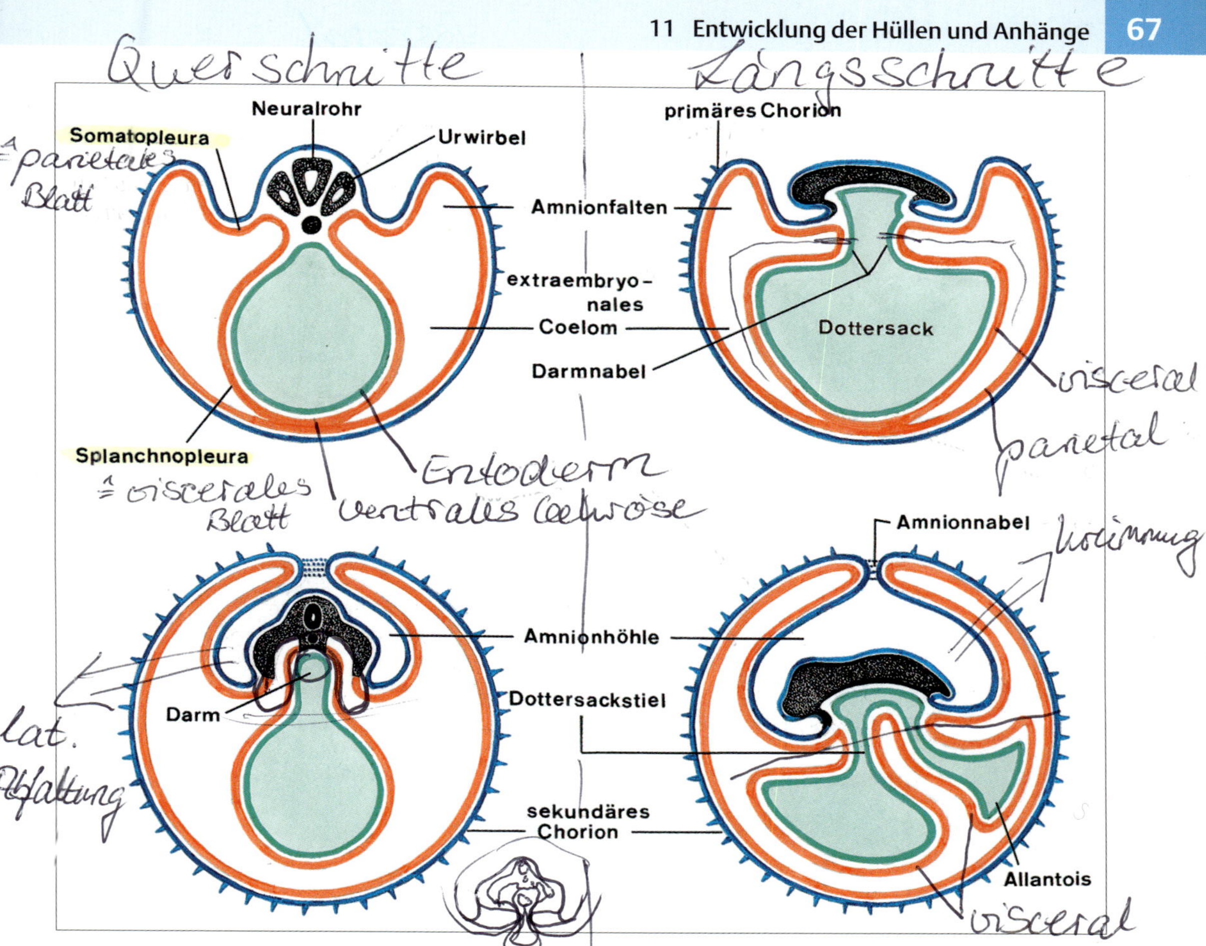

Abb. 11.1 Amnionbildung und Abfaltung des Embryos (nach Bonnet/Peter 1929) in Querschnitten (linke Seite) und Längsschnitten (rechte Seite)

11.2 Dottersack

Der Dottersack geht beim Säuger aus der dreischichtigen Keimblase hervor, nachdem deren Mittelschicht (laterales Mesoderm) sich durch die Zölombildung in das parietale und viszerale Blatt gespalten hat (**Abb. 10.2; 11.1**). Die Dottersackwand besteht demzufolge aus dem Entoderm der Keimblase und dem viszeralen Blatt des Mesoderms. Nach der Abfaltung des Darmrohres steht der Dottersack über den Dottersackstiel mit dem primitiven Darm in Verbindung. Beim Säuger enthält der Dottersack kein Dotter, sondern nur eine seröse Flüssigkeit. Er kann deshalb auch keine wesentliche Funktion für die Ernährung übernehmen. Seine Wand spielt aber als vorübergehendes Blutbildungsorgan eine Rolle. Ausbildung und Funktion des Dottersackes zeigen zwischen den Haussäugetieren und im Vergleich zum Vogel tierartliche Unterschiede.

Dottersack Wiederkäuer und **Schwein.** Infolge der vollständigen Spaltung der beiden Mesodermblätter bis zum Gegenpol wird der Dottersack völlig vom parietalen Mesoderm abgetrennt. Er wird schnell zum bedeutungslosen Anhängsel des Embryos zurückgebildet und heißt jetzt *Nabelbläschen* (Vesicula umbilicalis) und steht über den *Nabelblasenstiel*, dem früheren Dottersackstiel, mit dem Darm in Verbindung (**Abb. 11.2; 15.9**).

Dottersack Pferd und **Fleischfresser.** Bei diesen Tieren bleibt das Mesoderm im Bereich des Gegenpoles ungespalten, wodurch ein vaskularisierter Bezirk entsteht. Hier kommt es zur Bildung einer *Dottersackplazenta*, Placenta vitellina (Omphaloplazenta), die als Bestandteil des Dottersackkreislaufes vorübergehend, beim Pferd sogar bis zur 14. Woche, Ernährungsfunktion übernimmt (**Abb. 15.2; 15.3**).

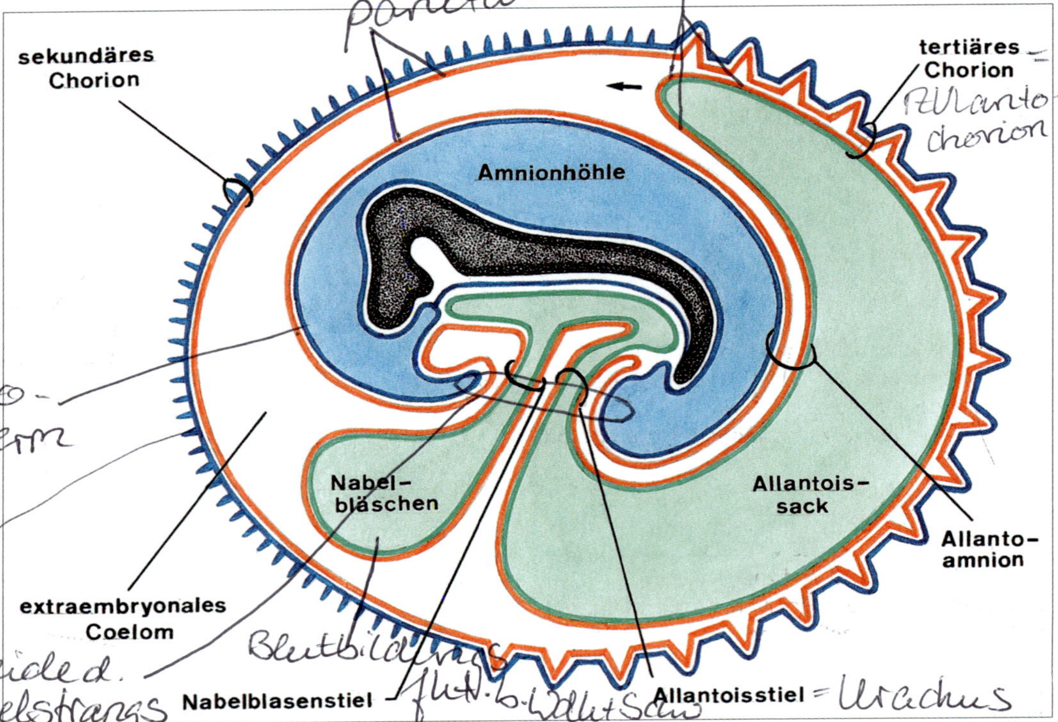

Abb. 11.2 Allantoisbildung beim Säugetier (aus Zietzschmann/Krölling 1955)

Dottersack Vogel. Beim Vogel entsteht der Dottersack durch die Umwachsung des Dotters, bei der der Umwachsungsrand der Keimanlage bis zum Gegenpol vordringt (**Abb. 16.2; 16.3**). Noch vor der Vereinigung des Umwachsungsrandes übernimmt der bereits gebildete Dottersackkreislauf die Ernährung durch Abbau des Dotters. Dazu bildet das Entoderm Zöttchen mit mesenchymaler Grundlage aus, in die Blutkapillaren zur Stoffaufnahme einwachsen.

Dottersackkreislauf

Im viszeralen Mesoderm der Dottersackwand treten frühzeitig Blutinseln und dann Blutgefäße auf, die Anschluss an das intraembryonale System finden und den beim Vogel besonders gut entwickelten Dottersackkreislauf entstehen lassen (**Abb. 16.1**). Dieser bildet am Umwachsungsrand der dreiblättrigen Keimhaut des Vogels ein Randgefäß, Sinus terminalis. Ein solcher Randsinus kommt auch in der Nabelblasenplazenta des Pferdes vor. Zwei Dottervenen, Vv. vitellinae (omphalomesentericae), treten durch den Darmnabel in den Embryo ein und verbinden sich mit dem Sinus venosus des Herzschlauches. Zweige der Aorta descendens, die als Aa. vitellinae (omphalomesentericae) durch den Darmnabel zum Kapillargebiet des Dottersackes zurücklaufen, schließen den Kreislauf (**Abb. 15.1; 26.12**).

11.3 Amnion

Im Gegensatz zum Menschen, bei dem das Amnion aus der Embryozyste als sogenanntes Spaltamnion hervorgeht, entwickelt es sich bei den Haussäugern als **Faltamnion** (**Abb. 11.1**).

Der Prozess beginnt mit der Bildung der *Grenzfalte*, die peripher von der zwischen Keimscheibe und Keimblasenwand gelegenen Grenzfurche als Erhebung entsteht. Bei Wiederkäuer und Schwein umfasst die Falte sofort den ganzen Embryo. Bei Pferd und Fleischfresser tritt erst die *Kopffalte* auf, die sich nach hinten über die *Seitenfalten* verlängert. Diese fließen schließlich kaudal in der *Schwanzfalte* zusammen. In der weiteren Entwicklung wird die Grenzfalte zur Amnionfalte, die den Embryo bald kappenartig umgibt. Die **Amnionfalte** besteht aus dem Ektoderm und dem parietalen Blatt des Mesoderms. Nur die Kopffalte bei Fleischfressern bildet sich rein ektodermal. An dieses Proamnion legt sich das Mesoderm erst sekundär an.

Durch Vereinigung der Amnionfalten entsteht über dem Embryo der **Amnionnabel** (**Abb. 10.5; 11.1**), der enger wird, sich zu einem dünnen Rohr verlängert und schließlich zum Amnionnabelstrang obliteriert. Erst nach Einreißen dieses Stranges, was bei Paarhufern relativ spät erfolgt, ist die Amniogenese beendet, wobei das innere Blatt der Amnionfalte durch das extraembryonale Coelom vollständig vom äußeren getrennt wird. Das Amnion ist aus dem primären Chorion ausgeschieden.

Das innere Blatt der Amnionfalte (die frühere Area pellucida) wird zur Wand des Amnions und begrenzt die **Amnionhöhle**. Sie besteht außen aus dem parietalen Mesoderm und innen aus dem Ektoderm. Die Höhle ist mit **Amnionflüssigkeit** (Liquor amnioticus) angefüllt, die vom ektodermalen Epithel abgesondert wird und zum Teil von der Nachniere stammt. Diese schleimige Flüssigkeit, in der auch Haare, Epithelzellen und Hautschuppen vorkommen, schützt den Embryo und stellt für ihn eine Art Wasserkissen dar. Menge und Farbe der Amnionflüssigkeit zeigt tierartliche und zeitliche Unterschiede. Die anfangs nur geringe Menge nimmt im Laufe der Entwicklung ständig zu, wodurch sich das Amnion mehr und mehr abhebt. Mit der Vermehrung der Amnionflüssigkeit wird auch der Übergang der Leibeswand in das Amnion im Bereich des Nabels zu der tierartlich unterschiedlich langen *Amnionscheide des Nabelstranges* ausgedehnt.

Das äußere Blatt der Amnionfalte (frühere Area opaca) wird zum Bestandteil des *sekundären Chorions*, das nun als geschlossene Hülle die Wand des Fruchtsackes bildet (**Abb. 10.5; 11.1**). Der in die Tiefe verlagerte, vom Amnion umgebene Embryo hat seinen Kontakt mit der Uteruswand verloren. Aus der Keimblase ist die *Fruchtblase* entstanden, an der zwischen Embryo und Hüllen zu unterscheiden ist. Bei Wiederkäuer und Schwein bleibt dorsal vom Fetus das Amnion mit dem Chorion bindegewebig als Amniochorion verbunden.

Auch beim **Vogel** bildet sich das Amnion als *Faltamnion*, das durch Vereinigung einer kranialen, zweier seitlicher und einer kaudalen Falte entsteht (**Abb. 16.2; 16.3**). Die Entwicklung beginnt im Kopfbereich, wo vorübergehend ein mesodermfreies Proamnion entsteht. Nach Verschwinden des Amnionnabels sind auch bei diesen Tieren aus den Amnionfalten zwei bedeckende Hüllen entstanden, innen das Amnion und außen das Chorion (Serosa).

11.4 Allantois

Die Allantois (**Abb. 11.2**) entsteht kurz nach der Anlage des Darmes als Ausstülpung des Hinterdarmes im Bereich der Kloake. Ihre Wand wird folglich innen vom Entoderm und außen vom viszeralen Mesoderm (Splanchnopleura) gebildet.

Zuerst entsteht der **Allantoishöcker**, der sich zur **Allantoisbucht** erweitert. Sie vergrößert sich zum bläschenförmigen Anhängsel des Embryos und dringt durch den Leibesnabel in das extraembryonale Coelom der Keimblase ein. An der sich vergrößernden Allantoisanlage kann man jetzt zwischen dem röhrenförmig ausgezogenen, durch den Leibesnabel ziehenden **Allantoisstiel** (Urachus) und dem sich im extraembryonalen Coelom ausdehnenden **Allantoissack** (Harnsack) unterscheiden. Der Allantoisstiel wird von Anfang an in die neugebildete postumbilikale Leibeswand eingebettet. Sein Ursprung liegt in jenem Teil der Kloake, der zur Harnblase wird. Der Allantoissack wird immer größer, füllt das extraembryonale Coelom immer weiter aus und verbindet sich mit dem sekundären Chorion zum *Allantochorion* (tertiäres Chorion) und mit dem Amnion zum *Allantoamnion*. Eine Verbindung mit dem Dottersack findet nicht statt.

Die Ausdehnung und das räumliche Verhalten von Allantois und Amnion zueinander zeigt tierartliche Unterschiede. Bei Pferd und Fleischfresser umwächst die Allantois das Amnion vollständig, wodurch der Embryo bei diesen Tieren von zwei Hohlräumen umgeben wird (**Abb. 15.4; 15.24**). Bei Wiederkäuer und Schwein hingegen umgibt die Allantois das Amnion nicht vollständig. Der Embryo wird dorsal nur durch die Amnionhöhle nach außen abgegrenzt (**Abb. 15.9; 15.15**). Im Allantoissack befindet sich die wässrige **Allantoisflüssigkeit**, die vorwiegend aus fetalem Harn, aber auch aus Sekreten des Epithels besteht. Sie ist bei Pferd, Rind und Schaf eine trübe und bei Schwein sowie Fleischfressern eine klare Flüssigkeit (s. **Tab. 14.2**).

Allantoiskreislauf

Mit der Allantois wachsen die *Aa. umbilicales* aus, die in der Allantoiswand zur Bildung des Kapillarsystems beitragen. Aus ihm gehen die *Vv. umbilicales* hervor, die zum Sinus venosus des Herzens bzw. zur V. cava caudalis ziehen (**Abb. 26.12; 26.17**). Mit der Bildung des Allantochorions kommt es zur Vaskularisation der sekundären Zotten, die die Verbindung zur Uterusschleimhaut herstellen und die Aufgabe der Atmung und Ernährung des Embryos übernehmen. Dieser Allantois- oder Plazentarkreislauf übernimmt die Funktion des phylogenetisch älteren Dottersackkreislaufes.

11.5 Nabelstrang, Funiculus umbilicalis

Mit der Bildung des Darmes und des Amnions ist der Leibesnabel entstanden, an dem die Leibeswand in die Amnionfalten übergeht (**Abb. 10.5**). Die Verbindung zwischen intra- und extraembryonalem Coelom wird nunmehr eingeengt, und der breite Darmnabel zieht sich zum dünnen Dottersackstiel aus. Durch die Ausweitung des Amnions wird schließlich das Gebiet zwischen Leibeswand und Amnionfalten in die Länge gezogen. So ist der *Nabelstrang* (Nabelschnur) entstanden, der als äußere Begrenzung die *Amnionscheide* besitzt. Bei *Pferd* und *Fleischfresser* kommt die *Allantoisscheide* hinzu, die den distalen Teil des Nabelstranges umgibt. Embryoseitig geht außer beim Fleischfresser die haartragende Haut noch ein kurzes Stück auf den Nabelstrang über.

Im Nabelstrang (**Abb. 11.3**) liegen: 1. die Aa. und Vv. umbilicales, 2. der Urachus (Allantoisstiel) und 3. der sich tierartlich unterschiedlich zurückbildende Dottersackstiel mit Gefäßen. Alle Teile sind in lockerem Bindegewebe, zum Teil auch in gallertigem Bindegewebe (Whartonsche Sulze) eingebettet. Bei *Pferd* und *Schwein*, sowie beim Wiederkäuer in der zweiten Trächtigkeitshälfte besitzen die Nabelarterien spiraligen Verlauf. Von den Nabelvenen wird in der späteren Entwicklung die rechte durchgehend zurückgebildet. Bei *Wiederkäuern* und *Fleischfressern* verschwindet die rechte Nabelvene nur intraembryonal, im Nabelstrang bleiben beide erhalten.

Die **Länge** des Nabelstranges zeigt große tierartliche Unterschiede. Sie beträgt beim Schwein die einfache, Pferd und Hund $^1/_2$, Katze $^1/_3$, Rind und Schaf $^1/_4$ und Ziege $^1/_6$ der Körperlänge. Am längsten ist der Nabelstrang beim Menschen, wo er der doppelten Körperlänge des Fetus entspricht.

Die **Abnabelung**, das Einreißen der Nabelschnur bei der Geburt, erfolgt bei Pferd, Wiederkäuer und

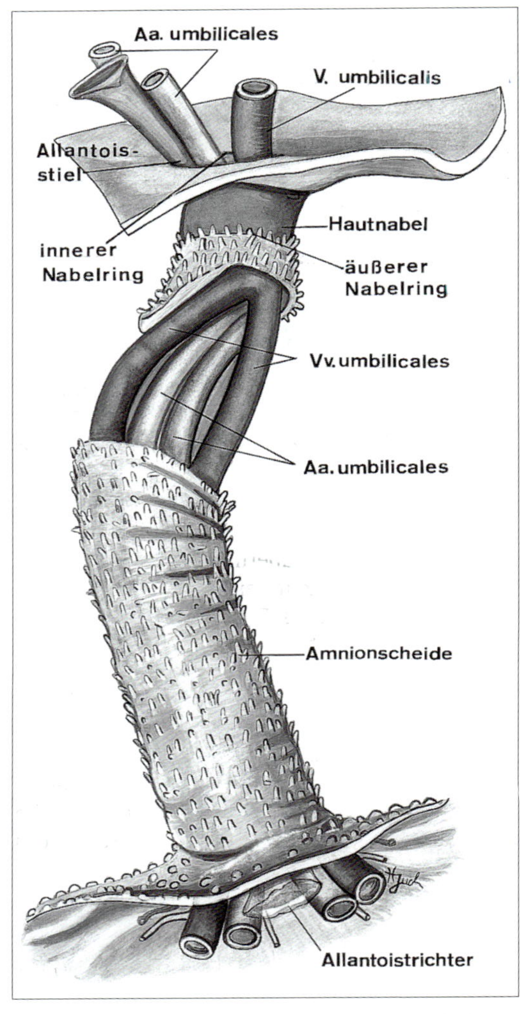

Abb. 11.3 Nabelstrang eines 5 Monate alten Rinderfetus, natürliche Größe

Schwein durch das Gewicht des Fetus, beim Fohlen zudem an einer vorgebildeten Rissstelle. Bei Fleischfressern übernimmt das Muttertier die Abnabelung durch Abbeißen.

Zusammenfassung

Hüllen und Anhänge

- Bei Sauropsiden und Säugetieren werden neben dem Dottersack als weitere Hüllen das Chorion, das Amnion und die Allantois ausgebildet. Sie schützen den Embryo vor Austrocknung und mechanischen Einwirkungen und übernehmen Ernährungs- und Atmungsfunktion.
- Das **Chorion** entwickelt sich aus dem Trophoblasten und dem parietalen Blatt des lateralen Mesoderms. Das *primäre Chorion* mit zunächst rein ektodermalen Zotten wandelt sich durch

Mesenchymeinlagerung und nach Abfaltung des Amnion zum *sekundären Chorion* um. Aus ihm entsteht das *tertiäre Chorion* (Allantochorion) mit vaskularisierten Tertiärzotten, die sich bei der Plazentation in die Uterusschleimhaut einsenken.

- Der **Dottersack** besteht beim Säuger aus dem extraembryonalen Entoderm der Keimblase und dem viszeralen Blatt des Mesoderms. Er steht über den Dottersackstiel mit dem primitiven Darm in Verbindung. In Folge vollständiger Trennung beider Mesodermblätter wird der Dottersack bei Wiederkäuer und Schwein völlig vom Allantochorion abgetrennt und hat bei diesen Tieren nur Blutbildungsfunktion. Bei Pferd und Fleischfresser bleibt das Mesoderm im Bereich des Gegenpols ungespalten, wodurch als Teil des Dottersackkreislaufes die Dottersackplazenta entsteht, die frühembryonal neben der Blutbildung auch Ernährungsfunktion übernimmt.
- Beim **Vogel** entsteht der Dottersack durch Umwachsung des Dotters. Dabei bildet sich ein funktionstüchtiger Dottersackkreislauf, der durch Abbau des Dotters die Ernährung des Embryos sicher stellt.
- **Dottersackkreislauf.** Frühzeitig entstehen aus Blutinseln der Dottersackwand Blutgefäße, die mit zwei Vv. vitellinae über den Darmnabel Anschluss an das intraembryonale Venensystem finden. Die Aa. vitellinae als Äste der Aorta descendens laufen über den Nabel zum Kapillargebiet des Dottersackes zurück und schließen den Kreislauf.
- **Amnion.** Bei Haussäugetieren und beim Vogel entsteht das Amnion als *Faltamnion*. Dabei bildet sich peripher von der Keimscheibe im primitiven Chorion die Grenzfalte, die sich als Amnionfalte aufwölbt und über dem Embyro vereinigt. Damit ist das Amnion aus dem primären Chorion ausgeschieden. Das Innenblatt der *Amnionfalte* wird zur Wand des Amnions, die außen aus dem parietalen Mesoderm und innen aus Ektoderm besteht und die *Amnionhöhle* begrenzt. Diese enthält tierartlich und zeitlich unterschiedliche Mengen an schleimiger *Amnionflüssigkeit*. Der Übergang der Leibeswand zum Amnion wird zur Amnionscheide des Nabelstranges. Das Außenblatt der Amnionfalte wird zum Bestandteil des sekundären Chorions. Bei Wiederkäuer und Schwein bleibt dorsal vom Fetus das Amnion mit dem Chorion als Amniochorion verbunden.
- Die **Allantois** entsteht als Ausstülpung des Hinterdarmes im Bereich der Kloake, der zur Harnblase wird. Es bildet sich zunächst der *Allantoishöcker*, der sich zur *Allantoisbucht* erweitert und als röhrenförmig ausgezogener *Allantoisstiel* (Urachus) durch den Nabel ins extraembryonale Coelom vorwächst. Hier dehnt er sich zum *Allantoissack* aus, der mit Allantoisflüssigkeit (fetaler Harn und Sekrete des Epithels) gefüllt ist und sich mit dem sekundären Chorion zum Allantochorion und mit dem Amnion zum Allantoamnion verbindet. Während bei Pferd und Fleischfresser die Allantois das Amnion vollständig umwächst, wird bei Wiederkäuer und Schwein der Embryo dorsal nur durch die Amnionhöhle nach außen begrenzt.
- **Allantoiskreislauf.** Mit der Allantois wachsen die Aa. umbilicales aus, die in der Allantoiswand zur Entwicklung des Kapillarsystems beitragen. Aus diesem gehen die Vv. umbilicales hervor, die zum Sinus venosus des Herzens bzw. zur Vena cava caudalis ziehen. Mit der Vaskularisation des Allantochorions übernimmt der Allantois- oder Plazentarkreislauf die Aufgabe der Atmung und Ernährung des Embryos.
- Der **Nabelstrang** wird außen von der *Amnionscheide* sowie bei Pferd und Fleischfresser zusätzlich von der *Allantoisscheide* umgeben. Im Nabelstrang liegen die Aa. und Vv. umbilicales, der Urachus und der Dottersackstiel mit Gefäßen. Die Nabelarterien haben bei Pferd und Schwein durchgehend, beim Wiederkäuer nur in der zweiten Trächtigkeitshälfte spiraligen Verlauf. Von den Nabelvenen wird die rechte bei Pferd und Schwein ganz, bei Wiederkäuer und Fleischfresser nur intraembryonal zurückgebildet. Die Länge des Nabelstranges beträgt bei Schwein die einfache, Pferd und Hund $^1/_2$, Katze $^1/_3$, Rind und Schaf $^1/_4$ und Ziege $^1/_6$ der Körperlänge.

12 Bildung der äußeren Körperform

12.1 Umbildungen im Kopfbereich

Die Ausbildung des *primitiven Kopfes* wird entscheidend durch die Gehirnanlage geprägt, unter die sich von hinten die Chorda und die Darmbucht vorschieben.

Die *Gehirnanlage* wird anfangs nur basal und lateral, später jedoch allseitig von Mesenchym begrenzt. Diese Mesenchymhülle bewirkt die vollständige Abtrennung der Gehirnanlage vom Ektoderm. Sie stellt die Grundlage für Wulstbildungen dar und repräsentiert im übrigen die Anlage des mesenchymalen Schädels. Die Gehirnentwicklung schreitet vom zweiblasigen zum hufeisenförmig gekrümmten dreiblasigen Stadium fort. Vorn liegt das Prosencephalon, in der Mitte über dem mittleren Schädelbalken das Mesencephalon und kaudal das Rhombencephalon (**Abb. 29.10**). Zu dem nach vorn gerichteten *Stirnwulst* gesellen sich der *Scheitelhöcker* und weiter kaudal der *Nackenhöcker* (**Abb. 12.1**).

Zwischen dem Stirnwulst und den paarigen Unterkieferwülsten senkt sich die ektodermale *Mundbucht* ein (**Abb. 22.1**). Sie wird in der Tiefe durch die *Rachenmembran* von der vorderen Darmbucht getrennt. Schon frühzeitig entstehen als Anlage des Auges die *primäre Augenblase* und seitlich vom Rhombencephalon als Anlage des Gehör- und Gleichgewichtsorgans die *Ohrplatte*. Auf dem Stirnwulst entstehen zwei *Nasenplatten*, die sich später zur Nasenhöhle entwickeln. Schließlich sind die Umbildungen in Kopf- und Halsbereich durch die Bildung und Differenzierung des Kiemenbogenapparates gekennzeichnet (s. u.).

Die Entwicklung der *Gesichtsform* geht mit dem Auftreten von *Gesichtswülsten* einher, zwischen denen flache, später wieder verschwindende Furchen und Spalten auftreten (**Abb. 12.3; 22.4**). Entscheidenden Einfluss auf die Gesichtsform haben die Ausbildung der Nasenlöcher und der Lippen sowie die Weiterentwicklung der Augenanlagen mit Entstehung der Lidwülste. Ausführlich wird darüber in den Abschnitten über die Entwicklung der entsprechenden Organsysteme berichtet.

12.2 Bildung des Halses und der Leibeswand

Für höhere Wirbeltiere ist die Ausbildung des Halses typisch (**Abb. 12.1**). Sie beginnt mit dem Zurückbleiben des dritten und vierten Kiemenbogens (s. S. 74; 75; 76) und der damit verbundenen Entstehung des *Sinus cervicalis* (**Abb. 22.10**). Gleichzeitig treten Herz- und Leberwulst auf, wodurch der Embryo sich streckt. Mit der Ausbildung der Gesichtsform und durch das brustwärts gerichtete Senken des Herzens hebt sich der Kopf immer mehr empor. Zwischen Nackenhöcker und Dorsalhöcker bildet sich nun die *Nackengrube*, die mit der Streckung des Keimlings zum definitiven Hals umgestaltet wird.

Die Anlage der inneren Organe äußert sich außen durch *Herz-, Leber-* und *Urnierenwulst* (**Abb. 12.1**). Das Wachstum dieser Organe, die Ausbildung der äußeren Geschlechtsorgane, die Umdifferenzierung am Leibesnabel und das Wachstum sowie die weitere Streckung des Embryos bewirken die Ausbildung der prä- und postumbilikalen Leibeswand.

12.3 Bildung des Schwanzes

Kaudal vom hinteren Neuroporus befindet sich der *Endwulst*, der die Chorda dorsalis enthält (**Abb. 12.2**). Er wird von der nach außen durch die Kloakenmembran verschlossenen hinteren Darmbucht unterlagert. Nach Verschluss des hinteren Neuroporus entwickelt sich der Endwulst zur kegelförmigen *Schwanzknospe* (siehe **Abb. 12.2**), in die das paraxiale Mesoderm, die Chorda, das Neuralrohr und das Darmende einwachsen. Die Schwanzknospe verlängert sich weiter zum *embryonalen Schwanz* und krümmt sich von dorsal über ventral nach kranial ein, wodurch die Kloakenmembran um 180° verlagert wird. Am Mesoderm setzt sich die Segmentierung vom Rumpf auf den Schwanz bis zur Spitze fort. Diese relativ hoch differenzierte embryonale Schwanzanlage entwickelt sich durch Rückbildung des Schwanzdarmes, der Chorda und des Neuralrohres sowie durch tierartlich unterschiedliches Verschwinden von Segmenten zum *definitiven Schwanz*.

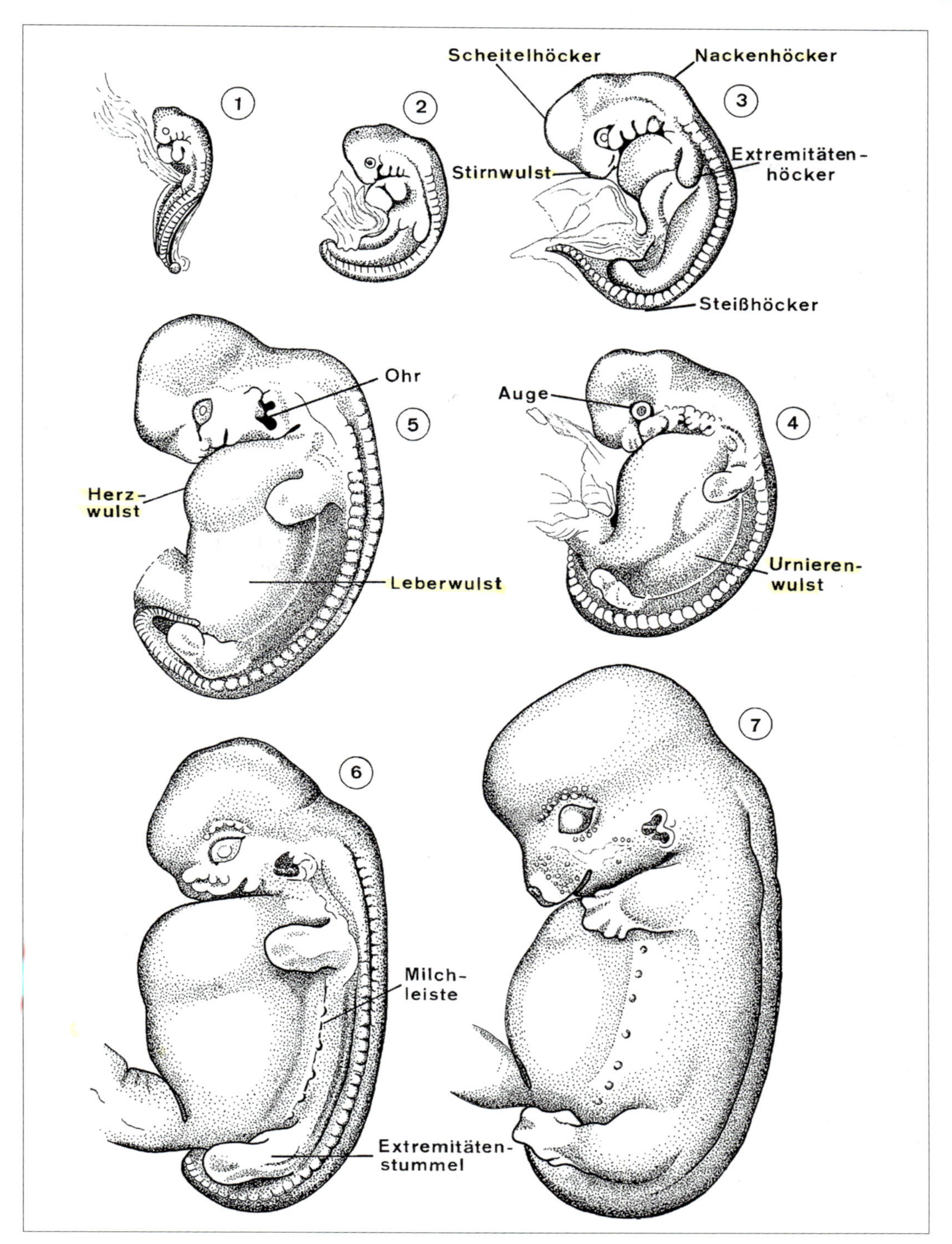

Abb. 12.1 Embryonen des Schweines, Vergr. 1:3,75 (nach Keibel 1897), Gesamtlänge in mm bzw. Alter in Tagen: 1) 6,8 mm, 17 Tage; 2) 6,4 mm, 20 Tage; 3) 9,6 mm, 21 Tage; 4) 12 mm, 22 Tage; 5) 16 mm, 23 Tage; 6) 19,5 mm, 25 Tage; 7) 23 mm, 28 Tage

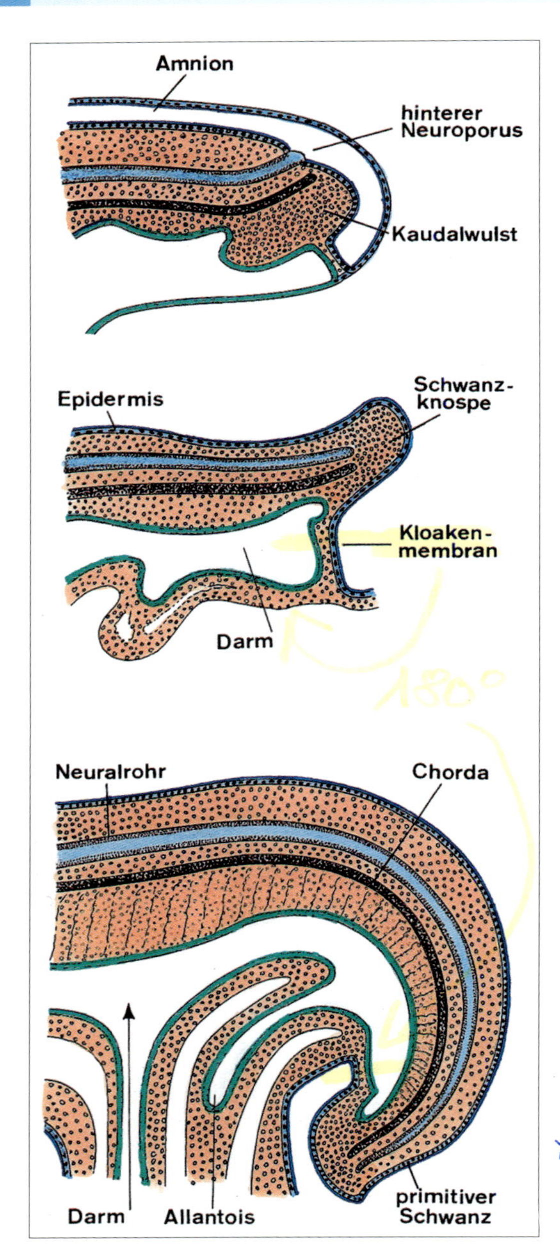

Abb. 12.2 Entwicklung des Schwanzes (nach Bonnet 1907 und Michel 1986)

12.4 Entwicklung der Gliedmaßen

Phylogenetisch leiten sich die Gliedmaßen der Säugetiere von den paarigen Flossen (Pterygien) der Fische ab. Als ihre erste Anlage entsteht zur Zeit des Auftretens der Kiemenbögen die *Extremitätenleiste.* Sie stellt eine vom Epidermisblatt überzogene Mesenchymwucherung der Seitenzone dar, die unmittelbar neben den Urwirbeln liegt. Durch vermehrtes Wachstum im kranialen und kaudalen Gebiet bilden sich die *Extremitätenhöcker* (**Abb. 12.1**), wobei sich die kranialen früher als die kaudalen entwickeln. Der mittlere Bereich der Extremitätenleiste verschwindet mit dem Wachstum der Körperwand. Aus den Extremitätenhöckern entwickeln sich die abgeflachten, flossenähnlichen *Extremitätenstummel,* die der Körperwand zunächst sagittal anliegen. Erst mit der weiteren Differenzierung zur Gliedmaße findet eine Drehung statt, bei der die ursprünglich lateral gelegene Dorsalfläche nach kranial verlagert wird.

Bei der Morphogenese der Gliedmaßen aus dem Mesoderm entwickelt sich aus dem zentralen Anteil das Skelett und aus dem peripheren Material Bindegewebe und Sehnen der Muskulatur. Die kontraktilen Muskelfasern entstehen aus eingewanderten Myoblasten.

12.5 Kiemenbogenapparat und branchiogene Organe

Die Kiemenbögen, Branchialbögen (Arcus branchiales), sind für die Entwicklung des Kiefer-, Schlundkopf- und Kehlkopfbereiches von besonderer Bedeutung. Sie entstehen durch Wucherungen des Mesenchyms im ventrolateralen Bereich des Kopfdarmes (**Abb. 12.3; 20.3; 22.10**). Durch Zellflucht und Verdünnung der Wand bilden sich zwischen den Bögen außen die Kiemenfurchen (Sulci branchiales) und innen die Schlundtaschen (Sacci pharyngeales). Beide sind durch die Kiemenbogenmembran (Membrana obturatoria), die nur aus Ekto- und Entoderm besteht, voneinander getrennt. Bei den niederen, kiementragenden Wirbeltieren reißen die Membranen ein und es entstehen die Kiemen.

Kiemenbögen

Beim Säugetier bilden sich nacheinander vier äußerlich sichtbare Kiemenbögen, ein fünfter bleibt rudimentär. Da der dritte und vierte Bogen in der Entwicklung zurückbleiben und in die Tiefe verlagert werden, entsteht der von der Retrobranchialleiste überdeckte Sinus cervicalis (Halsdreieck).

Das Mesenchym des Kiemenbogens stammt vom Mesoderm und vom eingewanderten Mesektoderm der Neuralleiste. Aus dem Material des Mesoderms bildet sich die Kiemenbogenmuskulatur und

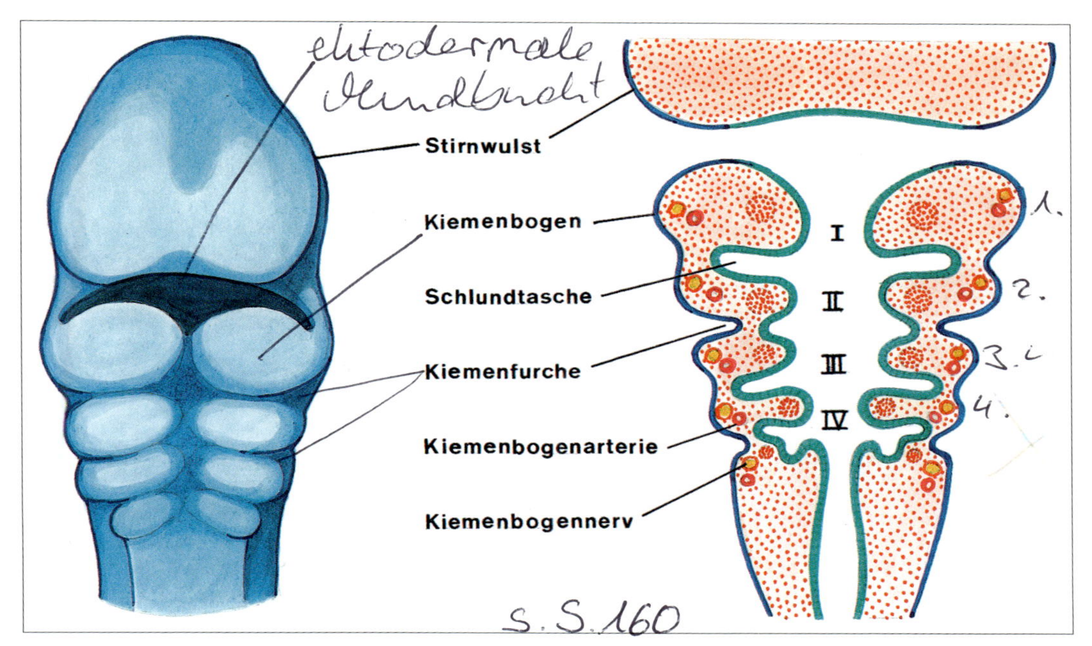

Abb. 12.3 Kiemenbogenapparat. Links: Kopf eines 8 mm langen Rinderembryos in der Frontalansicht. Rechts: Anlage des Kiemenbogenapparates, schematisch (in Anlehnung an Grosser/Ortmann 1970)

aus dem der Neuralleiste entstehen Skeletteile sowie Bindegewebe im Kopf- und vorderen Halsbereich. Neben der Muskelanlage und einer Knorpelspange ist jedem Kiemenbogen ein Kiemenbogennerv und eine Kiemenbogenarterie zugeordnet.

1. Kiemenbogen. Er ist entscheidend an der Gesichtsbildung beteiligt und wird zum Mandibularbogen. Aus diesem gehen der Unterkieferfortsatz zur Bildung der Mandibula und der Oberkieferfortsatz hervor, aus dem Oberkiefer und Gaumen entstehen. Aus dem dorsalen Teil des 1. Branchialknorpels (Meckelscher Knorpel) entstehen die beiden Gehörknöchelchen Hammer und Amboß.

2. Kiemenbogen. Dieser ist schwächer und heißt Zungenbein- oder Hyoidbogen. Aus ihm geht der Aufhängeapparat des Zungenbeins hervor. Der Dorsalteil des zweiten Branchialknorpels (Reichertscher Knorpel) bildet den Steigbügel.

3. Kiemenbogen. Sein Knorpel entwickelt sich zum Körper und den Kehlkopfhörnern des Zungenbeins.

4. Kiemenbogen. Er bildet mit dem rudimentären 5. Kiemenbogen Teile des Kehlkopfes.

Kiemenbogennerven und -muskeln

1. N. mandibularis. Er ist ein Ast des N. trigeminus (V) und versorgt die aus dem ersten Kiemenbogen entstandene Kaumuskulatur. Zu den Kiemenbogenderivaten gehört aber auch der N. maxillaris des N. trigeminus.

2. N. facialis (VII). Er zieht zur mimischen Muskulatur, die vom Hyoidbogen abstammt.

3. N. glossopharyngeus (IX) und **4. N. vagus (X).** Sie versorgen die Schlundkopf- und Kehlkopfmuskeln, die aus Myoblasten des dritten und vierten Kiemenbogens hervorgehen.

5. N. accessorius (XI). Er versorgt den M. sternocleidomastoideus und M. trapezius, die beide von den Kiemenbögen abstammen.

Kiemenbogenarterien

Von den Kiemenbogenarterien, die nacheinander in kraniokaudaler Richtung auftreten, werden insgesamt sechs angelegt. Sie verbinden die ventralen und dorsalen Aorten miteinander. Aus diesen Gefäßen bilden sich für das bleibende Arteriensystem der Karotisbogen, der Aortenbogen, der Truncus brachiocephalicus und der Truncus pulmonalis.

Kiemenfurchen

Von den vier Kiemenfurchen bleibt nur die erste bestehen. Sie wird zum äußeren Ohr und die Membrana obturatoria zum Trommelfell.

Schlundtaschen

Im allgemeinen entwickeln sich vier Schlundtaschen, eine 5. bleibt rudimentär. Diese bildet sich entweder sofort zurück oder wird in das Ventraldivertikel der 4. Schlundtasche einbezogen.

1. Schlundtasche. Sie entwickelt sich zur Paukenhöhle und zur Hörtrompete.

2. Schlundtasche. Von ihr bleibt nur bei Fleischfresser und Rind ein Teil als Fossa tonsillaris übrig, aus der die Gaumenmandel hervorgeht.

3. Schlundtasche. Sie entwickelt sich zum lateralen Epithelkörperchen und zum Thymus.

4. Schlundtasche. Sie bildet das mediale Epithelkörperchen und den ultimobranchialen Körper, aus dem die Calcitonin-Zellen der Schilddrüse hervorgehen.

Zusammenfassung

Bildung der äußeren Körperform

- **Umbildung im Kopfbereich.** Die Ausbildung des primitiven Kopfes wird durch die Gehirnanlage (Zweiblasenstadium, später Dreiblasenstadium) geprägt, die allseitig von Mesenchym umgeben wird. Das Mesenchym stellt die Grundlage für Wulstbildungen (Stirnwulst, Scheitel- und Nackenhöcker) und die Anlage des mesenchymalen Schädels dar. Von vorn senkt sich die ektodermale Mundbucht ein, und früh entstehen die primäre Augenblase sowie die Ohr- und Nasenplatte. Durch Auftreten von Gesichtswülsten bildet sich die Gesichtsform.
- **Bildung von Hals und Leibeswand.** Durch Zurückbleiben des dritten und vierten Kiemenbogens und Bildung der Nackengrube bei gleichzeitiger Streckung des Keimlings entsteht der Hals. Herz-, Leber- und Urnierenwulst treten auf, und der Kopf hebt sich empor. Durch Umbau am Leibesnabel bildet sich die prä- und postumbilikale Leibeswand.
- **Bildung des Schwanzes.** Der kaudale, von der hinteren Darmbucht unterlagerte Endwulst mit Chorda dorsalis entwickelt sich nach Verschluss des hinteren Neuroporus zur Schwanzknospe. Diese verlängert sich durch das Einwachsen von Mesoderm, Chorda, Neuralrohr und Darmende zum embryonalen Schwanz. Nach Rückbildung der eingewachsenen Organe entsteht der definitive Schwanz.
- **Entwicklung der Gliedmaßen.** Durch Mesenchymwucherungen der Seitenzone entsteht die *Extremitätenleiste*, aus der der kraniale und kaudale *Extremitätenhöcker* hervorgehen. Diese wandeln sich zu flossenähnlichen *Extremitätenstummeln* um, an denen sich das zentrale Mesenchym zum Skelett entwickelt. Die Muskulatur geht aus eingewanderten Myoblasten hervor.
- **Kiemenbogenapparat.** Durch Wucherungen des Mesenchyms ventrolateral im Kopfdarmbereich entstehen 5 Kiemenbögen, zwischen denen außen die Kiemenfurchen und innen die Schlundtaschen auftreten. Beide sind durch die Membrana obturatoria getrennt.
- **Kiemenbögen.** Insgesamt werden 5 Kiemenbögen angelegt, denen je eine Muskelanlage, ein Nerv und eine Kiemenbogenarterie zugeordnet sind. Aus den Bögen gehen hervor:
- *1. Kiemenbogen*: Unterkiefer, Oberkiefer, Gaumen, Hammer und Amboß. *2. Kiemenbogen*: Aufhängeapparat des Zungenbeins und Steigbügel. *3. Kiemenbogen*: Zungenbein. *4. Kiemenbogen* und *rudimentärer 5.* bilden Teile des Kehlkopfes.
- **Kiemenbogennerven** und **-muskeln:** 1. *N. mandibularis* für die Kaumuskulatur. 2. *N. facialis* für die mimische Muskulatur. 3. *N. glossopharyngeus* und 4. *N. vagus* für die Schlundkopf-und Kehlkopfmuskeln. 5. *N. accessorius* für M. sternocleidomastoideus und M. trapezius.
- **Kiemenbogenaterien.** Insgesamt werden 6 Arterien angelegt, die die ventralen und dorsalen Aorten verbinden. Daraus gehen der Karotisbogen, Aortenbogen, Tr. brachiocephalicus und der Tr. pulmonalis hervor.
- **Kiemenfurchen.** Nur die erste bleibt und wird zum äußeren Ohr.
- **Schlundtaschen.** *1. Schlundtasche*: Paukenhöhle und Höhrtrompete. *2. Schlundtasche*: Fossa tonsillaris bei Fleischfresser und Rind. *3. Schlundtasche*: laterales Epithelkörperchen und Thymus. *4. Schlundtasche*: mediales Epithelkörperchen und C-Zellen der Schilddrüse.

13 Altersbeurteilung der Frucht

Der Übergang von der *Blastogenese* zur Embryonalperiode ist charakterisiert durch das Auftreten des Primitivstreifens. Am Anfang der *embryonalen* Entwicklungsphase lässt sich das Alter des Keimes annähernd durch die Anzahl der Urwirbel, den Ausbildungsgrad des Neuralrohres und die Form des Keimlings bestimmen (**Tab. 13.1**). Hierzu sind für verschiedene Tiere Normentafeln erarbeitet worden (s. Keibel 1897; Evans/Sack 1973; Noden/de Lahunta 1985).

Am Ende der embryonalen und in der anschließenden *fetalen* Entwicklungsphase, die durch ein mit der Organogenese einhergehendes, rasches Wachstum gekennzeichnet ist, werden zur Altersbeurteilung Länge und Gewicht des Fetus, der Entwicklungsstand der Organe, die Behaarung und der Ausbildungszustand der Fruchthüllen und die Menge der Fruchtwässer herangezogen (**Tab. 13.2; 13.3; 13.4**).

Die Länge kann angegeben werden als Scheitel-Steiß-Länge (SSL), bei der der direkte Abstand zwischen Scheitel- und Steißhöcker gemessen wird. Die Nacken-Steiß-Länge (NSL) ist die Entfernung vom Okzipitalgelenk bis zum ersten Schwanzgelenk. Um aus der gemessenen Scheitel-Steiß-Länge das Alter des Fetus zu bestimmen, wird am gebräuchlichsten die von Keller entwickelte Formel

$$x(x+2) = y \quad \text{bzw.} \quad x = \sqrt{y+1} - 1$$

verwendet, wobei x die Anzahl der Entwicklungsmonate und y die Scheitel-Steiß-Länge in Zentimetern angibt. Auf Wochen bzw. Tage umgerechnet heißt die Formel

$$W = 4\left(\sqrt{y+1} - 1\right) \quad \text{bzw.} \quad t = 28\left(\sqrt{y+1} - 1\right)$$

Die Formel ist aber nur bei großen Haussäugetieren ab dem zweiten Entwicklungsmonat anwendbar, und die erzielten Ergebnisse stellen lediglich Mittelwerte dar. Bei kleinen Haussäugetieren kann aufgrund der kürzeren Entwicklungszeit und des schnelleren Wachstums sowie wegen der Rasseunterschiede die Formel nicht benutzt werden. So ist z. B. im zweiten Monat eine Frucht vom Hund doppelt so groß wie eine gleichaltrige von Pferd oder Rind.

Tab. 13.1 Zeitangaben zur pränatalen Entwicklung (nach AUSTIN/SHORT 1978, COLE/CUPPS 1977, EVANS/SACK 1973 und NODEN/De LAHUNTA 1985). Angaben in Tagen vom Zeitpunkt des Koitus, der Ovulation* bzw. der Befruchtung**

Spezies	Morula	Blastozyste	Eintritt in den Uterus	Implantation	Primitivstreifen	Neuralrohr	Schwanzknospenembryo	Später Embryo	Junger Fetus
Pferd	4*	6*	4–5*	36–38	15	18**	26	35	55
Rind	4**	7**	3–4*	20*	19,5	19**	30	40	52
Schaf	4	6–7	2–4	16–18	14	15**	19	32	40
Ziege	5–6*	6*	4*						
Schwein	3–4*	5–6	2–4	14	12	14**	17	29	36
Hund	7**	8**	6–8	12–13	15	17**	20	30	35
Katze	4**	5–6	4–8	13	12	13**	18	22	29
Kaninchen	2–3*	3–4	3–4	7–8	7	5**	9,75	14	22
Meerschweinchen		5	3,5	6	13,5	15	17	24	29
Ratte	3–4,5*	3–4	3	5		10,5	11,5	16	19,5
Maus	3–3,5*	3–4	3	4		6,5**	9	14,5	16,5

Tab. 13.2 Vergleichende Angaben (Mittelwerte) zum Alter von Embryonen bzw. Feten (nach EVANS/SACK 1973 und HABERMEHL 1975) SSL in mm

Tage	Schaf SSL	Ziege SSL	Schwein SSL	Hund SSL	Katze SSL
20	10		12	10	10
25	15		20	15	19
30	20		25	20	31
35	30		30	36	45
40	40		50	55	70
45	55	43	65	82	85
50	80	57	85	118	108
55	90		106	145	125
60	110	85	125	165	140
70	160	120	160		
80	195	149	210		
90	230	197	240		
100	280		270		
110	320	290			
120	370				
130	420	355			
140	460				

Tab. 13.3 Wachstum und Altersbeurteilung beim Rinderfetus (aus HABERMEHL 1975 und RICHTER/GÖTZE 1978)

Alter [Ende Monat]	Gewicht der Frucht [kg]	SSL [cm]	Auftreten der Behaarung	Körperliche Entwicklung	Plazenta
1	0,002	0,8 – 2,2	–	Kopf u. Gliedmaßen erkennbar	Anlage vorhanden, mikrovilläre Adhäsion ab 20. Tag p.i.
2	0,01 – 0,03	5,3	–	Klauenanlagen erkennbar, Gaumenspalte u. Brustbein schließen sich	Planzentation im Gange, linsengroße Kotyledonen
3	0,17 – 0,30	13	–	Hodensack, Euteranlage, Magenabteilungen erkennbar	Plazentare Verankerung vollständig
4	0,8 – 1	24,5	Feine Haare am Augenbogen	Klauen abgesetzt u. gelb gefärbt	Plazentome 6,5 × 3,5 × 2,0 cm
5	1 – 3	32,5	Augenbogen, Kinn, Lippen	Zitzen bilden sich aus, Hoden treten in den Hodensack	Plazentome 7,5 × 4 × 2,5 cm
6	3 – 8	45	Augenbogen, Kinn, Lippen, Augenlidern, Ohrrand, Hornstellen, Schwanzspitze	Alle Organe angelegt, fortschreitendes Wachstum	Plazentome 8,0 × 4,5 × 2,5 cm
7	8 – 15	56	An Extremitäten bis an Karpal- u. Tarsalgelenke	"	Plazentome 11,0 × 5 × 2,8 cm

Tab. 13.3 Fortsetzung

Alter [Ende Monat]	Gewicht der Frucht [kg]	SSL [cm]	Auftreten der Behaarung	Körperliche Entwicklung	Plazenta
8	15–25	69	Vollständig, aber kurz behaart, Bauch- u. Nabelhaar kurz u. dünn	Alle Organe angelegt fortschreitendes Wachstum	Plazentome 11,0 × 6 × 3,5 cm
9	20–45	81	Behaarung wird länger u. vollständiger, auch an Hautnabel u. Bauch	"	Plazentome 14,0 × 6,5 × 4,5 cm

Tab. 13.4 Wachstum und Altersbeurteilung beim Pferdefetus (aus RICHTER/GÖTZE 1978, HABERMEHL 1975)

Alter [Ende Monat]	Gewicht der Frucht [kg]	SSL [cm]	Auftreten der Behaarung	Organe	Plazenta
1	–	3	–	Embryo ist von der Keimblase abgesetzt	Keimblase rundlich, völlig frei
2	0,02–0,03	6	–	Kopf und Gliedmaßen erkennbar	Fruchthüllen fertig, gürtelförmige mikrovilläre Adhäsion
3	0,05–0,1	11	–	Zitzen und Hufe erkennbar, Luftröhre verknorpelt	Zottenanlage deutlich, mikrovilläre Adhäsion
4	1,6	16,5	Erste Härchen an der Ober- u. Unterlippe	Geschlechtsteile angelegt, Hodensäckchen leer	Plazentare Haftung vorhanden
5	3–5	30	Lippenhaare und Augenbrauen erkennbar	Präputium noch nicht ganz entwickelt	Plazentare Haftung vollständig aber locker
6	3–6	40,5	Lippen, Nase, Augenbrauen, Augenwimpern	Alle Anlagen sind fertig, fortschreitendes Wachstum	Die Plazentation wird fester
7	4–7	49	Lippen- u. Nasenhaare, Augenbrauen, Lidhaare, Schwanzspitze	"	"
8	8–15	63	Mähnen- u. Schwanzbehaarung beginnt, erste Haare an Ohrmuscheln, Rücken, Gliedmaßenspitzen	"	"
9	17–20	74	Dünne, kurze Behaarung des Körpers, außer Bauch- u. Schenkelinnenflächen	"	"
10	25–45	84	Mähnen- u. Schwanzhaar ausgebildet, Körper vollständig, aber kurz behaart	"	"
11	30–60	110	Behaarung erhält Eigenfarbe	"	"

Plazentation beim Säuger und Embryonalhüllen beim Vogel

14 Allgemeine Plazentationslehre

Bei höheren Säugetieren entwickelt sich der Keim im Schutz der Gebärmutter und ist somit an die Ausbildung eines fetomaternalen Austauschorgans, die Plazenta, gebunden. Diese Tiere mit einer höchst vollkommen ausgebildeten Plazenta werden als **Placentalia** (Eutheria) bezeichnet. Im Gegensatz hierzu haben Beuteltiere (Metatheria) eine unvollständige Plazentarbildung. Plazenten kommen aber nicht nur bei plazentalen Säugetieren, sondern ebenso bei vielen anderen Wirbeltiergruppen und auch bei Wirbellosen vor.

Neben dem Schutz gegen äußere Schädlichkeiten sorgt die Plazenta dafür, dass Nähr- und Aufbaustoffe von der Mutter fortlaufend bereitgestellt und fetale Stoffwechselschlacken ausgeschieden werden. Über die Plazenta vollzieht sich ferner der Gasaustausch, sie ist zur Hormonbildung befähigt und sie besitzt immunologische Funktionen.

Die Bezeichnung *Plazenta, Mutterkuchen*, stammt vom Menschen, bei dem das Organ Scheiben- oder Kuchenform besitzt. Ohne Rücksicht auf die doch erheblich unterschiedlichen Formen hat man den Begriff für die fetomaternalen Verbindungen aller Tiere verwendet.

Die Plazenta besteht aus der Pars fetalis, Placenta fetalis (Chorion) und der Pars uterina, Placenta materna (Endometrium).

14.1 Placenta fetalis

Nach der Mesodermbildung und Vaskularisation der Zotten übernimmt das aus Trophoblasten und Mesoderm sich bildende **tertiäre Chorion** (**Abb. 11.2**) die Funktion der Placenta fetalis. Die Vaskularisation erfolgt bei den höheren Säugetieren überwiegend durch den Allantoiskreislauf. Dieser wird jedoch beim Pferd und Fleischfresser infolge der Ausbildung einer Dottersackplazenta durch den Dottersackkreislauf ergänzt. Bei den Beuteltieren wird der Stoffaustausch fast ausschließlich vom Dottersackkreislauf übernommen.

Trotz der strukturellen, in tierartlich unterschiedlicher Weise auftretenden Veränderungen an der Plazenta mit Auflösung verschiedener Gewebsschichten *bleiben mütterlicher und fetaler Kreislauf stets getrennt.*

14.2 Placenta materna und Implantation

Unter dem dominierenden Einfluss von Progesteron wird die Uterusschleimhaut nach der Ovulation in die Sekretionsphase überführt (**Abb. 5.1**). Das Myometrium zeigt herabgesetzte Aktivität. Durch diese Veränderungen in der *präimplantativen Phase* wird die Uterusschleimhaut für die Implantation der Keimblase sowie die nachfolgende Plazentation vorbereitet (rezeptive Phase des Endometriums) und entwickelt sich zur funktionsfähigen Placenta materna. Die Veränderungen während des Sexualzyklus sind umso deutlicher, je stärker die Umbildungen am Endometrium während der Plazentation bei den einzelnen Tieren ablaufen.

Implantation

Nachdem der Trophoblast durch proteolytische Enzyme die Zona pellucida teilweise aufgelöst hat, schlüpft die Blastozyste und nimmt durch endokrine und immunologische Signale Kontakt mit dem rezeptiven Endometrium auf. Mit dieser embryonal-maternalen Kommunikation beginnt die über 3 Stadien verlaufende *Implantation, Einnistung* (Nidation) der Blastozyste. Dies erfolgt bei Katze am 13., Hund am 12., Schwein am 14., Schaf ab dem 13.–14., Rind am 18.–19. und Pferd am 36.–38. Tag (s. **Tab. 13.1**). Am Implantationsgeschehen, das schließlich seine Weiterentwicklung in der Plazentation findet, sind sowohl der Keim als auch der Uterus aktiv beteiligt (embryo-maternaler Dialog).

Während im **Vorkontaktstadium** noch keine morphologischen Assoziationen zwischen Blastozyste und Endometrium vorhanden sind, verbindet sich im **Appositionsstadium** der Trophoblast an punktförmigen Kontaktstellen des mütterlichen Epithels. In dieser Zeit ist der Trophoblast bereits für den plazentaren Stofftransport vorbereitet. Mit dem **Adhäsionsstadium**, bei dem die Verbindung zwischen Trophoblast und Uterusepithel so eng ist, dass eine Trennung ohne Beschädigung der Grenzstruktur nicht mehr möglich ist, findet bei der adeziduaten Plazenta (Pfd., Wdk., Schw.) die Implantation ihren Abschluss. Es folgt die Plazentation mit dem charakteristischen Ineinandergreifen von Mikrovilli mütterlichen und embryonalen Epithels. An der deziduaten Plazenta der *Fleischfresser* (s. u.) ist zwischen dem Adhäsionsstadium und der Plazentation noch ein *Intrusionsstadium* erkennbar, bei dem Zytoplasmaausläufer des Trophoblasten ins Endometrium eindringen (Invasivität des Trophoblasten). Da sich die Kontaktaufnahme zwischen embryonalem und mütterlichem Gewebe über längere Zeit hinzieht, muss der Keim durch Resorption von Uterusflüssigkeit ernährt werden. Dies erfolgt durch die Leistung der Trophoblastzellen, die deshalb auch früher differenziert sind als die des Embryonalknotens.

Die Implantation tritt in verschiedenen Erscheinungsformen auf.

Zentrale Implantation (**Abb. 14.1 a**). Dies ist die einfachste Form. Sie kommt bei *Huf-* und *Raubtieren* sowie *Kaninchen* vor. Die Keimblase liegt zentral im Uteruslumen und steht nur durch die Chorionzotten mit dem Endometrium in Verbindung.

Exzentrische Implantation (**Abb. 14.1 b**). Sie kommt z. B. bei *Maus* und *Ratte* vor und stellt, wie die zentrale Implantation, ebenfalls eine oberflächliche Implantation dar. Der Embryo entwickelt sich jedoch in einer Seitenbucht, die durch Überwucherung benachbarter Schleimhautabschnitte entstanden ist.

Interstitielle Implantation (**Abb. 14.1 c**). Diese Form kommt bei *Mensch, Primaten* und auch beim *Meerschweinchen* vor. Der Keim verhält sich invasiv, d. h. er dringt nach Zerstörung des Oberflächenepithels in die Propria ein, wo er sich zwischen Drüsen und Gefäßen im Interstitium entwickelt.

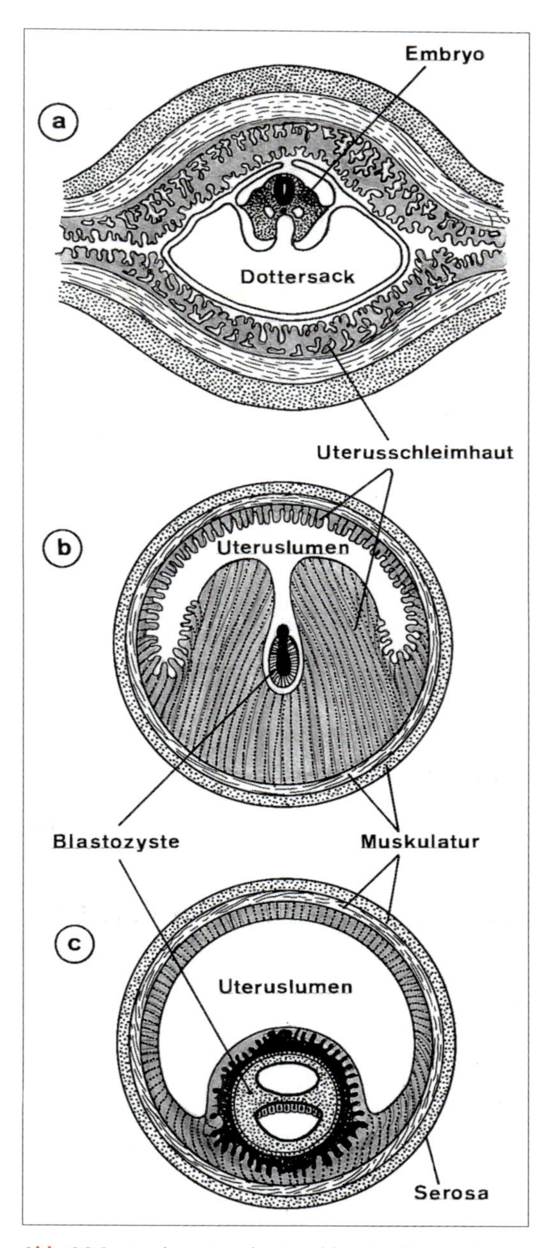

Abb. 14.1 Implantation der Keimblase im Uterus: a) zentrale (Ktz.), b) exzentrische (Maus), c) interstitielle (Msch.)

14.3 Plazenta-Typen

Die Plazenten bei Eutherien kommen in mannigfaltigen Erscheinungsformen vor. Die Unterschiede zeigen sich in u. a. der äußeren Form, der Innigkeit der fetomaternalen Verbindung und im Grad der Gewebszerstörung (**Abb. 14.2**). Dabei fällt auf, dass oft bei nahe verwandten Tieren eine sehr unterschiedliche Plazentation stattfindet.

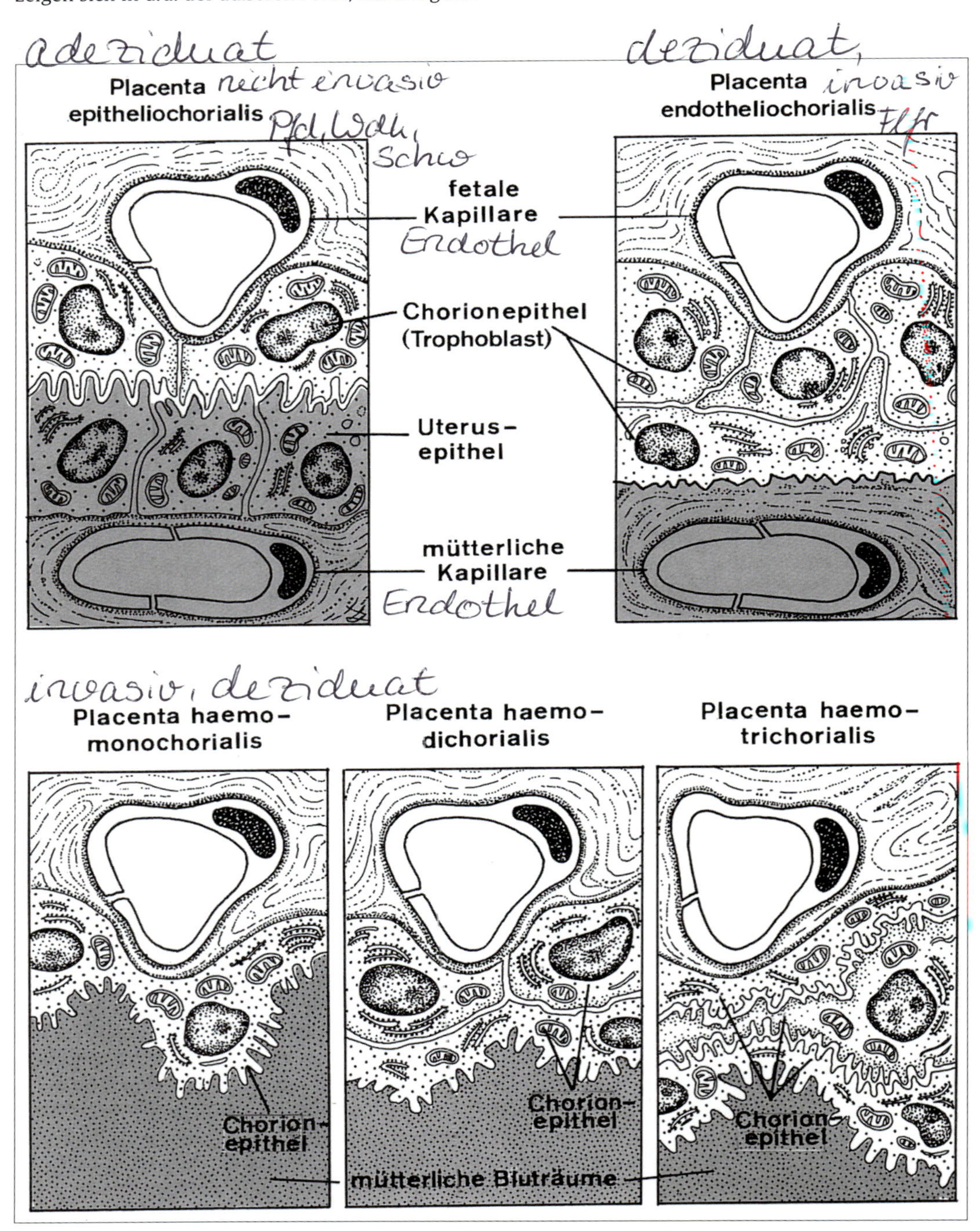

Abb. 14.2 Plazentatypen nach der Einteilung von Grosser (1927) und Enders (1965)

Einteilung nach dem Verhalten bei der Geburt

Je nach dem Zustand der Uterusmukosa unterscheidet man zwischen adeziduaten Plazenten, Halbplazenten, Semiplacentae, und deziduaten Plazenten (vom lat. deciduus für abfallen), Vollplazenten, Placentae verae (**Abb. 14.2**, **Tab. 14.1**).

Adeziduate Plazenta. Die Gebärmutterschleimhaut bleibt fast ganz erhalten. Bei der Geburt treten keine ausgedehnten Gewebsverluste und massive Blutungen aus mütterlichen Gefäßen auf. Die Chorionzotten stecken in der Uterusschleimhaut und lösen sich beim Geburtsakt ohne Verlust. Eine Semiplazenta besitzen *Pferd, Wiederkäuer* und *Schwein*, die als *Adeciduata* oder adeziduate Tiere bezeichnet werden.

Deziduate Plazenta. Es kommt zu einer äußerst innigen Verbindung zwischen Chorion und Endometrium mit teilweisem Gewebsabbau. Bei der Geburt werden die veränderten Teile der Uterusschleimhaut als *Decidua* (hinfällige Haut) abgestoßen. Es entstehen Wundflächen und Blutungen. Die Regeneration der Gebärmutterschleimhaut erfolgt im Puerperium. Diese Form der Plazenta kommt bei *Hund, Katze, Ratte, Maus, Meerschweinchen, Primaten* und *Mensch* vor. Sie werden als *Deciduata* bezeichnet.

Einteilung nach den Gewebeschichten zwischen beiden Blutkreisläufen

Hier erfolgt die Einteilung nach der Natur der trennenden Schichten, der **Plazentarschranke** (Interhämalschranke) zwischen fetalem und maternem Kreislauf. Die Bezeichnung richtet sich nach dem

Tab. 14.1 Einteilung der Plazenten

Spezies	Einteilung der Plazenten						
	nach dem Verhalten unter der Geburt (nach STRAHL 1906)	nach der Verteilung und Anordnung der Chorionoberflächenvergrößerungen	nach den Schichten zwischen mütterlichem und fetalem Blutkreislauf (mod. n. GROSSER 1927 und ENDERS 1965)	Endometrium		Chorion	
				Endothel	Epithel	Epithel	Endothel
Pferd, Esel	Adeziduate Plazenta	Placenta diffusa completa	Placenta epitheliochorialis	+	+	+	+
Schwein		Placenta diffusa incompleta					
Wiederkäuer		Placenta multiplex s. cotyeldonaria					
Hund, Katze	Deziduate Plazenta	Placenta zonaria	Placenta endotheliochorialis	+	–	+	+
Mensch, Meerschweinchen		Placenta discoidalis	Placenta haemomonochorialis	–	–	+	+
Kaninchen			Placenta haemodichorialis	–	–	++	+
Ratte, Maus			Placenta haemotrichorialis	–	–	+++	+

Spezies	Typisierung nach Anordnung der Embryonalhüllen			
	Placenta choronica	Placenta chorioallantoica	Placenta chorioamniotica	Placenta choriovitellina
Pferd	frühe Entwicklungsphase und an Fruchtsackenden Schw.	fast ganz	–	+
Wiederkäuer		$^{2}/_{3}$	$^{1}/_{3}$	–
Schwein		$^{3}/_{4}$	$^{1}/_{4}$	–
Hund, Katze		$^{9}/_{10}$	–	+

Gewebe, das mit dem Chorion in Berührung kommt (**Abb. 14.2**, **Tab. 14.1**). Wenn kein Gewebsabbau auf mütterlicher Seite und somit der primäre Zustand vorliegt, sind zwischen mütterlichem und fetalem Blut folgende Schichten ausgebildet: Mütterliches Blutgefäßendothel, Uterusepithel, Chorionepithel (Trophoblastepithel) und fetales Blutgefäßendothel einschließlich ihrer Basalmembranen. Da die Kapillaren sowohl des Chorions als auch des Endometriums sehr dicht am Oberflächenepithel liegen, spielt das fetale und materne Bindegewebe als Schranke keine Rolle.

Placenta epitheliochorialis. Alle Schichten der Plazenta bleiben erhalten. Es finden keine Gewebszerstörungen statt. Diese Form der Plazenta kommt bei *Pferd, Wiederkäuer* und *Schwein* vor und entspricht der adeziduaten Plazenta.

Als Übergangsform zur deziduaten Plazenta tritt bei der Bildung der Placenta endotheliochorialis und haemochorialis ein syndesmochoriales Stadium in Erscheinung, bei dem das Uterusepithel aufgelöst wird und dadurch das Chorion an das mütterliche Bindegewebe grenzt. Diese Plazentationsform wurde bisher als **Placenta syndesmochorialis** bezeichnet. Aufgrund lichtmikroskopischer Befunde rechnete man früher die Plazenten von Schaf und Ziege zum syndesmochorialen Typ. Elektronenmikroskopisch konnte jedoch nachgewiesen werden, dass das Uterusepithel zwar verändert, aber als Synzytium funktionsfähig geblieben ist.

Placenta endotheliochorialis. Nach Abbau des Uterusepithels dringen die Chorionzotten so weit vor, dass sich das Chorion direkt an das Endothel der mütterlichen Gefäße anlegt. Diese Form, die bei *Hund* und *Katze* vorkommt, gehört wie die Placenta haemochorialis zu den deziduaten Plazenten.

Placenta haemochorialis. Nachdem auch das Gefäßendothel des Endometriums zerstört ist, grenzt das Chorionepithel direkt an mütterliches Blut. Diese Placenta haemochorialis kommt bei *Primaten, Nagetieren, Kaninchen* und z. T. bei *Insektenfressern* vor und wird als die höchste Stufe der Plazentarentwicklung angesehen.

Da das Chorionepithel dieser Plazentaform bei den einzelnen Spezies unterschiedliche Schichten aufweist, wurde die Bezeichnung Placenta haemomonochorialis (Mensch, Meerschweinchen), – haemodichorialis (Kaninchen) und – haemotrichorialis (Ratte, Maus) eingeführt. Bei der **Placenta haemomonochorialis** hat sich das einschichtige Chorionepithel zum Synzytium umgewandelt. Die **Placenta haemodichorialis** des Kaninchens besitzt eine äußere synzytiale und innere zelluläre Trophoblastschicht.

Bei der **Placenta haemotrichorialis** ist hingegen die äußerste Schicht zellulär und die tiefen Lagen bilden Synzytien.

Einteilung nach den Verzahnungsstrukturen der Chorionoberfläche

Die fetomaternale Kontaktzone ist unterschiedlich geformt. Bei der **Faltenplazenta** greifen Falten oder komplexere Lamellen in entsprechende Vertiefungen des Endometriums. Sie ist bei Schwein, Katze und Hund realisiert. Bei der **Zottenplazenta** ist das Chorion durch fingerförmige bis baumartig verzweigte Zotten oberflächenvergrößert. Die villöse Plazenta kommt bei Pferd, Wiederkäuern und Mensch vor. Am häufigsten ist die **Labyrinthplazenta** anzutreffen (z. B. Nager, Hasenartige, Halbaffen). Hier wird ein synzytialer Trophoblast von mütterlichen und fetalen Blutgefäßen durchzogen.

Einteilung nach der Ausdehnung und Anordnung der Verzahnungsstrukturen der Plazenta

Die äußere Form der Plazenta wird weitgehend von der Verteilung und Anordnung der chorialen Verzahnungsstrukturen bestimmt (**Tab. 14.1; Abb. 14.2; 14.3**). Es kommen zotten- und faltenbesetzte

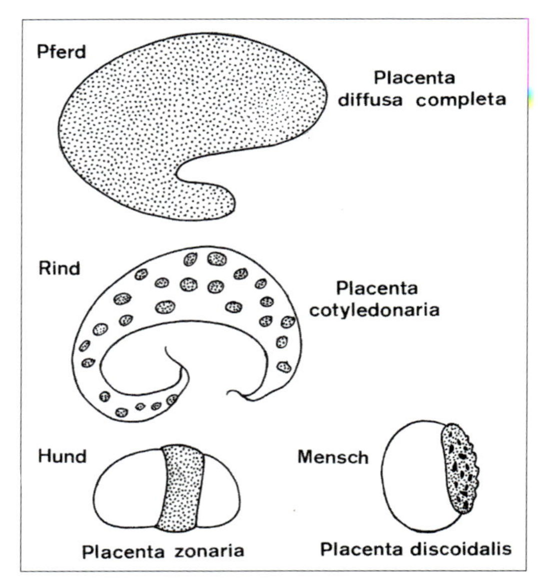

Abb. 14.3 Einteilung der Plazenten nach der Ausdehnung und nach Anordnung der Verzahnungsstruktur

Abschnitte, *Chorion frondosum* (von lat. frondosus für laubreich, zottenreich), und zottenfreie Teile, *Chorion laeve* (von lat. levis, Nebenform laevis, für glatt), vor.

Placenta diffusa. Die Zotten bzw. Falten sind gleichmäßig über das gesamte bzw. nahezu gesamte Chorion verteilt. Sie kommt vor als Semiplacenta diffusa completa beim *Pferd* und Semiplacenta diffusa incompleta beim *Schwein*, wo die Fruchtsackenden glatt sind.

Placenta multiplex. Auf dem Chorion bilden sich Zottenfelder, *Kotyledonen*, heraus, die sich mit den *Uteruskarunkeln* zu *Plazentomen* vereinigen. Die übrigen Chorionanteile sind zottenfrei. Diese Plazenta kommt bei den *Wiederkäuern* vor und heißt auch Semiplacenta multiplex s. **cotyledonaria.**

Placenta zonaria. Sie findet sich bei Hund und Katze, bei denen nur ein gürtelförmiger Bezirk des Chorions oberflächenvergrößert ist.

Placenta discoidalis. Bei dieser Form, die bei *Primaten* und *Nagern* vorkommt, beschränkt sich die Kontaktzone auf einen scheibenförmigen Bezirk des Chorions.

Nach der Ausbreitung der fetomaternalen Verbindung kann man zwischen einer gedehnten und einer massigen Plazenta unterscheiden. Die *gedehnte Plazenta* ist durch eine weite, flächenhafte Ausdehnung gekennzeichnet. Hierzu gehören die Semiplacenta diffusa (Pfd., Schw.) und Semiplacenta multiplex (Wdk.). Bei der *massigen Plazenta* erfolgt eine räumliche Begrenzung auf einen bestimmten Bezirk des Chorions. Hierzu gehört die Placenta discoidalis der Nager und Primaten, die gleichzeitig ein kompliziert gestaltetes und intensiv tätiges Organ darstellt. Die Placenta zonaria bei Hund und Katze nimmt eine Mittelstellung zwischen beiden Formen ein.

Typisierung nach Anordnung der Embryonalhüllen

Placenta choronica. Als *Chorioplazenta* wird die noch nicht vaskularisierte Placenta fetalis (Placenta invascularis) der frühen Entwicklungsphase bezeichnet. Nur beim Schwein ist sie an den Fruchtsackenden permanent vorhanden.

Placenta chorioallantoica. Die von der Allantois und dem Chorion gebildete *Allantoplazenta* bedeckt als Hauptplazenta beim Pferd fast die ganze, beim Wiederkäuer ca. $^2/_3$, Schwein ca. $^3/_4$ und beim Fleischfresser ca. $^9/_{10}$ der Plazentaoberfläche.

Placenta chorioamniotica. Bei Wiederkäuer und Schwein bleibt dorsal vom Fetus das Amnion mit dem Chorion verbunden. Diese *Amnioplazenta* macht beim Wiederkäuer ca. $^1/_3$ und beim Schwein ca. $^1/_4$ der Plazentaoberfläche aus (**Abb. 15.9; 15.14**). Ihre Vaskularisation übernehmen einwachsende Allantoisgefäße.

Placenta choriovitellina. Bei Pferd und Fleischfresser wird die Allantoplazenta durch eine funktionstüchtige *Dottersackplazenta* (*Omphaloplazenta*) ergänzt (s. a. S. 90).

Eine weitere Typisierung der Plazenta ist über die spezies-spezifische **Strömungsbeziehung des fetalen und mütterlichen Blutes im Austauschgebiet** möglich. Diese ist ein wichtiger architektonischer Faktor für die Effizienz des Stoffaustausches durch Diffusion. Beim *multivillösen Typ* werden haarnadelförmige fetale Gefäßschleifen von mütterlichem Blut unterschiedlich gekreuzt (z. B. Mensch). Rechtwinklig kreuzen sich fetale und maternale Austauschgefäße beim *Kreuzstrom-Typ* (z. B. Katze). Am effektivsten ist eine parallele Anordnung der Austauschgefäße bei gegenläufigem Blutfluss. Dieser *Gegenstrom-Typ* ist z. B. beim Meerschweinchen realisiert.

14.4 Embryotrophe

Die dem Keim zugeführten Nährstoffe werden in ihrer Gesamtheit als Embryotrophe bezeichnet. Sie kann vom mütterlichen Gewebe (Histiotrophe) oder mütterlichen Blut (Haemotrophe) stammen.

Die **Histiotrophe** wird von Sekreten des Oberflächen- und Drüsenepithels (Uterinmilch) sowie von Zerfallsprodukten der Schleimhaut und Blutextravasaten gebildet. Die Histiolyse vollzieht sich unter Mitwirkung von Enzymen.

Die entstandenen Endprodukte werden durch Pinozytose und Phagozytose des Chorionepithels aufgenommen. Bei diesen degenerativen Veränderungen können sogenannte *Riesenzellen* auftreten. Sie kommen als Diplokaryozyten, Synzytien und Symplasmamassen vor. Als Synzytien werden alle mehrkernigen Zellen im Trophoblasten und als Symplasmen solche des Uterusepithels bezeichnet.

Als **Hämotrophe** werden alle Stoffe bezeichnet, die nach Vollendung der Implantation vom mütterlichen Blut in das fetale transportiert werden.

In der präimplantativen Phase wird die Frucht allein durch Aufnahme der Histiotrophe ernährt. Bei der Placenta epitheliochorialis spielt diese Art der Ernährung auch weiterhin eine wichtige Rolle. Bei der Placenta endotheliochorialis und haemochorialis folgt auf die histiotrophe Phase die definitive haemotrophe Ernährung. Hämotrophe Zonen der epitheliochorialen Plazenta-Typen sind die Karunkeln der Wiederkäuer, die interareolären Bezirke beim Schwein und die Mikrokotyledonen des Pferdes.

14.5 Funktion der Plazenta

Die Plazenta übernimmt den Stoffaustausch zwischen Fetus und Muttertier, dient als Schutzorgan und ist Bildungsstätte verschiedener Hormone.

Metabolische Funktion der Plazenta

Die Plazenta versorgt den Fetus mit allen notwendigen, von der Mutter zur Verfügung gestellten Baustoffen. Ihre Leistungsfähigkeit für die Austauschprozesse ist abhängig von der Plazentarschranke (Anzahl der trennenden Schichten), von der Oberfläche der Zotten, vom Ausbildungsgrad des Gefäßsystems und von der Struktur des Chorionepithels und zeigt somit tierartliche und zeitliche Unterschiede. Der Stoffaustausch durch die Plazenta erfolgt nach den allgemein bekannten Mechanismen des Stofftransportes, nämlich durch *Diffusion, aktiven Transport* oder *Pinozytose*.

Der Transfer von Wasser, Blutgasen und Mineralstoffen vollzieht sich durch Diffusion. Der Austausch der wichtigsten Metaboliten (Aminosäuren, freie Fettsäuren, Glukose) soll hingegen mehr durch aktiven Transport als durch Diffusion erfolgen. Die hochmolekularen Antikörper (s. u.) werden vermutlich durch Pinozytose resorbiert. Von den Vitaminen gelangen die wasserlöslichen durch Diffusion, die fettlöslichen durch aktiven Transport zum Fetus.

Der diaplazentare Übertritt löslicher körperfremder Stoffe ist in beide Richtungen möglich. Narkosemittel und Analgetika können die Plazentarschranke passieren.

Stoffwechselendprodukte des Aminosäurestoffwechsels werden in umgekehrter Richtung vom Fetus in das mütterliche Blut abgegeben und über die Nieren des Muttertieres eliminiert.

Schutzfunktion der Plazenta

Neben der mechanischen Schutzfunktion übernimmt die Plazenta in gewissem Umfang auch den Schutz gegen Bakterien und Viren. Auch hier bestehen in Abhängigkeit vom Aufbau der Plazentarschranke erhebliche Artunterschiede. Bei Passage von Krankheitserregern kann es zu Missbildungen und zum Absterben (Abort) der Früchte kommen. Hierzu gehören z. B. die Brucellose (Rd., Schf., Schw.), der Vibrionenabort (Rd., Schf.) oder Virusabort (Pfd., Schf.).

Endokrine Funktion der Plazenta

Die Plazenta ist in der Lage, Choriongonadotropine, Progesteron und Oestrogene zu bilden, die sowohl in den mütterlichen als auch in den fetalen Blutkreislauf gelangen.

Choriongonadotropine. Plazentare Gonadotropine, die die Progesteronsynthese im Gelbkörper und später in der Plazenta steuern, wurden bei verschiedenen Tieren (Schf., Ratte, Meerschweinchen) nachgewiesen. Beim Menschen kommen das Human-Chorion-Gonadotropin (HCG) und Human-Plazenta-Lactogen (HPL) vor. Bei der Stute wird in den Schleimhautkratern das Choriongonadotropin PMSG (Pregnant Mare Serum Gonadotropin), auch ECG (Equine Chorionic Gonadotropin) genannt, gebildet, das Aktivitäten des Luteinisierungshormons (LH) und des follikelstimulierenden Hormons (FSH) besitzt. Es ist bei der trächtigen Stute mitverantwortlich für die Bildung neuer, sprungreifer Follikel, die ovulieren und sich zu akzessorischen Gelbkörpern entwickeln.

Progesteron. Dieses für die Aufrechterhaltung der Schwangerschaft unentbehrliche Steroidhormon wird nicht nur im Corpus luteum, sondern außer bei Schwein, Rind und Ziege auch von der Plazenta gebildet. Bei Pferd, Schaf und Fleischfresser gewinnt etwa ab Mitte der Gravidität die plazentare Progesteronbildung an Bedeutung, so dass eine Ovariektomie in dieser Zeit nicht mehr einen Abort zur Folge hat.

Oestrogene. In der Plazenta erfolgt auch eine Oestrogenbildung, die in ihrem Ausmaß je nach Tierart unterschiedlich ist. Besonders hoch ist die Synthese bei der Stute.

14.6 Immunologie der Plazenta

Die Implantation und die Plazentation setzen eine Immuntoleranz der Mutter gegenüber dem Konzeptus voraus. Diese wird u.a. im Sinne einer Immunsuppression entscheidend vom Trophoblasten erzeugt.

Die Übertragung mütterlicher Antikörper auf den Fetus, **passive Immunisierung,** erfolgt entweder intrauterin oder mit dem Kolostrum und der Milch durch enterale Resorption.

Eine transplazentare Passage von Immunglobulinen ist bei der Plazenta epitheliochorialis von Pferd, Wiederkäuer und Schwein nicht möglich. Sie erhalten die mütterlichen Antikörper ausschließlich mit dem Kolostrum. Die endotheliochoriale Plazenta der Fleischfresser ist in geringem Maße für Antikörper durchlässig. Die Hauptmenge wird aber auch hier durch enterale Resorption aus dem Kolostrum aufgenommen. Eine transplazentare Übertragung kommt bei Mensch und Primaten mit haemochorialer Plazenta vor.

Die diaplazentare Passage erfolgt entweder im Bereich des Allantochorions (Msch., Hd.) oder über die Dottersackplazenta (Nager).

14.7 Fruchtwässer

Die Menge der Amnion- und Allantoisflüssigkeit ist abhängig vom Alter der Gravidität. Anfangs überwiegt die Amnionflüssigkeit, und später nimmt vor allem die Allantoisflüssigkeit zu. Auskunft über die tierartlich unterschiedliche Menge, Zusammensetzung und Beschaffenheit kurz vor der Geburt gibt **Tab. 14.2**.

Der **Amnionschleim**, in dem als Beimengungen Haare, Epithelzellen und Hautschuppen vorkommen, ist in erster Linie ein Produkt des Amnionepithels. In der späteren Entwicklungsphase wird außerdem fetaler Harn aus der Harnblase über die Harnröhre beigegeben, hinzu kommen Speichel und Sekrete des Nasopharynx.

Die **Allantoisflüssigkeit** besteht hauptsächlich aus fetalem Harn, der direkt von der Harnblase über den Allantoisstiel in die Allantoisblase gelangt. Veränderungen erfährt diese Flüssigkeit durch Zugabe von Sekreten des Allantoisepithels und durch Stoffaustauschvorgänge.

Die Fruchtwässer sind nicht nur für das intrauterine Leben von Bedeutung, indem sie den Fetus vor Eintrocknung und mechanischen Einwirkungen

Tab. 14.2 Die normalen Fruchtwässer der Haustiere am Ende der Gravidität (nach RICHTER/GÖTZE 1978)

Tierart	Allantoisflüssigkeit			Ammionflüssigkeit		
	Menge je Fetus [ccm]	Farbe	Viskosität, Beimischungen	Menge je Fetus [ccm]	Farbe	Viskosität, Beimischungen
Rind	8.000–15.000 (9.500)	hell-bernsteingelb o. etwas dunkler	wäßrig, trübe, normalerweise keine Beimengungen	3.000–5.000 (3.500)	hellgraue o. hellgelbe Glasfarbe, opaleszierend	dickschleimig, fadenziehend, keine Flocken
Pferd	4.000–10.000	bräunlich, schmutzig	wäßrig, tropfbar, aber trübe; grobflockige Beimengungen sind krankhaft	3.000–7.000	gelblich bis gelblichbraun	dünnschleimig, in dicker Schicht trübe, aber keine groben flockigen Beimischungen
Schaf, Ziege	500–1.500	hellgelb bis bräunlichgelb	wäßrig, trübe, keine Beimengungen	500–1.200	hell, glasfarbig	dickschleimig, fadenziehend, keine Flocken
Schwein	10–150	gelblich	wäßrig, klar	40–150	gelblich	dünnschleimig, in dicker Schicht trübe, aber keine Flocken
Hund, Katze	10–50 3–5	bräunlichgelb, durch Randhämatome grün	wäßrig, klar, keine Beimengungen	8–30	hell, weißlich getrübt	dünnschleimig, ohne Flocken

bewahren und gleichzeitig das Muttertier vor Bewegungen der Frucht schützen, sondern sie sind auch für den normalen Ablauf der Geburt unentbehrlich. Sie wirken bei der Erweiterung des Zervikalkanals stoßdämpfend, und nach dem Sprung der Fruchtblasen wird der Geburtsweg vor allem durch die Amnionflüssigkeit gleitfähig gehalten.

14.8 Plazenta und Geburt

Bei der Geburt werden Fetus und Eihäute durch Kontraktionen der Gebärmutter (Wehen) nach außen befördert.

Regulation der Geburt

Der Geburtsbeginn wird von der Hypothalamus-Hypophysen-Nebennieren-Achse des Fetus signalisiert. Die Auslösung erfolgt durch das Corticotropin-Releasing-Hormon (CRH), das während der Trächtigkeit durch ein Protein (CRH-BP) gebremst, zum Geburtszeitpunkt jedoch vermehrt vom Hypothalamus und dem Chorion gebildet wird. Der Anstieg von CRH bewirkt über die ACTH-Ausschüttung eine vermehrte Bildung von Kortikosteroiden in der fetalen Nebenniere. Dadurch wird die Oestrogensynthese in der Plazenta stimuliert und die Freisetzung von Prostaglandinen herbeigeführt. Die Prostaglandine lösen die Rückbildung des Gelbkörpers und Kontraktionen am Uterus aus. Sind die Wehen in Gang gekommen, wird ihre Stärke und Dauer durch das Oxytocin der mütterlichen Neurohypophyse kontrolliert.

Ablauf der Geburt

Beim Ablauf der Geburt lassen sich das *Eröffnungsstadium* mit der Eröffnung und Weitstellung des Geburtskanals, das *Austreibungsstadium* mit Austreibung der Frucht und das *Nachgeburtsstadium* mit Abgang der Nachgeburt unterscheiden. Entsprechend den Stadien kommen Eröffnungs-, Austreibungs- und Nachwehen vor.

Mit Abriss der Nabelschnur wird der fetale Teil des Plazentarkreislaufes abrupt unterbrochen. Die Chorionzotten verlieren ihren Turgor und lösen sich aus ihrer Verankerung. Unter Mitwirkung von Uteruskontraktionen erfolgt schließlich die endgültige Trennung zwischen Placenta fetalis und Placenta materna. Durch die Kraft der Nachwehen werden nach tierartlich unterschiedlicher Zeit bei den Adeziduaten die Fruchthüllen und bei den Deziduaten außerdem die veränderten Teile der Uterusschleimhaut (Decidua) als *Nachgeburt, Secundinae*, ausgestoßen. Störungen bei der Trennung führen zur *Retentio secundinarum*. Das Zurückbleiben der Nachgeburt mit Resorption durch den Uterus beim Maulwurf (kontradeziduater Typ) ist hingegen physiologisch.

In der **Klinik** werden die Zeitabstände zwischen der Geburt bis zur wiedereintretenden Brunst als *Rastzeit*, von der Geburt bis zur ersten Besamung als *Serviceintervall* und zwischen Geburt und nächster Trächtigkeit als *Zwischentragezeit* bezeichnet.

14.9 Methoden der Trächtigkeitsdiagnose

Die Diagnose der Gravidität erfolgt bei den einzelnen Haustieren durch unterschiedliche Methoden. Neben Mitteln der klinischen Untersuchung werden biologische und immunologische Graviditätsreaktionen, Hormontests, histologische Untersuchungen und die Ultraschalldiagnostik (Doppler-Effekt oder Sonographie nach dem Echolotprinzip) eingesetzt. Da dieses Gebiet ausführlich in der Klinik abgehandelt wird, sollen hier nur die wichtigsten Methoden kurz aufgezeigt werden.

Pferd. Bei der Stute lässt sich die Trächtigkeit durch rektale Untersuchung feststellen, die bereits in einer frühen Phase (vor dem 40. Tag) zu einem positiven Ergebnis führt. In Ergänzung hierzu wird ab dem 28. Tag die Ultraschalldiagnostik eingesetzt. Zwischen dem 41. und 130. Tag kann der Nachweis von PMSG, einem in den Schleimhautkratern gebildeten Gonadotropin, zur Diagnose herangezogen werden. Das aus dem Blut trächtiger Stuten gewonnene Hormon wird mit dem Haemagglutinationshemmungstest nachgewiesen.

Eine weitere Methode zur Feststellung der Trächtigkeit bietet ab dem 120. Tag der Nachweis von Oestrogenen, die in der Plazenta gebildet und über den Harn ausgeschieden werden. Ihr Nachweis erfolgt auf chemischem Wege durch die Cuboni-Reaktion.

Alle mit Versuchstieren durchzuführenden Methoden (Aschheim-Zondek-Küst-Test und Galli-Mainini-Test zum Nachweis von PMSG sowie Allen-Doisy-Test zum Nachweis von Oestrogenen) verlieren in jüngster Zeit immer mehr an Bedeutung.

Rind. Beim Rind gilt die *rektale Palpation* des Uterus als Methode der Wahl, um eine Trächtigkeit frühzeitig und mit großer Sicherheit festzustellen.

Vom 35.–60. Tag lässt sich die Amnionblase palpieren. Mit 6–9 Wochen treten Asymmetrie und Fluktuation an der Gebärmutter auf. Mit dem 3. Monat ist zusätzlich ein Schwirren an der A. uterina und am Ramus uterinus der A. vaginalis feststellbar. Im 4. Monat haben sich Frucht und Uterus so stark vergrößert, dass sie in die Bauchhöhle verlagert werden. Eine frühe Trächtigkeit zwischen dem 19. und 23. Tag kann durch Bestimmung der Progesteronkonzentration in Milch und Blut festgestellt werden.

Schaf und Ziege. Bei kleinen Wiederkäuern kann ab 65 Tagen die Trächtigkeit durch *rektale Palpation* mittels eines elastischen Stabes festgestellt werden. Dies ist jedoch eine nicht ungefährliche Methode. Etwa ab 100 Tagen ist der Nachweis der Gravidität durch *abdominale Abtastung* möglich. Besondere Bedeutung hat in der Praxis das *Ultraschallverfahren* erlangt, mit dem ab dem 66. Tag die Trächtigkeit festgestellt wird.

Schwein. Erster Hinweis auf eine Trächtigkeit ist das Ausbleiben der Rausche nach 21 Tagen. Die Palpation der Feten durch rektale Untersuchung ist nur bei einem sehr geräumigen Becken und einer schlanken untersuchenden Hand möglich und gelingt erst in den zwei letzten Trächtigkeitswochen. Zeitigere Ergebnisse bringt der Vergleich der Stärke zwischen der A. uterina und A. iliaca externa. Weiterhin kann die Diagnose durch hormonale Provokation (20.–90. Tag) gestellt werden, bei der durch Verabreichung von PMSG/HCG bei nichttragenden Sauen Brunsterscheinungen ausgelöst werden, während tragende Tiere brunstlos bleiben. Mit der Ultraschallmethode kann die Trächtigkeit ab 30. Tag nachgewiesen werden.

Fleischfresser. Beim Hund kann man vom 20.–30. Tag an und bei der Katze vom 18.–30. Tag die Fruchtkammern und die dazwischen gelegenen Internodien durch die Bauchwand *palpieren*, danach ist dies bis zum 45. Tag nicht mehr möglich. Ab 45. Tag sind die Früchte zu fühlen. *Röntgenologisch* lässt sich die Diagnose vom 50., mit der *Ultraschallmethode* vom 32.–35. Tag nach dem Deckakt stellen.

Zusammenfassung

Allgemeine Plazentationslehre

- Die **Implantation** der Blastozyste vollzieht sich in einem embryo-maternalen-Dialog, in dem der Trophoblast durch endokrine und immunologische Signale die Kontaktaufnahme mit dem rezeptiven Endometrium über ein *Vorkontaktstadium*, ein *Appositionsstadium* und ein *Adhäsionsstadium* ermöglicht. Bei allen epitheliochorialen Plazentatypen (*nichtinvasiver Trophoblast*) ist die Implantation hiermit abgeschlossen, während bei der endo- und hämochorialen Plazenta (*invasiver Trophoblast*) ein *Intrusionsstadium* folgt. Die Einnistung kann entweder superfiziell (zentral oder exzentrisch) oder interstitiell erfolgen. Auf die Implantation folgt die **Plazentation**.

- Die **Plazenta** ist das fetomaternale Austauschorgan als Kontaktzone, das von zwei *stets getrennt bleibenden Blutkreisläufen* versorgt wird. Es besteht aus der *Placenta fetalis* als tertiärem Chorion (vaskularisierter Trophoblast) und aus der *Placenta materna*, dem Endometrium, und besitzt metabolische, protektive, endokrine und immunologische Funktionen. Der Keim ernährt sich durch Aufnahme von *Embryotrophe*, die als Histiotrophe oder als Hämotrophe vorliegt. Die Plazenta weist auffallende spezies-spezifische Strukturunterschiede auf, die im Hinblick auf die Leistungsunterschiede jedoch sekundär erscheinen (Einteilung der Plazentatypen s. **Tab. 14.1**).

15 Plazentation bei Haussäugetieren und Mensch

15.1 Plazentation beim Pferd

Pferd und Esel bringen i.d.R. 1 Junges zur Welt. Die Trächtigkeitsdauer beträgt bei der Stute 336, beim Esel 360 Tage und die Tubenwanderung der Zygote dauert 4–6 Tage. Die Implantation erfolgt erst am 36.–38. Tag. Die Kreuzungsprodukte zwischen Pferd und Esel sind das Maultier (Pferdestute und Eselhengst) und der Maulesel (Eselstute und Pferdehengst). Diese Hybriden des Pferdes sind unfruchtbar, da infolge des unterschiedlichen Chromosomensatzes (Pfd. 64, Esel 62) die Spermatogenese im Pachytänstadium der ersten meiotischen Teilung zum Stillstand kommt. Auch bei weiblichen Hybriden ist die Meiose gestört, so dass nur selten ein Oestrus und noch weniger eine Ovulation auftritt.

Form der Keimblase

Die Blastozyste ist zunächst kugelförmig (16. Tag), wird eiförmig (18. Tag), anschließend birnenförmig (21. Tag), um am 28. Tag wieder in die Kugelform zurückzukehren (**Abb. 15.1; 15.2; 15.3**). Der Embryo liegt jetzt am kuppelförmigen Embryonalpol. Ab 25. Tag wird der sogenannte Choriongürtel, ein gefäßarmes Band, sichtbar. Bis zur 5. Woche zeigt die Blastozyste keine Verankerung im Endometrium, da die Implantation erst mit 36 Tagen beginnt. Nach dieser Zeit bildet sich die typische, zweizipflige Fruchtblase, die von einem Uterushorn über den Körper zum nächsten ragt.

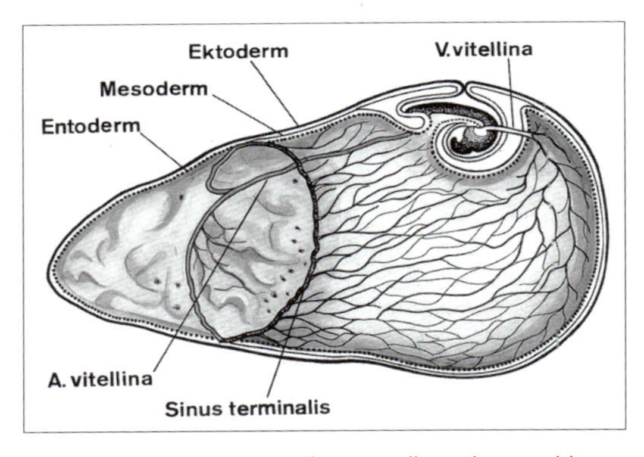

Abb. 15.1 Halbschematische Darstellung der Keimblase vom Pferd, 21. Tag, etwas vergrößert (nach Ewart 1951 aus Zietzschmann/Krölling 1955)

Dottersackplazenta

Beim Pferd besitzt das auswachsende Mesoderm ab der 3. Woche am freien Rand den Sinus terminalis und es bleibt in der Peripherie (proximal von dem Gefäß) über längere Zeit ungespalten. In diesem Gebiet, auch als **Randzone des Nabelblasenfeldes** bezeichnet, entwickelt sich durch Vaskularisation und Bildung feiner Zottenvorstufen die Dottersackplazenta (**Abb. 15.2; 15.3**). Am funktionsfähigen Dottersackkreislauf sind die rechte Arterie und linke Vene bereits zurückgebildet. Der später in einem Ringwulst gelegene Sinus terminalis begrenzt die Zentralzone des Nabelblasenfeldes, das ursprünglich nur aus dem Trophoblasten und dem Entoderm besteht. Sie bildet sich zu einem gerunzelten Feld zurück.

Die Dottersackplazenta übernimmt bis zur endgültigen Einpflanzung der Chorionzotten am 150. Tag die Ernährung des Keimes durch Aufnahme von Histiotrophe.

Amnion

Das Amnion ist mit 21 Tagen geschlossen und liegt dem Embryo bis zur 8. Woche zunächst eng an. Durch Vermehrung der Amnionflüssigkeit erweitert sich die Amnionhöhle, und es bildet sich ein länglicher Sack. In dem fertigen, grauweißlich oder bläulich gefärbten Allantoamnion verlaufen größere Gefäße. Durch Epithelwucherungen entstehen auf der inneren Oberfläche stecknadelkopf- bis linsengroße, käsige Auflagerungen, die eine bindegewebige Grundlage besitzen („Fibroepitheliome"). Ihre Funktion ist unbekannt.

Allantois

Die graubläuliche Allantois umwächst das Amnion vollständig und dehnt sich zwischen Dottersack und Chorion aus, was ab 28. Tag erreicht ist. Der Embryo wird nun von zwei flüssigkeitsgefüllten Hohlräumen umgeben (**Abb. 15.4**). Mit der Zunahme der Allantoisflüssigkeit bewegt sich auch der Embryo zum Gegenpol. Durch Vorbuchtung des Chorions in zwei gegenüberliegende Seiten entsteht die zweizipfelige, mondsichelförmige Fruchtblase, in deren Konkavität der sich zurückbildende Dottersack liegt.

Hippomanes

Als Füllenmilz, Rossbrunst, Fohlenbrot oder Hippomanes (gr., rosswütig, Brunstschleim rossiger Stu-

PFERD

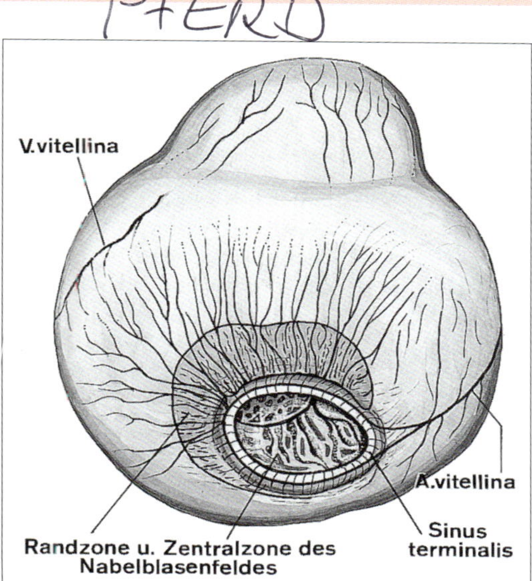

Abb. 15.2 Keimblase des Pferdes, 28. Tag, etwas vergrößert (aus Bonnet 1907)

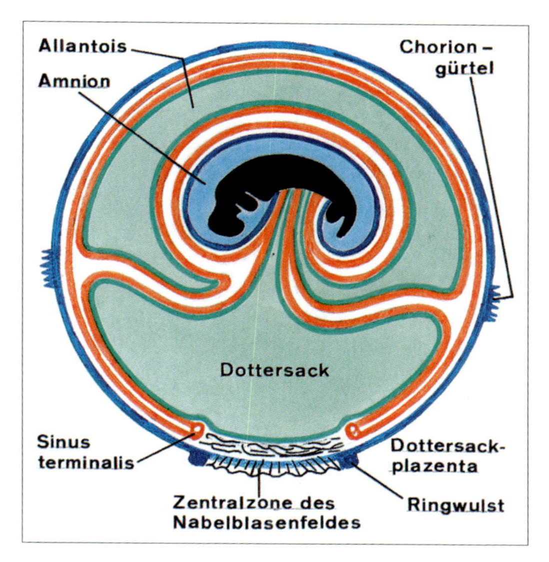

Abb. 15.3 Schematische Darstellung der Fruchtblase vom Pferd, 30. Tag (aus Ginther 1979)

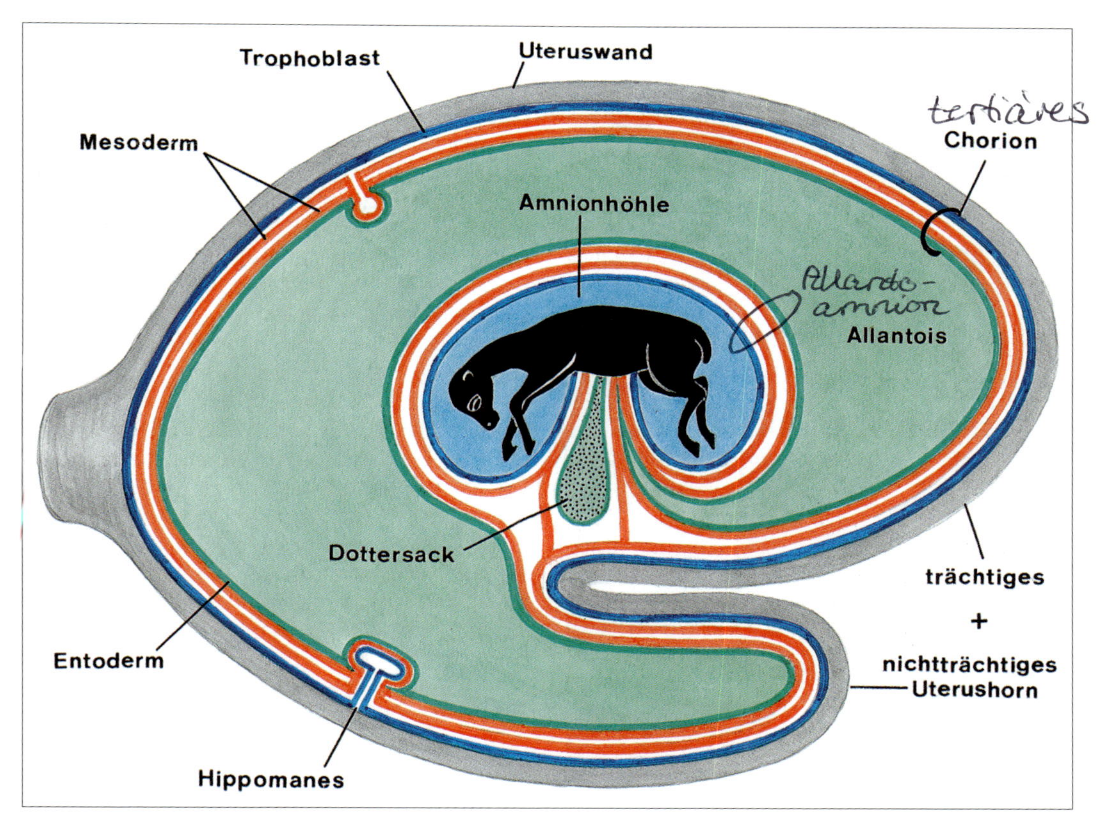

Abb. 15.4 Schematische Darstellung der Fruchthüllen im fertigen Zustand, 80. Tag (aus Ginther 1979) Pfd

ten) werden weichelastische, bräunliche bis olivgrüne Körper bezeichnet, die frei in der Allantoisflüssigkeit schwimmen oder gestielt am Allantochorion sitzen (**Abb. 15.5**). Diese auch bei Wiederkäuern (Kälberbrot) und vereinzelt beim Schwein vorkommenden flachen Körper oder blasigen Vorstülpungen sind in Form, Größe und Anzahl individuell sehr unterschiedlich. Hippomanes entstehen meist aus unverbrauchter, eingedickter Histiotrophe, die das Allantochorion vor sich herschieben und dann entweder mit einem Stiel an der Wand befestigt bleiben oder sich lösen. Die Histiotrophemassen werden nicht selten von abgestoßenen Zellen umgeben, zwischen die sich Mukoproteinkomplexe und Mineralien einlagern.

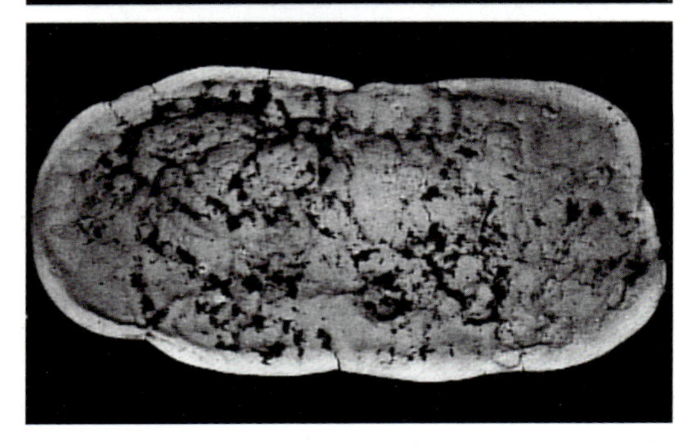

Abb. 15.5 Hippomanes vom Pferd, halbe natürliche Größe. Oben: Stielartig mit dem Allantochorion verbundene, blasige Anhänge unterschiedlicher Größe. Unten: Freier Körper aus der Allantoisflüssigkeit.

Nabelstrang

Er ist 2 – 3 cm dick und bis zu 1 m lang (halbe Körperlänge). Die Nabelscheide wird zu ca. $^2/_3$ vom Amnion und $^1/_3$ von der Allantois gebildet. Die Umbilikalgefäße ziehen in der Allantoiswand entlang des Dottersackes bis zum Nabelblasenfeld, wo sie sich im Allantochorion aufteilen. Während der Nabelblasenstiel sich frühzeitig zurückbildet, bleibt das schrumpfende Nabelblasenfeld bis zur Geburt erhalten. Die „natale" Rissstelle befindet sich 1 – 2 cm distal vom Hautnabelring.

Chorion

Als erste Zottenanlage entstehen *Makrovilli* in Form rudimentärer Undulationen, die sich am 45. Tag entweder zunächst nur im mittleren Drittel oder gleich überall auf dem Chorion zu entwickeln beginnen. Die länger werdenden Makrovilli erhalten am 50. – 60. Tag einen bindegewebigen Grundstock und dringen in die sich bildenden endometrialen Krypten vor. Durch weiteres Längenwachstum und sekundäre Verzweigung (80. Tag) entstehen schließlich durch Vereinigung mehrerer Makrovilli am 100. Tag die typischen *Zottenbüschel*, **Mikrokotyledonen**. Ihre vollständige Ausbildung und damit die endgültige Plazentation ist aber erst mit 150 Tagen erreicht. Dann sind einige tausend Mikrokotyledonen (**Abb. 15.6**) gleichmäßig über das gesamte Allantochorion verteilt. Daraus resultiert die Bezeichnung **Semiplacenta diffusa completa**. An den Stellen jedoch, wo das Allantochorion keinen Kontakt mit dem Endometrium besitzt (Schleimhautkrater, Tubenöffnungen, Ostium uteri internum, eingestülpte Allantochorionfalten und an der Befestigung des Dottersackes) kommen keine Mikrokotyledonen vor. Da die Zottenbüschel eine Höhe und Breite von nur 2 mm erreichen und die Zotten nur einfache Gabelungen oder Verzweigungen aufweisen, ist der Kontakt zwar eng, aber nicht übermäßig fest. Dies ist auch die Ursache für häufig auftretende Fehlgeburten. An den Zottenspitzen, die ein niedriges, von Kapillaren durchsetztes Epithel besitzen, erfolgt die Aufnahme der Hämotrophe. Zwischen den Zottenbüscheln befinden sich Sekreträume, **Areolae**, in welche die Drüsen Uterinmilch sezernieren. Diese Histiotrophe wird durch Pinozytose des zylindrischen Chorionepithels der Zottenbasen resorbiert. Da an der Plazenta des Pferdes bis auf die Schleimhautkrater keine Ge-

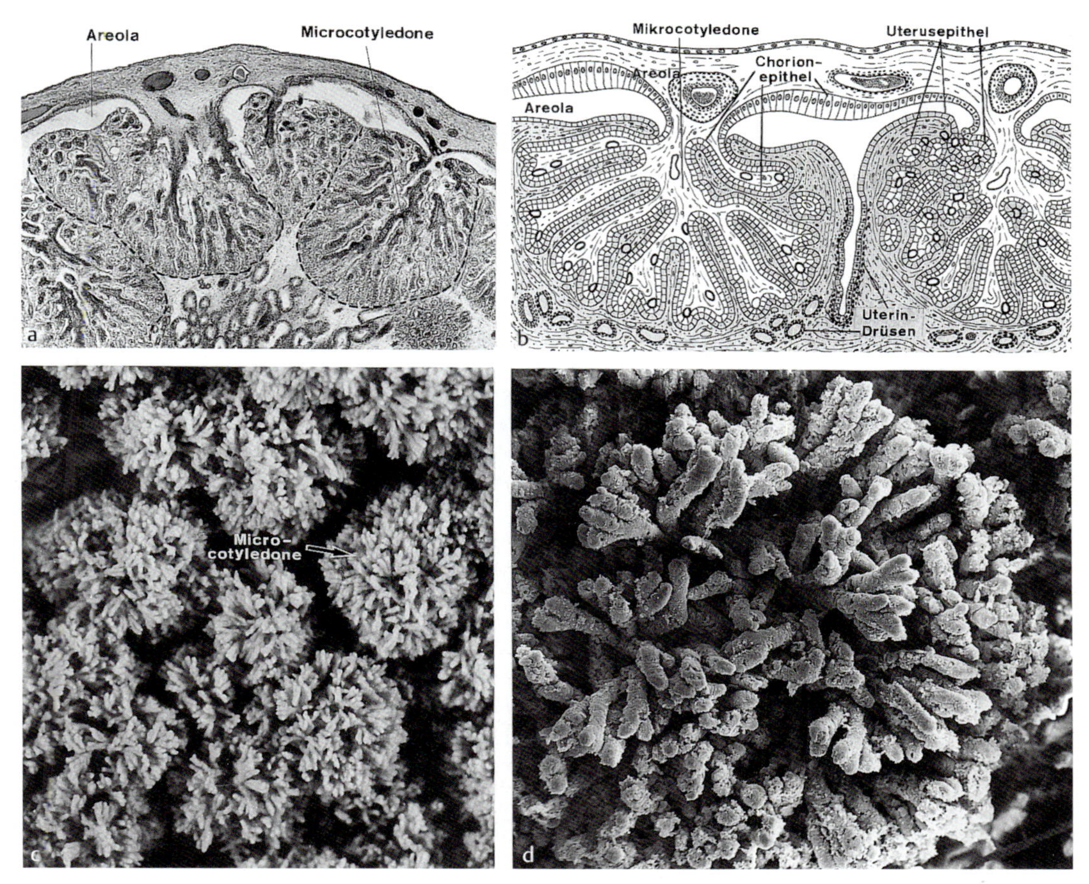

Abb. 15.6 Allantochorion mit Mikrokotyledonen vom Pferd. Mitte der Trächtigkeit (a, b) und zum Zeitpunkt der Geburt (c, d), Vergr. 20x (a), 15x (c), 62x (d)

webszerstörungen auftreten, handelt es sich um eine **Placenta epitheliochorialis**.

Schleimhautkrater (Endometrial Cups)

Zwischen der 6.–20. Woche treten in zirkulärer Anordnung im kaudalen Teil des trächtigen Uterushornes Schleimhautkrater auf, in denen das Uterusepithel zugrunde geht und Autolyse im Bindegewebe stattfindet (**Abb. 15.7**). Das Allantochorion bleibt hier ohne Verankerung. Die entstandenen Hohlräume mit einem Durchmesser zwischen 5 und 50 mm enthalten ein Gemisch an degenerierenden Gewebsbestandteilen und Uterinmilch. Beide dienen der histiotrophen Ernährung. Verantwortlich für die Entstehung der Schleimhautkrater sind die Gürtelzellen des Chorions, die durch die Basalmembran ins endometriale Stroma gelangen. Die Gürtelzellen sind modifizierte, schmale Chorionzellen, die vom 40.–120. Tag der Trächtigkeit das *Choriongonadotropin PMSG*, Pregnant Mare Serum Gonadotropin (ECG, Equine Chorionic Gonadotropin), produzieren.

Fruchtsack

Der zweizipfelige Fruchtsack ist meist asymmetrisch. Der Grad der Asymmetrie hängt davon ab, ob sich der Fetus vorwiegend im Uteruskörper oder in einem Horn entwickelt. Nach Trennung von der Uterusschleimhaut zeigt die Außenfläche des Allantochorions samtartiges Aussehen und ist von grauroter bis dunkelroter Farbe, die unter Einfluss des Luftsauerstoffes in hellpurpur umschlägt. Die Innenfläche ist durch die Gefäße etwas runzelig, im übrigen aber glatt und besitzt eine grauweiße bis graublaue Farbe.

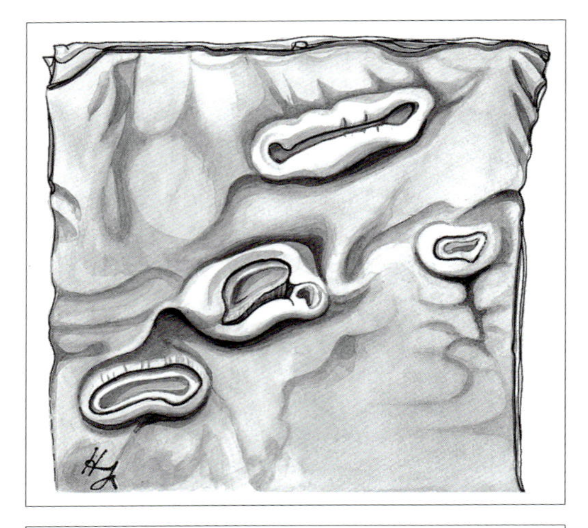

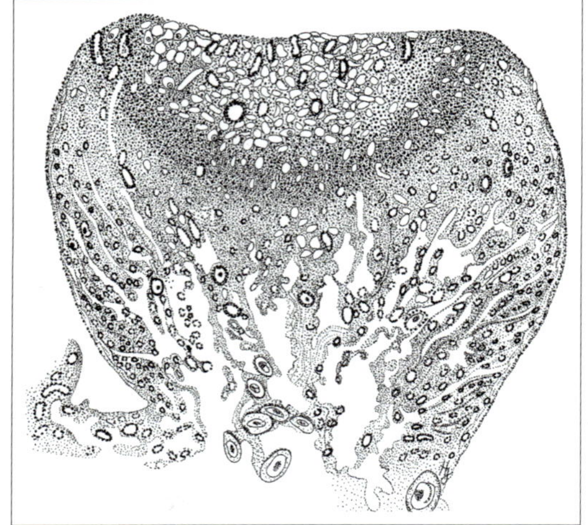

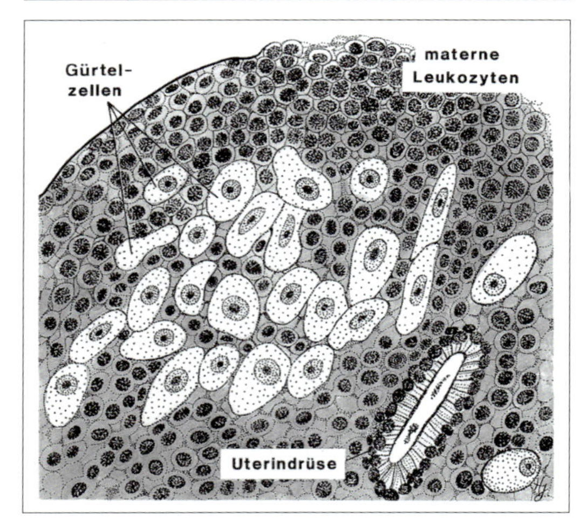

Abb. 15.7 Schleimhautkrater einer 6 Wochen trächtigen Gebärmutter des Pferdes (oben), zentraler Teil eines Kraters (Mitte) und Ausschnitt daraus (unten)

Zwillingsträchtigkeit

Jede Frucht entwickelt sich in einem Uterushorn. Mit fortschreitender Gravidität berühren sich die Fruchtsäcke im Uteruskörper, wobei sich die Zipfel ineinander einstülpen oder aneinander vorbeischieben. Bei ca. 50% der Zwillingsträchtigkeiten bleiben die Fruchtsäcke getrennt. Die Berührungsstellen sind frei von Zotten und nicht fest miteinander verbunden. In 50% der Fälle kommt es aber zu Chorionverwachsungen und zur Ausbildung von Anastomosen zwischen den beiden Blutgefäßsystemen. Sind hetero-sexuelle Zwillinge vorhanden, entsteht zwischen den Feten ein Keimzell-Chimärismus (s. a. S. 118), der jedoch im Gegensatz zum Freemartin-Typ des Rindes (s. S. 104 und S. 202) nicht zu Fehlbildungen an den Geschlechtsorganen des weiblichen Zwillings führt.

Zusammenfassung

Plazentation Pferd

- Semiplacenta diffusa completa
- Placenta epitheliochorialis
- Die Allantois umgibt das Amnion vollständig.
- Dottersackkreislauf ist relativ lange ausgebildet.
- Die Bildung der Zotten (Mikrokotyledonen) und die Plazentation sind erst mit 150 Tagen beendet.
- Zwischen der 6.–20. Woche treten Schleimhautkrater auf, die Histiotrophe bilden. Eingewanderte Choriongürtelzellen produzieren vom 40.–120. Tag das Choriongonadotropin PMSG.

15.2 Plazentation beim Schwein

Das Schwein ist ein multipares Tier und bringt 6–20 Junge zur Welt. Die Gravidität dauert 114 Tage und die Tubenwanderung der Zygote 2–4 Tage. Nachdem sich die Keimblasen in beiden Uterushörnern gleichmäßig verteilt haben, beginnt mit der Ausbildung kleiner Anheftungsbereiche zwischen Trophoblast und Uterusepithel am 14. Tag die *Implantation*. Unmittelbar vor der Implantation ist die Sterblichkeit der Früchte besonders hoch.

Form der Keimblase

Bis zum 13. Tag sind die Keimblasen kugelförmig mit einem Durchmesser von 2 mm. Innerhalb von 4 Tagen wachsen sie zu schlauchförmigen, bis zu 150 cm langen Gebilden aus, bei denen der Keim in der Mitte lokalisiert ist (*Elongationsstadium*). Die Schläuche liegen aufgeknäult im Uterus und entwickeln sich ab dem 20. Tag durch Weitenzunahme im mittleren Abschnitt und Rückbildung an den Enden zur typischen zweizipfligen Form (**Abb. 15.8; 15.9**).

Dottersack

Durch die vollständige Trennung des lateralen Mesoderms kommt es nicht zur Ausbildung einer Dottersackplazenta. Der Dottersack wird durch die Allantois zur Seite gedrängt und bildet entsprechend der Schlauchform des Fruchtsackes zwei lange Zipfel aus, die aber bald atrophieren (**Abb. 15.9**). Der zentrale Teil des Dottersackes bleibt länger erhalten, ist jedoch z. Zt. der Geburt völlig verödet.

Amnion

Bereits am 17. Tag ist das Amnion geschlossen. Durch rasche Zunahme der Amnionflüssigkeit dehnt es sich im zentralen Teil der Fruchtblase aus und bleibt hier über gefäßhaltiges Mesenchym mit dem Chorion verbunden. Das Amnion vom Schwein wird im Gegensatz zu dem des Pferdes nicht von der Allantois vollständig umwachsen und besitzt keine Epithelauflagerungen (**Abb. 15.9; 15.12**). Das über dem Rücken des Fetus befindliche Amniochorion wird wie das Allantochorion von Allantoisgefäßen vaskularisiert.

Allantois

Sie ist mit 16 Tagen als quergestellter Sack erkennbar, der sich nach den Fruchtsackenden ausweitet und zu einer ebenfalls zweihörnigen Allantoisblase auswächst (**Abb. 15.9**). Im zentralen Teil erreicht sie nur die halbe Höhe der Amnionblase. Die Zipfel des Fruchtsackes enthalten nur Allantoisanteile. Sie reichen aber nicht bis ins Ende der Zipfel, weshalb diese infolge fehlender Vaskularisierung atrophieren.

Nabelstrang

Der Nabelstrang ist mit 25 cm (eine Körperlänge) relativ lang und besitzt nur einen Amnionteil. Die Nabelgefäße (beide Arterien und die linke Vene) verlaufen bis zum distalen Ende des Stranges, um sich hier in zwei Hauptäste aufzuteilen, die je zu einem Fruchtsackende laufen.

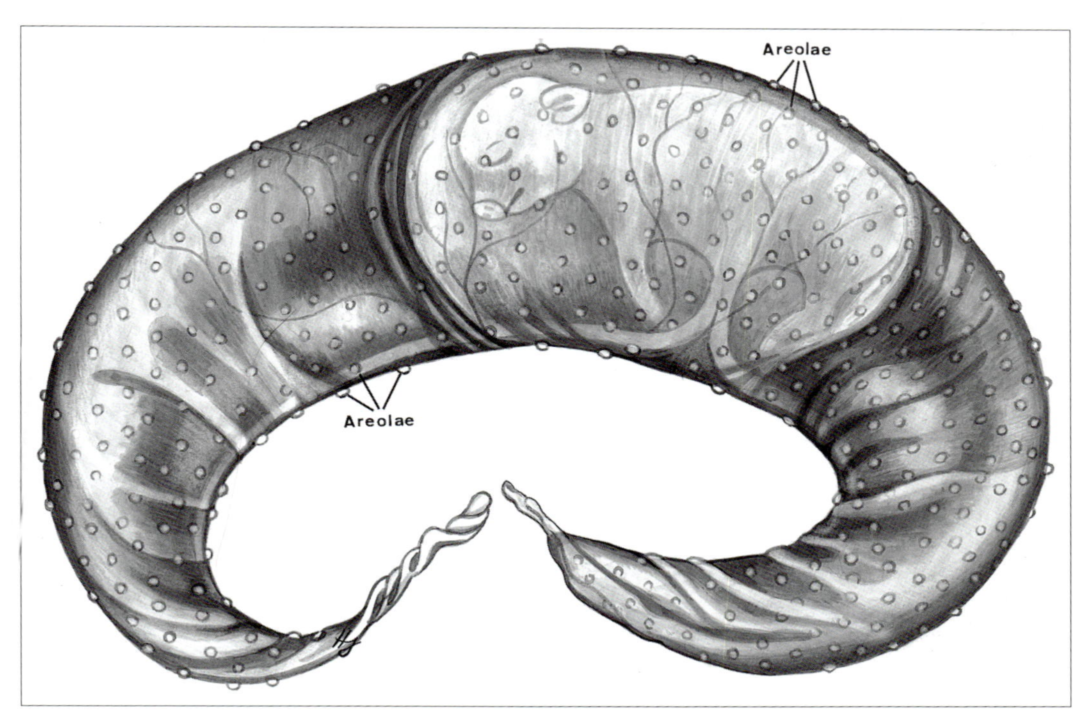

Abb. 15.8 Fruchtblase vom Schwein (Fetus 120 mm SSL, ca. 60 Tage, halbe natürliche Größe)

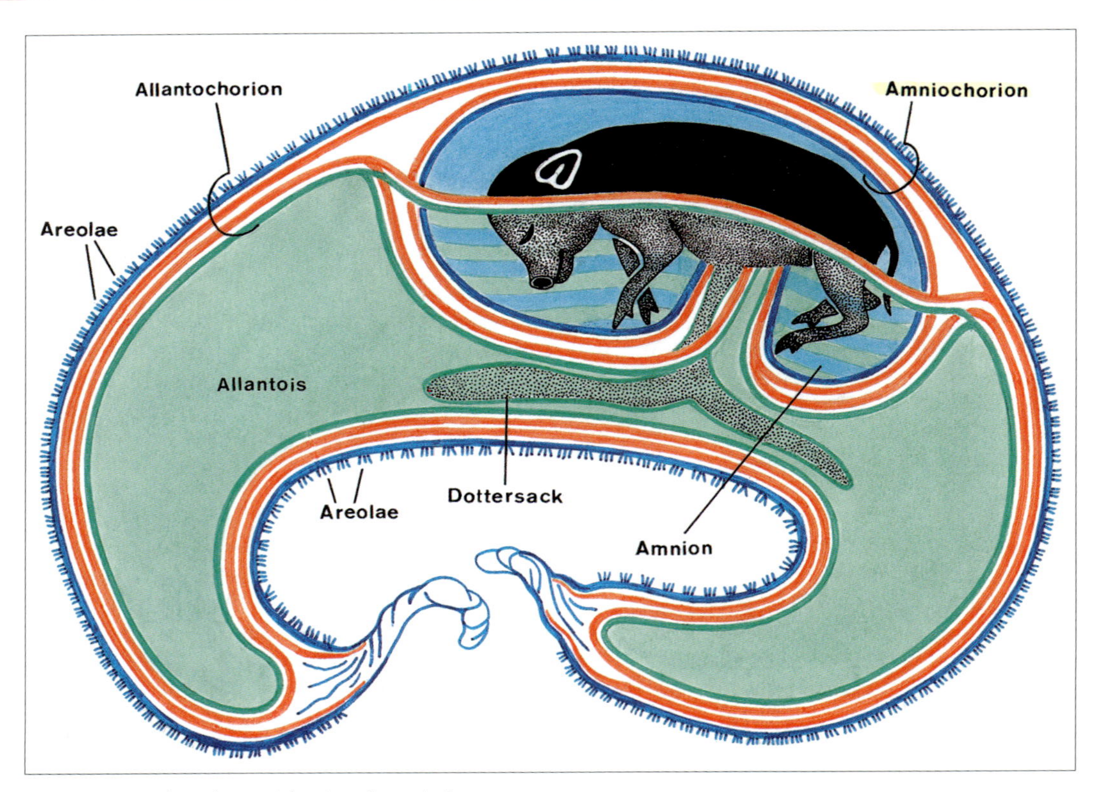

Abb. 15.9 Fruchtsack vom Schwein, schematisch

Chorion

Auf dem Chorion treten faltenartige Epithelproliferationen I. und II. Ordnung auf, in die in der 4. Woche Mesenchym einwächst. Die endgültige Ausbildung und Einsenkung der Chorionfalten in die Uterusschleimhaut erfolgt in der 5. Woche. Die Proliferationen sind auf dem Chorion gleichmäßig verteilt, fehlen aber auf den Fruchtsackenden (**Abb. 15.8; 15.9**). Man spricht deshalb von einer **Semiplacenta diffusa incompleta**. Die Falten sind wenig verzweigt und verbinden sich nur oberflächlich mit der Uterusschleimhaut. Durch die Existenz zahlreicher Querfalten im Endometrium ist die plazentare Verankerung dennoch sehr fest. Im letzten Drittel der Trächtigkeit vereinigen sich die Chorionproliferationen überwiegend zu geschlängelten Falten.

Da an der Plazenta keine Gewebsverluste auftreten, hat das Schwein eine **Placenta epitheliochorialis**. Das Chorion besitzt an der Faltenbasis hohes, zylindrisches Epithel, das für die Aufnahme der Histiotrophe sorgt. An den Faltenspitzen, wo der hämatogene Stoffaustausch erfolgt, ist das Epithel niedriger (**Abb. 15.10**). Im Bereich dieser maternofetalen Kontaktstellen liegen sowohl fetale als auch mütterliche Kapillaren in Höhe des Epithels („intraepithelial"), wodurch die Plazentarschranke durchlässiger wird. Hier ist auch die Austauschfläche infolge des Ineinandergreifens maternaler und fetaler Mikrovilli vergrößert.

Zu Beginn des 2. Monats treten auf dem Chorion beetartige weißliche Verdickungen auf, die als *Areolae* bezeichnet werden (**Abb. 15.8**). Sie sehen in der Aufsicht wie runde Flecken aus und können einen Durchmesser bis zu 5 mm besitzen (**Abb. 15.11**). Zottenartige Chorionproliferationen sind hier nahezu radiär angeordnet und stehen flachen Vertiefungen der Uterusschleimhaut gegenüber, in die Uterindrüsen einmünden. Die Hohlräume dienen als Sammelbecken für Uterinmilch, die vom Chorionepithel resorbiert wird. Die Uterinmilch enthält u. a. das eisenbindende Glykoprotein Uteroferrin, das am Eisentransfer beteiligt ist. Diese so beschaffenen Plazentarstrukturen werden als „reguläre" Areolae bezeichnet. Darüber hinaus kommen „irreguläre" Areolae vor, die einen größe-

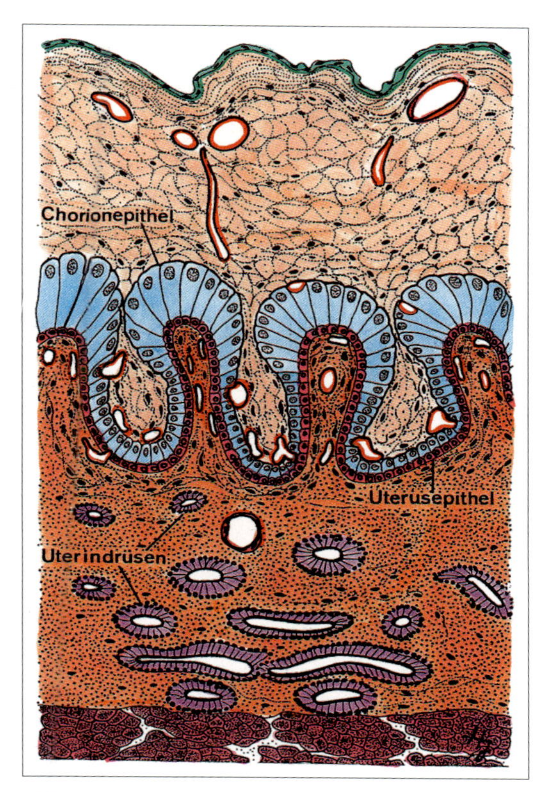

Abb. 15.10 Querschnitt durch die interareoläre Plazenta des Schweines, Vergr. ca. 75x

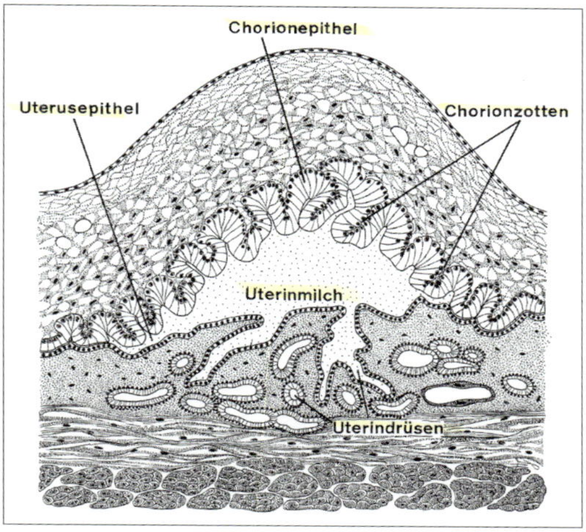

Abb. 15.11 „Reguläre“ Areola des Schweines im Schnitt bei einer Trächtigkeit von 6 Wochen

ren und unregelmäßigen Umriss aufweisen, keine Drüseneinmündungen besitzen, und bei denen das Chorion glattwandig einen weitlumigen Hohlraum überspannt.

Während die „regulären“ Areolae Orte der histiotrophen Ernährung darstellen, stehen die „irregulären“ vermutlich im Dienste des Abtransportes von Stoffwechselendprodukten vom Fetus zum mütterlichen Blutkreislauf.

Fruchtsäcke

Die Fruchtsäcke liegen in Fruchtkammern der Uterushörner und stoßen am Ende der Trächtigkeit mit ihren Zipfeln oft zusammen, stülpen sich ein und verkleben fest miteinander. Deshalb gehen häufig mehrere Nachgeburten zusammen ab. Die Verklebungen lassen sich aber unter Wasser leicht lösen. Völlige Verwachsungen mit Bildung von Gefäßanastomosen kommen selten vor, wobei es sich vermutlich um eineiige Früchte handelt. Selten können Chorionverwachsungen bei verschiedengeschlechtlichen Feten auftreten, wodurch es wie bei Wiederkäuern zur Intersexualität der weiblichen Frucht kommen kann.

Durch die besondere Anordnung der Fruchtblasen springt bei der Geburt nur das Amnion. Aufgrund des langen Geburtsweges findet der Blasensprung intravaginal oder sogar intrauterin statt.

Zusammenfassung

Plazentation Schwein

- Semiplacenta diffusa incompleta areolata
- Placenta epitheliochorialis
- Die Allantois umgibt das Amnion nicht vollständig.
- Der Dottersack spielt keine Rolle.

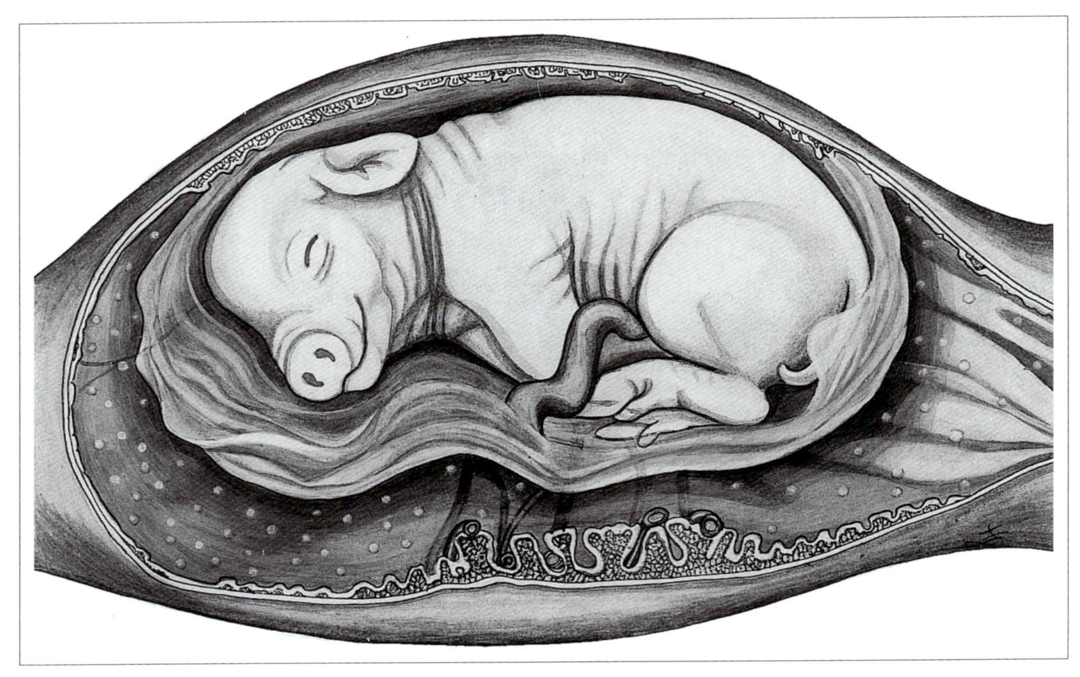

Abb. 15.12 Fruchthüllen des Schweines nach Eröffnung (Fetus 240 mm SSL, ca. 3 Monate, 1/3 der natürlichen Größe)

15.3 Plazentation beim Wiederkäuer

Rind und Schaf bringen 1 – 2 und die Ziege 2 – 3 Junge zur Welt. Die Trächtigskeitsdauer beträgt beim Rind 280 und bei Schaf und Ziege 150 Tage. Die Tubenwanderung der befruchteten Eizelle dauert 3 – 4 Tage.

Form der Keimblase

Die zunächst kugelige Keimblase wächst ab 12. Tag zu einem dünnen, 50 – 60 cm langen Schlauch aus (*Elongationsstadium*), der im Gegensatz zum Schwein in gestrecktem Zustand im Uterus liegt und beim Rind eine Länge von 125 cm erreichen kann (**Abb. 15.13**). Durch Weitenzunahme entwickelt sie sich bald zu einem zweihörnigen Fruchtsack. Die Implantation beginnt beim Schaf am 14./15. und beim Rind am 18./19. Tag.

Dottersack

Wie beim Schwein bildet sich der Dottersack bald zurück. Zuerst atrophieren die dünnen Nabelblasenhörner, später auch der zentrale, blasige Teil.

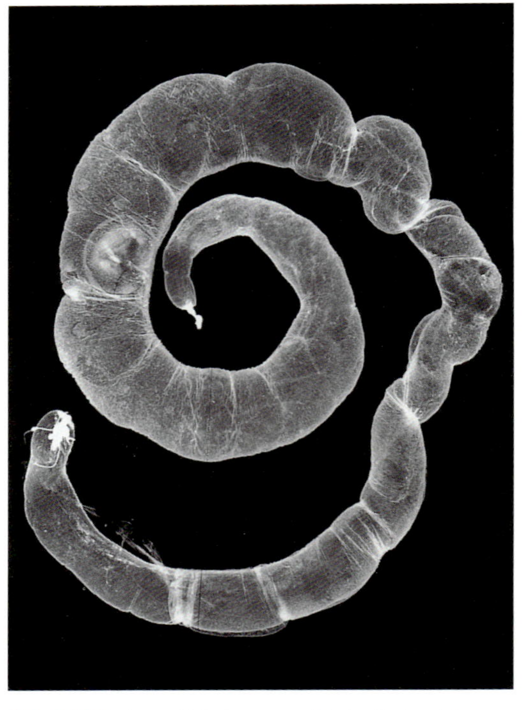

Abb. 15.13 Junge Keimblase vom Rind mit einer Länge von 83 cm, Embryo 30 mm SSL, ca. 40 Tage

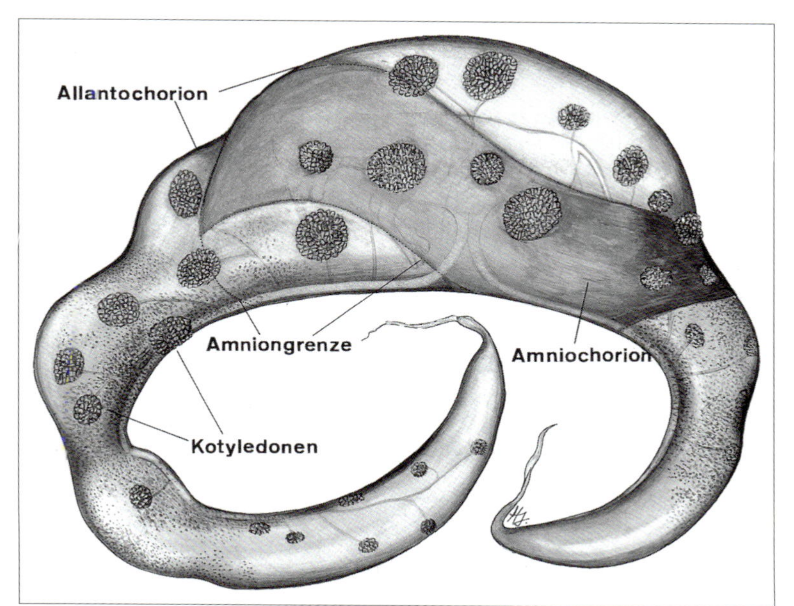

Abb. 15.14 Fruchtblase des Rinderfetus (SSL 180 mm, ca. 3,3 Monate) mit Darstellung der Lage der Amnion- und Allantoishöhle, Plazentome noch nicht vollständig entwickelt, $^{1}/_{4}$ der natürlichen Größe

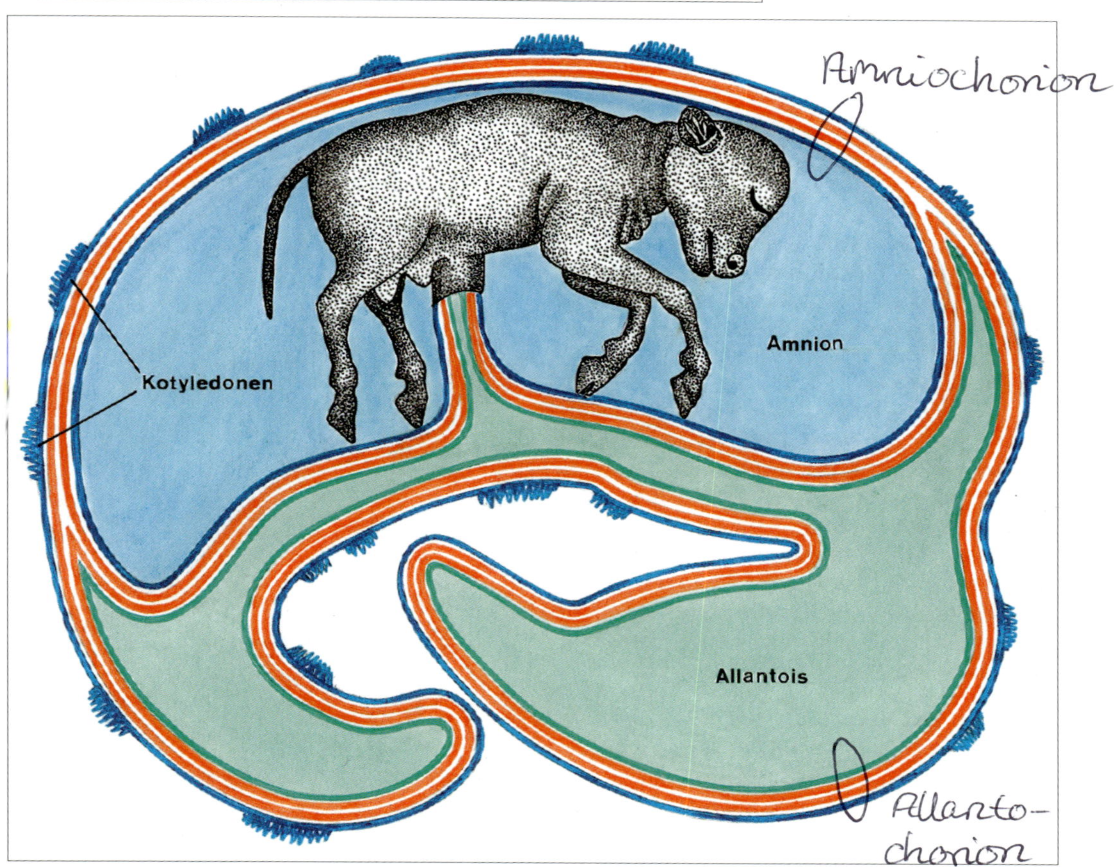

Abb. 15.15 Schematische Darstellung der Fruchthüllen des Rinderfetus (SSL 270 mm, ca. 4,3 Monate, $^{1}/_{6}$ der natürlichen Größe)

Amnion

Das bereits frühzeitig, beim Schaf mit $2^1/_2$ Wochen geschlossene Amnion besitzt eine hauchdünne, durchscheinende und gefäßarme Wand von weißlichgrauer Farbe. In den ersten Wochen ist die Amnionhöhle prall mit Flüssigkeit gefüllt, weshalb auch bei der rektalen Kontrolle beim Rind kein Fetus fühlbar ist. In der Folgezeit verschiebt sich die Gewichtsrelation zwischen Amnion und Fetus. Das Amnion erhält längsovale Form, dehnt sich aber nur geringgradig in die Fruchtsackhörner aus, in denen sich hauptsächlich Anteile der Allantois befinden (**Abb. 15.14; 15.15**). Wie beim Schwein, so ist auch beim Wiederkäuer das Amnion im zentralen Teil über dem Rücken des Fetus durch gefäßhaltiges Mesenchym mit dem Chorion zum Amniochorion verbunden. Das Amnion besitzt Epithelwucherungen.

Allantois

Die Allantois entwickelt sich zum zweizipfligen Sack, der beim Schaf mit 24 Tagen das extraembryonale Coelom vollständig ausfüllt und mit 30 Tagen das Allantochorion bildet. Der zentrale Teil der Allantois (Allantoistrichter) wird durch das Amnion nach rechts verschoben. Die Allantoiszipfel dehnen sich in die Fruchtsackenden aus. Deren äußerste Zipfel bleiben aber frei und degenerieren infolge mangelnder Gefäßversorgung. Auch beim Wiederkäuer stülpen Embryotrophemassen das Allantochorion ein und bilden Bovimanes bzw. Ovimanes, die beim Rind graugelblich-grün und beim Schaf bräunlich aussehen.

Nabelstrang

Der relativ kurze Nabelstrang besitzt bei Rind und Schaf $^1/_4$ und Ziege $^1/_6$ der Körperlänge. Er hat nur eine Amnionscheide, die in der ersten Hälfte der Trächtigkeit charakteristische warzen- oder zahnartige Epithelwucherungen trägt (**Abb. 11.3**). Ab der zweiten Trächtigkeitshälfte verlaufen die Arterien spiralförmig. Die Vene ist bis zum Eintritt in den Fetus doppelt ausgebildet. Eine besonders vorgebildete Rissstelle gibt es nicht. Bei der Geburt reißt der Nabelstrang bereits intravaginal.

Chorion

Am 15. und 16. Tag ist das gesamte Chorion mit Primärzotten besetzt, die noch nicht in die Uterusschleimhaut vordringen. Während bei den Tylopoden diese diffuse Verteilung erhalten bleibt, bilden sich bei unseren einheimischen Wiederkäuern Zottenbüschel, *Kotyledonen*, aus, die sich mit den drüsenfreien Uteruskarunkeln zu **Plazentomen** verbinden (**Abb. 15.16; 15.17**). Die dazwischen gelegenen Zotten verschwinden wieder. Die Plazentombildung beginnt mit dem 30. Tag und ist im 2.–3. Monat vollständig vollzogen. Die Wiederkäuer besitzen jetzt eine **Placenta multiplex s. cotyledonaria**, an der in den Plazentomen der haemotrophe Stoffaustausch erfolgt und vom dazwischen gelegenen Chorion laeve Histiotrophe aufgenommen wird. Bestimmend für die Anzahl und Form der Plazentome sind die Uteruskarunkeln des Endometrium.

Die *Anzahl* der Plazentome beträgt beim Rind 30–150, beim Schaf 100 und bei der Ziege 160. Man nennt diese Tiere *Polycotyledontophoren*. Im Gegensatz hierzu haben die *Oligocotyledontophoren* (Hirsch 10–12, Reh 3–5) nur wenige Plazentome.

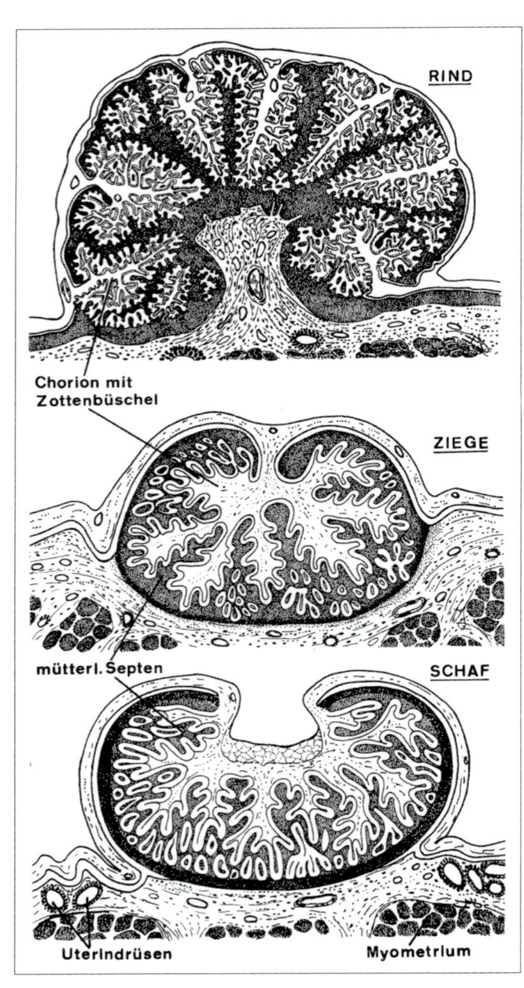

Abb. 15.16 Schnitte durch Plazentome der Hauswiederkäuer

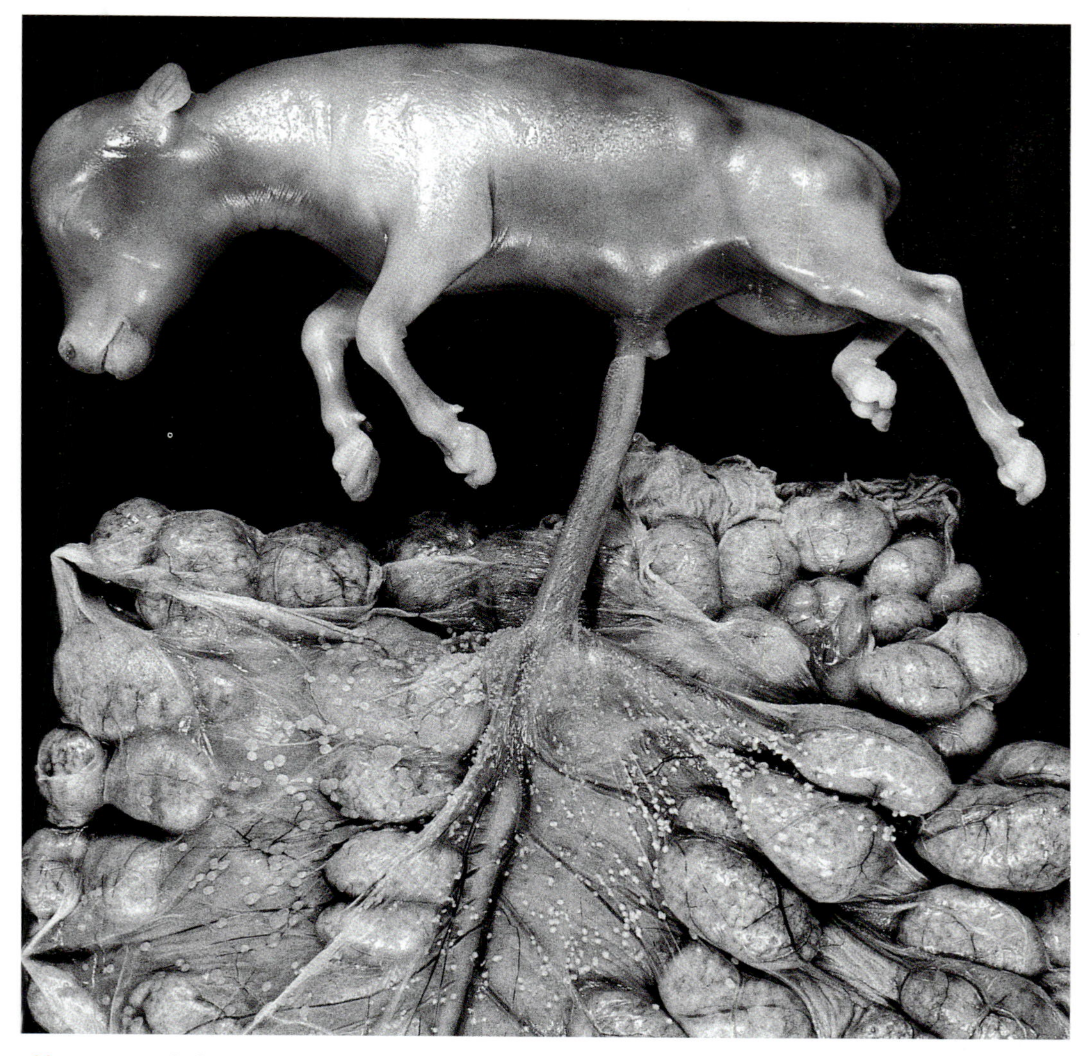

Abb. 15.17 Rinderfetus (SSL 220 mm, ca. 3,8 Monate) mit Plazenta. Im Zentrum befindet sich die innere Oberfläche des Amnions mit hellen Epithelwucherungen, halbe natürliche Größe

Die *Größe* der Karunkeln und damit der Plazentome zeigt regionale und temporäre Unterschiede. Die größten Plazentome liegen im mittleren Bereich und die kleinsten an den Fruchtsackenden. Beim Rind sind sie in 4 Reihen (2 mesometriale und 2 antimesometriale) angeordnet. Die anfangs flachen Plazentome nehmen im Laufe der Trächtigkeit bis um das 10fache zu. Beim Rind sind sie ab 4. Monat rektal fühlbar.

Plazentome des Rindes (**Abb. 15.16; 15.17; 15.18**). Beim Rind sind die Plazentome *kissenförmig*. Die Karunkeln besitzen einen 2 – 3 cm langen, bindegewebigen Karunkelstiel, der größere zu- und abführende Gefäße enthält und seitlich von drüsenloser Schleimhaut bedeckt wird. Die Karunkelköpfe werden von den Kotyledonen kappenartig überzogen, und ihre stark verzweigten Zottenbüschel senken sich tief in Krypten der Uterusschleimhaut ein, so dass ein zerklüftetes Labyrinth entsteht. Selbst die feineren Zottenverzweigungen dringen zwischen mütterliche Septen ein. Nach Trennung der fetalen von den mütterlichen Teilen sehen deshalb die Karunkeln wie ein Schwamm mit vielen Löchern aus (**Abb. 15.18**).

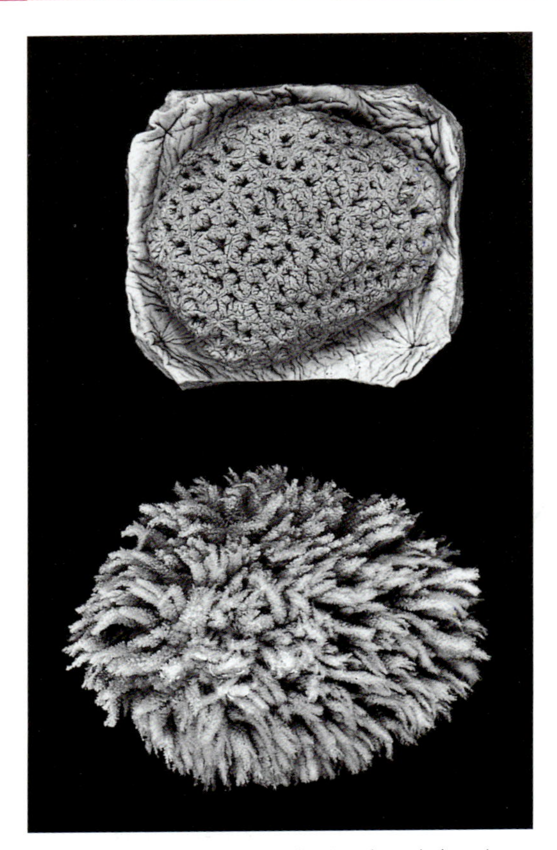

Abb. 15.18 Uteruskarunkel (oben) und Kotyledone (unten) vom Rind, halbe natürliche Größe

Die *Chorionzotten* bestehen aus dem bindegewebigen Grundstock mit gut entwickelten terminalen Blutgefäßen und einem einschichtigen Epithel (**Abb. 15.19; 15.20**). Zwischen fetalem und mütterlichem Epithel kommt es infolge des Ineinandergreifens gegenüberliegender Mikrovilli zu einer innigen Verbindung. Neben den einkernigen Trophoblastzellen treten im Chorionepithel zwei- oder mehrkernige Trophoblastriesenzellen (TGC: Trophoblast Giant Cells) auf, die auch als binukleäre Zellen oder Diplokaryozyten bezeichnet werden (**Abb. 15.20**). Sie synthetisieren u.a. ein Wachstumshormon (plazentares Laktogen), Prostaglandine und Progesteron. Diese Zellen verlassen das Chorionepithel und verschmelzen mit den einkernigen Uterusepithelzellen zu meist dreikernigen feto-maternalen *Hybridzellen*. Auf diese Weise werden Substanzen von der fetalen zur maternalen Seite transferiert.

Das gleichfalls einschichtige Epithel der *mütterlichen Krypten* ist etwas niedriger. In ihm können durch Bildung von Symplasmen und deren Auflösung Lücken auftreten. Auch werden in den terminalen Krypten in Nähe der Karunkelstiele die Uteruszellen im Laufe der Gravidität immer flacher und nehmen zahlenmäßig stark ab. Wenn diese morphologischen Veränderungen unterbleiben, kommt es meist zur Nachgeburtsverhaltung. In der Regel erfolgt aber beim Rind die Lösung der Chorionzotten aus den Krypten ohne Verletzung. Trotz der Strukturveränderungen ist die Plazenta vom Rind als **Placenta epitheliochorialis** zu bezeichnen.

Plazentome bei Schaf und Ziege

Beim Schaf sind die Plazentome durch eine tiefe Eindellung an der Karunkeloberfläche napfförmig gestaltet (**Abb. 15.16; 15.21**). Die Ziege besitzt scheiben- oder schüsselförmige Plazentome mit einer nur geringen Vertiefung an der Oberfläche und einer m.o.w. breiten Basis (**Abb. 15.16**). Im Vergleich zum Rind ist die Hybridisierung des Uterusepithels durch einwandernde fetale binukleäre Zellen noch ausgeprägter. Im Gegensatz zum Rind unterliegt das Epithel der mütterlichen Krypten durch Symplasmabildung und Degenerationserscheinungen starken Veränderungen. Da aber eine vollkommene Auflösung des Epithels beim Schaf elektro-

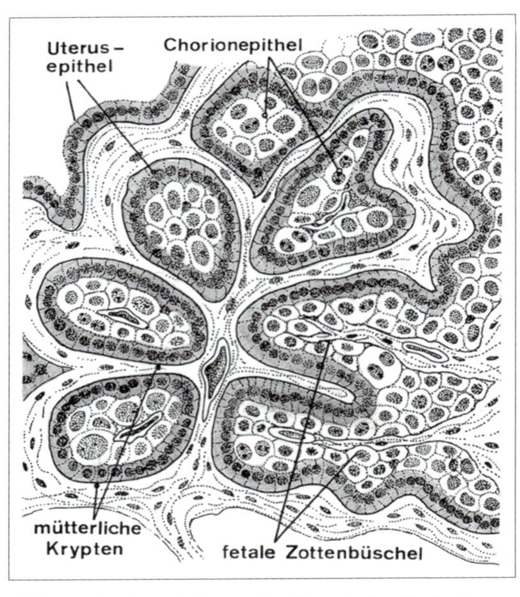

Abb. 15.19 Ausschnitt aus der Plazenta des Rindes in Nähe der Choriozottenspitzen

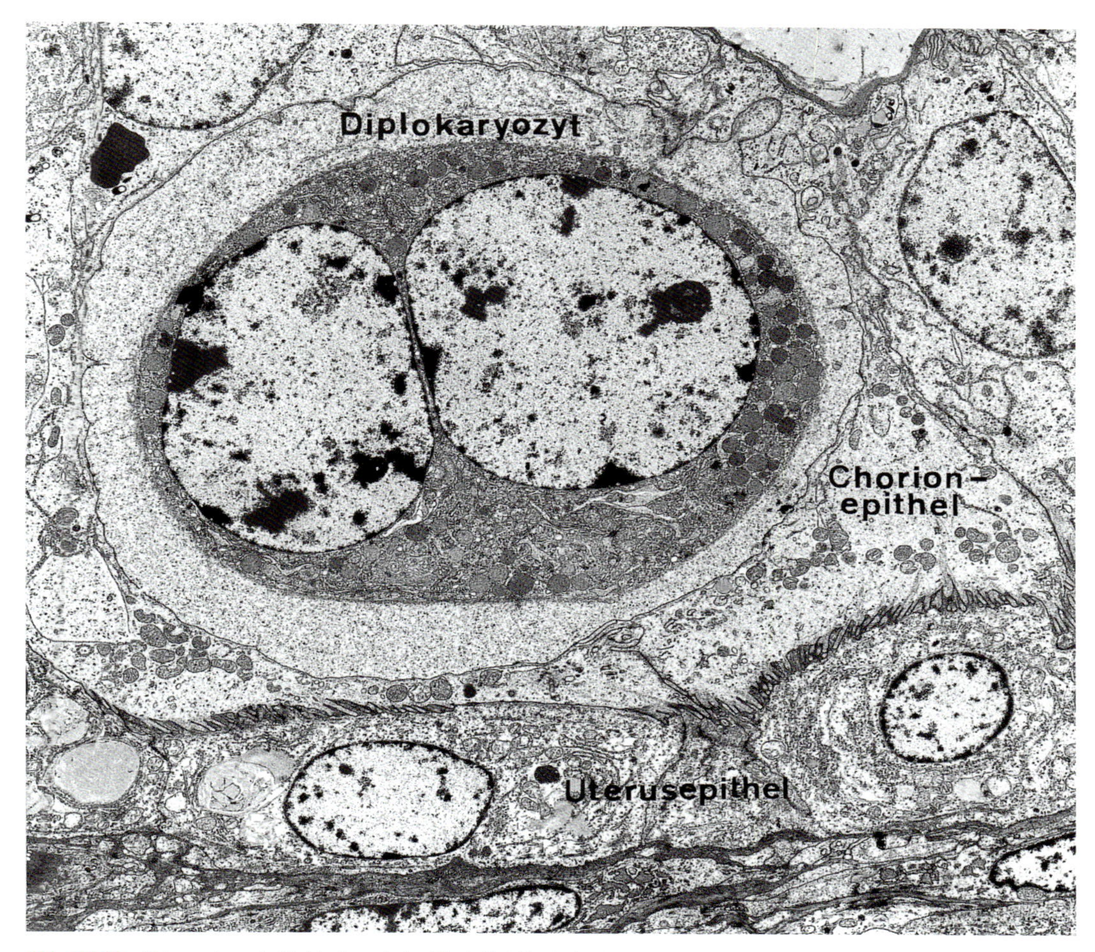

Abb. 15.20 Feto-maternale Verbindung beim Rind, El. Mik. Aufn., Vergr. 4070x

nenmikroskopisch nicht nachweisbar ist, handelt es sich auch hier um eine **Placenta epitheliochorialis**. Gleiche Verhältnisse dürften bei der Ziege vorliegen. Beim Schaf und in geringem Umfange bei der Ziege führen Blutungen häufig zur Pigmentation von Karunkeln und Kotyledonen. An der Pigmentierung der Uteruspropria sollen auch Melanozyten beteiligt sein. Die Verankerung der Zotten ist bei den kleinen Wiederkäuern so stark, dass bei der Geburt Zottenspitzen zurückbleiben. Sie werden vom mütterlichen Gewebe resorbiert.

Fruchtsack

Bei einfacher Trächtigkeit liegt die zweihörnige Fruchtblase mit ihrem Mittelteil und einem Zipfel im „trächtigen" Uterushorn. Der zweite Zipfel ragt hinüber ins andere, kleinere Uterushorn, wodurch die Asymmetrie der Gebärmutter entsteht. In der Regel kommen 40% Links- und 60% Rechtsträchtigkeiten vor. Beim Rind senkt sich die wachsende Frucht im 5.–6. Monat in die Bauchhöhle und dehnt sich in den meisten Fällen auf der rechten Seite aus, wo sie auch häufig in den Recessus supraomentalis hineinragt. Von besonderer Bedeutung ist die Vergrößerung der zum trächtigen Horn ziehenden A. uterina, deren Schwirren ab der 12. Woche beim Rind zur Trächtigkeitsdiagnose herangezogen wird.

Bei der Geburt kommt, je nachdem wie die Fruchthüllen zum inneren Muttermund liegen, zuerst das Allantochorion oder das chorionbedeckte Amnion zum Vorschein. Zu 80–90% erscheint zuerst die Allantoisblase (Wasserblase). Platzt zuerst die Amnionblase (Fußblase), werden vermehrt Störungen im Geburtsablauf beobachtet.

Abb. 15.21 Plazentome vom Schaf (SSL 370 mm, ca. 4 Monate), von der Allantoishöhle aus gesehen

Zwillingsträchtigkeit

Wenn beim Rind Zwillingsgravidität vorliegt, erfolgt in den meisten Fällen (91%) eine Verschmelzung der beiden Fruchtsäcke. Liegen diese in beiden Uterushörnern, so entsteht eine Doppelsichel, und die Verwachsungsstelle, die als Einschnürung sichtbar bleibt, liegt im Uteruskörper. Es kommt nicht nur zur Vereinigung des Chorions, sondern auch der Allantoisblasen. Liegen beide Früchte in einem Uterushorn, können sich zusätzlich auch die beiden Amnionblasen vereinigen (**Abb. 15.22**). Durch die Verschmelzung entsteht meistens eine große Gefäßanastomose, die bei verschiedengeschlechtlichen Zwillingen die Bildung von *Zwicken, Freemartins*, zur Folge hat. Die Bezeichnung Freemartin leitet sich ab vom angelsächsischen „fear" (für leer, nichtig, ungültig) oder vom schottischen „ferow" (für unfruchtbar, nichttragend) und dem gaelischen „mart" oder „martin" (für eine Färse oder Kuh, die wegen Unfruchtbarkeit geschlachtet werden soll). Bei der Zwickenbildung kommt es am weiblichen Fetus zu Entwicklungsstörungen an den Müllerschen Gängen und zu einem XX/XY Blut- sowie häufig auch Keimzellchimärismus (s. a. S. 202). Eileiter, Uterus und Vagina sind unterentwickelt bzw. fehlen, während die äußeren Genitalien meist normale Ausbildung zeigen. Der Zwickenstatus geht mit Unfruchtbarkeit einher. Der männliche Zwilling hingegen entwickelt sich normal. Verantwortlich für die Zwickenbildung ist das Anti-Müller-Hormon, das auf hämatogenem Wege vom männlichen in den weiblichen Zwillingspartner gelangt.

Bei Schaf und Ziege, bei denen Zwillings- und Drillingsgraviditäten vorkommen, verwachsen die Fruchtsäcke ebenfalls. Dabei vereinigen sich meistens nur die Allantoishöhlen, ganz selten auch die Amnionhöhlen. Gefäßanastomosen und damit Intersexualität der weiblichen Frucht bei verschiedengeschlechtlichen Feten kommen im Gegensatz zum Rind aber nur ausnahmsweise vor.

Abb. 15.22 Zwillingsfruchtblase vom Rind mit Gefäßanastomosen, Feten aus den Amnionhöhlen vorgelagert (nach Lillie, aus Zietzschmann/Krölling 1955)

Zusammenfassung

Plazentation Wiederkäuer

- Semiplacenta multiplex s. cotyledonaria, Plazentome
- Die Allantois umgibt nicht die gesamte Amnionhöhle.
- Placenta epitheliochorialis mit fetalen binukleären Trophoblastriesenzellen, die mit maternalen Epithelzellen fusionieren (Hybridisierung).
- Der Dottersack spielt keine Rolle.
- Verschmelzung der Fruchtsäcke bei Zwillingen und Auftreten von Zwicken, bei Schaf und Ziege aber äußerst selten.

15.4 Plazentation bei Hund und Katze

Hund und Katze bringen 4–8 Junge zur Welt, und die Graviditätsdauer beträgt im Mittel 63 Tage. Die Tubenwanderung der Zygote dauert bei der Katze 4–8 und beim Hund 6–8 Tage.

Form der Keimblase

Ab 10.–12. Tag ist die Keimblase *eiförmig* und das Chorion frondosum ist gürtelförmig in einem breiten mittleren Bereich angelegt. Das Chorion laeve befindet sich zunächst nur an den Keimblasenenden, die als prominente Spitzen hervortreten. Daraus resultiert in der 4. Woche die *Zitronenform* der Keimblase (**Abb. 15.23**). Nachdem die ursprünglich breite Anlage der Gürtelplazenta schmaler geworden ist und die Keimblasenenden sich weiten, entsteht die typische *Tonnenform* (**Abb. 15.24; 15.25**). Die *Implantation* erfolgt bei der Katze am 13. Tag und beim Hund am 12.–13. Tag. Der Embryo liegt in dieser Zeit quer zur Längsachse der Gebärmutter.

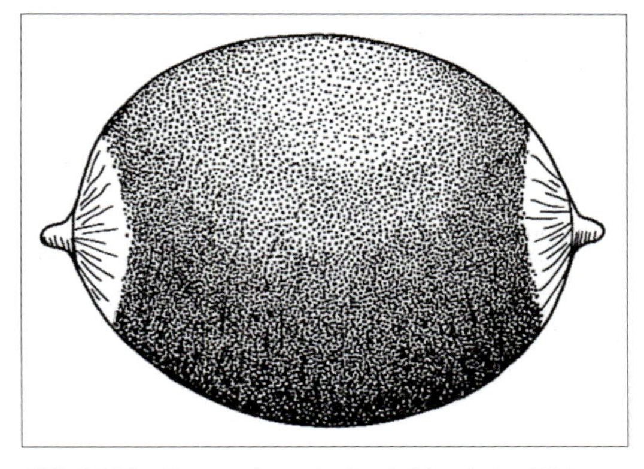

Abb. 15.23 Zitronenform der Fruchtblase beim 3 Wochen alten Embryo der Katze (aus Michel 1983)

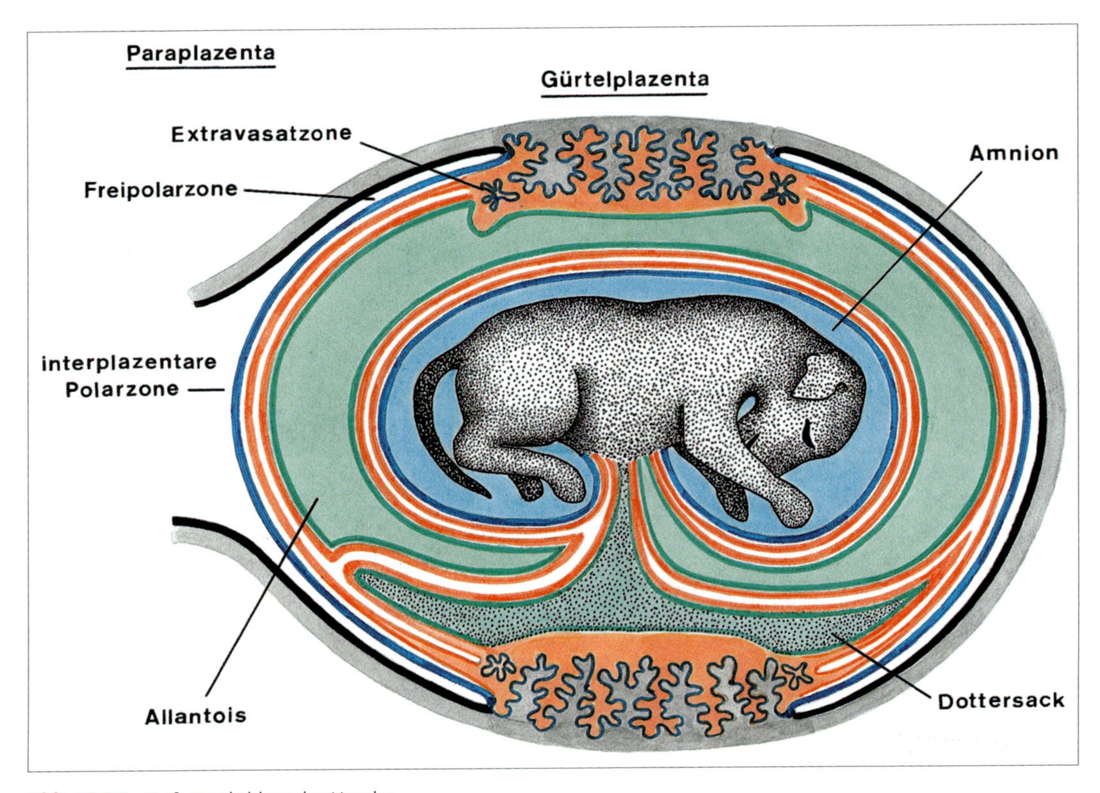

Abb. 15.24 Reife Fruchtblase des Hundes

Abb. 15.25 Fruchtblase mit Gürtelplazenta des Hundes gegen Ende der Trächtigkeit. Oben links Amnion freigelegt, $^{1}/_{3}$ natürliche Größe

Dottersack

Da sich das laterale Mesoderm nicht vollständig spaltet, entsteht wie beim Pferd eine Dottersackplazenta (**Abb. 15.24**), die aber keinen Sinus terminalis besitzt und auch von geringerer Bedeutung ist. Mit der Entstehung der Allantois bildet sich der Dottersack rasch zurück; er bleibt jedoch als zusammengefallener, vaskularisierter Sack bis zur Geburt erhalten. Der Dottersackstiel obliteriert hingegen bereits vorher.

Amnion

Das Amnion ist frühzeitig geschlossen und bildet während der gesamten Trächtigkeit eine wenig geräumige Höhle.

Allantois

Die Allantois, deren Bildung in der 3. Woche beginnt, umwächst das Amnion vollständig und drängt den Dottersack an die Basis. Wie beim Pferd so liegen auch beim Fleischfresser Amnion und Allantois konzentrisch zueinander (**Abb. 15.24**). Bei der Geburt reißt stets die Allantoisblase zuerst.

Nabelstrang

Beim Hund besitzt der Nabelstrang die Hälfte und bei der Katze ein Drittel der Körperlänge. Wie beim Pferd ist neben der Amnionscheide eine Allantoisscheide vorhanden. Eine „natale Rissstelle" ist hingegen nicht ausgebildet.

Gürtelplazenta

Die Ausbildung des Chorion frondosum nur im mittleren Bereich des Chorions führt zum Aufbau der **Placenta zonaria**, die in der Mitte der Trächtigkeit etwa $^1/_4$ und gegen Ende $^1/_5$ der Fruchtblase einnimmt (**Abb. 15.24; 15.25; 15.26**). Unter dem Einfluss des einwachsenden Chorions wird der oberflächliche Teil des Endometriums zerstört und es erfolgt ihr Abbau bis zum Endothel. So entsteht die *Placenta vera* der Fleischfresser, die dem histologischen Bau nach zur **Placenta endotheliochorialis** gehört.

Die in die Uterusschleimhaut eindringenden zungen- oder lanzettförmigen *Chorionprotrusionen* wandeln sich bei der Katze zwischen dem 15. – 20. und beim Hund zwischen dem 17. – 24. Tag zu *Chorionblättern* oder *-lamellen* um, die als vertikal gestellte Haupt- und Nebenblätter quer zur Uterusachse angeordnet und bis zum 30. Tag etwa bis zu den Drüsenkammern vorgewachsen sind (**Abb. 15.27**). Während bei der Katze Haupt- und Nebenblätter gleiche Dicke aufweisen, sind beim Hund die verzweigten Hauptblätter weniger gestreckt und besitzen mehr und kürzere Nebenblätter. Zwischen den Chorionlamellen wird ein zusammenhängendes endometriales Lamellensystem gebildet. Das Chorionepithel wird zweischichtig. Außen entsteht durch Verlust der Zellgrenzen der *Syncytiotrophoblast*. Innen am Chorionmesenchym liegt der zellige *Cytotrophoblast* (**Abb. 15.28**).

Die **Uterusschleimhaut** zeigt in der Präimplantationsphase während der ersten Woche deutliche Hypertrophie und Hyperämie. Die Drüsen sind vergrößert und das Epithel der Krypten wird höher. Die Hypertrophie des Uterusepithels setzt sich in der zweiten Trächtigkeitswoche zunächst fort. Ab der 3. Woche flacht sich das Endometrium ab, es bildet sich eine *subepitheliale Bindegewebslage*, und das Uterusepithel wird durch den kontinuierlich

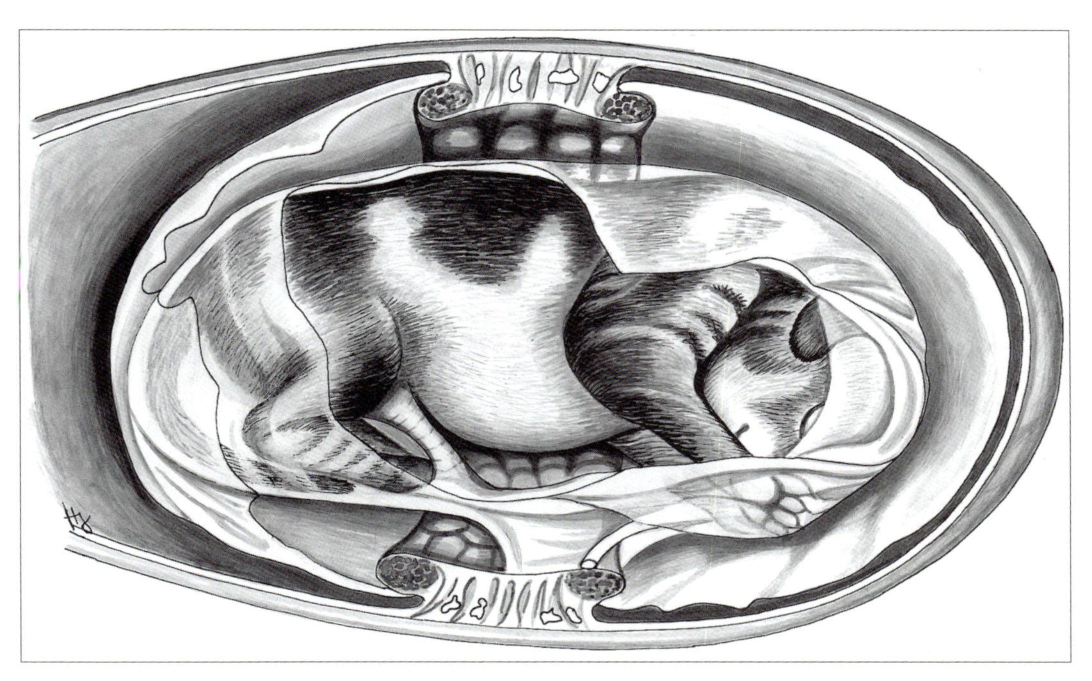

Abb. 15.26 Eröffnete Fruchtblase des Hundes gegen Ende der Trächtigkeit, halbe natürliche Größe

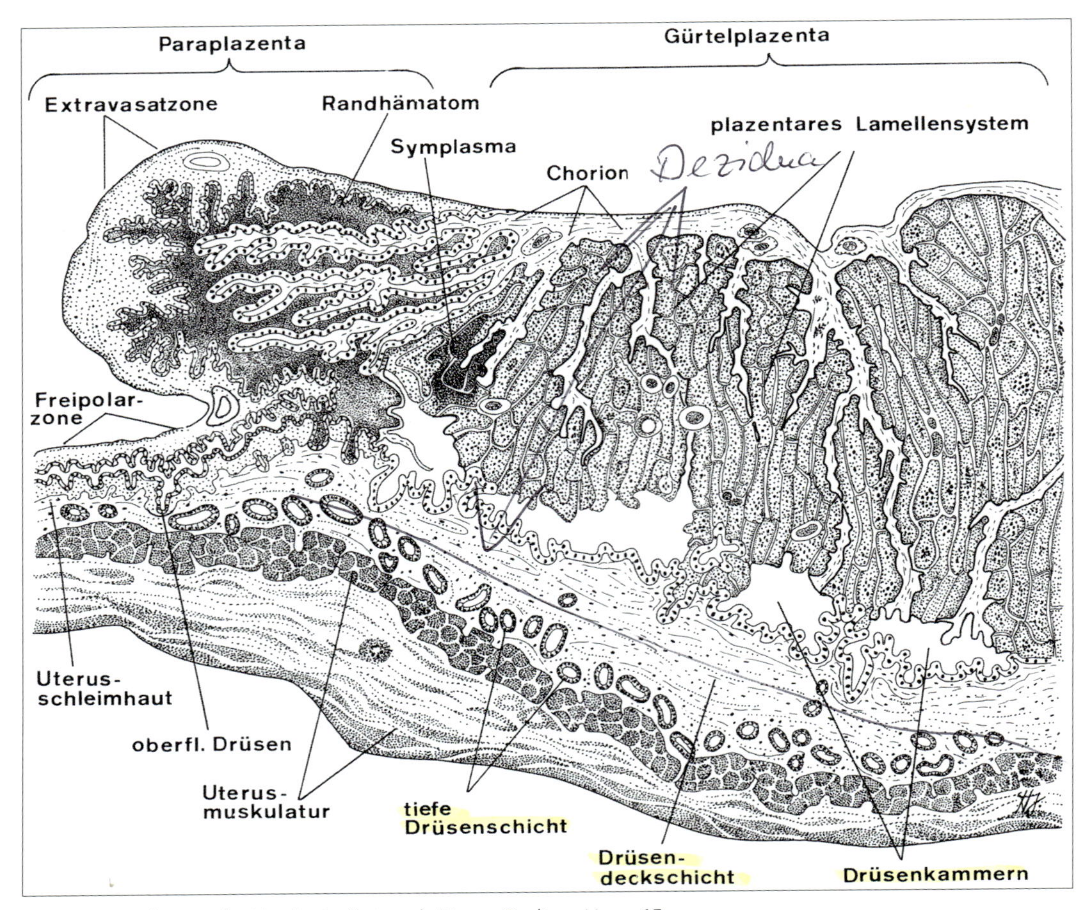

Abb. 15.27 Plazenta des Hundes im fortgeschrittenen Stadium, Vergr. 15x

vordringenden Zyto- und Synzytiotrophoblasten zerstört und aufgelöst (**Abb. 15.27**). Als zweite Bindegewebsschicht entsteht die *Drüsendeckschicht*, die die Drüsenendstücke als tiefe Drüsenschicht von den oberflächlichen Drüsen (Ausführungsgänge und Krypten) trennt. In unmittelbarer Nachbarschaft der Drüsendeckschicht erweitern sich die oberflächlichen Drüsen zu *Drüsenkammern*, die besonders beim Hund extrem weit sind. Oberhalb der Drüsenkammern, die auch als spongiöse Drüsenschicht bezeichnet werden, befindet sich das *plazentare Lamellensystem*, das aus chorialen und endometrialen Lamellen aufgebaut ist und früher als Plazentarlabyrinth bezeichnet wurde. Hier wird die Uterusschleimhaut bis auf das Endothel der Gefäße abgebaut, und es entsteht aus zerfallenden Epithel- und Bindegewebszellen das als Histiotrophe dienende Symplasma maternum. Der Gewebsabbau bewirkt einen innigen Kontakt zwischen mütterlichen Kapillaren und Chorionepithel, was zum verstärkten Austausch der Hämotrophe beiträgt. Im mütterlichen Gewebe kommen große, helle Deziduazellen vor.

Wie im paraplazentaren Gebiet (s. u.) bilden sich auch im Gürtelbereich Blutinseln, *Zentralhämatome* (früher Labyrinthhämatome), die beim Hund während der ganzen, bei der Katze erst in der zweiten Hälfte der Trächtigkeit auftreten.

Nach der Geburt wird alles Gewebe oberhalb der Drüsendeckschicht als *Dezidua* (Plazenta im engeren Sinne) abgestoßen. Die dabei auftretenden Blutungen färben die Lochien rot. Die Regeneration erfolgt von der tiefen Schleimhautschicht (subplazentare Lage) aus und führt zur erneuten Bildung von Drüsen und Bindegewebe. Die Epithelisierung der Wundfläche geht von der Paraplazenta aus.

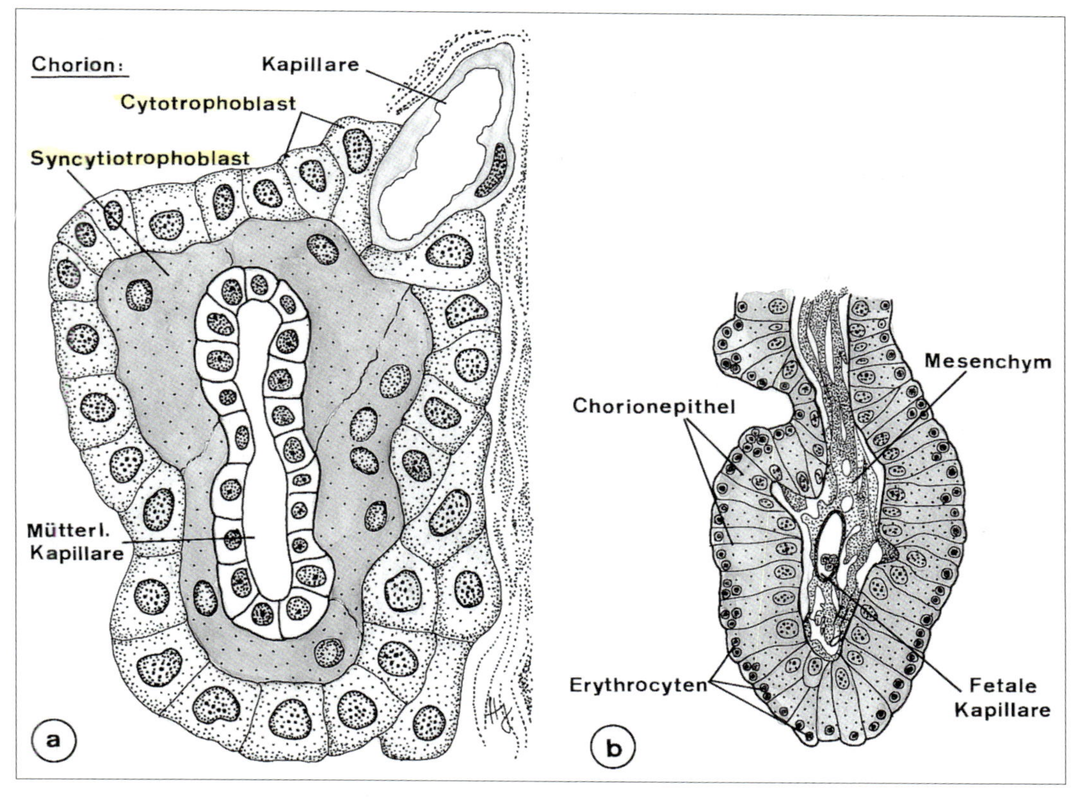

Abb. 15.28 Ausschnitt aus dem Plazentarlabyrinth (a) und Chorionzotte aus der Extravasatzone (b) der Plazenta des Hundes, Vergr. a) 500 x, b) 250 x

Paraplazenta (Abb. 15.24; 15.27)

Seitlich von der Gürtelplazenta liegt der paraplazentare Bereich, der aus einer Extravasatzone und der Kontakt- oder Freipolarzone besteht.

Extravasatzone. Direkt am Rand der Gürtelplazenta kommt es durch Zerstörung mütterlicher Gefäße zu Blutungen, die das Chorion vom Uterusepithel abheben und selbst in Uteruskrypten und Drüsentubuli eindringen. Diese Extravasate werden als *Randhämatom* bezeichnet, das durch einwachsende Epithelsprosse der Uterusschleimhaut gekammert erscheint. Bei der Katze kommen ringförmig angeordnete Hämatome nur in der frühen Trächtigkeit vor. Beim Hund hingegen sind sie während der gesamten Schwangerschaft ausgebildet. Das Blut der Hämatome wird aufgelöst und vom Epithel eingewachsener Chorionzotten phagozytiert. Dabei entstehen aus dem Hämoglobin Fe-Verbindungen, die beim Hund den „*grünen Saum*“ und bei der Katze den „*braunen Rand*“ verursachen.

In der Extravasatzone kommen auch Kontaktstellen vor, an denen Chorionepithel und Endometrium in enger Verbindung stehen.

Kontakt- oder Freipolarzone. Sie stellt den Übergang zu dem kontaktfreien interplazentaren Bereich der Polkuppen der Fruchtblase dar. In der Kontaktzone liegen sich die Epithelsprosse des Chorions und das Endometrium gegenüber, die aber bis auf besondere Kontaktstellen getrennt bleiben. Das Endometrium stellt glanduläre Sekrete als Histiotrophe bereit, die vom Chorion resorbiert wird.

Interplazenta

Zwischen den Implantationskammern, der Interplazenta, bleibt das Endometrium im präimplantativen Zustand während der Plazentation erhalten. Der Trophoblast der interplazentaren Polarzone (Polkuppen) besteht aus flachen Zellen.

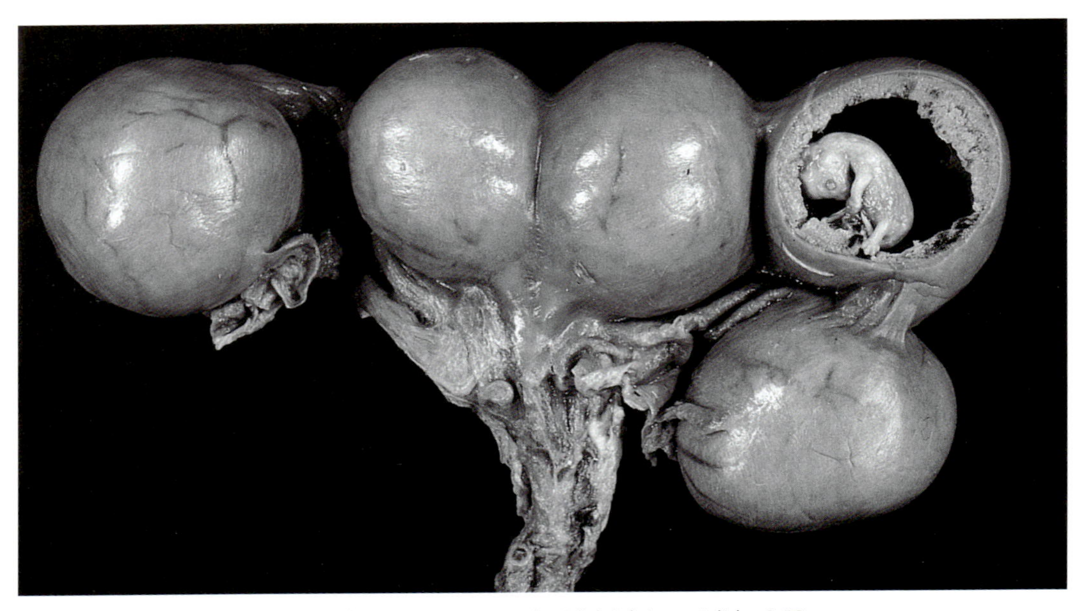

Abb. 15.29 Implantationskammern der Katze, ca. 25. Tag der Trächtigkeit, natürliche Größe

Fruchtsäcke

Ab 15. Tag bilden die Keimblasen im Uterus blasige Auftreibungen (Implantationskammern) mit dazwischengelegenen, engen Zwischenstrecken, den sogenannten Internodien (**Abb. 15.29**). Diese verschwinden mit Größerwerden der Keimblase bis zum 40. Tag wieder. Der Uterus stellt dann ein gleich weites Rohr dar, bei dem außen die dunkel gefärbten Gürtel durchschimmern.

Die unregelmäßig in beiden Uterushörnern liegenden Fruchtsäcke berühren sich und stülpen sich ein. Es kommt aber weder zu Verschmelzungen noch zu Anastomosenbildung. Die Nachgeburten gehen einzeln ab. Bei der Geburt springt immer erst die Allantoisblase und dann die Amnionblase.

Zusammenfassung

Plazentation Hund und Katze

- Placenta vera, Placenta zonaria
- Placenta endotheliochorialis
- Dottersackplazenta mit geringer Funktion
- Die Allantois umgibt das Amnion vollständig.
- Ausbildung eines plazentaren Lamellensystems (früher Plazentarlabyrinth) mit Zyto- und Synzytiotrophoblast.
- Paraplazenta mit Randhämatom

15.5 Plazentation bei Mensch und Labortieren

Mensch, Kaninchen und Versuchsnagetiere besitzen eine diskoidale Plazenta, die dem histologischen Bau nach zur Placenta haemochorialis gehört.

Plazentation beim Menschen

Die Blastozyste nistet sich nach Auflösung des Uterusepithels im Interstitium der Gebärmutterwand ein (**Abb. 15.30**). Aus dem Trophoblasten gehen der innere Zytotrophoblast und der äußere Synzytiotrophoblast hervor. Letzterer dient der Aufnahme der Embryotrophe. Mit Beginn des 4. Monats verschwinden die Zytotrophoblastzellen, so dass die Plazentarschranke nur noch aus dem Synzytium und dem mütterlichen Endothel besteht (Placenta haemomonochorialis).

Der definitve *Dottersack* entsteht durch Auswachsen von Entodermzellen ins extraembryonale Coelom. Als einzige flüssigkeitsgefüllte Blase ist das *Amnion* ausgebildet, das als Spaltamnion aus der Wand der Embryozyste entsteht und sich dem Chorion innen anlegt. Die Allantois ist nur im *Haftstiel* vorhanden. Der Haftstiel wird später zum Bauchstiel und stellt eine Mesenchymbrücke zwischen Embryo und Placenta fetalis dar, in der die Nabelgefäße verlaufen. Die ursprünglich auf dem gesamten *Chorion* angelegten Zotten bleiben nur noch im Bereich der Decidua basalis, wo die Placenta discoidalis entsteht, erhalten. Hier werden die von der Chorionplatte ausgehenden, reichlich verzweigten Zotten unmittelbar von mütterlichem Blut umgeben. Das übrige Chorion ist zottenfrei.

Der durch den Sexualzyklus auf die Implantation vorbereitete oberflächliche Teil des Endometriums wird zur *Dezidua* umgebildet, deren unter der Keimblase befindlicher Abschnitt als Decidua basalis und der um die Blastozyste gelegene als Decidua capsularis bezeichnet wird (**Abb. 15.30**). Beide verbindet die Decidua marginalis. Alle übrigen Bereiche der Gebärmutterschleimhaut werden Decidua parietalis genannt. Nach der Geburt werden die Dezidua und die Embryonalhüllen als Nachgeburt ausgestoßen. Die Heilung der ausgedehnten Wundfläche erfolgt durch Regeneration von der Zona basalis des Endometriums aus.

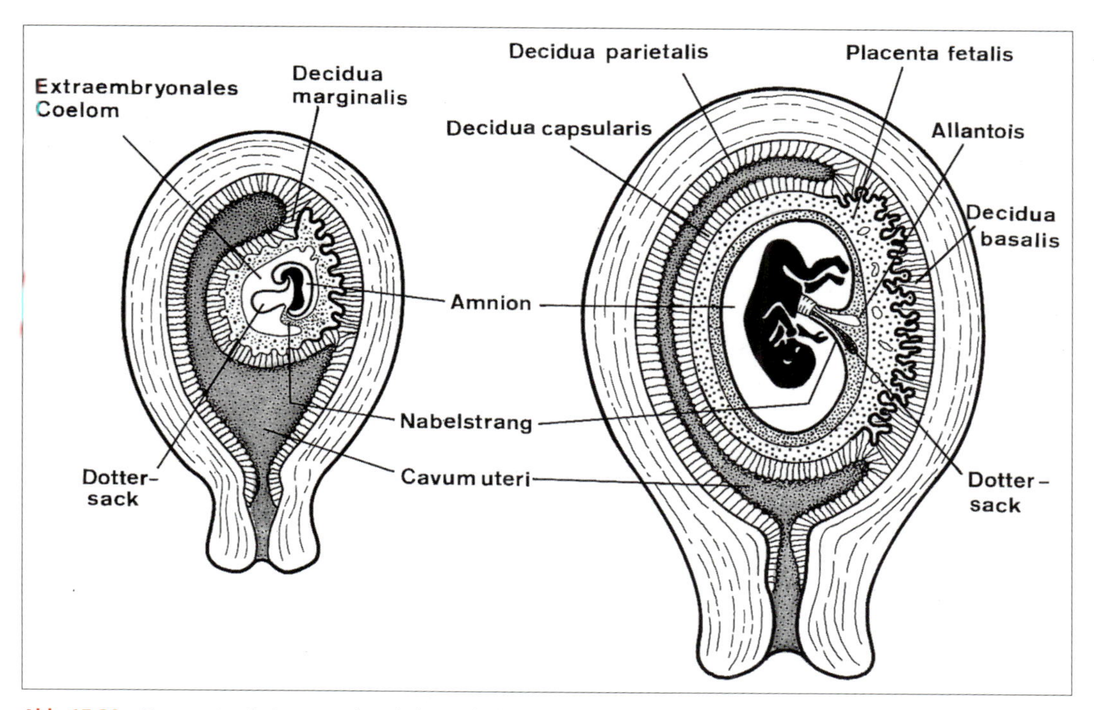

Abb. 15.30 Plazentation beim Menschen; links: Ende des 2. Monats, rechts: 4.–5. Monat (nach Schiebler 1977)

Plazentation bei Maus, Ratte, Goldhamster und Meerschweinchen

Bei Ratte, Maus (**Abb. 15.31**) und Goldhamster erfolgt eine exzentrische und beim Meerschweinchen eine interstitielle Implantation. Der *Trophoblast* bildet im Bereich der späteren Plazenta den mächtig entwickelten Träger, den *Ektoplazentarkonus*, aus, der den Dottersack einstülpt und dabei selbst von der Dottersackwand überzogen wird. Die übrige ektodermale Blastozystenwand verfällt der Rückbildung. Nach Verschwinden des Dottersackes an der parietalen Keimblasenwand entsteht hier eine zellfreie Schicht, die Reichertsche Membran. Beim Meerschweinchen bildet sich das Ektoderm der Keimblasenwand so früh zurück, dass es vom Entoderm nicht erreicht wird. Dieses überzieht jedoch den Trägerpol.

Im Träger kommt es zur Bildung der *Ektodermhöhle*, die durch eine Querfalte in die *Ektoplazentarhöhle* und die *Amnionhöhle* unterteilt wird. Die Allantois besteht nur aus Mesoderm, besitzt keinen Hohlraum und sorgt für die Vaskularisation der Plazenta. Die diskoidale Plazenta bei Ratte, Maus und Goldhamster besitzt ein ausgedehntes Labyrinth und ist im Gegensatz zu der des Kaninchens einlappig. Beim Meerschweinchen zeigt die Plazenta infolge von Mesenchym- und Gefäßwucherungen Lappenbau.

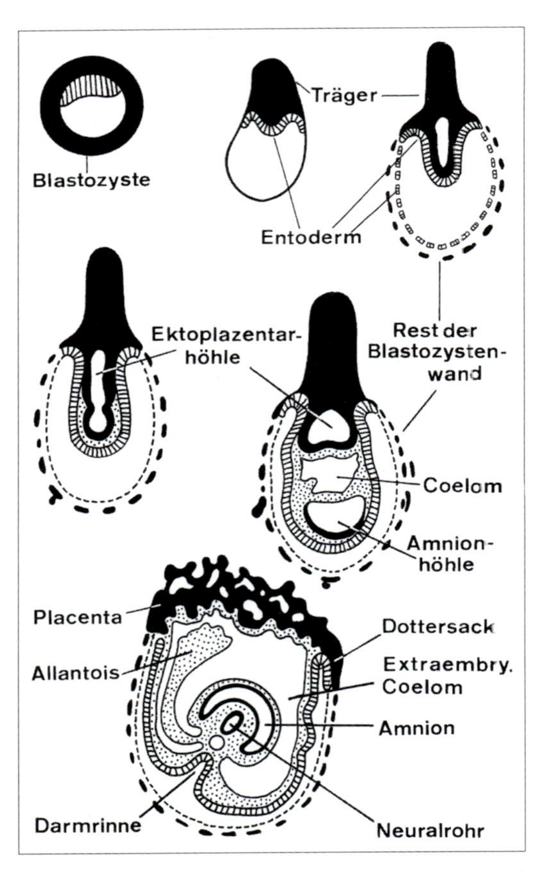

Abb. 15.31 Frühe Entwicklung der Plazenta bei Ratte und Maus (aus Starck 1975)

Plazentation beim Kaninchen

Die Keimblase entwickelt sich zentral und haftet mit einer verdickten Trophoblastzone, dem künftigen Plazentarbezirk, mesometrial an (**Abb. 15.32**). Das Amnion entsteht durch Faltung, und die Entodermumwachsung ist unvollständig. Die Plazenta, die von der schwach entwickelten Allantois vaskularisiert wird, besteht aus zwei Lappen, die durch den Interkotyledonarspalt getrennt werden. Die äußere Keimblasenwand sowie die Dottersackwand bilden sich zurück. Die Keimblattumkehr ist unvollkommen.

Zusammenfassung

Plazentation Mensch und Labortiere

- Die deziduate Placenta des Menschen ist eine Placenta zonaria und gleichzeitig eine Placenta haemomonochorialis. Die Blastozyste implantiert interstitiell. Das Amnion entwickelt sich als Spaltamnion und ist die einzige flüssigkeitsgefüllte Blase.
- Die deziduate Placenta zonaria des Kaninchens implantiert zentral, bei Ratte, Maus und Goldhamster exzentrisch und beim Meerschweinchen interstitiell. Das Meerschweinchen hat eine Placenta haemomonochorialis, das Kaninchen eine Placenta haemodichorialis sowie Ratte und Maus eine Placenta haemotrichorialis.

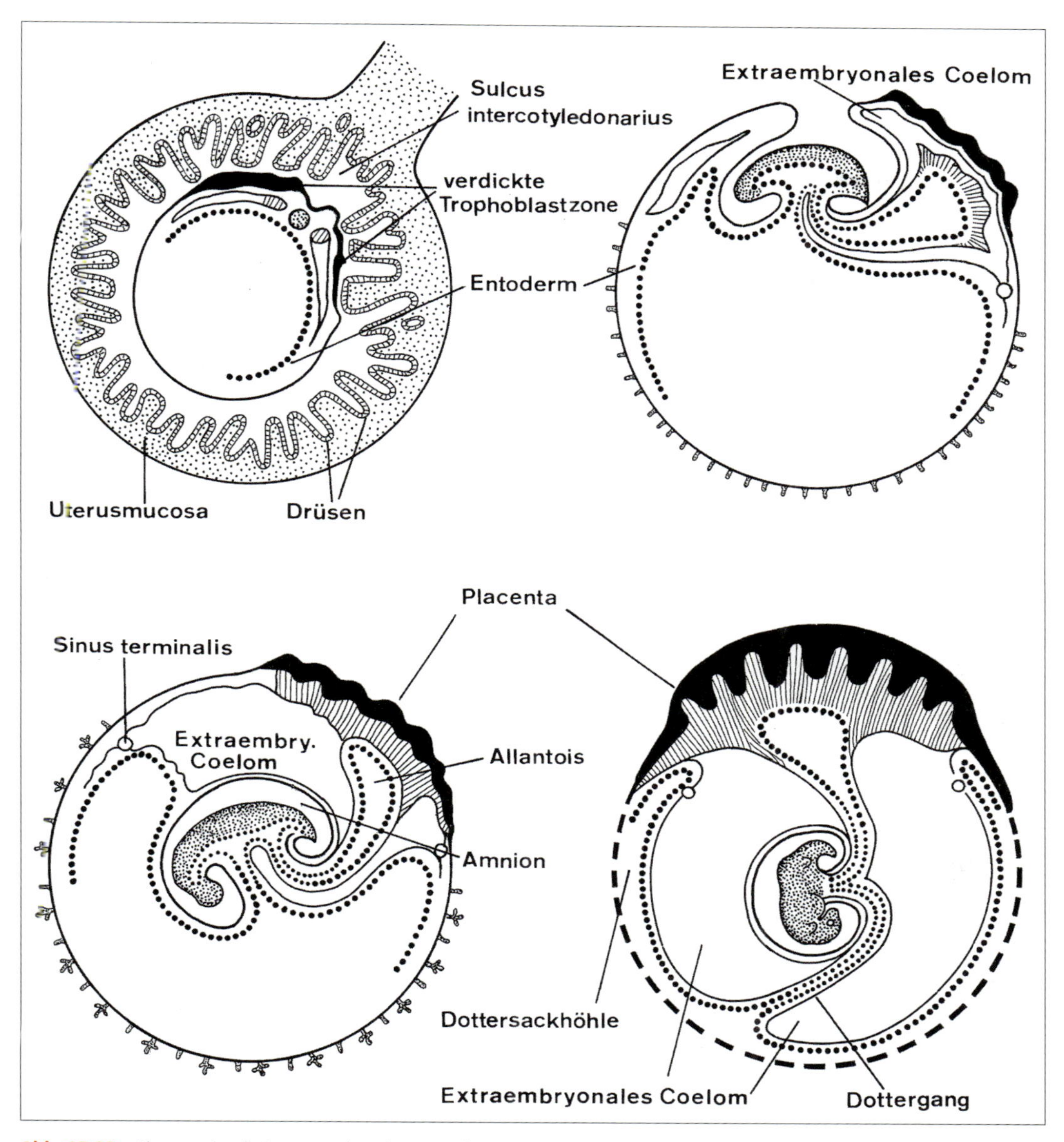

Abb. 15.32 Plazentation beim Kaninchen (aus Starck 1975)

16 Embryonalhüllen des Vogels

Die Vögel gehören zu den oviparen Tieren, die befruchtete Eier ablegen. In den dotterreichen Eiern entstehen gleichfalls Embryonalmembranen und zwei extraembryonale Kreisläufe, der Dottersack- und der Allantoiskreislauf, die im wesentlichen gleichartige Funktionen wie beim Säuger zu erfüllen haben. Die Hüllen bilden einen mechanischen Schutz und führen dem Embryo alle Aufbaustoffe zu, die im Ei selbst enthalten sind. Sie machen die Abbaustoffe unschädlich und ermöglichen den Gasaustausch zur Außenluft.

Die Entwicklung beginnt mit der Befruchtung im Infundibulum des Eileiters und führt mit der diskoidalen Furchung zur Bildung der mehrschichtigen Keimscheibe (**Abb. 8.5**). Um diese Zeit wird die Entwicklung durch die Eiablage unterbrochen und erst durch die Wirkung der Brutwärme fortgesetzt.

Dottersack

Der durch Umwachsung des Dotters entstandene Dottersack bildet einen mächtig entwickelten Kreislauf mit den Aa. und Vv. vitellinae aus (**Abb. 16.1**). Bereits mit $2^1/_2$ Tagen, lange vor Vereinigung des Umwachsungsrandes, entstehen die Blutgefäße mit dem Sinus terminalis. Die Dottersackgefäße zeigen für die einzelnen Entwicklungsphasen typische Bilder.

Aufgabe des Dottersackkreislaufes ist es, den durch die Dottersackepithelzellen phagozytierten Dotter dem Embryo zuzuführen. Nach neuesten Untersuchungen gibt es jedoch noch einen zweiten Weg der Absorption des Dotters. Ab Mitte der Brutzeit und im verstärkten Maße gegen ihr Ende sowie in den ersten 5 Lebenstagen gelangt Dotter auch über den Dottersackstiel in den Darm und wird dort durch Enzyme abgebaut.

Mit fortschreitender Entwickung und Abnahme des Dotters verkleinert sich der Dottersack immer mehr. Er wird schließlich kurz vor dem Schlüpfen in die Bauchhöhle gezogen und sein Inhalt in den ersten Lebenstagen verbraucht. Als Rest des Dottersackstieles bleibt am Jejunum das Meckelsche Divertikel erhalten.

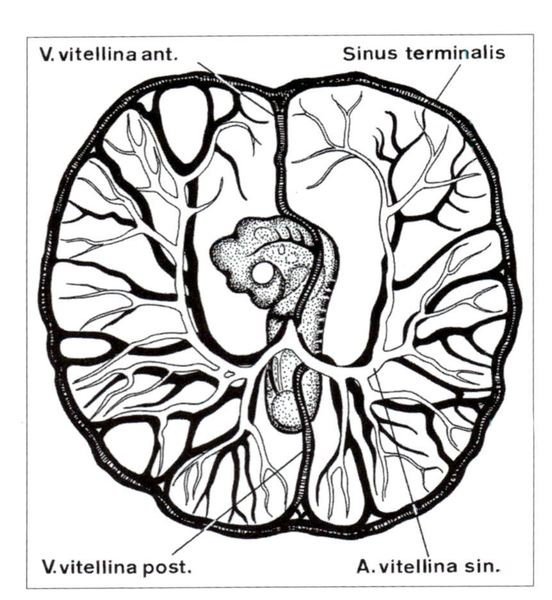

Abb. 16.1 Dottersackkreislauf des Huhnes, Ventralansicht, 100 Stunden bebrütet (aus Zietzschmann/Krölling 1955)

Amnion

Das Amnion entsteht durch Faltung und bildet eine geräumige Höhle, in der sich der Embryo „schwimmend“ ungestört entwickeln kann.

Chorion

Nach Abfaltung des Amnions ist aus dem übrigen Teil des Ektoderms und dem parietalen Mesoderm das sekundäre Chorion entstanden, das sich dem Eiweiß anlegt. Das vaskularisierte Allantochorion besitzt zottenähnliche Fortsätze.

Allantois

Bereits vor Abschluss der Amnionfaltung wächst die Allantois ins extraembryonale Coelom aus und umgibt schließlich das gesamte Amnion und den Dottersack (**Abb. 16.2**). Das extraembryonale Coelom reduziert sich bis auf Reste am Gegenpol, und mit der Bildung des Allantochorions entsteht vom 5. Tag der funktionsfähige Allantoiskreislauf. Das Allantochorion legt sich der Schalenhaut an und umgibt das durch Wasserabgabe an den Dotter eingedickte Eiweiß als *Eiweißsack* (Saccus albuminis). Zwischen diesem und der Amnionhöhle entsteht ein Kanal (Ductus sacci albuminis), über den das Eiweiß in die Amnionflüssigkeit gelangt und vom Jungvogel aufgenommen und verdaut wird (**Abb. 16.3**).

Der Allantoiskreislauf sorgt in erster Linie für den Gasaustausch, der vorwiegend in jenem Bereich stattfindet, wo das Allantochorion der Luftkammer anliegt. Durch periodisches Abkühlen wird das Eindringen der Luft unterstützt. Bereits vor dem Schlüpfen (beim Huhn 2 – 3 Tage zuvor) verödet der Allantoiskreislauf. Der Jungvogel beginnt im Ei zu atmen, indem er mit dem „Eizahn“, einer Epithelwucherung am Oberschnabel, das Amnion und die Schalenhaut durchstößt und bis in die inzwischen erweiterte Luftkammer vordringt.

Schlüpfen

Nachdem kurz vor dem Schlupf der Dottersack in die Leibeshöhle verlagert wurde und sich unter gleichzeitigem Ablösen der Gefäße der Nabel geschlossen hat, bricht das Küken mit dem „Eizahn“ die Kalkschale auf und schlüpft durch Drücken mit den Extremitäten aus der Schale.

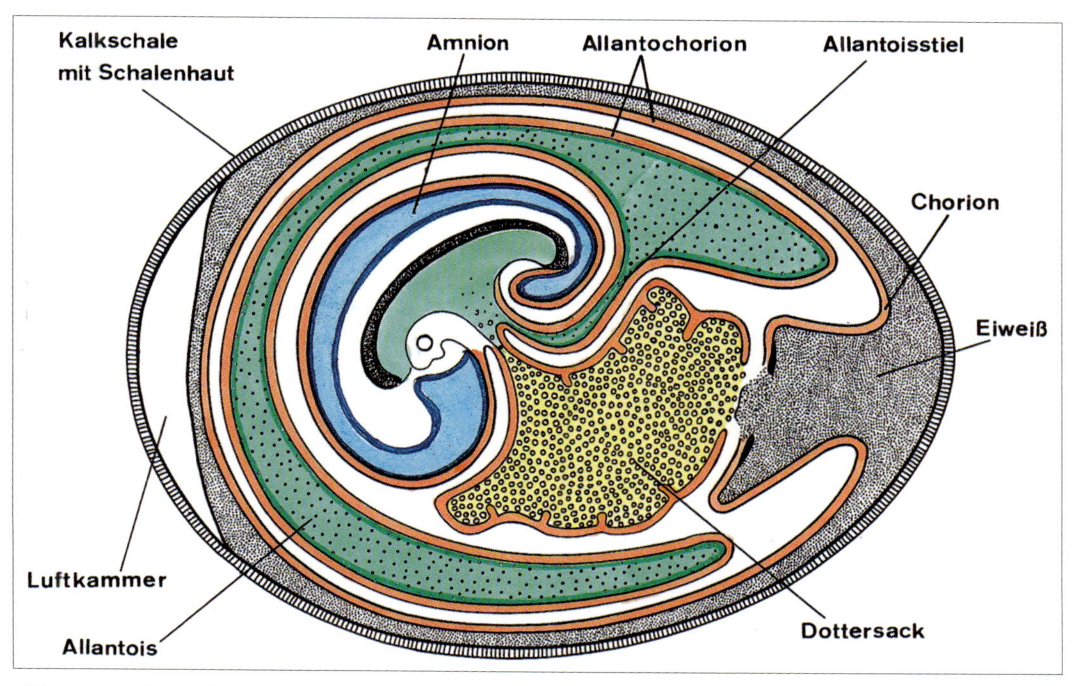

Abb. 16.2 Embryonalhüllen des Huhnes, schematisch. 10. – 11. Bebrütungstag (nach Duval 1889)

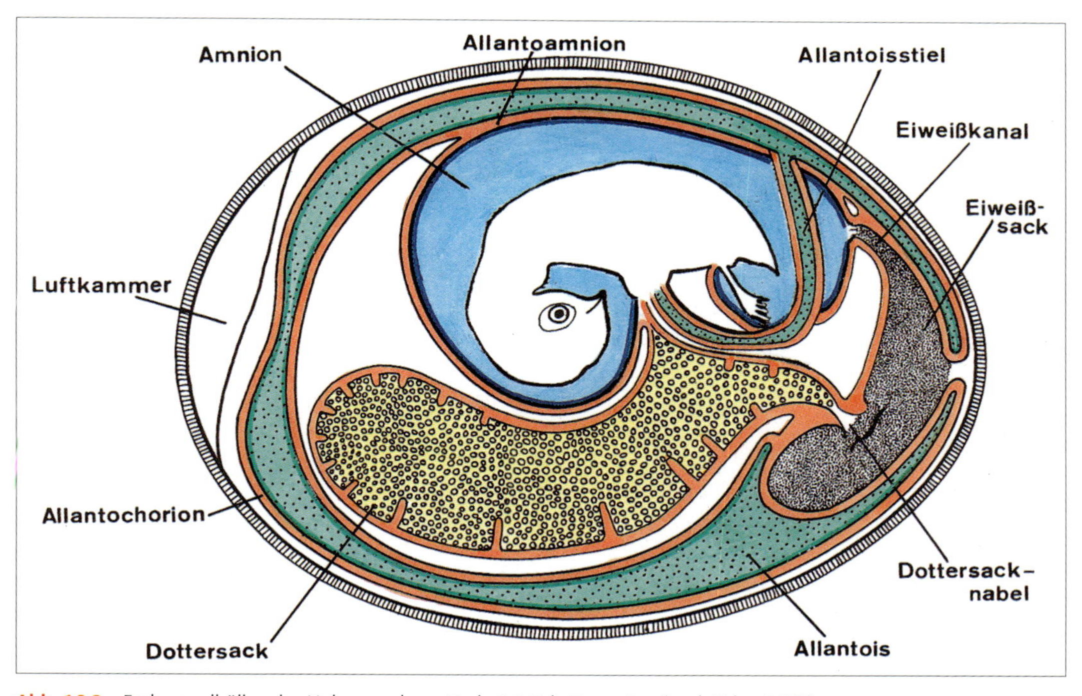

Abb. 16.3 Embryonalhüllen des Huhnes, schematisch. 14. Bebrütungstag (nach Feher 1975)

Brutzeit

Die Zeit des Bebrütens dauert beim Huhn 20–21 Tage, bei der Ente 26–28 Tage, bei der Gans 29–33 Tage, bei der Pute 28–30 Tage und bei der Taube 13–16 Tage (s. a. Anhang).

Huhn, Ente, Gans und Pute gehören zu den **Nestflüchtern**, die beim Schlüpfen ein vollständiges Daunengefieder und weitgehend entwickelte Organsysteme besitzen. Die elterliche Brutpflege beschränkt sich auf die Mithilfe bei der Nahrungssuche sowie auf den Schutz vor Kälte und Gefahren. Tauben sind **Nesthocker**, die als blinde und fast nackte Tiere zur Welt kommen und bis zum Flüggewerden wochenlang auf eine intensive Brutpflege angewiesen sind. Mit Ausnahme des Verdauungs- und Atmungsapparates sind die übrigen Organsysteme noch unvollständig entwickelt.

Zusammenfassung

Embryonalhüllen des Vogels

- Die Blutgefäße des mächtig entwickelten Dottersackes dienen der Ernährung des Embryos.
- Das Amnion entsteht durch Auffaltung.
- Die Allantois umgibt das gesamte Amnion und den Dottersack. Der Allantoiskreislauf übernimmt die Atmungsfunktion.
- Das Eiweiß gelangt über den Eiweißschluckkanal ins Amnion, wo es vom Jungvogel aufgenommen wird.

Kongenitale Missbildungen, Teratologie

17 Ursachen, Entstehung, Diagnose und Therapie von Fehlbildungen

Zu den kongenitalen Missbildungen gehören Anomalien, die bei der Geburt bereits vorhanden sind. Jener Wissenschaftszweig, der sich mit den Ursachen und der Entstehung solcher Fehlbildungen beschäftigt, wird als Teratologie (griech. teratos = Monstrum) bezeichnet. Angeborene Missbildungen können durch Umwelt- und genetische Faktoren ausgelöst werden. In den meisten Fällen jedoch sind die verursachenden Faktoren nicht eindeutig zu bestimmen. Sehr häufig überlagern sich Umwelt- und endogene Faktoren als auslösende Momente. Die Entwicklungsstörungen können sowohl im makroskopischen als auch im mikroskopischen Bereich, an der Körperoberfläche oder im Inneren auftreten. In den ersten Wochen führen teratogene Stoffe entweder zum Absterben des Keimes (embryonaler Fruchttod) oder bewirken Chromosomenanomalien, die später Missbildungen erzeugen. Die Auswirkungen teratogener Substanzen sind in der Embryonalperiode, dem Stadium der intensiven Differenzierung, meist schwerwiegender als in der nachfolgenden fetalen Wachstumsperiode. Jede Missbildung kann jedoch nur in einer bestimmten Entwicklungsperiode, der sog. teratogenen Determinationsperiode, ausgelöst werden. Nach Form und Gestalt der Missbildungen wird zwischen Defekt- und Exzessmissbildungen sowie Heterotopien unterschieden.

Defektmissbildungen treten durch Fehlen einer Anlage (Agenesie) oder durch Entwicklungshemmung (Hemmungsmissbildung) auf. Sie entstehen durch fehlende oder unvollständige Trennung bzw. Vereinigung von Anlagen, durch fehlende oder unvollständige Rückbildung embryonal angelegter Körperteile sowie durch fehlende oder unvollständige Kanalisierung. **Exzessmissbildungen** entstehen durch Zunahme der Größe, die Organe, Körperteile oder den ganzen Körper betreffen. Ferner können zusätzliche (akzessorische) Organe oder Körperteile (Polydaktylie) entstehen. **Heterotopien** sind Verlagerungen, die Organe und Gewebe betreffen können.

17.1 Umweltfaktoren als Missbildungsursachen

Als exogene teratogene Faktoren wurden verschiedene Umwelteinflüsse erkannt.

Physikalische Ursachen. Mechanische Einwirkungen kommen auch bei Tieren gelegentlich vor. Von besonderer Bedeutung sind ionisierende Strahlen (Röntgen- und Gammastrahlen, korpuskuläre Strahlen), die besonders in den schnell wachsenden Regionen der Embryonen und Feten Zellen schädigen oder abtöten können. Auch Erhöhung der Außentemperatur kann zu Missbildungen führen.

Chemische Ursachen. Neben Diazofarbstoffen können Arzneimittel, Hormone und Futtermittel teratogene Wirkungen haben. Auch der Mangel an bestimmten lebenswichtigen Stoffen wie Sauerstoff kann Missbildungen hervorrufen. Arzneimittel haben oft nicht nur einen toxischen, sondern auch noch einen teratogenen Nebeneffekt. Dabei kann die teratogene Dosis mehrere hundertmal kleiner sein als die toxische Dosis für Erwachsene. Eine besonders teratogene Wirkung hat beim Menschen das Beruhigungs- und Schlafmittel Thalidomid gezeigt. Zu den alimentären Ursachen gehören Giftpflanzen (z. B. Kolchizin der Herbstzeitlose), Vitaminmangel (z. B. A-Hypovitaminose) und der Mangel an Spurenelementen (Manganmangel). Im Tierexperiment lassen sich durch Hormone der Nebennieren, Keimdrüsen, Schilddrüse und Hypophyse Missbildungen erzeugen.

Infektionskrankheiten. Beim Menschen wurden erstmals die Erreger der Röteln und später Toxoplasmen als Missbildungsursache erkannt. Bei Tieren können u.a. das Schweinepest-Virus, das Akabane-Virus und das Bluetongue-Virus Missbildungen hervorrufen.

17.2 Genetisch verursachte Missbildungen

Zu den endogenen teratogenen Faktoren gehören Chromosomenveränderungen, die in Form von Chromosomenaberrationen (von lat. aberrare für abirren, abweichen), d.h. Abweichungen von der normalen Anzahl und Struktur der Chromosomen auftreten.

Numerische Chromosomenanomalien

Numerische Chromosomenanomalien können als Aneuploidie oder Polyploidie in Erscheinung treten. Unter Aneuploidie werden alle Abweichungen von der diploiden Chromosomenzahl (Trisomie, Monosomie) verstanden. Polyploide Zellen besitzen ein Vielfaches der normalen Chromosomenzahl.

Aneuploidie entsteht durch Nichtauftrennung („Non-Disjunction") von Chromosomen in der ersten oder zweiten meiotischen Teilung während der Spermato- oder Ovogenese. Besitzt eine der Keimzellen bei der Befruchtung ein zusätzliches Chromosom, entsteht eine Trisomie, fehlt ein Chromosom, liegt beim Embryo Monosomie vor.

Autosomale Trisomien gehen mit schwerwiegenden Missbildungen einher und führen meistens zum Absterben der Frucht. Von den beim Menschen bekannten 12 Trisomie-Syndromen ist die Trisomie 21 („Mongolismus, Down-Syndrom") die häufigste mit dem Überleben einhergehende autosomale Chromosomenanomalie. Bei unseren Haussäugetieren wurde beim Rind eine Trisomie 17 (Zwergwuchs), Trisomie 18 (letales Brachygnathie-Trisomie-Syndrom) und Trisomie 23 (Zwergwuchs) beschrieben.

Gonosomale Trisomien. Trisomien der Geschlechtschromosomen sind nicht mit so auffälligen Missbildungen verbunden. Sie führen meistens zu Fehlbildungen der Geschlechtsorgane. Beim **Klinefelter-Syndrom** des Menschen hat die Chromosomenkombination XXY Gynäkomastie und Hodenatrophie mit fehlender Spermatogenese zur Folge. Dieses *XXY-Syndrom* kommt auch bei männlichen Tieren mit dem Hauptsymptom der Hodenhypoplasie vor. Beim **Triple-X-Syndrom** (XXX-Syndrom) können Frauen, die oft geistig retardiert sind, trotz unterentwickelter Geschlechtsorgane Kinder zur Welt bringen. Die X-Trisomie kommt selten auch bei Rind und Pferd vor. Männer mit der Chromosomenkonstitution XYY sind häufig von überdurchschnittlicher Körpergröße, haben aber keine erkennbaren Fehlbildungen.

Gonosomale Monosomien. Beim Fehlen von Geschlechtschromosomen führt nur die Konstitution XO, das **Turner-Syndrom**, zum Überleben. Diese Frauen haben rudimentäre Ovarien, in denen keine Ovogenese stattfindet. Sekundäre Geschlechtsmerkmale fehlen. Das XO-Syndrom kommt auch bei der Stute mit verschiedengradigen Infertilitätszuständen vor.

Mosaike. Beim Chromosomenmosaik (Mosaizismus) kommen zwei oder mehrere Zellpopulationen mit unterschiedlichen Chromosomensätzen vor. Dabei können sowohl die Gonosomen als auch die Autosomen betroffen sein. Mosaike treten als Folge von Mitosestörungen während der frühen Furchung und durch somatische Mutationen auf. Im Gegensatz zur Chimäre leiten sich die verschiedenen Zellen alle von einem einzigen zygotischen Genotyp ab. Mosaike mit Chromosomenaberration gehen oft mit Missbildungen einher wie z.B. das Trisomie-21-Mosaik des Menschen, XO/XYY-Mosaik beim Hengst und XY/XYY-Mosaik beim Bullen.

Chimären (s.a. S.43), die aus genetisch unterschiedlichen Zellstämmen bestehen, bilden sich durch Transplantation, plazentaren Zellaustausch oder Fusion differerierender Genotypen. Beim transplazentaren Typ treten mütterliche Zellen in den Kreislauf des Fetus über. Beim Blutchimärismus vom Freemartin-Typ (s.a. S.104) erfolgt ein interplazentarer Zellaustausch bei heterosexuellen Zwillingsfeten.

Strukturelle Chromosomenaberrationen

Auch morphologische Chromosomenanomalien können als Missbildungsursachen auftreten. Kommt es zur Verlagerung von Chromosomenstücken, dann wird diese Strukturänderung als *Translokation* bezeichnet. Als *Defizienz* wird ein interkalarer und als *Deletion* ein terminaler Substanzverlust eines Chromosoms verstanden. Der Verlust an genetischem Material, vor allem an Autosomen, führt meistens zu schweren Schädigungen und zum Absterben während der intrauterinen Entwicklung oder zum Tod im Säuglingsalter. Als bekanntes Beispiel sei das „Katzenschreisyndrom" genannt, das auf eine Deletion des kurzen Armes des 5. Chromosoms zurückzuführen ist. Das Syndrom verursacht Mikrozephalie, Schwachsinn und Herzfehler bei den betroffenen Kindern, die schon früh sterben. Charakteristisch ist ihr Weinen, das an das Schreien von Katzen erinnert.

Vererbung von Missbildungen

Erbliche Missbildungen sind vor allem auf **Mutationen** (vom lat. mutare für verändern) zurückzuführen. Mutationen können spontan auftreten oder durch ionisierende Strahlen sowie Chemomutagene induziert werden. Als Mutanten entstehen Letal-, Semiletal- oder Subvitalfaktoren, die Missbildungen zur Folge haben können. Mutationen führen aber nicht nur zu angeborenen Missbildungen, sondern auch zu zahlreichen Stoffwechselerkrankungen (Hämoglobinopathien, Enzymstörungen und lysosomale Speicherkrankheiten).

17.3 Diagnose und Therapie

Amniozentese

Die Amniozentese (Fruchtwasserpunktion) dient beim Menschen ab der 14. Schwangerschaftswoche der Erkennung von Chromosomenaberrationen. Dabei wird unter Ultraschallkontrolle durch die Bauchdecke hindurch die Amnionhöhle punktiert. Aus dem Fruchtwasser gewonnene Zellen des Amnionepithels, der Epidermis und des Magen-Darm-Kanals werden dann in der Gewebekultur zur Darstellung der Chromosomen und für weitere Untersuchungen angezüchtet.

Die Amnionflüssigkeit wird ferner auf α-Fetoprotein (AFP) untersucht, dessen Konzentration bei Vorliegen eines offenen Neuralrohrdefektes (Spina bifida, Anenzephalie) oder bei abdominalen Fehlbildungen (Gastrochisis, Omphalozele) erhöht ist.

Chorionzottenbiopsie beim Menschen

Bei der Chorionzottenbiopsie, die bereits ab der 8. Schwangerschaftswoche erfolgen kann, werden Gewebeproben von Chorionzotten entnommen, um an den sich schnell teilenden fetalen Zellen (Trophoblastzellen) direkte Untersuchungen zum Nachweis chromosomaler Anomalien oder angeborener Stoffwechselerkrankungen vorzunehmen. Diese Methode hat gegenüber der Amniozentese den Vorteil, dass langwierige Präparationen von Zellkulturen entfallen. Der Nachweis von α-Fetoprotein ist jedoch nicht möglich.

Präimplantationsdiagnostik beim Menschen

Bei dieser neuen Methode eröffnet sich die Möglichkeit, an einem durch In-vitro-Fertilisation erzeugten Embryo vor dessen Transfer in die Gebärmutter Untersuchungen auf genetische Defekte durchzuführen. Dabei werden durch Mikromanipulationstechniken Blastomeren aus 8-Zell-Embryonen nach In-vitro-Besamung entnommen und anschließend untersucht, z. B. auf Synthesedefekte oder DNA-Veränderungen. Nur bei einem guten Befund erfolgt ein Embryotransfer in die Mutter.

Gentherapie beim Menschen

Die Gentherapie zur Bekämpfung menschlicher Erbkrankheiten erfolgt mit Methoden des Gentransfers, bei denen Fremdgene in einen der Vorkerne der Eizelle oder in Stammzellen übertragen werden (s. a. transgene Tiere, Kap. 7.7).

Bei der *somatischen Gentherapie* erfolgt ein Transfer gesunder menschlicher Gene in Stammzellen eines erkrankten Organes. Durch diese Behandlung wird zwar der Patient therapiert, das kranke Gen bleibt aber in den Keimzellen erhalten und kann an die nächste Generation weitervererbt werden.

Bei der *Keimbahntherapie* wird nicht die erkrankte Person selbst, sondern deren Nachkommen behandelt. Dies erfolgt durch Transfer gesunder Gene in besamte Eizellen erbkranker Eltern oder durch gentechnische Manipulationen an den Keimzellen. Da die Folgerisiken einer derartigen Therapie bislang nicht abschätzbar sind, ist ihr Einsatz beim Menschen zur Zeit in Deutschland verboten.

Zusammenfassung

Kongenitale Missbildungen

- Angeborene Missbildungen kommen vor als Defektmissbildungen (Fehlen einer Anlage oder Hemmungsmissbildungen), Exzessmissbildungen (Zunahme der Größe) und Heterotopien mit Verlagerungen von Organen und Geweben
- Als *Missbildungsursachen* kommen Umweltfaktoren in Form von physikalischen Ursachen (Röntgen- und Gammastrahlen, korpuskuläre Strahlen), chemische Ursachen (Diazofarbstoffe, Arzneimittel, Hormone, Futtermittel) und Infektionskrankheiten (Röteln und Toxoplasmose beim Menschen sowie Schweinepest-Virus, Akabane-Virus und Bluetongue-Virus bei Tieren) vor.
- Zu den genetisch verursachten Missbildungen gehören numerische Chromosomenanomalien (Aneuploidie, autosomale und gonosomale Trisomien, gonosomale Monosomien, Mosaike und Chimären) und strukturelle Chromosomenaberrationen.
- Der Erkennung von Chromsomenanomalien dient beim Menschen die Amniozentese (Fruchtwasserpunktion) und die Chorionzottenbiopsie.
- Die Gentherapie zur Behandlung menschlicher Erbkrankheiten erfolgt mit Methoden des Gentransfers. Dabei wird zwischen somatischer Gentherapie und Keimbahntherapie unterschieden.

Entwicklung der Organe

18 Entwicklung der Haut und Hautorgane

18.1 Haut

Nach der Ausscheidung des Neuralrohres entwickelt sich das Ektoderm zur Epidermis. Korium und Subkutis entstehen aus dem Mesoderm.

Epidermis

Auf der ursprünglich einfachen Lage kubischer Ektodermzellen bildet sich zunächst das *Periderm*, das aus flachen bis kubischen Zellen besteht (**Abb. 18.1**). Durch Proliferation entwickeln sich zwischen der *basalen Keimschicht* und dem Periderm mehrere Lagen *Intermediärzellen*. Damit ist aus dem Epidermisblatt ein mehrschichtiges Epithel geworden. In der Mitte der Schwangerschaft wandern die von der Neuralleiste abstammenden Melanoblasten ein. Die Verhornung tritt erst im letzten Drittel der Fetalentwicklung auf, wobei sich gleichzeitig die typischen Schichten des mehrschichtigen Plattenepithels herausdifferenzieren.

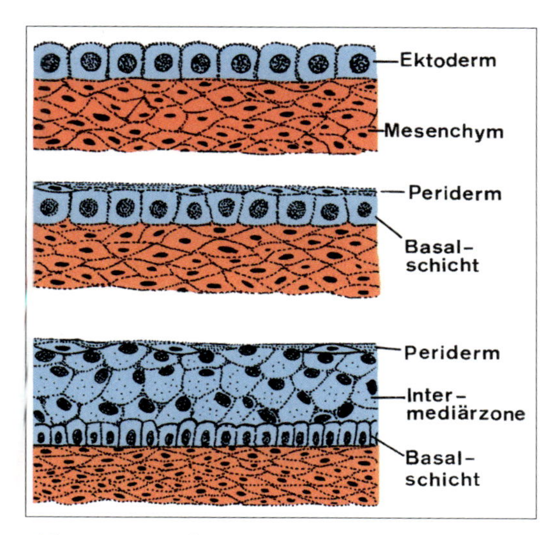

Abb. 18.1 Entwicklung der Epidermis

Bei den Tieren bilden abgestoßene Epithelien und Sekrete der Drüsen die Fruchtschmiere, *Vernix caseosa*, der beim Menschen auch Lanugohaare beigemengt sind. Die schleimig-schmierige Masse schützt die Haut gegenüber der Amnionflüssigkeit, verhindert Flüssigkeits- und Wärmeverluste und trägt nach ihrem Abschlucken zur Bildung des Darmpechs (Mekonium) bei. Bei der Geburt kommt ihr besondere Bedeutung als Gleitmittel zu.

Korium und Subkutis

Die bindegewebigen Teile der Haut gehen im Bereich der Stammzone aus den Dermatomen der Urwirbel und im Bereich der Seitenzone aus dem lateralen Mesoderm hervor (**Abb. 10.2**). Die Differenzierung in Korium und Subkutis findet zur Zeit der Entwicklung der Haare und Hautdrüsen statt und erfolgt relativ spät. Das dichte Korium formt an der Epidermisgrenze den Papillarkörper und bildet Haarbalgmuskeln. In der aufgelockerten Subkutis beginnt die Fettzellbildung.

Fettzellen entstehen aus Mesenchymzellen (später aus Retikulumzellen), die ihre Fortsätze verlieren und läppchenförmige Primitivorgane in der Nähe von Blutgefäßen bilden. Zunächst treten *plurivakuoläre Fettzellen* mit zahlreichen kleinen Fetttröpfchen auf. Nachdem sich diese zu größeren Fettkugeln vereinigen, entstehen die *univakuolären Fettzellen* mit einem flachen, wandständig verdrängten Kern. Plurivakuoläres Fettgewebe bleibt aber auch als sogenanntes braunes Fettgewebe erhalten. Es kommt vor allem beim Vogel und bei Nagetieren als „Winterschlafdrüse" vor. Bei den Haussäugetieren ist es selten zu finden.

Haare

Die Entwicklung der Haare beginnt z.Zt. der Dreischichtung der Epidermis. Als erstes werden die Anlagen der Sinushaare (beim Pfd. mit 6 Wochen) als leichte Höckerchen oder weiße Pünktchen sichtbar. Die Anlagen der Deckhaare treten später (Pfd. mit neun Wochen) auf und sind kaum sichtbare Pünktchen. Die Entwicklung der Haare erfolgt in drei Stadien (**Abb. 18.2**).

Stadium des Haarkeimes. Die Epidermis wuchert mit der Basalmembran gegen die mesenchymale Unterlage als *Vorkeim* vor, wobei hier durch Zellverdichtung die Anlage der Haarpapille und die des bindegewebigen Haarbalges entstehen. Der epitheliale Vorkeim und die bindegewebigen Anteile werden zusammen als **Haarkeim** bezeichnet. Der Vorkeim hat die Form einer bikonvexen Linse, und seine basalen Zellen nehmen eine radiäre „Meilerstellung" ein.

Stadium des Haarzapfens. Der Vorkeim verlängert sich und wächst als **Haarzapfen** schräg in die Tiefe. Mit der Wachstumsrichtung ist die spätere Stellung des Haares festgelegt. Die Außenschicht des Haarzapfens wird von zylindrischen Zellen gebildet, die aus der Basalschicht hervorgegangen sind. Der Achsenstrang besteht aus unregelmäßig geformten *Füllzellen*.

Stadium des Bulbuszapfens. Das Ende des Haarzapfens verdickt sich knotenartig und wird von der Haarpapille eingestülpt. Dadurch ist aus dem Haarzapfen der **Bulbuszapfen** mit Haarwurzel (Bulbus pili) entstanden. Die über der Papille gelegenen *Meilerzellen* bilden die Matrix für das wachsende Haar. Durch Proliferation entsteht aus den Matrixzellen der pyramidenförmige Haarkegel, der emporwächst und die Füllzellen verdrängt. Apikal von den Füllzellen ist in der Epidermis der *Haarkanalstrang* entstanden, der sich später nach Verhornung für das heranwachsende Haar zum Haarkanal öffnet.

Der **Haarkegel** differenziert sich zum eigentlichen Haar mit Haarkutikula und zur inneren epithelialen Wurzelscheide. Die äußere Schicht des Haarzapfens wird zur äußeren epithelialen Wurzelscheide und lässt durch lokale Vermehrung die Anlage der Haardrüsen sowie das Haarbeet als Ansatzstelle für den M. arrector pili hervorgehen. Das den Haarzapfen umgebende Mesenchym differenziert sich zum bindegewebigen Haarbalg. In diesen lagert sich bei *Sinushaaren* ein Blutsinus ein.

Der **Durchbruch des Haares** erfolgt erst nach Fertigstellung der einzelnen Anteile (**Abb. 17.3**). Das eigentliche Haar durchstößt zunächst die innere epitheliale Wurzelscheide, die nur bis in Höhe der Talgdrüsensprosse reicht. Die Haarspitze dringt

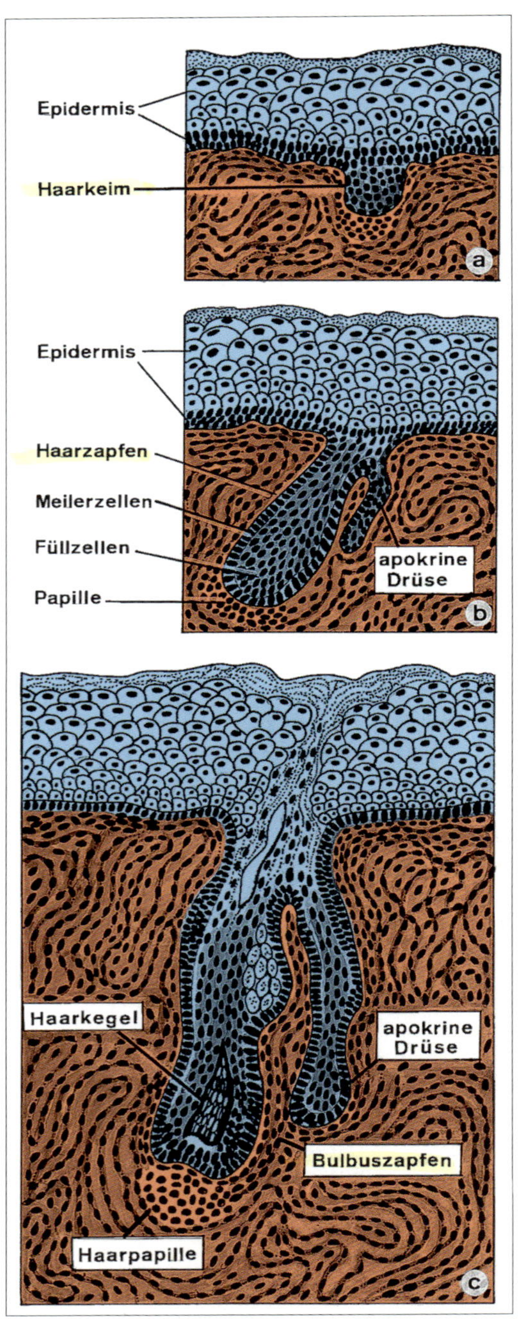

Abb. 18.2 Entwicklung der Haare und Hautdrüsen, halbschematisch: a) Stadium des Haarkeimes, b) Stadium des Haarzapfens, c) Stadium des Bulbuszapfens

nun unter Abbiegung in den *Haarkanal* ein und erscheint an der Hautoberfläche. Erst jetzt erfolgt die endgültige Differenzierung des bindegewebigen Haarbalges und die Fertigstellung des Blutsinus an Tasthaaren. Zuerst brechen die Sinushaare (Pfd. und Rd. im 4. Monat) und später die normalen Körperhaare durch (**Abb. 18.5**). Das zeitliche Auftreten der Behaarung wird zur Altersbeurteilung der Feten herangezogen (s. S. 78; 79).

Besonderheiten zeigt die Behaarung der Katze, bei der die Leithaare in kontinuierlichen Leisten in Längsrichtung des Körpers angelegt werden („Wildzeichnung"). Auch beim Schwein repräsentieren sich die Anlagen der Leithaare in reihenförmigen Punktzeichnungen, die den dunklen Streifen der Frischlinge des Wildschweines gleichen.

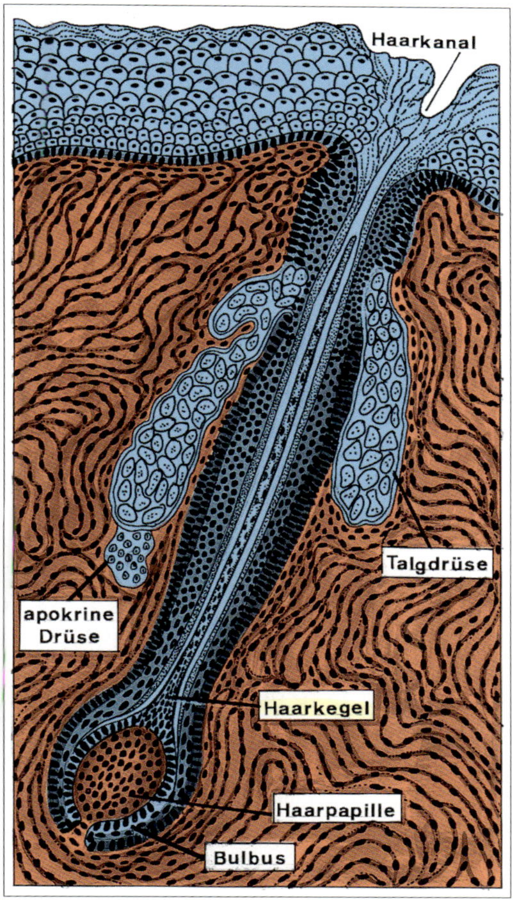

Abb. 18.3 Haar vor dem Durchbruch

Haarwechsel. Nachdem die mitotische Tätigkeit der Matrixzellen erloschen ist und damit das Wachstum des Haares aufhört, löst sich die Haarzwiebel von der Papille (**Abb. 18.4**). Die verhornten Zellen der Haarzwiebel verdicken sich zum *Haarkolben*. Aus dem Papillenhaar ist das *„Kolbenhaar"* geworden. Aus der äußeren Wurzelscheide zwischen Kolben und Papille geht der *Wurzelstrang* hervor. Die gleichfalls nach oben verlagerte Papille entwickelt sich zum *Haarstängel*. Der neue Haarzapfen entsteht aus der äußeren Wurzelscheide am Ende des Wurzelstranges, der entlang des Haarstängels zunächst in die Tiefe wächst. Es entsteht somit am ursprünglichen Ort der Papille das neue Haar, das das alte in die Höhe schiebt. Bei Tieren wird sofort das bleibende Haarkleid ausgebildet im Gegensatz zum Menschen, wo intrauterin das Lanugohaarkleid (vom lat. lanugo für Wollhaar, Flaum; Haarkleid des Fetus) durch das bleibende ersetzt wird.

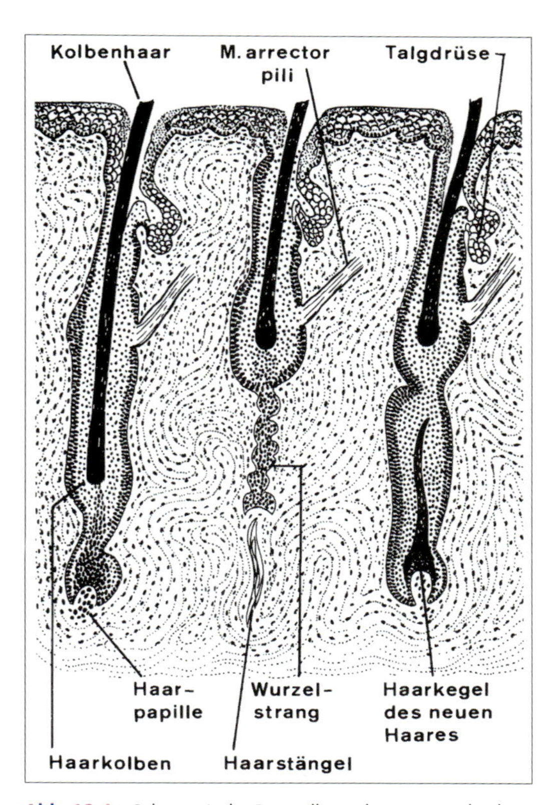

Abb. 18.4 Schematische Darstellung des Haarwechsels (in Anlehnung an Clara 1966)

Hautdrüsen

Die Hautdrüsen entwickeln sich entweder als Sprosse der epithelialen Haaranlage oder direkt von der Epidermis aus.

Apokrine Drüsen. Die apokrinen Schlauchdrüsen entstehen durch Wucherungen der Basalzellen im proximalen Bereich des Haarzapfens (**Abb. 18.2**; **18.3**). Die Anlage tritt vor der Bildung der Talgdrüsen auf und entwickelt sich von einer wulstigen Erhebung zum zylindrischen Spross, der im Bindegewebe über die Höhe der Haarpapille hinauswächst, sich kanalisiert und am Ende Bogen und Schlingen bildet. In den sog. lokalisierten Spezialdrüsenapparaten verlieren die apokrinen Drüsen sekundär ihre Verbindung zum Haarbalg und münden frei auf der Hautoberfläche. Primär selbständig entwickeln sie sich an Flotzmaul, Nasenspiegel, Rüsselscheibe und Ballen.

Talgdrüsen. Die holokrinen Talgdrüsen erscheinen erst im Stadium des Bulbuszapfens und entstehen distal von den Schlauchdrüsen durch Proliferation der äußeren epithelialen Wurzelscheide (**Abb. 18.2**). Zunächst bildet sich ein flacher Wulst, der zu einem Säckchen auswächst. Die inneren Zellen vergrößern sich und fallen der fettigen Degeneration anheim. Die Tarsaldrüsen der Lider und die Talgdrüsen des Präputiums entwickeln sich selbständig.

Ekkrine Schlauchdrüsen. Sie bilden sich vor allem an haarlosen Stellen und entstehen als Epithelsprosse der Basallage der Epidermis, die in das Mesenchym einwachsen.

18.2 Milchdrüse

Die Milchdrüse entsteht aus der Epidermis, wobei strittig ist, ob sie sich von Schweißdrüsen-, Talgdrüsen- oder Haarfollikelanlagen ableiten lässt. Sie entwickelt sich bei beiden Geschlechtern bis zur Geschlechtsreife auf die gleiche Weise. Als erste Anlage zeigt sich eine Epidermisverdickung, die als *Milchstreifen* oder **Milchlinie** am Rande der Stammzone sichtbar wird (**Abb. 12.1**). Sie dehnt sich bei Fleischfresser und Schwein von der thorakalen bis zur inguinalen Lage, bei Wiederkäuer und Pferd nur in der Leistengegend aus. Die Milchlinie verdickt sich nun und überragt die Oberfläche als **Milchleiste.**

Durch örtliche Wucherungen entstehen die *Milchhügel* (**Abb. 18.5**). Das dazwischen gelegene Gewebe bildet sich zurück, falls sich nicht akzessorische Milchhügel entwickeln. Mit dem Wachstum und der Differenzierung der seitlichen Bauchwand wird die Milchdrüsenanlage von dorsal nach ventral verlagert.

Milchhügel

Die Milchhügel stellen die Anlagen der *Mammarkomplexe* dar und werden in ihrer Anzahl und Lage für jede Tierart in typischer Weise ausgebildet. Überzählige Komplexe bilden sich zurück. Bleiben Zitzenanlagen erhalten, spricht man von *Hyperthelie*. Ist neben der Zitze auch Drüsengewebe ausgebildet, nennt man das *Hypermastie*. Das Epithel des Milchhügels wuchert als **Mammarknospe** in die Tiefe und wird vom Mesenchym als *Areolargewebe* kalottenförmig umgeben (**Abb. 18.6; 18.7**). An der Oberfläche verhornt das Epithel, und durch Schrumpfung des Hornpfropfes entsteht die Mammar- oder **Zitzentasche.** Gleichzeitig wachsen von der Basis der Mammarknospen die *Primärsprosse* ins Areolargewebe hinein. Ihre Anzahl entspricht der der Hohlraumsysteme pro Mammarkomplex (Wdk. 1, Pfd. 2, Schw. 2 – 3, Ktz. 5 – 7 und Hd. 8 – 12).

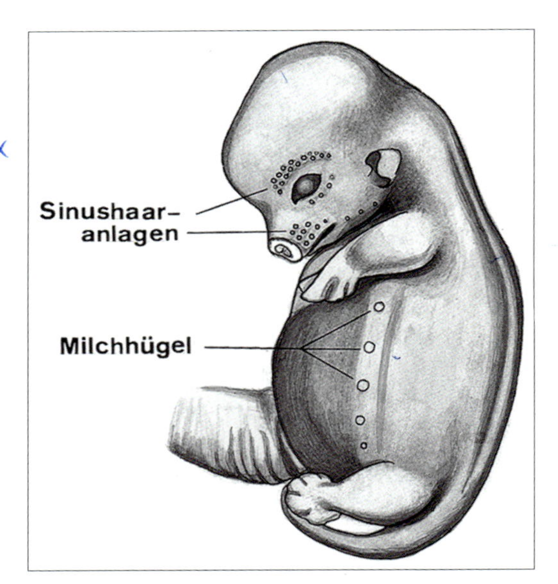

Abb. 18.5 Schweineembryo (SSL 24 mm, ca. 30 Tage) mit Sinushaaranlagen und Milchhügeln

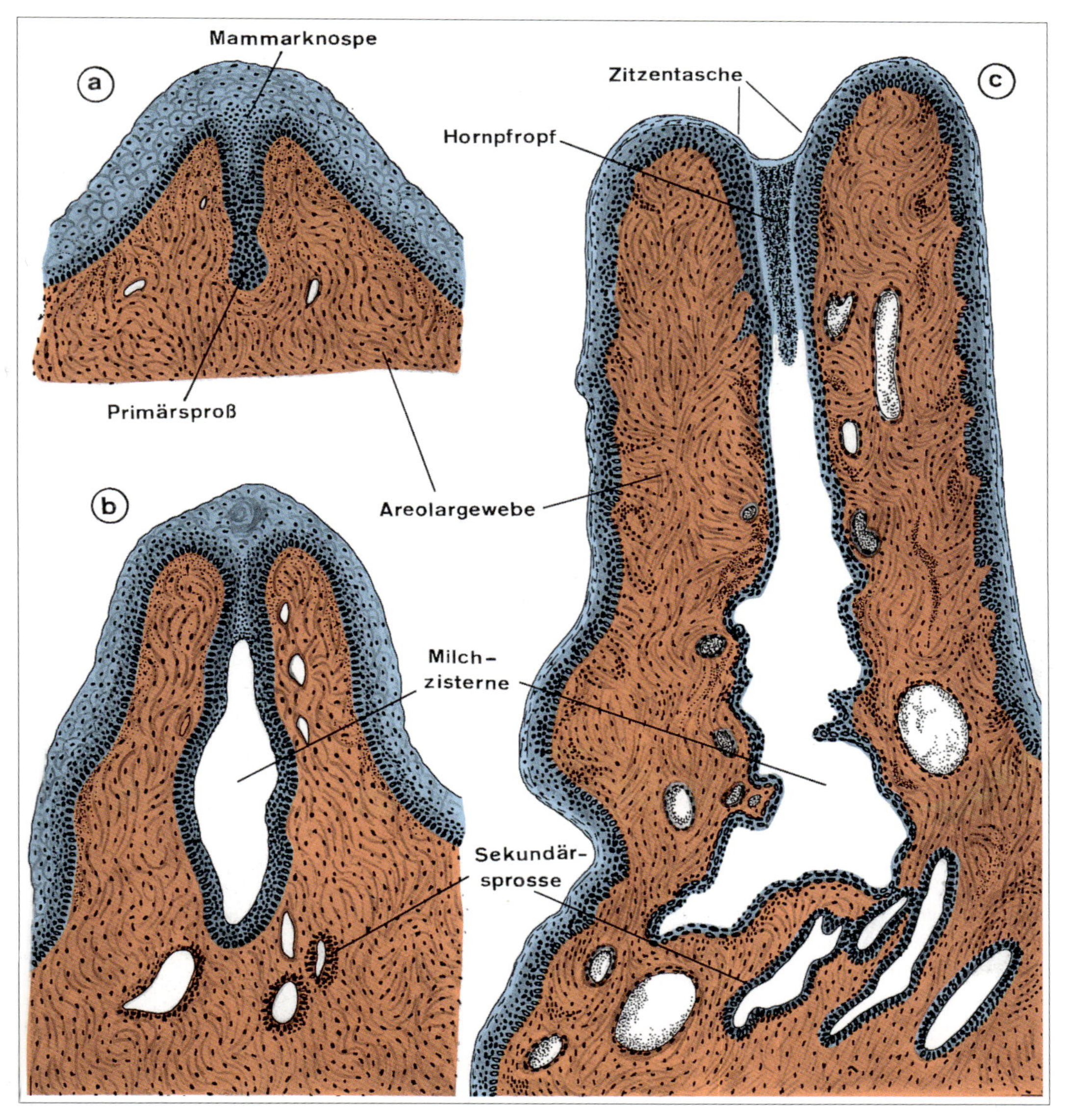

Abb. 18.6 Anlage der Milchdrüse des Rindes: a) Fetus 140 mm SSL, ca. 2,9 Monate; b) Fetus 250 mm SSL, ca. 3,8 Monate; c) drei Wochen altes Kalb

Bildung der Zitze

Die Zitzen entstehen durch Wucherungen des Areolargewebes, das peripher von dem oft erhöhten *Kutiswall* umgeben wird (**Abb. 18.8**). Bei der *Proliferationszitze* (Wdk., Pfd.) erhebt sich die Mammarknospe unter Einbeziehung des Kutiswalles. Bei der Bildung der *Eversionszitze* (Schw., Flfr.) wird der Kutiswall nicht mit einbezogen. Er bleibt flach und bildet den Warzenhof. Durch Fehlentwicklung kann es beim Schwein zur Bildung sog. „Stülpzitzen" kommen.

Bildung des Hohlraumsystems

Bereits während der Zitzenbildung wachsen die **Primärsprosse** als solide Stränge ins Zitzenmesenchym ein und schieben es als Hülle vor sich her. An ihrem Ende knospen die **Sekundärsprosse** hervor (**Abb. 18.6; 18.7**). Durch Zellverlagerung beginnt

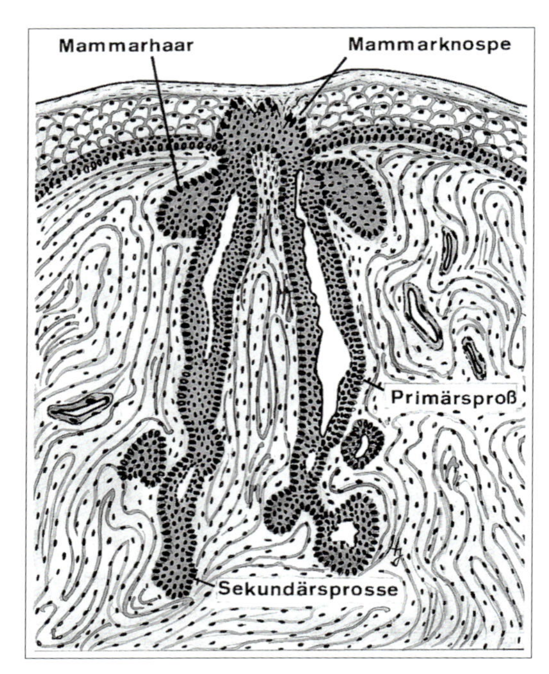

Abb. 18.7 Anlage der Milchdrüse beim Pferdefetus, SSL 150 mm, ca. 3 Monate

zunächst die Kanalisierung der Primär- und später auch die der Sekundärsprosse. Nach außen ist der Kanal der Primärsprosse durch den Hornpfropf verschlossen. Erst nach seinem Zerfall (beim Rd. nach der Geburt) öffnet sich das Lumen nach außen. Aus dem der Mammarknospe benachbarten Stück des Primärsprosses geht der *Strichkanal* (Ductus papillaris) und aus dem tieferen Teil die *Zisterne* (Sinus lactiferus) hervor. Die Sekundärsprosse entwickeln sich später zu Milchgängen (Ductus lactiferi). Bei der Geburt besteht die Milchdrüse aus einem einfachen Gangsystem, an dem die Sekundärsprosse noch wenig entwickelt und die wachsenden Enden solide sind.

Aus dem Mesenchym sind neben den Bindegewebsfasern reichlich Fettzellen entstanden. Sie erfüllen eine Platzhalterfunktion für die milchsezernierenden **Alveolen**, die sich nach der Pubertät aus **Tertiärsprossen** entwickeln. Bis zur Geschlechtsreife herrscht Entwicklungsruhe.

Postpuberale Entwicklung

Unter dem Einfluss von Oestrogenen, Progesteron, dem Wachstumshormon und adrenalen Steroiden setzt mit Beginn der Pubertät das Wachstum der embryonal angelegten primitiven Milchgänge ein, ohne dass dabei bei den meisten Tieren eine Bildung von Alveolen erfolgt. Anders ist es bei der *Hündin*, bei der infolge der verlängerten Gelbkörperphase mit permanenter Progesteronwirkung nicht nur das Gangsystem, sondern auch Alveolen entstehen, die individuell unterschiedliche Sekretionstätigkeit zeigen. Mit Beendigung der Gelbkörperphase kommt es zur Involution, bei der die Sekretion erlischt und die Alveolen zurückgebildet werden.

Die endgültige *Evolution* der Milchdrüse erfolgt während der ersten Trächtigkeit, bei der unter Verdrängung des Fettgewebes das eigentliche Parenchym gebildet wird. Auch die sekretorische Tätigkeit setzt bereits während der Gravidität ein und führt zur Bildung des Kolostrums. Das lobuloalveoläre Wachstum während der Trächtigkeit wird

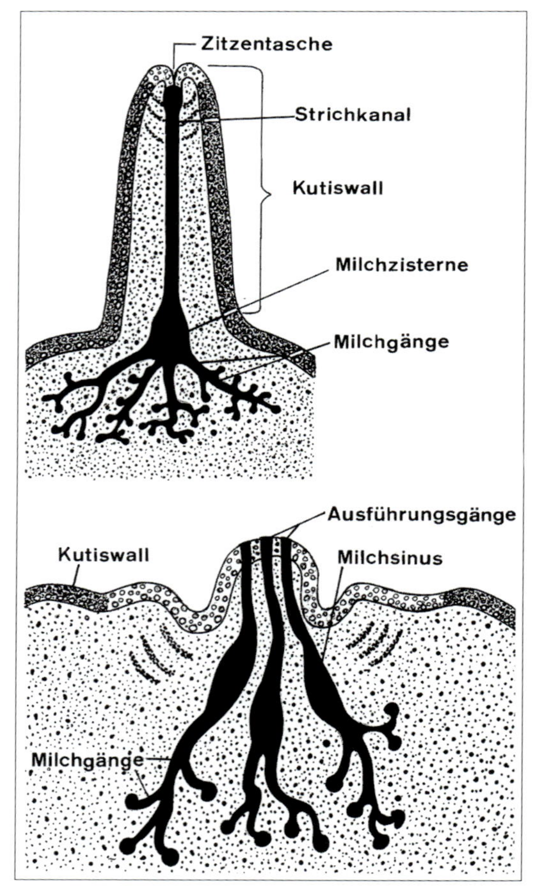

Abb. 18.8 Schematische Darstellung der Zitzenbildung. Oben: Proliferationszitze des Rindes, unten: Eversionszitze des Menschen (in Anlehnung an Bonnet/Peter 1929)

durch Oestrogene, Progesteron, Somatotropin, Prolaktin, Kortikoide und durch mammotrop wirkende Hormone der Plazenta gesteuert. Für die Milchsekretion werden in erster Linie Prolaktin und Nebennierenrindensteroide verantwortlich gemacht. Die *Ejektion* erfolgt unter der Wirkung des Oxytocins.

18.3 Zehenendorgan

Das Zehenendorgan gehört wie die Ballen und die Hörner zu den spezifischen haarlosen Hautorganen, die sich durch eine starke Epidermiswucherung mit intensiver Verhornung auszeichnen.

Die ersten Anlagen der *Hufe*, *Klauen* und *Krallen* stellen Epidermisverdickungen an den Gliedmaßenspitzen dar. Das darunter gelegene Korium bildet Papillen bzw. Blättchen aus, auf denen später Hornröhrchen bzw. Hornblättchen entstehen. Durch starke Proliferation der Epidermis an der Sohle zieht sich das anfangs kugelförmige Zehenendorgan nach distal aus und nimmt kegelförmige Gestalt an. Diese Epithelwucherungen bilden das *Eponychium* (gr., auf der Nagelwurzel liegende Hautschicht), eine weiche Masse, die während der gesamten fetalen Entwicklung erhalten bleibt und dem Schutz der Fruchthüllen gegen Bewegungen des Fetus dient.

Am **Huf** des Pferdes (**Abb. 18.9**) beginnt im 4. Monat die Bildung von provisorischem Horn an der Krone. Ab 6. Monat entsteht an der Platte und ab 10. Monat auch an Sohle und Strahl das definitive Horn. Das weichgebliebene Eponychium wird nach der Geburt durch das Laufen bald abgenutzt.

Bei der **Klaue** der Paarzeher krümmt sich die verdickte, weiche Epidermis am Sohlenrand wulstförmig nach dorsal auf (**Abb. 18.10**).

An der **Kralle** der Fleischfresser ist die ursprüngliche Kegelform durch Bildung der Krallentüte weitgehend erhalten geblieben. Die Ballen stellen aber selbständige Gebilde dar. Neben den Zehenballen werden die Sohlenballen und der Karpalballen entwickelt.

Die **Sporne** des Pferdes werden als rudimentäre Sohlenballen und die **Kastanien** als funktionslos gewordene Fußwurzelballen angesehen.

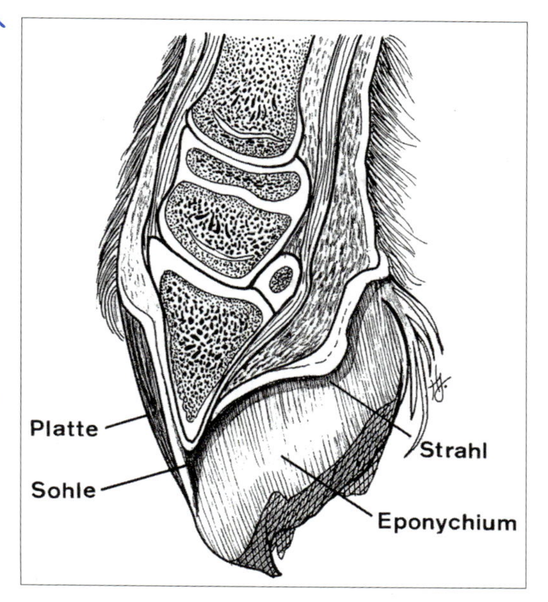

Abb. 18.9 Huf eines neugeborenen Fohlens, halbe natürliche Größe, Medianschnitt

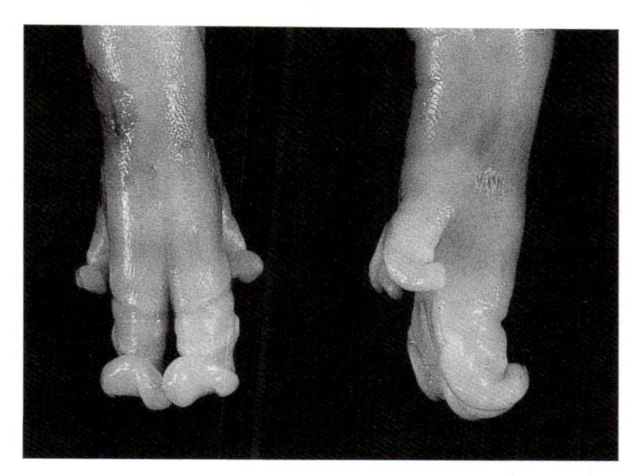

Abb. 18.10 Klauen der Schultergliedmaßen vom Schweinefetus (SSL 150 mm, ca. zwei Monate), Vergr. 2 x

18.4 Horn der Wiederkäuer

Die fetale Anlage besteht aus einer Epidermisverdickung, die sich vorübergehend einsenkt und von Haaren, Talg- und Schweißdrüsen durchsetzt ist. Zur Zeit der Geburt bildet das Os frontale eine deutliche Auftreibung. Die darüber gelegene Haut besitzt einen Wirbel langer Haare. Nach der Geburt verdickt sich die Epidermis durch Verhornung, die Haare verschwinden, und mit einem Monat ist ein deutlicher Papillarkörper am Korium ausgebildet.

Der knöcherne Hornfortsatz bildet sich beim Rind als Wucherung des Os frontale (Exophyse) und ist beim sieben Wochen alten Kalb zum soliden Knochenschaft herangewachsen, an dem später von der Stirnhöhle aus die Hohlraumbildung erfolgt. Bei Schaf und Ziege entsteht der Hornzapfen isoliert als periostaler Knochenkern (Apophyse), der sich später mit dem Stirnbein vereinigt.

Beim **Geweih** (Gehörn) der Cerviden besteht der Knochenzapfen aus dem zeitlebens von behaarter Haut bedeckten *Rosenstock* und der *Stange*, die ihren Hautüberzug (Bast) verliert und deshalb alljährlich gewechselt wird. Der Hauptteil des definitiven Geweihes stellt somit einen soliden Knochen dar.

18.5 Federn

Die Federn der Vögel sind morphologisch und genetisch nicht den Haaren, sonden den Schuppen der Reptilien vergleichbar. Zunächst entsteht eine scheibenförmige Epidermisverdickung mit einer darunter gelegenen Koriumverdichtung. Die *Federanlage* entwickelt sich zu einer spitzen Erhebung, die aus der *Koriumpapille* mit Blutgefäßen und der sie bedeckenden *Epidermis* besteht (**Abb. 18.11**). Während des Wachstums senkt sich die Feder ein, wodurch der Federfollikel gebildet wird. An der Follikelbasis befindet sich der *Epidermalkragen* (Matrix), aus dem die Epidermis der Feder hervorgegangen ist. Die verhornten Schichten der epidermalen Hülle bilden die *Federscheide*. Nach der endgültigen Differenzierung der Feder bricht die Federscheide auf und gibt die Federäste frei. Die Federpapille bleibt zeitlebens erhalten, und sie lässt zahlreiche Generationen an Federn hervorgehen. Der Federwechsel kommt durch Wucherungen im Bereich des Epidermalkragens zustande.

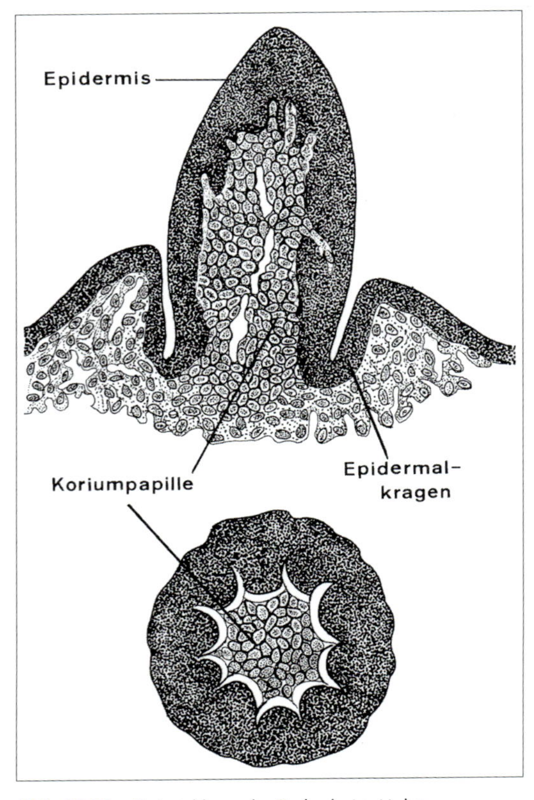

Abb. 18.11 Entwicklung der Feder beim Huhn

Zusammenfassung

Haut und Hautorgane

- **Haut.** Nach der Ausscheidung des Neuralrohres entwickelt sich das Ektoderm zur *Epidermis*. *Korium* und *Subkutis* sind mesodermaler Herkunft und entstehen im Bereich der Stammzone aus dem Dermatom der Urwirbel und im Bereich der Seitenzone aus dem lateralen Mesoderm (Somatopleura). **Haare** bilden sich aus Epidermiswucherungen, die in die mesenchymale Unterlage vordringen und den *Haarkeim* entstehen lassen. Dieser entwickelt sich über das Stadium des *Haarzapfens* zum *Bulbuszapfen*, dessen zentraler *Haarkegel* die Anlage des eigentlichen Haares und der inneren epithelialen Wurzelscheide darstellt.
- Die **apokrinen Schlauchdrüsen** entstehen durch Proliferation der Basalzellen im Bereich des Haarzapfens. Die **holokrinen Talgdrüsen** erscheinen erst im Stadium des Bulbuszapfens durch Wucherungen der äußeren epithelialen Wurzelscheide. Die **ekkrinen Schlauchdrüsen** sind Epithelsprosse der haarlosen Epidermis.
- Die **Milchdrüse** entsteht aus der epidermalen *Milchleiste*, die sich bis auf die proliferierenden *Milchhügel* (Anlage der Mammarkomplexe) zurückbildet. Das Epithel der Milchhügel wächst als Mammarknospe in die Tiefe und verlängert sich zum *Primärspross*. Aus ihm entstehen der Strichkanal und die Milchzisterne.

- Außen proliferiert die Mammarknospe bei Pferd und Wiederkäuer unter Einbeziehung des Kutiswalles zur Proliferationszitze. Bei Schwein, Hund und Katze bildet sich eine Eversionszitze ohne Beteiligung des Kutiswalles.
- Die aus den Primärsprossen hervorgehenden *Sekundärsprosse* stellen die Anlage der Milchgänge dar, die sich aber erst mit der Pubertät voll entwickeln. Die Milch produzierenden *Alveolen* entstehen aus den *Tertiärsprossen* in der ersten Hälfte der ersten Trächtigkeit (mit Ausnahme der Hündin). In der zweiten Hälfte der Gravidität setzt die *Milchproduktion* ein, die zur Bildung des Kolostrums führt.

19 Entwicklung des Nervensystems

Als erste Anlage des Nervensystems entsteht gegen Ende der zweiten Entwicklungswoche im Ektoderm die **Neuralplatte** (Lamina neuralis), deren verdickte Seitenränder sich als *Neuralfalten* (Plicae neurales) hochwulsten und zunächst die **Neuralrinne** (Sulcus neuralis) begrenzen (**Abb. 10.1; 10.3; 19.1; 19.2**). Nach Vereinigung der Neuralfalten erfolgt der Verschluss zum **Neuralrohr** (Tubus neuralis) mit Zentralkanal.

Die Abfaltung beginnt in der Mitte und schreitet in beide Richtungen fort, wobei vorübergehend der vordere und hintere *Neuroporus* (Neuroporus rostralis und caudalis) übrig bleiben (**Abb. 10.1; 19.1**).

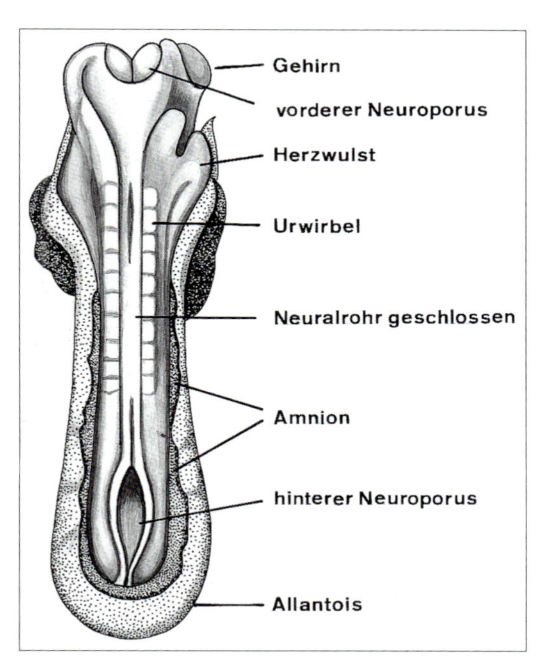

Abb. 19.1 Neurulation am 4,7 mm langen Embryo des Schweines (nach Keibels Modell)

Erst nach Verschluss der Öffnungen ist die Trennung von Neuralrohr (Neuroektoderm) und Epidermisblatt (Oberflächenektoderm) vollzogen (**Abb. 10.1; 19.2**). Durch stärkere Entwicklung und Hohlraumbildung im vorderen Bereich ist sehr zeitig die Trennung von Hirnanlage, *Hirnrohr* und dem engeren *Medullarrohr* erkennbar. Während der Neurulation lösen sich am Übergangsgebiet zwischen Neuralrinne und Epidermisblatt Zellen, die sich seitlich zur *Neuralleiste* (Crista neuralis) formieren (**Abb. 10.3; 19.2**).

19.1 Rückenmark

Anfangs besteht das Medullarrohr nur aus einem dicken, mehrreihigen *Neuroepithel*, das den hohen, spaltförmigen Zentralkanal begrenzt (**Abb. 19.3; 19.4**). Nach Schluss des hinteren Neuroporus treten im Neuroepithel Neuroblasten hervor, die sich durch einen großen, runden Zellkern mit deutlichem Nucleolus auszeichnen. Diese Zellen nehmen an Anzahl ständig zu und bilden um das Neuroepithel die **Mantelschicht** (Stratum palliale, Mantelzone), die sich später zur grauen Substanz entwickelt. Die von den Neuroblasten auswachsenden Neuriten ordnen sich an der Oberfläche des embryonalen Rückenmarks zur **Randschicht** (Stratum marginale, Randschleier) an. Sie bildet die weiße Substanz.

Während die dorsale und ventrale Wand des Neuralrohres dünn bleiben und die **Deckplatte** (Lamina dorsalis) bzw. **Bodenplatte** (Lamina ventralis) bilden, verdickt sich die Mantelschicht der Seitenwände infolge lebhafter Zellteilungen und Zellemigrationen sehr rasch.

An den lateralen Wänden tritt als Längsfurche der *Sulcus limitans* auf und grenzt die dorsale **Flügelplatte** (Lamina dorsolateralis) von der ventralen **Grundplatte** (Lamina ventrolateralis) ab.

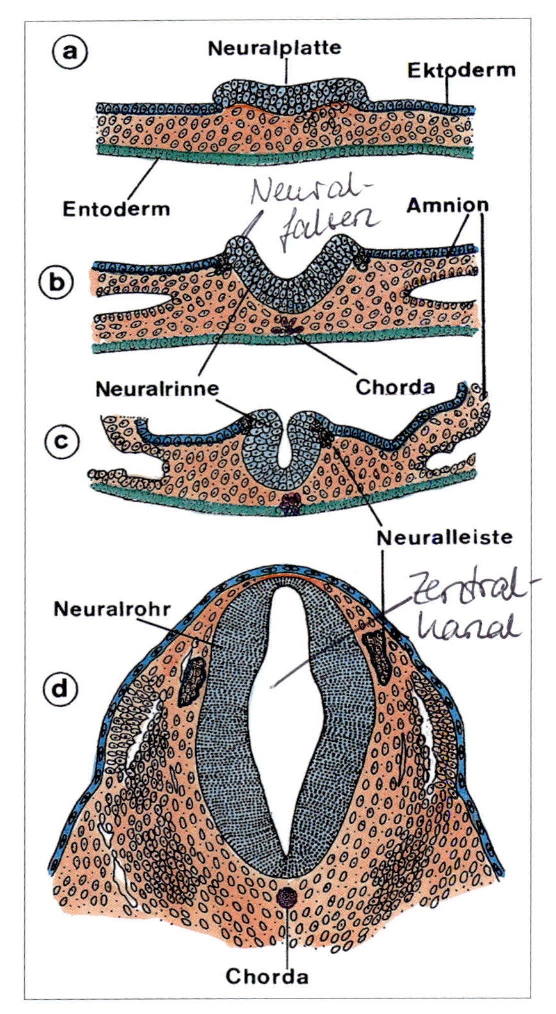

Abb. 19.2 Entwicklung des Neuralrohres bei Katzenembryonen; Länge: 3,5 mm (a, b), 4 mm (c), 6 mm (d)

Histogenese

Die **Neuroblasten** gehen ausschließlich durch Teilung multipotenter Stammzellen des Neuroepithels am Zentralkanal hervor (**Abb. 19.4**). Sie wandern in die Grund- und Flügelplatte ein und bilden zwei Fortsätze (bipolarer Neuroblast), aus denen die Dendritenäste und der Neurit hervorgehen. Aus diesen multipolaren Neuroblasten entstehen schließlich die **Nervenzellen**. Neuroblasten sind nach ihrer Differenzierung nicht mehr teilungsfähig, und ihre Bildung aus dem Neuroepithel ist nach der Geburt nicht mehr möglich.

Zeitlich überlappend mit der Neurogenese läuft die Gliogenese ab, die jedoch länger andauert. Aus

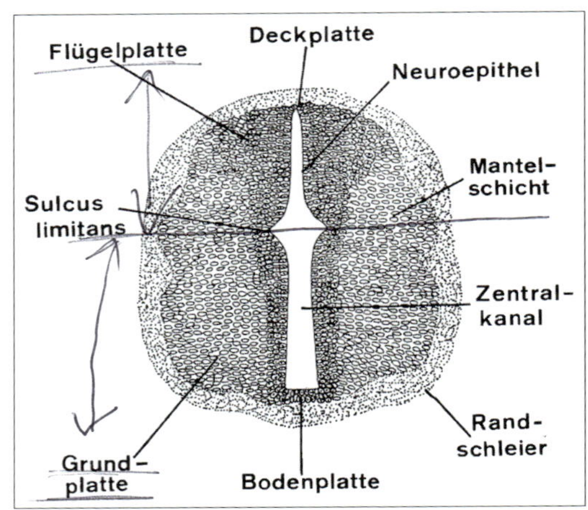

Abb. 19.3 Umbildung am Neuralrohr beim Katzenembryo, SSL 10 mm, ca. 20 Tage, Vergr. 85 x

den multipotenten Stammzellen des Neuroepithels entwickeln sich über Glioblasten die Astrozyten und Oligodendroglia. Dieser Zelltyp bildet im Zentralnervensystem die Markscheiden, wobei eine Zelle mehrere Axone umhüllen kann. Die Markscheiden der peripheren Nerven werden von den *Schwannschen Zellen* gebildet, die aus der Neuralleiste stammen. Durch die Markscheiden erhalten die Fortsätze ihre volle Funktionsfähigkeit. Die Myelogenese ist z. Zt. der Geburt noch nicht abgeschlossen.

Die *Mikroglia* des Rückenmarkes entsteht nicht aus dem Neuroepithel, sondern aus dem Mesoderm.

Graue Substanz

Flügelplatte. Sie entwickelt sich zum *Dorsalhorn* mit den *sensiblen* Arealen (**Abb. 19.3; 19.5**). Hier treten die *somatoafferenten* Fasern der Spinalganglien ein, die selbst außerhalb des Rückenmarkes liegen und aus der Neuralleiste entstanden sind. Daneben bildet sich im Brust-, Lenden- und Sakralbereich das *Seitenhorn*, in dessen dorsalem Abschnitt Zellen entstehen, an denen *viszeroafferente Fasern* enden.

Grundplatte. Aus ihr entsteht das *Ventralhorn* mit den *motorischen* Kerngebieten (**Abb. 19.5; 19.6**). Ihre Neuriten (somatoefferente Fasern) wachsen als Ventralwurzel der Spinalnerven aus und treten mit den Muskelanlagen in Verbindung. Im ventralen Teil des *Seitenhorns* der oben erwähnten Rücken-

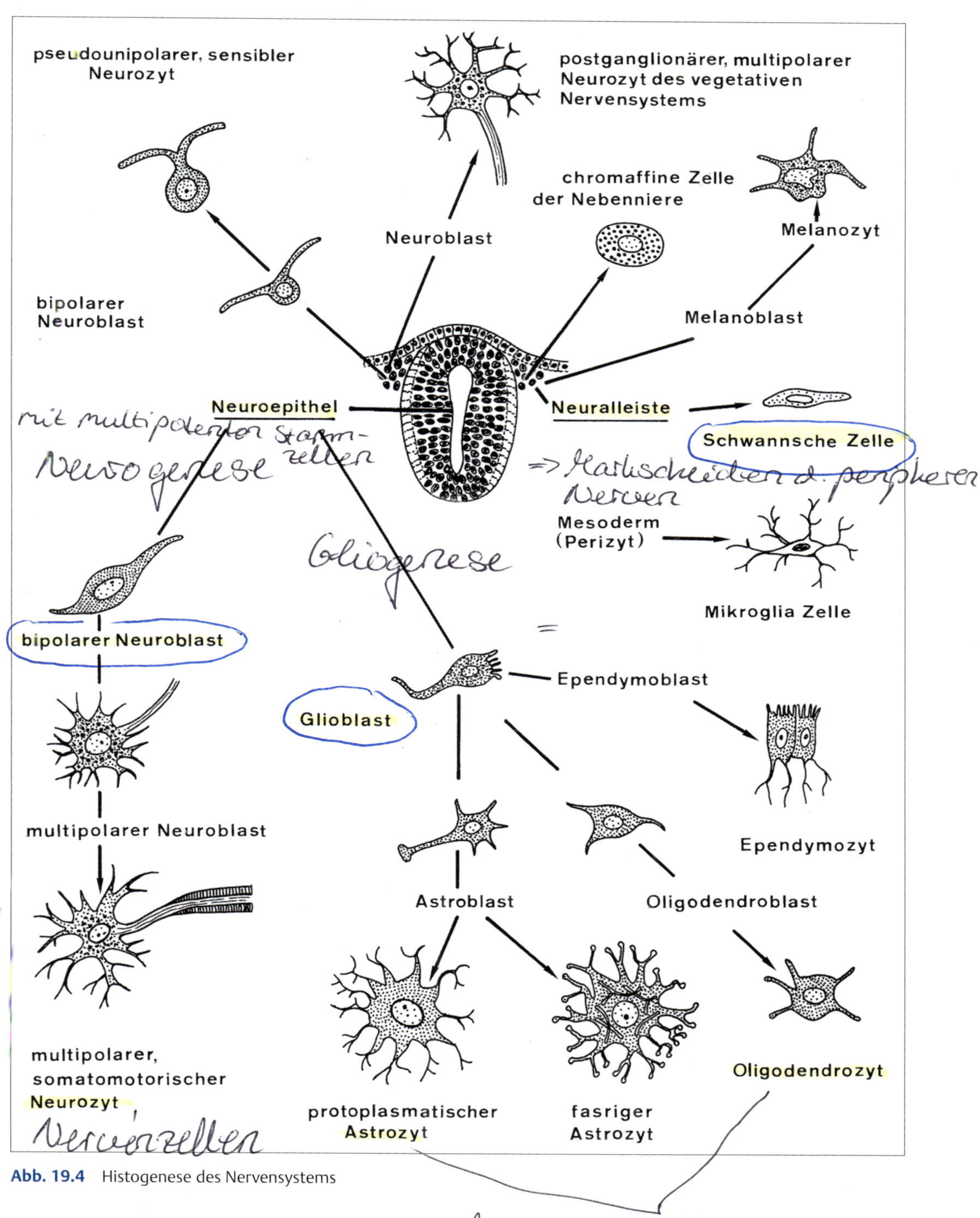

Abb. 19.4 Histogenese des Nervensystems

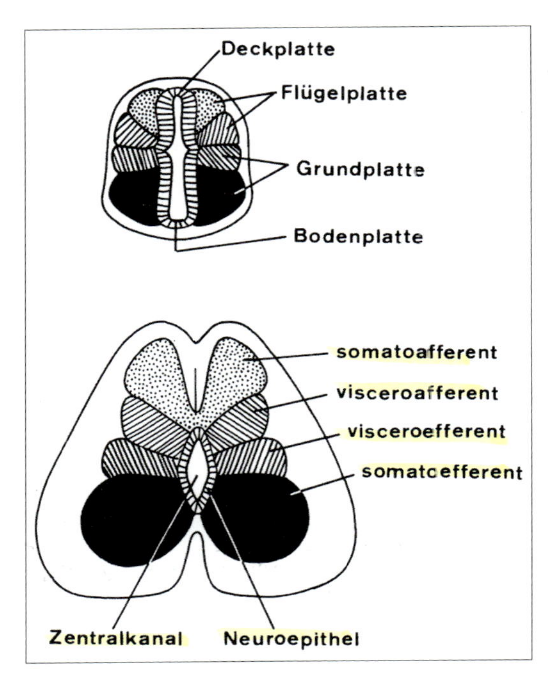

Abb. 19.5 Schematische Querschnitte durch das Rückenmark der Katze von 18 Tagen (oben) bzw. sieben Wochen (unten)

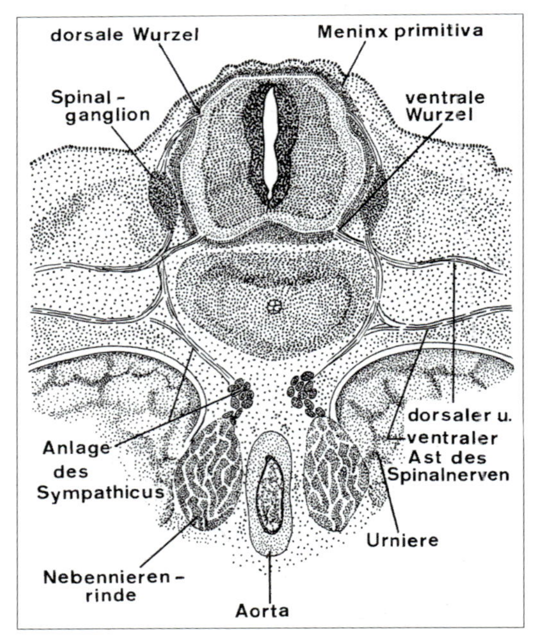

Abb. 19.6 Spinalganglion und Bildung der Nervenwurzeln beim Schweineembryo (19 mm SSL, ca. 25 Tage), Vergr. 25x

marksbereiche liegen sympathische bzw. parasympathische Neurone, die *viszeroefferente Fasern* zu den Eingeweiden entsenden.

Neben den erwähnten Wurzelzellen entstehen in der grauen Substanz noch die Binnenzellen.

Deck- und Bodenplatte. Sie besitzen keine Neuroblasten, sondern stellen das Durchgangsgebiet für Nervenfasern dar und bilden die *Commissura grisea*. Durch Umfangsvermehrung der Grundplatte wird die Bodenplatte in die Tiefe verlagert, wodurch die Fissura mediana ventralis gebildet wird.

Weiße Substanz

Sie entsteht aus dem Randschleier und wird durch das Auswachsen der Fasern sowie die Markreifung immer dicker (**Abb. 19.3; 19.5**). Durch die Entwicklung der grauen Substanz zur Schmetterlingsform wird die weiße Substanz in den *Dorsal-*, *Lateral-* und *Ventralstrang* unterteilt. Zwischen den Dorsalsträngen bildet sich das Septum dorsale medianum, das aus der Verschmelzung des Neuroepithels beider Seiten im dorsalen Teil des Zentralkanals hervorgeht.

Zentralkanal und Ependym

Der ursprünglich spaltförmige Zentralkanal wird stark eingeengt und erhält seine endgültige querovale (Pflfr.) bzw. runde (Hd.; Ktz.) Form. Nachdem das umgebende Neuroepithel keine Neuroblasten und Glioblasten mehr hervorbringt, differenziert es sich zum *Ependym*.

Segmentierung

Die Bildung der Rückenmarksegmente mit den segmental angeordneten Spinalnerven ist im Medullarrohr nicht von vornherein festgelegt, sondern erfolgt erst unter dem Einfluss der Somiten.

Lageveränderungen des Rückenmarkes

Nur in der Embryonalperiode erstreckt sich das Rückenmark über die ganze Länge des Wirbelkanals. Später bleibt das Wachstum des Rückenmarkes hinter dem der Wirbelsäule zurück, wodurch das kaudale Ende des Rückenmarkes immer weiter nach kranial verlagert wird (*scheinbarer Ascensus medullae spinalis*). Durch dieses unterschiedliche Wachstum ziehen die kaudalen Spinalnerven von ihrem Ursprungssegment zum entsprechenden Zwischenwirbelloch in schräger Richtung und bilden kaudal vom Conus medullaris die *Cauda equina*.

19.2 Gehirn

Im Gegensatz zum Rückenmark wird an der bläschenförmigen Gehirnanlage der ursprüngliche Anlageplan im Laufe der Entwicklung infolge zahlreicher Umbauten stark verändert. Zellen der Mantelschicht werden nach außen verlagert und bilden das periphere Rindengrau. Zurückgebliebene Zellen entwickeln sich zum zentralen Höhlengrau und den Stammganglien. Die Markscheidenbildung erfolgt später als im Rückenmark und zum großen Teil erst nach der Geburt. Der gemeinsame Hohlraum differenziert sich zu den Gehirnkammern, die von zylindrischen Ependymzellen ausgekleidet werden.

Gehirnbläschen

Kurz nach Schluss des vorderen Neuroporus hat sich die Gehirnlage um den mittleren Schädelbalken eingebogen. Der vordere, kugelige Endteil wird auch als *Archencephalon* (Ur- oder Ersthirn) bezeichnet. Der hintere, mehr gestreckte Abschnitt heißt *Deuterencephalon* (Zweithirn) und geht ohne scharfe Grenze ins Rückenmark über (**Abb. 19.8**; **Tab. 19.1**).

Dreiblasiges Stadium. Durch verstärkte Ausbildung im Übergangsgebiet zwischen den beiden Bläschen entsteht sehr bald das charakteristische Dreiblasenstadium. Die Gehirnanlage hat sich in der typischen Hufeisenform um den mittleren Schädelbalken gelegt. Der vordere Abschnitt ist das **Prosencephalon** (Vorderhirn) und der mittlere das **Mesencephalon** (Mittelhirn), das außen als Scheitelbeuge in Erscheinung tritt. Nach kaudal folgt das **Rhombencephalon** (Rautenhirn).

Fünfblasiges Stadium. Durch weitere Differenzierung entsteht die endgültige Untergliederung der Gehirnanlage.

Aus dem Prosencephalon wird das **Telencephalon** (Endhirn) und das **Diencephalon** (Zwischenhirn), aus dem die Augenblasen hervorwachsen. Das **Mesencephalon** bleibt unverändert, und das Rhombencephalon teilt sich in das **Metencephalon** (Hinterhirn) und **Myelencephalon** (Nachhirn). Die phylogenetisch älteren Anteile (Riechhirn, Kleinhirn und die meisten Anteile des Hirnstammes) werden als *Palaeencephalon* (Urhirn) und die jüngeren Anteile (Neuhirnmantel, Hirnschenkel, Pyramiden) als *Neencephalon* (Neuhirn) bezeichnet.

Myelencephalon

Im Vergleich zum angrenzenden Rückenmark sind am Myelencephalon der Boden und die Seitenwände stark verdickt. Sie differenzieren sich zur Medulla oblongata mit ihren Kerngebieten. Die Deckplatte bleibt dünn und wird zum Ventrikeldach. Die Grundplatte wird durch den Sulcus limitans von der Flügelplatte getrennt, die selbst nach außen geklappt erscheint (**Abb. 19.7; 19.11**).

Grundplatte. In ihr entstehen medial die somatoefferenten Kerne des N. hypoglossus (XII) und N. abducens (VI) und lateral davon die viszeroefferenten Kerne der Gehirnnerven V, VII, IX, X und XI. An der Ventralseite entstehen die Olive und die Pyramidenbahnen.

Flügelplatte. Sie bildet die viszeroafferenten Kerne des V., VII., IX. und X. Gehirnnerven sowie die sensorischen Kerne des VIII. Gehirnnerven. Ganz lateral liegen in ihr die somatoafferenten Kerne des N. trigeminus (V).

Deckplatte. Sie besteht aus einem einschichtigen, kubischen Epithel und stellt im hinteren Teil die Lamina tectoria ventriculi IV dar, die mit der gefäßrei-

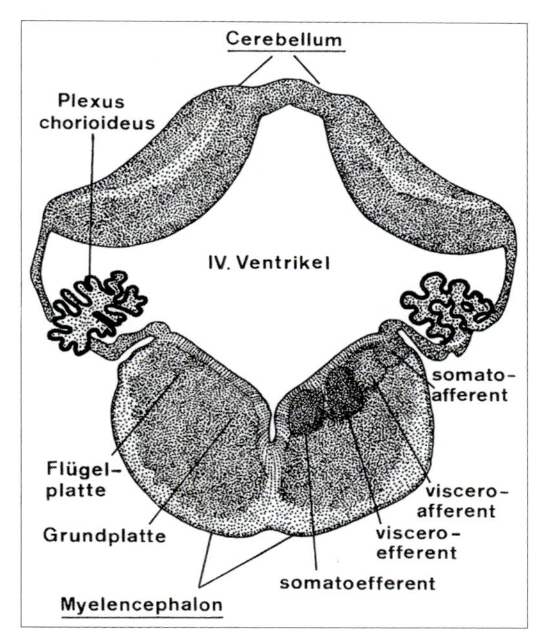

Abb. 19.7 Entwicklung des Rhombencephalons beim Schwein (SSL 62 mm, ca. 44 Tage). Schrägschnitt durch Myelencephalon und Kleinhirnanlage, Vergr. 25 x

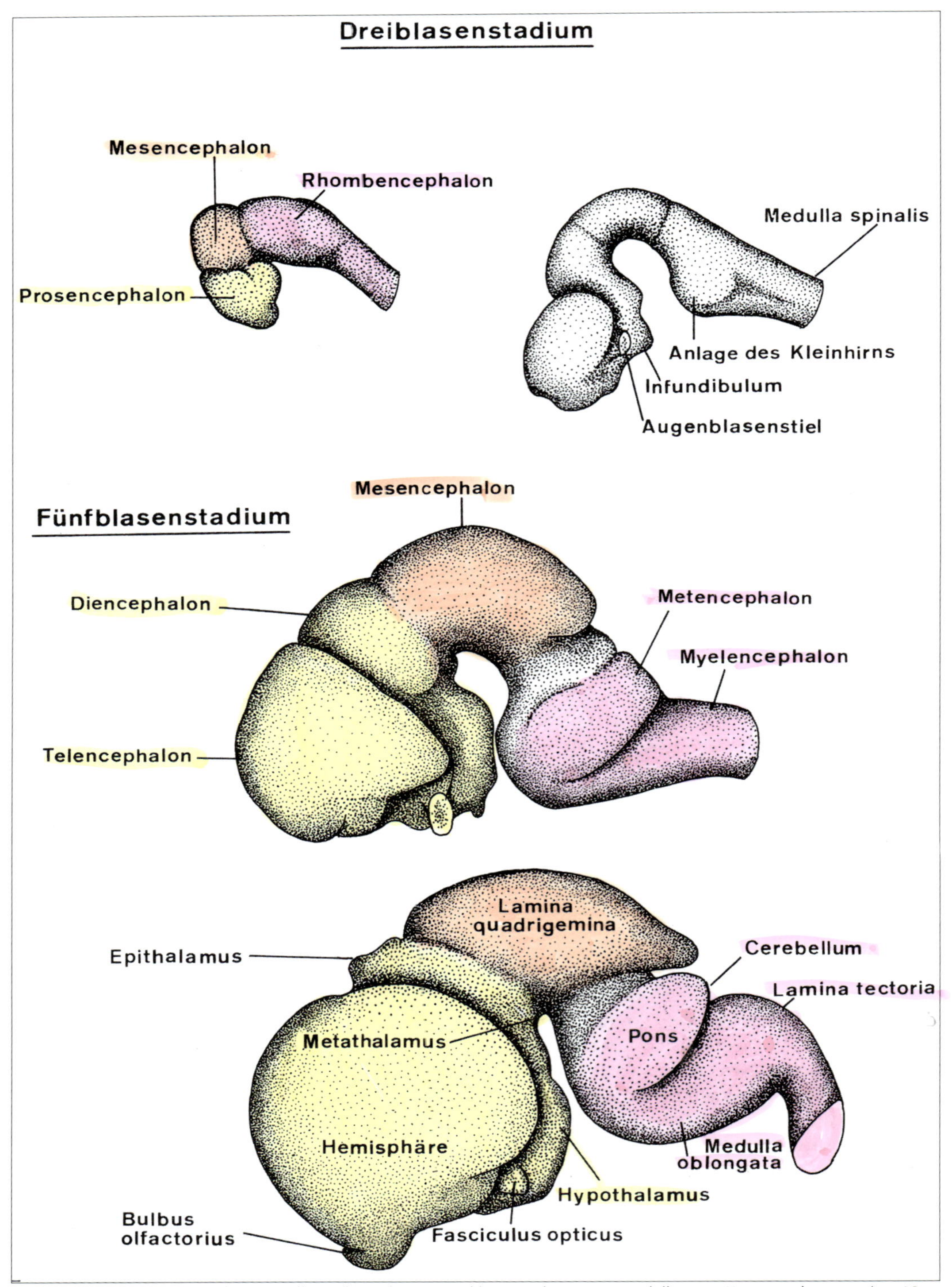

Abb. 19.8 Halbschematische Darstellung der Gehirnentwicklung nach Martins Modellen von Katzenembryonen (ca. 18, 22, 25 und 33 Tage alt)

Tab. 19.1 Übersicht über die Gehirnentwicklung

Dreiblasenstadium	Fünfblasenstadium	Seitenplatten		Deckplatte	Zentralkanal
		Grundplatte	Flügelplatte		
Prosencephalon (Vorderhirn)	*Telencephalon* (Endhirn)	Lamina terminalis Pallium Basalganglien			Ventriculi laterales For. interventriculare
	Diencephalon (Zwischenhirn)	Metathalamus Thalamus Hypothalamus		Epiphyse Lamina tectoria	Ventriculus tertius
Mesencephalon (Mittelhirn)	*Mesencephalon*	Tegmentum mesencephali Pedunculi cerebri	Lamina quadrigemina		Aquaeductus mesencephali
Rhombencephalon (Rautenhirn)	*Metencephalon* (Hinterhirn)	Pons	Cerebellum Brachia pontis	Velum medullare rostrale	Ventriculus quartus
	Myelencephalon (Nachhirn)	Medulla oblongata		Velum medullare caudale Lamina tectoria	Ventriculus quartus

chen Pia mater zur Tela chorioidea verwächst. Diese bildet durch Einfaltung den *Plexus chorioideus ventriculi IV*. Aus dem vorderen Teil der Deckplatte entsteht das kaudale Marksegel.

Metencephalon

Es geht aus dem vorderen Abschnitt des Rautenhirns hervor, an dem zwei neue Hirnabschnitte entstehen: dorsal das Kleinhirn (Cerebellum) und ventral die Brücke, Pons (**Abb. 19.7; 19.11**).

Grundplatte und Brücke. Die Grundplatte enthält die motorischen Kerne des N. abducens, N. trigeminus und N. facialis. Die verbreiterte Randzone in diesem Bereich dient als Brücke für Nervenfasern, die die zerebralen und zerebellaren Rindenbezirke mit dem Rückenmark verbinden. Außerdem bilden sich Brückenkerne, deren Axone als Pedunculi cerebellares medii zum Kleinhirn auswachsen.

Flügelplatte und Kleinhirn. Während im ventromedialen Abschnitt der Flügelplatte afferente Kerne des V., VIII. und X. Hirnnerven entstehen, wachsen die dorsolateralen Kanten zu den Rautenlippen aus. Diese vereinigen sich in der Mitte zur Kleinhirnplatte, aus der seitlich die Hemisphären und zentral der Wurm (Vermis) hervorgehen. Aus den Seitenteilen der Rautenlippen entstehen die Kleinhirnschenkel.

Deckplatte und Marksegel. Aus der ursprünglichen Deckplatte des IV. Ventrikels bildet sich vor dem Kleinhirn das Velum medullare rostrale und kaudal das Velum medullare caudale.

Mesencephalon

Das Mesencephalon erfährt die geringsten Veränderungen und wird vom Endhirn nahezu überdeckt (**Abb. 19.9; 19.11**).

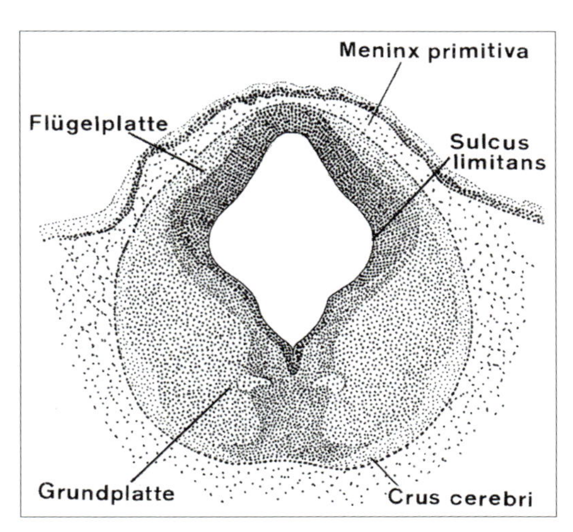

Abb. 19.9 Entwicklung des Mesencephalons beim Schwein (SSL 26 mm, ca. 30 Tage), Vergr. 25x

Grundplatte und Hirnschenkel. Die Grundplatte bildet die *Mittelhirnhaube* (Tegmentum mesencephali) mit den Kernen des N. oculomotorius und N. trochlearis. Die Randzone jeder Grundplatte entwickelt sich zum *Hirnschenkel* (Crus cerebri).

Flügelplatte. Sie bildet erst zwei longitudinale Erhebungen, die dann zur *Vierhügelplatte* (Lamina quadrigemina) unterteilt werden. Auch der Nucleus ruber und die Substantia nigra sollen aus der Flügelplatte entstehen.

Das ursprünglich weite Ventrikelsystem unter der Lamina quadrigemina wird später zum dünnen *Aquaeductus mesencephali* eingeengt.

Diencephalon

An der Anlage des Zwischenhirns gibt es keine Bodenplatte, und an der Mantelzone des Neuroepithels sollte infolge Fehlens somatoafferenter Endkerne und somatoefferenter Ursprungskerne eine Unterteilung in Grund- und Flügelplatte nicht vorgenommen werden. Der am Neuroepithelmantel ausgebildete Sulcus hypothalamicus entspricht nicht dem Sulcus limitans, der im Rückenmark, verlängertem Mark und Mittelhirn vorkommt (**Abb. 19.10; 19.11**).

Hypothalamus. Corpus mamillare, Tuber cinereum mit Infundibulum und die hypothalamischen Kerngebiete gehen aus dem basal vom Sulcus hypothalamicus gelegenen Neuroepithel hervor.

Thalamus und Metathalamus. Der Sehhügel und die Kniehöcker (Corpora geniculata) entwickeln sich aus den Zellen dorsal der Furche. Durch starkes Wachstum der Sehhügel kommt es innerhalb des Hohlraumes zur Berührung und Verschmelzung, wodurch die Massa intermedia gebildet wird. Die Kniehöcker bilden sich okzipitalwärts am Thalamus.

Epithalamus. Die Habenulae mit der Epiphyse und die Commissura caudalis entstehen aus dem kaudalen Abschnitt der Deckplatte. Ihr Hauptteil bildet mit der Pia mater die Lamina tectoria ventriculi III, aus der das Adergeflecht des dritten Ventrikels hervorgeht.

Ventriculus III. Der ursprünglich spaltartige Hohlraum des Zwischenhirns wird durch die Bildung der Massa intermedia zum ringförmigen Kanal, an dem sekundär verschiedene Ausbuchtungen (Recessus opticus, -infundibuli, -pinealis und -suprapinealis) entstehen. Das Dach wird vom Plexus chorioideus und die rostrale Abgrenzung von der Lamina terminalis gebildet.

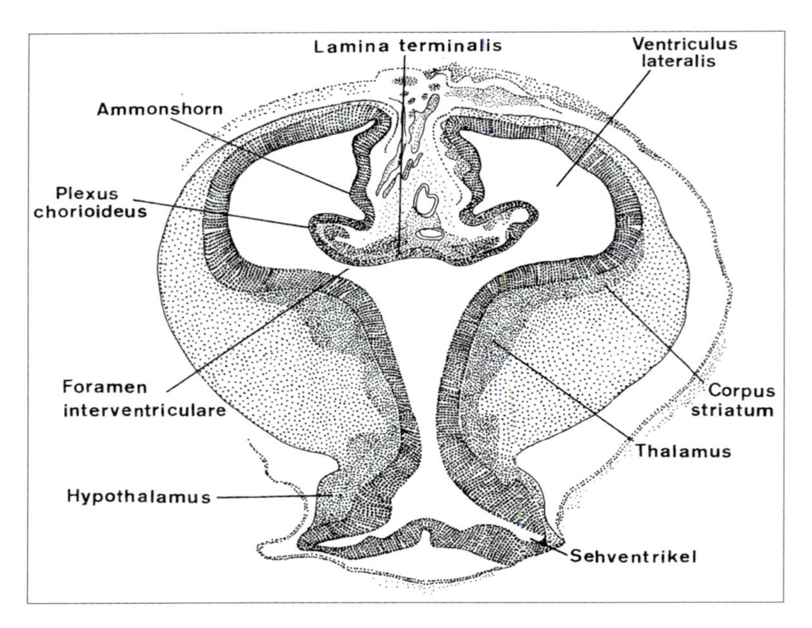

Abb. 19.10 Gehirnentwicklung, Schnitt durch Tel- und Diencephalon beim Schweineembryo. Länge: 19 mm, ca. 25 Tage, Vergr. 25x

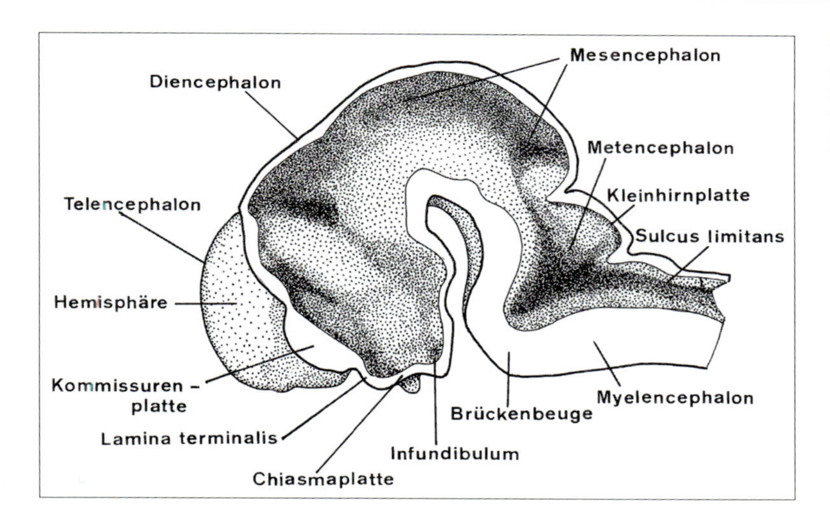

Abb. 19.11 Medianschnitt durch das Gehirn eines Katzenembryos von 25 Tagen, SSL 19 mm (nach Martins Modell)

Telencephalon

Durch starkes Wachstum der Seitenteile des unpaaren Endhirnbläschens entstehen die Hemisphärenbläschen als Anlage der Großhirnhemisphären (**Abb. 19.8; 19.11**). Dabei wird die *Lamina terminalis* als ursprünglich rostraler Abschluss der Gehirnanlage in die Tiefe verlagert. Sie entwickelt sich zur Vorderwand des Telencephalon impar. Die Hohlräume der Hemisphärenbläschen (Seitenventrikel) stehen über die *Foramina interventricularia* mit dem Lumen des Zwischenhirns in Verbindung (**Abb. 19.10**). Äußerlich werden die Hemisphärenbläschen durch den Sulcus hemisphaericus vom Zwischenhirn getrennt.

Großhirnhemisphären. Die Hemisphärenbläschen nehmen an Größe erheblich zu und überdecken nach und nach als Hirnmantel (Pallium) von dorsal und lateral immer größere Teile des Hirnstammes. Bald lässt sich ein Lobus frontalis, - parietalis, - occipitalis und - temporalis unterscheiden.

An der ventromedialen Wand der Hemisphärenbläschen hat sich in bogenförmiger Krümmung die *Hippocampusformation* gebildet und ventrorostral stülpt sich der *Riechlappen* (Lobus olfactorius) aus. Er hebt sich schließlich als Riechkolben (Bulbus olfactorius) ab, dessen Hohlraum mit den Seitenventrikeln in Verbindung bleibt. Durch ungleiches Wachstum entstehen an der ursprünglich glatten Oberfläche Furchen und Windungen. Als erste tritt die Fissura lateralis cerebri auf. Mit dem Auftreten der Furchen kommt es auch zur Differenzierung der Schichten der Großhirnrinde und zur Ausbildung der weißen Marksubstanz.

Kommissuren. Ursprünglich sind die Hemisphärenbläschen nur durch die Lamina terminalis verbunden. Durch Verdickung an ihrem oberen Rand entwickelt sich die Lamina terminalis zur *Kommissurenplatte*, die von der Deckplatte des Diencephalons bis zum Chiasma opticum reicht. Aus der Kommissurenplatte gehen die *Commissura rostralis*, das *Corpus callosum* und die *Commissura fornicis* hervor (**Abb. 19.11**).

Basalganglien. Schon frühzeitig tritt am Boden der Hemisphärenanlage eine schnell wachsende Verdickung auf, die sich ins Lumen der Seitenventrikel vorwölbt und über den Hemisphärenstiel flächenhaft mit dem Zwischenhirn in Verbindung steht. Da dieser Hügel an Querschnitten ein gestreiftes Aussehen zeigt, wird er als *Streifenkörper, Corpus striatum,* bezeichnet (**Abb. 19.10**). Aus ihm entsteht der dorsomediale Nucleus caudatus und der ventrolaterale Nucleus lentiformis. Die an Nervenfasern reiche Schicht zwischen beiden ist die Capsula interna. Später teilt sich der Nucleus lentiformis in das Putamen und den Globus pallidus. Der äußere Bereich über dem Corpus striatum wird zur *Insel,* die von benachbarten Endhirnteilen überwuchert wird und in die Tiefe gelangt. Sie ist später nur über die Fissura lateralis cerebri erreichbar.

Ventriculi laterales. Durch das bogenförmige Auswachsen der Hemisphärenblasen und vor allem durch die Ausbildung des Hippocampus lässt sich ein jeder Seitenventrikel in den geräumigen Zentralteil sowie das Vorder- und Hinterhorn unterteilen. An der medialen Oberfläche der Hemisphäre, wo diese am Dach des Zwischenhirns befestigt ist, entwickelt sich der Plexus chorioideus (**Abb. 19.10**). Er ist an der Fissura chorioidea befestigt und ragt in den Seitenventrikel vor.

19.3 Neuralleiste

Die Neuralleiste entsteht als Zellwucherung am Übergangsgebiet von Neuralrohr und Epidermisblatt (**Abb. 10.3; 19.2**). Sie wird vom Mittelhirn bis zu den kaudalen Somiten angelegt und gliedert sich bald in Kopfteil, *Kopfneuralleiste* und Rumpfteil, *Rumpfneuralleiste*. Aus ihr gehen die Neuroblasten der Spinal- und Kopfganglien, Sympathikoblasten, chromaffine Zellen, die periphere Glia, Melanozyten und das Mesektoderm hervor.

Nervenzellen der Spinalganglien

Die Neuroblasten der Spinalganglien entstehen aus der Rumpfneuralleiste und bilden zwei Fortsätze aus. Ihre *Dendriten* wachsen gemeinsam mit den Fasern der Ventralwurzel in die Peripherie und verbinden sich mit bestimmten Hautbezirken, den Dermatomen. Die *Neuriten* treten ins Rückenmark ein, wo sie in der Flügelplatte enden oder zu höheren Zentren aufsteigen. Sie bilden in ihrer Gesamtheit die Dorsalwurzel des Spinalnerven (**Abb. 19.6**). Da sich die perikaryonnahen Abschnitte des Dendriten und Neuriten vereinigen, entsteht die typische *pseudounipolare* Nervenzelle der Spinalganglien.

Nervenzellen der Kopfganglien

Die sensiblen Ganglien des Kopfes bilden sich zum Teil aus Neuroblasten der Kopfneuralleiste und zum anderen aus Neuroblasten ektodermaler Verdickungen (Neuralplakoden). Aus beiden geht das Ganglion semilunare des N. trigeminus hervor. Aus den Plakoden bilden sich das Ganglion geniculi des N. facialis, das Ganglion distale (petrosum) des N. glossopharyngeus und das Ganglion distale (nodosum) des N. vagus. Aus der Neuralleiste allein entsteht das Ganglion proximale (jugulare) des N. vagus (**Abb. 19.2**). Aus der Kopfneuralleiste gehen ferner die parasympathischen Ganglien des III., VII., IX. und X. Hirnnerven hervor.

Sympathikoblasten und chromaffine Zellen

Neben den Neuroblasten der sympathischen Ganglien (Sympathikoblasten) entstehen aus der Rumpfneuralleiste auch die sympathischen Paraganglien. Hier sind in erster Linie die chromaffinen Zellen der Nebennieren zu nennen (**Abb. 20.2**). Sympathikoblasten und chromaffine Zellen haben nicht nur eine gemeinsame Herkunft, sondern sie zeigen auch Analogie in der Synthese biogener Amine (Noradrenalin und Adrenalin als Hormon, Noradrenalin als Transmitter).

Periphere Glia

Zellen der Neuralleiste entwickeln sich ferner zu den Mantelzellen der Spinalganglien und zu den Schwannschen Zellen (Lemmozyten), die an den Axonen entlang wandern. Eine Zelle umhüllt ein Segment von 1–2 mm. Die Markscheidenbildung beginnt zuerst an den motorischen, später an den sensiblen Fasern. Zur Zeit der Geburt ist die Myelogenese noch nicht beendet.

Melanoblasten

Die Melanoblasten wandern aus der Neuralleiste aus und verbreiten sich in der Haut über den ganzen Körper. Sie stellen die Vorstufen der Melanozyten dar, die erst an Ort und Stelle unter Einfluss der Umgebung die Pigmentierung bewirken.

Mesektoderm

Aus der Neuralleiste stammen ferner Zellen, die sich wie Mesenchymzellen verhalten und deshalb als Mesektoderm bezeichnet werden. Diese Zellen differenzieren sich zu Bindegewebszellen der weichen Hirnhäute, zu Knorpelzellen, zu Knochenzellen und zu Odontoblasten.

19.4 Gehirn- und Rückenmarkshäute

Die Hüllen entwickeln sich aus der Meninx primitiva (**Abb. 19.9**), die aus der äußeren Ectomeninx und der inneren, zarten Endomeninx besteht. Aus der *Ectomeninx* gehen Endorhachis bzw. Endocranium und die derbe Dura mater hervor. Die *Endomeninx* wird zur Leptomeninx, die durch die Ausbildung des Subarachnoidalraumes in die Arachnoidea und in die gefäßreiche, dem zentralen Nervensystem direkt anliegende Pia mater getrennt wird.

19.5 Peripheres Nervensystem

Zum peripheren Nervensystem (**Abb. 19.12**) gehören die Spinalnerven, Gehirnnerven und die vegetativen Nerven einschließlich ihrer Ganglien (s. Neuralleiste).

Spinalnerven. Die Dendriten der Spinalganglien verbinden sich mit den efferenten Fasern der Ventralwurzel zum kurzen Spinalnerv. Nach Abgabe des Ramus meningicus und der Rami communicantes teilt er sich in den Ramus dorsalis und den stärkeren Ramus ventralis. Die Ventraläste wachsen in die Anlagen der Gliedmaßen ein und bilden an der Basis der Schultergliedmaße den Plexus brachialis und an der Basis der Beckengliedmaße den Plexus lumbosacralis.

Gehirnnerven. Die Gehirnnerven wachsen entweder von der Hirnanlage oder den Kopfganglien aus. Letztere stammen von der Kopfneuralleiste oder von Plakoden ab. Die Gehirnnerven I, II und VIII werden als rein sensorische, die Gehirnnerven IV, VI, XI und XII als rein motorische und alle übrigen als gemischte Nerven angelegt.

19.6 Vegetatives Nervensystem

Sympathisches System

Die präganglionären Fasern wachsen von den Neuroblasten der Grundplatte des Rückenmarkes über die ventrale Wurzel aus und ziehen als Rami communicantes albi zum Grenzstrang.

Der *Grenzstrang* (Truncus sympathicus) ist bereits vorher aus den Sympathikoblasten der Neuralleiste entstanden, indem in Brust- und Lendenbereich eine Kette segmental angeordneter Ganglien entsteht. Von hier wandern Sympathikoblasten nach kranial und kaudal, wodurch die definitive Länge des Grenzstranges festgelegt wird. Die ursprünglich segmentale Anordnung geht teilweise (vor allem im Halsbereich) verloren.

Die aus den sympathischen Ganglien hervorgehenden postganglionären Fasern sind myelinfrei und verlaufen entweder zu anderen Ganglien des Grenzstranges oder zu den inneren Organen. Andere Fasern ziehen als Rami communicantes grisei zu den Spinalnerven.

Die prävertebralen Ganglien (z. B. Ggll. coeliacum u. mesentericum) entstehen aus Sympathikoblasten, die über den Grenzstrang hinauswandern.

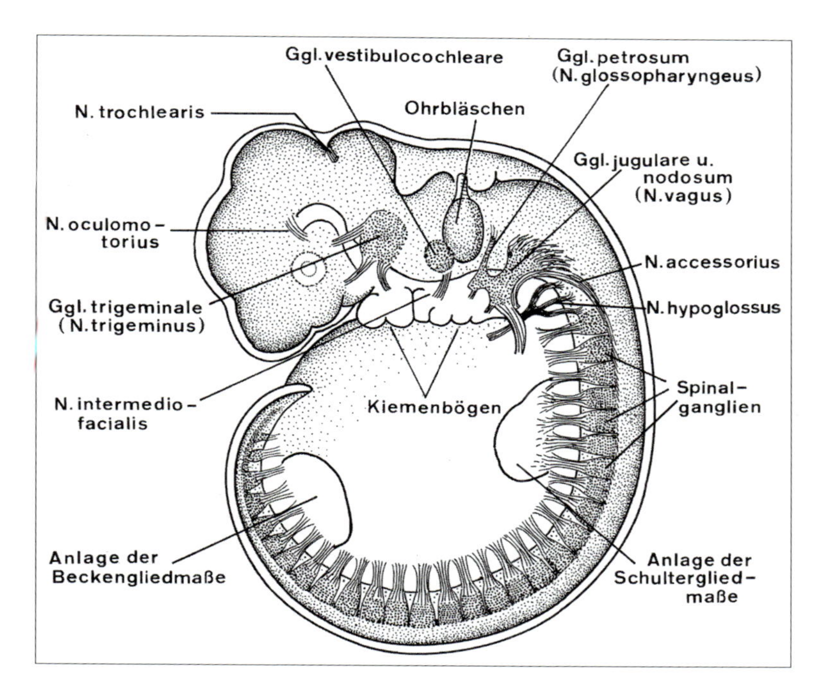

Abb. 19.12 Schematische Darstellung der Entwicklung des peripheren Nervensystems beim menschlichen Embryo (nach Streeter 1904)

Parasympathisches System

Die präganglionären Fasern entstammen dem Mittelhirn (III. Hirnnerv), Rautenhirn (VII., IX., X. Hirnnerv) und dem Rückenmark. Die parasympathischen Ganglien sind aus der Kopfneuralleiste und die postganglionären Neurone aus Neuroblasten sowohl des Neuralrohres als auch der Neuralleiste hervorgegangen.

Die parasympathischen, nicht chromaffinen Paraganglien (Glomus caroticum und Glomus aorticum) entstehen vermutlich aus benachbarten Ganglien, die aus der Neuralleiste stammen.

Intramurales System

Dieses entwickelt sich aus Neuroblasten, die entweder von den prävertebralen Ganglien oder dem Parasympathicus abstammen.

Zusammenfassung

Nervensystem

- **Neurulation.** Die Seitenränder der ektodermalen Neuralplatte wulsten sich als *Neuralfalten* hoch und begrenzen die Neuralfurche. Die Neuralfalten vereinigen sich zum *Neuralrohr* mit Zentralkanal, an dem zeitig die Trennung in Hirnrohr und Medullarrohr erkennbar ist. Am Übergang vom Epidermisblatt zur Neuralrinne bildet sich die *Neuralleiste*.
- **Rückenmark.** Aus dem Neuroepithel des Neuralrohres auswandernde Neuroblasten bilden die *Mantelschicht*, die sich zur grauen Substanz entwickelt. Nach außen auswachsende Neuriten der Neuroblasten ordnen sich zum *Randschleier*, der späteren weißen Substanz an. Aus der dünnen dorsalen *Deck-* und ventralen *Bodenplatte* der Mantelschicht entstehen die Commissurae griseae. Die lateralen Seitenwände jedoch proliferieren sehr stark und bilden die dorsale *Flügelplatte* und ventrale *Grundplatte*. Die Flügelplatte entwickelt sich zum Dorsalhorn mit sensiblen Arealen, wo die somatoafferenten Fasern der Spinalganglien eintreten, sowie zum Seitenhorn mit viszeroafferenten Fasern. Aus der Grundplatte entsteht das Ventralhorn mit motorischen Kernen, deren Fasern als Ventralwurzel der Spinalnerven auswachsen und mit den Muskelanlagen in Verbindung treten. Hinzu kommen viszeroefferente Fasern, die zu den Eingeweiden ziehen.
- Das **Gehirn** entwickelt sich über das *Dreiblasenstadium* (Prosencephalon, Mesencephalon, Rhombencephalon) zum *Fünfblasenstadium* (Telencephalon, Diencephalon, Mesencephalon, Metencephalon, Myelencephalon), aus denen die einzelnen Abschnitte hervor gehen (s. **Tab. 19.1**). Dabei werden Zellen der Mantelschicht als peripheres Rindengrau nach außen verlagert, während zurückgebliebene Zellen sich zum zentralen Höhlengrau und den Stammganglien entwickeln. Aus dem gemeinsamen Hohlraum bilden sich die Gehirnkammern.
- Aus der **Neuralleiste**, die als Kopf- und Rumpfneuralleiste angelegt wird, gehen die Kopf- und Spinalganglien, Sympathikoblasten, chromaffine Zellen der Nebenniere, die periphere Glia (Schwannsche Zellen), Melanoblasten und das Mesektoderm des Kopfbereiches hervor.

20 Entwicklung der endokrinen Drüsen

Während die Bildung der Hypophyse, Epiphyse und Nebenniere in unmittelbarem Zusammenhang mit der Entwicklung des Nervensystems steht, gehen die Epithelkörperchen aus den Schlundtaschen und die Schilddrüse als Spross aus dem Mundhöhlenboden hervor.

20.1 Hypophyse

Die Hypophyse (Glandula pituitaria) entwickelt sich aus zwei völlig getrennten Anlagen (**Abb. 20.1; 29.10**). Die **Adenohypophyse** geht aus einer ektodermalen Ausstülpung der Mundbucht, der Rathkeschen Tasche hervor. Die **Neurohypophyse** bildet sich aus einer Erweiterung des Zwischenhirns, dem Infundibulum.

Die **Rathkesche Tasche** (Hypophysentasche) entsteht zur Zeit der Bildung des harten Gaumens als

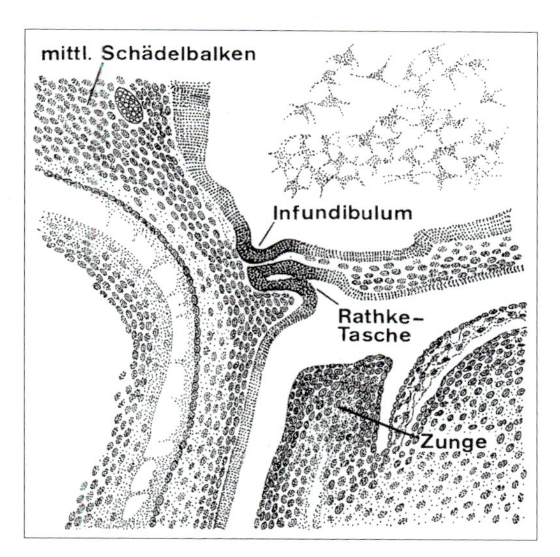

Abb. 20.1 Anlage der Hypophyse eines 10 mm langen, 10 Tage alten Embryos der Katze, Vergr. ca. 25 x

epitheliale Vertiefung unmittelbar rostral vor der Membrana stomatopharyngealis. Die Tasche wächst dem Infundibulum entgegen und schnürt sich schließlich als *Hypophysensäckchen* vom Mundhöhlenepithel ab. Strangartige Reste der einstigen Verbindung können im Keilbein als „Hypophysengang" (Canalis craniopharyngeus) erhalten bleiben. Das **Infundibulum** entsteht als unpaare Aussackung des Zwischenhirns etwas später und wächst ins Mesenchym der Schädelbasis vor. Es behält aber seine Verbindung zum Zwischenhirn bei. Beide Anlagen der Hypophyse vereinigen sich zu einem einheitlichen Organ. An der Kontaktzone bildet das Hypophysensäckchen den Zwischenlappen. Die adenohypophysäre Anlage selbst wird zum Vorderlappen, der sekundär den Trichterlappen hervorgehen lässt. Der Hohlraum des Hypophysensäckchens bleibt bei den Haustieren mit Ausnahme des Pferdes als Hypophysenhöhle bestehen.

Die Hypophyse liegt später in der Fossa hypophysealis des Keilbeins, das aus dem umgebenden Mesenchym entsteht.

20.2 Epiphyse

Die Epiphyse (Glandula pinealis) entsteht schon frühzeitig im kaudalen Teil der Deckplatte des Zwischenhirnbläschens. Zunächst bildet sich eine Epithelverdickung, die sich später als Epiphysenknospe ausstülpt und gleichzeitig den Recessus pinealis begrenzt.

20.3 Nebenniere

Die Nebenniere (Glandula suprarenalis) bildet sich aus zwei völlig verschiedenen Anteilen (**Abb. 20.2**). Die Nebennierenrinde geht aus dem intermediären Mesoderm und das Nebennierenmark aus der ektodermalen Neuralleiste hervor.

Die **Nebennierenrinde** (Interrenalorgan) entsteht durch Proliferation des Epithels zugrunde gehender Urnierenkanälchen im Bereich zwischen der kranialen Gekrösewurzel und der Keimdrüsenanlage. Die zuerst ins retroperitonäale Bindegewebe eindringenden Epithelzellen differenzieren sich zu großen, polygonalen Zellen. Sie bilden die *embryonale Nebennierenrinde*, die sich entweder in der embryonalen (Rd.) oder fetalen Periode (Schw.) zurückbildet. Die *definitive Nebennierenrinde* entwickelt sich durch weitere Proliferationen kleinerer Zellen, die bei Schwein und Rind etwa mit dem 80. Tag die Zona fasciculata und die äußere Zona arcuata bzw. glomerulosa (Wdk.) formen. Die Zona reticularis entsteht erst postnatal aus tiefen Teilen der Zona fasciculata.

Das **Nebennierenmark** (Adrenalorgan) bildet sich aus Zellen, die wie die Sympathikoblasten aus der Rumpfneuralleiste hervorgehen. Sie wandern von der medialen Seite her ins Zentrum der Rindenanlage ein und differenzieren sich nicht zu Nervenzellen, sondern zu den chromaffinen Zellen (Chromaffinozyten), die sich mit Chromsalzen braun färben. Das Nebennierenmark stellt ein sympathisches Paraganglion suprarenale dar.

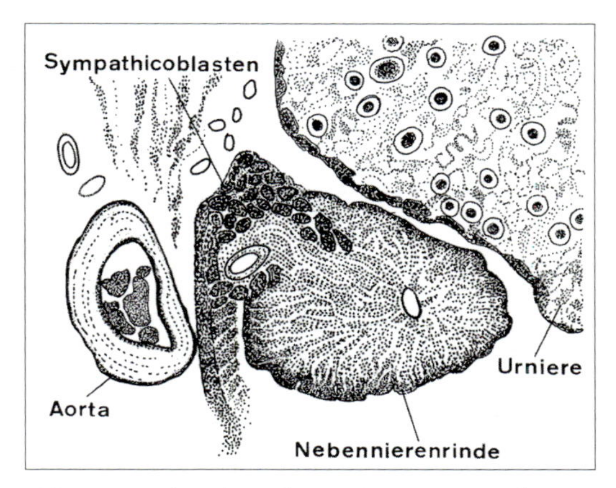

Abb. 20.2 Anlage der rechten Nebenniere vom Schwein (SSL 72 mm, ca. 48 Tage). Vergr. ca. 25 x

20.4 Schilddrüse

Die erste Anlage der Schilddrüse (Glandula thyreoidea) entsteht als Epithelverdickung am Boden des Schlunddarmes zwischen Tuberculum impar und Kopula. Der Spross dringt in die Tiefe des Mesoderms ein, biegt kaudal um und wächst zum *Ductus thyreoglossus* aus. Dieser weitet sich an seinem freien Ende zu einem hufeisenförmigen, zweizipfligen Divertikel, das an den Kehlkopfknorpeln vorbei nach kaudal bis vor die Trachea wandert (**Abb. 20.3**). Aus den Seitenteilen der Anlage bilden sich die beiden Lappen und aus dem Mittelstück der tierartlich unterschiedlich strukturierte Isthmus. Der Ductus thyreoglossus selbst wird zurückgebildet. Aus Resten können akzessorische Schilddrüsen entstehen, die am Zungengrund, am Hals oder in der Brusthöhle vorkommen. Der Abgang des Ductus thyreoglossus von der Mundhöhle ist beim Menschen als flache Grube (Foramen caecum) am Zungengrund noch sichtbar.

Die zunächst rein epitheliale Schilddrüsenanlage wird durch einwachsendes, gefäßhaltiges Mesenchym in Zellstränge und Zellplatten zerlegt, aus denen sich später die Schilddrüsenfollikel herausbilden. Die Calcitonin produzierenden, parafollikulären oder C-Zellen entwickeln sich aus dem ultimobranchialen Körper, der aus der 4. Schlundtasche entsteht und sich mit der Schilddrüsenanlage vereinigt. Es wird angenommen, dass sich die C-Zellen aus Material der Neuralleiste entwickeln, das in die Kiemenbögen eingewandert ist.

20.5 Epithelkörperchen

Die Epithelkörperchen (Glandulae parathyreoideae) gehen aus Entodermwucherungen der 3. und 4. Schlundtasche hervor (**Abb. 20.3**).

Das **laterale Epithelkörperchen**, Glandula parathyreoidea externa (III), entwickelt sich aus der dorsalen Ausstülpung der dritten Schlundtasche. Es wächst mit der Thymusanlage, die aus dem Ventraldivertikel derselben Schlundtasche hervorgeht, nach kaudal und liegt dann entweder lateral an der Schilddrüse (Pfd., Flfr.) oder an der Aufteilung der A. carotis communis (Wdk., Schw.). Aus der Anlage der lateralen Epithelkörperchen können sich auch akzessorische Epithelkörperchen entwickeln.

Das **mediale Epithelkörperchen**, Glandula parathyreoidea interna (IV), sprosst aus dem Dorsaldivertikel der 4. Schlundtasche hervor. Die Anlage legt sich medial an die Seitenlappen der Schilddrüse und wird von deren Gewebe umschlossen.

Bei der histogenetischen Differenzierung kommt es nach Einwachsen von gefäßhaltigem Mesenchym zur Bildung von Epithelsträngen, die bei der adulten Drüse erhalten bleiben.

Zusammenfassung

Endokrine Drüsen

- Die **Hypophyse** entwickelt sich aus zwei getrennten Anlagen. Die **Adenohypophyse** geht aus der Rathkeschen Tasche, einer ektodermalen Ausstülpung der Mundbucht und die **Neurohypophyse** aus einer Aussackung des Zwischenhirns, dem Infundibulum, hervor. Die Tasche wächst dem Infundibulum entgegen und verliert ihre Verbindung zum Mundhöhlenepithel. Das Infundibulum bleibt mit dem Zwischenhirn verbunden.
- Die **Epiphyse** entsteht in der Deckplatte des Zwischenhirnbläschens.
- Die **Nebenniere** entwickelt sich aus zwei völlig verschiedenen Anteilen. Die **Nebennierenrinde** entsteht durch Proliferation des intermediären Mesoderms zwischen kranialer Gekrösewurzel und Keimdrüsenanlage. Das **Nebennierenmark** bildet sich aus den chromaffinen Zellen der Rumpfneuralleiste, die von medial her in die Rindenanlage einwandern.
- Die **Schilddrüse** entwickelt sich aus einem Epithelspross des Schlunddarmbodens, der als Ductus thyreoglossus im Mesoderm nach kaudal bis zur Luftröhre wächst. Sein freies Ende weitet sich zum zweizipfligen Divertikel, aus dem die beiden Lappen und der sie verbindende Isthmus entstehen. Die Calcitonin produzierenden **C-Zellen** differenzieren sich aus den Zellen der Neuralleiste, die vom ultimobranchialen Körper in die Schilddrüsenanlage einwandern.
- Das **laterale Epithelkörperchen** entsteht als Entodermwucherung der dorsalen Ausstülpung der 3. Schlundtasche. Das **mediale Epithelkörperchen** bildet sich aus dem dorsalen Divertikel der 4. Schlundtasche.

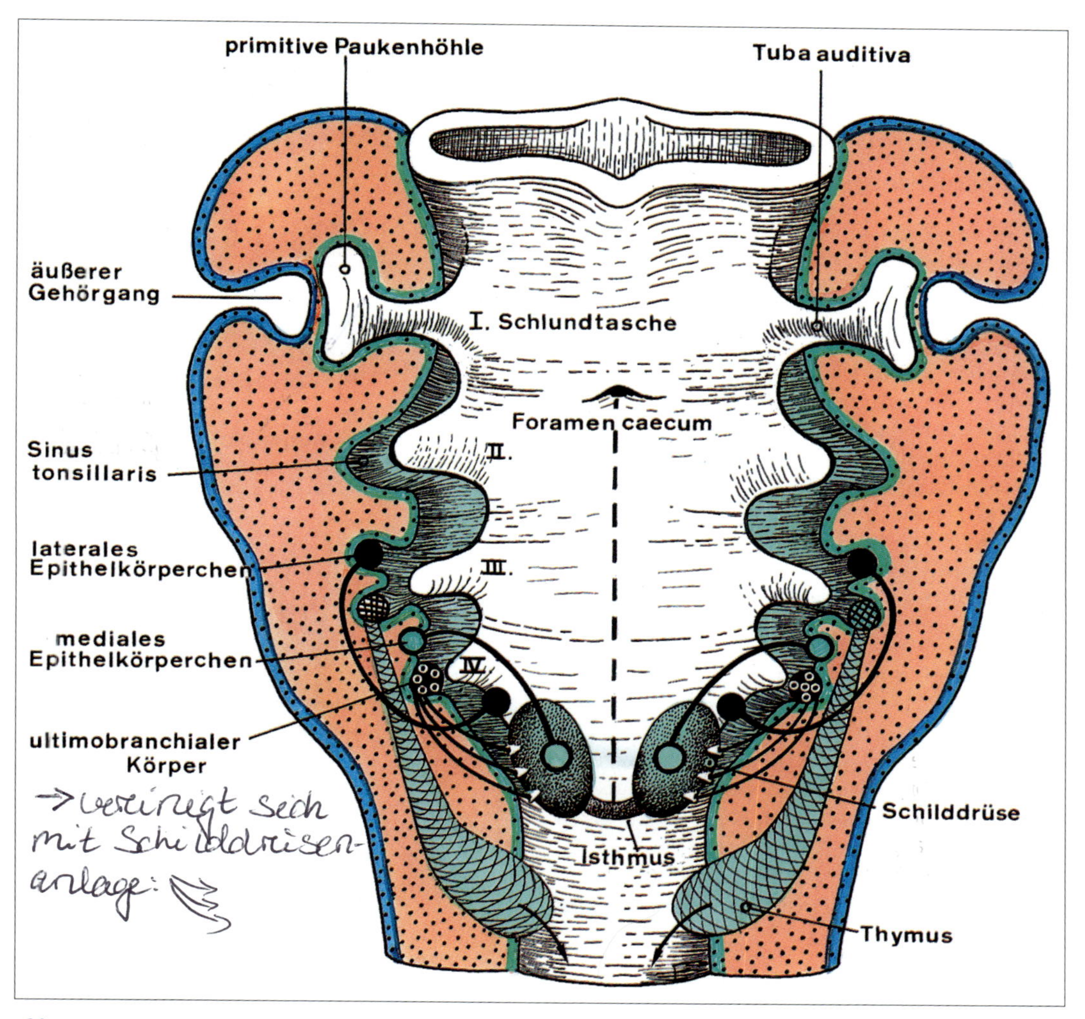

Abb. 20.3 Schematische Darstellung der Entwicklung von Schilddrüse, Epithelkörperchen und Thymus (in Anlehnung an Starck 1975)

21 Entwicklung der Sinnesorgane

21.1 Sensible Endigungen in der Haut

Die aus den Neuroblasten der Neuralleiste hervorgegangenen Spinalganglien bilden Dendriten aus, die in die Peripherie wachsen und sich mit bestimmten Hautbezirken, den Dermatomen, verbinden. Hier enden sie frei oder bilden mit epithelial angeordneten Zellen (Lemmocyten) besondere Endkörperchen.

21.2 Geschmacksorgan

Die Geschmackspapillen der Zunge entwickeln sich im Terminalgebiet der einwachsenden Fasern des N. facialis und des N. glossopharyngeus. Durch die besondere Anordnung des Mesenchyms entstehen Papillae fungiformes, vallatae und foliatae, in denen Geschmacksknospen auftreten. Das Epithel der Knospen differenziert sich zu Stützzellen und Geschmackszellen, die mit den Nervenfasern Synapsen bilden. Durch Lageveränderung des Epithels kommt es zur Ausbildung der typischen Form der Geschmacksknospen mit Geschmacksporus.

21.3 Geruchsorgan

Die Riechschleimhaut entwickelt sich aus der **Nasenplakode** (-platte), einer ektodermalen Verdickung im apikalen Kopfbereich. Ihr zentraler Teil stellt die *Riechplakode* dar. Die Nasenplatte vertieft sich zur *Nasengrube* (**Abb. 22.4; 23.1**), die zum *Nasensäckchen* auswächst. Am Grunde des Nasensäckchens, der späteren Regio olfactoria, differenzieren sich die ektodermalen Zellen der Riechplatte zu Stützzellen und bipolaren Sinneszellen, *Riechzellen*. Am apikalen Dendriten der Riechzellen entstehen Riechhärchen, und die basalen Neuriten treten als marklose Nn. olfactorii in den Bulbus olfactorius ein. Hier bilden sie in den Glomerula olfactoria Synapsen mit dem 2. Neuron der Riechbahn.

21.4 Auge

Die Retina, der N. opticus und der Glaskörper entstehen aus dem Neuroektoderm durch Ausstülpung des Zwischenhirnes. Direkt aus dem Ektoderm (Oberflächenektoderm) bilden sich die Linse, das Hornhautepithel, die Liddrüsen und der Tränenapparat. Alle anderen Anteile des Auges sind mesodermaler Herkunft.

Augenbecher und Linsenbläschen

Bereits vor Schluss des vorderen Neuroporus (bei Schw. mit 4,7 mm SSL und Rd. mit 3,3 mm SSL) tritt beiderseits am Vorderhirn die *Augengrube* auf, die sich zur **Augenblase** erweitert (**Abb. 21.1**). Diese wächst durch das Mesenchym gegen das Oberflächenektoderm vor und induziert hier die Linsenanlage. Mit fortschreitendem Wachstum setzt sich die Augenblase immer mehr durch den **Augenblasenstiel** vom Diencephalon ab. Ihr Hohlraum wird als **Sehventrikel** bezeichnet (**Abb. 21.2**).

Die Linsenplakode (-platte) senkt sich zur Linsengrube ein und schnürt sich schließlich völlig als Linsenbläschen von der Epidermis ab (bei Schw. mit 7,8 mm SSL, Rd. 14 mm SSL). Die Linsenanlage stülpt nun die Augenblase ein, die sich so zum doppelwandigen **Augenbecher** umformt (**Abb. 21.2; 21.4**). Das Linsenbläschen wird schließlich vollständig in den Augenbecher verlagert und der Seh-

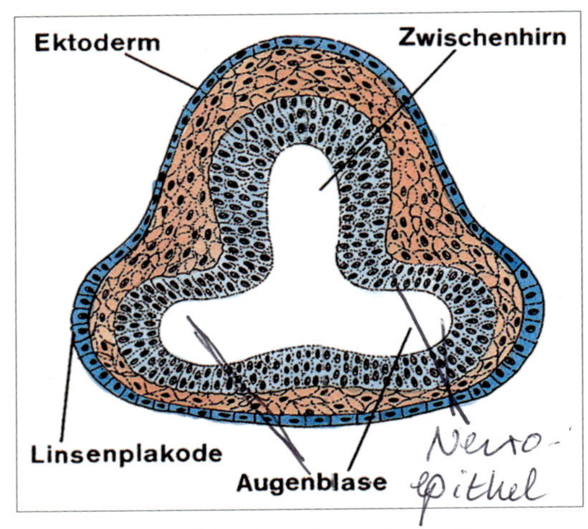

Abb. 21.1 Augenblase beim 4,5 mm langen Embryo einer Katze, Vergr. ca. 40 x

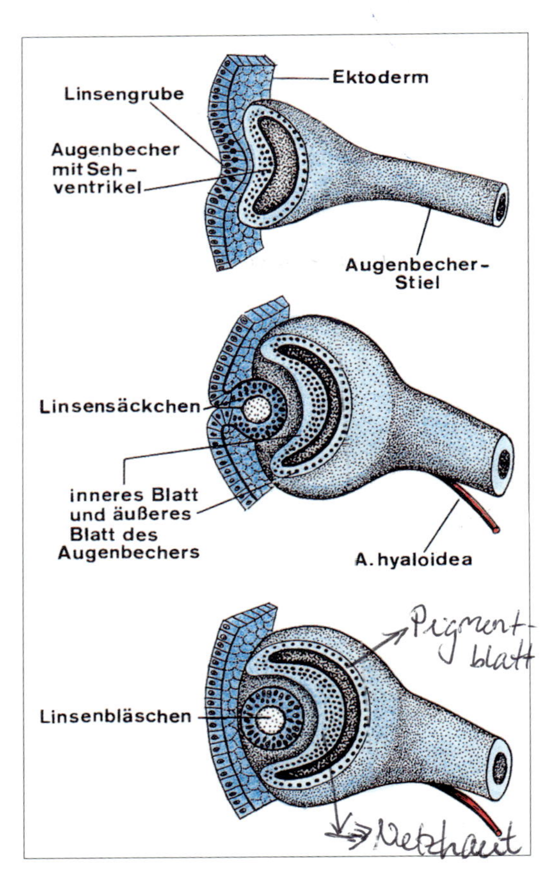

Abb. 21.2 Schematische Darstellung der Entwicklung des Auges beim Säuger

ventrikel wird zu einem kapillaren Spalt eingeengt. Das äußere, einschichtige Blatt des Augenbechers entwickelt sich zum Pigmentblatt und das mehrschichtige, innere Blatt zur eigentlichen Netzhaut.

Augenspalte

Mit dem Umformungsprozess zum Augenbecher wird gleichzeitig sein unterer, mittlerer Rand zur *Becherspalte* eingestülpt, die sich als *Stielrinne* auf den Becherstiel fortsetzt. Beide stellen die fetale **Augenspalte** dar, in die sich Mesenchym einsenkt und die A. hyaloidea einwächst (**Abb. 21.3**). Dieses Gefäß dringt ins Augeninnere vor, bleibt aber später nur im proximalen Teil als A. centralis retinae erhalten. Nach Vereinigung der Ränder der Augenspalte wird der Becherstiel zum doppelwandigen Rohr mit eingeschlossener A. centralis retinae. Gleichzeitig rundet sich die Öffnung des Augenbechers zur Pupille ab. Die Stielrinne dient als Leitbahn für die auswachsenden Nervenfortsätze der Retina, die über diesen Weg die Wand des Zwischenhirns erreichen.

Retina (Netzhaut)

Die hinteren $^{4}/_{5}$ des Augenbechers entwickeln sich zur Pars optica retinae und das vordere $^{1}/_{5}$ zur Pars caeca retinae (**Abb. 21.4**). Beide trennt die Ora serrata.

Im Bereich der **Pars optica** bleibt das äußere Blatt des Augenbechers einschichtig und differenziert sich zum *Stratum pigmentosum*. In der Innenwand hingegen führen zahlreiche Mitosen zum Aufbau des vielschichtigen *Stratum nervosum*. Ausgangsmaterial ist die an den Sehventrikel angrenzende Neuroepithelschicht, aus der die lichtempfindlichen Stäbchen und Zapfen sowie die Mantelschicht hervorgehen. Die Zellen der Mantelschicht liefern neben den Stütz- und amakrinen Zellen die bipolaren Nervenzellen und die Ganglienzellschicht (Ggl. nervi optici). Deren Neuriten wachsen auf den Augenbecherstiel zu und bilden den Randschleier, aus dem die Nervenfaserschicht hervorgeht.

Im Bereich der **Pars caeca retinae** bleiben beide Blätter des Augenbechers einschichtig. Das innere, aus isoprismatischen, unpigmentierten Zellen be-

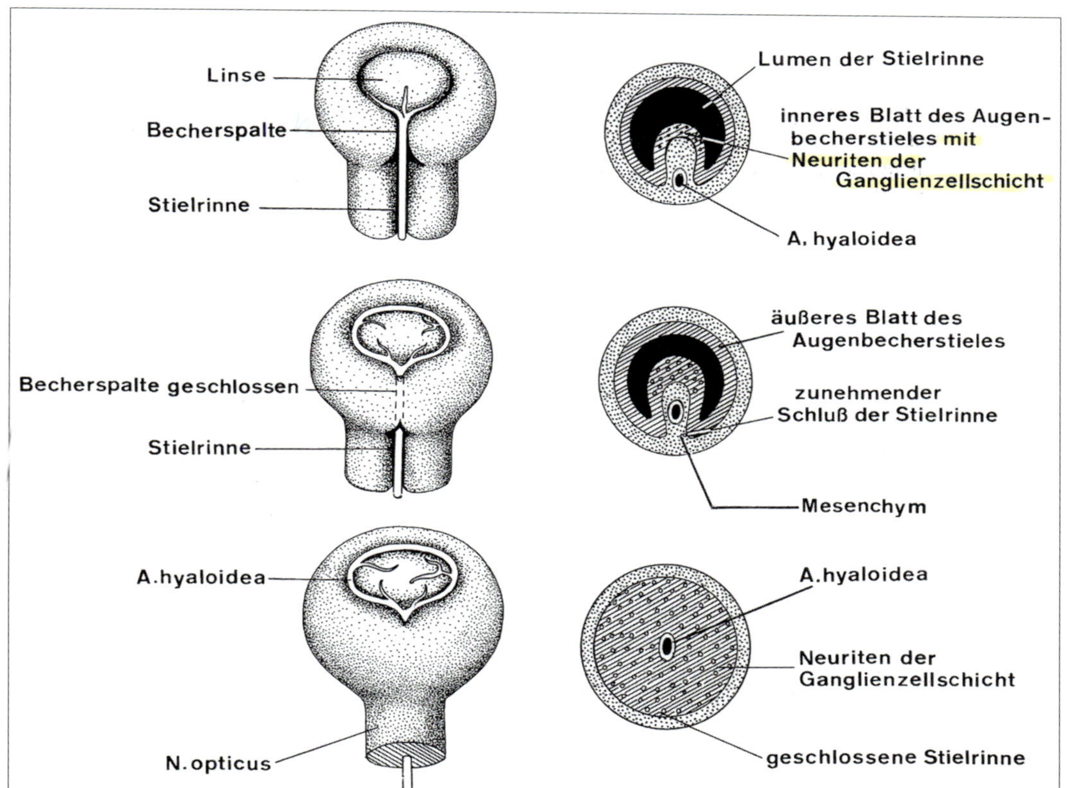

Abb. 21.3 Entwicklung der Augenspalte und des N. opticus (aus Moore 1985)

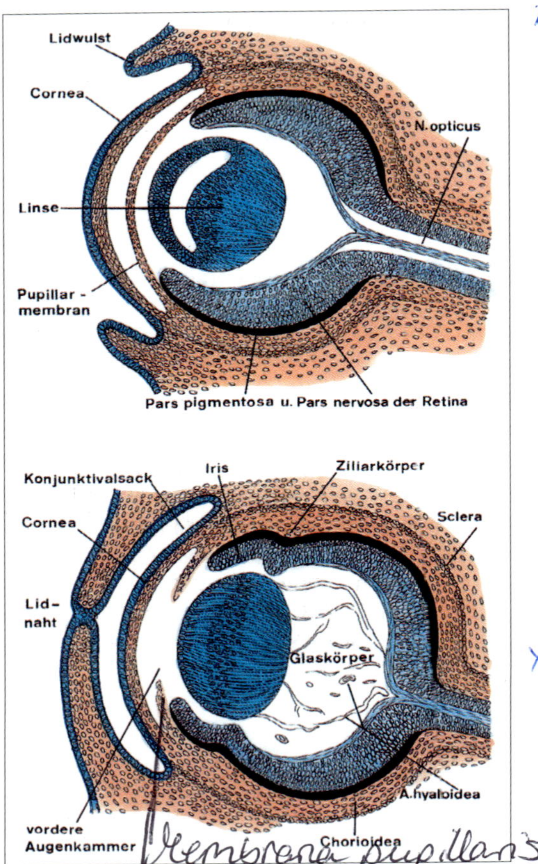

Abb. 21.4 Stadien der Augenentwicklung (halbschematisch): Katzenembryo 18 mm SSL (oben) bzw. 22 mm SSL (unten)

stehende Blatt verwächst mit der äußeren Pigmentschicht und überzieht als Pars ciliaris retinae den Ziliarkörper. Beide Blätter setzen sich auf der Rückseite der Iris als Pars iridica retinae fort und gehen am Pupillarrand ineinander über. Beim ausdifferenzierten Auge hat sich außer beim Albino das innere Blatt des Augenbechers zum Pigmentepithel der Iris entwickelt. Das äußere Blatt bildet den pigmentierten M. dilatator pupillae und liefert auch die Zellen für den unpigmentierten M. sphincter pupillae. Beide Muskeln sind somit ektodermalen Ursprungs.

N. opticus

Der Sehnerv geht aus dem Augenbecherstiel hervor, in den die Neuriten der Ganglienzellschicht einwachsen und zwischen den Zellen des inneren Blattes hirnwärts vordringen (**Abb. 21.2; 21.3**). Das Epithel des Stiels liefert die Glia des N. opticus. Durch Vermehrung der einwachsenden Nervenfasern wird der Becherstiel immer dicker, der Stielventrikel verschwindet und die Augenspalte schließt sich. Im Zentrum verläuft die A. hyaloidea, die spätere A. centralis retinae. Die Myelinisierung erfolgt gegenläufig zur Wachstumsrichtung der Fasern. Sie schreitet vom Chiasma opticum zentrifugal fort.

Linse

Das aus der **Linsenplakode** über das **Linsengrübchen** entstandene und aus der Epidermis abgeschiedene **Linsenbläschen** füllt zunächst den Augenbecher fast vollständig aus (**Abb. 21.2; 21.5**). Das Epithel des Linsenbläschens scheidet nach außen die *Linsenkapsel* aus. Das umgebende Mesenchym wird als Tunica vascularis lentis bezeichnet und enthält im hinteren Bereich die A. hyaloidea. Vorn wird die Linse vorübergehend von der *Membrana pupillaris* begrenzt.

Im weiteren Verlauf wird die vordere Wand des Linsenbläschens zum einschichtigen, isoprismatischen *Linsenepithel* umgewandelt, das zeitlebens erhalten bleibt. Das Epithel im hinteren Bereich wächst in die Länge und füllt als *Linsenfasern* den Hohlraum aus (**Abb. 21.5**). Die Anschichtung um

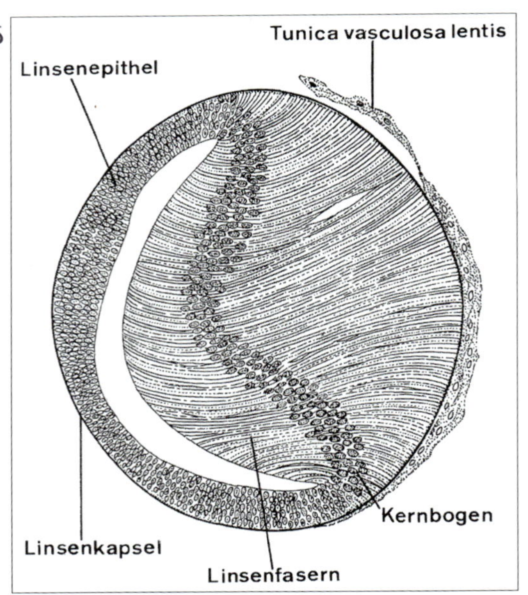

Abb. 21.5 Entwicklung der Linse mit Bildung der Linsenfasern bei einem 13 mm langen, ca. 23 Tage alten Schafembryo, Vergr. ca. 125 x

den zentralen Linsenkern erfolgt stets vom Äquator her, wo die Zellen sich um 180° drehen und ihre Kerne immer weiter ins Innere gelangen. Sie bilden den *Kernbogen*, werden immer kleiner und verschwinden schließlich. Anfangs erreichen die Linsenfasern noch den vorderen und hinteren Linsenpol. Später treten Lücken auf, die von Kittsubstanz ausgefüllt sind und den vorderen und hinteren *Linsenstern* entstehen lassen. Die Linsensterne sind embryonal y-förmig, später vielgestaltig.

Glaskörper

Der Glaskörper entsteht innerhalb des Augenbechers aus dem mit der A. hyaloidea eingewachsenen Mesenchym und aus Gliazellen der Retina. Die Mesenchymzellen bilden sich zurück, und zwischen die Glaskörperfasern wird der Humor corporis vitrei eingelagert (**Abb. 21.4**). Die im Canalis hyaloideus verlaufende A. hyaloidea obliteriert bis zur Geburt. Zellen des Ziliarkörpers bilden die weniger verzweigten und festen Zonulafasern.

Chorioidea, Sklera und Corpus ciliare

Das dem Augenbecher direkt anliegende Mesenchym differenziert sich innen zur gefäßreichen *Chorioidea*, Aderhaut, und verdichtet sich außen zur faserreichen weißen Augenhaut, der *Sklera* (**Abb. 21.4**). Korneawärts stellt das Mesenchym die Grundlage für die Processus ciliares und den M. ciliaris dar. Zusammen mit den beiden Epithelblättern (Pars ciliaris retinae) des Augenbechers entsteht so das Corpus ciliare. Durch Rückbildung der Tunica vascularis lentis am Linsenäquator bildet sich die hintere Augenkammer.

Kornea, vordere Augenkammer und Iris

Kornea (Hornhaut) und *vordere Augenkammer* entstehen gemeinsam (**Abb. 21.4**). Zunächst wächst das den Augenbecher umgebende Mesenchym vorn zwischen Ektoderm und Linsenanlage ein. Im Mesenchym tritt nun ein Spalt auf, der die Anlage der **vorderen Augenkammer** darstellt. Das vordere, mit dem Ektoderm verbundene Mesenchym wird zur Substantia propria der Kornea und die hintere, dünne Schicht bildet die *Membrana pupillaris*. Außerdem liefert das Mesenchym die Endothelauskleidung der vorderen Augenkammer, das Kornea- und Irisendothel. Die Differenzierung des Ektoderms zum Korneal- und Konjunktivalepithel erfolgt durch Induktion der Linsenanlage.

An der Peripherie der Membrana pupillaris wird das Mesenchym zum Irisstroma und verbindet sich mit dem vorderen Augenbecherepithel (Pars iridica retinae) zur **Iris**. Im Irisstroma entwickeln sich Pigmentzellen, die zur Färbung der Iris beitragen. Nach Rückbildung der Membrana pupillaris kommunizieren vordere und hintere Augenkammer miteinander. Gleichzeitig ist die definitive **Pupille** entstanden.

Nebenorgane des Auges

Die *Augenlider* entstehen aus zwei halbringförmigen Wülsten, die über die Kornea wachsen und in der Lidnaht miteinander verkleben (**Abb. 21.4**). Der Verschluss löst sich gegen Ende der Trächtigkeit, bei Fleischfressern jedoch erst 8 – 14 Tage post partum. Aus dem äußeren Epithel der Lidwülste entstehen Epidermis, Haare und Drüsen. An der Innenseite differenziert sich das Konjunktivalepithel und das Mesenchym verdichtet sich zum Tarsus.

Die *Tränendrüse* bildet sich aus Epithelsprossen des Fornix conjunctivae superior und die ableitenden Tränenwege aus dem Epithel der Augennasenrinne (Sulcus nasolacrimalis).

Die Augenmuskeln gehen aus dem Kopfmesenchym (präotische Myotome) hervor.

21.5 Ohr

Das Gehör- und Gleichgewichtsorgan als wesentlicher Bestandteil des häutigen Labyrinthes entwickelt sich gemeinsam aus dem Labyrinthbläschen, das sich vom Ektoderm abschnürt. Das knöcherne Labyrinth entsteht aus dem Kopfmesenchym. Das Mittelohr bildet sich aus der 1. Schlundtasche mit umgebendem Mesenchym, und das äußere Ohr entwickelt sich im Bereich der 1. Kiemenfurche.

Häutiges Labyrinth

Durch Verdickung des Ektoderms entsteht seitlich vom Rautenhirn die **Ohrplatte** (Labyrinthplatte), auch Ohrplakode genannt (**Abb. 21.6**). Sie senkt sich zur **Ohrgrube** (Labyrinthgrube) ein und entwickelt sich weiter zum *Ohrsäckchen*. Aus diesem entsteht schließlich durch vollständige Abtrennung vom Epidermisblatt das Ohrbläschen, **Labyrinthbläschen**, das mit Endolymphe, einem Produkt des Epithels, gefüllt ist und im Mesenchym des Kopfes liegt. Durch eine Schnürfurche wird das ovale Bläschen in einen dorsalen und einen ventralen Abschnitt unterteilt. Die Einengung entwickelt sich zum *Ductus utriculosaccularis*.

Aus dem dorsalen Teil entstehen der **Ductus endolymphaticus** und der **Utriculus** mit den **Bogengängen** (**Abb. 21.6; 21.7**).

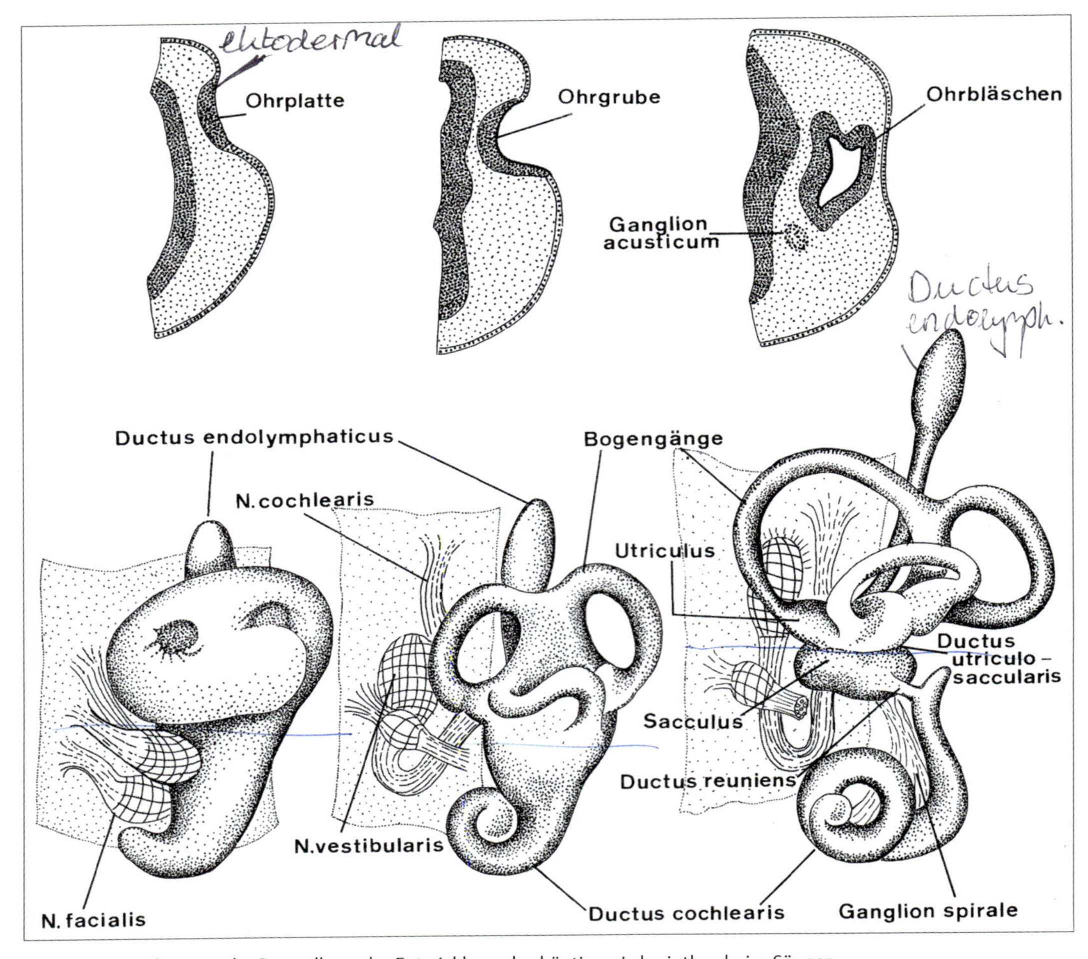

Abb. 21. 6 Schematische Darstellung der Entwicklung des häutigen Labyrinthes beim Säuger

Die Bogengänge (Ductus semicirculares) entstehen nicht durch einfaches Längenwachstum, sondern aus flachen, taschenförmigen Ausbuchtungen des Utriculus. Hierbei treiben die freien, konvexen Ränder wulstig auf, und die zentralen Wandabschnitte verkleben miteinander und verschwinden schließlich (**Abb. 21.7**).

Aus dem *ventralen Teil* des Ohrbläschens entstehen **Sacculus** und **Ductus cochlearis**, wobei letzterer stark in die Länge wächst und sich aufrollt (**Abb. 21.6**). Die Verbindung zwischen Sacculus und Ductus cochlearis engt sich zum *Ductus reuniens* ein.

Am epithelialen Labyrinth entstehen unter Einfluss der Dendriten des Ganglion vestibulare die Sinnesstellen, *Cristae ampullares* und *Maculae staticae*. Durch Verbindung der Dendriten des Ganglion spirale bildet sich an der unteren Wand des Ductus cochlearis das *Cortische Organ*.

Der **N. vestibulocochlearis** (**Abb. 21.6**) entsteht sekundär, indem sich schon frühzeitig Epithelzellen vom häutigen Labyrinth absondern und medial von ihm das zunächst einheitliche Ganglion acusticum bilden. Dessen Dendriten nehmen peripher Verbindungen mit den Neuroepithelien des Labyrinthes auf, und die Neuriten wachsen zentripetal zum Rhombencephalon. Mit der Entstehung der Sinnesstellen des Gleichgewichtsapparates und der Herausbildung des Cortischen Organes erfolgt auch die endgültige Trennung zum dorsal gelegenen *Ganglion vestibulare* und ventral gelagerten *Ganglion spirale*.

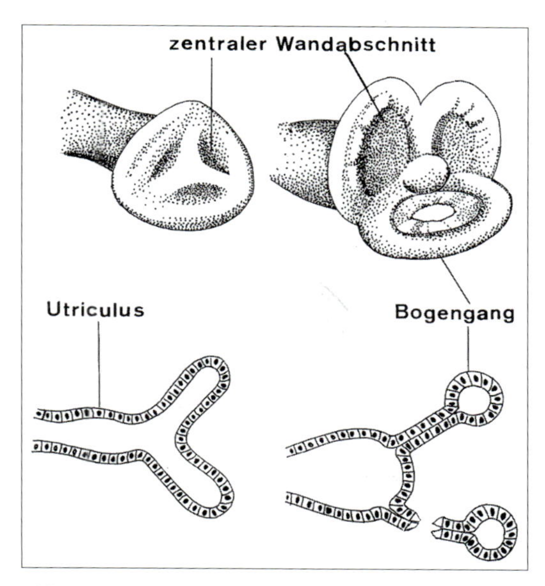

Abb. 21.7 Entwicklung der Bogengänge (aus Langman 1985)

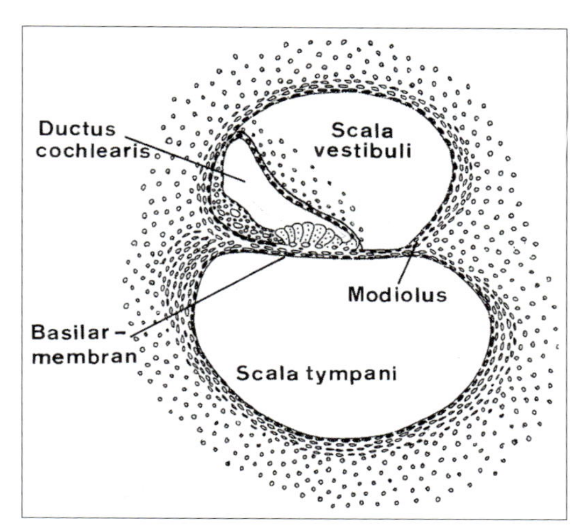

Abb. 21.8 Entwicklung des Ductus cochlearis und der perilymphatischen Räume der Schnecke bei der Katze (SSL 60 mm, ca. 38 Tage)

Perilymphatische Räume und knöchernes Labyrinth

Im lockeren Mesenchym, das direkt an das epitheliale Labyrinth grenzt, treten Hohlräume auf, die sich mit Flüssigkeit füllen und so zu den perilymphatischen Räumen entwickeln. Im Bereich von Sacculus und Utriculus verschmelzen die perilymphatischen Räume zum einheitlichen *Vestibulum*.

Etwas komplizierter ist die Differenzierung der perilymphatischen Räume um den Ductus cochlearis, wo es zur Ausbildung der *Schnecke* kommt. Hier entsteht ein oberer *perilymphatischer Raum, die Scala vestibuli* und ein unterer, die *Scala tympani* (**Abb. 21.8**). Beide werden durch ein mesenchymales Septum und den ihm aufsitzenden Ductus cochlearis getrennt. Dieses Septum entwickelt sich später zur Basilarmembran und zur Lamina spiralis ossea des Modiolus der Schnecke.

Um die perilymphatischen Räume herum entwickelt sich das Mesenchym zum knorpeligen Labyrinth, das sich durch chondrale Ossifikation in das **knöcherne Labyrinth** umwandelt. Die häutige Schnecke besitzt zunächst eine einheitliche Kapsel ohne Knorpel zwischen den Windungen des Ductus cochlearis. Die Verknöcherung des Modiolus geht gesondert vom Mesenchym aus.

Mittelohr

Die erste Schlundtasche stülpt sich seitlich zum **Recessus tubotympanicus** aus, der gegen das Labyrinthbläschen vordrängt (**Abb. 21.9**). Sein erweiterter distaler Teil wird zur primitiven *Paukenhöhle*, die über den dünnen, proximalen Abschnitt, die spätere *Hörtrompete* (Tuba auditiva), mit der Pars nasalis pharyngis in Verbindung bleibt. Beim Pferd buchtet sich die Tuba auditiva zusätzlich zum Luftsack aus.

Die primitive Paukenhöhle erweitert sich nach rostral und lateral ins peritympanale Mesenchym und spart dabei die Gehörknöchelchen und ihre Bänder aus, die dadurch in das Cavum tympani hinein verlagert werden. Sie werden dabei von Schleimhaut umhüllt. Das Oberflächenepithel der Tuba auditiva und der Paukenhöhle sowie der Überzug der Gehörknöchelchen sind damit entodermaler Herkunft.

Die **Gehörknöchelchen** bilden sich über Knorpelvorstufen aus den beiden ersten Kiemenbögen (**Abb. 21.9**). Der *Hammer* (Malleus) und der *Amboss* (Incus) gehen aus dem ersten und der *Steigbügel* (Stapes) aus dem zweiten Kiemenbogen hervor. Der am Hammer ansetzende M. tensor tympani entsteht gleichfalls aus dem ersten Kiemenbogen und wird vom N. trigeminus innerviert. Der zum Steigbügel ziehende M. stapedius stammt vom zweiten Kiemenbogen ab und wird vom N. facialis versorgt.

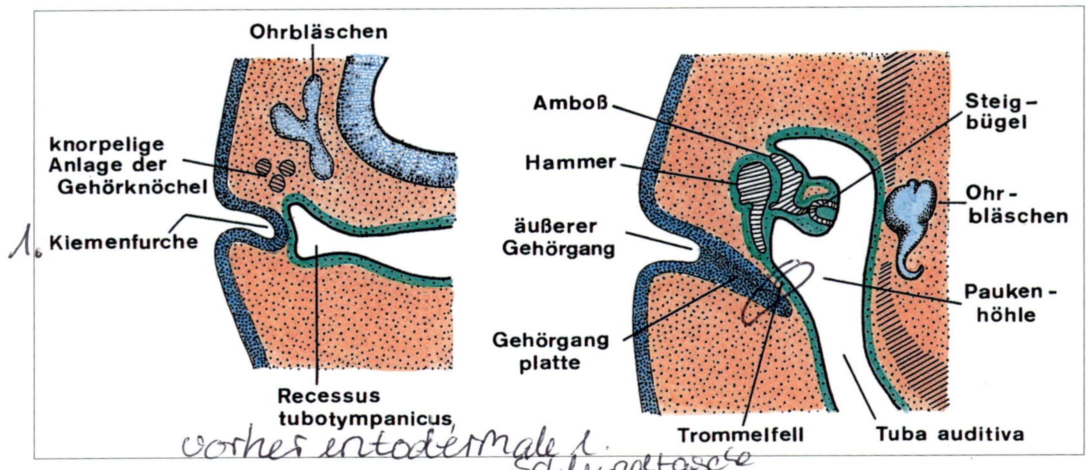

Abb. 21.9 Schematische Darstellung der Entwicklung des äußeren Gehörganges und Mittelohrs (nach Langman 1985)

Äußeres Ohr

Der **äußere Gehörgang** (**Abb. 21.9**) entsteht aus der ersten Kiemenfurche, die zu einer trichterförmigen Röhre auswächst. In der Tiefe kommt es zu einer Epithelwucherung, die als *Gehörgangplatte* das Lumen vollständig verschließt. Erst zur Zeit der Geburt wird der äußere Gehörgang wieder frei. Das Ektoderm liefert die innere epitheliale Oberfläche mit Haaren und Drüsen. Das umgebende Mesenchym bildet das knöcherne bzw. knorpelige Gerüst des Meatus acusticus externus.

Das **Trommelfell** (Membrana tympani) geht aus allen drei Keimblättern hervor. Es besteht außen aus der ektodermalen Epithelauskleidung am Grunde des Gehörganges und innen aus dem entodermalen Epithel der erweiterten Paukenhöhle. Das dazwischen gelegene Bindegewebe stammt vom Kopfmesenchym ab.

Die **Ohrmuschel** (**Abb. 21.10**) entsteht durch Vereinigung von sechs Aurikularhöckern, drei mandibularen des ersten Kiemenbogens und drei hyoidalen des zweiten Kiemenbogens. Von letzterem stammen auch die Ohrmuskeln ab.

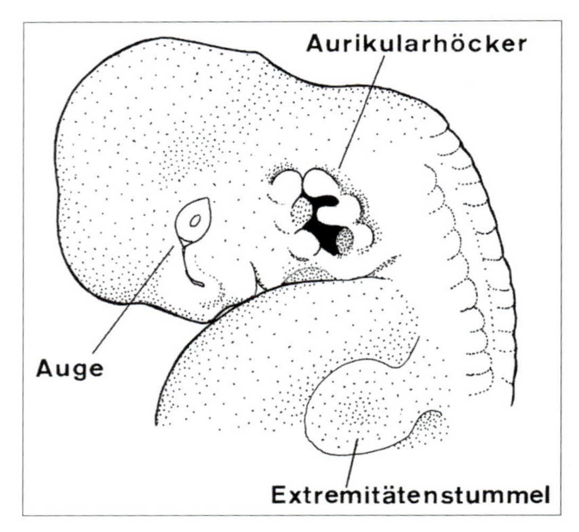

Abb. 21.10 Entwicklung der Ohrmuschel beim Rind (SSL 20 mm)

Zusammenfassung

Auge und Ohr

- **Auge.** Aus dem Vorderhirn wölbt sich beiderseits die *Augenblase* vor, die im gegenüberliegenden Oberflächenektoderm die Linsenplakode induziert. Diese schnürt sich als *Linsenbläschen* vom Ektoderm ab und stülpt die Augenblase zum zweischichtigen *Augenbecher* ein, der sich deutlich vom Diencephalon mit dem *Augenbecherstiel* absetzt. Die Einstülpung setzt sich medial nach unten mit der Becherspalte und Stielrinne fort.
- Die hinteren $^4/_5$ des Augenbechers entwickeln sich zur *Pars optica retinae*, das vordere $^1/_5$ zur Pars caeca retinae. Das äußere Blatt der Pars optica re-

tinae wird zur Pigmentschicht und das innere zum mehrschichtigen Stratum nervosum. Seine Ganglienzellen wachsen mit ihren Neuriten im Becherstiel hirnwärts und bilden mit diesem den *N. opticus*. Die *Pars caeca retinae* liefert für den Ziliarkörper das innere unpigmentierte und äußere pigmentierte Epithel. An der Iris differenziert sich das Innenblatt zum pigmentierten Epithel und das Außenblatt zum pigmentierten M. dilatator pupillae sowie zum M. sphincter pupillae.

- *Chorioida*, *Sklera* und Bindegewebe des *Ziliarkörpers* entstehen aus dem umgebenden Mesenchym. Mesenchym wächst auch vorn zwischen Ektoderm, dem späteren **Korneaepithel** und Linsenanlage ein. Dieses teilt sich unter Hohlraumbildung in die vordere Substantia propria der Kornea und die hintere *Membrana pupillaris*, aus der das Kornea- und Irisendothel sowie das Irisstroma hervorgehen.
- Die **Augenlider** entstehen aus zwei miteinander verklebten Hautwülsten, die sich gegen Ende der Gravidität, bei Fleischfressern jedoch erst 8–14 Tage post partum lösen.
- **Ohr.** Das Gehör- und Gleichgewichtsorgan als wesentlicher Bestandteil des häutigen Labyrinthes geht aus der ektodermalen *Ohrplatte* hervor, die sich zur *Ohrgrube* einsenkt. Diese entwickelt sich zum *Labyrinthbläschen*, das mit Endolymphe gefüllt im Mesenchym liegt. Aus dem dorsalen Teil des Bläschens entstehen der *Ductus endolymphaticus* und der *Utriculus* mit den *Bogengängen*. Aus dem ventralen Teil gehen der *Sacculus* und *Ductus cochlearis* hervor. Das ektodermale Epithel bildet das indifferente Wandepithel, die Sinnesstellen sowie das Ganglion vestibulare und das Ganglion spirale. Die perilymphathischen Räume und das knöcherne Labyrinth differenzieren sich aus dem umgebenden Kopfmesenchym.
- Das **Mittelohr** entwickelt sich aus der entodermalen ersten Schlundtasche, die sich zum Recessus tubotympanicus erweitert. Aus diesem bilden sich die *Tuba auditiva* und die *Paukenhöhle* mit Einschluss der im Mesenchym entstehenden Gehörknöchelchen. Der *äußere Gehörgang* entsteht aus der ersten Kiemenfurche und das *Trommelfell* aus der ersten Membrana obturatoria.
- Die **Ohrmuschel** entwickelt sich aus sechs Aurikularhöckern.

22 Entwicklung der Verdauungsorgane

Bei der Krümmung und Abhebung des Embryos entsteht aus dem Entoderm die Darmrinne, die sich vorn und hinten zum *primitiven Darmrohr* schließt und aus dem Dottersack ausscheidet (s. S. 63). An der Darmanlage lassen sich bald drei Abschnitte abgrenzen (**Abb. 22.1**). Kranial befindet sich die vordere Darmbucht, die von der vorderen Darmpforte bis zur *Rachenmembran* (Membrana oropharyngealis) reicht. Sie entwickelt sich zum *Vorderdarm* (Praeenteron). Zwischen der vorderen und hinteren Darmpforte liegt die Mitteldarmhöhle, die zunächst über den breiten Darmnabel mit dem Dottersack in Verbindung steht. Sie wird zum *Mitteldarm* (Mesenteron), wobei sich der Darmnabel zum Ductus omphaloentericus einengt. Von der hinteren Darmpforte bis zur Kloakenmembran (Membrana cloacalis) erstreckt sich die hintere Darmbucht, die zum *Hinterdarm* (Metenteron) wird und sich in ihrem terminalen Abschnitt rasch zur *Kloake* erweitert.

Mit der Einkrümmung des Embryos an Kopf und Schwanzende entstehen rostral von der Rachenmembran die ektodermale Mundbucht (Stomatodaeum) und kaudal von der Kloakenmembran die Afterbucht (Proctodaeum).

Aus den aufgeführten Abschnitten entwickeln sich von kranial nach kaudal folgende Organe:

Mundbucht. Sie bildet nach Einreißen der Rachenmembran gemeinsam mit dem kranialen Teil des Vorderdarmes die primäre Mundhöhle.

Vorderdarm. Er lässt den Pharynx und dessen Derivate, den ventralen Teil des Atmungsapparates, die Speiseröhre, den Magen, das Duodenum bis zur Einmündung des Gallenganges, die Leber und das Pankreas aus sich hervorgehen.

Mitteldarm. Aus ihm entstehen das restliche Duodenum, das Jejunum, Ileum, Zäkum und das Kolon bis zur Mitte des Colon transversum.

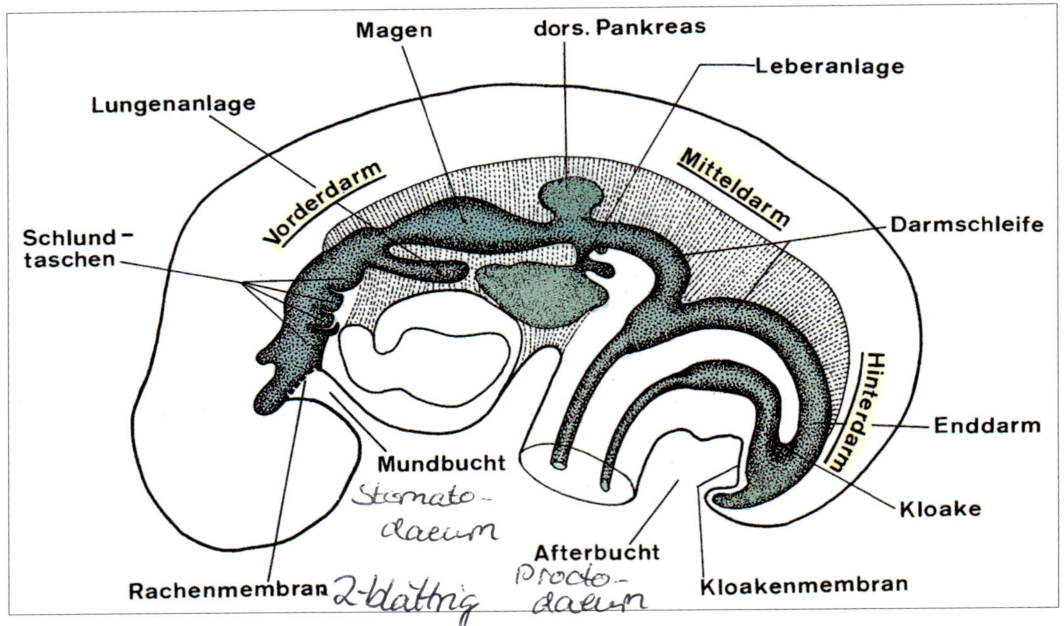

Abb. 22.1 Anlage des Darmes bei einem 8 mm langen Schafembryo, halbschematisch (nach Martin 1912)

Hinterdarm. Er bildet die linke Hälfte des Colon transversum, das Colon descendens und die Kloake, aus der die Allantois auswächst und in die seitlich die Urnierengänge eintreten. Die **Kloake** wird schließlich in den dorsalen Anorektalkanal und den ventralen Sinus urogenitalis unterteilt.

Afterbucht. Sie beteiligt sich an der Bildung des Analkanals.

22.1 Mundhöhle und Gaumen

Primäre Mundhöhle

Die ektodermale Mundbucht liegt in der Tiefe direkt am entodermalen Epithel der vorderen Darmbucht und bildet hier die zweiblättrige Rachenmembran. Die Membran wird lückenhaft und schwindet schließlich, wodurch die Mundbucht sich mit dem kranialen Teil des Vorderdarmes zur **primären Mundhöhle** vereinigt (**Abb. 22.2**). Erhalten gebliebene Reste am Dach der primären Mundhöhle werden als *primitives Gaumensegel* bezeichnet. Die ursprüngliche Grenze zwischen ektodermalem und entodermalem Anteil ist an der definitiven Mundhöhle nicht mehr erkennbar.

Der Eingang zur primären Mundhöhle ist die **primäre Mundspalte**, die nun rostral vom Stirnfortsatz, unten von den Unterkieferwülsten und seitlich von den Oberkieferfortsätzen begrenzt wird (**Abb. 22.4**). Über dem Stomatodaeum bilden sich die Nasenplakoden, die in die Tiefe verlagert und vom lateralen und medialen Nasenwulst flankiert werden. Aus der Vereinigung der medialen Nasen-

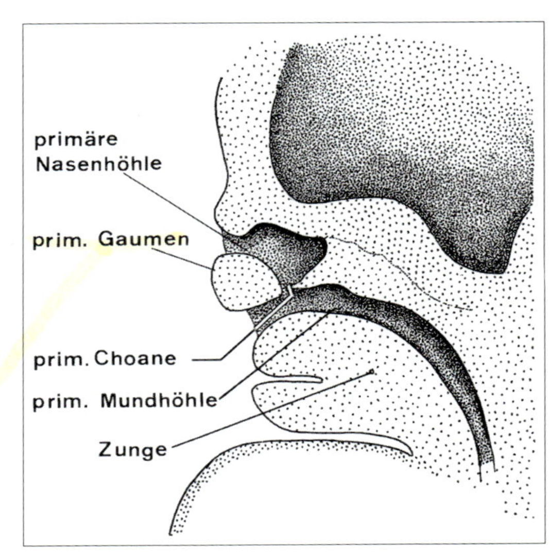

Abb. 22.2 Primäre Nasen- und Mundhöhle beim Rinderembryo (SSL 20 mm, 25 Tage)

wülste entstehen der mittlere Teil der Nase und das *Zwischenkiefersegment*. Dieses bildet den mittleren Abschnitt der Oberlippe, den Zwischenkiefer und den **primären Gaumen** (**Abb. 22.3**).

Aus den Nasenplakoden entwickelt sich über die Nasengruben die *primäre Nasenhöhle*, die durch die *Membrana oronasalis* von der primären Mundhöhle getrennt wird. Nach Einreißen der Membran bilden sich die *primären Choanen*, über die beide Höhlen miteinander kommunizieren.

Gaumenbildung und sekundäre Mundhöhle

Der **sekundäre Gaumen** entwickelt sich aus den beiden plattenförmigen *Gaumenfortsätzen* (Procc. palatini laterales), die auf der Innenseite des Oberkiefers auswachsen (**Abb. 22.3**). Sie erstrecken sich

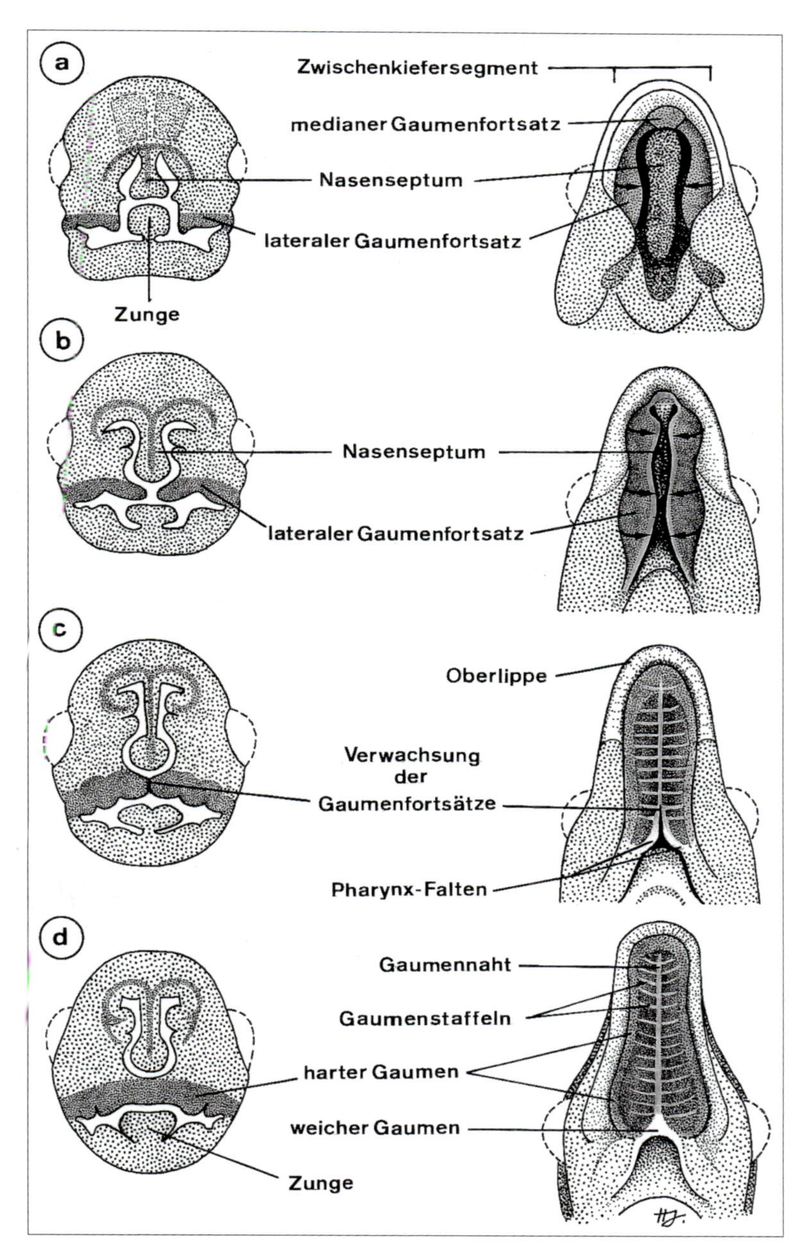

Abb. 22.3 Darstellung der Gaumenentwicklung beim Rind: a) SSL 35 mm, b) SSL 42 mm, c) SSL 55 mm, d) SSL 68 mm

vom primären Gaumen bis in den primitiven Pharynx, wo sie später im Arcus palatopharyngeus ineinander übergehen. Die im Pharynx gelegenen Abschnitte der Gaumenfortsätze werden als *Pharynxfalten* bezeichnet. Durch die große Zungenanlage bedingt wachsen die medial angelegten Gaumenfortsätze zunächst nach ventral. Erst nach Vergrößerung der Kiefer und Absenkung der Zunge richten sich die Gaumenfortsätze auf und verschmelzen in der Medianebene. Gleichzeitig vereinigen sie sich rostral mit dem primären Gaumen und oben mit dem herunterwachsenden Nasenseptum. Durch desmale Verknöcherung im Zwischenkiefersegment bildet sich das *Os incisivum*, in dem mit Ausnahme der Wiederkäuer die Schneidezähne entstehen. Die Ossifikation der Gaumenfortsätze zum harten Gaumen erfolgt vom Oberkiefer aus.

Der orale Teil der vereinigten Pharynxfalten wird unter Bildung von Muskulatur im Mesenchym zum **weichen Gaumen**. Der kaudale Teil der Pharynxfalten bleibt unvereinigt. Durch die Bildung des Gaumens wird die Mundhöhle von der Nasenhöhle getrennt. Ventral ist die **sekundäre Mundhöhle** und dorsal die *sekundäre Nasenhöhle* entstanden. Der Schlundkopf wird durch die Pharynxfalten unvollständig in den ventralen Schlingrachen und den dorsalen Nasenrachen unterteilt, der über die neugebildeten **sekundären Choanen** mit der Nasenhöhle in Verbindung steht.

22.2 Lippen, Backen und Gesichtsform

Die Gesichtsform entsteht durch die Bildung der Lippen, Backen und äußeren Nase, die sich aus Gesichtswülsten entwickeln.

Gesichtswülste

Die Entwicklung beginnt mit der Bildung der Gesichtswülste, die die primitive Mundspalte begrenzen (**Abb. 22.4**). Dies sind kaudal die *Unterkieferwülste*, seitlich die *Oberkieferwülste* und rostral der *Stirnwulst*, der sich weiter zum *Stirn-Nasenwulst* entwickelt. Unterhalb von ihm entstehen die Nasenplakoden. Eine jede dieser Platten wird nun von dem schnell wachsenden *lateralen* und *medialen Nasenwulst* hufeisenförmig umgeben und dabei selbst in die Tiefe verlagert.

Die Gesichtswülste entstehen durch Mesenchymwucherungen und stellen keine selbständigen Einheiten dar, sondern sind lediglich an der Oberfläche durch seichte Furchen voneinander getrennt.

Die zum ersten Kiemenbogen gehörigen **Unterkieferwülste** verschmelzen in der Medianen. Die hier zunächst ausgebildete Unterkieferkerbe verstreicht sehr bald. Die Unterkieferwülste entwickeln sich zur *Unterlippe* und zur *Mandibula*.

Aus den **Oberkieferwülsten**, die gleichfalls zum ersten Kiemenbogen gehören, bilden sich die lateralen Teile der *Oberlippe*, der *Oberkiefer* und der *sekundäre Gaumen* und gemeinsam mit den Unterkieferwülsten die *Backe*.

Der **Stirn-Nasenwulst** entwickelt sich weiter zu Stirn, Nasenrücken, Nasenseptum und Nasenspitze.

Die **lateralen Nasenwülste**, aus denen später die Nasenflügel hervorgehen, bleiben im Wachstum zurück und setzen sich jederseits vom Oberkieferwulst durch die *Tränennasenfurche* (Sulcus nasolacrimalis) ab. Aus ihr bilden sich der Saccus lacrimalis und der Ductus nasolacrimalis. Die **medialen Nasenwülste** verschmelzen in der Medianebene miteinander. Lateral vereinigen sich ihre Processus globulares mit dem Oberkieferwulst. Aus den vereinigten medialen Nasenwülsten entwickeln sich der mittlere Teil der Nase und das *Zwischenkiefersegment*, aus dem der mittlere Teil der Oberlippe, der Zwischenkiefer und der primäre Gaumen hervorgehen. Die während der Entwicklung auftretende *mediane Oberlippenfurche* (Incisura interglobularis) bleibt bei den Tieren in unterschiedlicher Ausprägung erhalten und beteiligt sich an der Bildung des Philtrums. Als zweite Rinne tritt vorübergehend zwischen Oberkieferwulst und Processus

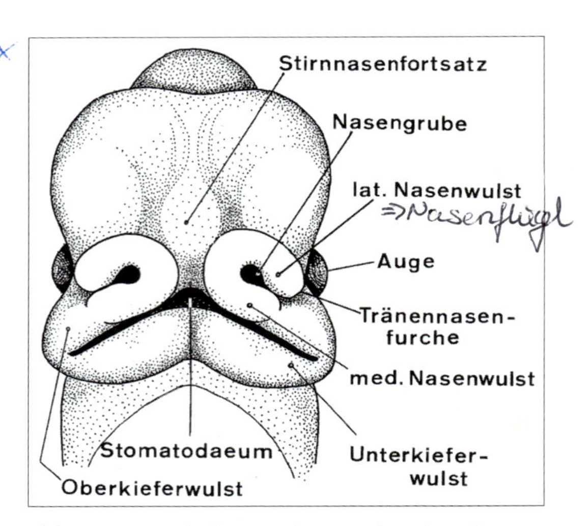

Abb. 22.4 Gesichtsfortsätze beim Rinderembryo (SSL 20 mm)

globularis jederseits die seitliche Oberlippenfurche (primäre Gaumenrinne) auf.

Lippen und Backen

Wie oben aufgeführt entsteht die *Unterlippe* aus den Unterkieferwülsten und die *Oberlippe* seitlich aus den Oberkieferwülsten sowie rostral aus dem Zwischenkiefersegment der medialen Nasenwülste. Seitlich vereinigen sich die Oberkiefer- und Unterkieferwülste mehr und mehr, wodurch es zur Bildung der *Backen* und zur Verkleinerung der Mundöffnung kommt. Die Muskulatur der Lippen und Backen differenziert sich aus dem Mesenchym des 2. Kiemenbogens.

Die Trennung der äußeren Lippe bzw. Backen von den innen gelegenen Kiefern mit Zahnanlagen erfolgt durch den *Sulcus labiogingivalis* (**Abb. 22.7**). Dieser geht aus einer Epithellamelle (Taenia labiogingivalis) hervor, die lateral von der Zahnleiste ins Mesenchym wächst und sich in zwei Blätter aufteilt. Medial und parallel zum Sulcus labiogingivalis verläuft der *Sulcus linguogingivalis*. Durch die Gesichtsbildung, insbesondere durch die Differenzierung der Lippe, ist aus der breiten primitiven Mundspalte die relativ enge *sekundäre Mundspalte* entstanden.

22.3 Zunge

Die Zunge entwickelt sich aus vier Teilen, die durch Mesenchymwucherungen der Kiemenbögen entstehen. Die rostralen zwei Drittel, Zungenspitze und Zungenkörper, entstehen aus dem Tuberculum impar und den lateralen Zungenwülsten. Das hintere Drittel, die Zungenwurzel, bildet sich aus der Copula und der Eminentia hypobranchialis (**Abb. 22.5**).

Zunge

Das **Tuberculum impar** (mittlerer Zungenwulst) entwickelt sich als dreiseitiger, unpaarer Wulst unmittelbar rostral vom Foramen caecum. Hinzu kommen die **lateralen Zungenwülste** (distale Zungenwülste), die sich rasch vergrößern, über das Tuberculum impar vordringen und median miteinander verwachsen. Diese drei Zungenwülste sind durch Mesenchymwucherungen des ersten Kiemenbogens entstanden. Die mediane Verwachsungsnaht zeigt sich später noch im Sulcus medianus (Hd.) und dem Septum linguae, aus dem die Lyssa (Flfr.) und der Zungenrückenknorpel (Pfd.) hervorgehen.

Direkt kaudal vom Foramen caecum entsteht als ventrales Verbindungsstück des 2. Kiemenbogens der proximale Zungenwulst, **Copula,** an die sich kaudal die **Eminentia hypobranchialis** anschließt. Sie ist aus dem Mesenchym des 3. und 4. Kiemenbogens entstanden und wächst in der weiteren Entwicklung über die Copula hinweg.

Nach Vereinigung der einzelnen Teile füllt die Zunge die primitive Mundhöhle als wulstförmiges Gebilde vollständig aus und verhindert zunächst die Vereinigung der Gaumenfortsätze. Vom Unterkiefer wird sie durch den *Sulcus linguogingivalis* abgegrenzt. Durch starkes Längenwachstum ragt die Zunge vorübergehend aus der Mundhöhle hervor, in die sie nach Vergrößerung des Unterkiefers zurückgelangt. Nachdem sie auch nach unten verlagert wurde, können sich die Gaumenfortsätze vereinigen.

Die **Zungenmuskulatur** entsteht aus den okzipitalen Myotomen (**Abb. 29.11**) und wird vom N. hypoglossus innerviert.

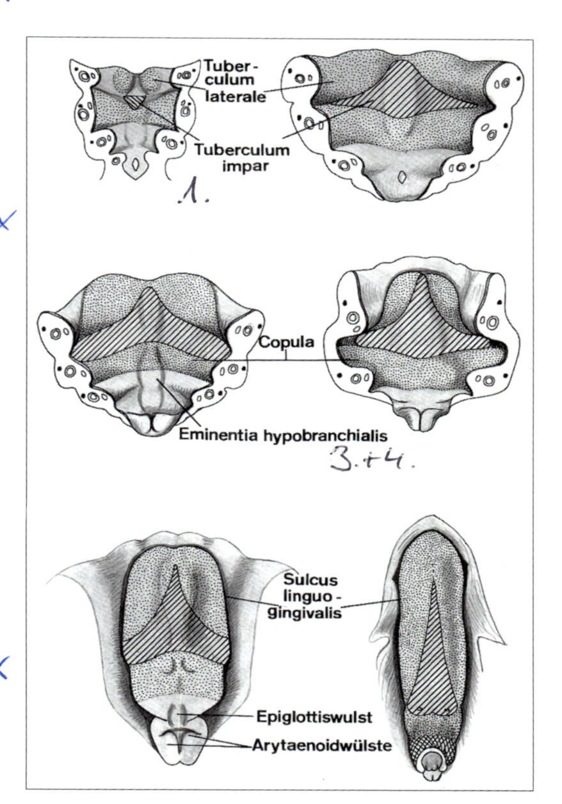

Abb. 22.5 Darstellung der Entwicklung der Zunge beim Schwein (nach Kallius 1910)

branchiogen: v. Kiemenbogen abgehend

Entsprechend der branchiogenen Abstammung der Zunge erfolgt auch die sensible *Innervierung* über alle Kiemenbogennerven (N. lingualis des N. trigeminus, Chorda tympani des N. facialis, Äste des N. glossopharyngeus und N. vagus).

Das mehrschichtige **Epithel** der Zungenschleimhaut ist sowohl ektodermalen als auch entodermalen Ursprungs. Von den *Zungenpapillen* treten die Geschmackspapillen vor den mechanischen auf. Die ersten sind die Papillae fungiformes, die im Terminalgebiet der Chorda tympani des N. facialis entstehen. Die Bildung der Papillae vallatae und foliatae wird durch den N. glossopharyngeus induziert. Wallgräben und Spalten entwickeln sich aus Epithellamellen, Drüsen aus Epithelsprossen. Die bei Hund und Schwein fetal angelegten mechanischen *Papillae marginales* bleiben bei Welpen und Ferkeln erhalten. Sie bilden sich bei den erwachsenen Tieren jedoch zurück.

22.4 Speicheldrüsen

Die Speicheldrüsen sind Epithelsprosse der ektodermalen Mundbucht, die in die Tiefe wachsen, sich kanalisieren und zu Ausführungsgängen werden (**Abb. 22.6**). Der Ursprung des Sprosses ist die spätere Mündungsstelle des Speichelganges. Die freien Enden bilden durch Teilungen die weiteren Drüsengänge und die Endstücke. Die Histogenese des Drüsengewebes findet erst nach der Geburt ihren Abschluss.

Die **Glandula parotis** entwickelt sich aus einer ektodermalen Knospe im Winkel der Mundspalte. Unter ständiger dichotomer Teilung wächst der Spross nach kaudal ins angrenzende Mesenchym. Durch die Einengung der Mundspalte gelangt die Mündung des späteren *Ductus parotideus* in den Backenbereich.

Die **Glandula mandibularis** entsteht aus einer leistenartigen Epithelwucherung des Mundhöhlenbodens und wächst als Epithelstrang weiter nach lateral und kaudal. Lateral von der Zunge schnürt sich der Epithelstrang vom Oberflächenepithel ab und kanalisiert zum *Ductus mandibularis*. Sein Ursprung in der Mundhöhle wird zur *Caruncula sublingualis*.

Die **Glandula sublingualis monostomatica** hat die gleiche Mündungsstelle wie die Glandula mandibularis und entsteht auch aus einer Epithelleiste. Zuletzt erfolgt die Anlage der **Glandula sublingualis polystomatica**, die im Bereich der Plica sublingualis aus zahlreichen Epithelknospen hervorgeht.

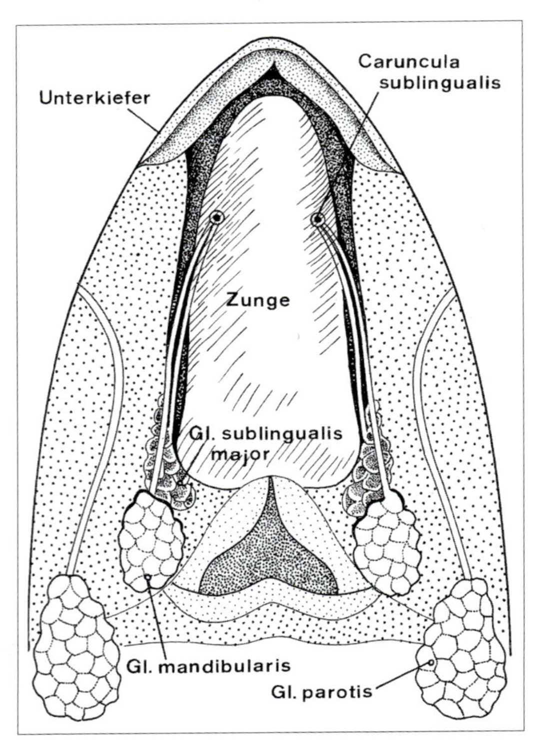

Abb. 22.6 Schematische Darstellung der Entwicklung der Speicheldrüsen beim Schwein

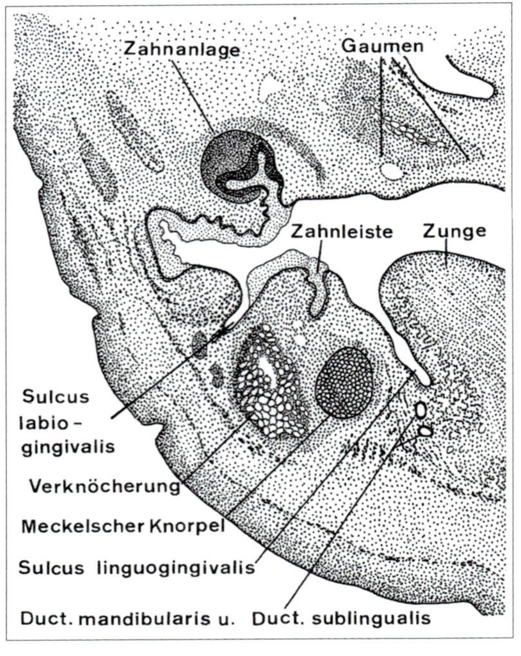

Abb. 22.7 Querschnitt durch die linke Backe sowie den linken Ober- und Unterkiefer beim Rind (SSL 56 mm)

22.5 Zähne

Der Schmelz entwickelt sich aus dem Ektoderm der Mundbucht, und alle übrigen Bestandteile entstammen dem Mesoderm.

Zahnleiste und Schmelzorgan (Abb. 22.7; 22.8)

Die Zahnentwicklung beginnt (beim Schw. mit 30 mm SSL) mit der Bildung der **Zahnleiste** (Schmelzleiste), die kaudal bzw. medial vom Sulcus labiogingivalis entsteht und eine der Kieferform entsprechende Gestalt aufweist.

Knospenstadium. Durch umschriebene Epithelwucherungen bilden sich seitlich an den Leisten als erste Form der **Schmelzorgane** rundliche bis ovale **Zahnknospen**. Sie stellen die Anlagen der Milchzähne dar und wachsen zunächst als rein ektodermale Verdickungen ins benachbarte Mesenchym.

Kappenstadium. Lokalisierte Mesenchymverdichtungen stülpen als *Zahnpapille* nun die Zahnknospe von unten ein, wodurch der **Schmelzbecher** entsteht. Er stellt die Anlage der Schmelzsubstanz dar und ist formbestimmend für die mesenchymale Zahnanlage. Am Schmelzorgan bildet sich bald das äußere und innere *Schmelzepithel*, zwischen dem die weiche *Schmelzpulpa* (Reticulum) liegt. Sie fehlt im Wurzelbereich. Die Schmelzzellen sind zylindrisch, und die Pulpa besteht aus netzförmigen Mesenchymzellen. Die Schmelzorgane setzen sich

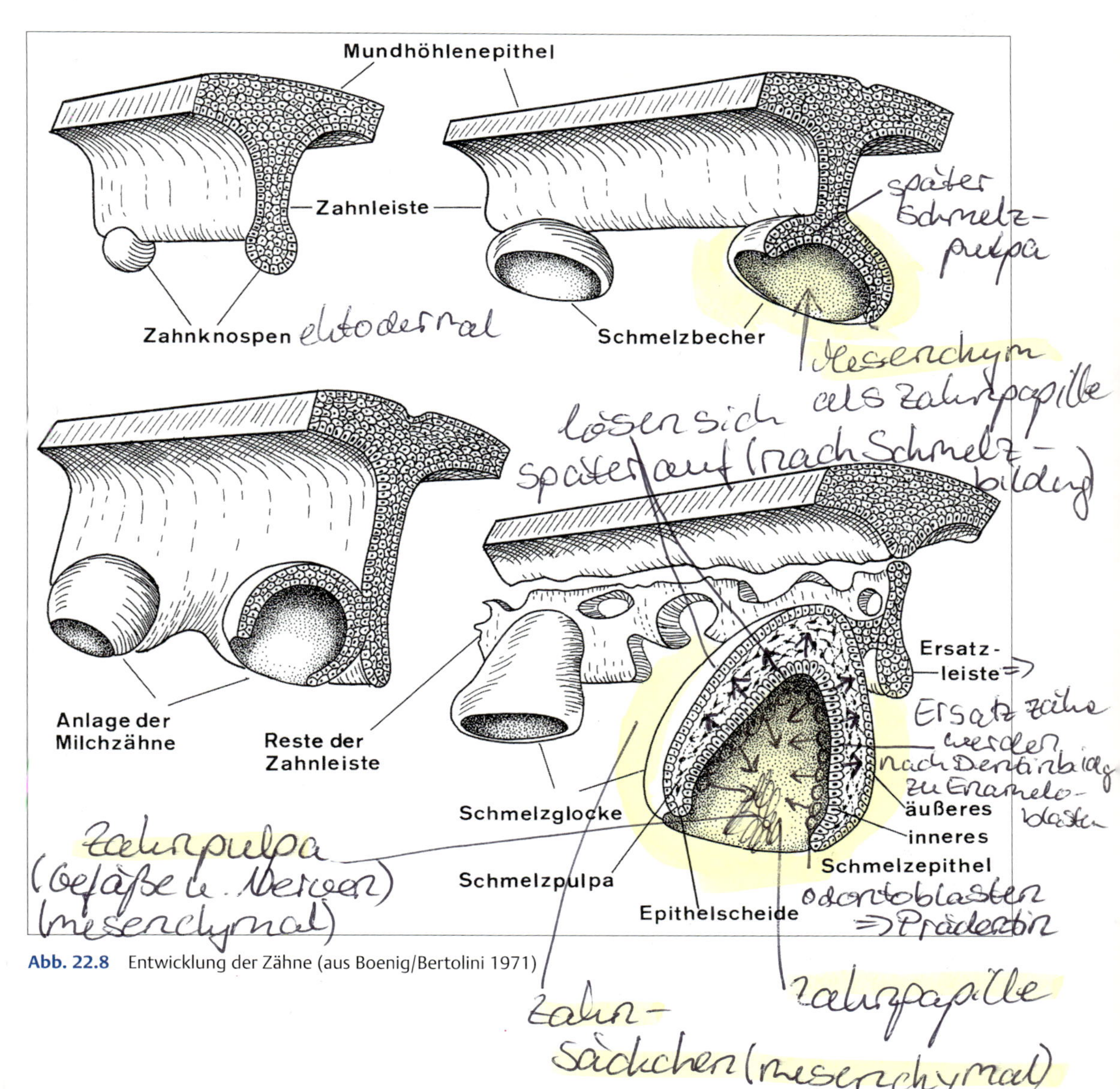

Abb. 22.8 Entwicklung der Zähne (aus Boenig/Bertolini 1971)

nun immer mehr von der Zahnleiste ab, die selbst bis auf Reste, die *Ersatzleiste*, zurückgebildet wird. Aus der Ersatzleiste gehen die Ersatzzähne hervor.

Glockenstadium. Durch weitere Proliferation der Papille entwickelt sich das Schmelzorgan zur **Schmelzglocke**, die vom mesenchymalen *Zahnsäckchen* umgeben wird.

Dentinbildung und Zahnpulpa

Dentin entsteht früher als Schmelz. Der Vorgang beginnt damit, dass sich in unmittelbarer Nachbarschaft des inneren Schmelzepithels die Mesenchymzellen der Papille zu *Odontoblasten* differenzieren. Diese scheiden nach außen das fibrilläre *Prädentin* ab, das durch Verkalkung zum *Dentin* umgebildet wird. Die Odontoblasten wandern immer mehr nach innen. Nur ihre Zytoplasmafortsätze bleiben zwischen den Dentinscherbchen und differenzieren sich zu den *Tomesschen Fasern*. Solange der Zahn lebt, bleiben die Prädentin produzierenden Odontoblasten erhalten. Die Dentinentwicklung beginnt apikal und setzt sich wurzelwärts fort.

Das nicht zur Bildung der Odontoblasten verbrauchte Mesenchym wird zur *Zahnpulpa*. Sie wird von Gefäßen und Nerven versorgt, die über das bei der Wurzelbildung durch Einengung entstandene Wurzelloch eindringen.

Schmelzbildung und Zahnwurzel

Während der Dentinbildung haben sich innere Schmelzzellen zu *Enameloblasten* (Ameloblasten) umgewandelt, die nun die Schmelzprismen abscheiden. Diese lagern sich, an der Zahnspitze beginnend, am Dentin ab, bis ein vollständiger *Schmelzüberzug* der Zahnkrone entstanden ist. Durch weitere Apposition verdickt sich der Schmelz (**Abb. 22.8; 22.9**). Die inneren Schmelzzellen werden unter Verdrängung der Schmelzpulpa nach außen an das äußere Schmelzepithel verlagert. Ehe sie sich zurückbilden, lassen sie das *Schmelzoberhäutchen* entstehen. Nachdem sich auch das äußere Schmelzepithel aufgelöst hat, wird die Schmelzsubstanz nur noch vom Zahnsäckchen umgeben.

Die **Wurzelbildung** geht von der epithelialen Wurzelscheide aus und erfolgt erst kurz vor Durchbruch der Zahnkrone. Die *epitheliale Wurzelscheide* ist aus dem äußeren und inneren Schmelzepithel hervorgegangen, das sich im Bereich des Zahnhalses eng aneinander lagert und mit seinem Umschlagrand tief ins Mesenchym vorwächst. Sie induziert die Dentinbildung und ist formbestimmend für die Wurzel. Bei mehrwurzeligen Zähnen bilden sich mehrere Röhren. Durch weitere Dentinablagerungen auf der Innenseite wird der Pulparaum zum Kanal eingeengt.

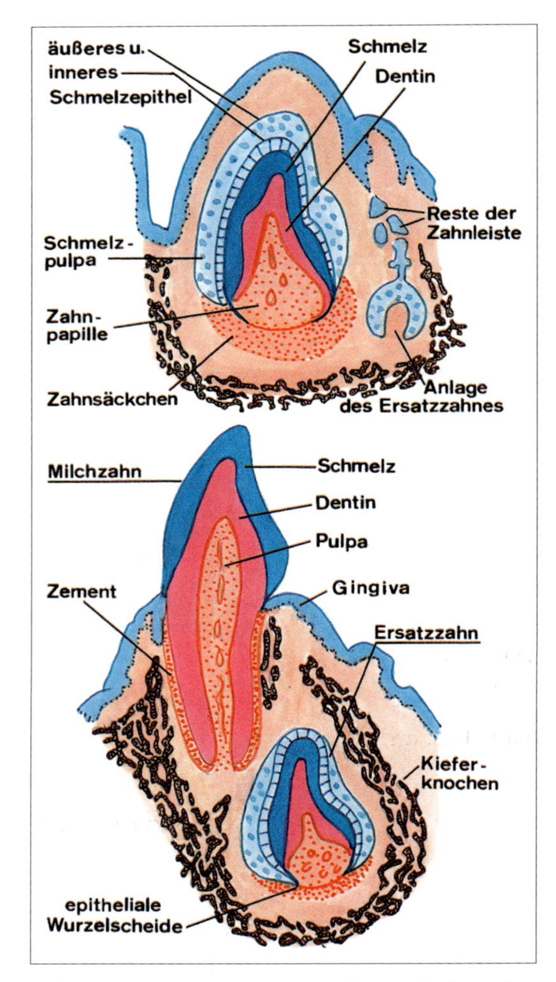

Abb. 22.9 Entwicklung des Milchzahnes und Zahnwechsel, schematisch (nach Clara 1966)

Zement

Nach Auflösung der epithelialen Wurzelscheide differenzieren sich die inneren Zellen des Zahnsäckchens zu *Zementoblasten*, die den Zement produzieren. Es handelt sich um ein geflechtartiges Knochengewebe, das auf dem Wurzeldentin und an den Zähnen bei Pferd und Wiederkäuer auch auf dem Schmelzmantel abgelagert wird. Über der Zementschicht der Zahnwurzel bildet das übrige

Mesenchym des Zahnsäckchens das Periodontium und das Periost der Alveolen.

Zahndurchbruch und Zahnwechsel

Durch das fortschreitende Längenwachstum der Wurzel hebt sich die Krone immer mehr empor und durchbricht die druckatrophisch gewordene Mundschleimhaut. Der an der Krone anliegende Schleimhautbezirk wird nun *Zahnfleisch* (Gingiva) genannt (**Abb. 22.9**).

Die **Ersatzzähne** gehen aus der Ersatzleiste hervor und werden lingual von den Milchzähnen angelegt. Die bleibenden Zähne entstehen wie die Milchzähne aus Schmelzorganen und führen durch ihr Längenwachstum den **Zahnwechsel** herbei. Dabei zerstören Osteoklasten die Trennwand der Alveole zwischen Milch- und Ersatzzahn und lösen gleichzeitig die Milchzahnwurzel auf. Der wachsende Ersatzzahn drückt den Milchzahn aus der Alveole.

Die **Molaren**, denen Milchzähne als Vorläufer fehlen, entstehen nacheinander durch Verlängerung der Zahnleiste. Zuerst entwickelt sich aus erhalten gebliebenen kaudalen Teilen der Zahnleiste das Schmelzorgan des 1. Molaren. Aus dem Halsteil dieser Anlage bildet sich der 2. Molar und aus dessen Halsteil schließlich der 3. Molar.

Schmelzhöckerige Zähne gehen aus Schmelzbechern mit mehrhöckeriger Papille hervor. *Mehrwurzelige* Zähne entstehen durch Spaltung der epithelialen Wurzelscheide. Bei den wurzellosen, *permanent wachsenden* Eckzähnen des Schweines wächst die epitheliale Wurzelscheide ohne Verengung in die Tiefe weiter. Dentin, Schmelz und Zement werden ständig nachgebildet. Die *Kunden* der Schneidezähne von Equiden entstehen durch Einfaltung der Krone von der lingualen Seite aus. Die schmelzfaltigen Backenzähne der Pflanzenfresser bilden sich aus komplizierten Schmelzorganen, die einer mehrhöckerigen Papille aufsitzen und mehrfach in der Längsachse gefaltet sind.

22.6 Differenzierung des Schlunddarmes

Der Pharynx entwickelt sich aus dem Schlunddarm, an dem während der Entwicklung die bereits früher besprochenen Kiemenfurchen und Schlundtaschen auftreten (vgl. S. 75). Später wird er durch den kaudalen Abschnitt der Gaumenfortsätze (Pharynxfalten) unvollständig in den dorsalen *Nasenrachen* und den ventralen *Schlingrachen* unterteilt. Beide stehen über das Ostium intrapharyngeum in Verbindung.

Der rostral weite und am Übergang zum Oesophagus enge primitive Pharynx bildet zwischen den Kiemenbögen vier Schlundtaschen aus. Die 5. ist rudimentär oder fehlt (**Abb. 12.3; 22.10**). Die *Schlundtaschen* sind mit entodermalem Epithel ausgekleidete, lateral gerichtete Aussackungen, die im allgemeinen aus einem Dorsal- und einem Ventraldivertikel bestehen. Aus ihnen gehen die branchiogenen Organe hervor.

1. Schlundtasche. Sie bildet den langgestreckten Recessus tubotympanicus aus, dessen distaler Teil sich zum Cavum tympani erweitert und die Gehörknöchelchen umschließt. Der proximale, lang ausgezogene Abschnitt bleibt mit dem Nasenrachen in Verbindung und entwickelt sich zur Tuba auditiva.

2. Schlundtasche. Sie bildet sich weitgehend zurück, nur bei Fleischfresser und Rind bleibt ein Teil als *Sinus tonsillaris* übrig, aus dem die Gaumenmandel hervorgeht.

3. Schlundtasche. Aus ihr entsteht ein Dorsal- und ein Ventraldivertikel. Die Verbindung zum Pharynx wächst zum Strang aus und obliteriert. Aus dem Dorsaldivertikel entsteht das *laterale Epithelkörperchen*, aus dem Ventraldivertikel der *Thymus*. Beide Anlagen werden nach kaudal verlagert.

4. Schlundtasche. Sie bildet ebenfalls ein Dorsal- und ein Ventraldivertikel. Aus der Dorsalknospe entwickelt sich das *mediale Epithelkörperchen* und aus der Ventralknospe der *ultimobranchiale Körper*. Beide Anlagen vereinigen sich mit der Schilddrüse. Aus dem ultimobranchialen Körper entstehen die parafollikulären *C-Zellen* der Schilddrüse.

5. Schlundtasche. Die rudimentäre 5. Schlundtasche der Säugetiere bildet sich entweder sofort zurück oder wird in das Ventraldivertikel der 4. Schlundtasche integriert, aus dem sich der ultimobranchiale Körper entwickelt (**Abb. 12.3; 22.10**).

22.7 Speiseröhre

Der Oesophagus entwickelt sich aus dem Teil des Vorderdarmes, der sich kaudal an den Schlunddarm anschließt und reicht bis zur spindelförmigen Magenanlage. Er ist anfangs kurz und relativ weit. Infolge Streckung der vorderen Körperhälfte verlängert er sich jedoch sehr rasch.

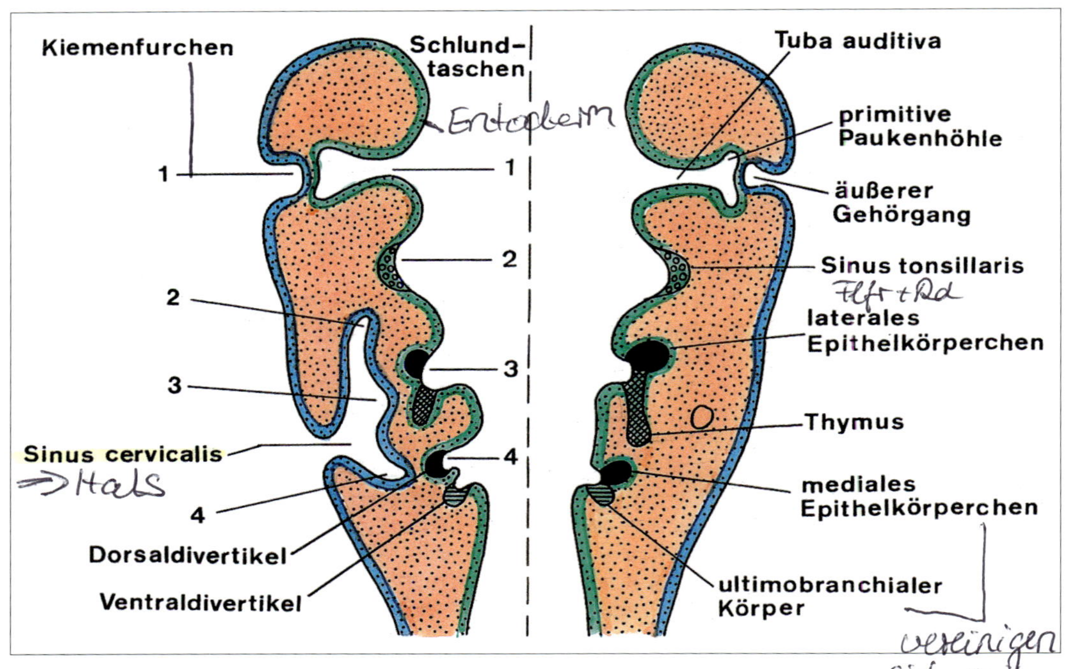

Abb. 22.10 Stadien der Entwicklung der Schlundtaschen (nach Starck 1975)

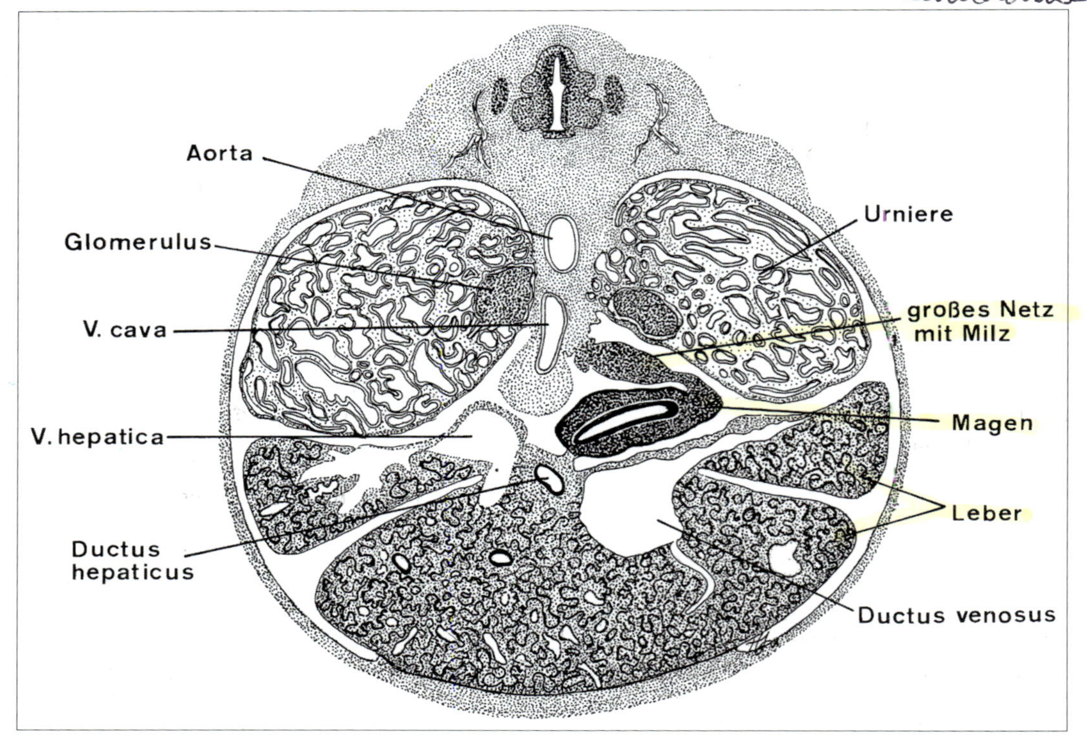

Abb. 22.11 Querschnitt durch einen Schweineembryo von 17 mm SSL (ca. 23 Tage), mit den Anlagen von Magen, Milz und Leber, Vergr. 25 x

Das Epithel und die Drüsen differenzieren sich aus dem Entoderm, alle anderen Schichten aus dem Mesoderm. Das anfangs einschichtige Oberflächenepithel proliferiert sehr stark und wird mehrschichtig. Es besitzt vorübergehend Flimmerhaare und bringt das Lumen zum Verschwinden. Am Ende der Embryonalperiode erfolgt die Rekanalisierung, und das Flimmerepithel wird durch mehrschichtiges Plattenepithel ersetzt. Die quergestreifte Muskulatur der Wand soll aus Myoblasten der Kiemenbögen hervorgehen. Die glatte Muskulatur bildet sich aus dem Mesenchym der Umgebung.

22.8 Magen

Die Magenentwicklung beginnt (bei Schw. und Schf. in der 3. Woche) mit der Bildung einer spindelförmigen Erweiterung des Darmrohres, die an einem dorsalen und ventralen Gekröse befestigt ist (**Abb. 22.1; 22.11; 22.12**).

Einhöhliger Magen

Die spindelförmige Magenanlage erweitert sich in ventrodorsaler Richtung zu einer bogenförmigen Ausbuchtung, die bald eine dorsale, konvexe *Curvatura major* und eine ventrale, konkave *Curvatura minor* erhält. Sobald diese definitive Form erreicht ist, vollzieht der Magen zwei Drehungen, wobei aus dem Gekröse das *kleine* und das *große Netz* entstehen (**Abb. 22.11; 22.12**).

1. Drehung. Der Magen dreht sich um die Längsachse nach links. Die große Kurvatur wird von dorsal über links nach ventral und die kleine Kurvatur von ventral über rechts nach dorsal verlagert.

2. Drehung. Die zweite Rotation erfolgt um die senkrechte Achse. Dabei gelangt das kaudale Ende nach rechts und das kraniale nach links. Der einhöhlige Magen zeigt nun seine endgültige Lage: die große Krümmung ist nach ventrokaudal und die kleine nach kraniodorsal ausgerichtet.

Mesogastrium dorsale. Das Dorsalgekröse ist aus dem Übergang zwischen parietalem und viszeralem Blatt des lateralen Mesoderms hervorgegangen, der ventral der Wirbelsäule mit dem der anderen Seite zu einer einheitlichen Platte verschmilzt. Das an der großen Krümmung des Magens ansetzende Mesogastrium dorsale buchtet sich nach kaudal als *Netzbeutel* aus und begrenzt gemeinsam mit dem Magen die Bursa omentalis. Durch die Magendrehung veranlasst entwickelt sich das **Omentum majus** als Serosafalte nach kaudal und erhält seine endgültige und gleichzeitig tierartlich unterschiedliche Lage. Es besteht dann aus dem *Paries superficialis* und dem *Paries profundus*. Beide begrenzen den Recessus caudalis omentalis, den kaudalen Teil der Bursa omentalis. Bei der Magendrehung mit Verlagerung des Pylorus nach rechts und kranial sowie durch die Verbindung des dorsalen Leberrandes mit der V. cava caudalis wird auch der ursprünglich weite Zugang von der Peritonäalhöhle zur Bursa omentalis zum *Foramen epiploicum* eingeengt. Es führt in das *Vestibulum bursae omentalis*, das über den Aditus ad recessum caudalem mit dem Recessus caudalis in Verbindung steht.

Neben der dorsalen Pankreasanlage entwickelt sich auch die Milz im Dorsalgekröse.

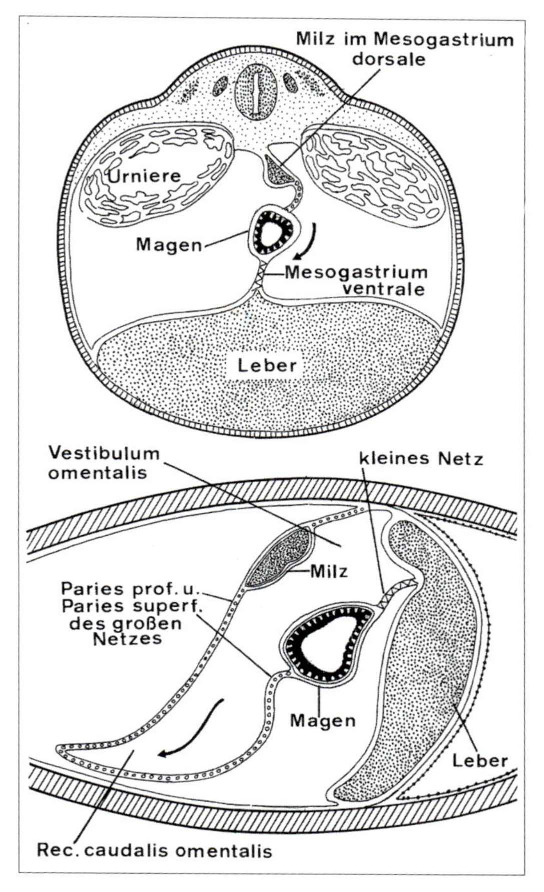

Abb. 22.12 Schematische Darstellung der Drehung des einhöhligen Magens (oben) und Bildung des großen Netzes (unten)

Mesogastrium ventrale. Das Ventralgekröse (Mesenterium ventrale) kommt nur im vorderen Bereich des Darmes bis zur Leberanlage vor. Es entsteht dadurch, dass sich die medialen Schenkel der Perikardhöhle aneinander legen und sich mit dem parietalen Blatt des lateralen Mesoderms verbinden.

Das ventrale Magengekröse heftet sich an der kleinen Krümmung des Magens an und setzt sich als Mesoduodenum ventrale auf das Duodenum fort.

Der proximale Teil wird bei der Magendrehung nach kraniodorsal verlagert. Aus ihm geht das **Omentum minus** mit dem *Lig. hepatogastricum* und *Lig. hepatoduodenale* hervor, das den Netzbeutelvorhof von ventral begrenzt. Im distalen Teil des Mesogastrium ventrale entwickelt sich die Leber. Diese vergrößert sich sehr stark, und das Gekröse weitet sich aus. Nach Trennung der Leber vom Zwerchfell bleiben die definitiven *Leberbänder* übrig.

Histogenese. Aus dem Entoderm entwickelt sich zunächst ein mehrschichtiges Oberflächenepithel, das sich später im Bereich der Drüsenschleimhaut in ein einschichtiges Zylinderepithel und in der Pars nonglandularis bei Schwein und Pferd zum mehrschichtigen Plattenepithel umwandelt. Die Magendrüsen entstehen durch Sprossbildung an der Basis der bereits gebildeten Magengrübchen.

Wiederkäuermagen

Anfangs stellt der Wiederkäuermagen wie bei den anderen Säugern eine spindelförmige Erweiterung dar, die dorsal die konvexe, große und ventral die konkave, kleine Krümmung besitzt (**Abb. 22.13**). Die Curvatura major dreht sich wie beim einhöhligen Magen nach links, aber nur bis zu 90°. Jetzt beginnt die spezifische Entwicklung mit der Bildung der *Pansen-Hauben-Anlage*, die sich aus dem primitiven Magen nach links dorsal und im scharfen Winkel nach kranial ausbuchtet. Sie ist dorsoventral zusammengedrückt und setzt sich durch eine ventrale und eine dorsale Längsleiste vom rechten Teil der Anlage, der späteren *Magenrinne*, ab. An der schlauchförmigen Magenanlage buchtet sich etwas später die *Psalteranlage* nach rechts und der *Labmagenteil* nach links aus. Die deutliche Abgrenzung der vier Magenabteilungen ist beim 20 mm langen Rinderembryo erreicht (**Abb. 22.14**). Die einzelnen Magenabteilungen liegen später etagenförmig übereinander und sind in einer Achse angeordnet,

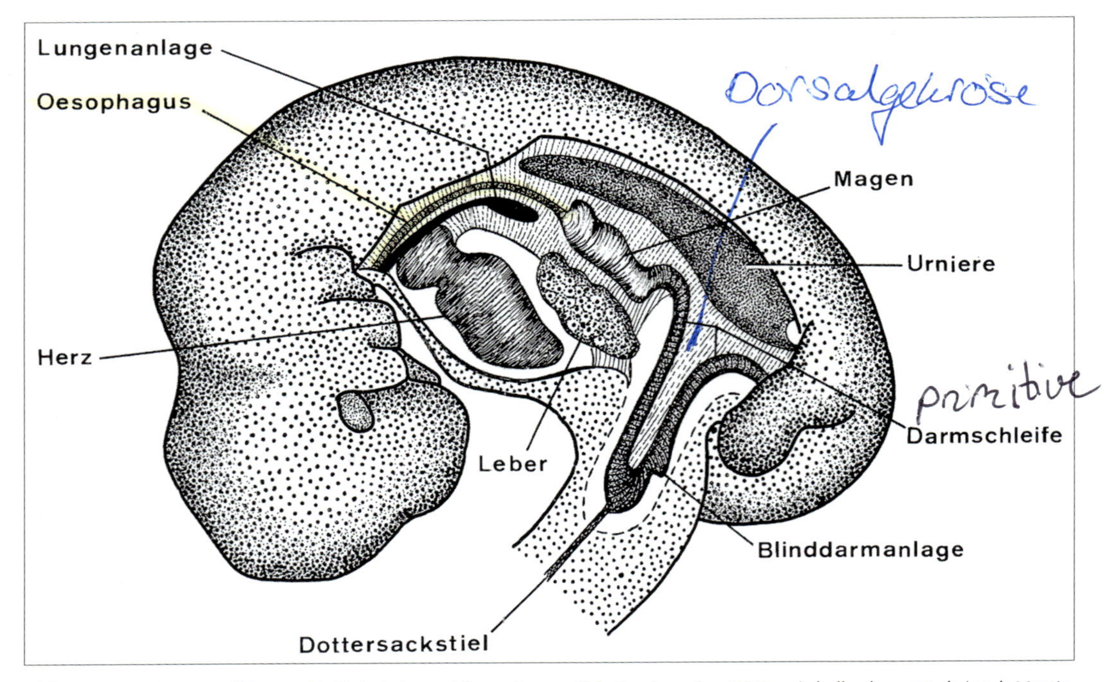

Abb. 22.13 Magen und Darmschleife bei einem 10 mm langen Schafembryo (ca. 20 Tage), halbschematisch (nach Martin 1912)

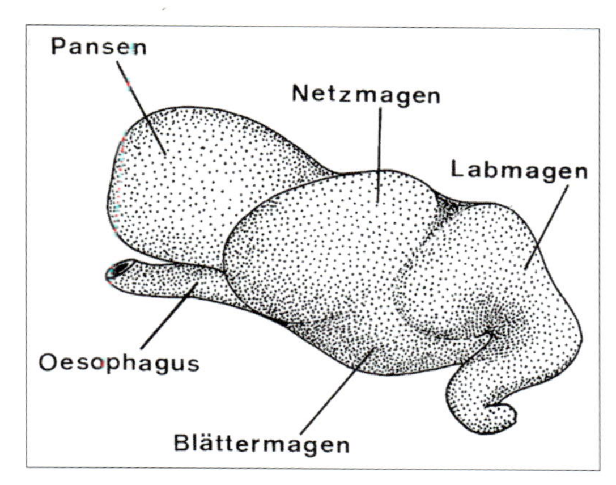

Abb. 22.14 Anlage des Magens beim Rinderembryo (SSL 22 mm), von links und ventral gesehen

die in einem Winkel von 45° zur Längsachse des Embryos steht. Die gesamte Magenanlage liegt zwischen Leber, Zwerchfell und Urniere. Danach ordnet sich die Pansen-Hauben-Anlage links dorsal, der Blättermagen rechts ventral und der Labmagen ventral und etwas nach links verschoben an (**Abb. 22.15**).

Pansendrehung. Am stark wachsenden Pansen treten die dorsokranial gerichteten *Blindsäcke* immer mehr hervor. Sie haben sich zwischen Zwerchfell und linker Urniere eingeschoben. Mit Rückbildung der Urnieren setzt die Pansendrehung ein, bei der die Blindsäcke von dorsal nach kaudal verlagert werden. Dadurch erhält der Pansen seine endgültige Lage. Gleichzeitig entwickelt sich mit Ausbildung der Furchen seine charakteristische Form. Nachdem sich die Leber zur rechten Seite verschoben hat, lagert sich der Netzmagen direkt dem Zwerchfell an.

Labmagendrehung. Auch der Labmagen macht eine Drehung durch, die ähnlich wie beim einhöhligen Magen um die Längsachse erfolgt. Dabei wird die große Krümmung nach ventral und die kleine nach dorsal verlagert. Gleichzeitig rückt nun der Labmagen von links zur rechten Körperseite. Damit ähnelt die Gesamtanordnung der Wiederkäuermagenabteilungen der Form eines Hufeisens. Der linke Schenkel wird vom Pansen, der rechte von Blätter- und Labmagen und der Scheitel vom Netzmagen gebildet (**Abb. 22.15**).

Infolge der Umgestaltung der einfachen Magenanlage zum vierhöhligen Organ ändert sich auch die Ansatzlinie des Dorsalgekröses, wodurch das große Netz eine für den Wiederkäuer charakteristische Ausbildung erfährt.

Größenverhältnisse. In der frühen Phase sind alle Magenabteilungen gleich groß. Während der Zeit der Magendrehung hat sich der Pansen zur größten Abteilung herangebildet. Danach setzt eine starke Volumenzunahme am Labmagen ein, so dass dieser zur Zeit der Geburt und danach die 3 Vormägen an Größe übertrifft. Die bleibenden Größenverhältnisse, wobei der Pansen die größte Magenabteilung ist, entstehen erst durch die Rauhfutteraufnahme.

Schleimhautdifferenzierung. Bei der Herausbildung des Schleimhautreliefs entstehen erst die bindegewebigen Grundstöcke, ehe die Differenzierung am Epithel einsetzt. Zuerst treten *Blättermagenblätter* (Rd. 35 mm SSL) und *Labmagenfalten* (**Abb. 22.16**), später *Netzmagenleisten* (Rd. 85 mm SSL) und zuletzt *Pansenzotten* (Rd. 320 mm SSL) auf. Die Ausdifferenzierung der fetal angelegten, filiformen und gleichmäßig verteilten Pansenzotten erfolgt erst postnatal und ist abhängig von der Ernährung (**Abb. 22.17**). Es werden drei Wiederkäuerernährungstypen unterschieden: Konzentrat-Selektierer (z. B. Reh), Intermediär-Typen (z. B. Zg.) und Rauhfutter-Fresser (z. B. Rd., Schf.). Infolge der unterschiedlichen Futteraufnahme bilden sich hinsichtlich Anzahl, Verteilung und Form der Pansenzotten große Unterschiede heraus.

22.9 Dünn- und Dickdarm

Dünn- und Dickdarm entstehen aus dem Mesenteron und Metenteron des primitiven Darmes. Dieser stellt ein gestreckt verlaufendes Rohr dar, das über den Darmnabel, den späteren Dottersackstiel, mit dem Dottersack in Verbindung steht und am Dorsalgekröse befestigt ist. Ein Ventralgekröse besitzt nur der Anfangsteil des Duodenums bis zur Einmündung des Ductus choledochus.

Primitive Darmschleife (Abb. 22.13; 22.18). Durch starkes Längenwachstum des Darmrohres mit Verlängerung des Gekröses entsteht die primitive Darmschleife. Im Gekröse bildet sich die A. mesenterica cranialis aus, die aus der rechten Dottersackarterie entstanden ist und bis zum Scheitel der Schleife zieht. Am Magen beginnend lassen sich an der Darmschleife folgende Abschnitte unterscheiden: der horizontale Teil (Duodenum), der absteigende Schenkel (Jejunum), der Scheitel mit Dotter-

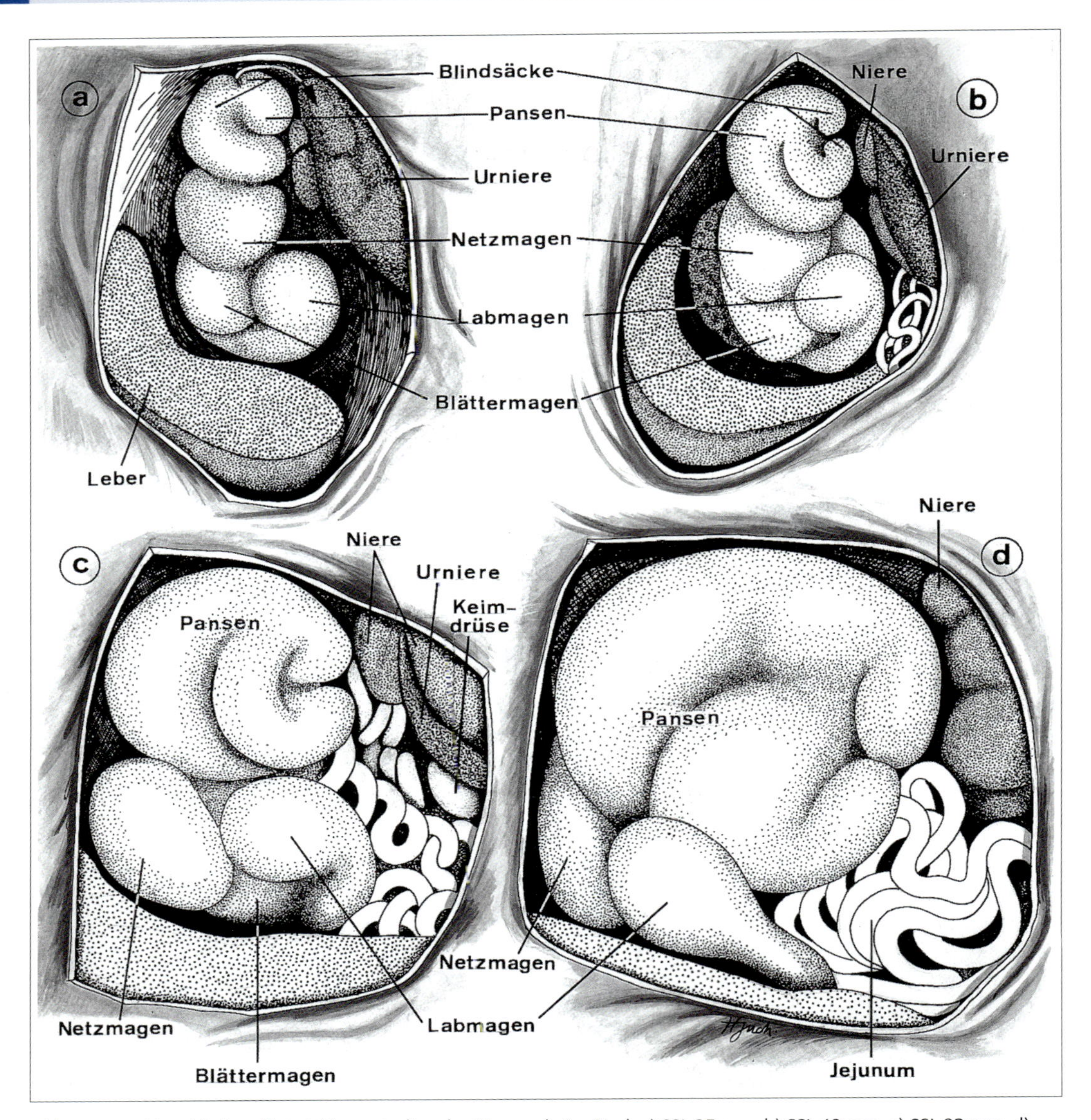

Abb. 22.15 Verschiedene Entwicklungsstadien des Magens beim Rind: a) SSL 35 mm, b) SSL 48 mm, c) SSL 82 mm, d) SSL 120 mm, linke Seitenansicht

sackstiel (Jejunum u. Ileum), der aufsteigende Schenkel (Caecum, Colon ascendens u. transversum) und der horizontale Endteil (Colon descendens u. Rectum).

Darmdrehung (Abb. 22.18). Durch starkes Längenwachstum, vor allem der horizontalen Abschnitte, setzt in der 4. Woche die Achsendrehung um die A. mesenterica cranialis ein. Bei der ersten Drehung um 180° wird der absteigende Schenkel von kranial über rechts nach kaudal und der aufsteigende Schenkel von kaudal über links nach kranial verlagert. Fortgesetztes Längenwachstum führt nun zur Herausbildung der einzelnen Darmabschnitte, und gleichzeitig wird die begonnene Drehung bis zu 360° zu Ende geführt. Durch die Achsendrehung hat sich der kranial geöffnete Bogen des Duodenums und die kaudal offene Schleife des Colons gebildet. Während der Drehung erfolgt auch die Abtrennung vom Dottersack; der Dotter-

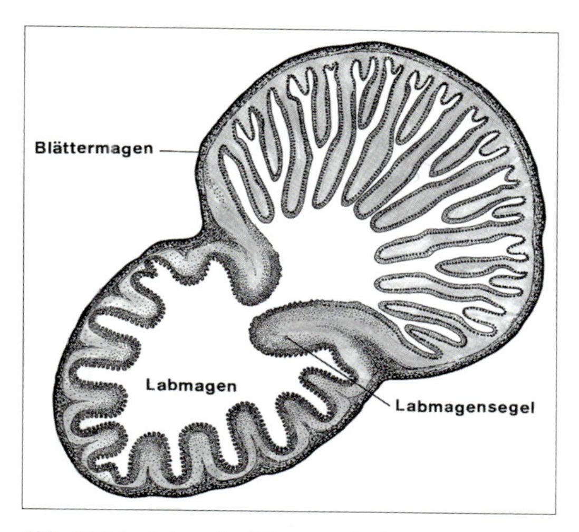

Abb. 22.16 Anlage des Blätter- und Labmagens beim Rinderfetus von 86 mm SSL

sackstiel bildet sich zurück. Nur beim Vogel bleibt der Rest als Meckelsches Divertikel erhalten.

Physiologischer Nabelbruch (**Abb. 22.19**). Infolge des raschen Längenwachstums des Darmes und durch Umfangsvermehrung der Leber und der Urniere wird die Peritonäalhöhle zu eng, so dass Teile der Darmschlingen vorübergehend in das Außenzölom des Nabelstranges (Nabelstrangzölom) vorgeschoben werden. Nach Erweiterung der Leibeswand und Rückbildung der Urnieren werden sie bald zurückverlagert.

Ausbildung der einzelnen Darmabschnitte

Das **Duodenum** behält seine charakteristische Schleifenform bei allen Tieren bei.

Das **Jejunum** zeigt schon frühzeitig starke Schlingenbildung, was vor allem durch das rasche Längenwachstum des absteigenden Schenkels der Darmschleife zustande kommt. Als Rest des Dottersackstieles kann vor allem beim Vogel das *Diverticulum vitelli* (Meckelsches Divertikel) am Jejunum übrig bleiben. Beim Säuger liegt es im Bereich des Ileum.

Das **Ileum** als letzter Abschnitt des Dünndarmes wird nach Ausbildung des Caecum durch die Plica ileocaecalis markiert.

Das **Zäkum** entwickelt sich aus einem Mesoblasthöcker, in den das Darmepithel hineinwächst und unter Lumenbildung eine Vergrößerung des Organs bewirkt. Der bei Pferd, Wiederkäuer und Fleischfresser rechts in der Bauchhöhle gelegene Blinddarm wird beim Schwein sekundär nach links verlagert. Das blinde Ende ist bei Wiederkäuer,

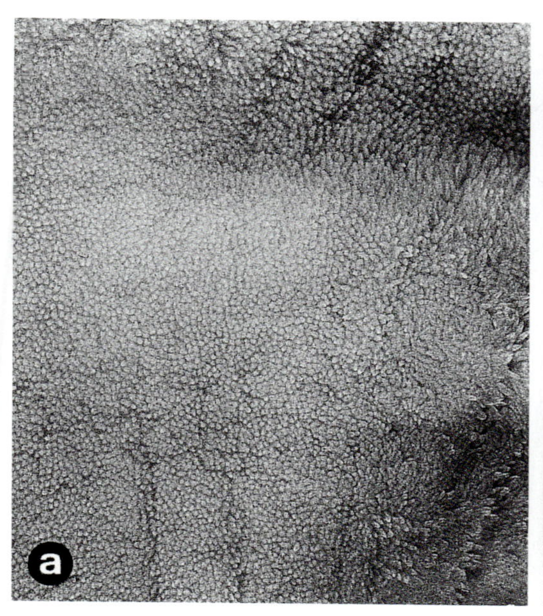

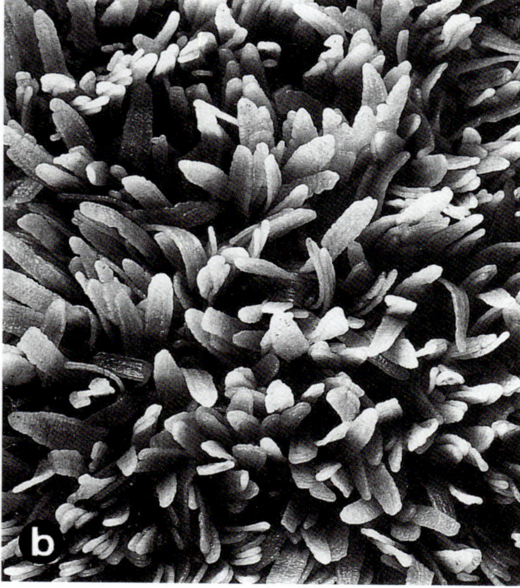

Abb. 22.17 Pansenzotten aus dem Atrium ruminis: a) kurz vor der Geburt des Kalbes (Vergr. 3,3 x), b) des erwachsenen Rindes, natürliche Größe

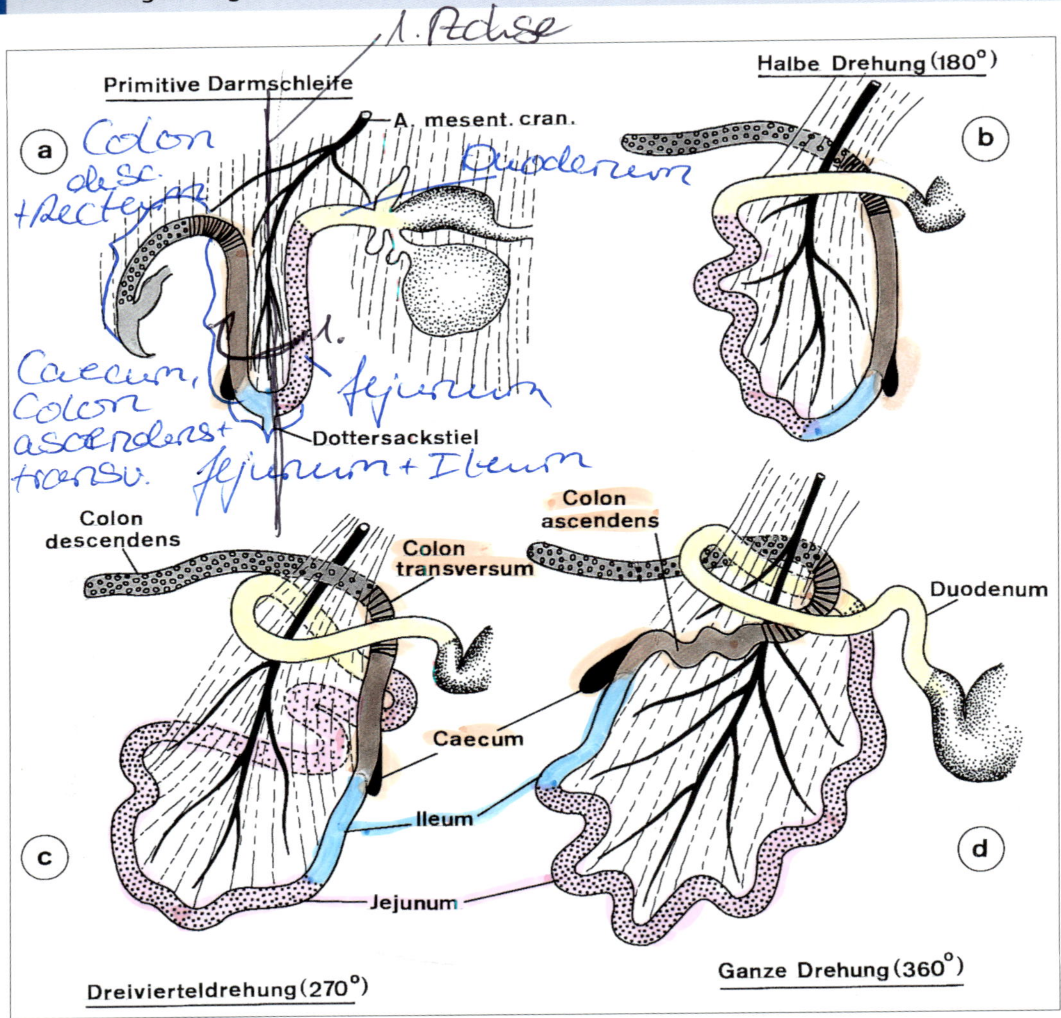

Abb. 22.18 Schematische Darstellung der Achsendrehung des Darmes um die A. mesenterica cranialis (nach Zietzschmann 1925): a) primitive Darmschleife, b) Drehung um 180°, c) Drehung um 270°, d) ganze Drehung (360 °) horizontale Teil (Duodenum), der absteigende Schenkel (Jejunum), der Scheitel mit Dottersackstiel (Jejunum u. Ileum), der aufsteigende Schenkel (Caecum, Colon ascendens u. transversum) und der horizontale Endteil (Colon descendens u. Rectum).

Schwein und Fleischfresser nach kaudal gerichtet. Beim Pferd wächst der Blinddarm zu einem mächtigen Organ aus, so dass die Spitze an der Bauchwand entlang nach kranial zu liegen kommt. Der Blinddarmkopf gehört genetisch zum Colon ascendens.

Die Kolonschleife besteht aus drei gerade verlaufenden Abschnitten, dem rechten **Colon ascendens**, dem **Colon transversum** und dem linken **Colon descendens**. In dieser Form bleibt der Grimmdarm beim Fleischfresser bestehen. Bei den anderen Tieren treten vor allem am Colon ascendens starke Umbildungen auf. Beim *Schwein* entwickelt sich das Colon ascendens zu der charakteristischen stumpfkegelförmigen Spirale. Beim *Wiederkäuer* entsteht in ähnlicher Weise über ein kegelartiges Konvolut die typische Kolonscheibe, die sich von links dem Leerdarmgekröse anlegt und sich mit diesem verbindet. Noch ausgeprägter ist die Entwicklung des Colon ascendens beim *Pferd*, bei dem es zu einer mächtigen U-förmigen Doppelschleife auswächst.

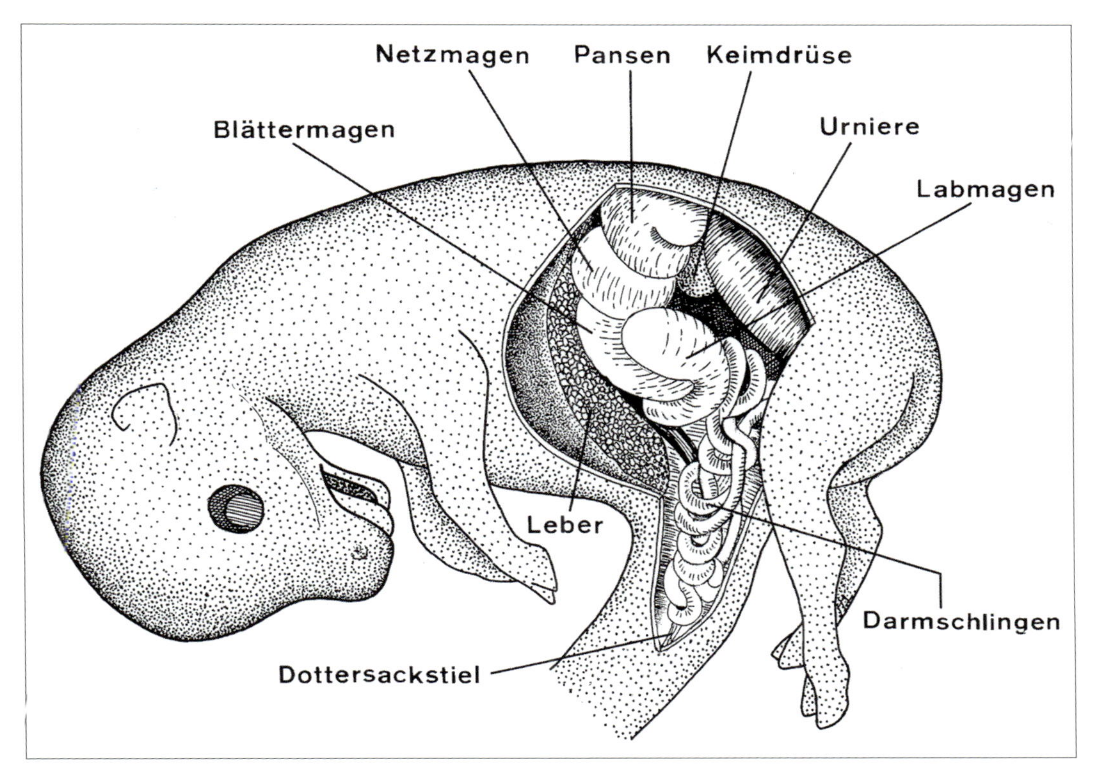

Abb. 22.19 Magen und Darmschleife (Physiologischer Nabelbruch) beim Embryo des Rindes von 42 mm Länge, halbschematisch

Das **Rektum** geht aus dem Anorektalkanal hervor, der durch das Septum urorectale als dorsaler Teil von der Kloake abgetrennt wird (**Abb. 22.21**).

Durch die Form- und Lageveränderungen am Darmkanal verändern sich auch die ursprünglich einfachen Gekröseverhältnisse. Das Gekröse kann sich verkürzen oder verlängern. Starke Verkürzungen führen zu Verwachsungen bestimmter Darmabschnitte untereinander oder mit der dorsalen Bauchwand. Außerdem bilden sich Bänder bzw. Falten heraus.

Histogenese (**Abb. 22.20**). Wie an Speiseröhre und Magen entwickeln sich mit Ausnahme des Epithels und der Drüsen alle Schichten aus dem Mesoderm. Bei der *Darmmuskulatur* entsteht zuerst die Kreis-, dann die Längsmuskulatur und relativ spät die Muscularis mucosae. Das zylindrische, glykogenreiche *Epithel* wird vorübergehend mehrschichtig und verlegt das Darmlumen fast vollständig. Später wird das Lumen wieder frei und es differenziert sich das bleibende, einschichtige, hochprismatische Oberflächenepithel.

Die Entwicklung der *Darmzotten* beginnt mit der Bildung rein epithelialer Primordialzotten. Nachdem diese eine mesenchymale Einlagerung erhalten haben, werden sie zu Sekundärzotten, die sich in der weiteren Entwicklung durch Spaltung vermehren. Zotten kommen im gesamten Darm zur Ausbildung, werden jedoch beim Säuger im Dickdarm zurückgebildet. Beim Vogel bleiben sie durchgehend erhalten. *Darmkrypten* und *Glandulae submucosae* entstehen aus Epithelsprossen. Die Vermehrung der Krypten erfolgt durch Spaltung.

22.10 After

Zwischen Enddarm und Allantois wächst nach kaudal das *Septum urorectale* aus, das sich zunächst auf jeder Seite mit einer Längsfalte bis zur Kloakenmembran verlängert (**Abb. 22.21**). Beide Falten ver-

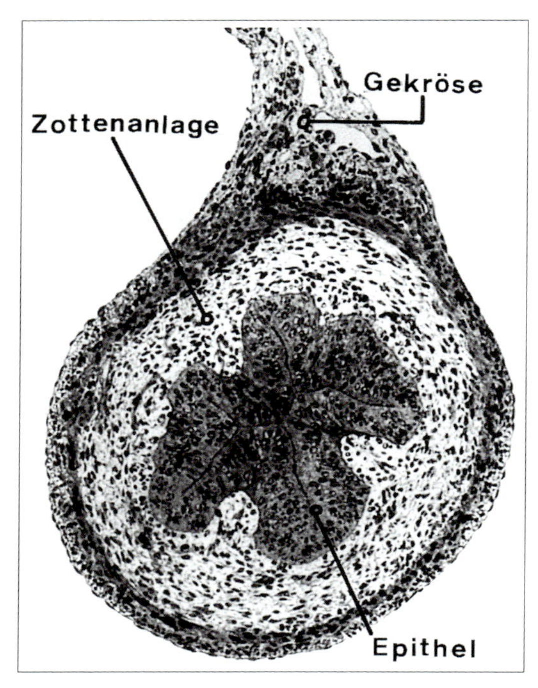

Abb. 22.20 Differenzierung der Wand des Jejunums beim Rinderembryo (SSL 65 mm), Vergr. 122 x

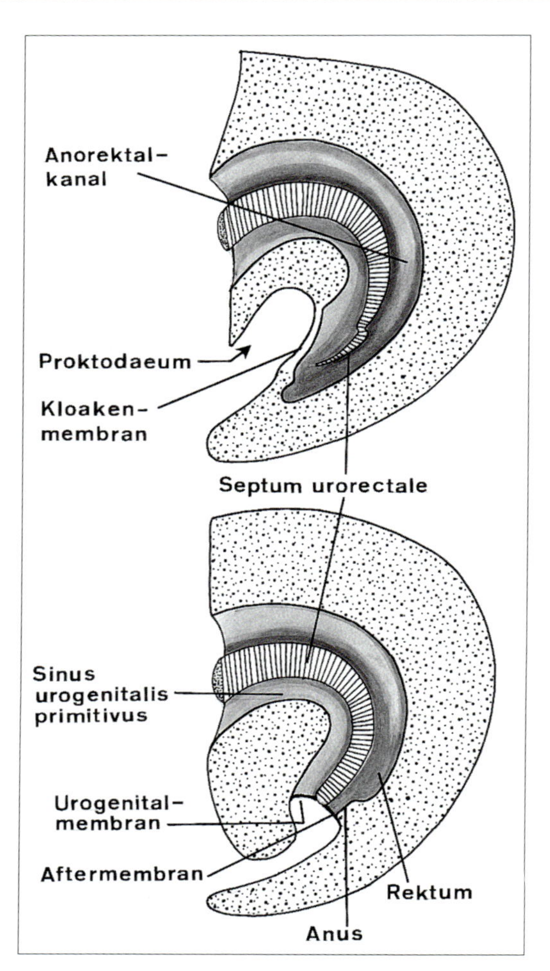

Abb. 22.21 Schematische Darstellung der Aufteilung der Kloake

einigen sich in der Medianen und trennen dadurch die Kloake in den ventralen primitiven Sinus urogenitalis und den dorsalen *Anorektalkanal*. Aus diesem entstehen das Rektum und der kraniale, entodermale Teil des Anus. Der kaudale Teil des Analkanals geht aus der ektodermalen Afterbucht hervor. An der Verwachsungsstelle von Septum urorectale und Kloakenmembran entsteht das primäre *Perineum*. Gleichzeitig wird die Kloakenmembran in die ventrale *Urogenitalmembran* und die dorsale *Aftermembran* unterteilt. Nachdem sich die Aftermembran zurückgebildet hat, sind beide Teile des Anus verbunden, und das Darmrohr öffnet sich nach außen.

Im Mesenchym des Afters entstehen die besonderen Muskeln, aus Epithelsprossen bilden sich die Drüsen und beim Fleischfresser auch die Analbeutel.

22.11 Leber

Die Leber entwickelt sich aus einer ventralen Epithelknospe des hepatopankreatischen Ringes des Duodenums (**Abb. 22.22**). Sie wächst als **Leberdivertikel** (Leberbucht) weiter ins Septum transversum vor, das zum Mesogastrium ventrale gehört. Hier kommt es zu einer raschen Größenzunahme, was gleichzeitig eine Ausweitung des ventralen Gekröses zur Folge hat. In der weiteren Entwicklung wird an der Anlage die kraniale Pars hepatica und die kaudale Pars cystica erkennbar.

Pars hepatica

Sie stellt die eigentliche Leberanlage dar und wächst unter gleichzeitiger Bildung von Zellsträngen in kraniodorsalem Bogen im Septum transversum nach ventral vor. Die distalen Teile der Leberzellsprosse proliferieren sehr stark und bilden die miteinander anastomosierenden Zellstränge des Parenchyms. Aus den proximalen Teilen geht die epitheliale Auskleidung der intrahepatischen Gal-

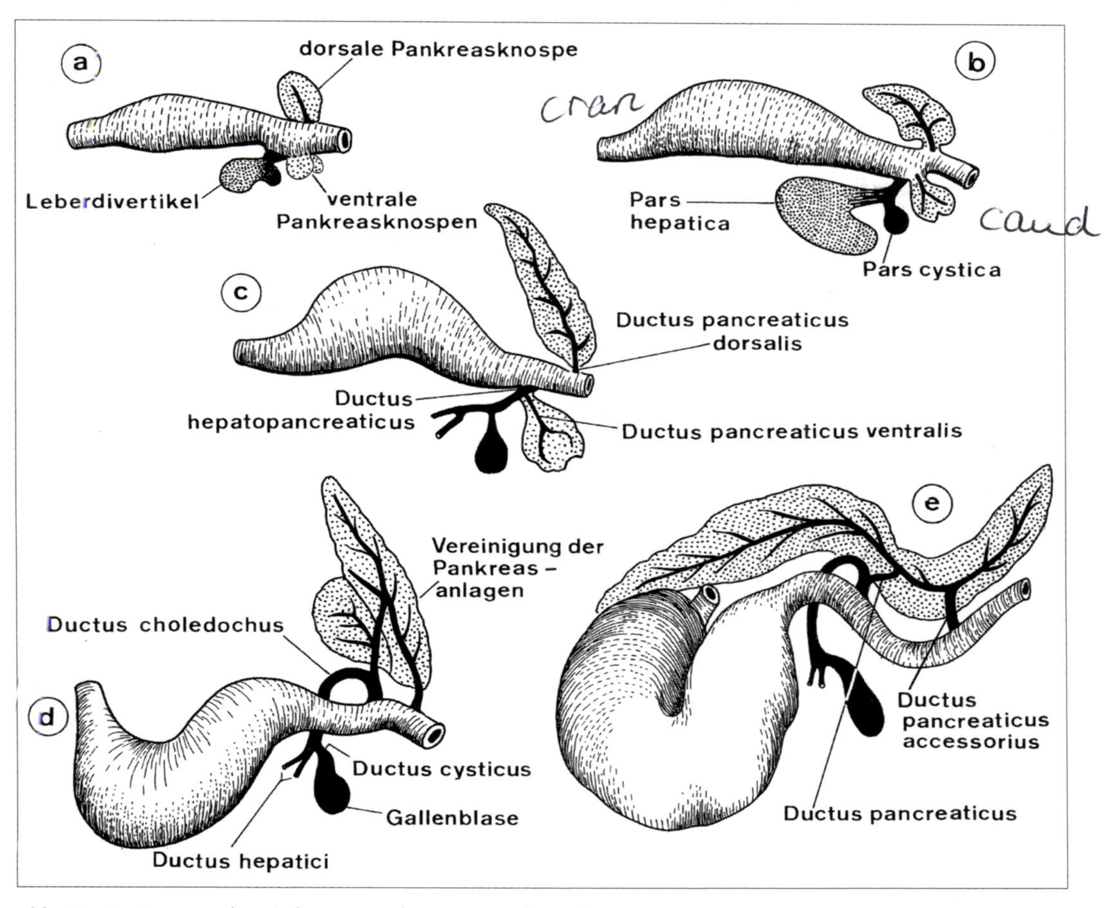

Abb. 22.22 Hepatopankreatischer Ring und Vereinigung der Pankreasanlagen beim Hund (schematische Darstellung)

lengänge hervor. Die Ausgestaltung des *Leberparenchyms* erfolgt unter gegenseitiger Beeinflussung der entodermalen Leberzellsprosse und der mesenchymalen Anteile, vor allem der Blutgefäße. Um die vordringenden Zellstränge bildet sich ein Maschenwerk an Leberkapillaren, die aus den Vv. vitellinae hervorgehen. Die in die Leberanlage eintretenden Dottersackvenen werden als Vv. afferentes hepatis und die wegführenden als Vv. efferentes hepatis bezeichnet. Die linke V. afferens bildet sich zurück und die rechte verbindet sich mit der V. intestinalis zur Pfortader. In der Leberanlage bilden die Dottersackvenen das dichte Netz der Lebersinusoide. Die linke V. efferens wird ebenfalls zurückgebildet und die rechte wird zur V. hepatica.

Verbindungen mit den Leberkapillaren besitzen auch die Nabelvenen, von denen die rechte frühzeitig obliteriert. Die linke hingegen bildet zusätzlich eine Anastomose zur V. afferens hepatis (spätere V. portae) aus. Dadurch fließt Plazentarblut durch die Leber. In der Folgezeit wird zwischen der V. umbilicalis sinistra und der V. cava caudalis der *Ductus venosus* (Arantii) als Anastomose ausgebildet, der eine Umgehung der Leber gestattet. Der Ductus venosus bleibt bei Fleischfresser und Wiederkäuer während der gesamten fetalen Entwicklung funktionstüchtig. Bei Pferd und Schwein wird er bald wieder zurückgebildet.

Die Leber vergrößert sich rasch und füllt den größten Teil des Bauchraumes aus (**Abb. 22.19**; **22.23**). Äußerlich wird der **Leberwulst** sichtbar. Diese starke Vergrößerung steht in Einklang mit der hämopoetischen Aktivität der Leber in dieser Entwicklungsphase.

Bei der *histologischen Differenzierung* entstehen durch die ständige Zellvermehrung *Leberzellplatten*, die radiär um die Zentralvene angeordnet sind und in ihrer Gesamtheit die **Leberläppchen** bilden

(**Abb. 22.24**). Die Läppchen werden durch Bindegewebe abgegrenzt. Sie vergrößern sich weiter und vermehren sich durch Aufspaltung der Zentralvene und Unterteilung durch Septen, die von der Peripherie einwachsen. Die charakteristische Läppchenzeichnung der Schweineleber bildet sich erst kurz vor der Geburt.

Pars cystica

Aus diesem kleineren Teil der Leberanlage entwickeln sich die Gallenblase und der Ductus cysticus. Die Verbindung mit der Pars hepatica wird zum *Ductus hepaticus communis* und die mit dem Duodenum zum *Ductus choledochus*. Dieser anfangs kurze und breite Gang verlängert sich; seine ursprünglich ventral im Duodenum gelegene Einmündung wird mit der Magendrehung nach dorsal verlagert.

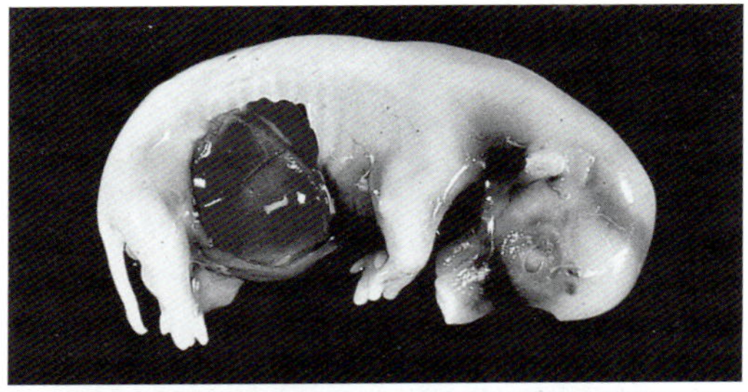

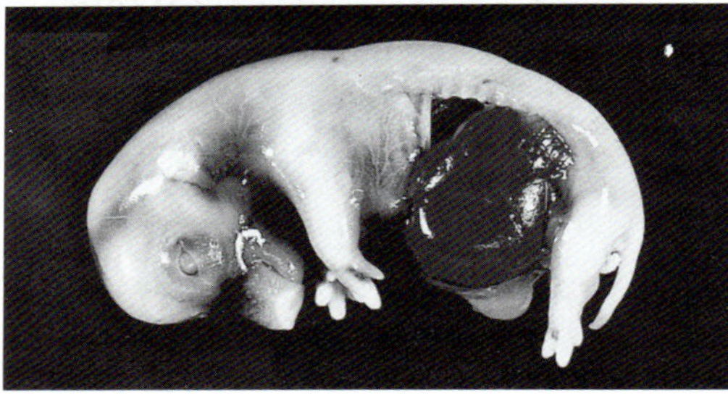

Abb. 22.23 Mächtig entwickelte Leber bei einem 50 mm langen, 40 Tage alten Schweineembryo, natürliche Größe

Leberbänder

Aus dem Mesenterium ventrale entwickelt sich proximal das kleine Netz mit dem *Lig. hepatogastricum* und dem *Lig. hepatoduodenale*. Vom distalen Teil des ventralen Gekröses bleiben der seröse Überzug der Leber und nach ihrer Trennung vom Zwerchfell die *Ligg. triangularia*, das *Lig. coronarium* und das *Lig. falciforme* übrig.

22.12 Pankreas

Die Bauchspeicheldrüse entsteht in Form einer dorsalen und einer ventralen Knospe aus dem Epithel des Duodenums im Bereich des hepatopankreatischen Ringes (**Abb. 22.22; 22.25**).

Dorsale Anlage

Sie entwickelt sich zuerst und wächst als Epithelspross rasch ins dorsale Mesenterium aus. Aus dem Hauptspross entsteht der *Ductus pancreaticus accessorius*. Sekundärsprosse bilden das Pankreasgewebe. Die dorsale Anlage stellt die größere der beiden Anlagen dar. Aus ihr gehen der Hauptteil der Bauchspeicheldrüse, die beiden Lappen und ein Teil des Körpers hervor.

Ventrale Anlage

Die kleinere ventrale Anlage wird paarig angelegt. Sie entwickelt sich in unmittelbarer Nähe der Einmündung des Ductus choledochus und dringt ins Mesoduodenum ventrale vor. Während beim Vogel

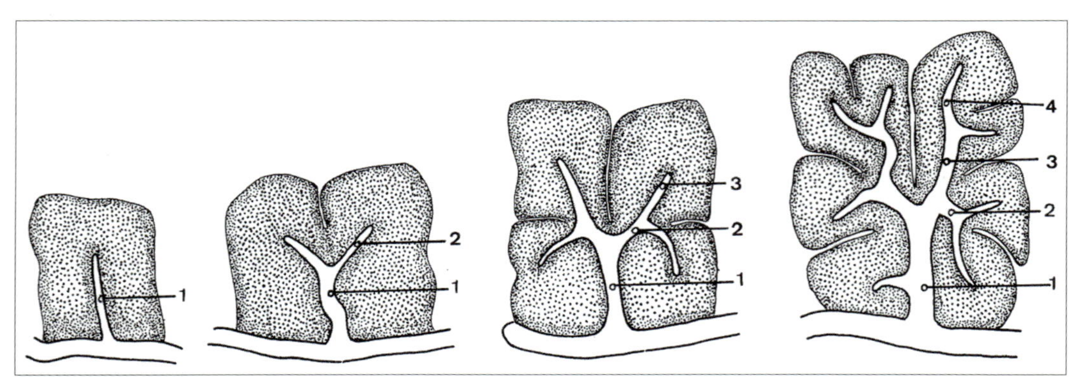

Abb. 22.24 Schematische Darstellung der Bildung von Leberläppchen des Schweines (nach Johnson, aus Zietzschmann/Krölling 1955)

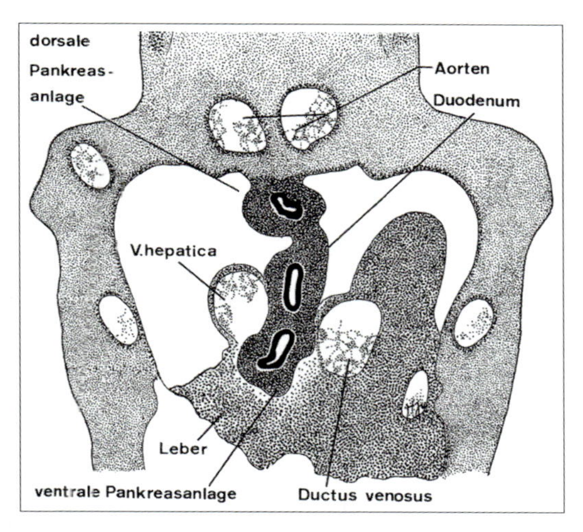

Abb. 22.25 Leber- und Pankreasanlagen bei einem 9 mm langen, ca. 20 Tage alten Katzenembryo, Vergr. 67 x

die Paarigkeit zeitlebens erhalten bleibt, vereinigen sich beim Säugetier die Mündungsabschnitte der Hauptsprosse. So entsteht ein einheitlicher Gang mit zwei Endknospen, von denen zur Bildung des Pankreasgewebes Sekundärsprosse auswachsen. Der einheitliche Kanal ist der *Ductus pancreaticus*.

Lageveränderung

Durch die Drehung des Magens und des Duodenums um die Längsachse wird die ventrale Pankreasanlage über rechts nach dorsal verlagert, wo sie sich mit der dorsalen vereinigt. Dabei kommt es auch zur Verbindung beider Hohlraumsysteme. Bei der nachfolgenden zweiten Magendrehung wird die Drüse schließlich quergestellt. Der seröse Überzug verklebt mit dem Bauchfell der dorsalen Bauchwand.

Die beiden angelegten Ausführungsgänge bleiben bei Pferd und Hund bestehen. Bei Schaf, Ziege und Katze bleibt nur der Ductus pancreaticus und bei Schwein und Rind der Ductus pancreaticus accessorius erhalten.

Histogenese. Aus dem entodermalen Epithel des Duodenums entwickelt sich sowohl das exkretorische als auch das inkretorische Drüsengewebe. Der Hauptteil wird zum exokrinen Gewebe, indem die Epithelsprosse zum Gangsystem kanalisieren und an deren Enden teilungsfähige, kugelige Endstücke entstehen.

Die *Langerhansschen Inseln* bilden sich aus Epithelzapfen, die von den embryonalen Gängen und Endstücken aussprossen. Die Inselzapfen verlieren die Verbindung zum Muttergewebe und werden von gefäßhaltigem Bindegewebe umgeben. Am Aufbau einer Insel sind Zapfen von mehreren Endstücken und Gängen beteiligt.

Zusammenfassung

Verdauungsorgane

- **Mundhöhle und Gaumenbildung.** Nach Einreißen der zweiblättrigen Rachenmembran vereinigt sich die ektodermale Mundbucht mit dem kranialen Teil des Vorderdarmes zur *primären Mundhöhle*. Sie ist von der aus den Nasenplakoden hervorgegangenen *primären Nasenhöhle* durch den medio-kranialen primären Gaumen und die *Membrana oronasalis* getrennt. Nach Schwund der Membran vereinigen sich die beiden Höhlen.
- Der **sekundäre Gaumen** entwickelt sich aus den seitlichen Gaumenfortsätzen, die innen vom Oberkiefer auswachsen und sich als Pharynxfalten bis in den primitiven Pharynx erstrecken. Die Gaumenfortsätze vereinigen sich rostral mit dem primären Gaumen und nach oben mit dem Nasenseptum, wodurch die **sekundäre Mundhöhle** und die **sekundäre Nasenhöhle** entstehen. Der orale Teil der vereinigten Pharynxfalten wird zum **weichen Gaumen**.
- **Lippen, Backen** und **Gesichtsform.** Die Gesichtsform entsteht durch Bildung der Lippen, Backen und äußeren Nase, die sich aus Gesichtswülsten entwickeln. Die kaudal gelegenen **Unterkieferwülste** bilden Unterlippe und Mandibula. Die lateralen **Oberkieferwülste** bilden die lateralen Teile der *Oberlippe*, den Oberkiefer und den sekundären Gaumen. Der Stirnwulst entwickelt sich weiter zum **Stirn-Nasenwulst**, aus dem Stirn, Nasenrücken, Nasenseptum und Nasenrücken entstehen. Die **lateralen Nasenwülste** werden zu den Nasenflügeln, und sie setzen sich durch die Tränennasenfurche vom Oberkieferwulst ab. Die **medialen Nasenwülste** vereinigen sich in der Medianen. Aus diesem Bereich entwickeln sich der mittlere Teil der Nase und das Zwischenkiefersegment, aus dem der *mittlere Teil der Oberlippe*, der Zwischenkiefer und der primäre Gaumen hervorgehen. Durch seitliche Vereinigung der Oberkiefer- und Unterkieferwülste kommt es zur Bildung der **Backen** und der sekundären Mundspalte.

■ **Zunge.** Die Zungenspitze und der Zungenkörper entwickeln sich aus dem **Tuberculum impar** und den **lateralen Zungenwülsten** als Mesenchymwucherungen des ersten Kiemenbogens. Die Zungenwurzel geht aus der **Copula**, einem Derivat des zweiten Kiemenbogens, und der **Eminentia hypobranchialis** hervor, die vom dritten und vierten Kiemenbogen abstammt. Die vereinigten Teile füllen die Mundhöhle als wulstförmiges Gebilde vollständig aus und verhindern vorrübergehend die Vereinigung der Gaumenfortsätze.

■ Durch starkes Längenwachstum ragt die Zunge vorübergehend aus der Mundhöhle hervor. Die *Muskulatur* stammt von den okzipitalen Myotomen ab und wird vom N. hypoglossus innerviert. Die *Zungenschleimhaut* trägt mehrschichtiges Epithel ekto- und entodermalen Ursprungs und wird sensibel vom N. lingualis des N. trigeminus und vom N. vagus innerviert. Im Terminalgebiet der Chorda tympani des N. facialis bilden sich die Papillae fungiformes und in jenem des N. glossopharyngeus die Papillae vallatae und foliatae.

■ **Speicheldrüsen** gehen aus Epithelsprossen der ektodermalen Mundbucht hervor, die in die Tiefe wachsen. Der Ursprung des Sprosses ist die spätere Mündungsstelle des Speichelganges. Die freien Enden teilen sich zu Drüsengängen und Endstücken. Die **Glandula parotis** entwickelt sich aus einer Knospe im Winkel der Mundspalte. Die **Glandula mandibularis** entsteht aus einer leistenartigen Epithelerhebung des Mundhöhlenbodens und hat mit der Caruncula sublingualis die gleiche Mündungsstelle wie die **Glandula sublingualis monostomatica.** Die **Glandula sublingualis polystomatica** geht aus Epithelsprossen der Plica sublingualis hervor.

■ **Zähne.** Als erstes entsteht die ektodermale **Zahnleiste**, an der sich seitlich als Schmelzorgan die **Zahnknospen** bilden. Diese stellen die Anlage der Milchzähne dar und wachsen als rein ektodermale Verdickung ins Mesenchym. Mesenchymwucherungen stülpen als Zahnpapille die Zahnknospen zum **Schmelzbecher** ein, der aus dem äußeren und inneren Schmelzepithel mit dazwischen gelegener Schmelzpulpa besteht. Die Schmelzorgane setzen sich immer mehr von der Zahnleiste ab, die selbst auf Reste, die Ersatzleiste, zurückgebildet wird. Schließlich entwickelt sich die **Schmelzglocke**, die vom mesenchymalen Zahnsäckchen umgeben wird. Die **Dentinbildung** erfolgt durch *Odontoblasten*, die sich aus Mesenchymzellen in unmittelbarer Nachbarschaft des inneren Schmelzepithels bilden. Nicht zur Odontoblastenbildung verbrauchtes Mesenchym wird zur Zahnpulpa. Danach beginnt die **Schmelzbildung**, bei der sich aus inneren Schmelzzellen hervorgegangene Enameloblasten Schmelzprismen, an der Zahnspitze beginnend, am Dentin abscheiden. Nach Bildung des Schmelzoberhäutchens wird das Schmelzepithel aufgelöst. Die **Wurzelbildung** geht von der epithelialen Wurzelscheide aus, die aus dem Umschlagbereich von äußerem und innerem Schmelzepithel hervorgegangen ist. Der **Zement** wird von Zementoblasten produziert, die sich aus Zellen des Zahnsäckchens differenziert haben. Das übrige Mesenchym des Zahnsäckchens wird zum *Periodontium* und Periost der Alveolen.

■ Der **Zahndurchbruch** wird durch das fortschreitende Längenwachstum bewirkt. Ersatzzähne gehen aus der Ersatzleiste hervor, und die Molaren, denen Milchzähne als Vorläufer fehlen, entstehen nacheinander durch Verlängerung der Zahnleiste.

■ **Schlunddarm.** Er ist der vordere Abschnitt des Vorderdarmes und entwickelt sich zum Pharynx. Während der Entwicklung treten fünf entodermale Schlundtaschen auf. Die *1. Schlundtasche* wird zum Cavum tympani und zur Tuba auditiva. Die *2. Schlundtasche* bildet sich weitgehend zurück. Nur bei Fleischfresser und Rind bleibt ein Teil als Sinus tonsillaris übrig. Aus dem Dorsaldivertikel der *3. Schlundtasche* entsteht das laterale Epithelkörperchen und ihr Ventraldivertikel wächst zum Thymus aus. Die Dorsalknospe der *4. Schlundtasche* wird zum medialen Epithelkörperchen und die Ventralknospe zum ultimobranchialen Körper. Ihre von der Neuralleiste stammenden C-Zellen wandern in die Schilddrüsenanlage ein. Die *5. Schlundtasche* ist rudimentär oder fehlt.

■ **Rumpfdarm.** Speiseröhre, Magen und Duodenum bis zur Einmündung des Gallenganges gehen aus dem hinteren Teil des *Vorderdarmes* (Praeenteron) hervor. Das restliche Duodenum, Jejunum, Ileum, Caecum und Colon bis zur Mitte des Colon transversum entstehen aus dem *Mitteldarm* (Mesenteron). Die linke Hälfte des Colon transversum, Colon descendens, Rectum und der kraniale Teil des Anus entwickeln sich aus dem *Hinterdarm* (Metenteron). Oberflächenepithel und Drüsen des Darmrohres differenzieren sich aus dem Entoderm, alle anderen Schichten aus dem Mesoderm.

- Der **Oesophagus** entwickelt sich aus dem zwischen Schlunddarm und Magen gelegenen Vorderdarmabschnitt. Das zunächst kurze Rohr verlängert sich infolge Streckung der vorderen Körperhälfte rasch und das anfangs einschichtige Epithel wird später mehrschichtig.
- **Einhöhliger Magen.** Die spindelförmige Magenanlage bildet bald die dorsale, konvexe *Curvatura major*, an der das Mesogastrium dorsale ansetzt, und die ventrale konkave *Curvatura minor*, die mit dem Mesogastrium ventrale verbunden ist. Durch die **erste Magendrehung** gelangt die große Krümmung über links nach ventral und die kleine Krümmung über rechts nach dorsal. Bei der **zweiten Drehung** wird das kaudale Ende des Magens nach rechts und das kraniale nach links verlagert. Durch die Drehungen buchtet sich das Mesogastrium dorsale nach kaudal aus und entwickelt sich zum *Omentum majus* mit Paries superficialis und Paries profundus. Im dorsalen Gekröse entwickeln sich auch die dorsale Pankreasanlage und die Milz. Aus dem proximalen Teil des Mesogastrium ventrale geht das *Omentum minus* (Lig. hepatogastricum, Lig. hepatoduodenale) hervor und im distalen Teil entwickelt sich die Leber.
- **Wiederkäuermagen.** Wie beim einhöhligen Magen dreht sich die dorsale konvexe Krümmung der spindelförmigen Erweiterung nach links, aber nur bis 90°. Aus dem primitiven Magen buchtet sich nun die **Pansen-Hauben-Anlage** nach links dorsal und im scharfen Winkel nach kranial aus. Kaudal davon entwickelt sich etwas später nach rechts die Psalteranlage und nach links der Labmagenteil. Die abgegrenzten Magenabteilungen liegen dann etagenförmig übereinander, ehe sich die Pansen-Hauben-Anlage links dorsal, der Blättermagen rechts ventral und der Labmagen ventral und etwas links verschoben anordnen. Nach dem sich am stark wachsenden Pansen die dorsokranial gerichteten Blindsäcke gebildet haben, setzt die **Pansendrehung** ein, bei der die Blindsäcke von dorsal nach kaudal verlagert werden und damit der Pansen seine endgültige Lage einnimmt. Schließlich folgt noch die **Labmagendrehung**, bei der die große Krümmung von dorsal nach ventral und die kleine von ventral nach dorsal verlagert wird. Gleichzeitig rückt der Labmagen von links zur rechten Körperseite. Zur Zeit der Geburt ist der Labmagen und nach Beginn der Rauhfutteraufnahme der Pansen die größte Abteilung. Bei der embryonalen Schleimhautdifferenzierung treten zuerst Blättermagenblätter und Labmagenfalten, später Netzmagenleisten und zuletzt Pansenzotten auf.
- **Dünndarm** und **Dickdarm**. Der gestreckt verlaufende primitive Darm ist am Dorsalgekröse befestigt und steht über den Darmnabel, den späteren Dottersackstiel, mit dem Dottersack in Verbindung. Durch vermehrtes Längenwachstum bildet sich die **primitive Darmschleife**, in deren Gekröse die A. mesenterica cranialis bis zum Scheitel der Schleife zieht. Der horizontale Anfangsteil der Schleife wird später zum Duodenum und der absteigende Schenkel zum Jejunum. Der Scheitel mit Dottersackstiel bildet Jejunum und Ileum. Aus dem Anfang des aufsteigenden Schenkels geht durch Knospung das Caecum und aus dem fortlaufenden Rohr Colon ascendens und Colon transversum hervor. Der *horizontale Endteil* der Schleife entwickelt sich zum Colon descendens und Anorektalkanal.
- Starkes Längenwachstum führt in der 4. Woche zur **Darmdrehung** um die A. mesenterica cranialis. Bei der ersten Drehung um 180° wird der absteigende Schenkel von kranial über rechts nach kaudal und der aufsteigende Schenkel von kaudal über links nach kranial verlagert. Durch die Fortsetzung der Drehung bis zu 360° entstehen der kranial geöffnete Bogen des Duodenums und die kaudal offene Schleife des Colons. Die *Histogenese* der Schleimhaut führt zur Bildung von Darmzotten, die zunächst als epitheliale Primordialzotten angelegt und später durch mesenchmale Einlagerungen zu Sekundärzotten umgewandelt werden. Beim Säuger werden die Zotten im Dickdarm zurückgebildet. Beim Vogel bleiben sie durchgehend erhalten.
- **Anorektalkanal** und **After.** Durch das Septum urorectale wird die Kloake in den ventralen Sinus urogenitalis und den dorsalen Anorektalkanal unterteilt. Aus diesem entstehen *Rektum* und der kraniale Teil des *Anus*. Der kaudale Teil geht aus der ektodermalen Afterbucht hervor. Beide Teile vereinen sich nach Auflösung der Aftermembran.
- Die **Leber** entwickelt sich aus einer ventralen Epithelknospe des hepatopankreatischen Ringes des Duodenums, die als Leberdivertikel ins Septum transversum wächst und sich in die Pars hepatica und Pars cystica unterteilt.
- Die **Pars hepatica** stellt die eigentliche Leberanlage dar, die in kraniodorsalem Bogen ins Septum transversum wächst. Aus den proximalen Teilen

der Leberzellsprosse geht die epitheliale Auskleidung der intrahepatischen Gallengänge hervor, und die distalen Teile bilden die anastomosierenden Zellstränge des Leberparenchyms. Die histologische Differenzierung mit Bildung von *Leberzellplatten* und *Leberläppchen* erfolgt unter Mitwirkung des Mesenchyms und der Dottersackvenen, aus denen die *Lebersinusoide* hervorgehen. Von den zuführenden Vv. vitellinae wird die rechte V. afferens zur *V. portae* und von den abführenden die rechte V. efferens zur *V. hepatica*. Durch die hämopoetische Aktivität bedingt wächst die Leber rasch zu einem großen Organ heran, was äußerlich am Leberwulst sichtbar wird.

- Aus der kleineren **Pars cystica** entwickeln sich die Gallenblase und der Ductus cysticus. Die Verbindung mit der Pars hepatica wird zum Ductus hepaticus communis und die mit dem Duodenum zum Ductus choledochus.
- Von den **Leberbändern** entwickeln sich das Lig. hepatogastricum und das Lig. hepatoduodenale aus dem proximalen Teil des Mesenterium ventrale und die Ligg. triangularia, das Lig. coronarium und das Lig. falciforme aus dem distalen Teil.
- Die **Bauchspeicheldrüse** bildet sich aus einer dorsalen und einer ventralen Knospe des hepatopankreatischen Ringes.
- Die größere, **dorsale Anlage** wächst ins Dorsalgekröse und entwickelt sich zu den beiden Lappen und einem Teil des Körpers. Der Hauptspross wird zum Ductus pancreaticus accessorius, und die Sekundärsprosse bilden das Pankreasgewebe. Die kleinere, **ventrale Anlage** wird paarig angelegt und wächst ins Mesoduodenum ventrale. Bei Säugern vereinigen sich die Mündungsbereiche der Hauptsprosse zum *Ductus pancreaticus*. Beim Vogel bleibt die Paarigkeit zeitlebens erhalten.
- Beide Anlagen vereinigen sich durch die Drehung von Magen und Duodenum. Aus den Sekundärsprossen des entodermalen Epithels entwickelt sich sowohl das exkretorische als auch das inkretorische Drüsengewebe.

23 Entwicklung der Atmungsorgane

Die Bildung der Atmungsorgane steht in enger Verbindung mit der Entwicklung des Verdauungsapparates, weshalb auch vom gastropulmonalen System gesprochen wird. Der *Dorsalteil* (Nasenhöhle und Nasopharynx) bildet sich gemeinsam mit dem Kopfdarm. Der *Ventralteil* (Kehlkopf, Luftröhre und Lunge) geht durch Sprossbildung aus dem Vorderdarm hervor.

23.1 Dorsalteil

Primäre Nasenhöhle

Die ektodermalen **Nasenplakoden**, deren zentraler Teil als *Riechplakode* bezeichnet wird, entwickeln sich durch Vermehrung des Epithels zu **Nasengrübchen**, die in dorsokaudaler Richtung gegen das Dach der primären Mundhöhle vorwachsen (**Abb. 23.1**). Sie vergrößern sich zu den **Nasensäckchen** und bilden so die primäre Nasenhöhle, die durch die *Membrana oronasalis* vorübergehend von der primären Mundhöhle getrennt wird. Die äußeren Nasenöffnungen stellen die Anlage der Nasenlöcher dar. Nach Einreißen der Membrana oronasalis wird die Nasenhöhle mit der Mundhöhle durch die *primären Choanen* verbunden (**Abb. 22.2**).

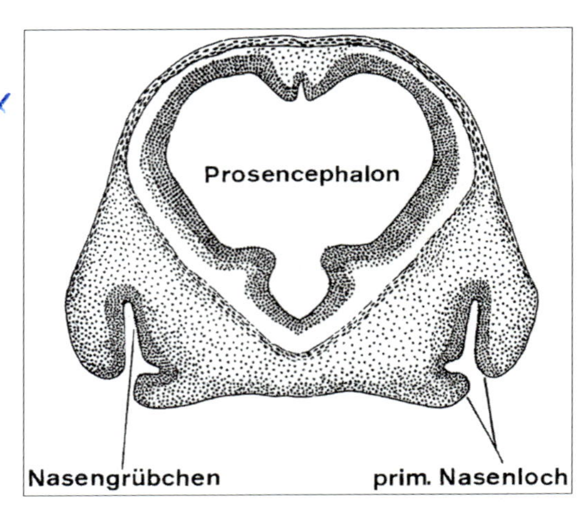

Abb. 23.1 Bildung der primären Nasenhöhle bei einem Katzenembryo von 9 mm SSL (20 Tage)

Sekundäre Nasenhöhle

Durch die Bildung des sekundären Gaumens entsteht die bleibende Nasen- und Mundhöhle (vgl. S. 153). Dabei verbinden sich die transversalen Gaumenfortsätze in der Medianen miteinander und rostral mit dem primären Gaumen. Vom Dach der sekundären Nasenhöhle wächst das *Septum nasi* herab und verbindet sich mit dem sekundären Gaumen (**Abb. 22.3; 23.2**).

Bei der weiteren Entwicklung bildet sich in der Wand Knorpel bzw. Knochen und die *Schleimhaut* differenziert sich zur Pars respiratoria und Pars olfactoria. Das Epithel der Riechschleimhaut geht aus den in die Tiefe verlagerten Riechplakoden hervor. Aus den ektodermalen Zellen bilden sich Stützzellen und bipolare Riechzellen, deren marklose Neuriten als Nn. olfactorii in den Bulbus olfactorius eintreten. Die *Nasenmuscheln* entstehen aus Epithellamellen, die ins Mesenchym einwachsen. Später erfolgt über enchondrale Ossifikation die Bildung der knöchernen Stütze. Das Organon vomeronasale entsteht aus einer rinnenförmigen Epithelvertiefung an der Basis der Scheidewand.

Nebenhöhlen

Die Bildung der *Sinus paranasales* beginnt in der späten Fetalperiode und wird erst nach der Geburt abgeschlossen. Sie entstehen aus Epithelknospen, die ins Mesenchym vordringen und sich hier zu Schleimhauttaschen erweitern. Die Nebenhöhlen bleiben mit der Nasenhöhle in Verbindung.

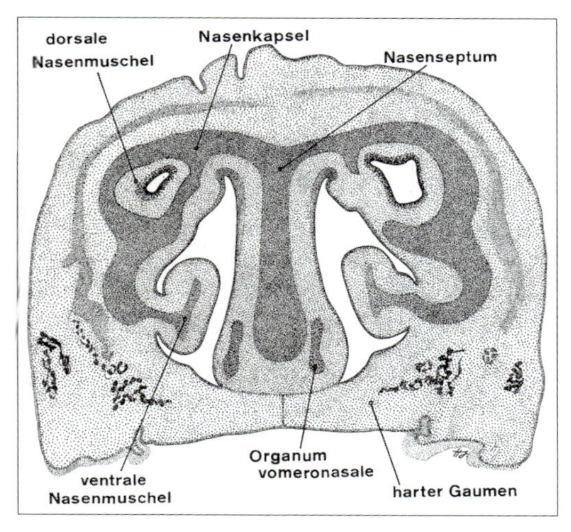

Abb. 23.2 Anlage der Nasenhöhle beim Rind (SSL 56 mm), Vergr. 12x

Nasenrachen

Der Nasopharynx entsteht mit der Gaumenbildung aus dem primitiven Pharynx (vgl. S. 159). Die Pharynxfalten vereinigen sich im rostralen Teil zum Gaumensegel. Ihr hinterer Abschnitt bleibt unvereinigt. So kommt es zur unvollständigen Trennung von dorsalem Nasenrachen und ventralem Schlingrachen. Beide verbinden sich über das Ostium intrapharyngeum. Die neu entstandenen *sekundären Choanen* liegen weiter kaudal als die primären und bilden jetzt den Übergang zwischen Nasenhöhle und Pharynx.

23.2 Ventralteil

Am Boden des Vorderdarmes dicht kaudal der 4. Schlundtasche entsteht die *Laryngotrachealrinne*, die außen als kammförmige Erhebung sichtbar wird. Sie vertieft sich zum **Lungendivertikel**, das rasch kaudal auswächst und sich am Ende zu den **Lungenknospen** umformt (**Abb. 22.1; 23.3**). Diese entodermale Anlage wird vom Mesenchym umgeben und zunehmend durch das *Septum tracheooesophageale* vom Vorderdarm abgegliedert. Das Septum geht aus zwei seitlichen, inneren Falten des Divertikels hervor, die sich in der Medianen vereinigen. Nach Abschluss der Abschnürung ist dorsal der Oesophagus und ventral der Laryngotrachealtubus mit der Anlage für Kehlkopf, Trachea und Lunge entstanden. Der Eingang ist der primitive Aditus laryngis.

Aus der entodermalen Anlage gehen das Oberflächenepithel und die Drüsen des Larynx, der Trachea und des Bronchialbaumes hervor. Bindegewebe, Knorpel und Muskulatur entwickeln sich aus dem umgebenden Mesenchym.

Kehlkopf

Er entwickelt sich aus dem Entoderm des kranialen Teiles des Laryngotrachealtubus und aus dem Mesenchym des 3., 4. und 5. Kiemenbogens.

Zunächst entstehen aus dem Rudiment des 5. Kiemenbogens die seitlichen *Arytaenoidwülste* (**Abb. 22.5**). Vor ihnen bildet sich der unpaare *Epiglottiswulst*, der als kaudaler Teil der Eminentia hypobranchialis vom 3. und 4. Kiemenbogen abstammt. Diese drei Erhebungen, aus denen die gleichnamigen Knorpel entstehen, begrenzen den Aditus laryngis. Der Schildknorpel bildet sich aus dem 4. Kiemenbogen und der Ringknorpel aus der 1. Trachealspange. Innerhalb des Kehlkopfes entsteht jederseits eine lateral gerichtete Tasche, die

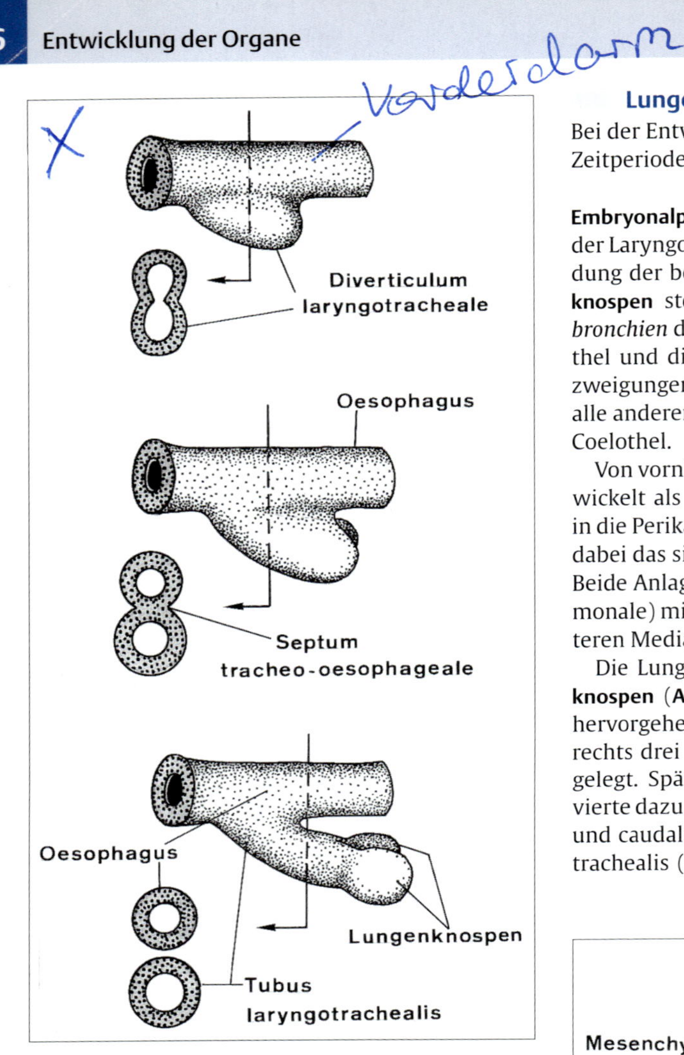

Abb. 23.3 Entwicklung des entodermalen Tubus laryngotrachealis, schematisch

von zwei Schleimhautfalten begrenzt wird. Die kraniale Falte wird zur Taschenfalte und die kaudale zur Stimmfalte.

Trachea

Mit der Weiterentwicklung wächst auch die zunächst kurze Luftröhre in die Länge. Aus dem entodermalen Epithel entwickelt sich über Zwischenstufen das mehrreihige, flimmernde Zylinderepithel. Knorpelspangen, Bindegewebe und Muskulatur gehen aus dem viszeralen Mesoderm hervor.

Lunge

Bei der Entwicklung der Lunge lassen sich mehrere Zeitperioden voneinander abgrenzen.

Embryonalperiode. Sie beginnt mit der Abfaltung der Laryngotrachealrinne und setzt sich mit der Bildung der beiden Lungenknospen fort. Die **Lungenknospen** stellen die Anlagen der beiden *Stammbronchien* dar (**Abb. 23.3**). Aus ihnen gehen das Epithel und die Drüsen der Bronchien und ihre Verzweigungen hervor. Das viszerale Mesoderm liefert alle anderen Bestandteile einschließlich Pleura mit Coelothel.

Von vornherein ist die rechte Knospe stärker entwickelt als die linke. Die Lungenanlagen wachsen in die Perikard-Peritonäal-Kanäle vor und schieben dabei das sich entwickelnde Coelothel vor sich her. Beide Anlagen bleiben durch ein Gekröse (Lig. pulmonale) mit der medianen Scheidewand, dem späteren Mediastinum, in Verbindung.

Die Lungenknospen unterteilen sich in **Lappenknospen** (**Abb. 23.4**), aus denen die *Lungenlappen* hervorgehen. Zunächst werden links zwei und rechts drei dieser sekundären Lungenknospen angelegt. Später kommt bei den Tieren rechts eine vierte dazu. So entstehen links die Bronchi cranialis und caudalis und rechts die Bronchi cranialis bzw. trachealis (Schw., Wdk.), medius, accessorius und

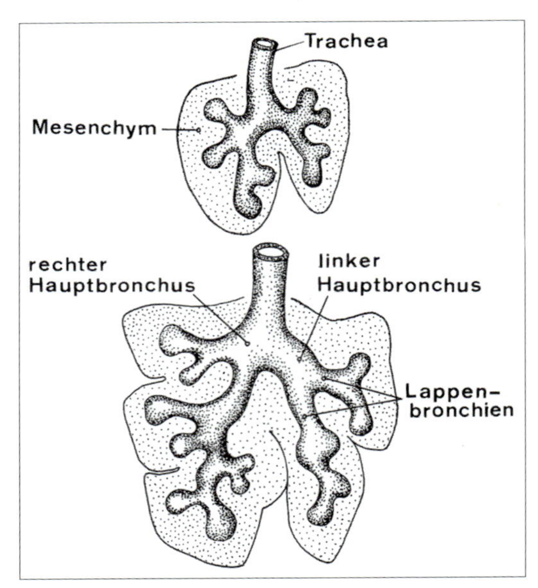

Abb. 23.4 Anlage der Lunge bei der Katze. Oben: SSL 7 mm, unten: SSL 9,5 mm (in Anlehnung an Boeckh, aus Zietschmann/ Krölling 1955)

caudalis. Mit der Bildung der Bronchien entstehen auch die äußerlich sichtbaren Lungenlappen.

In der weiteren Entwicklung teilen sich die Lappenknospen ungleichmäßig dichotomisch zu den **Bronchopulmonalknospen** (**Abb. 23.5**), wobei gleichzeitig auch eine Aufspaltung der Mesenchymhülle erfolgt. Eine jede dieser Knospen entwickelt sich mit dem umgebenden Mesenchym zum *bronchopulmonalen Segment*. Weitere dichotome Sprossungen folgen. Am Ende der Embryonalperiode (beim Schaf mit 35 Tagen) sind alle Lappen und Segmentbronchien entwickelt. Die Lungenarterien (Äste der 6. Kiemenbogenarterie) und Lungenvenen sind mit ihren definitiven Anschlüssen ausgebildet.

Fetalperiode. Sie wird in vier Abschnitte unterteilt.

In der *pseudoglandulären Periode* (Schf.: 40.–80. Tag, Rd.: 50.–120. Tag) werden durch 18–25 ungleiche, dichotome Sprossungen alle luftleitenden Systeme bis zu den Bronchioli terminales angelegt. Die Lungenanlage gleicht der einer verzweigt tubulo-azinösen Drüse. Mit Ausnahme der dem Gasaustausch dienenden Alveolarsäckchen sind alle wesentlichen Strukturen der Lunge differenziert (**Abb. 23.6 a**).

In der nachfolgenden *kanalikulären Periode* (Schf.: 80.–120. Tag, Rd.: 120.–180. Tag) erweitern sich die Bronchien und Bronchioli und die Vaskularisation nimmt zu. Aus einem Bronchiolus terminalis sprossen 2–3 Generationen von Bronchioli respiratorii, die von zellreichem Mesenchym zum Azinus zusammengeschlossen werden. Am Ende der Bronchioli respiratorii entstehen weitere Tubuli, die sich etwas verlängern und erweitern. Alle diese *Kanalikuli* sind aus kubischem Epithel aufgebaut, an das sich nun die Kapillaren eng anlegen. Durch Abflachung des Epithels entstehen die ersten Abschnitte der Luft-Blut-Schranke, die dünnwandigen *terminalen Sacculi* (primitive Alveolen), die durch Primärsepten voneinander getrennt sind (**Abb. 23.6 b**).

In der *sakkulären Periode* (Schf.: ab 120. Tag, Rd.: 180.–240. Tag) entwickeln sich aus den terminalen Sacculi durch Sprossbildung neue Sacculi. Dabei entstehen weitere kanalikuläre Gänge, die gleichfalls mit dünnwandigen terminalen Sacculi enden (**Abb. 23.6 c**).

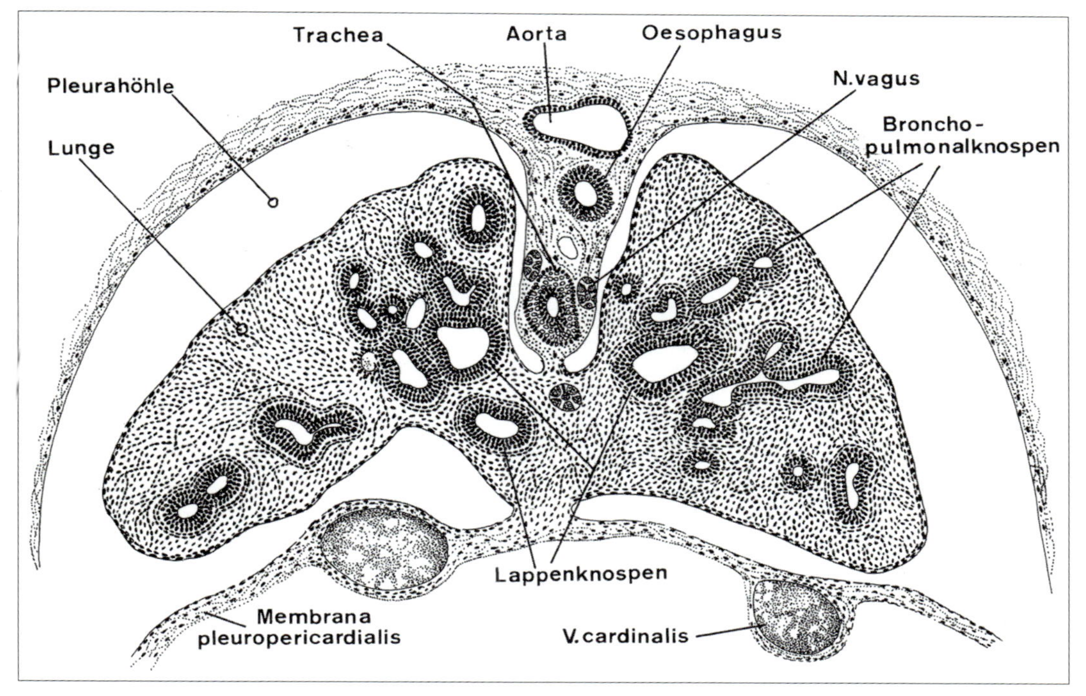

Abb. 23.5 Anlage von Speiseröhre, Trachea und Lunge beim Embryo eines Schafes von 26 mm Länge (ca. 33 Tage), kardialer Bereich

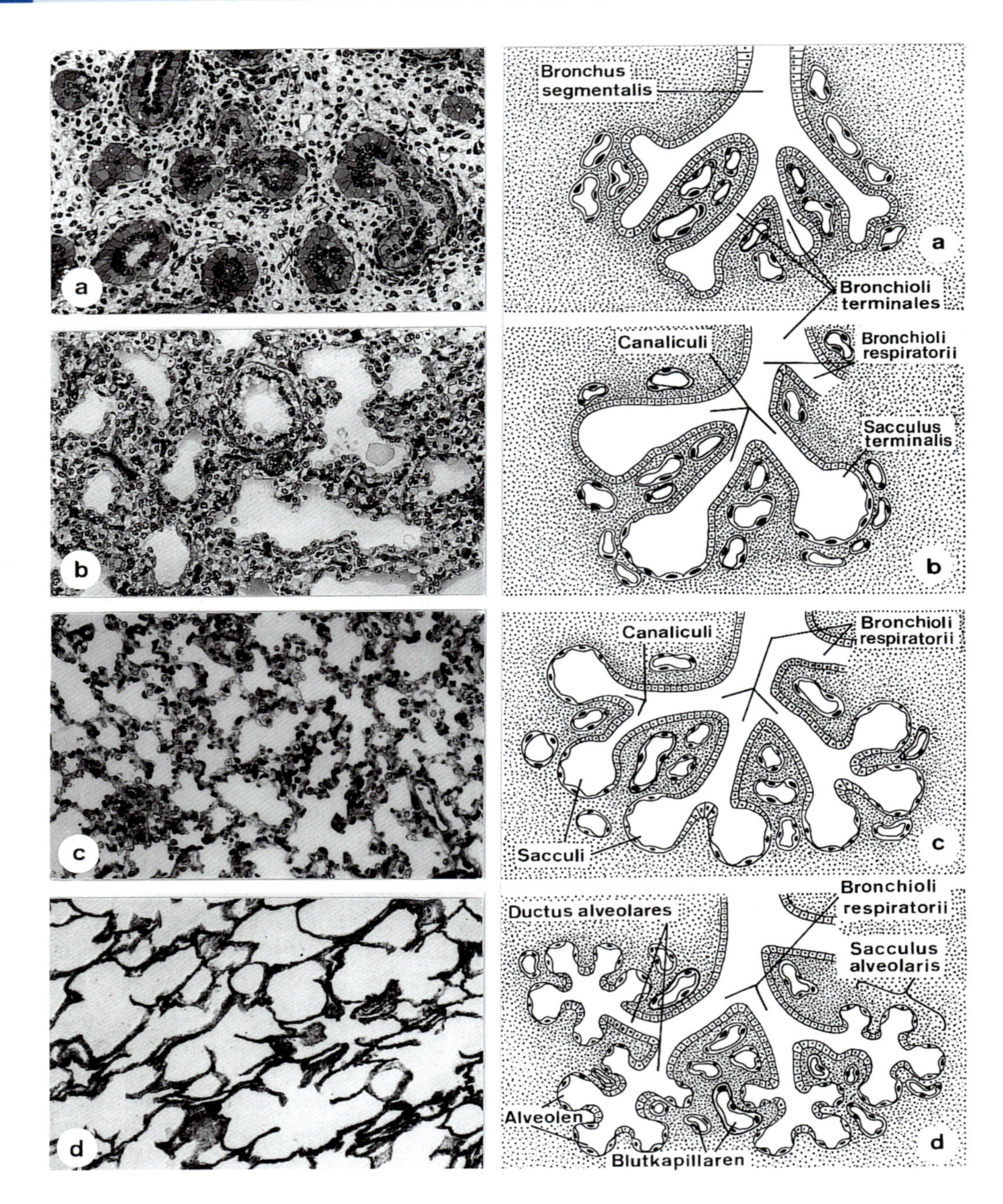

Abb. 23.6 Links: Lichtmikroskopische Aufnahmen von der Lunge des Rindes in verschiedenen Entwicklungsperioden. Rechts: Schematische Darstellung der einzelnen Stadien: a) Pseudoglanduläre Periode (SSL 140 mm, ca. 3 Monate), Vergr. 160 x; b) Kanalikuläre Periode (SSL 500 mm, ca. 6 Monate), Vergr. 160 x; c) Sakkuläre Periode (SSL 840 mm, ca. 8 Monate), Vergr. 160 x; d) Alveolarperiode (adult, ca. 3 Monate), Vergr. 56 x

In der abschließenden *Alveolarperiode* (Schf.: ab 120. Tag, Rd.: ab 240. Tag) entwickeln sich aus den langgestreckten Kanalikuli die Ductus alveolares (**Abb. 23.6 d**) und aus den terminalen Sacculi die Sacculi alveolares. Die Alveolarisierung mit Abflachung des Epithels erfolgt durch Bildung von Sekundärsepten, die von den Primärsepten auswachsen. In den Septen liegt zunächst ein doppeltes Kapillarnetz, das mit der weiteren Höhenzunahme der Septen einschichtig wird. Die Gasaustauschfläche der Alveolen wird von großen, flachen Pneumozyten vom Typ I gebildet, die den Kapillaren eng anliegen. Zwischen diesen flachen Alveolarzellen kommen vereinzelt kubische Pneumozyten vom Typ II vor, die regenerationsfähige Stammzellen darstellen. In den Alveolarsepten differenzieren sich aus dem Mesenchym elastische Fasern und Muskelzellen.

Die *Alveolenbildung* schreitet von distal nach proximal fort und erfasst zuletzt die Bronchioli respiratorii. Die Vollendung dieser Entwicklung ist aber nur bei Nestflüchtern zur Zeit der Geburt annähernd erreicht (pränatale Alveolarisierung). Bei Nesthockern erfolgt die Anlage der echten Alveolen erst nach der Geburt (postnatale Alveolarisierung).

Beim Kaninchen z. B. treten die Ductus alveolares erst 5 – 8 Tage post partum auf. Beim Menschen reicht die Alveolarperiode von der Geburt bis zum 8. Lebensjahr.

Das Wachstum der Lunge zur adulten Größe erfolgt durch die Vergrößerung aller Alveolen.

Bei der Geburt sind die Lungen mit Flüssigkeit gefüllt, die mit der einsetzenden Atmung durch Luft ersetzt wird. Die intraalveoläre Flüssigkeit wird zu einem Drittel durch den Druck auf den Thorax durch Mund und Nase ausgestoßen. Ein weiteres Drittel wird von den Lungenkapillaren resorbiert und der Rest fließt über die Lymphgefäße ab. Die Lungen Totgeborener sinken infolge der noch vorhandenen Flüssigkeit bei der Schwimmprobe unter. Dies ist insbesondere in der Humanmedizin von forensischer Bedeutung.

Mit dem Eindringen der Luft in die primitiven Alveolen wird an ihren Wänden ein die Oberflächenspannung herabsetzendes Phospholipid, *Surfactant*, verteilt, das bereits lange vorher von den kubischen Alveolarepithelzellen vom Typ II produziert wurde. Dieser Film erleichtert den Gasaustausch und beugt einer Atelektase (Nichtentfaltung der Alveolen) vor.

Zusammenfassung

Atmungsorgane

- Der Dorsalteil (Nasenhöhle und Nasenrachen) bildet sich gemeinsam mit dem Kopfdarm. Der Ventralteil (Kehlkopf, Trachea, Lunge) geht durch Sprossbildung aus dem Vorderdarm hervor.
- **Dorsalteil.** Aus den ektodermalen Nasenplakoden mit je einer zentralen Riechplakode entstehen Nasengrübchen, die sich zu Nasensäckchen erweitern und so die *primäre Nasenhöhle* bilden. Sie ist von der primären Mundhöhle durch die *Membrana oronasalis* getrennt. Nach deren Einreißen entstehen die *primären Choanen*. Nach Bildung des sekundären Gaumens, der sich mit dem Nasenseptum verbindet, entsteht die *sekundäre Nasenhöhle*. Die Schleimhaut differenziert sich zur Pars respiratoria und Pars olfactoria. Die *Nebenhöhlen* bilden sich aus Epithelknospen, die ins Mesenchym vordringen.
- Der **Nasenrachen** entsteht mit der Gaumenbildung durch Vereinigung der Pharynxfalten zum weichen Gaumen. Dadurch kommt es zur unvollständigen Trennung zwischen ventralem Schlingrachen und dorsalem Nasenrachen, der über die *sekundären Choanen* mit der Nasenhöhle in Verbindung steht.
- **Ventralteil.** Kehlkopf, Trachea und Lunge entstehen aus dem *Laryngotrachealtubus*, der sich durch das Septum tracheooesophageale ventral vom Vorderdarm abschnürt. Das Oberflächenepithel und die Drüsen des Larynx, der Trachea und des Bronchialbaumes gehen aus dem entodermalen Epithel, Bindegewebe, Knorpel und Muskulatur aus dem umgebenden Mesenchym hervor.
- Der **Kehlkopf** entwickelt sich aus dem kranialen Teil des Laryngotrachealtubus und aus dem Mesenchym des 3., 4. und 5. Kiemenbogens. In Fortsetzung davon bildet der mittlere unpaare Laryngotrachealtubus die **Trachea**.
- Bei der **Lungenentwicklung** ist zwischen der Embryonal- und der Fetalperiode zu unterscheiden.
- Die **Embryonalperiode** beginnt mit der Abschnürung des Laryngotrachealtubus und der Bildung seiner endständigen Lungenknospen als Anlage der Stammbronchien. Aus den Lungenknos-

pen entstehen zur Bildung der Lungenlappen die Lappenknospen und aus diesen die Bronchopulmonalknospen zum Aufbau bronchopulmonaler Segmente. Am Ende der Embryonalperiode sind alle Lappen- und Segmentbronchien sowie Lungenarterien und -venen ausgebildet.

- Die **Fetalperiode** (Schf. ab 40., Rd. ab 50. Tag) beginnt mit der *pseudoglandulären Periode*, bei der alle luftleitenden Systeme bis zu den Bronchioli terminales angelegt werden. In der *kanalikulären Periode* entstehen aus Bronchioli terminales die Bronchioli respiratorii und aus diesen Kanalikuli, die sich am Ende zu dünnwandigen Sacculi terminales (primitive Alveolen) erweitern. Es folgt die *sakkuläre Periode* mit Vermehrung der Sacculi. In der abschließenden *Alveolarperiode* entwickeln sich aus den Kanalikuli die Ductus alveolares und aus den terminalen Sacculi durch Septenbildung die Sacculi alveolares mit Alveolen. Die Gasaustauschfläche der Alveolen wird von flachen Pneumozyten vom Typ I gebildet, die den Kapillaren eng anliegen. Zwischen diesen flachen Alveolarzellen liegen vereinzelt kubische Pneumozyten vom Typ II, die regenerationsfähige Stammzellen darstellen und ein Phospholipid (Surfactant) bilden. Die von distal nach proximal fortschreitende *Alveolenbildung* ist bei Nestflüchtern zur Zeit der Geburt annähernd erreicht (pränatale Alveolarisierung). Bei Nesthockern erfolgt die Anlage der echten Alveolen erst nach der Geburt (postnatale Alveolarisierung).
- Bei der **Geburt** wird mit einsetzender Atmung die intraalveoläre Flüssigkeit durch Luft ersetzt. An den Alveolarwänden wird das Surfactant verteilt, was den Gasaustausch erleichtert und einer Atelektase vorbeugt.

24/25 Entwicklung der Harn- und Geschlechtsorgane

Die Harn- und Geschlechtsorgane sind embryologisch und anatomisch eng miteinander verbunden. Das trifft vor allem auf die frühe Embryonalperiode zu; aber auch beim erwachsenen Tier ist die enge Beziehung beider Systeme vorhanden. So funktioniert beim männlichen Tier die Harnröhre als Harn- und Samenweg. Bei weiblichen Tieren münden der Geschlechtsgang und die Harnröhre in das gemeinsame Vestibulum.

24 Entwicklung der Harnorgane

Die Entwicklung der Harnorgane beginnt früher als die der Geschlechtsorgane und ist gekennzeichnet durch das Auftreten dreier regional begrenzter Nierengenerationen: die *Vorniere*, die *Urniere* und die *Nachniere* (**Abb. 24.1**). Diese harnbereitenden Anteile des Harnsystems entstehen aus dem *intermediären Mesoderm*, das im Halsbereich in Form der Nephrotome, im Brustbereich und kaudal davon aber als unsegmentierter nephrogener Strang auftritt (vgl. S. 63).

Das nephrogene Gewebe beherbergt die Anlage der Harn- und Geschlechtsorgane und hebt sich jederseits von der dorsalen Leibeswand als leistenförmige Vorwölbung ab.

Als funktionstüchtiges Organ bleibt die Vorniere bei Zyklostomen und die Urniere bei Knorpelfischen und Amphibien erhalten. Die Nachniere ist die Dauerniere der Amnioten.

24.1 Vorniere, Pronephros

Die bei Säugern funktionslose und nur vorübergehend auftretende Vorniere (**Abb. 24.2**) entsteht im Halsbereich (5.–10. Urwirbel). Die Nephrotome wachsen zu metamer angeordneten *Vornierenkanälchen* (Tubuli pronephrici) aus, die über den *Wimperntrichter* (Nephrostom) mit dem intraembryonalen Zölom in Verbindung stehen. In die Leibeshöhle hinein entwickeln sich die *äußeren Glomeruli* (Glomeruli coelomici), die von Ästen der dorsalen Aorta versorgt werden. Die blinden Enden

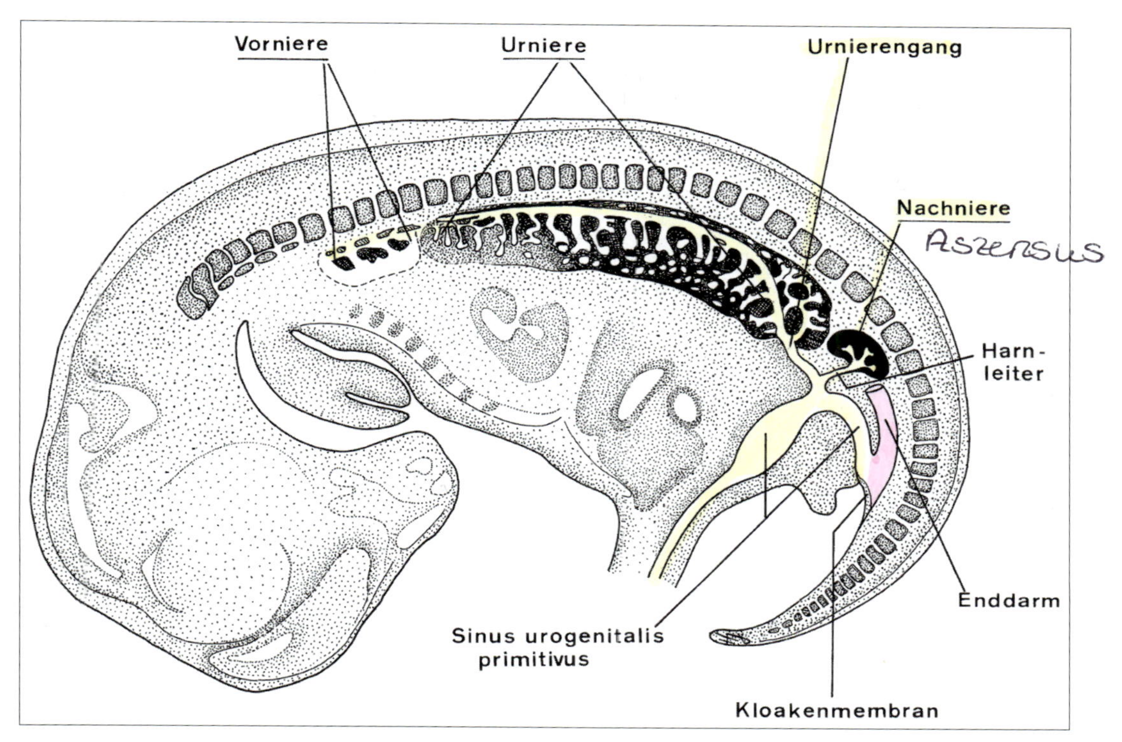

Abb. 24.1 Schematische Darstellung der Entwicklung der Nieren (Umriss: Embryo der Katze 22 mm SSL, ca. 26 Tage; Urnieren vom Embryo der Katze 10 mm SSL)

der Vornierenkanälchen wachsen nach kaudal aus und vereinigen sich zu einem soliden Epithelstrang. Dieser ist vorübergehend mit dem Epidermisblatt verbunden und dringt kaudal in den Enddarm vor, der hier nun zur Kloake wird. Der Epithelstrang kanalisiert zum *primitiven Harnleiter* (Ductus pronephricus). Die Vornierenkanälchen werden beim Säuger bald zurückgebildet; nur der Sammelgang wird von der Urniere übernommen.

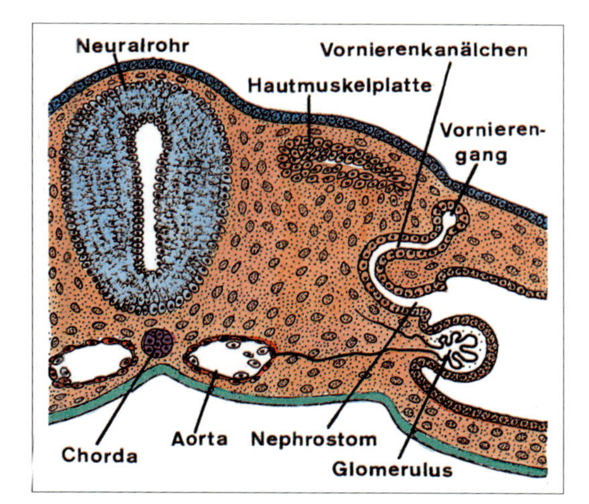

Abb. 24.2 Schematische Darstellung der Entwicklung der Vorniere

24.2 Urniere, Mesonephros

Noch während der Rückbildung der Vorniere setzt die Bildung der Urnierenkanälchen ein, die im Brust- und Lendenbereich angelegt werden (**Abb. 24.1; 24.3; 24.4**).

Aus dem nephrogenen Strang entwickeln sich über *Urnierenkugeln* die *Urnierenbläschen*, die schnell in die Länge wachsen und sich zu den geschlängelten **Urnierenkanälchen** (Tubuli mesonephrici) umbilden (**Abb. 24.3**). Diese erhalten mit ihrem kollektiven Teil Anschluss an den Vornierengang, der damit zum *Urnierengang*, **Wolffschen Gang** (Ductus mesonephricus), wird. Am medialen Ende der Tubuli, dem sekretorischen Teil, entsteht ein zweischichtiger Epithelbecher, der als *Bowmansche Kapsel* (Capsula glomeruli) die aus

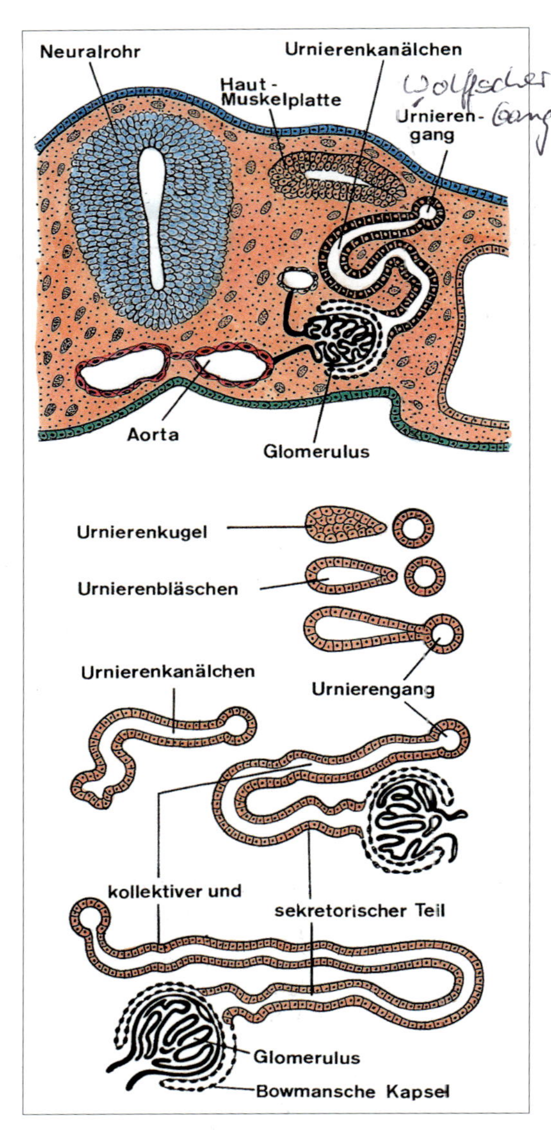

Abb. 24.3 Entwicklung der Urniere, schematisch

dem Mesenchym entstandene Glomerulusschlinge umgibt. Die Kapsel und die Gefäßschlingen bilden das *Urnierenkörperchen* (Corpusculum mesonephricum). Der mittlere Abschnitt der Tubuli verlängert sich und knäuelt sich auf.

Die Bildung der Urnierenkanälchen beginnt kranial und schreitet nach kaudal fort. Im Thorakalbereich wird pro Segment auf jeder Seite ein Kanälchen angelegt. Weiter kaudal sind es mehrere, im Lendenbereich bis zu 4 Urnierenkanälchen pro Ursegment. Die Urniere entwickelt sich zu einem mächtigen Organ (beim 50 mm Schweineembryo ist sie 9 mm lang), das von der Lungenanlage bis zum Becken reicht. In Form eines Längswulstes ragt sie als *Urnierenfalte* (Plica mesonephrica) in die Leibeshöhle vor. Die Urnieren, deren Funktionstüchtigkeit bei Katze, Schwein und Kaninchen nachgewiesen wurde, bleiben nur eine kurze Zeit bestehen. Noch ehe die kaudalen Urnierenkanälchen gebildet sind, beginnt bereits kranial die Rückbildung. Beim männlichen Tier wird ein Teil der Urnierenkanälchen als Ductuli efferentes übernommen. Der ventrolateral an der Urniere nach kaudal ziehende Wolffsche Gang wird zum Nebenhodenkanal und Samenleiter.

24.3 Nachniere, Metanephros

Noch ehe die Rückbildung der Urniere beendet ist, beginnt bereits die Entwicklung der Nachniere, die aus zwei getrennten Anlagen hervorgeht (**Abb. 24.5; 24.6**). Aus der *Ureterknospe* entstehen der Ureter, das Nierenbecken, die Nierenkelche und das Sammelrohrsystem. Die Nephrone bilden sich aus dem *Nachnierenblastem* (metanephrogenes Gewebe).

Ureterknospe. Die Ureterknospe, Nachnierendivertikel (Diverticulum metanephricum), entsteht durch Ausstülpung der dorsomedialen Wand des Urnierenganges dicht vor der Einmündung in die Kloake. Die Ureterknospe wächst nach kraniodorsal vor und dringt ins Nachnierenblastem ein, von dem sie kappenartig umgeben wird (**Abb. 24.5**). Der Stiel der Ureterknospe bildet den definitiven Ureter. Ihr kranialer Endabschnitt buchtet sich schlauchförmig nach kranial und kaudal aus und stellt die Anlage des Nierenbeckens dar. Aus dieser wachsen 4 oder auch mehr primäre Sammelrohre aus, die sich weiter dichotomisch teilen. So entstehen sekundäre und tertiäre Sammelrohre (bis zu 12 – 13 Generationen), die ins Nachnierenblastem einwachsen und sich zum Sammelrohrsystem ausdifferenzieren.

Durch Erweiterung der Nierenbeckenanlage und unter Einbeziehung der ersten Generation von Sammelrohren entsteht (mit Ausnahme des Rindes) das definitive **Nierenbecken.**

Dieses besitzt als Anhänge bei Fleischfressern und kleinen Wiederkäuern die Recessus pelvis, beim Pferd die Recessus terminales und beim Schwein die Calices renales. Beim Rind entsteht kein Nierenbecken; die schlauchförmige Anlage entwickelt

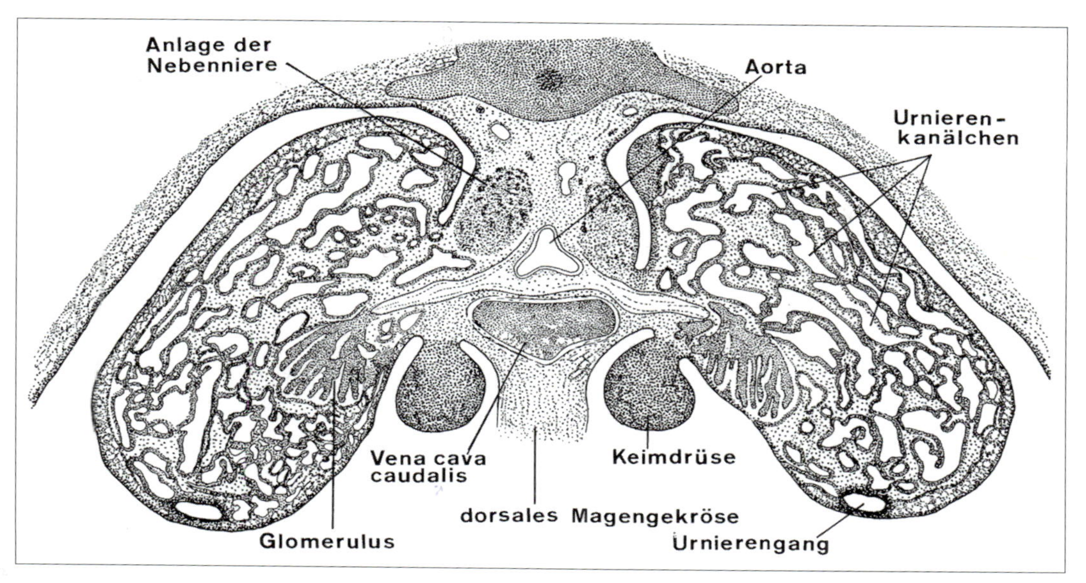

Abb. 24.4 Urnieren- und Keimdrüsenanlagen beim Schwein (SSL 19 mm, ca. 25 Tage)

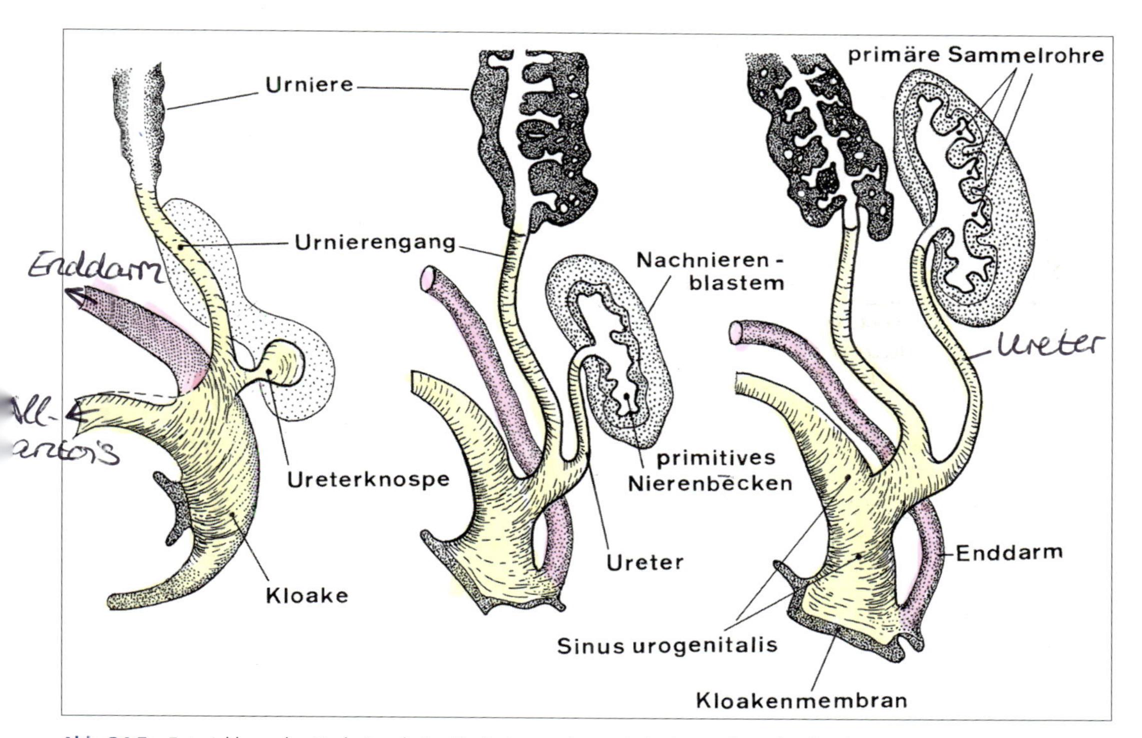

Abb. 24.5 Entwicklung der Nachniere beim Kaninchen, schematische Darstellung (nach Schreiner 1902)

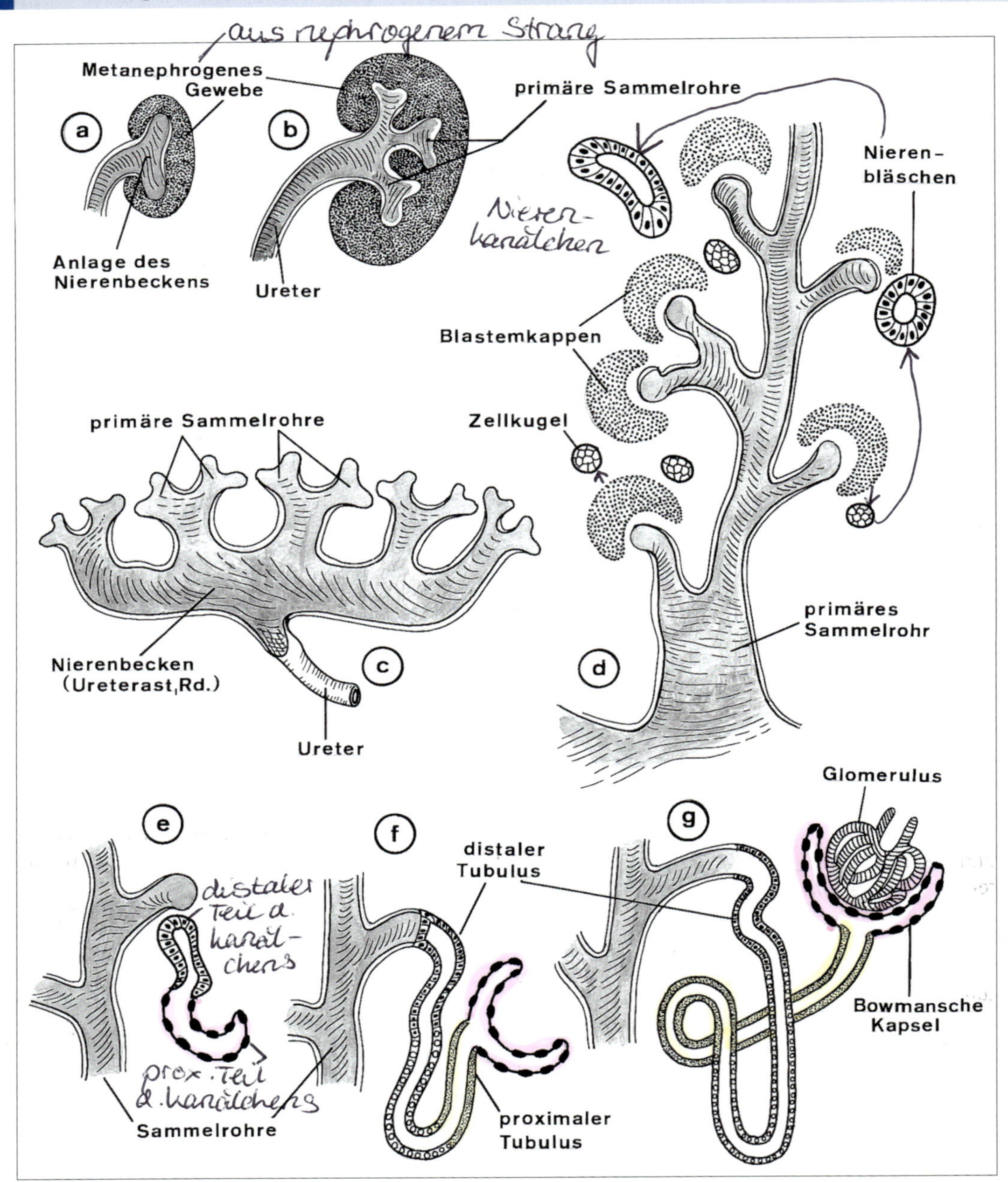

Abb. 24.6 Schematische Darstellung der Entwicklung der Nachniere. Die Buchstaben a bis g bezeichnen die fortlaufenden Entwicklungsstadien

sich zum kranialen und kaudalen Ureterast. Die Nierenkelche bei Mensch, Rind und Schwein entstehen unter Beteiligung der 4 ersten Sammelrohrgenerationen.

Nachnierenblastem. Das metanephrogene Gewebe geht aus dem nephrogenen Strang des Sakralbereiches hervor. Seine locker gefügte Außenzone wird zur Kapsel und zum Interstitium, die kernreiche Innenzone zu den Nephronen.

Die Entwicklung der **Nephrone** beginnt damit, dass um jedes blinde Ende der Sammelrohre die Bildung einer metanephrogenen Blastemkappe induziert wird (**Abb. 24.6**). Aus den Kappen sondern sich Zellkugeln ab, die sich zu *Nierenbläschen* umformen. Die Bläschen wachsen zu Kanälchen aus, deren proximaler Abschnitt durch Gefäßschlingen zur Bowmanschen Kapsel eingebuchtet wird. Der distale Teil des Kanälchens gewinnt Anschluss an das Sammelrohrsystem und stellt damit die Verbindung zwischen Nephron und harnableitenden Wegen dar. Durch fortlaufendes Längenwachstum am Nephron entstehen der proximale und distale Tubulus. Da die ersten 4 Generationen der Sammelrohre in die Nierenkelche einbezogen werden, verlieren ihre zugehörigen Nephrone die Verbindung zum Sammelrohrsystem und degenerieren.

Als Ausdruck der Bildung von Nierenlappen (Renculi) treten an der Oberfläche der Nachniere *Furchen* auf, die jedoch nur beim Rind erhalten bleiben. Diese Tierart besitzt eine **gefurchte Niere**. Bei den anderen Haussäugetieren verschwinden die Furchen wieder. Es bilden sich die **glatten Nieren**.

Die Lappenbildung wird bei Rind und Schwein auch im Inneren sichtbar, wo infolge des Aufbaues von Nierenkelchen an der Markschicht Papillen (Warzen) entstehen. Diese Tiere besitzen somit eine **mehrwarzige Niere**, im Gegensatz zur **einwarzigen Niere** bei Fleischfresser, Schaf, Ziege und Pferd.

Lageveränderung. Die ursprünglich im Lenden- und Sakralbereich gelegenen Nieren wandern später weiter nach kranial und liegen dann kranial von der Keimdrüsenanlage. Dieser Aszensus der Nieren ist hauptsächlich auf das Längenwachstum des Embryos, aber auch auf das kranial gerichtete Wachstum der Ureter zurückzuführen. Gleichzeitig mit der Wanderung dreht sich das ursprünglich ventral gerichtete Nierenbecken nach medial.

Funktion. Da die Stoffwechselendprodukte des Fetus über die Plazenta an das mütterliche Blut abgegeben werden, ist die Tätigkeit der fetalen Niere nicht lebensnotwendig. Trotzdem beginnt kurze Zeit nach der Entstehung der Nachniere (beim Msch. in der 8. Woche) die Harnbildung. Der fetale Harn gelangt bei den Haussäugetieren sowohl über den Urachus in die Allantois als auch über die Harnröhre in die Amnionflüssigkeit. Untersuchungen an Schaffeten haben gezeigt, dass die Leistungsfähigkeit der Nachniere mit fortschreitender Gestation ständig zunimmt. Spätestens zur Zeit der Geburt ist die bleibende Niere in der Lage, ihre exkretorischen und regulatorischen Aufgaben voll zu übernehmen.

24.4 Harnblase und Harnröhre

Wie bei der Entwicklung des Afters dargestellt wurde, trennt das Septum urorectale die Kloake in den dorsalen Anorektalkanal und den ventralen **Sinus urogenitalis primitivus**, Canalis vesico-urethralis (**Abb. 22.21; 24.7**). Dieser besteht aus der *Pars vesicalis* sowie der *Urethra primitiva* und wird nach außen von der Membrana urogenitalis verschlossen. In der weiteren Entwicklung bildet sich der definitive **Sinus urogenitalis**, der von kranial nach kaudal in die Pars vesicalis, Pars pelvina und Pars penina unterteilt wird (**Abb. 24.7**).

Pars vesicalis. Dieser kraniodorsale Abschnitt des Sinus urogenitalis ist der größte. Er entwickelt sich zur **Harnblase**, die in die Allantois übergeht. Der Allantoisstiel bildet sich bald zum dünnen Urachus zurück. Von ihm bleibt nach der Geburt am Harnblasenscheitel die Urachusnarbe und das zum Nabel ziehende Lig. vesicae medianum zurück. Das Epithel der Harnblase entsteht aus dem Entoderm. Muskulatur und Serosa bzw. Adventitia differenzieren sich aus dem viszeralen Mesoderm. Mit der Ausdehnung der Harnblase wird der kaudale Teil der Wolffschen Gänge in die dorsale Wand einbezogen. Dadurch beteiligt sich auch mesodermales Epithel an der Bildung der Harnblasenschleimhaut. Dieses Epithel im Bereich des Trigonum vesicae wird aber später wieder durch entodermales Epithel ersetzt. Mit der Einbeziehung der Urnierengänge in die Harnblasenwand wird außerdem die Einmündung der Ureter verlagert. Sie münden jetzt selbständig und kranial von den Urnierengängen in die Harnblase.

Pars pelvina. Aus dem mittleren Teil des Sinus urogenitalis geht beim *männlichen* Tier die *Pars pelvina* der **Harnröhre** hervor. Beim *weiblichen* Tier wird sie zur *gesamten* Harnröhre.

Pars penina. Der kaudale Wandabschnitt des Sinus urogenitalis wird beim *männlichen* Tier zum Epithel der **Pars penina urethrae** und beim *weiblichen* Tier zum **Vestibulum vaginae.**

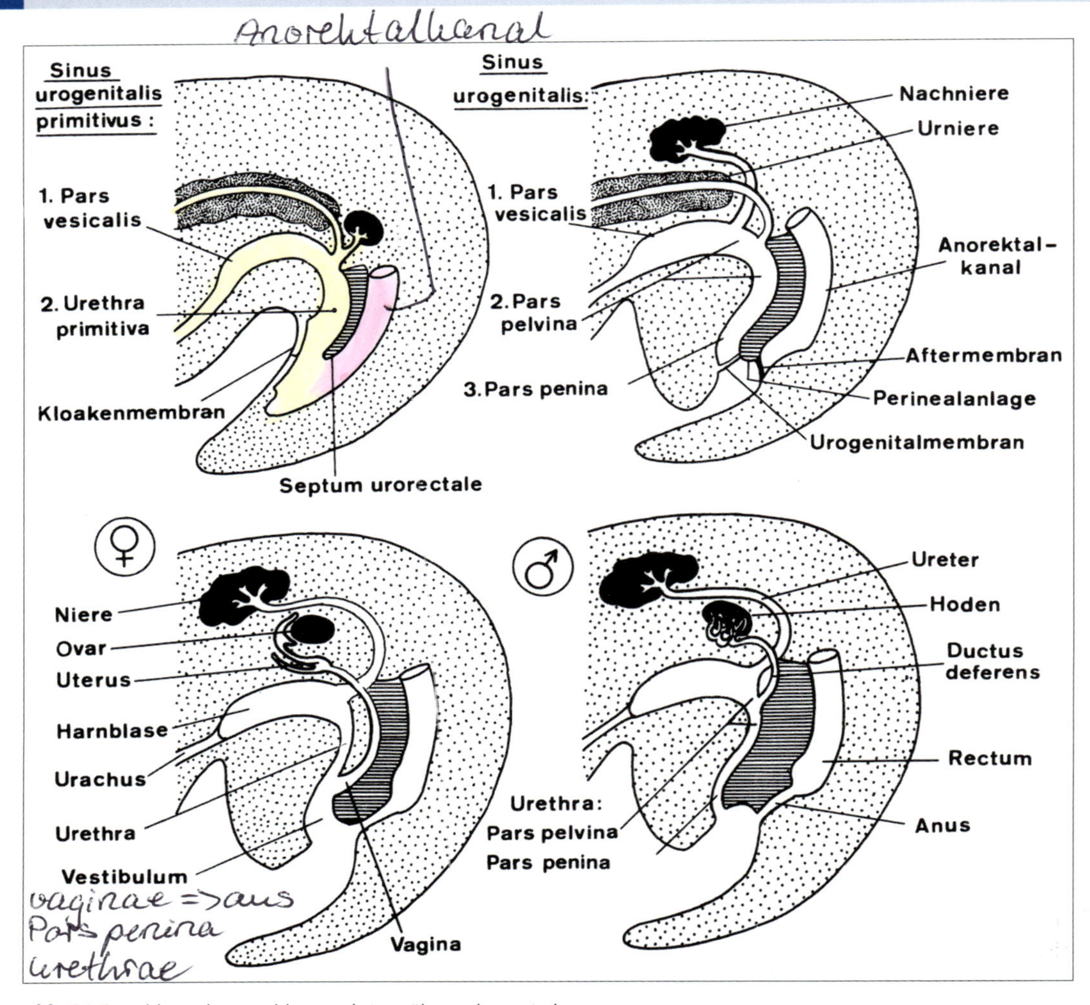

Abb. 24.7 Bildung der Harnblase und Harnröhre, schematisch

Zusammenfassung

Harnorgane

▪ Bei der Entwicklung der Harnorgane werden drei Nierengenerationen angelegt: die Vorniere (bleibend bei Zyklostomen), die Urniere (funktionstüchtig bei Knorpelfischen und Amphibien) und die Nachniere (Dauerniere bei Amnioten), die alle aus dem nephrogenen Gewebe des intermediären Mesoderms entstehen.

▪ **Pronephros.** Die bei Säugern nur vorübergehend im Bereich des 5.–10. Urwirbels auftretende Vorniere besteht aus *Vornierenkanälchen*, die über den *Wimperntrichter* mit dem intraembryonalen Coelom in Verbindung stehen. In die Leibeshöhle hinein entstehen *äußere Glomeruli*. Die blinden Enden der Vornierenkanälchen wachsen nach kaudal und verbinden sich zum *Vornierengang* (primitiver Harnleiter), der sich mit dem Enddarm zur Kloake verbindet. Nur der Sammelgang wird von der Urniere übernommen.

▪ **Mesonephros.** Die Urniere bildet sich von kranial nach kaudal fortschreitend im Brust- und Lendenbereich des nephrogenen Stranges. Dabei entstehen aus Urnierenkugeln *Urnierenbläschen*, die zu *Urnierenkanälchen* auswachsen. Deren kollektiver Teil findet Anschluss an den Vornierengang, der damit zum Urnierengang (Wolffscher Gang) wird. Der sekretorische Teil der Kanälchen bildet die *Bowmansche Kapsel* um die Glomerulusschlingen, wodurch die Urnierenkörperchen entstehen. Die Urniere entwickelt sich zu einem mächtigen Organ, das als Längswulst in die Bauchhöhle ragt. Nach der Rückbildung werden von der Anlage nur beim männlichen Säuger Urnierenkanälchen als Ductuli efferentes und der Urnierengang als Nebenhodenkanal und Samenleiter übernommen.

- **Metanephros.** Die Nachniere entwickelt sich aus der Ureterknospe und dem Nachnierenblastem im Sakralbereich. Die *Ureterknospe* entsteht als Ausstülpung des Urnierenganges dicht vor dessen Einmündung in die Kloake und wächst nach kraniodorsal, wo sie sich mit dem Nachnierenblastem vereinigt. Aus dem Stiel der Ureterknospe wird der Ureter, und aus dem kranialen Endabschnitt entstehen Nierenbecken, Nierenkelche sowie durch Sprossung das gesamte Sammelrohrsystem. Das *Nachnierenblastem* bildet mit seiner Außenzone die Kapsel und das Interstitium, während aus der Innenzone die Nephrone entstehen.
- Die ursprünglich im Lenden- und Sakralbereich gelegenen Nieren wandern später nach kranial bis zur Keimdrüsenanlage. Der fetale Harn gelangt sowohl über den Urachus in die Allantois als auch über die Harnröhre in die Amnionflüssigkeit.
- **Harnblase** und **Harnröhre** entstehen aus dem Sinus urogenitalis (ventraler Kloakenrest), der von kranial nach kaudal in die Pars vesicalis, Pars pelvina und Pars penina unterteilt wird. Die *Pars vesicalis* ist der größte Abschnitt und wird zur Harnblase. Aus der *Pars pelvina* geht beim männlichen Tier die Pars pelvina der Harnröhre und beim weiblichen Tier die gesamte Harnröhre hervor. Die *Pars penina* wird beim männlichen Tier zur Pars penina urethrae und beim weiblichen Tier zum Vestibulum vaginae.

25 Entwicklung der Geschlechtsorgane

Obwohl bereits bei der Befruchtung das chromosomale Geschlecht festgelegt wird, sind alle normalen Embryonen am Anfang der Entwicklung potentiell bisexuell. Die Geschlechtsorgane entwickeln sich zunächst als indifferente Anlage, ehe sie sich (beim Msch. nach 7 Wochen) in die eine oder andere Richtung weiterentwickeln (**Tab. 25.1**).

25.1 Keimdrüsen

Die Keimdrüsen entstehen aus einer Wucherung des Zölomepithels mitsamt dem umgebenden Mesenchym, aus Zellen degenerierender Urnierenglomeruli und -tubuli und aus eingewanderten Primordialkeimzellen (**Abb. 25.1; 25.2; 25.3**).

Indifferente Anlage

Durch Proliferation des Zölomepithels und Verdichtung des darunter gelegenen Mesenchyms entsteht medial an der Urnierenfalte die *Keimdrüsenleiste*, die sich durch Größenzunahme als Keimdrüsenfalte immer mehr von der Unterlage abhebt (**Abb. 24.4**). Die Verbindung zur Urniere wird später zum Mesorchium bzw. Mesovarium. Die Keimdrüsenanlage ist von beträchtlicher Länge (14 Segmente) und reicht vom Thorakal- bis zum Lumbalbereich. Aus dem kranialen und kaudalen Abschnitt entstehen Bänder. Nur der mittlere Abschnitt diffe-

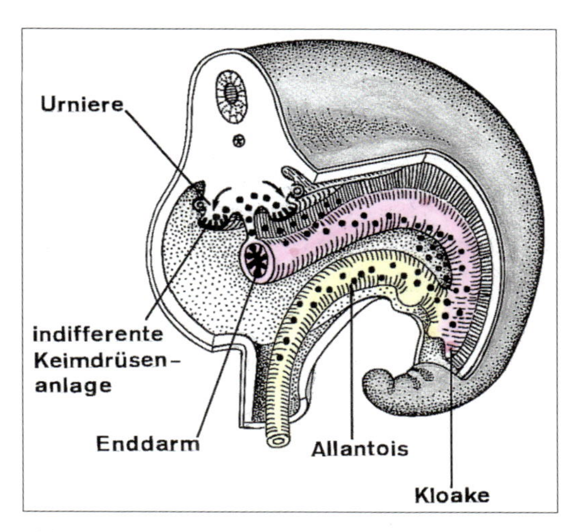

Abb. 25.1 Wanderung der Primordialkeimzellen (nach Witschi 1948)

Tab. 25.1 Entwicklung der Geschlechtsorgane

Indifferente Anlage	Männlich	Weiblich
Keimdrüse	Hoden	Ovar
Keimstränge	Tubuli seminiferi contorti, Tubuli recti, Rete testis, Zwischenzellen	Rindenschicht mit Eizellen, Rete ovarii
Mesenchymkern	Tunica albuginea, Septula testis, Mediastinum testis	Tunica albuginea, Stroma ovarii, Markschicht mit Gefäßen
Gänge		
Urnierenkanälchen	Ductuli efferentes, Ductuli aberrantes, Paradidymis	Epoophoron, Paroophoron
Wolffscher Gang	Ductus epididymidis, Ductus deferens	Gartnersche Gänge
Müllerscher Gang	Appendix testis, Uterovagina masculina	Tuba uterina, Uterus, Vagina
Bänder		
Kraniales Keimdrüsenband		Lig. suspensorium ovarii
Kaudales Keimdrüsenband	Lig. testis proprium, Lig. caudae epididymidis	Lig. ovarii proprium, Lig. teres uteri
Geschlechtsgangfalte (Plica genitalis)	Mesoductus deferens, Mesepididymis, Mesorchium proximale	Mesometrium, Mesosalpinx, Mesovarium proximale
Keimdrüsenfalten	Mesorchium distale	Mesovarium distale
Sinus urogenitalis		
Pars vesicalis	Vesica urinaria	Vesica urinaria
Pars pelvina	Pars pelvina urethrae, Prostata	Urethra
Pars penina	Epith. Auskleidung der Pars penina urethrae, Gland. bulbourethralis	Vestibulum vaginae
Äußere Geschlechtsorgane		
Phallus	Penis	Klitoris
Urogenitalfalten	Pars penina urethrae	Labia vulvae, Labia minora (Mensch)
Geschlechtswülste	Skrotum	Labialwülste (Fleischfresser), Labia majora (Mensch)

renziert sich zur Keimdrüse. Ihr proliferierendes äußeres Epithel wurde früher als Keimepithel bezeichnet, da man annahm, dass aus ihm die Geschlechtszellen hervorgehen. Heute heißt es Keimdrüsen- oder Oberflächenepithel.

Im Inneren der Gonadenanlage kommt es zur Bildung des *Gonadenblastems*. Die Herkunft seiner Zellen ist umstritten. Nur ein Teil soll vom Oberflächenepithel abstammen, die Hauptmasse aber aus eingedrungenen Zellen zugrundegehender Urnierenkörperchen und -kanälchen hervorgehen. Die

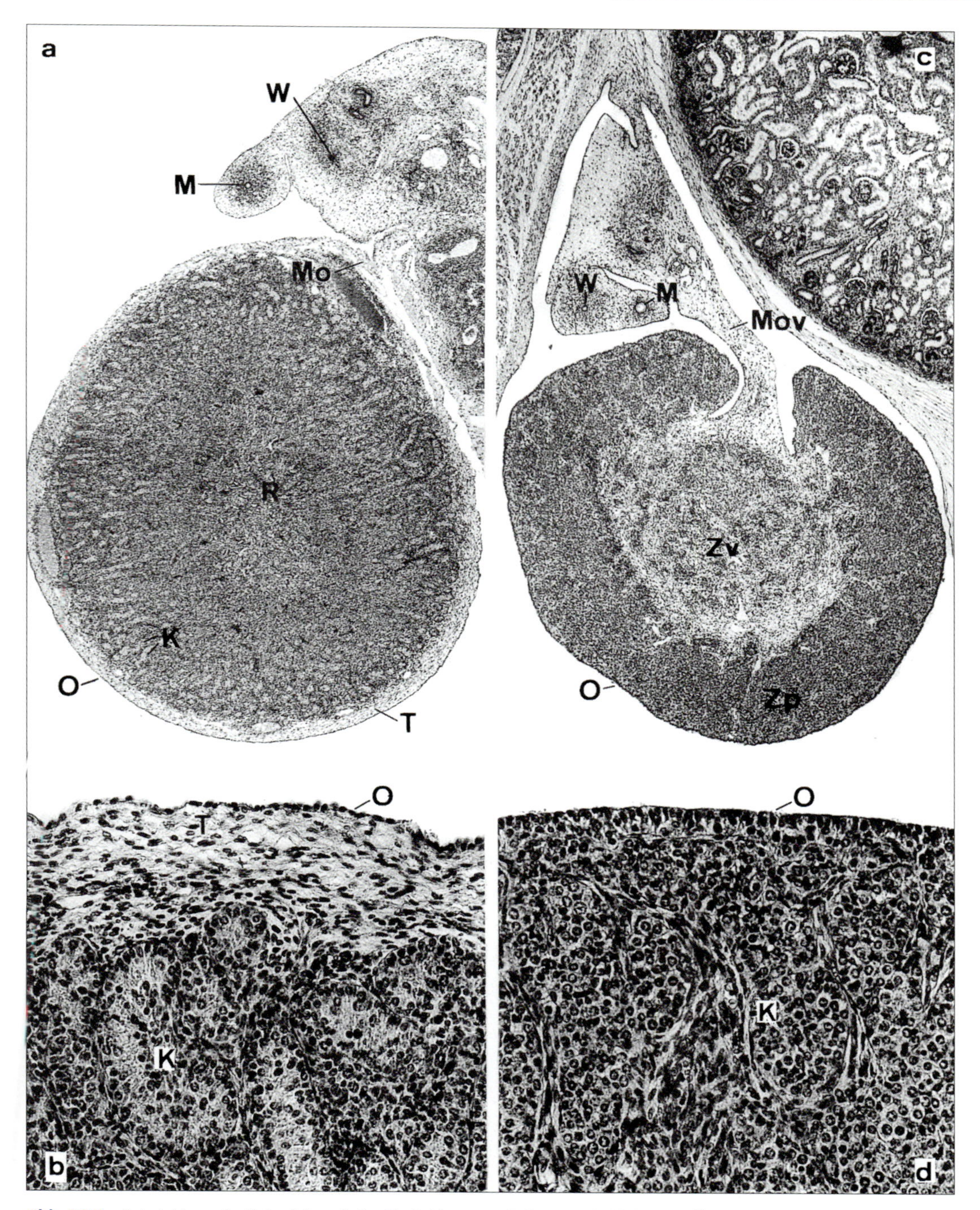

Abb. 25.2 Entwicklung der Keimdrüsen beim Rind. Alter der Embryonen ca. 11 Wochen: a) Anlage des Hodens, b) Vergrößerung aus a), c) Anlage des Eierstockes, d) Vergrößerung aus c). **K:** Keimstränge, **O:** Oberflächenepithel, **R:** Rete testis, **T:** Tunica albuginea, **Zp:** Zona parenchymatosa, **Zv:** Zona vasculosa, **M:** Müllerscher Gang, **W:** Wolffscher Gang, **Mo:** Mesorchium, **Mov:** Mesovarium, Vergr. a) 30x; b,d) 192x; c) 36x

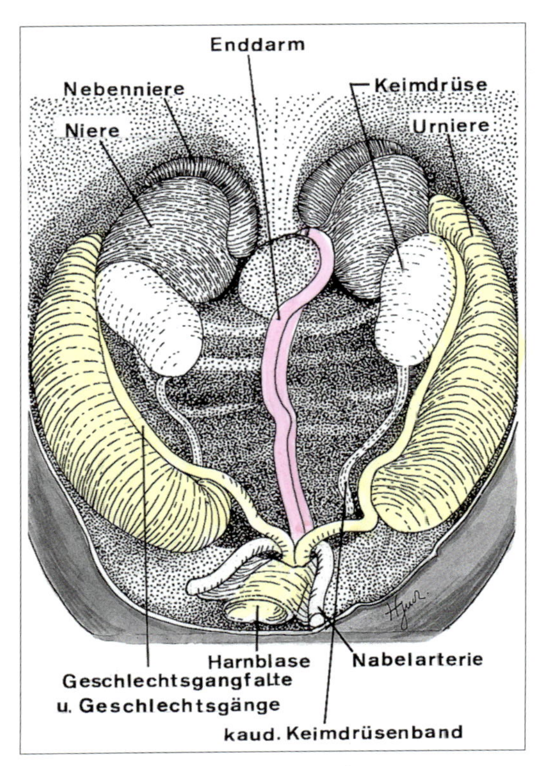

Abb. 25.3 Harn- und Geschlechtsorgane bei einem 55 mm großen Embryo des Schweines (ca. 42 Tage alt), Vergr. ca. 4,5 x

weitere Entwicklung der Keimdrüsenleisten zu Gonaden ist vom Eintritt der **Primordialkeimzellen** abhängig. Fehlen sie, unterbleibt auch die Differenzierung zu Keimdrüsen. Die Primordialkeimzellen (**Abb. 25.5**) sind große, rundliche, auf alkalische Phosphatase positiv reagierende Zellen, die beim Menschen ab der 4. Woche im Entoderm des Dottersackes und Allantoisstieles erkennbar sind. Sie wandern von hier über das dorsale Gekröse des Enddarmes in die Keimdrüsenanlage ein (**Abb. 1.1; 25.1**), wo sie sich weiter vermehren.

Mit dem Auftreten der Primordialkeimzellen in der Gonadenanlage kommt es zur Vermehrung des Mesenchyms und zur Vergrößerung des Gonadenblastems, indem weitere mesonephritische Zellen einwandern. Aus dem Blastem bilden sich schließlich strangartige Zellhaufen (Keimstränge). Die Strangbildung setzt beim männlichen Tier früher ein als beim weiblichen und führt im Hoden zur Bildung deutlich abgrenzbarer Hodenstränge, während im Ovar die Keimstränge unregelmäßig sind und bei einigen Tierarten auch nicht deutlich hervortreten.

Hoden

Als erstes Anzeichen der Differenzierung zum Hoden wird die frühe Bildung von Keimsträngen angesehen, die durch Zusammenlagerung von Keimzellen und somatischen Blastemzellen entstehen. Weiterhin kommt es zur Ausbildung der *Tunica albuginea* , die als dichte, fibröse Bindegewebslage die Keimstränge vom Oberflächenepithel trennt. Die Keimstränge, *Hodenstränge*, stellen die Anlage der *Tubuli seminiferi* dar. Keimzellfreie und am weitesten zentral gelegene Stränge bilden das *Rete blastem*, aus dem sich das *Rete testis* entwickelt (**Abb. 25.2; 25.4**).

Die Hodenanlage nimmt an Größe zu und hebt sich immer mehr von der degenerierenden Urniere ab. Dabei entsteht gleichzeitig das Hodengekröse (Mesorchium).

Keimstränge. Aus den somatischen Blastemzellen (Strangzellen) der Hodenstränge differenzieren sich die **Sertoli-Zellen** und aus den Primordialkeimzellen die **Spermatogonien** der späteren **Tubuli seminiferi contorti**. Die Stränge bleiben während der gesamten Fetalzeit und auch nach der Geburt solide. Erst in der Präpubertätsphase (beim Rd. in der 20.–32. Woche) erfolgt die Kanalisierung zu den Hodenkanälchen, in denen mit Eintritt in die Geschlechtsreife die postpuberale Spermatogenese einsetzt (s. Kap. 2).

Das zentral gelegene Rete blastem bildet ein verzweigtes Netzwerk von Strängen, die keine Keimzellen enthalten. Sie differenzieren sich zum **Rete testis**, in dem sie einerseits mit den Keimzellen tragenden Strängen der zukünftigen Hodenkanälchen über Tubuli recti in Verbindung bleiben und andererseits Anschluss an einige Urnierenkanälchen gewinnen, die als Ductuli efferentes übernommen werden. Außerdem differenzieren sich Blastemzellen, die nicht an der Bildung von Hodenkanälchen beteiligt sind, zu **Leydigschen Zwischenzellen**, deren erste (embryonale) Generation besonders gut entwickelt ist und mit ihrer Produktion von Testosteron zur Ausbildung der männlichen Geschlechtsorgane beiträgt. Nach der Geburt fallen sie der Regression anheim. Die Leydig-Zellen der erwachsenen Hoden treten als zweite Population etwa z.Zt. der Geschlechtsreife auf.

Mesenchym. Aus den mesenchymalen Anteilen der Keimdrüsenanlage entstehen die *Tunica albuginea*, die *Septula testis* und das *Mediastinum testis*.

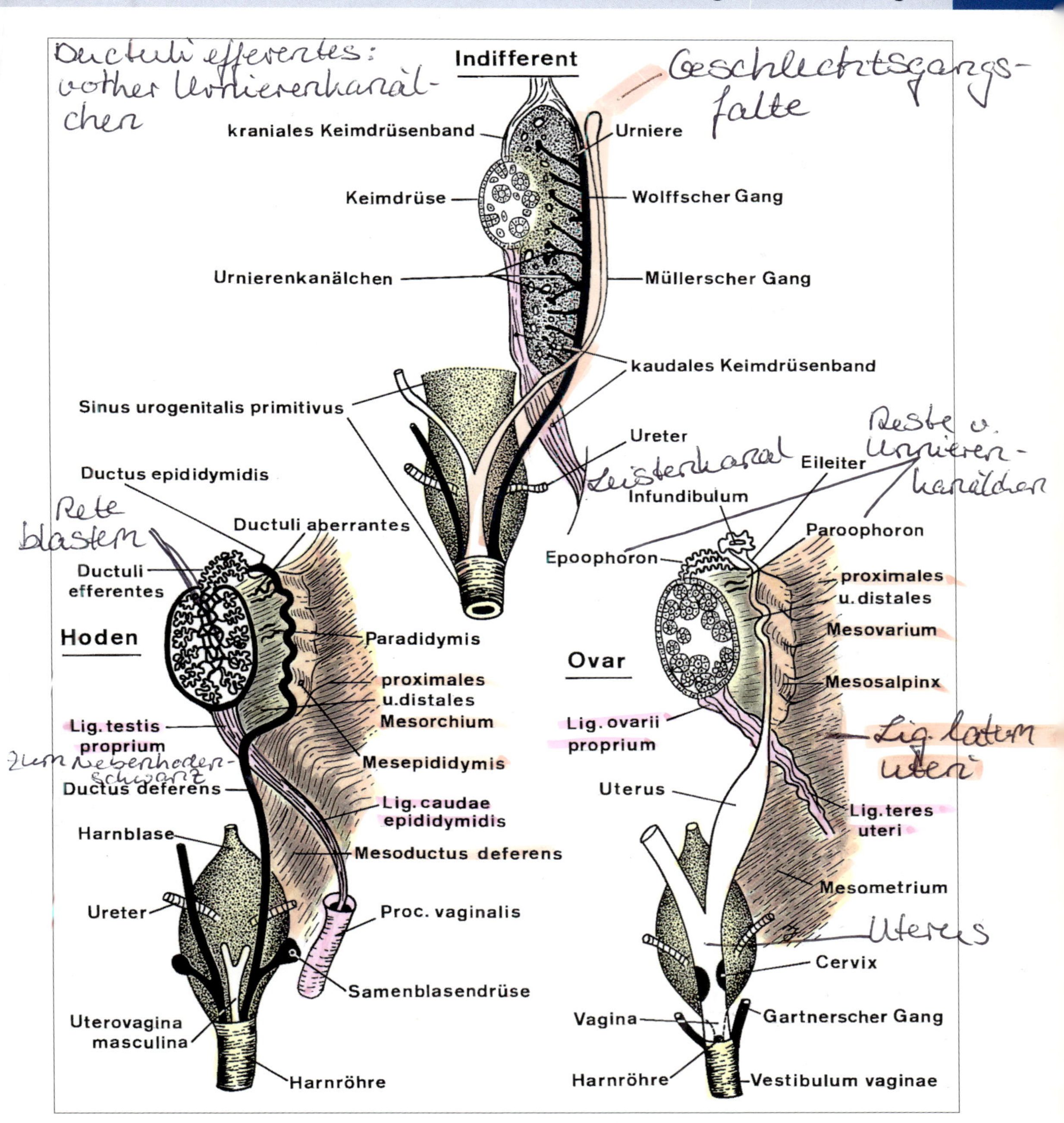

Abb. 25.4 Schematische Darstellung der Entwicklung der inneren Geschlechtsorgane (nach Zietzschmann/ Krölling 1955)

Keimdrüsenepithel. Das Oberflächenepithel der Keimdrüsenanlage flacht sich ab und wird zum Mesothel des serösen Überzuges des Hodens.

Ovar

Als erstes Anzeichen der Differenzierung zum Ovar wird der Eintritt der Keimzellen in die meiotische Prophase angesehen und nicht die erst später einsetzende Follikelbildung. Tiere mit sehr kurzer

Trächtigkeitsdauer (Ratte, Maus) sind Arten mit sofortiger Meiose, bei denen kurz nachdem das gonadale Geschlecht morphologisch erkennbar wird alle Keimzellen in die erste meiotische Teilung eintreten. Diese Ovarien lassen keine klare Keimzellstrangbildung und keine Unterteilung in Mark und Rinde erkennen. Unsere Haussäugetiere sind Spezies, bei denen der Eintritt in die Meiose verzögert ist. Die Verzögerungsperiode dauert bei Pferd vom 60.–90., Rind 40.–82., Schaf 31.–55., Schwein 52.–70., Katze 28.–40. und Hund 28.–60. Trächtigkeitstag. In dieser Zeit werden die Keimzellen in unregelmäßige Keimstränge eingeschlossen. Die sich vermehrenden *peripheren Keimstränge* stellen mit den in ihnen enthaltenen Keimzellen die Anlage der **Zona parenchymatosa** (Eierstocksrinde) dar (**Abb. 25.2; 25.4**). Die zentralen, vorwiegend aus mesonephritischen Zellen bestehenden Blastemstränge bleiben in der Entwicklung zurück und degenerieren zum Teil. In diesem Gebiet entsteht die **Zona vasculosa** des Eierstockes. Nicht degenerierende Markstränge bilden das Rete ovarii, dessen Zellen den Ablauf der Meiose beeinflussen sollen.

Keimstränge und Follikelbildung. Die *Primordialkeimzellen* differenzieren sich zu sich lebhaft teilenden **Ovogonien**, die zusammen mit somatischen Zellen in den Keimsträngen Zellhaufen bilden (**Abb. 25.5**). Mit dem Eintritt der Keimzellen in die Prophase der 1. Reifeteilung wird die Vermehrung beendet und aus den Ovogonien gehen die *Ovozyten* 1. Ordnung hervor (*1. Reifungsperiode*). Dies erfolgt bei Mensch, Pferd, Wiederkäuer und Meerschweinchen bereits vor der Geburt, bei Schwein und Katze bis in die postnatale Periode hinein und bei Hund, Kaninchen und Hamster in den ersten Wochen nach der Geburt. In dieser Zeit zerfallen die Keimstränge, und die Eizellen werden in Follikel eingeschlossen. Bei diesem Vorgang werden die Ovozyten mit Erreichen des Diplotänstadiums von einem einschichtigen, flachen Follikelepithel umgeben und bilden mit diesem zusammen die **Primordialfollikel** (**Abb. 3.1, 3.2**). Das Follikelepithel stammt von den somatischen Zellen ab. Nicht in Follikel eingeschlossene Ovozyten gehen zugrunde. Kurz nach dem Diplotänstadium wird die Meiose der Ovozyten über eine lange Zeit bis zur Ovulation unterbrochen, die erst nach Erreichen der Pubertät einsetzt. Diese Ruhepause der Ovozyten kann daher beim Menschen bis zu 50 und bei manchen Tieren bis zu 30 Jahren dauern. Voraussetzung für die Ovulation ist die Fortsetzung der Follikelbil-

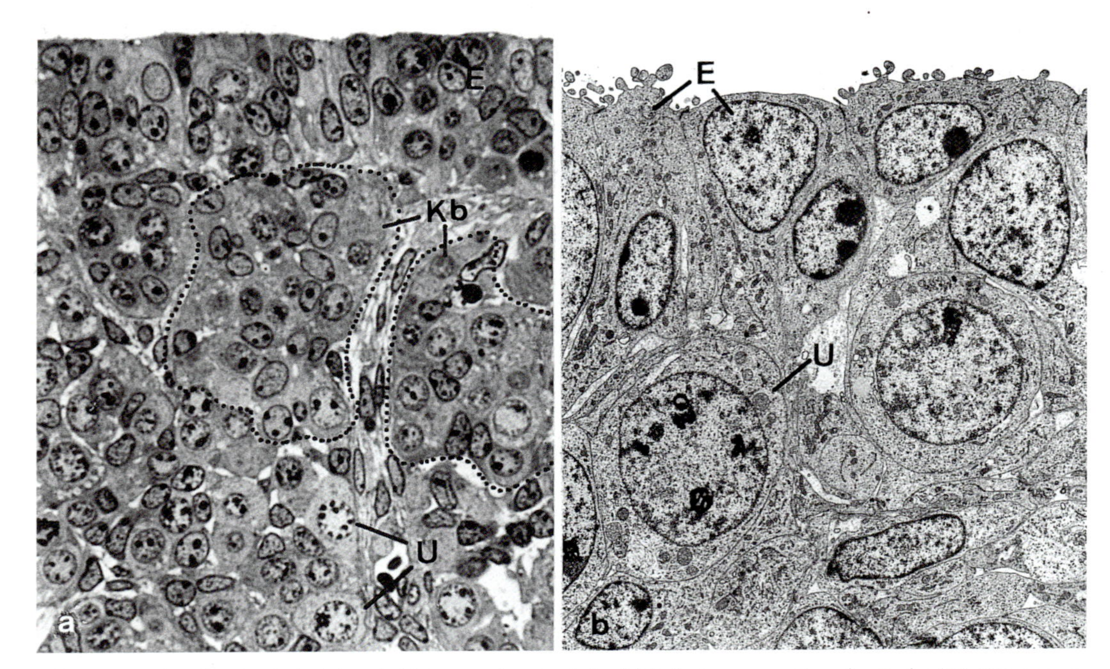

Abb. 25.5 Lichtmikroskopische (a) und elektronenmikroskopische (b) Aufnahmen vom Ovar des Rindes (SSL 100 mm, ca. 2,3 Monate). **E:** Oberflächenepithel, **Kb:** Keimballen, **U:** Urkeimzellen (Primordialzellen), Vergr. a) 608 x, b) 3636 x

dung nach Eintritt in die Geschlechtsreife. Bei dieser *2. Reifungsperiode* entstehen aus den Primordialfollikeln Primär-, Sekundär-, Tertiär- und *sprungreife Graafsche* Follikel (weitere Einzelheiten s. Ovogenese). Fetal und präpuberal gebildete Primär-, Sekundär- und Tertiärfollikel gehen stets zugrunde.

Mesenchym. Auch am Ovar entsteht aus dem Mesenchym eine *Tunica albuginea*, die das außen gelegene Keimdrüsenepithel von der Rindenschicht mit Primordialfollikeln trennt. Diese Faserschicht ist aber wesentlich dünner als am Hoden. Mesenchymaler Herkunft sind ferner das Stroma ovarii und die gesamte Markzone.

Keimdrüsenepithel. Nach der Geburt flacht sich das Oberflächenepithel zu einer einfachen Schicht isoprismatischer Zellen ab, die am Hilus ins Mesothel des Mesovariums übergehen.

Beim *Pferd* kommt es – vorwiegend erst postnatal – am Ovar zu einer Umstrukturierung, bei der die Rindenschicht ins Innere verlagert wird und nur noch an der Ovulationsgrube die Oberfläche erreicht.

25.2 Geschlechtsgänge

Indifferente Anlage

Bei beiden Geschlechtern werden auf jeder Seite zwei Genitalwege angelegt: 1. der *Urnieren-* oder *Wolffsche Gang*, Ductus mesonephricus, und 2. der *Müllersche Gang*, Ductus paramesonephricus (**Abb. 25.2; 25.3; 25.4; 25.9**). Der Wolffsche Gang entwickelt sich bei männlichen Tieren zum Geschlechtsgang und wird durch die Urnierenkanälchen ergänzt. Der Müllersche Gang differenziert sich zum Genitalkanal der weiblichen Tiere.

Der **Müllersche Gang** entsteht lateral vom Wolffschen Gang an der ventralen Seite der Urniere aus Zellen zugrunde gehender Urnierenkanälchen. Diese Zellen wachsen vom Grund der Infundibulartasche zu einem Rohr in kaudaler Richtung. Das kraniale Ende steht über das trichterförmige Infundibulum mit der Peritonäalhöhle in Verbindung. Beide Müllersche Gänge verlaufen parallel zu den Wolffschen Gängen, kreuzen kaudal nach medial und enden zunächst kaudal als solide Epithelstränge. Diese kanalisieren und verbinden sich schließlich in tierartlich unterschiedlicher Weise mit der Dorsalwand des Sinus urogenitalis. Während sie bei den niederen Säugern getrennt eintreten, vereinigen sie sich bei den höheren Säugetieren zum Y-förmigen Uterovaginalkanal, der auf dem Müllerschen Hügel des Sinus urogenitalis mündet.

Entwicklung zum männlichen Geschlecht

Durch die hormonale Wirkung des Testosterons des fetalen Hodens entwickelt sich der geschlängelte Anfangsabschnitt des *Wolffschen Ganges* zum **Nebenhodenkanal**, der gestreckte kaudale Teil zum **Samenleiter** und zur *Samenblasendrüse* (**Abb. 25.4; 25.6**). Der übrige Teil des männlichen Geschlechts-

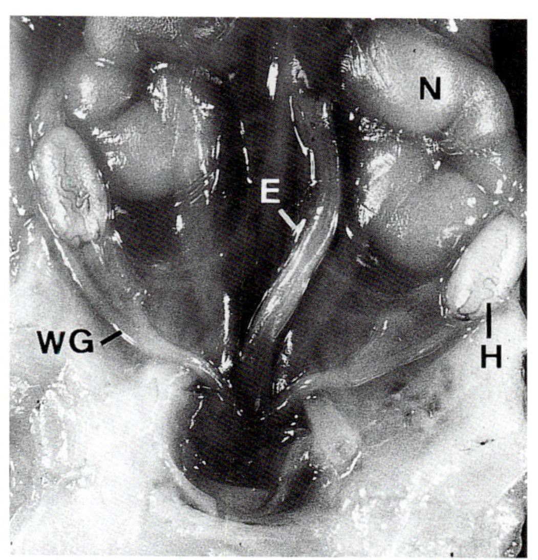

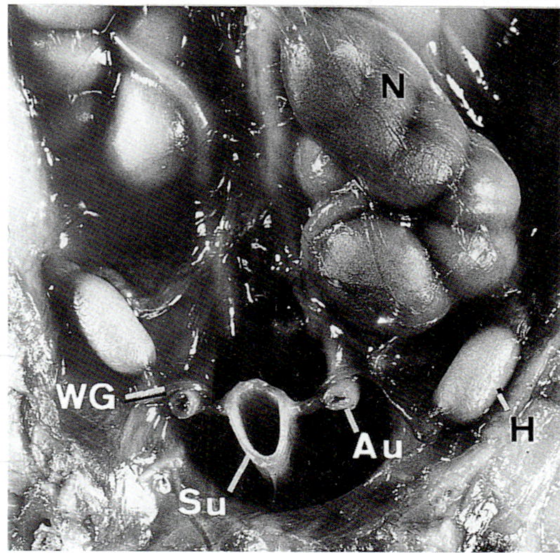

Abb. 25.6 Männliche Geschlechtsorgane des Embryos vom Rind, Länge 125 mm SSL, ca. 2,7 Monate (oben) und 185 mm SSL, ca. 3,4 Monate (unten). **Au:** A. umbilicalis, **E:** Enddarm, **H:** Hoden, **N:** Niere, **WG:** Wolffscher Gang, **Su:** Sinus urogenitalis

weges wird von der Harnröhre übernommen, die sich aus der Pars pelvina und der Pars penina des Sinus urogenitalis entwickelt. Fehlt die testikuläre Einwirkung, so kommt es, unabhängig vom Vorhandensein von Ovarien, stets zur Ausbildung eines weiblichen Geschlechtstraktes aus den Müllerschen Gängen, während die Wolffschen Gänge degenerieren.

Nach der Rückbildung der Urniere werden einige *Urnierenkanälchen* als **Ductuli efferentes** übernommen, die im Bereich des Nebenhodenkopfes die Verbindung zwischen dem Hodennetz und dem Nebenhodenkanal herstellen. Als *Ductuli aberrantes* werden Urnierenkanälchen bezeichnet, die keine Verbindung zum Hoden besitzen, jedoch in den Nebenhodenkanal einmünden. Überreste von Kanälchen, die auch keine Verbindung zum Wolffschen Gang besitzen, heißen *Paradidymis*.

Die *Müllerschen Gänge* werden beim männlichen Embryo durch die Wirkung des Müllerian Inhibiting Factor (MIF), einem Protein der Sertoli-Zellen des fetalen Hodens, zurückgebildet. Als Rest bleibt kaudal die unpaare *Uterovagina masculina* bestehen. Kranial kann als Appendix testis ein Rest des Trichterteils erhalten bleiben.

Die **akzessorischen Geschlechtsdrüsen** entstehen aus epithelialen Knospen des Sinus urogenitalis und des Wolffschen Ganges. Als erste entsteht aus Epithelsprossen der Pars penina des Sinus urogenitalis (Bulbus urethrae) die *Glandula bulbourethralis*. Als nächste entwickelt sich die *Prostata*, die aus Epithelknospen der Pars pelvina des Sinus urogenitalis hervorgeht. Später bilden sich aus dem Wolffschen Epithel die *Glandula vesiculosa* und meist erst nach der Geburt die *Ampulla ductus deferentis*.

Entwicklung zum weiblichen Geschlecht

Aus dem kranialen Abschnitt der *Müllerschen Gänge* entstehen die **Eileiter**, die trichterförmig mit der Peritonäalhöhle in Verbindung stehen. Kaudal davon vereinigen sich beide Gänge in tierartlich unterschiedlicher Weise zum Uterovaginalkanal, der durch die Ausbildung des Gebärmutterhalses in den **Uterus** und die **Vagina** unterteilt wird (**Abb. 25.4; 25.7**). Beim Menschen entsteht das Vaginalepithel jedoch aus dem Sinus urogenitalis.

Bei *niederen Säugetieren* (Monotremen und Marsupialiern) bleibt die Paarigkeit der Müllerschen Gänge erhalten. Diese Tiere besitzen somit eine **Vagina duplex** und einen **Uterus duplex**. Vereinigen sich nur die kaudalen Endabschnitte, so entsteht die **Vagina simplex** und der *Uterus duplex*, wie dies z. B. beim *Kaninchen* vorkommt. Bei unseren *Haussäugetieren* verschmelzen jedoch auch jene Abschnitte, die zu Uterushals und Uteruskörper werden; nur die Uterushörner bleiben paarig. Wir bezeichnen diese Form als **Uterus bicornis** (**Abb. 25.7; 25.8**). Beim Menschen spricht man vom **Uterus simplex**, da sich bis auf die Eileiter die Müllerschen Gänge zu einem einheitlichen Organ vereinigt haben.

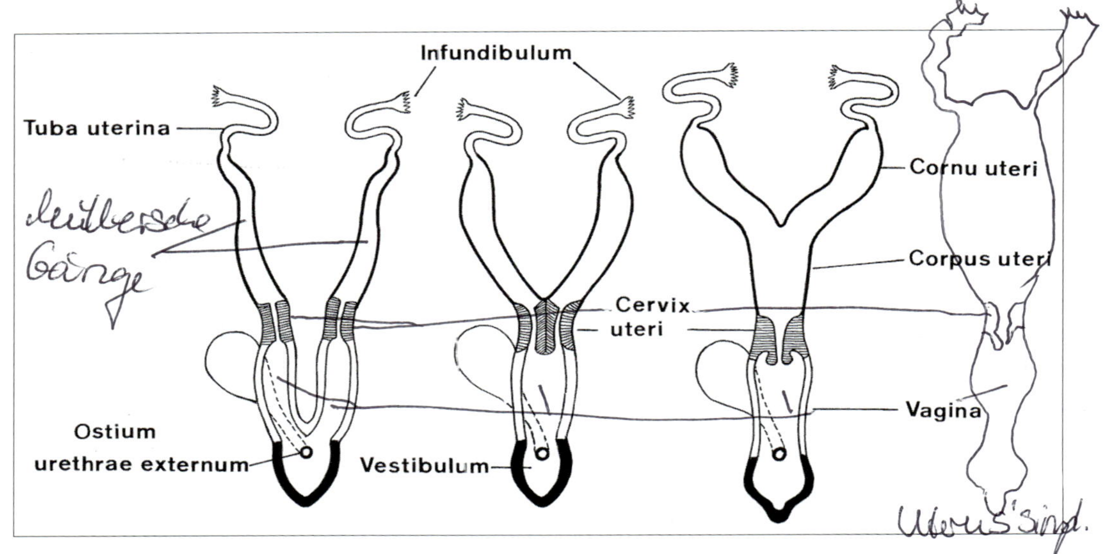

Abb. 25.7: Schematische Darstellung der Uterusformen. Links: Ursprüngliche Form, Uterus duplex und Vagina duplex. Mitte: Uterus duplex und Vagina simplex, Kaninchen, Rechts: Uterus bicornis, Pferd

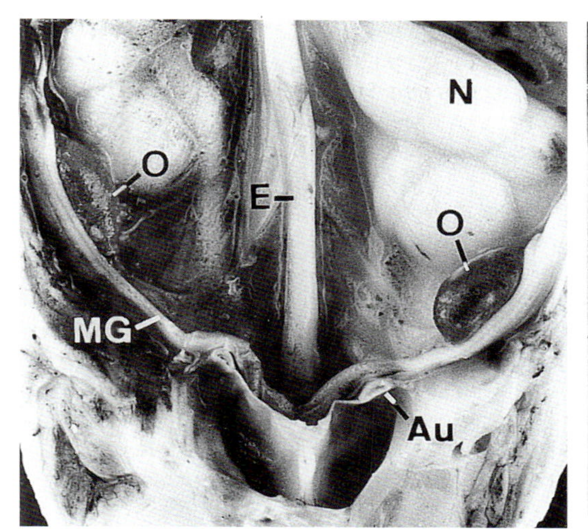

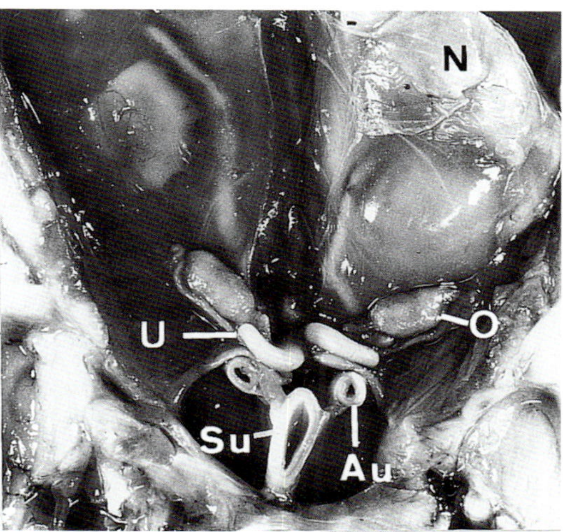

Abb. 25.8 Weibliche Geschlechtsorgane des Embryos vom Rind mit einer Länge von 90 mm SSL, ca. 2 Monate (links) und 205 mm SSL, ca. 3,6 Monate (rechts). **Au:** A. umbilicalis, **E:** Enddarm, **MG:** Müllerscher Gang, **N:** Niere, **O:** Ovar, **Su:** Sinus urogenitalis, **U:** Uterus

Nach der Verschmelzung der Müllerschen Gänge und nach Bildung der Cervix uteri (beim Rd. mit 3, beim Schw. mit 2,5 Monaten) wird die Abgrenzung zwischen Eileiter, Uterus und Vagina sichtbar. Gleichzeitig differenzieren sich aus dem umgebenden Mesenchym das Stroma der Schleimhaut und die Muskulatur des Uterus. Uterindrüsen entstehen erst postnatal aus Knospen des Oberflächenepithels. Das Vaginalepithel geht aus einer Zellplatte hervor, die am kaudalen Ende des Uterovaginalkanals gebildet wird und sich unter Lumenbildung zu einem Rohr umwandelt. Diese Vaginalplatte entsteht bei unseren Haussäugetieren vermutlich nur aus dem Epithel der Müllerschen Gänge. Bei Nagetieren sind auch Epithelsprosse des Sinus urogenitalis daran beteiligt. Das menschliche Vaginalepithel soll hingegen nur aus dem Entoderm des Sinus urogenitalis hervorgehen.

Die Einmündung der Vagina in den Sinus urogenitalis (Vestibulum vaginae) bleibt lange Zeit epithelial verklebt. Die beim Menschen durch das Hymen gekennzeichnete Grenze zwischen beiden Hohlräumen zeigt sich bei Pferd und Schwein in einer ringförmigen Falte und bei den übrigen Tieren höchstens durch vereinzelt zurückbleibende Spangen oder Querfältchen. Die *Wolffschen Gänge* bilden sich beim weiblichen Tier zurück. Die kaudalen Teile können als *Gartnersche Gänge* (Ductus epoophori longitudinales) erhalten bleiben. Reste von Urnierenkanälchen können als Paroophoron im Lig. latum uteri und als Epoophoron im Mesovarium vorkommen.

25.3 Bänder der Geschlechtsorgane

Indifferente Anlage

Bei der Entwicklung der Keimdrüse entsteht aus dem kranialen Teil der Keimdrüsenanlage das kraniale Keimdrüsenband und aus dem kaudalen Teil das kaudale Keimdrüsenband (**Abb. 25.4**). Die Keimdrüse selbst ist an der *Keimdrüsenfalte* befestigt. Das *kraniale Keimdrüsenband* verbindet sich mit dem Urnieren-Zwerchfellband. Das *kaudale Keimdrüsenband* zieht als Leistenband vom kaudalen Pol der Keimdrüse zum Leistenkanal und kreuzt dabei die Geschlechtsgangfalte mit Wolffschem und Müllerschem Gang. Die *Geschlechtsgangfalte* (bisher als Plica urogenitalis bezeichnet) entsteht bei der Verschmelzung der Müllerschen Gänge durch Verklebung der mitgenommenen Peritonäalfalte (**Abb. 25.9**).

Entwicklung zum männlichen Geschlecht

Während das kraniale Keimdrüsenband mit Verschwinden des Zwerchfellbandes der Urniere verstreicht, wird das kaudale Keimdrüsenband zum Leitband des Hodens, *Gubernaculum testis* (**Abb. 25.10**). Es besteht nach Vollendung des Hodenabstieges aus zwei kurzen Bändern, dem *Lig. testis proprium*, das die Extremitas caudata des Hodens mit dem Nebenhodenschwanz verbindet, und dem *Lig. caudae epididymidis*, das vom Nebenhodenschwanz zum Fundus des Processus vaginalis zieht.

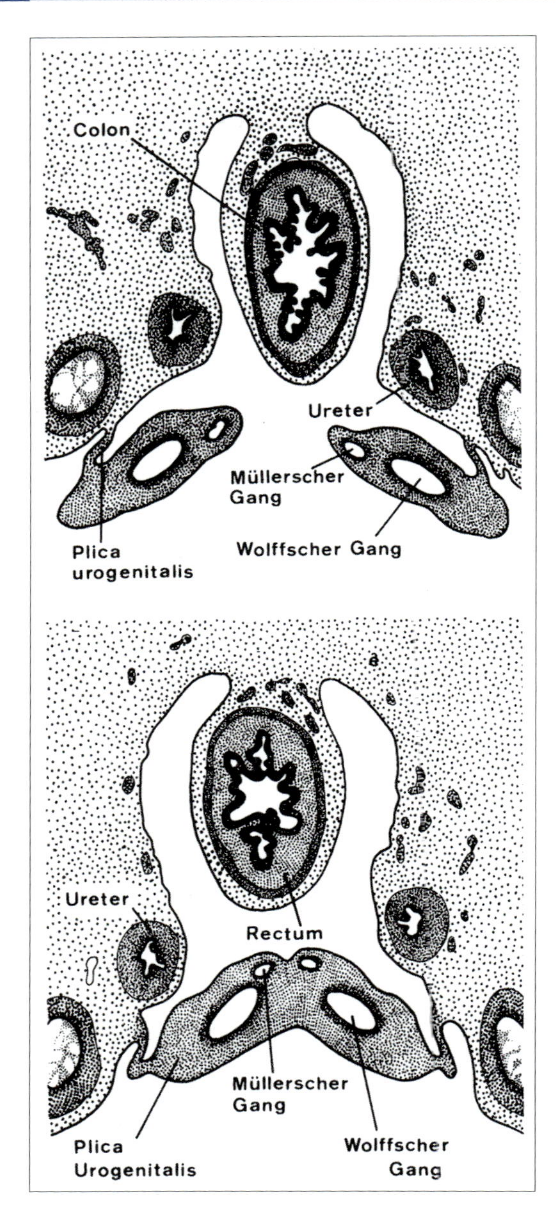

Abb. 25.9 Darstellung der Geschlechtsgangfalte und der Geschlechtsgänge beim männlichen Rinderembryo von 75 mm SSL. Oben: Querschnitt durch den kaudalen Teil der Bauchhöhle, unten: Querschnitt durch die Beckenhöhle, Vergr. ca. 25 x

Aus der Geschlechtsgangfalte entstehen das *Mesoductus deferens*, das *Mesepididymis* und das proximale *Mesorchium*. Das zwischen Hoden und Nebenhoden ausgespannte distale Mesorchium geht aus der Keimdrüsenfalte hervor.

Entwicklung zum weiblichen Geschlecht

Aus dem kranialen Keimdrüsenband entwickelt sich das *Lig. suspensorium ovarii*. Das kaudale Keimdrüsenband wird durch den Geschlechtskanal in das *Lig. ovarii proprium* und das Leistenband unterteilt. Das Lig. ovarii proprium zieht vom Ovar zur Grenze zwischen Eileiter und Uterushorn und bildet gemeinsam mit der Mesosalpinx die Bursa ovarica. Das Leistenband wird zum rudimentären *Lig. teres uteri* und liegt lateral am Mesometrium. Die Geschlechtsgangfalte enthält nur noch die Müllerschen Gänge und heißt Plica genitalis oder *Lig. latum uteri*. Es besteht aus dem Mesometrium, der Mesosalpinx und dem proximalen Mesovarium. Das distale Mesovarium geht aus der Keimdrüsenfalte hervor.

25.4 Deszensus der Keimdrüsen

Während die Eierstöcke nur geringe Lageveränderungen innerhalb der Bauchhöhle durchführen, wandern beim Säuger die Hoden nach außen in den Hodensack (Skrotum). Der Weg durch die Bauchwand führt durch den Leistenkanal, der vom äußeren und inneren Leistenring begrenzt wird und bei beiden Geschlechtern entsteht.

Descensus testis

Im Bereich der Ansatzstelle des Lig. caudae epididymidis stülpen sich das Peritonaeum und die Fascia transversalis beiderseits als *Processus vaginalis* (Scheidenhautfortsatz) in den mit Bindegewebe ausgefüllten Leistenkanal und gelangen in den Skrotalwulst. Die paarig angelegten Skrotalwülste stellen Vorwölbungen der Bauchwand im Gebiet der Geschlechtswülste dar. Sie entwickeln sich weiter zum einheitlichen Hodensack mit Septum scroti.

Mit der Ausbildung dieser Hodenhüllen kommt es zur Verlagerung von Hoden, Nebenhoden und Samenleiter und den dazugehörigen Gefäßen und Nerven nach kaudoventral (**Abb. 25.10**). Die durch das Leitband am Fundus des Processus vaginalis verankerten und retroperitonäal gelegenen Organe schieben sich bei gleichzeitiger Verkürzung des Gubernaculum testis zwischen die Faszie und die Serosa des Scheidenhautfortsatzes ein. Durch fortschreitendes Wachstum füllen Hoden, Nebenhoden und Samenstrang das Lumen des Processus vaginalis vollständig aus, wobei gleichzeitig auch die Hodenhüllen an Umfang zunehmen. Nach dem Abstieg verengt sich der Leistenkanal um den Samenstrang herum.

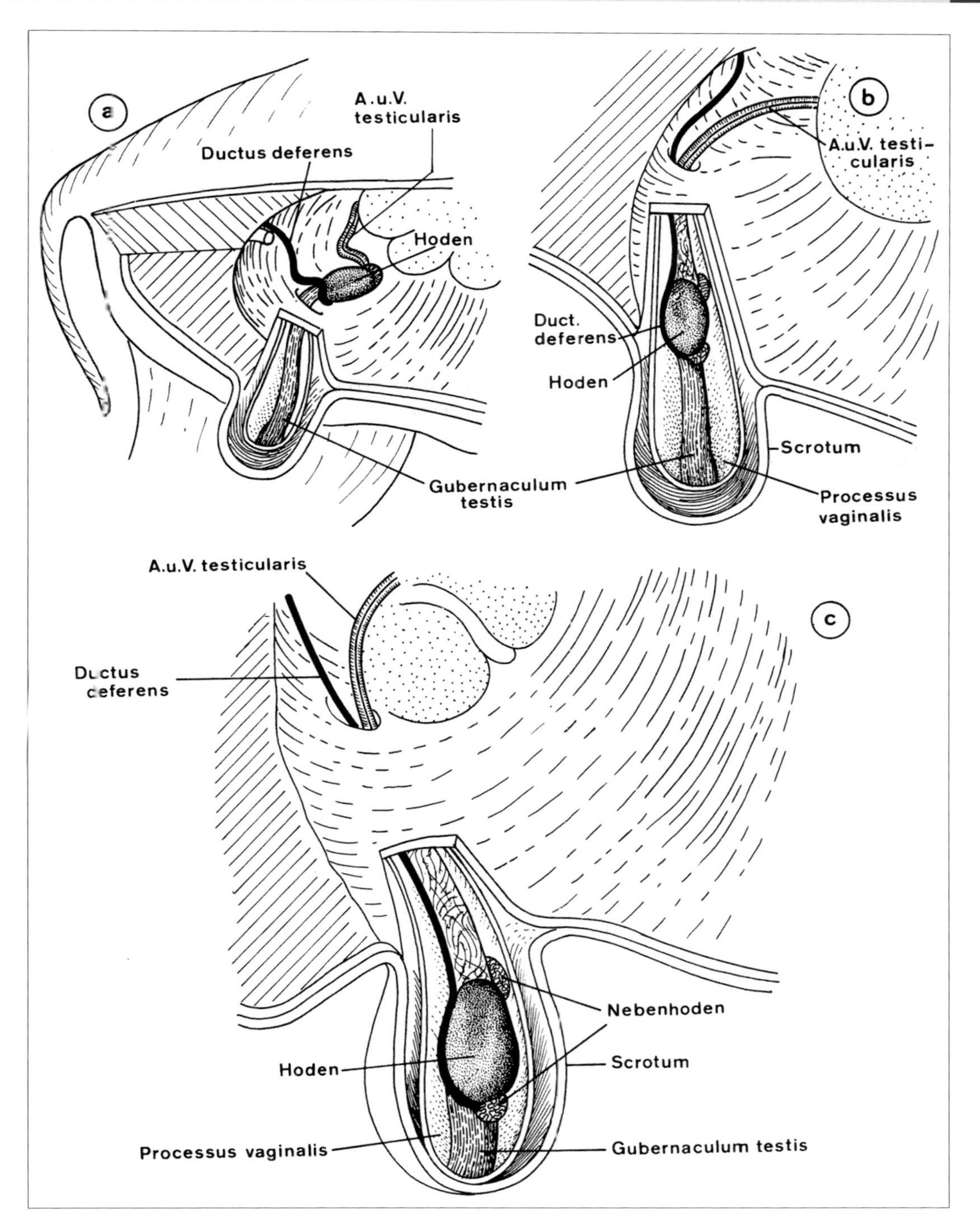

Abb. 25.10 Descensus testis beim Rind: a) Der Hoden befindet sich noch in der Bauchhöhle, Fetus 180 mm SSL (ca. 3,4 Monate). b) Der Hoden ist bis in den Canalis vaginalis abgestiegen, Fetus 230 mm SSL (ca. 4 Monate). c) Der Hoden liegt im Cavum vaginale und hat das Skrotum erreicht, Fetus 520 mm SSL (ca. 6,3 Monate)

Der Descensus testis wird durch Wachstumsunterschiede zwischen Rumpfwand und Gubernaculum testis bewirkt. Hinzu kommt die Verkürzung des Leitbandes, obwohl angenommen wird, dass dieses Band den Hoden nicht aktiv in das Skrotum ziehen kann. Gefördert wird der Hodenabstieg auch durch Erhöhung des intraabdominalen Druckes infolge Organvergrößerung und durch die Wirkung gonadotroper sowie androgener Hormone.

Normalerweise erfolgt der Hodenabstieg bei Wiederkäuern bereits im dritten Fetalmonat. Bei Schwein und Pferd wie auch beim Menschen sind die Hoden z. Zt. der Geburt im Skrotum angelangt; ausnahmsweise kann sich der Abstieg bis in die ersten Lebensmonate (Msch., Pfd.) hinziehen. Auch beim Hund ist der Descensus testis erst mit dem 35. Tag post partum vollendet.

Unterbleibt der Hodenabstieg, so spricht man von **Kryptorchismus** (Spitzhengst, Spitzeber usw.), der einseitig oder beidseitig auftreten kann. Bleibt der Hoden in der Bauchhöhle, liegt ein *abdominaler Kryptorchismus* vor. Haben sich die Hoden einschließlich ihrer Nebenorgane bis in den Leistenkanal verlagert, ohne ins Skrotum abzusteigen, spricht man von *inguinalem Kryptorchismus*. Nicht abgestiegene Hoden sind nicht zur Spermatogenese befähigt, vermutlich wegen der höheren Temperatur in der Bauchhöhle. Geschlechtshormone werden jedoch produziert.

Descensus ovarii

Da beim weiblichen Tier die kaudalen Keimdrüsenbänder ebenfalls im Wachstum zurückbleiben, deszendieren auch die Ovarien. Am wenigsten bei Fleischfresser und Pferd und etwas mehr beim Schwein werden die Eierstöcke nach kaudoventral verlagert. Am weitesten wandern die Ovarien bei Wiederkäuern, bei denen sie bis in halbe Höhe vor den Beckeneingang gelangen (**Abb. 25.8**). Ein funktionsloser Processus vaginalis wird nur bei der Hündin angelegt.

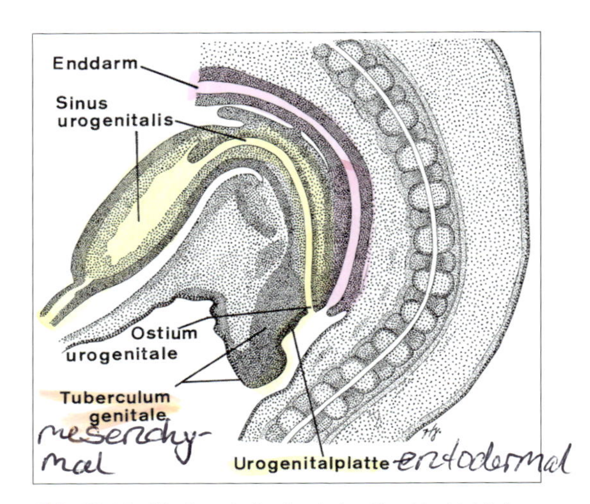

Abb. 25.11 Medianschnitt durch den Geschlechtshöcker eines Katzenembryos (SSL 22 mm, ca. 26 Tage)

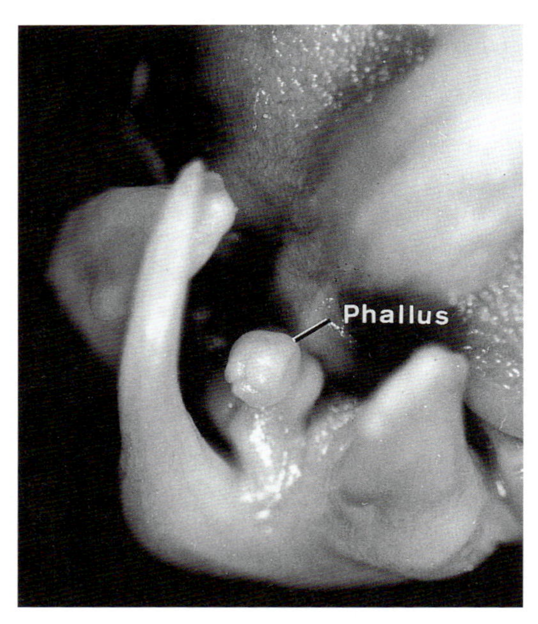

Abb. 25.12 Phallus beim Rinderembryo (30 mm SSL), Vergr. ca. 10 x

25.5 Äußere Geschlechtsorgane

Indifferente Anlage

Ventral und kranial von der Kloakenmembran entsteht durch Wucherung des Mesenchyms der **Geschlechtshöcker** (Tuberculum genitale), der an seiner kaudalen Fläche die Urogenitalplatte besitzt (**Abb. 25.11; 25.12**). Diese besteht aus zwei sagittal gestellten, entodermalen Epithelblättern der Pars penina des Sinus urogenitalis. Afterwärts setzt sie sich in der Kloakenmembran fort. Äußerlich zeigt sich eine seichte Rinne. Der Geschlechtshöcker verlängert sich rasch zum **Phallus** und ist zunächst bei weiblichen und männlichen Embryonen gleich lang (**Abb. 25.13**). An seiner Unterseite entwickelt sich die **Urogenitalrinne** (Sulcus urogenitalis), die von den **Urogenitalfalten** (Plicae urogenitales) flan-

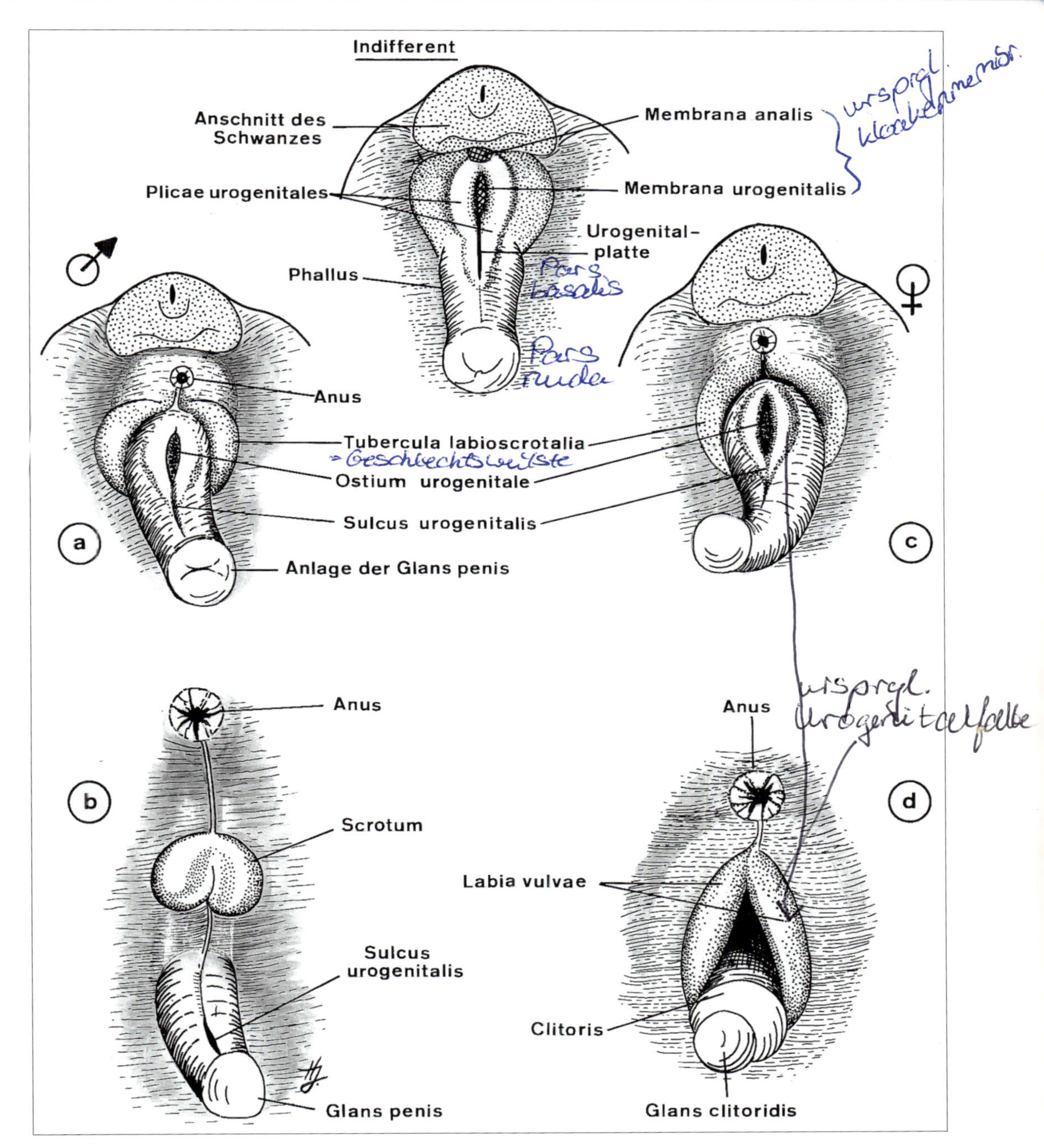

Abb. 25.13 Entwicklung der äußeren Geschlechtsorgane beim Rind im indifferenten Stadium (SSL 26 mm), beim männlichen Tier: a) 35 mm SSL, b) 55 mm SSL, beim weiblichen Tier: c) 35 mm SSL, d) 80 mm SSL

kiert wird. Diese Falten wurden bisher als Geschlechtsfalten (Plicae genitales) bezeichnet. Nachdem sich das Septum urorectale mit der Kloakenmembran verbunden hat, wird diese in die dorsale Aftermembran und die ventrale Urogenitalmembran unterteilt (**Abb. 25.13**). Nach Einreißen der Urogenitalmembran und gleichzeitigem Auseinanderweichen der beiden Epithellamellen der Urogenitalplatte entsteht an der Phallusbasis das *Ostium urogenitale*, das sich in der Urogenitalrinne des Phallus fortsetzt. Seitlich zwischen dem Geschlechtshöcker und den Beckengliedmaßen entwickeln sich die **Geschlechtswülste** (Tubercula labioscrotalia). Sie bilden beim männlichen Tier das Skrotum, beim weiblichen verschwinden sie weitgehend. Nur beim Menschen entwickeln sie sich weiter zu den Labia majora.

Der *Phallus*, der sich weiter zum Penis bzw. zur Klitoris differenziert, besteht zunächst aus der schmalen, apikalen *Pars nuda* und der verdickten *Pars basalis*. Die Basis wird von der lockeren Schafthaut umgeben.

Entwicklung zum männlichen Geschlecht

Mit einsetzender Maskulinisierung unter der Wirkung der Androgene des fetalen Hodens verlängert sich der Phallus zum **Penis**, an dessen Ende die Glans entsteht (**Abb. 25.13**). Dabei werden auch die *Urogenitalfalten* in die Länge gezogen. Der Penis wächst mit Ausnahme beim Kater vom Beckenausgang an der ventralen Bauchwand entlang nach kranial bis in die Nähe des Nabels. Die Urogenitalfalten der Urethralrinne vereinen sich von proximal nach distal und bilden die *Pars penina urethrae*. Diese steht über den Bulbusteil mit der Pars pelvina in Verbindung und bildet im übrigen das *Corpus spongiosum penis*. Die epitheliale Auskleidung des proximalen Teils der Harnröhre entstammt dem Entoderm der Pars penina des Sinus urogenitalis. Das distale Ende der Pars spongiosa urethrae hingegen bildet sich aus einem ektodermalen Epithelspross, der mit dem Urethralumen Kontakt aufnimmt und später kanalisiert. Dadurch entsteht gleichzeitig das Ostium urethrae externum.

Im Gegensatz zum Menschen stellt bei den Haussäugetieren der Penis keinen freien Zylinder dar, sondern er ist zum großen Teil bindegewebig mit der Bauchwand verbunden.

Das *Corpus cavernosum penis* sowie der *Penisknochen* (Flfr.) entwickeln sich über ein bindegewebiges Corpus fibrosum aus dem axialen Stamm des Phallus.

Das **Präputium** entsteht aus der Schafthaut unter Beteiligung der epithelialen Glandarlamelle (**Abb. 25.14**). Diese wächst zunächst auf der umbilikalen Seite, dann seitlich und schließlich kaudal zwischen Schafthaut und Phallusbasis röhrenförmig ein. Die Glandarlamelle spaltet sich in zwei Blätter, wodurch sich die Glans penis vom Präputium löst. Die endgültige Trennung erfolgt jedoch erst nach der Geburt.

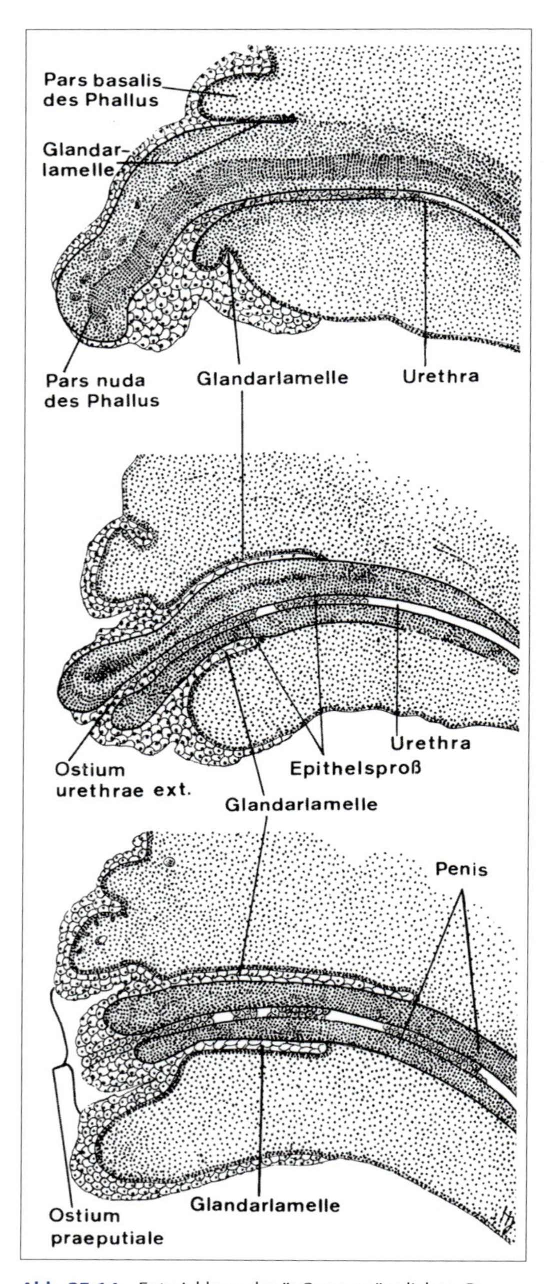

Abb. 25.14 Entwicklung der äußeren männlichen Geschlechtsorgane beim Rind. Oben: SSL 68 mm, Mitte: 100 mm, unten: 150 mm

Entwicklung zum weiblichen Geschlecht

Beim weiblichen Tier bleibt die Pars penina des Sinus urogenitalis kurz. Sie erweitert sich jedoch stark und wird zum **Vestibulum vaginae** (**Abb. 25.15**). Aus Epithelsprossen bilden sich die

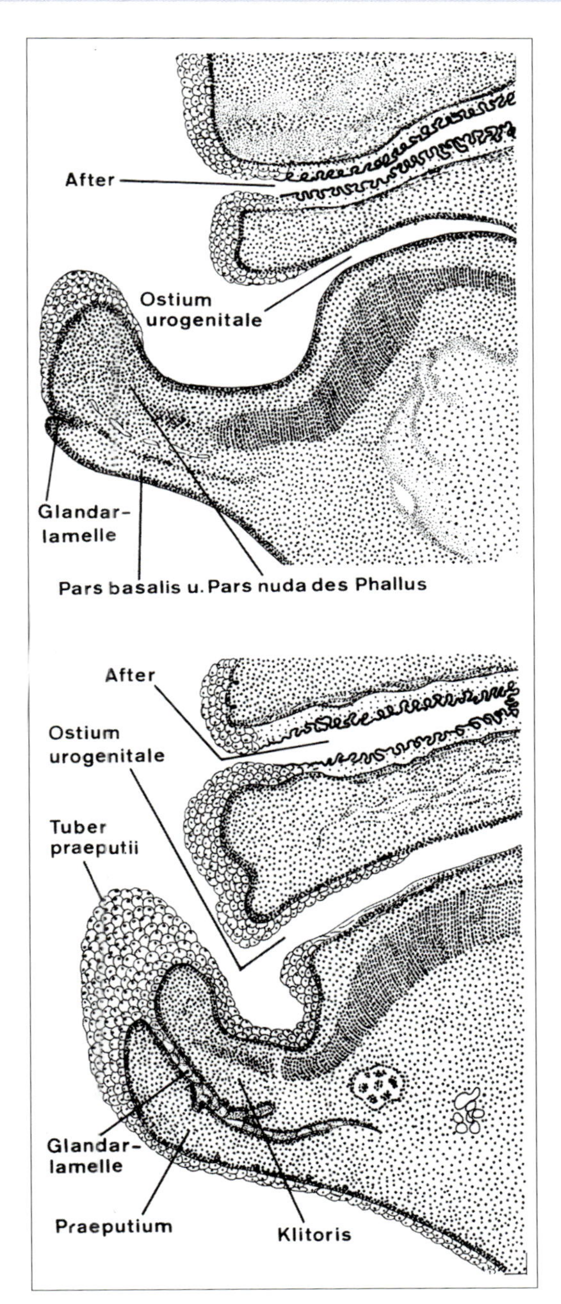

Abb. 25.15 Entwicklung der äußeren weiblichen Geschlechtsorgane beim Rind. Oben: SSL 80 mm, unten: 220 mm

Glandulae vestibulares. Die Urogenitalfalten bleiben unvereinigt und begrenzen als **Schamlippen** (Labia minora des Menschen) die aus dem Ostium urogenitale hervorgegangene Schamspalte (**Abb. 25.13**).

Der Phallus bleibt im Wachstum zurück und bildet die relativ kleine **Klitoris** (**Abb. 25.15**). Die Glandarlamelle ist lediglich auf der umbilikalen Seite ausgebildet und trennt sich nur bei der Stute regelmäßig in die beiden Epithelblätter auf. Bei anderen Tieren ist die Bildung einer Präputialhöhle unvollständig.

Die sich beim Menschen zu den Labia majora entwickelnden Genitalwülste bleiben nur beim Fleischfresser als Labialwülste erhalten.

25.6 Geschlechtsdifferenzierung

Bei der Befruchtung kommt es zur chromosomal fixierten, irreversiblen Geschlechtsdetermination, die aber nicht in jedem Fall zur Ausprägung des festgelegten Geschlechtes führt. Die Geschlechtsdifferenzierung vollzieht sich vielmehr in einer schrittweisen Entwicklung, die zunächst die Keimdrüsen, dann den übrigen Geschlechtstrakt und schließlich auch andere Organe des Körpers erfasst.

Das **genetische Geschlecht** wird beim Säuger mit der Befruchtung festgelegt (syngame Geschlechtsbestimmung) und ist davon abhängig, ob ein Spermium mit einem Y-Chromosom (männlich bestimmend) auf die stets mit einem X-Chromosom ausgestattete Eizelle trifft. Enthält die Zygote ein Y-Chromosom, so entwickelt sich unabhängig von der Anzahl der X-Chromosomen ein männliches Tier. Fehlt das Y-Chromosom, so entsteht in der Regel ein Weibchen.

Die *Geschlechtschromosomen* (Gonosomen) sind während der Evolution aus einem Autosomenpaar hervorgegangen. Dabei kam es am Y-Chromosom zum Verlust der autosomalen Gene und zu einer Ansammlung rein geschlechtsbestimmender Faktoren. Das X-Chromosom ist hingegen in seiner ursprünglichen Struktur erhalten geblieben und trägt neben den Faktoren zur Geschlechtsbestimmung noch sog. geschlechtsgebundene Gene. Diese Ungleichheit in der X-chromosomalen Gendosis (männlich X und weiblich XX) wird durch einen Mechanismus der Dosiskompensation aufgehoben, indem in den Zellen der weiblichen Embyronen *eins der X-Chromosomen* inaktiviert wird. Man nimmt an, dass bereits in einer sehr frühen Phase der embryonalen Entwicklung zufallsweise entweder das väterliche oder das mütterliche X-Chromosom inaktiviert wird. Die einmal getroffene Entscheidung wird bei allen nachfolgenden Tochterzellen beibehalten.

In ca. 40% der weiblichen somatischen Zellen ist das inaktivierte X-Chromosom als kondensiertes Chromatinkörperchen (Heterochromatin) nachweisbar. Es wird als Barr-Körper oder *Sexchromatin* bezeichnet und liegt entweder innen an der Kernmembran oder bildet bei Granulozyten einen trommelschlegelförmigen Anhang des Zellkerns. In der weiblichen Keimzelle sind infolge einer Reaktivierung während der Ovogenese immer beide X-Chromosomen aktiv.

Sobald durch die Inaktivierung eines X-Chromosoms das genetische Gleichgewicht hergestellt ist, setzt die Geschlechtsdifferenzierung ein; es entwickelt sich das **gonadale Geschlecht**. Für die Entwicklung der indifferenten Keimdrüsenanlage zum Hoden wird der Testis-determinierende Faktor SRY (sex determining region Y) verantwortlich gemacht. Fehlt dieser Faktor, der auf dem kurzen Arm des Y-Chromosoms liegt, entwickelt sich die Gonade zum Ovar. Die geschlechtsbestimmende genetische Information scheint aber nur an der Gonade von Bedeutung zu sein. Die weitere Geschlechtsdifferenzierung am somatischen Gewebe wird von Sexualhormonen gesteuert.

Mit der einsetzenden Produktion von Testosteron durch die Leydig-Zellen des fetalen Hodens entwickelt sich der Wolffsche Gang zu Nebenhoden, Samenleiter und Samenblasendrüse, und es kommt zur Maskulinisierung der indifferenten Anlage der äußeren Geschlechtsorgane. Die Regression der Müllerschen Gänge erfolgt jedoch nicht durch die Wirkung von Testosteron, sondern durch den Müllerian Inhibiting Factor (MIF; Anti-Müller-Hormon AMH; Oviduktrepressor), der von den Sertoli-Zellen des fetalen Hodens gebildet wird. Fehlt die Androgenwirkung, entwickeln sich die Müllerschen Gänge zu Eileitern, Uterus und Vagina, und es kommt zur Feminisierung der äußeren Geschlechtsorgane.

25.7 Sexuelle Zwischenstufen

Fehlerhafte Entwicklungsschritte bei der Geschlechtsdifferenzierung können bei allen Haustieren zur Ausbildung von Geschlechtsmerkmalen beider Geschlechter bei einem Individuum führen. Diese sexuellen Zwischenformen werden auch als Intersexualität, Zwittertum oder Hermaphroditismus bezeichnet. Beim echten Zwittertum, Hermaphroditismus verus, besitzen die Tiere Keimdrüsen bzw. Keimdrüsenteile von beiden Geschlechtern, beim falschen Zwittertum, Pseudohermaphroditismus, nur die von einem Geschlecht. Die Diagnose erfolgt anhand histologischer Bilder der Gonaden.

Hermaphroditismus verus

Echte Zwitter (Hermaphroditismus ambiglandularis) kommen äußerst selten vor. Man unterscheidet:

Hermaphroditismus bilateralis: beiderseits entweder Hoden und Ovar oder Ovotestis, oder auf einer Seite Hoden und Ovar und auf der anderen Seite Ovotestis.

Hermaphroditismus unilateralis: Hoden und Ovar oder Ovotestis auf einer Seite und nur Hoden oder Ovar auf der anderen.

Hermaphroditismus alternans: Hoden auf der einen und Ovar auf der anderen Seite. Geschlechtszellen kommen nur im ovariellen Gewebe vor. Die äußeren Geschlechtsorgane können sich in unterschiedlichem Ausbildungsgrad in die männliche oder weibliche Richtung entwickeln.

Pseudohermaphroditismus

Scheinzwitter kommen in zwei Formen vor.

Pseudohermaphroditismus masculinus. Beim Pseudohermaphroditismus testicularis (Hodenzwitter) sind beidseitig Hoden vorhanden, die aber meist nicht zur Spermatogenese befähigt sind. Die übrigen Geschlechtsorgane entsprechend m.o.w. denen weiblicher Tiere. Es ist die häufigste Zwitterform bei Haustieren.

Pseudohermaphroditismus femininus. Der Hermaphroditismus ovarialis (Eierstockszwitter) zeigt auf beiden Seiten funktionsfähige Ovarien. Auch Eileiter, Uterus und Vagina sind meist normal entwickelt, während die äußeren Geschlechtsorgane als Penis mit Präputium ausgebildet sind. Diese Zwitterform wird beim Haustier sehr selten gefunden.

Zwicken

Zwicken, Freemartins, treten bei heterosexueller Zwillingsträchtigkeit beim Rind, seltener bei Schaf und Ziege infolge von Verwachsungen der Fruchtsäcke und gleichzeitiger Bildung von Gefäßanastomosen auf (s. Plazentation Wdk.). Dabei kommt es beim weiblichen Zwilling zu einer unterschiedlich ausgebildeten Maskulinisierung und zu einem XX/XY Blut- sowie häufig auch Keimzellchimärismus (s. a. S. 104). Eileiter, Uterus und Vagina sind unterentwickelt bzw. fehlen, während die äußeren Geschlechtsorgane meist normal entwickelt sind. Der

Zwickenstatus geht mit Unfruchtbarkeit einher und ist die häufigste Form der Intersexualität beim Rind.

Verantwortlich für die Zwickenbildung sind die Blutgefäßanastomosen, über die vom männlichen Zwillingspartner das Anti-Müller-Hormon in den weiblichen gelangen. Auftretende Vergrößerungen der Klitoris wird auf die Wirkung von Testosteron des männlichen Zwillings zurückgeführt.

Zusammenfassung

Geschlechtsorgane

- **Keimdrüsen.** Sie entstehen aus 1. dem Zölomepithel, 2. dem Mesenchym, 3. Zellen degenerierter Urnierenglomeruli und -tubuli und 4. aus Primordialkeimzellen.
- **Indifferente Anlage.** Medial von der Urnierenfalte entsteht vom Thorakal- bis zum Lumbalbereich die Keimdrüsenfalte, deren kranialer und kaudaler Teil sich zu Bändern und nur der mittlere Teil sich zur Keimdrüse differenziert. Die Gonadenanlage ist außen vom Keimdrüsenepithel bedeckt und bildet nun im Inneren aus proliferierenden Zellen dieses Epithels und aus mesonephritischen Zellen das *Gonadenblastem*. Die Weiterentwicklung zur Keimdrüse ist abhängig vom Eintritt der Primordialkeimzellen. Sobald diese in der Anlage auftreten, vermehrt sich das Mesenchym, und aus dem vergrößerten Gonadenblastem bilden sich *Keimstränge*, die beim männlichen Tier früher auftreten als beim weiblichen.
- **Entwicklung zum Hoden.** Erstes Anzeichen der Differenzierung zum Hoden ist die frühe Bildung der Keimstränge und der Tunica albuginea. Die *Keimstränge* (Hodenstränge) werden zu Tubuli seminiferi, die aber erst in der Präpubertätsphase kanalisieren. Die somatischen Blastemzellen der Tubuli seminiferi werden zu Sertoli-Zellen und die Primordialkeimzellen zu Spermatogonien. Zentrale, keimzellfreie Stränge differenzieren sich zum Rete testis. Diese finden Anschluss an Ductuli efferentes, die aus Urnierenkanälchen hervorgegangen sind. Auch die Leydigschen Zwischenzellen gehen aus Blastemzellen hervor.
- **Entwicklung zum Ovar.** Als erstes Anzeichen der Differenzierung zum Ovar wird der Eintritt der Keimzellen in die meiotische Prophase angesehen und nicht die später einsetzende Follikelbildung. Die sich vermehrenden, peripheren Keimstränge mit eingeschlossenen Keimzellen stellen die Anlage der *Zona parenchymatosa* dar. Die zentralen, vorwiegend aus mesonephritischen Zellen bestehenden Stränge bleiben in der Entwicklung zurück. Sie bilden das Gebiet der *Zona vasculosa*.
- **Keimzellen und Follikelbildung.** Die aus den Primordialkeimzellen hervorgegangenen Ovogonien teilen sich lebhaft, ehe sie mit Eintritt in die Prophase der 1. Reifeteilung die Vermehrung beenden und zu Ovozyten 1. Ordnung werden. Dies erfolgt entweder vor der Geburt (Pfd., Wdk.) oder bis in die postnatale Periode (Schw., Hd., Ktz.) und führt zum Zerfall der Keimstränge und Bildung von Primordialfollikeln, bei der die Ovozyte von einschichtigem flachen Follikelepithel umgeben wird. Nicht eingeschlossene Eizellen gehen zugrunde. Nach einer langen Ruhephase (Dictyotaen) setzt sich die Ovo- und Follikulogenese mit dem Eintritt in die Geschlechtsreife fort. Während dieser 2. Reifungsperiode entstehen Primär-, Sekundär- und Tertiärfollikel, die sich zum sprungreifen Graafschen Follikel entwickeln. Kurz vor der Ovulation erfolgt die erste Reifeteilung, wodurch die sekundäre Ovozyte und ein Polkörperchen entstehen. Die zweite Reifeteilung mit Bildung des Ovum vollzieht sich erst nach der Befruchtung.
- **Indifferente Anlage der Geschlechtsgänge.** Bei beiden Geschlechtern werden auf jeder Seite der Urnieren- oder Wolffsche Gang und der Müllersche Gang angelegt. Letzterer liegt kranial lateral vom Urnierengang und kreuzt kaudal nach medial. Beide Gänge münden in den Sinus urogenitalis.
- Beim **männlichen Geschlecht** entwickelt sich unter Testosteronwirkung des fetalen Hodens der Wolffsche Gang zum Nebenhodenkanal, Samenleiter und zur Samenblasendrüse. Der übrige Teil des Geschlechtsweges wird von der Harnröhre übernommen, die sich aus der Pars pelvina und Pars penina des Sinus urogenitalis entwickelt. Aus der Pars pelvina entstehen auch die Glandula bulbourethralis und die Prostata. Als Ductuli efferentes werden einige Urnierenkanälchen übernommen. Die Müllerschen Gänge werden durch Wirkung des Anti-Müller-Hormons des fetalen Hodens bis auf Reste (Uterovagina masculina) zurückgebildet.
- Beim **weiblichen Geschlecht** entstehen aus dem kranialen Abschnitt der Müllerschen Gänge die Ei-

leiter und kaudal Uterus und Vagina, die als Uterovaginalkanal tierartlich unterschiedlich ausgebildet werden. Niedere Säugetiere haben eine Vagina duplex und einen Uterus duplex. Beim Kaninchen vereinigt sich die Vagina, so dass eine Vagina simplex und ein Uterus duplex vorliegt. Bei den übrigen Haussäugetieren bleiben nur die Uterushörner paarig. Diese Form wird als Uterus bicornis bezeichnet. Die Vagina vereinigt sich mit dem Vestibulum vaginae, das aus dem Sinus urogenitalis hervorgeht.

▪ **Bänder.** Während das *kraniale Keimdrüsenband* bei männlichen Tieren verschwindet, bleibt es beim weiblichen als Lig. suspensorium ovarii erhalten. Das *kaudale Keimdrüsenband* wird zum Lig. testis proprium und Lig. caudae epididymidis (Gubernaculum testis) bzw. Lig. ovarii proprium und Lig. teres uteri. Die Befestigung der Keimdrüse, die *Keimdrüsenfalte*, entwickelt sich zum Mesorchium bzw. Mesovarium distale. Die Geschlechtsgangfalte, *Plica genitalis*, besteht beim männlichen Tier aus dem Mesoductus deferens, Mesepididymis und dem Mesorchium proximale. Beim weiblichen Tier heißt sie Lig. latum uteri und besteht aus dem Mesosalpinx, Mesometrium und Mesovarium proximale.

▪ **Deszensus der Keimdrüsen.** Während die Eierstöcke nur geringe Lageveränderungen innerhalb der Bauchhöhle durchführen, wandern die Hoden beim Säuger nach außen in das Skrotum.

▪ **Descensus testis.** Der aus Peritonaeum und Fascia transversalis bestehende Processus vaginalis gelangt beiderseits durch den Leistenkanal in den Skrotalwulst. Beide Skrotalwülste entwickeln sich zum einheitlichen Hodensack. Gleichzeitig verlagern sich Hoden, Nebenhoden und Samenleiter nach kaudoventral. Die durch das Leitband am Fundus des Processus vaginalis verankerten und retroperitonäal gelegenen Organe schieben sich bei gleichzeitiger Verkürzung des Gubernaculum testis zwischen Faszie und Serosa des Processus vaginalis ein. Normalerweise vollzieht sich der Hodenabstieg beim Wiederkäuer im dritten Fetalmonat, beim Schwein und Pferd zur Zeit der Geburt und beim Hund erst 35 Tage post partum. Unterbleibt der Hodenabstieg, so liegt Kryptorchismus vor, der einseitig und beidseitig auftreten kann. Nach Lage der Hoden wird zwischen abdominalem und inguinalem Kryptorchismus unterschieden. Kryptorche Hoden sind nicht zur Spermatogenese befähigt.

▪ **Descensus ovarii.** Am wenigsten beim Fleischfresser und Pferd, etwas mehr beim Schwein deszendieren die Ovarien nach kaudoventral. Beim Wiederkäuer wandern sie bis in halbe Höhe vor den Beckeneingang.

▪ **Indifferente Anlage der äußeren Geschlechtsorgane.** Ventral und kranial der Kloakenmembran entsteht der *Geschlechtshöcker* mit der Urogenitalplatte an seiner kaudalen Seite. Die Platte besteht aus zwei sagittal gestellten, entodermalen Epithelblättern der Pars penina des Sinus urogenitalis. Der Geschlechtshöcker verlängert sich zum *Phallus* mit verdickter Pars basalis und apikaler Pars nuda. An seiner Unterseite besitzt er die von den *Urogenitalfalten* flankierte *Urogenitalrinne*. Nach Einreißen der Urogenitalmembran und Auseinanderweichen der Lamellen der Urogenitalplatte entsteht das *Ostium urogenitale*, das sich in der Urogenitalrinne fortsetzt. Seitlich von dem Geschlechtshöcker entwickeln sich die *Geschlechtswülste*, die sich beim männlichen Tier zum Skrotum entwickeln und beim weiblichen weitgehend verschwinden.

▪ **Männliches Geschlecht.** Der Phallus verlängert sich zum Penis mit der Eichel am Ende. Die Urogenitalfalten vereinigen sich zur Pars spongiosa urethrae, deren Epithel proximal von der entodermalen Pars penina des Sinus urogenitalis und am distalen Ende vom Ektoderm abstammt. Das Präputium entsteht aus der ektodermalen Glandarlamelle, die um die Phallusbasis in die Tiefe wächst und sich in zwei Blätter spaltet.

▪ **Weibliches Geschlecht.** Die Pars penina des Sinus urogenitalis bleibt kurz und erweitert sich zum Vestibulum vaginae. Die unvereinigten Urogenitalfalten begrenzen als Schamlippen die Schamspalte. Aus dem Phallus bildet sich die relativ kleine Klitoris heraus.

26 Entwicklung des Blutkreislaufes

Da die Ernährung und der Gasaustausch für den schnell wachsenden Keimling nur kurze Zeit durch Diffusion sichergestellt werden kann, kommt es sehr früh (etwa in der 3. Woche) zur Ausbildung des Kreislaufapparates. Er ist das erste funktionsfähige Organsystem und wird aus einzelnen, sich miteinander verbindenden Teilen intra- und extraembryonal angelegt.

26.1 Anlage der Blutgefäße

Die Blutgefäße und der Herzschlauch entwickeln sich wie die Blutzellen aus angiogenetischem Material des Mesoderms (**Abb. 26.1**).

Histogenese. Blutgefäße und Blutzellen entstehen gemeinsam aus sogenannten *Blutinseln*. Diese sind Ansammlungen von Mesenchymzellen, die sich außen zu Gefäßbildungszellen, *Angioblasten*, und innen zu Blutbildungszellen, *Hämozytoblasten*, differenzieren. In den Blutinseln treten Spalträume auf, die sich zum Gefäßlumen vereinigen. Die Angioblasten werden zu Endothelzellen. Durch Vereinigung benachbarter Angiothelrohre und durch Aussprossung wird das embryonale Gefäßnetz ständig vergrößert. Die primäre Gefäßwand besteht nur aus Endothelzellen. Unter entsprechender funktioneller Belastung bildet sich später unter Einbeziehung der Mesenchymhülle die sekundäre Gefäßwand mit Intima, Media und Adventitia. Die Fähigkeit der Sproßbildung bleibt in einem gewissen Umfang zeitlebens erhalten.

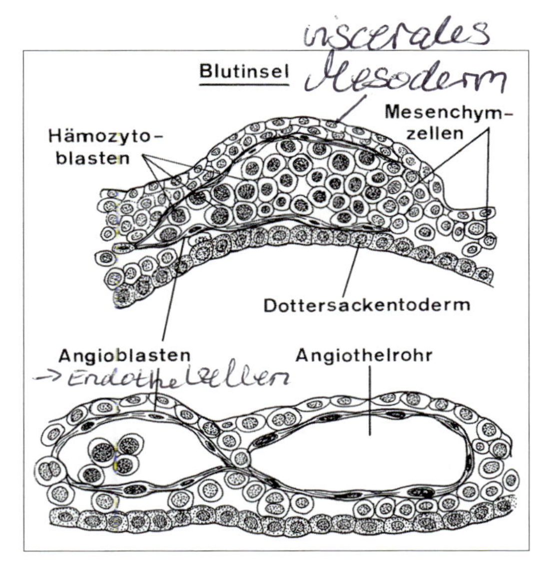

Abb. 26.1 Bildung von Angioblasten und Hämozytoblasten im Dottersack der Katze (SSL 4,5 mm)

Extraembryonale Gefäße. Die außerembryonalen Gefäße erscheinen zuerst und zwar bereits im Keimscheibenstadium, noch vor der Bildung der Urwirbel. Sie entstehen aus Blutinseln des Mesoderms des Dottersackes und bilden die Area vasculosa (Area opaca), die weniger beim Säuger, aber beim Vogel stark entwickelt ist. Aus der Area vasculosa entsteht der *Dottersackkreislauf*, der jedoch beim Säuger bald durch den *Plazentarkreislauf* abgelöst wird. Er geht aus Blutinseln des Allantochorions hervor und wird über die Nabelgefäße (Aa. und Vv. umbilicales) mit dem Herz verbunden.

Intraembryonale Gefäße. Sie entstehen an verschiedenen Stellen im Mesenchym, vereinigen sich zu größeren Gefäßen und treten mit der Herzanlage in Verbindung. Die Entwicklung beginnt vor und seitlich der Prächordalplatte mit der Bildung der Endokardschläuche. Durch Vereinigung der extra- und intraembryonalen Blutgefäße und durch Sprossung vorhandener Gefäße entsteht zunächst das symmetrische Blutgefäßsystem des Embryos. Aus ihm differenziert sich durch Rückbildung und Verschmelzung primär angelegter Strombahnen und Ausbildung neuer Gefäßstrecken der *fetale Blutkreislauf*.

26.2 Blutbildung

Die Entwicklung der Blutzellen erfolgt in drei Perioden.

Mesodermale Periode. Die erste Blutbildung findet im Mesenchym des Dottersackes, geringgradig auch im Mesoderm der Körperwand statt. Ausgangsmaterial sind die zunächst soliden Blutinseln (**Abb. 26.1**), deren äußere Zellen sich zum Gefäßendothel, die inneren zu Hämozytoblasten differenzieren. Aus den Hämozytoblasten entstehen kernhaltige, große Erythrozyten, Megaloblasten; Granulozyten und Lymphozyten fehlen noch.

Hepato-lienale Periode. Mit der Rückbildung des Dottersackes übernimmt hauptsächlich die Leber und ab Mitte der Embryonalzeit auch die Milz die Blutbildung. Die Erythrozyten erreichen die normale Größe und sind kernlos. Erstmalig treten auch weiße Blutzellen auf.

Medulläre Periode. Mit der Ausbildung des knöchernen Skelettes beginnt die Bildung von Erythrozyten und myeloischen Leukozyten im Mark aller Knochen. Die zunächst in der Leber und im Knochenmark gebildeten Lymphozyten wandern in den Thymus ein. Ihre Entwicklung wird dann von den lymphatischen Organen übernommen.

Die zeitlebens anhaltende Hämozytopoese hört mit Abschluss des Längenwachstums in den Diaphysen der langen Knochen auf und findet dann nur im Mark der kurzen und platten Knochen sowie in den Epiphysen der Röhrenknochen statt. Bei chronischem Blutverlust oder Schädigung der Blutbildungsstätten kann auch das gelbe Knochenmark in der Diaphyse des Röhrenknochens wieder zu blutbildendem Mark umgewandelt werden.

Entwicklungsreihen der Blutzellen

Die Stammzelle aller Blutzellen ist der *Hämozytoblast*, der aus dem Dottersack auf dem Blutwege in die Leber und später ins Knochenmark gelangt, wo neue Blutbildungszentren entstehen. Bei der Zellteilung der Hämozytoblasten bleibt die eine Tochterzelle undifferenziert, die andere wird zu einer Vorläuferzelle der Erythro-, Granulo-, Mono- oder Lymphozytopoese.

Erythrozytopoese. Aus dem Hämozytoblasten geht über den basophilen *Proerythroblasten* der *Erythroblast* hervor, der von Retikulumzellen umgeben ist. Diese Ammenzellen sollen dem Erythroblasten das für die Hämoglobinsynthese notwendige Eisen zuführen. Mit der Hämoglobinbildung wird der Erythroblast zum azidophilen *Normoblasten*, der sich durch Kernverlust zum Retikulozyten differenziert. Aus ihm entsteht in ca. drei Tagen der reife *Erythrozyt* (Normozyt).

Granulozytopoese. Aus den Hämozytoblasten entstehen basophile *Myeloblasten*, die sich über eine Zwischenform, Promyelozyt, zu *Myelozyten* differenzieren. Diese verlieren ihre Basophilie, erhalten spezifische Granula und werden so zu *Metamyelozyten* mit länglichen Zellkernen. Aus ihnen gehen die unreifen, *stabkernigen Granulozyten* hervor, die sich weiter zu reifen, segmentkernigen Granulozyten entwickeln.

Monozytopoese. Monozyten stammen vermutlich von Promyelozyten des Knochenmarkes ab.

Lymphozytopoese. Bei der Lymphozytenbildung entstehen zwei Zellarten, die beide aus Stammzellen des Knochenmarkes hervorgehen. Die einen gelangen in den Thymus, werden hier „geprägt“ und besiedeln als *T-Lymphozyten* die lymphatischen Organe, wo sie sich vermehren. Die andere Lymphozytenart, *B-Lymphozyten*, soll direkt aus dem Knochenmark in die Follikel der lymphatischen Organe gelangen. Ihre „Prägung“ erfolgt beim Vogel in der Bursa Fabricii, beim Säuger vermutlich im Knochenmark. Beide Lymphozytenarten entwickeln sich über den 15 μm großen Lymphoblasten zu kleinen Lymphozyten.

Thrombozytopoese. Thrombozyten der Säuger bilden sich durch Abschnürung aus Knochenmarkriesenzellen, den *Megakaryozyten*. Diese besitzen einen gelappten, hochpolyploiden Kern, sind über 50 μm groß und gehen aus Megakaryoblasten hervor. Beim Vogel entstehen Thrombozyten aus Thromboblasten des Knochenmarks.

26.3 Herz

Anlage des Herzschlauches

Die Herzentwicklung beginnt in der kardiogenen Zone am Kopfende der Keimscheibe, wo durch Spaltbildung im Mesoderm die hufeisenförmige primäre Perikardhöhle entstanden ist (**Abb. 28.1**). Hier bilden sich beiderseits in der Splanchnopleura längsorientierte Zellstränge, aus denen zwei *Endothelschläuche*, Endokardschläuche, hervorgehen. Die Herzanlage ist somit zunächst paarig (**Abb. 26.2**). Seitlich an den Endokardschläuchen verdickt sich das Mesoderm zum *epimyokardialen Mantel* (Herzplatte).

Mit Abfaltung des Embryos vom Dottersack nähern sich die beiden Herzanlagen in der Medianen und verschmelzen ventral des gleichzeitig gebildeten Darmrohres miteinander. Die Vereinigung beginnt kranial, schreitet nach kaudal fort (**Abb. 26.3**) und führt beim Menschen bereits am 22. Tag zur Bildung des einheitlichen Endokardschlauches, der bald zu pulsieren beginnt. Der Endokardschlauch ist nun durch gallertartiges Bindegewebe (Herzgallerte) von dem zweiten Schlauch, dem epimyokardialen Mantel, getrennt. Das endotheliale Rohr wird zum *Endokard*, der epimyokardiale Mantel zu Muskulatur, *Myokard*, und Serosa, *Epikard*. Als Fol-

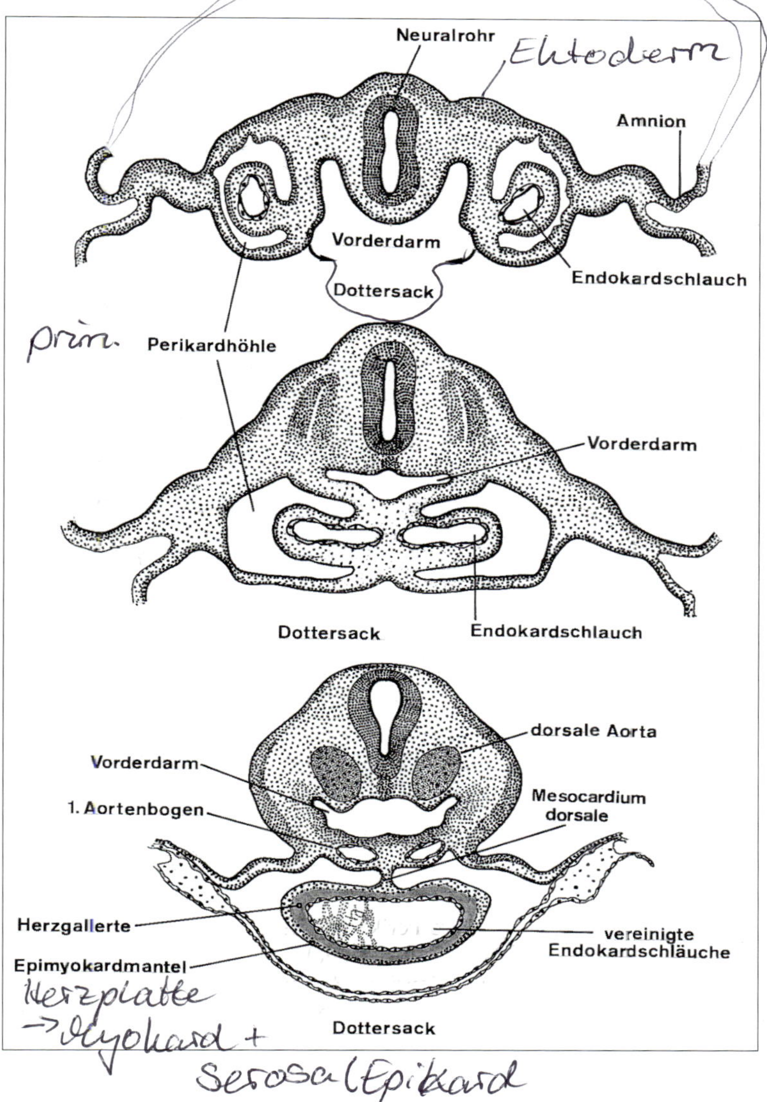

Abb. 26.2 Entwicklung der Herzanlage beim Katzenembryo von einer Länge von 3,4 mm (oben) und 4,5 mm (Mitte, unten)

ge der Längskrümmung des Embryos wird die Herzanlage ventral unter die entodermale Darmbucht verlagert und liegt dann kaudal der Rachenmembran.

Die Herzanlage ist zunächst mit der Perikardhöhle durch das dorsale und ventrale Mesokard verbunden. Während das *Mesocardium ventrale* schnell wieder verschwindet, bleiben am *Mesocardium dorsale* der kraniale und kaudale Abschnitt erhalten. Der mittlere Teil degeneriert aber gleichfalls und bildet den Sinus transversus pericardii, über den beide Hälften der Perikardhöhle kommunizieren (**Abb. 26.4**). Der Herzschlauch stellt zunächst ein gerades Rohr dar, das kaudal durch das Septum transversum und kranial durch die Kiemenbögen fixiert ist.

Bildung der Herzschleife

Durch Längenwachstum und Formveränderungen werden am Herzschlauch fünf Abschnitte sichtbar (**Abb. 26.3; 26.5**).

Der **Sinus venosus** ist im Septum transversum implantiert und nimmt als Einstrombahn die Nabelvenen, Dottersackvenen und Kardinalvenen auf. Es folgt das **Atrium primitivum**, das die gemeinsame Anlage der Vorhöfe darstellt und über den *Ohrkanal, Atrioventrikularkanal* (**Abb. 26.5; 26.6**) mit dem **Ventriculus primitivus** in Verbindung steht. Dieser

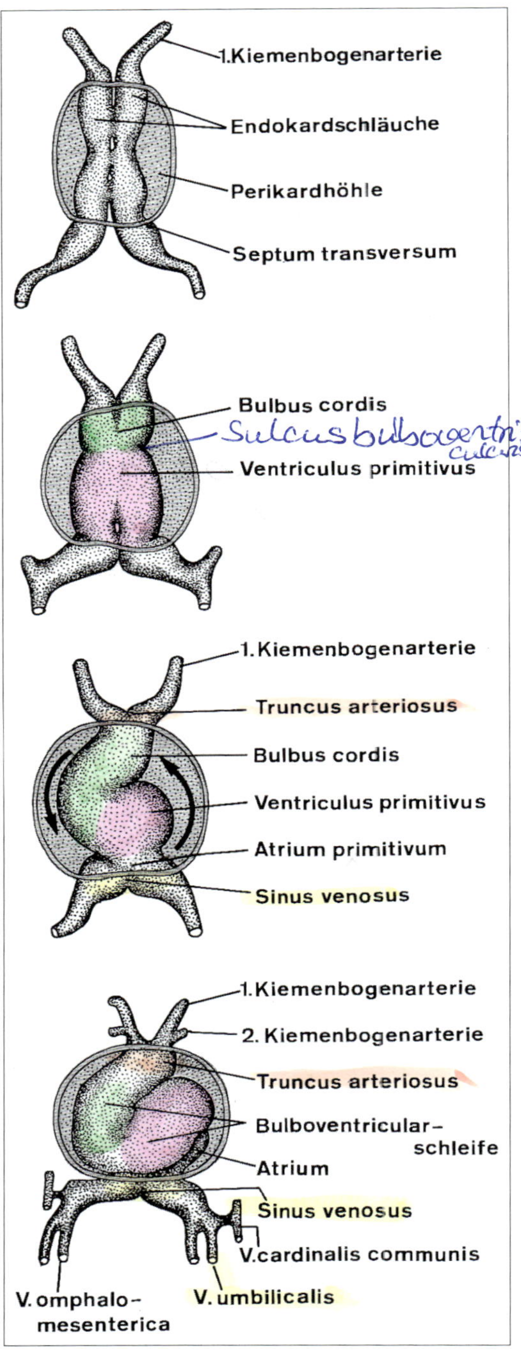

Abb. 26.3 Vereinigung der Endokardschläuche und Bildung der Bulboventrikularschleife (nach Moore 1985)

gemeinsame Ventrikel ist die Anlage der beiden Herzkammern und setzt sich äußerlich durch den Sulcus bulboventricularis vom nachfolgenden **Bulbus cordis** ab. Der Bulbus ist die Abgangsstelle für die Aorta und die Lungenarterie und geht an der arteriellen Ausstromseite in den **Truncus arteriosus** über, der sich außerhalb des Perikards in die ventralen Aorten aufteilt.

Durch schnelleres Wachstum von Bulbus und Ventrikel entsteht zunächst die U-förmige Bulboventrikularschleife und schließlich die S-förmige *Herzschleife*, wobei sich der arterielle Teil dem venösen nähert (**Abb. 26.3; 26.4; 26.5; 26.6**). Der Kammerteil wird zur Ventrikelschleife mit ab- und aufsteigendem Schenkel. Die Umbiegungsstelle markiert die spätere Herzspitze. Der Sinus venosus besitzt in diesem Stadium ein linkes und ein rechtes Sinushorn und liegt jetzt gemeinsam mit dem Atrium hinter dem Bulbus cordis und dem Truncus arteriosus. Der noch nicht durch Septen unterteilte Herzschlauch beginnt mit seiner noch kontinuierlich ineinander übergehenden Vorhof- und Kammermuskulatur beim Menschen bereits um den 24. Tag mit Kontraktionen, die in Form peristaltischer Wellen am Sinus beginnend über das Herz hinweglaufen. In der 4. Woche treten koordinierte Herzaktionen auf, die für einen gerichteten Blutfluss sorgen.

Umgestaltung der einzelnen Abschnitte

Sinus venosus. Mit den Umbildungen an den Dottersack-, Umbilikal- und kranialen Kardinalvenen wird das Blut vermehrt nach rechts geleitet, wodurch das rechte Sinushorn an Größe zunimmt. Sein Mündungsbereich wird in die Wand des rechten Vorhofes einbezogen. Beim erwachsenen Tier ist die Grenze zwischen Sinus und rechter Vorkammer noch am Sulcus terminalis und an der Crista terminalis erkennbar. Aus dem linken Sinushorn entwickelt sich der *Sinus coronarius*.

Atrium primitivum. Die ventrale Wand wächst zu den Herzohren aus, die den Bulbus cordis umgeben. Als erste Andeutung der Unterteilung wird außen an der dorsalen Wand eine Sagittalfurche sichtbar. Innen bildet sich das Septum primum. Aus der dorsalen Wand des linken Teiles des Atriums wachsen die *Lungenvenen* über das dorsale Herzgekröse in die Lungenanlage ein, wo sie sich mit dem dort entstandenen Gefäßnetz verbinden.

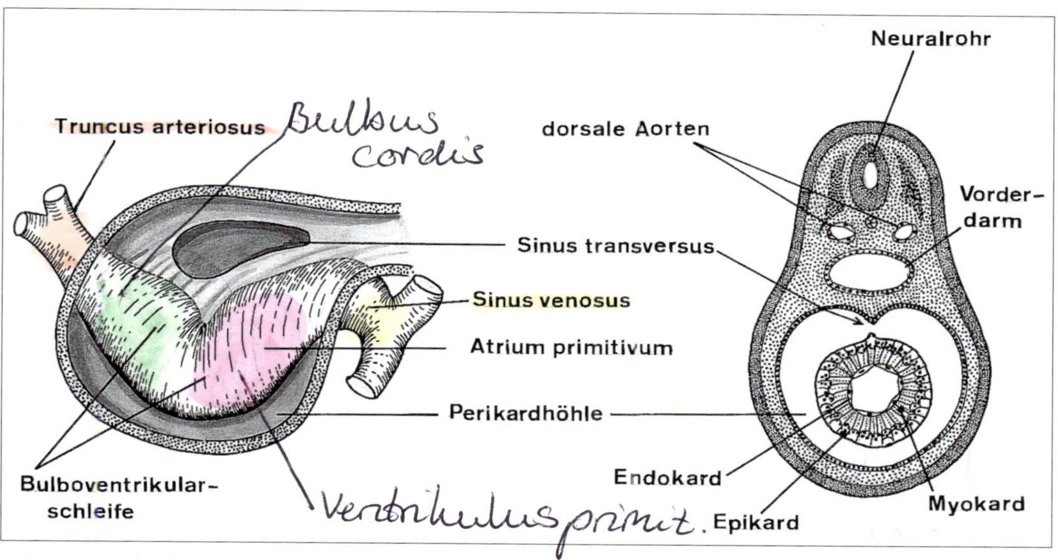

Abb. 26.4 Herzschlauch mit dorsalem Gekröse bei einem 28 Tage alten menschlichen Embryo (aus Moore 1985)

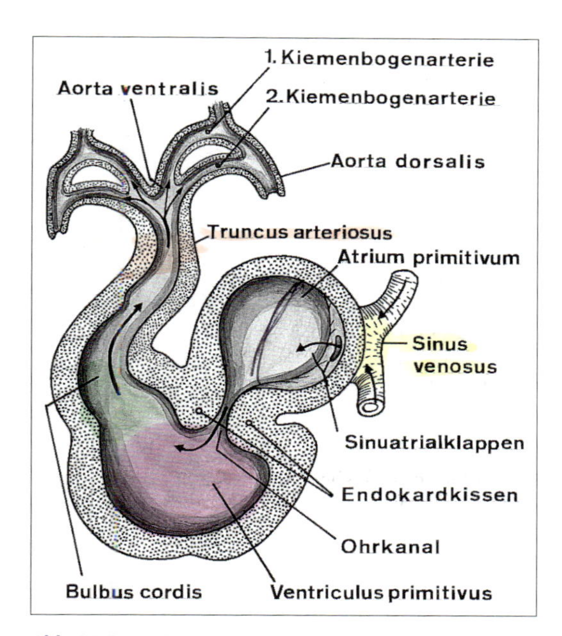

Abb. 26.5 Strömungswege am primitiven Herzen des Menschen, ca. 24. Tag (aus Moore 1985)

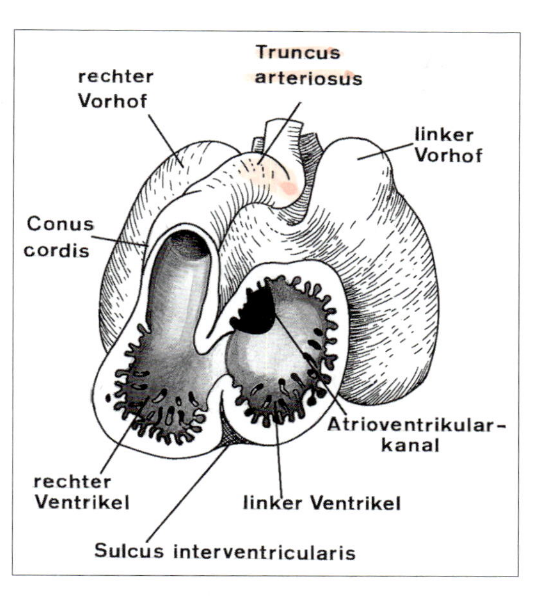

Abb. 26.6 Herz eines Embryos vom Pferd, SSL 6,5 mm (nach Vitums 1981, geändert)

Ventriculus primitivus. Als erstes Anzeichen der Trennung in eine linke und eine rechte Kammer wird außen der Sulcus interventricularis sichtbar (**Abb. 26.6**). Am Canalis atrioventricularis und am Ostium bulboventriculare treten endokardiale Verdickungen auf, aus denen Septen oder Herzklappen hervorgehen.

Ausbildung der Scheidewände

Die Septierung der einheitlichen Herzanlage vollzieht sich beim Menschen in der 4. und 5. Woche und beginnt mit der Abgrenzung von Vorhof- und Ventrikelteil durch Teilung des Atrioventrikular-(Ohr-)kanals. Dann folgt die Unterteilung von Atrium, Ventrikel sowie Bulbus und Truncus arteriosus.

Unterteilung des Ohrkanals (**Abb. 26.5; 26.7; 26.9**). An der dorsalen und ventralen Wand entstehen durch Verdickung des subendokardialen Gewebes zwei Endokardkissen, die aufeinander zuwachsen und miteinander verschmelzen. Dadurch wird der Kanal in einen rechten und einen linken Abschnitt unterteilt.

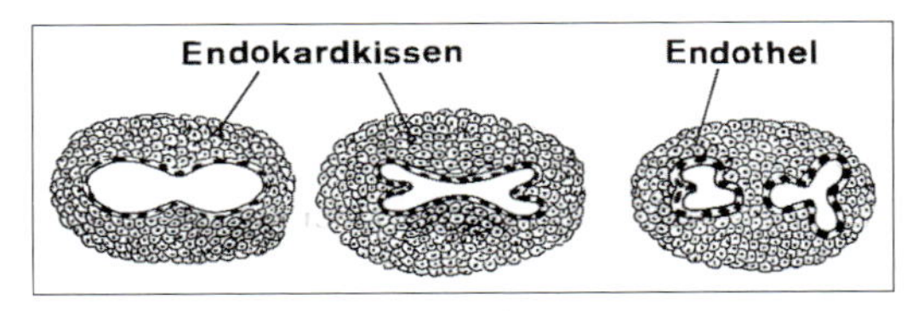

Abb. 26.7 Teilung des Ohrkanals

Unterteilung des Atrium primitivum (**Abb. 26.9; 26.10**). Von der dorsalen Wand des Vorhofes wächst als sichelförmige Falte das **Septum primum** in das Lumen und gewinnt Anschluss an die beiden Endokardkissen des Ohrkanals. Zwischen dem freien Rand der Falte und den Endokardkissen verbleibt vorübergehend das **Foramen primum**. Mit fortschreitender Annäherung an die sich nun miteinander vereinigenden Endokardkissen wird das Foramen primum zunehmend verkleinert und verschwindet schließlich. Noch ehe der Verschluss vollständig ist, entstehen im zentralen Teil des Septum primum Perforationen, die zum **Foramen secundum** zusammenfließen.

Rechts vom Septum primum wächst von der Vorhofswand als zweite Membran das **Septum secundum** aus. Es bleibt ebenfalls unvollständig und lässt in seinem unteren Bereich das **Foramen ovale** frei. Der vom Dach des linken Vorhofes ausgehende Teil des Septum primum obliteriert nun; sein unterer Abschnitt wird zur Valvula foraminis ovalis. Septum primum und secundum wirken für das Foramen ovale wie ein Klappenventil. Vor der Geburt gelangt der Hauptteil des aus der V. cava caudalis in den rechten Vorhof eintretenden Blutes über das Foramen ovale direkt in den linken Vorhof (**Abb. 26.8**). Nach der Geburt kommt es infolge des einsetzenden Lungenkreislaufes zur Drucksteigerung im linken Vorhof, wodurch das Septum secundum mit dem Rest des Septum primum verklebt und das Foramen ovale verschließt. Erst jetzt sind die beiden Vorhöfe voneinander getrennt (**Abb. 26.9**).

An der Mündungsstelle des Sinus venosus in den rechten Vorhof sind zwei lippenartige Falten, die rechte und linke Sinusklappe, entstanden. Ihre oberen Ränder bilden das Septum spurium. Die linke Sinusklappe und das Septum spurium vereinigen sich mit der Vorhofscheidewand. Aus der rechten Sinusklappe entstehen die Valvula venae cavae caudalis und die Valvula sinus coronarii (**Abb. 26.8**).

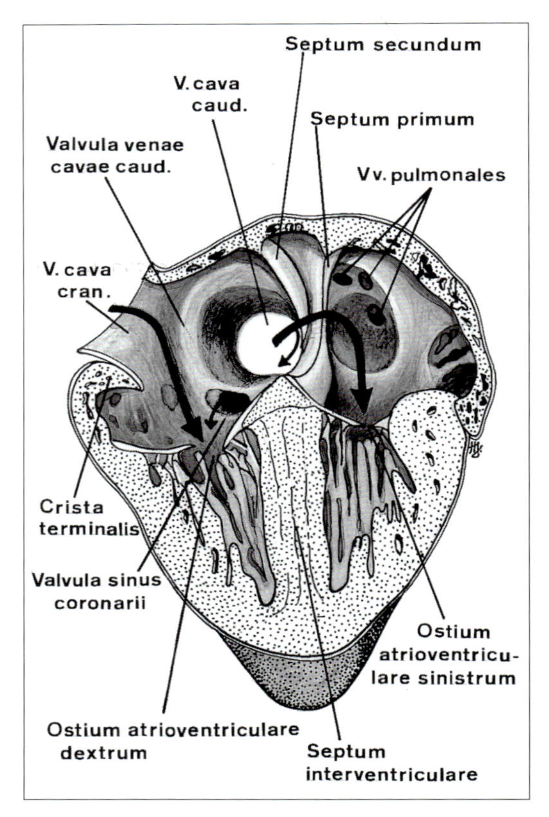

Abb. 26.8 Schnitt durch das Herz eines Rinderfetus im Alter von ca. 3,5 Monaten, Vergr. 2x

Unterteilung des Ventriculus primitivus. Mit zunehmender Ausdehnung der Kammerwand entsteht am Boden des Ventrikels in der Nähe der Herzspitze eine Muskelleiste, die als **Septum interventriculare** mit konkavem Rand in das Lumen vordringt (**Abb. 26.6; 26.10**). Es verwächst rechts von der Medianebene mit dem hinteren Endokardkissen und lässt oben das **Foramen interventriculare** frei. Durch Ausweitung des Ventrikelraumes vergrößert sich auch das Septum, dessen Lage außen durch den *Sulcus interventricularis* erkennbar wird. Der Verschluss des Foramen interventriculare erfolgt durch die herunterwachsenden Leisten des Septum bulbi und durch die sich vereinigenden Endokardkissen des Ohrkanals. Die ursprüngliche La-

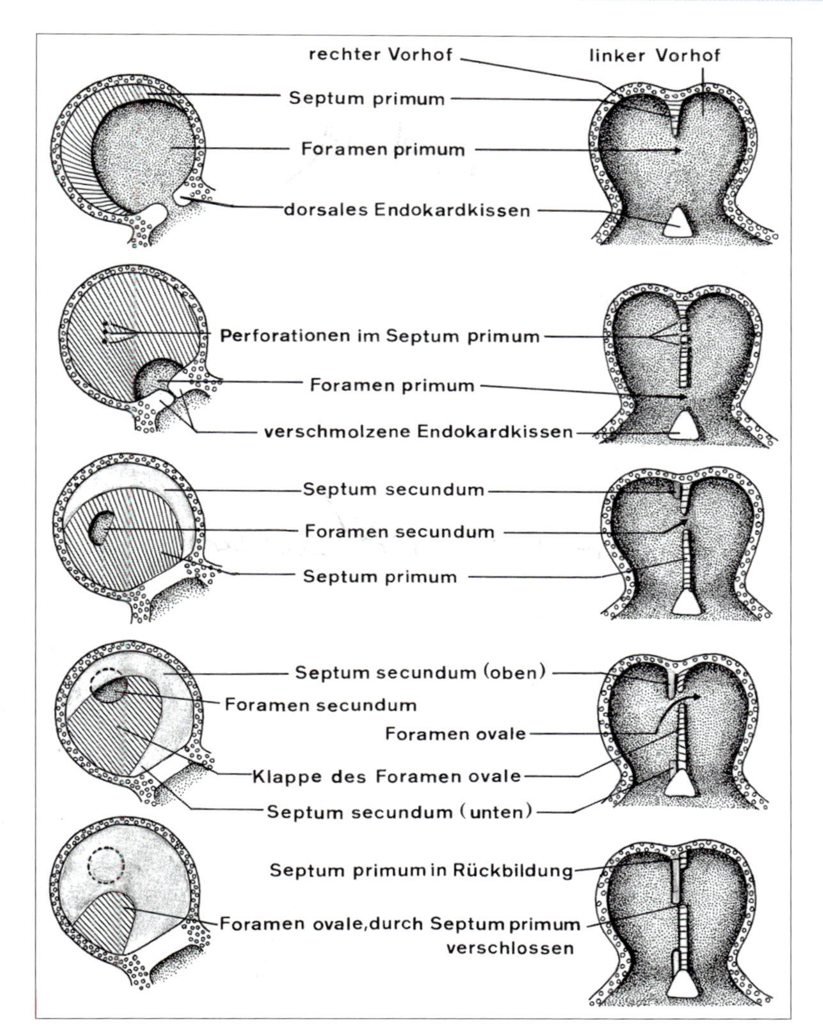

Abb. 26.9 Entwicklung des Vorhofseptums, von der rechten Seite gesehen (links), im Frontalschnitt (rechts) (aus Moore 1985)

ge ist beim Erwachsenen noch als Pars membranacea nachweisbar.

Unterteilung von Bulbus und Truncus arteriosus

Der Bulbus cordis wird durch das **Septum bulbi** (spirale) und der Truncus arteriosus durch das **Septum aorticopulmonale** unterteilt. Die Septen sind aus gegenüberliegenden subendokardialen Längsleisten, den *Bulbus-* und *Trunkusleisten*, hervorgegangen und spiralig gedreht. Mit dieser Septierung erfolgt gleichzeitig die Bildung der Taschenklappen (**Abb. 26.10**). Nachdem das Septum bulbi Anschluss an das Septum interventriculare erhalten hat, ist die Trennung in **Aorta ascendens** und **Truncus pulmonalis** vollzogen. Der Bulbus cordis wird hauptsächlich in die Wand der rechten Kammer einbezogen und bildet hier den Conus arteriosus. Links entsteht aus Resten des Bulbus cordis die glattwandige Austreibungsbahn.

Bildung der Herzklappen

Die **Atrioventrikularklappen** entwickeln sich aus Endokardkissen, die rings um die Ostien an der Grenze der spongiösen Ventrikelmuskulatur entstehen und zu membranösen Segeln umgeformt werden (**Abb. 26.11**). Klappenzipfel und Chordae tendineae entstehen durch die Rückbildung und bindegewebige Umwandlung der spongiösen Muskulatur.

Die **Semilunarklappen** entwickeln sich aus je drei Endokardpolstern am Ursprung von Aorta und Truncus pulmonalis (**Abb. 26.10**). Nach der endgül-

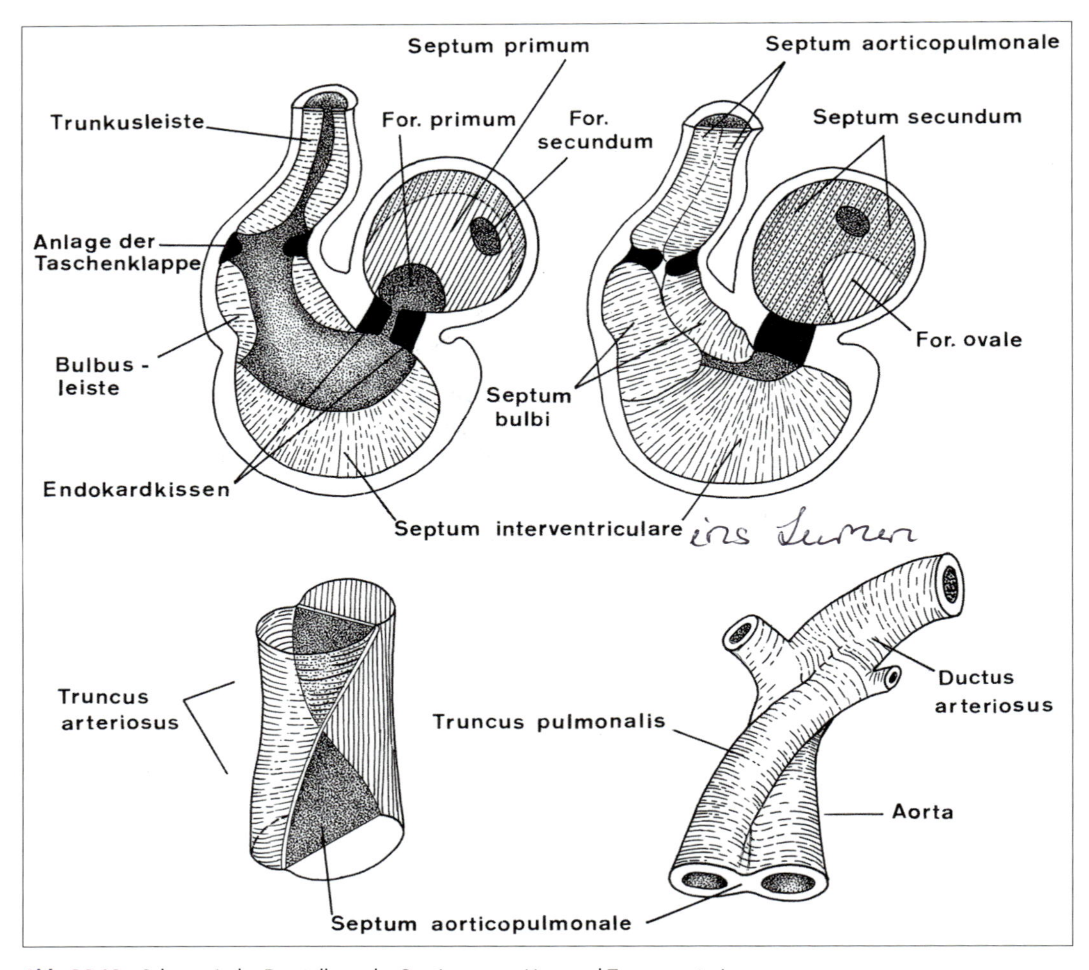

Abb. 26.10 Schematische Darstellung der Septierung an Herz und Truncus arteriosus

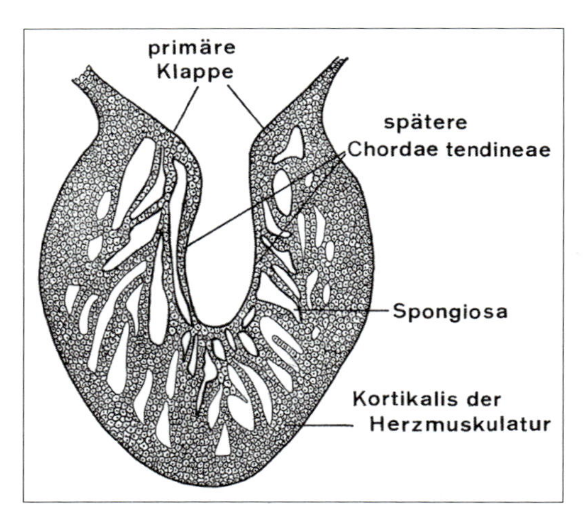

Abb. 26.11 Schnitt durch die Herzkammer beim Katzenembryo (SSL 22 mm, ca. 26 Tage)

tigen Ausbildung des Septum aorticopulmonale und der Trennung der beiden Gefäße werden sie unter Wirkung des strömenden Blutes zu dünnwandigen Taschenklappen umgeformt.

Differenzierung der Herzwand

Der größte Teil der Herzwand besteht aus einem muskulösen Schwammwerk (**Abb. 26.11**), das sich im Laufe der Entwicklung immer mehr verdichtet. Als Reste dieser Spongiosa bleiben die Trabeculae carneae, Mm. papillares und Chordae tendineae übrig. Das Herzskelett entsteht durch Rückbildung der Muskulatur und Bildung von Bindegewebe, das vom Epikard her eindringt. Dadurch werden Vorhof- und Kammermuskulatur bis auf die Hissschen Bündel voneinander getrennt. Auch die übrigen Anteile des Reizleitungssystems, der Sinus- und

Atrioventrikularknoten, differenzieren sich schon frühzeitig.

Die Entwicklung des Pericards wird bei der Bildung der Körperhöhlen besprochen.

26.4 Arterien

Der Truncus arteriosus geht kranial in die ventralen Aorten über, die sich im Kiemenbogengebiet jederseits über die erste Kiemenbogenarterie (1. Aortenbogen) mit den bereits vorher entstandenen dorsalen Aorten verbinden. Kaudal von der 1. Kiemenbogenarterie werden nach und nach fünf weitere Aortenbögen angelegt (**Abb. 26.12; 26.13**).

Dorsale Aorten

Die Aortae dorsales ziehen links und rechts unter dem Neuralrohr nach kaudal. Aus ihnen entspringen im Rumpfbereich die Aa. vitellinae und weiter kaudal die Aa. umbilicales. Im weiteren Verlauf verschmelzen beide dorsale Aorten kaudal vom Kiemendarm zur einheitlichen *Aorta descendens*, der Brust- und Bauchaorta. Zwischen der 4. Kiemenbogenarterie und der Vereinigungsstelle bildet sich aus der linken dorsalen Aorta der Endabschnitt des *Aortenbogens*. Aus der rechten dorsalen Aorta geht im gleichen Ausdehnungsgebiet lediglich ein Teil der A. subclavia dextra hervor, der Rest obliteriert. Auch zwischen der 3. und 4. Kiemenbogenarterie verschwinden die dorsalen Aorten beiderseits, während sie kranial davon zusammen mit der 3. Kiemenbogenarterie die A. carotis interna bilden.

Ventrale Aorten

Sie bilden zwischen dem 3. und 4. Kiemenbogen den distalen Teil der A. carotis communis (der proximale geht aus dem Truncus arteriosus hervor) und kranial vom 3. Kiemenbogen die A. carotis externa.

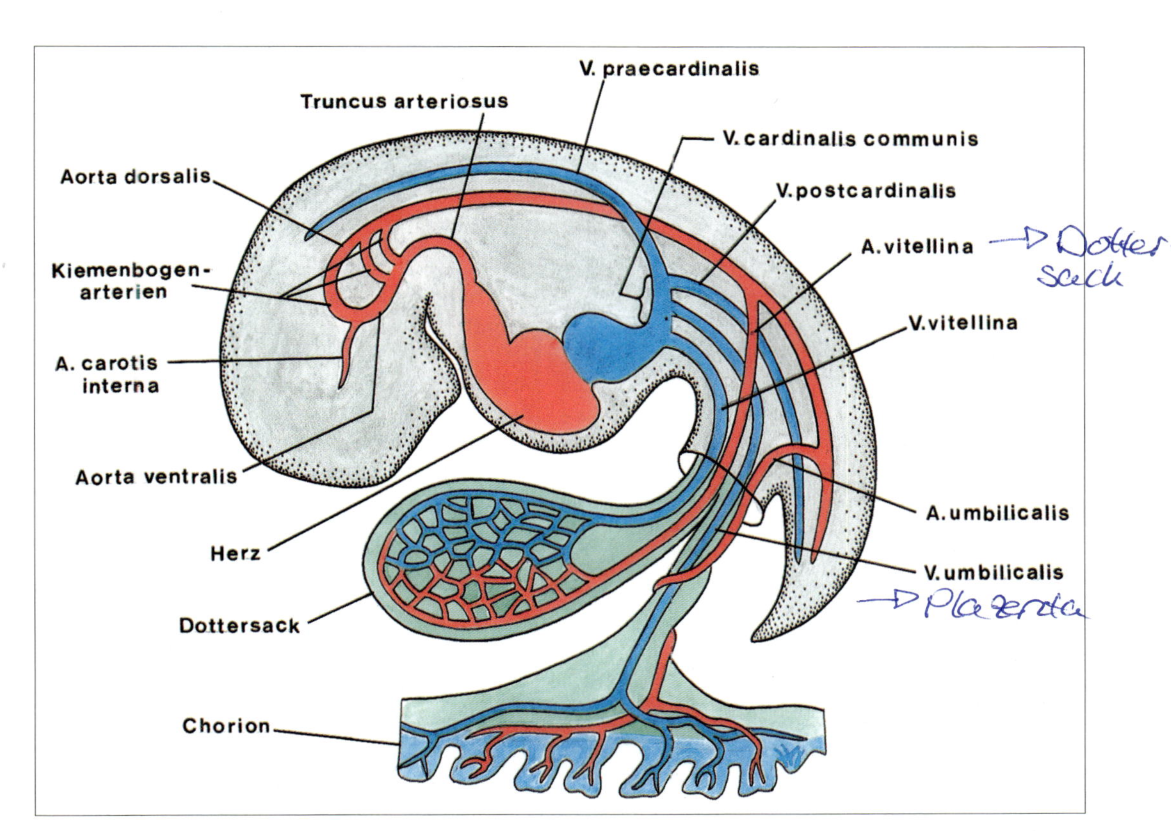

Abb. 26.12 Schematische Darstellung des frühen embryonalen Kreislaufes beim Schwein (ca. 6,5 mm Länge). Nur die linken Gefäße sind eingezeichnet

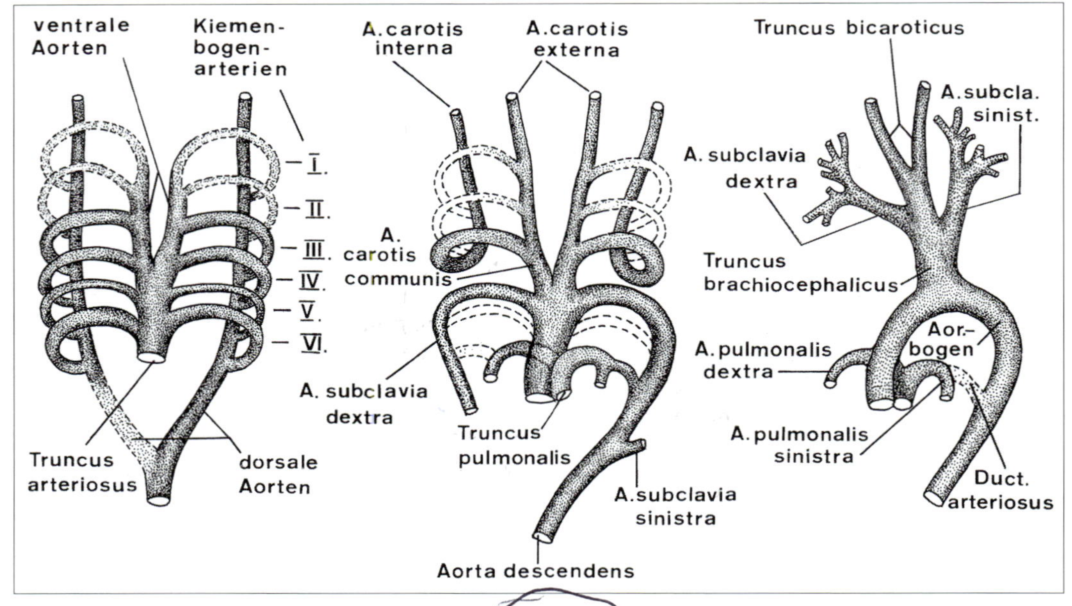

Abb. 26.13 Umbildung am Arteriensystem beim Rind, Ventralansicht, schematisch

Kiemenbogenarterien, Aortenbögen

Die 1., 2. und 5. Kiemenbogenarterie werden zurückgebildet (**Abb. 26.13**).

Die 3. *Kiemenbogenarterie* bildet zusammen mit der dorsalen Aorta die A. carotis interna.

Die 4. *Kiemenbogenarterie* wird links zum Anfangsteil des Aortenbogens und rechts zum Truncus brachiocephalicus mit dem Anfangsabschnitt der A. subclavia dextra. Der Ursprung der großen Gefäße aus dem Aortenbogen unterliegt später bei den einzelnen Haustierarten unterschiedlichen Umstrukturierungen.

Die 6. *Kiemenbogenarterie* differenziert sich links mit ihrem proximalen Teil zur A. pulmonalis sinistra und dem distalen Teil zum *Ductus arteriosus* (Botalli), der nach der Geburt obliteriert. Rechts wird der proximale Teil zur A. pulmonalis dextra.

Aa. vitellinae

Von den Dottersackarterien wird die linke zurückgebildet. Die rechte wird als A. mesenterica cranialis übernommen.

Aa. umbilicales

Die Nabelarterien sind primär viszerale Äste (ventrale Segmentalarterien) der Aorta. Durch Anastomosenbildung wird in der 5. Lumbalarterie eine sekundäre, parietale Wurzel angelegt, die zur definitiven Nabelarterie auswächst. Nachdem sich die Äste der 5. Lumbalarterie zu den Aa. iliacae entwickelt haben, entspringt die A. umbilicalis schließlich aus der A. iliaca interna. Bis zur Geburt und kurz danach verlaufen die Nabelarterien mit dem Urachusstiel zum Leibesnabel. In den ersten Lebenswochen bilden sie sich vom Nabel bis zur Harnblase zurück.

Äste der Aorta descendens

Sie entlässt dorsale, laterale und ventrale Segmentalarterien, die weiteren Umbildungen unterliegen (**Abb. 26.14**).

Aa. segmentales dorsales. Diese sind paarig angelegte Gefäße, die als *Aa. intercostales* und *Aa. lumbales* im wesentlichen erhalten bleiben. Im kranialen Bereich gehen sie aus den dorsalen Aorten hervor und sind an der Bildung der Hals- und Schulterarterien (A. vertebralis, Truncus costocervicalis, A. subclavia) beteiligt.

Aa. segmentales laterales werden nur im Bereich der Urnieren angelegt und bilden sich bis auf die Aa. phrenica, suprarenalis, renalis und gonadalis zurück.

Aa. segmentales ventrales. Der größte Teil dieser Gefäße obliteriert sehr früh. Ein Teil entwickelt sich zu den Dottersack-, Nabel- und Darmarterien (A. coeliaca, Aa. mesentericae cranialis et caudalis). Die

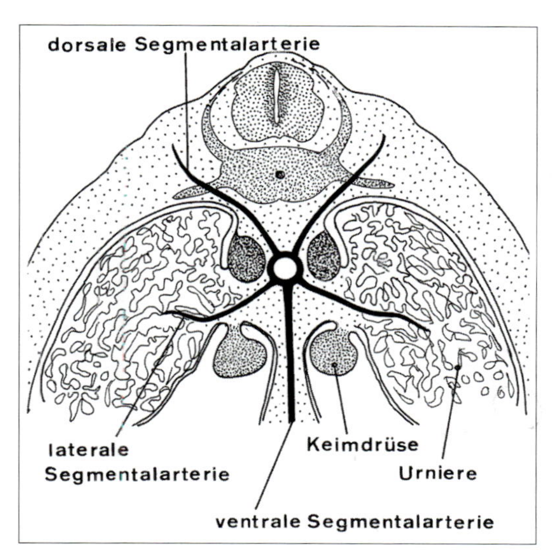

Abb. 26.14 Schematische Darstellung der Äste der Aorta descendens

A. mesenterica cranialis hat ihre Anlage in der rechten Dottersackarterie.

26.5 Venen

Wie die Arterien, so wird auch das Venensystem zunächst paarig ausgebildet. Neben den Vv. vitellinae und den Vv. umbilicales werden die Vv. cardinales craniales und caudales angelegt. Die Kardinalvenen einer Körperhälfte vereinigen sich zur V. cardinalis communis (Ductus Cuvieri), ehe sie gemeinsam mit den anderen Venen in den Sinus venosus münden (**Abb. 26.12; 26.15; 26.16**).

Vv. vitellinae

Die Dottersackvenen treten über die Splanchnopleura ins Septum transversum ein und entwickeln sich in der Leberanlage zum System der *Lebersinusoide*. Die zur Leber hinführenden Gefäße werden als *Vv. afferentes hepatis* und die ableitenden als *Vv. efferentes hepatis* bezeichnet.

Während die linke Dottersackvene obliteriert, verbindet sich die rechte V. afferens hepatis mit der V. intestinalis zur *V. portae*. Die rechte V. efferens hepatis bildet die Vv. hepaticae und kranial davon den vorderen Abschnitt (Pars hepatica) der *V. cava caudalis.*

Vv. umbilicales

Zunächst ziehen die Nabelvenen an der Leberanlage vorbei, nehmen aber bald Verbindung mit den Leberkapillaren auf. Die rechte Nabelvene wird intraembryonal bald zurückgebildet. Die linke verbindet sich einmal mit der V. portae und zum anderen über den **Ductus venosus** (Arantii) mit der V. cava caudalis. Der an der Rückseite der Leber vorbeiziehende Ductus venosus verödet bei Pferd und Schwein bald. Bei Fleischfresser und Wiederkäuer hingegen bleibt er während der gesamten fetalen Entwicklung funktionsfähig und bildet sich erst nach der Geburt zurück.

Vv. cardinales craniales

Sie stellen die Venenstämme des embryonalen Kopfbereiches dar und verlaufen dorsal der Kiemenbogenarterien. Aus den Vv. cardinales craniales gehen die *Kopf- und Halsvenen* sowie die V. cava cranialis hervor.

Die Entstehung der V. cava cranialis beginnt mit der Ausbildung einer Anastomose, die als V. brachiocephalica sinistra die linke V. cardinalis cranialis mit der rechten V. cardinalis cranialis (spätere V. brachiocephalica dextra) verbindet. Der Endteil der linken V. cardinalis cranialis wird zurückgebildet. Die **V. cava cranialis** geht somit aus dem Teil der rechten *V. cardinalis cranialis*, der kaudal vom Zusammenfluss der Vv. brachiocephalicae liegt, und aus der *V. cardinalis communis dextra* hervor (**Abb. 26.16**).

Vv. cardinales caudales

Diese Gefäße bilden die Abflusswege für den Rumpf und die Beckengliedmaßen. Ehe es zur Ausbildung des definitiven Venensystems kommt, werden weitere primitive Venenstämme angelegt.

Die **Vv. sacrocardinales** stellen die Fortsetzung der Vv. cardinales caudales dar, die plexusartig untereinander verbunden sind und mit den Vv. subcardinales in Verbindung treten (**Abb. 26.16**). Aus der rechten V. sacrocardinalis wird *das kaudale Ende der V. cava caudalis* und die V. iliaca communis dextra. Die linke V. sacrocardinalis obliteriert zum Teil, zum anderen bildet sie mit einer Anastomose zwischen beiden Sakrokardinalvenen die V. iliaca communis sinistra.

Die **Vv. subcardinales** entstehen im Gebiet der Nierenanlage und verbinden sich untereinander durch die Anastomosis subcardinalis (spätere V. renalis sinistra). Der herznahe Abschnitt der linken Subkardinalvene wird zurückgebildet, ihr kaudaler Rest wird zur V. testicularis bzw. V. ovarica sinistra.

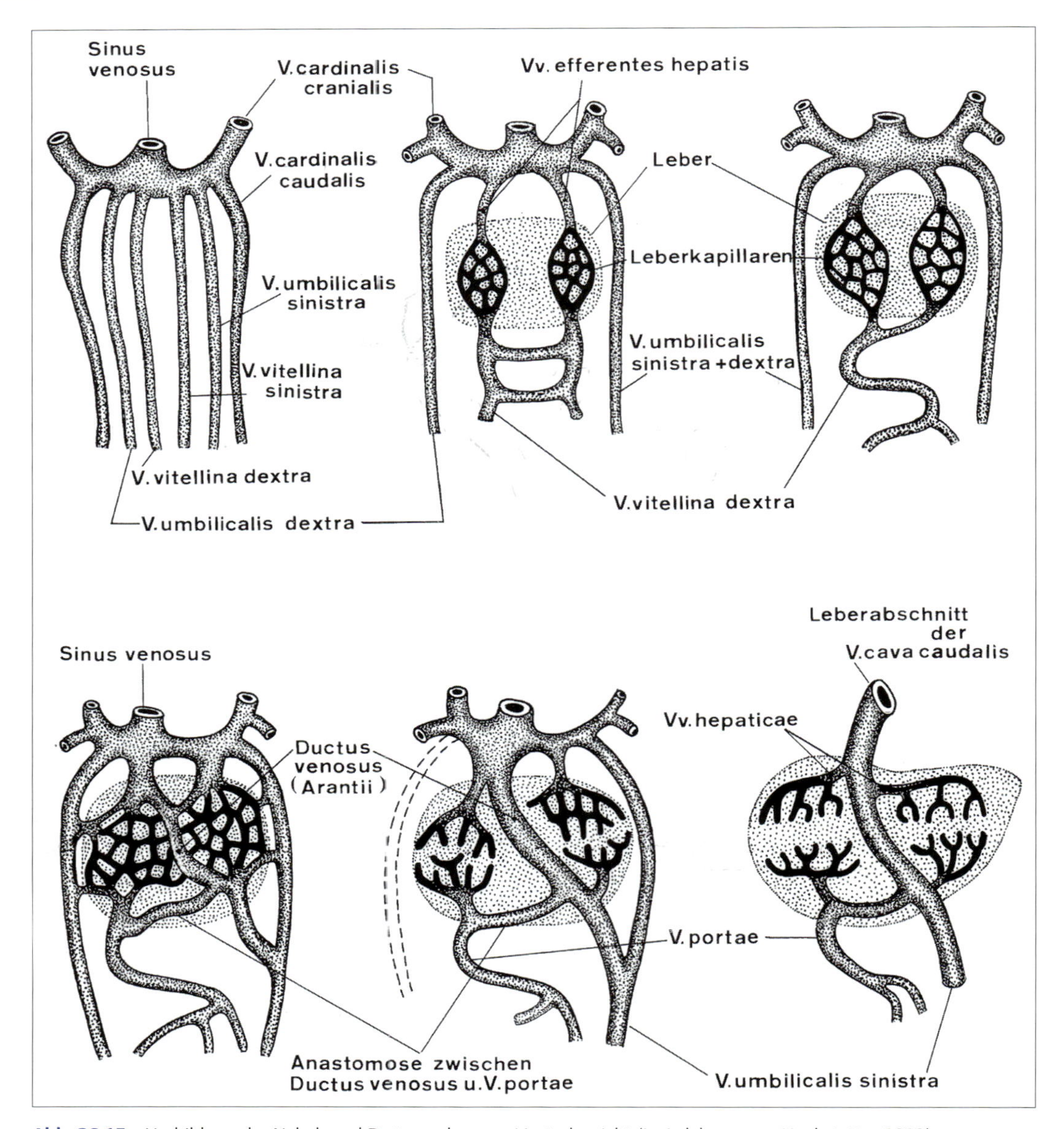

Abb. 26.15 Umbildung der Nabel- und Dottersackvenen, Ventralansicht (in Anlehnung an Hochstetter 1893)

Die rechte V. subcardinalis nimmt Verbindung mit der V. efferens hepatis auf und wird zum *mittleren Teil der V. cava caudalis*.

Die **V. cava caudalis** geht demnach aus der *rechten V. sacrocardinalis*, der *rechten V. subcardinalis* und der *rechten V. efferens hepatis* hervor. Sie übernimmt nun nach Rückbildung der Vv. cardinales caudales den Blutabfluss aus dem hinteren Körperbereich.

Mit der Rückbildung der hinteren Kardinalvenen entstehen medial von ihnen und dorsal der Aorten die **Vv. supracardinales**. Sie stehen im Brustbereich über eine Anastomose untereinander in Verbindung und münden in die V. cardinalis communis derselben Seite. Aus den Suprakardinalvenen gehen die *V. azygos dextra* (Pfd., Wdk., Flfr.) und die *V. azygos sinistra* (Schw., Wdk.) hervor.

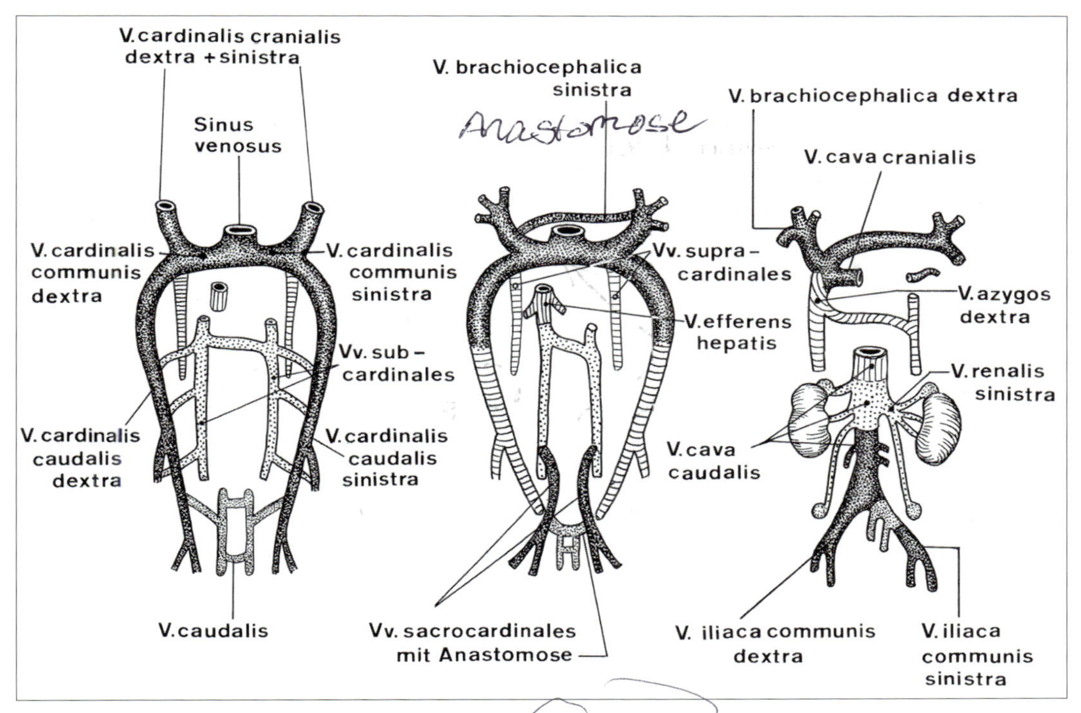

Abb. 26.16 Entwicklung des Venensystems, schematisch, Ventralansicht (nach Grünwald 1938 und Starck 1975)

26.6 Fetaler Blutkreislauf

Beim Säuger versteht man unter dem fetalen Kreislauf den Allantois- oder Plazentarkreislauf. Der Dottersackkreislauf ist im Gegensatz zum Vogel bei den Haussäugetieren entweder von untergeordneter Bedeutung oder spielt nur vorübergehend eine Rolle (Pfd., Flfr.).

Blutfluss im Plazentarkreislauf (Abb. 26.17)

Aus den Zottenkapillaren der Plazenta fließt das nährstoff- und sauerstoffbeladene Blut über die Nabelvene zum Fetus. Die V. umbilicalis, die rechtsseitig bei Pferd und Schwein ganz, bei Wiederkäuer und Fleischfresser nur intraembryonal zurückgebildet ist, zieht an der ventralen Bauchwand entlang in einer Gekrösefalte zur Leber. Das Blut fließt nun bei Pferd und Schwein über das Kapillarnetz der Leber, bei Wiederkäuer und Fleischfresser jedoch hauptsächlich über den Ductus venosus zur V. cava caudalis. Der Ductus venosus hat an seinem Anfang einen Sphinkter, der regulierend in den Blutfluss eingreift. Kontrahiert er sich, fließt das Blut vermehrt über die Verbindung zwischen Ductus venosus (Arantii) und Pfortader zur Leber (**Abb. 26.15**). Die Nabelvene führt bis zur Einmündung in die Leber bzw. V. cava caudalis arterielles Blut. Da die hintere Hohlvene venöses Blut von der hinteren Körperhälfte bringt, ist das ins Herz einströmende Blut gemischt.

Das in den rechten Vorhof einströmende Blut der V. cava caudalis wird durch den Unterrand des Septum secundum (Crista dividens) und die Klappe der V. cava caudalis gegen das Foramen ovale und damit direkt in den linken Vorhof geleitet (**Abb. 26.8**). Hier mischt es sich mit geringen Mengen venösen Blutes der Lungenvenen und wird über den linken Ventrikel in die Aorta descendens transportiert. Ein kleinerer Teil des Blutes der hinteren Hohlvene wird durch die Crista dividens am Durchtritt durch das Foramen ovale gehindert und mischt sich im rechten Vorhof mit dem Blut der V. cava cranialis und des Sinus coronarius. Von hier wird es über den rechten Ventrikel in den Truncus pulmonalis befördert, umgeht aber infolge des großen Gefäßwiderstandes den Lungenkreislauf und gelangt über den Ductus arteriosus (Botalli) in die Aorta.

In der Aorta descendens fließt gemischtes Blut, das über die Nabelarterien zur erneuten Anreicherung mit Sauerstoff der Plazenta zugeführt wird.

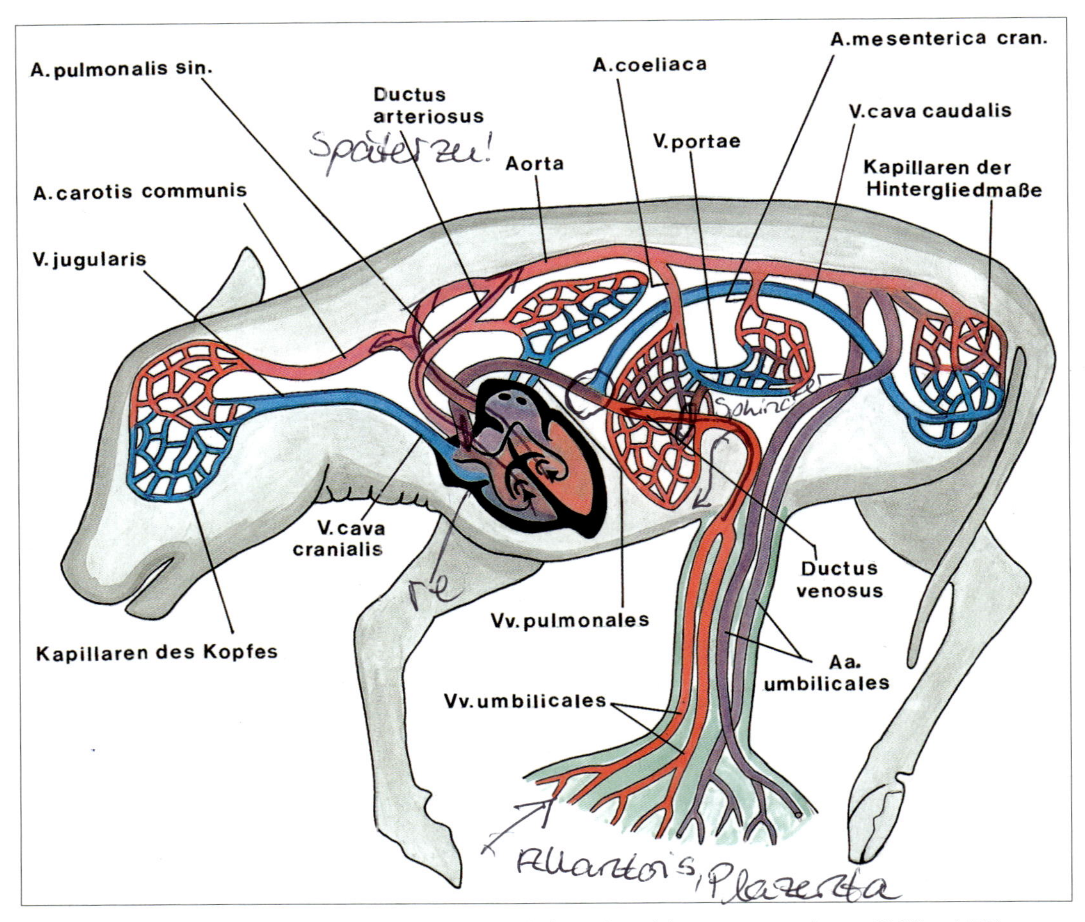

Abb. 26.17 Schema des fetalen Blutkreislaufes beim Wiederkäuer (in Anlehnung an Zietzschmann/Krölling 1955)

Umstellung bei der Geburt

Bei der Geburt kommt es durch Beendigung der plazentaren Blutzirkulation zur Anreicherung von CO_2 im Blut, das Atemzentrum wird gereizt, und die Atmung setzt ein. Der *Ductus arteriosus* zwischen Lungenarterie und Aorta *schließt sich*. Durch die plötzlich einsetzende Belüftung der Lunge wird der pulmonale Widerstand drastisch gesenkt, was eine vermehrte Durchblutung der Lunge zur Folge hat. Der vermehrte Blutrückstrom zum Herzen führt zur *Drucksteigerung im linken Vorhof*.

Gleichzeitig sinkt der Druck in der rechten Vorkammer. Die *Druckdifferenz führt zum Verschluss des Foramen ovale*, indem sich die Klappe des Foramen ovale (Septum primum) gegen das Septum secundum legt. Die Nabelarterien kontrahieren sich, wodurch ein Blutverlust verhindert wird.

Der Verschluss der genannten Gefäße und des Foramen ovale ist zunächst rein funktionell, später wird daraus eine echte Verödung.

Reste des Fetalkreislaufes

Aus der Nabelvene wird das *Lig. teres hepatis*, das vom Nabel zur Leberpforte zieht. Die sich zurückbildenden Teile der Nabelarterien werden beidseitig zum *Lig. teres vesicae* des Lig. vesicae laterale. Der Ductus arteriosus bildet sich zum fibrösen *Lig. arteriosum* und der Ductus venosus zum *Lig. venosum* zurück.

Zusammenfassung

Blutkreislauf

- **Blutgefäße** und **Blutzellen** entstehen aus mesenchymalen Blutinseln, die sich außen zu Angioblasten und innen zu Hämozytoblasten differenzieren. Die Angioblasten werden zu Endothelzellen, die miteinander verbundene Angiothelrohre bilden. Durch Sprossung wird das embryonale Gefäßnetz vergrößert, und die übrigen Anteile der Gefäßwand entstehen unter funktioneller Belastung aus dem umgebenden Mesenchym.
- **Extraembryonale Gefäße** entstehen aus Blutinseln des Dottersackes zur Bildung des *Dottersackkreislaufes* und aus Blutinseln des Allantochorions zur Entwicklung des *Plazentarkreislaufes*.
- **Intraembryonale Gefäße** entstehen an verschiedenen Stellen im Mesenchym und treten mit der Herzanlage in Verbindung. Durch Vereinigung der extra- und intraembryonalen Blutgefäße und durch Sprossung entsteht zunächst das symmetrische Blutgefäßsystem, das durch Rückbildung und Verschmelzung einzelner Gefäßstrecken zum fetalen Blutkreislauf umgebaut wird.
- **Mesodermale Periode der Blutbildung.** Die erste Blutbildung findet im Mesenchym des Dottersackes und geringradig im Mesoderm der Körperwand statt. Dabei entstehen aus den Hämozytoblasten der Blutinseln kernhaltige, große Erythrozyten (Megaloblasten). Granulo- und Lymphozyten fehlen noch.
- **Hepato-lienale Periode der Blutbildung.** Mit der Rückbildung des Dottersackes übernimmt die Leber und ab Mitte der Embryonalzeit auch die Milz die Blutbildung. Neben normal großen kernlosen Erythrozyten entstehen auch erstmalig weiße Blutzellen.
- **Medulläre Periode der Blutbildung.** Mit der Ausbildung des knöchernen Skelettes entwickeln sich Erythrozyten und myeloische Leukozyten im Mark aller Knochen. Die Lymphozyten gehen aus zwei verschiedenen Stammzellarten des Knochenmarks hervor. Die T-Lymphozyten werden zunächst im Thymus „geprägt" und dann in den lymphatischen Organen weiter differenziert. Die B-Lymphozyten gelangen direkt in die Lymphfollikel.
- **Anlage des Herzschlauches.** Die Herzentwicklung beginnt mit der Bildung von zwei Endothelschläuchen (Endokardschläuchen) in der Splanchnopleura der primären Perikardhöhle. Seitlich an den Schläuchen verdickt sich das Mesoderm zum epimyokardialen Mantel. Durch Abfaltung des Embryos vom Dottersack nähern sich diese beiden Herzanlagen in der Medianen ventral vom Darmrohr und verschmelzen zum einheitlichen **Endokardschlauch**. Das Endothelrohr wird zum Endokard und der epimyokardiale Mantel zum Myokard und Epikard. Die Herzanlage ist an der Perikardhöhle durch das Mesocardium dorsale und ventrale verbunden. Der zunächst gerade Herzschlauch ist kaudal durch das Septum transversum und kranial durch die Kiemenbögen fixiert.
- **Bildung der Herzschleife.** Durch Längenwachstum und Formveränderung entstehen am Herzschlauch 5 Abschnitte. Der im Septum transversum verankerte *Sinus venosus* nimmt die Nabel-, Dottersack- und Kardinalvenen auf. Das folgende *Atrium primitivum* (Anlage der Vorhöfe) steht über den Atrioventrikularkanal (Ohrkanal) mit dem *Ventriculus primitivus* (Anlage der Ventrikel) in Verbindung. Dieser setzt sich mit dem *Bulbus cordis* (Abgangsstelle für Aorta und Lungenarterie) fort, der in den *Truncus arteriosus* übergeht. Außerhalb des Perikards teilt sich der Truncus arteriosus in die ventralen Aorten auf.
- Durch schnelles Wachstum von Bulbus und Ventrikel entsteht zunächst die U-förmige Bulboventrikularschleife und schließlich die *S-förmige Herzschleife*, wobei sich der arterielle Teil dem venösen nähert. Die Umbiegungsstelle der Ventrikelschleife markiert die spätere Herzspitze.
- **Umgestaltung der Abschnitte.** Das rechte Sinushorn des *Sinus venosus* wird in die Wand des rechten Vorhofes einbezogen und aus dem linken Sinushorn wird der Sinus coronarius. Am *Atrium primitivum* wächst die ventrale Wand zu den Herzohren aus, und aus der dorsalen linken Wand wachsen die Lungenvenen zur Lungenanlage. Am *Ventriculus primitivus* tritt außen der Sulcus interventricularis auf. Am Ohrkanal und Ostium bulboventriculare entstehen Endokardverdickungen zur Bildung von Septen bzw. Klappen.
- **Ausbildung der Scheidewände.** Als erstes wird der Ohrkanal durch aufeinander zuwachsende Endokardkissen unterteilt. Es folgt die Septierung des Atrium primitivum mit Bildung des *Septum primum*, das vom Dach auf die beiden Endokardkissen des Ohrkanals zuwächst und hier vorübergehend das For. primum frei lässt. Im Zentrum des Septum primum bildet sich das For. secundum. Rechts vom Septum primum wächst das *Septum secundum* aus, das ebenfalls unvollständig bleibt

und im unteren Bereich das *For. ovale* frei lässt. Nach der Geburt verklebt das Septum secundum mit dem Rest des Septum primum, wodurch das For. ovale verschlossen wird. Die Unterteilung des Ventriculus primitivus erfolgt durch das Septum interventriculare, das von der Herzspitze in Richtung Ohrkanal auswächst und hier vorübergehend das For. interventriculare frei lässt. Sein Verschluss erfolgt durch das Septum bulbi und die Endokardkissen des Ohrkanals. Die Unterteilung des Bulbus erfolgt durch das Septum bulbi und die des Truncus arteriosus durch das Septum aorticopulmonale, wodurch die Trennung in Aorta ascendens und Truncus pulmonalis vollzogen wird.

- Die **Atrioventrikularklappen** entwickeln sich aus Endokardkissen der Ostien und die *Semilunarklappen* aus Endokardpolstern von Aorta und Truncus pulmonalis.
- **Arterien.** Nach kranial geht der Truncus arteriosus in die ventralen Aorten über, die sich im Kiemenbogenbereich jederseits über die 1. Kiemenbogenarterie mit den bereits vorher gebildeten dorsalen Aorten verbinden. Kaudal von der 1. Kiemenbogenarterie werden noch fünf weitere angelegt.
- Die **Aortae dorsales** vereinigen sich kaudal vom Kiemendarm zur einheitlichen *Aorta descendens*, aus der im Rumpfbereich die Aa. vitellinae und weiter kaudal die Aa. umbilicales entspringen. Außerdem entlässt sie dorsale, laterale und ventrale Segmentalarterien.
- Die **Aortae ventrales** bilden die A. carotis communis und die A. carotis externa.
- Von den **Kiemenbogenarterien** wird die 1., 2. und 5. zurückgebildet. Die 3. bildet mit der dorsalen Aorta die A. carotis interna. Die 4. Kiemenbogenarterie wird links zum Aortenbogen und rechts zum Truncus brachiocephalicus. Die 6. Kiemenbogenarterie wird links zur A. pulmonalis sinistra sowie zum Ductus arteriosus und rechts zur A. pulmonalis dextra.
- **Venen.** In den Sinus venosus des Herzens münden von kaudal die Vv. vitellinae und Vv. umbilicales sowie von jeder Seite die durch Vereinigung der V. cardinalis cranialis und caudalis entstandene V. cardinalis communis ein.
- Die *Vv. vitellinae* bilden in der Leberanlage die Lebersinusoide. Von ihren zuführenden Vv. afferentes hepatis bleibt die rechte als V. portae und von den Vv. efferentes hepatis die rechte als Vv. hepaticae und kranialer Teil der V. cava caudalis übrig.
- Von den *Vv. umbilicales* wird intraembryonal die rechte zurückgebildet und die linke verbindet sich einmal mit der V. portae und zum anderen über den Ductus venosus mit der V. cava caudalis.
- Aus den *Vv. cardinales craniales* gehen die Kopf- und Halsvenen sowie die **V. cava cranialis** hervor.
- Die *Vv. cardinales caudales* stellen vorübergehend die Abflusswege für den Rumpf und die Beckengliedmaße dar.
- Die zusätzlich angelegten *Vv. sacrocardinales* bilden rechts das kaudale Ende der **V. cava caudalis** und die V. iliaca communis dextra und links die V. iliaca communis sinistra. Der mittlere Teil der V. cava caudalis wird von der rechten *V. subcardinalis* gebildet, die sich kranial mit der V. efferens hepatis verbindet. Im Brustbereich schließlich entstehen aus *Vv. supracardinales* die Vv. azygos dextra und sinistra.
- **Plazentarkreislauf.** Die Nabelvene, die rechtsseitig bei Pferd und Schwein ganz, bei Wiederkäuer und Fleischfresser nur intraembryonal zurückgebildet wird, bringt sauerstoff- und nährstoffreiches Blut von der Plazenta zur Leber. Das Blut fließt bei Pferd und Schwein über das Kapillarsystem der Leber oder hauptsächlich über den Ductus venosus (Wdk., Flfr.) in die V. cava caudalis und ist somit ab hier gemischt. Das in den rechten Vorhof einströmende Blut der V. cava caudalis gelangt über das For. ovale in den linken Vorhof, wo es sich mit dem Blut der Lungenvenen mischt. Das Blut der V. cava cranialis und ein geringer Teil das der hinteren Hohlvene wird über den rechten Ventrikel und den Truncus pulmonalis in Richtung Lunge befördert, umgeht diese jedoch über den Ductus arteriosus, um in die Aorta einzumünden. In der Aorta descendens fließt gemischtes Blut.
- **Umstellung bei der Geburt.** Der Ductus arteriosus schließt sich und der vermehrte Blutrückstrom aus der Lunge zum Herzen führt zur Drucksteigerung im linken Vorhof, was zum Verschluss des For. ovale führt. Die Nabelarterien kontrahieren sich und veröden beidseitig zum Lig. teres vesicae. Die Nabelvene bildet sich zum Lig. teres hepatis, der Ductus arteriosus zum Lig. arteriosum und der Ductus venosus zum Lig. venosum zurück.

27 Entwicklung des Lymphsystems

27.1 Lymphgefäße und Lymphknoten

Das **Lymphgefäßsystem** entwickelt sich aus perivaskulären, mit Endothel ausgekleideten Lymphspalten, die sich untereinander verbinden und Anschluss an das Venensystem gewinnen. Wahrscheinlich aber gehen Lymphgefäße auch aus Endothelsprossen bestimmter Venenabschnitte hervor. Das primitive Lymphgefäßsystem (**Abb. 27.1**) besteht aus:

1. dem *Saccus lymphaticus jugularis*, der von der Schädelbasis bis zur Vordergliedmaße reicht und in Höhe der Vereinigung der V. jugularis interna mit der V. jugularis externa und der V. subclavia (Venenwinkel) ins Venensystem einmündet;
2. dem *Saccus lymphaticus iliacus*, aus dem die Lymphbahnen und -knoten der Lenden- und Darmbeingegend hervorgehen;
3. dem *Saccus lymphaticus inguinalis*, von dem Geflechte zur Leistengegend und zur Hintergliedmaße ziehen;
4. dem *Saccus lymphaticus retroperitonaealis* am Darmgekröse. Er verbindet den Saccus iliacus mit der Cisterna chyli und lässt aus sich die Darmlymphknoten hervorgehen;
5. aus der *Cisterna chyli*, die in Höhe der Nebennierenanlage liegt;
6. dem *Ductus thoracicus*, der aus einer paarigen Anlage hervorgeht. Beide Lymphstämme verbinden sich durch eine Anastomose. Der definitive Ductus thoracicus entsteht aus dem kaudalen Teil des rechten Stammes, der Anastomose und dem kranialen Teil des linken Ductus thoracicus. Dieser mündet im linken Venenwinkel.

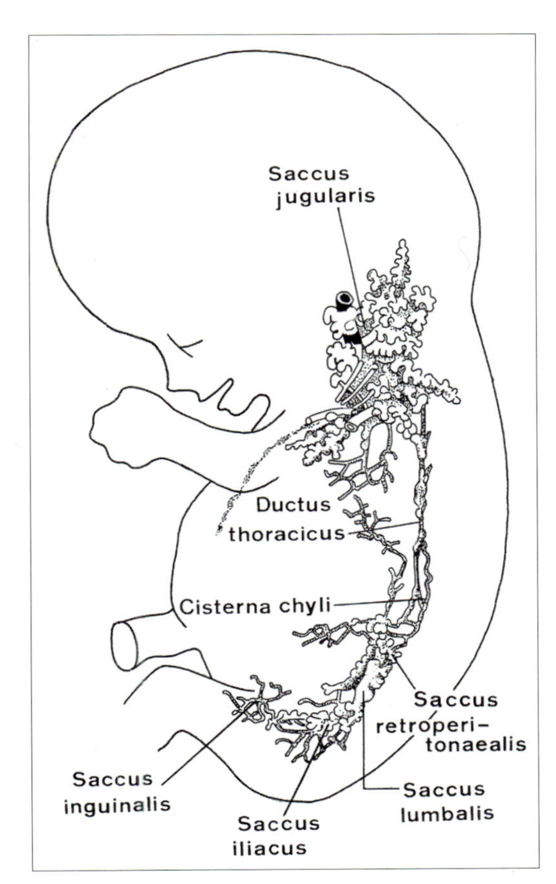

Abb. 27.1 Lymphgefäßsystem bei einem 30 mm langen menschlichen Embryo (aus Töndury/Kubik 1972)

Die **Lymphknoten** des Hals-, Brust-, Lenden- und Beckenbereiches sind Differenzierungen der Lymphsäcke, wobei Mesenchymzellen den ursprünglichen Hohlraum in Lymphsinus unterteilen. Aus den Mesenchymzellen entstehen die Kapsel und das retikuläre Grundgerüst. Die Lymphozyten wandern aus dem Knochenmark und dem Thymus ein. Die Lymphknoten des Magen-Darm-Traktes und der Gliedmaßen entstehen in der Wand peripherer Lymphgefäße.

27.2 Milz

Die Entwicklung der Milz beginnt in der 3. bzw. 4. Woche mit mesenchymalen Verdichtungen im Mesogastrium dorsale (**Abb. 22.11; 22.12**). Ihre charakteristische Form entsteht schon frühzeitig. Die Mesenchymzellen differenzieren sich zum Grundgerüst (Retikulumzellen) der Milzpulpa und bilden die Organkapsel. Außerdem entstehen basophile Rundzellen, die sich in der hepatolienalen Blutbildungsphase weiter zu Erythrozyten, Granulozyten, Lymphozyten und Megakaryozyten differenzieren. In der späteren Fetalentwicklung steht die Lymphzellbildung im Vordergrund.

27.3 Mandeln (Tonsillen)

In der Schleimhaut des Pharynx kommen 5 Tonsillen (Tonsilla lingualis, - palatina, - veli palatini, - pharyngea, - tubaria) zur Ausbildung, die zusammen den lymphatischen Rachenring bilden. Nur die Gaumenmandel bei Rind und Fleischfresser entsteht aus dem Sinus tonsillaris der 2. Schlundtasche (**Abb. 20.3; 21.10**). Durch diese entodermale Einsenkung kommt es zur Bildung der sog. Grubenmandel. Alle anderen Tonsillen entstehen unabhängig von den Schlundtaschen. Die Ausbildung von Tonsillarkrypten (Bälgen) und tonsillären Drüsen erfolgt über entodermale, solide Epithelsprosse, die ins Mesenchym vordringen und sich kanalisieren. Unter dem Epithel der Tonsillenoberfläche entwickelt sich aus dem Mesenchym lymphatisches Gewebe, das in seiner typischen Struktur als vaskularisierter Retikulumverband mit eingewanderten Lymphozyten beim Rind in der Rachenmandel im 3., der Gaumenmandel im 4. und den Zungenbälgen erst im 7. Monat erkennbar wird. Die ersten eingewanderten Lymphozyten stammen vom Thymus ab.

27.4 Thymus

Der Thymus entsteht aus dem entodermalen Ventraldivertikel der 3. Schlundtasche (**Abb. 20.3**). Beim Schwein sind auch ektodermale Zellen an seiner Bildung beteiligt. Die Epithelknospen wachsen nach kaudal zu schlauchförmigen Gebilden aus, deren keulenförmig verdickte Enden bis zum Herzbeutel reichen. Der Ursprungsteil am Schlundkopf wird bei Pferd und Fleischfresser zurückgebildet, bei Schwein und Wiederkäuer entwickelt er sich zum Kopfteil des Thymus. Mit der Streckung des Embryos und der Herzverlagerung wächst die Thymusanlage bis in die Brusthöhle vor und bildet neben der Pars cranialis die Pars cervicalis und Pars thoracalis thymi. Im kaudalen Halsbereich und im präkardialen Teil der Brusthöhle vereinigen sich die linke und die rechte Anlage (**Abb. 27.2**). Der Halsteil zeigt beim Pferd nur eine geringe Ausdehnung, beim Fleischfresser wird er fast völlig zurückgebildet.

Das ursprünglich solide Thymusepithel wandelt sich bald in ein epitheliales Retikulumgewebe um. Eingewanderte Mesenchymzellen bilden die Blutgefäße und das Bindegewebe. Ungeklärt ist, ob die in das epitheliale Retikulum eingelagerten Thymozyten (kleine Lymphozyten) mesodermaler oder epithelialer Genese sind. Nach neuerer Ansicht sollen die Stammzellen in der frühen Entwicklung aus dem Mesoderm des Dottersackes und später aus dem Knochenmark in die Thymusanlage einwandern. Die Thymozyten lagern sich immer mehr in der Peripherie ab, wodurch es zur Unterteilung in Mark und Rinde kommt. Hier differenzieren sie sich unter dem Einfluss humoraler Faktoren des Thymusepithels zu immunkompetenten Lymphozyten. Ein Teil der gebildeten Lymphozyten geht nach einigen Tagen zugrunde und wird von Makrophagen eliminiert. Der andere Teil gelangt von der Rinde ins Mark und von hier in die Blut- und Lymphbahn. Diese langlebigen T-Lymphozyten siedeln sich entweder in anderen lymphatischen Organen an oder zirkulieren weiter.

Der Thymus ist bei Neugeborenen voll entwickelt. Seine Involution setzt in den ersten Lebensjahren ein und dauert bis zur Geschlechtsreife. Auch im involvierenden Thymus wird die Lymphozytopoese fortgesetzt.

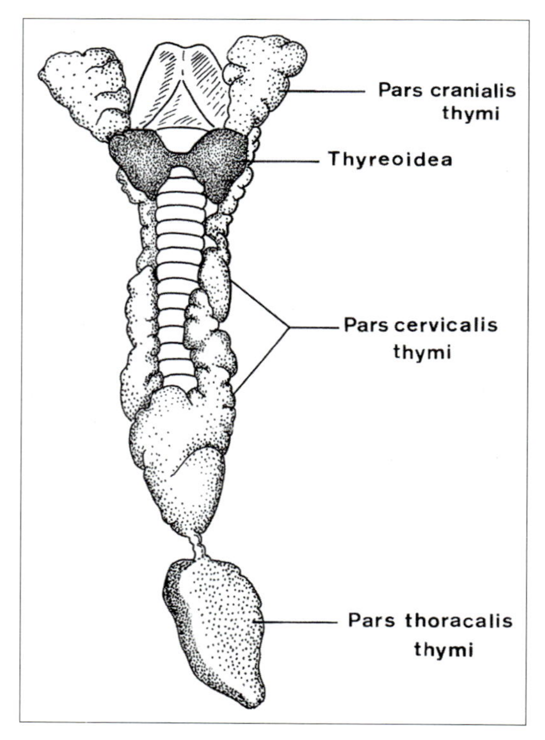

Abb. 27.2 Thymus bei einem 330 mm langen, ca. 4,9 Monate alten Fetus des Rindes

27.5 Bursa Fabricii

Die Bursa Fabricii ist ein charakteristisches lymphatisches Organ der Vögel, das wie der Thymus zur Bildung spezifischer lymphoider Abwehrzellen befähigt ist. Als erste Anlage entsteht beim Huhn am 5. Bruttag an der Dorsalwand des Urodaeum durch Proliferation des Entoderms ein solides Epithelhöckerchen. Daraus entwickelt sich bis zum 10. – 11. Bruttag ein Bläschen, das über den Bursagang mit dem Proctodaeum in offener Verbindung steht. Bereits 2 Tage später setzt die Besiedlung der Bursawand mit Stammzellen ein, die aus dem Dottersack bzw. Knochenmark einwandern und sich hier zu immunkompetenten B-Lymphozyten weiter differenzieren. Am Schlupftag besitzt die runde bis ovale Bursa Kirschkerngröße. Im Alter von 2 – 3 Monaten erreicht sie ihre maximale Größe von ca. 15 × 25 mm. Ihre Schleimhaut besteht aus 12 – 15 Längsfalten, die tief ins Lumen hineinragen. Die Falten sind von einem iso- bis hochprismatischen Epithel bedeckt, und ihre Propria enthält zahlreiche Lymphfollikel, die aus Mark und Rinde bestehen. Das Follikelmark ist entodermalen Ursprungs und die Follikelrinde stammt vom Mesoderm ab. Die in den Follikel gebildeten B-Lymphozyten wandern ab dem 16. Bruttag aus, um die B-abhängigen Regionen anderer lymphatischer Organe zu besiedeln. Hier erfolgt nach dem Schlüpfen die eigentliche Antikörperproduktion.

Mit Beginn der Geschlechtsreife setzt allmählich die Rückbildung ein, die meist zum völligen Verschwinden der Bursa führt.

Zusammenfassung

Lymphsystem

- Die Lymphgefäße entwickeln sich aus perivaskulären, mit Endothel ausgekleideten Lymphspalten, die Anschluss an das Venensystem finden. Das primitive Lymphgefäßsystem besteht aus dem Saccus lymphaticus jugularis, - iliacus, - inguinalis und - retroperitonaealis sowie aus der Cysterna chyli und dem Ductus thoracicus.
- Die **Lymphknoten** differenzieren sich aus den Lymphsäcken, oder, wie im Magen-Darm-Trakt und den Gliedmaßen, aus der Wand peripherer Lymphgefäße.
- Die **Milz** entwickelt sich aus Mesenchymverdichtungen im Mesogastrium dorsale.
- Von den **Mandeln** enstehen nur die Gaumenmandeln bei Rind und Fleischfresser aus dem Sinus tonsillaris der 2. Schlundtasche. Alle anderen Tonsillen entwickeln sich aus entodermalen Epithelsprossen, die ins Mesenchym vordringen.
- Der **Thymus** entsteht aus dem entodermalen Ventraldivertikel der 3. Schlundtasche und bildet die paarige Pars cranialis thymi (außer Pfd., Flfr.), die paarige und unpaarige Pars cervicalis (außer Flfr.) und die unpaarige Pars thoracalis. Das Thymusepithel bildet ein epitheliales Retikulum und das Mesenchym die Blutgefäße und das Bindegewebe. Aus dem Knochenmark wandern Thymozyten (kleine Lymphozyten) ein, die im Thymus zu T-Lymphozyten geprägt werden und von hier aus die lymphatischen Organe besiedeln. Der Thymus ist bei Neugeborenen voll entwickelt und bildet sich bis zur Geschlechtsreife zurück.
- Die **Bursa Fabricii** ist ein charakteristisches lymphatisches Organ in der Dorsalwand des Urodaeum beim Vogel. In das entodermale Organ wandern Lymphozyten aus dem Knochenmark ein, die hier zu immunkompetenten B-Lymphozyten differenziert werden und danach die B-abhängigen Regionen lymphatischer Organe besiedeln. Mit Beginn der Geschlechtsreife wird die Bursa wieder zurückgebildet.

28 Bildung der Körperhöhlen und des Zwerchfells

Durch Zusammenfluss isoliert angelegter Spalten im Mesoderm der kardiogenen Zone und im Seitenplattenmesoderm entsteht das **intraembryonale Coelom**. Es stellt zunächst einen hufeisenförmig gekrümmten, zusammenhängenden Hohlraum dar, dessen kaudale Abschnitte am Rande der Keimscheibe in das extraembryonale Coelom übergehen (**Abb. 28.1**). Der bogenförmige kraniale Abschnitt, der nach außen durch eine ungespaltene Mesodermbrücke vom extraembryonalen Coelom ge-

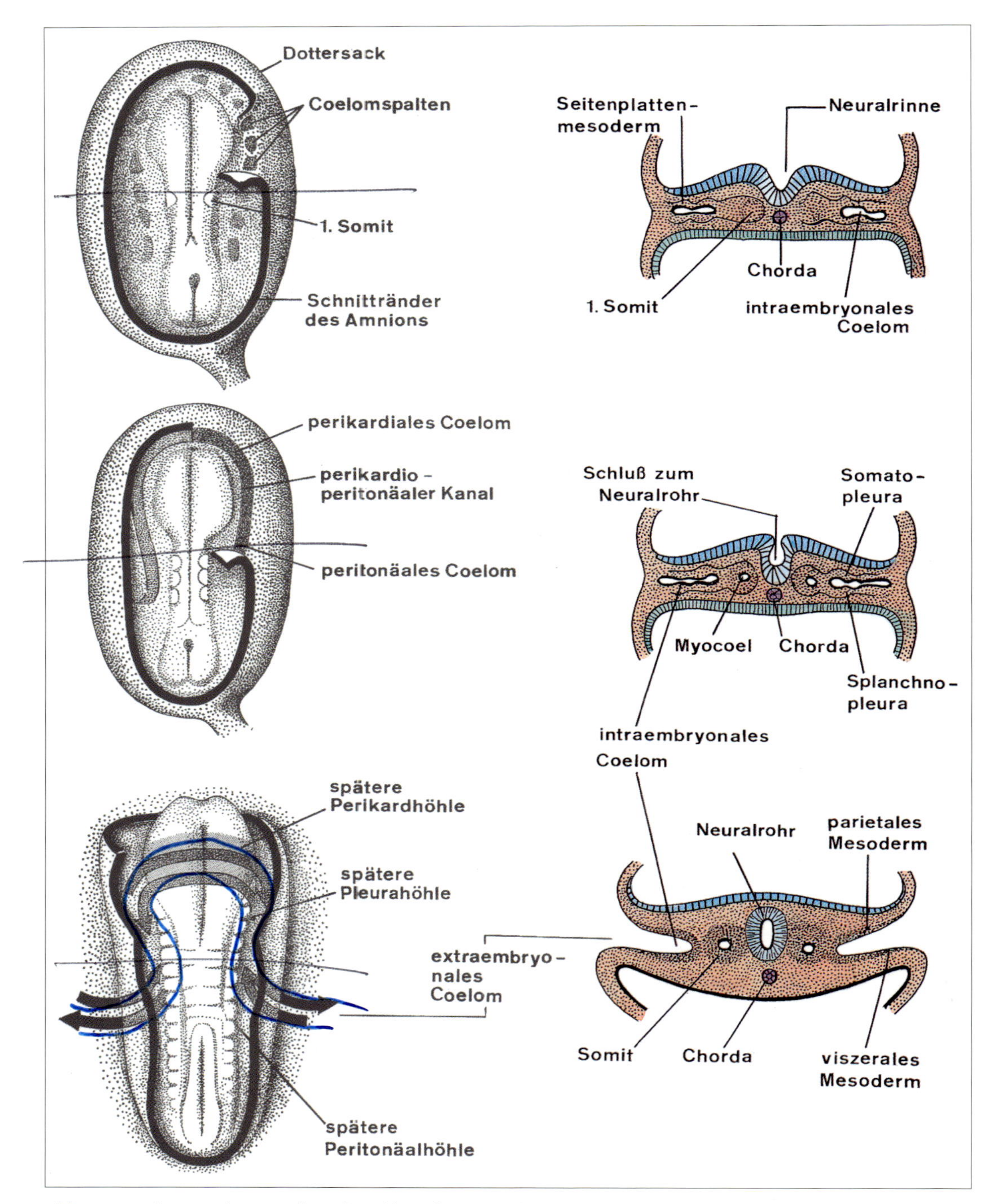

Abb. 28.1 Schematische Darstellung der Bildung des intraembryonalen Coeloms beim Menschen (19, 21, 22 Tage alt). Rechts Querschnitte durch die Mitte des Keimlings (aus Moore 1985)

trennt ist, entwickelt sich später zur Perikardhöhle. Aus den lateralen Zölomspalten entstehen die *Pleura-* und *Peritonäalhöhle*. Mit der Abfaltung der Keimscheibe vom Dottersack und der Bildung des primitiven Darmrohres wird die Verbindung zwischen intra-und extraembryonalem Coelom immer weiter eingeengt (**Abb. 10.5; 11.1**). Gleichzeitig werden kranial die seitlichen Schenkel der Perikardhöhle nach ventral verlagert. Die gegenüberliegenden Wände berühren sich schließlich und bilden das ventrale Herzgekröse. Nach Schwund dieses Gekröses entsteht die unpaare Perikardhöhle. Bei der Bildung des primitiven Darmes entsteht gleichzeitig das durchgehende *Mesenterium dorsale*. Es handelt sich um eine Serosadoppelplatte, die die Verbindung zwischen Lamina parietalis (Somatopleura) und Lamina visceralis (Splanchnopleura) des lateralen Mesoderms herstellt. Das *Mesenterium ventrale* bildet sich wie das ventrale Herzgekröse bei der Abfaltung des Embryos in der Transversalebene, wobei sich die seitlichen Ausläufer des intraembryonalen Zöloms auf der ventralen Seite des Keimlings prae- und postumbilikal einander nähern (**Abb. 26.2**). Das ventrale Gekröse wird jedoch bis auf das Mesogastrium ventrale und Mesoduodenum ventrale bald zurückgebildet. Von nun an lassen sich an der primären Leibeshöhle drei Abschnitte abgrenzen (**Abb. 28.2**).

Kranial liegt die große, nach Schwund des ventralen Herzgekröses *einheitliche Perikardhöhle* (Cavum pericardii). Sie steht dorsal mit der kleinen, paarigen, *primitiven Pleurahöhle* in Verbindung. Diese wird von den beiden *Perikard-Peritonäal-Kanälen* (Canales pericardioperitonaeales) gebildet, die kaudal in die große, einheitliche Peritonäalhöhle übergehen. Die Unterteilung in Brust- und Bauchhöhle erfolgt durch das Zwerchfell und die endgültige Trennung von Perikard-und Pleurahöhle durch die Pleuroperikardialmembran.

Die parietale Wand der Körperhöhlen wird vom Mesothel der Somatopleura bedeckt. Das Mesothel der viszeralen Bedeckung stammt von der Splanchnopleura ab.

Zwerchfell

Das Zwerchfell geht aus 4 Anlagen hervor (**Abb. 28.3**):

1. Septum transversum. Es bildet den größten Anteil des Zwerchfells und wird später zum Centrum tendineum. Das Septum transversum wächst als dicke Mesodermplatte zwischen Perikardhöhle und Dottergang nach dorsal gegen den Vorderdarm vor und vereinigt sich mit dem dorsalen Mesenterium der Speiseröhre, ohne jedoch die dorsale Rumpfwand zu erreichen. So bleibt auf jeder Seite zunächst die Verbindung zwischen Perikard- und Bauchhöhle in Form des *Perikard-Peritonäal-Kanals* erhalten. In die Kanäle wächst später die Lunge vor.

2. Pleuroperitonäale Membranen. Durch die Rückbildung der Urnieren entstehen zunächst die Plicae pleuroperitonaeales (Urnierenfalten), die von der dorsolateralen Rumpfwand in die Perikard-Peritonäal-Kanäle vorwachsen und schrittweise die *Pleurahöhle* (Cavum pleurae) von *der Peritonäalhöhle* (Cavum peritonaei) abtrennen. Die Falten wachsen nach medial und ventral weiter aus und verbinden sich schließlich als Membranae pleuroperitonaeales mit dem dorsalen Gekröse der Speiseröhre und dem dorsalen Teil des Septum transversum. So wird die Trennung zwischen Brust- und Bauchhöhle vervollständigt.

3. Dorsales Mesenterium des Oesophagus. Das Dorsalgekröse der Speiseröhre bildet den mittleren Teil des Zwerchfells. Aus eingewanderten Myoblasten entstehen in ihm die Zwerchfellpfeiler.

4. Körperwand. Durch die Ausweitung der Pleurahöhlen in die mesenchymale Leibeswand werden die Pleuroperitonäalmembranen um einen peripheren Streifen aus der Körperwand vergrößert. An dieser Stelle bilden sich die Recessus costodiaphragmatici.

Das zunächst rein mesenchymal angelegte Zwerchfell entsteht im Bereich der vorderen Halssegmente und gelangt durch Streckung des Halses und Verlagerung des Herzens nach kaudal. Die muskulären Anteile des Diaphragmas gehen aus Myoblasten des 5., 6. und 7. Halssegmentes hervor. Entsprechend bestehen auch die Nn. phrenici, die beiderseits durch die Plica pleuropericardialis zum Septum transversum ziehen, aus Ästen der 5., 6. und 7. Zervikalsegmente des Rückenmarkes. Einzelne Muskelanteile bilden sich auch aus thorakalen Myotomen.

Unterteilung in Pleura- und Perikardhöhle

Die Unterteilung des thorakalen Anteils des Zöloms erfolgt durch die *Pleuroperikardialmembranen* (Membranae pleuropericardiales), die zunächst als kleine Falten (Plicae pleuropericardiales, Gekröse der Vv. cardinales) angelegt, in den kranialen Teil der Perikard-Peritonäal-Kanäle hineinragen

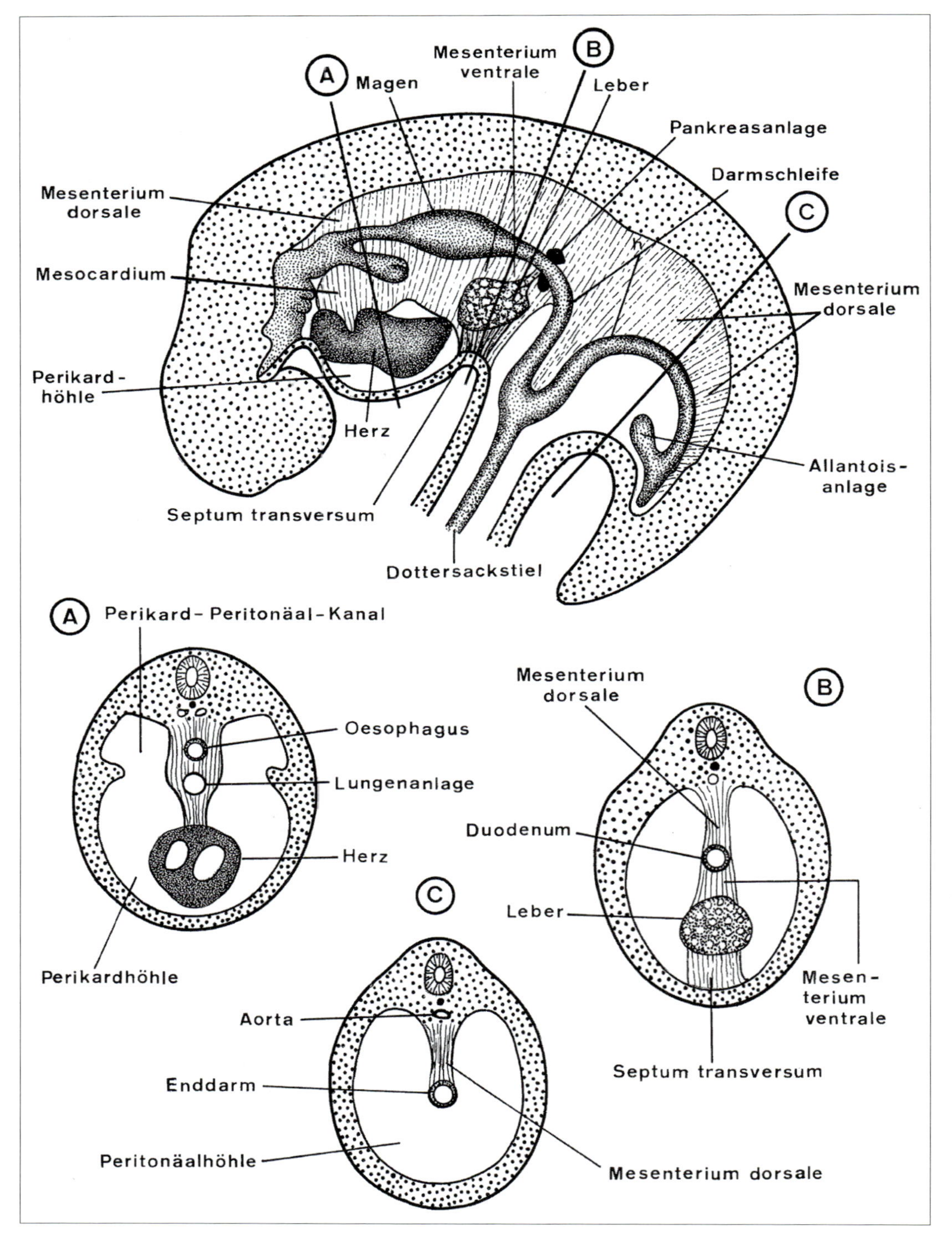

Abb. 28.2 Schematische Darstellung der Mesenterien und der Körperhöhlen eines 7 mm langen Schafembryo

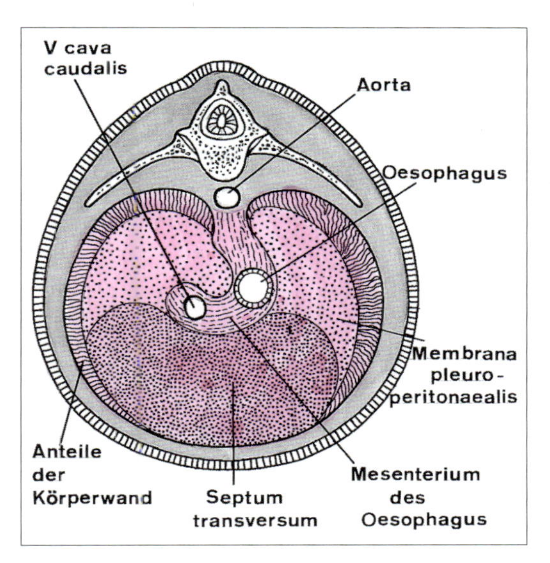

Abb. 28.3 Schematische Darstellung der Entwicklung des Zwerchfells (aus Langman 1985)

(**Abb. 28.4**). In der Folgezeit wachsen nun die Lungenknospen in die mediale Wand der Perikard-Peritonäal-Kanäle und damit in die primitiven Pleurahöhlen hinein. Mit der Ausdehnung der primitiven Pleurahöhlen nach ventral um das Herz wird das Mesenchym der Körperwand in die Brustwand und die dünne mesodermale Pleuroperikardialmembran unterteilt, in der der N. phrenicus und der Stamm der Kardinalvenen verlaufen. Infolge des Deszensus des Herzens und der Lageveränderung des Sinus venosus werden die Stämme der Kardinalvenen nach medial verlagert und die Pleuroperikardialfalten gekröseartig ausgezogen. Sie vereinigen sich schließlich mit dem dorsalen Herzgekröse und mit der Lungenwurzel. So entstehen dorsal die durch das Mediastinum getrennten definitiven **Pleurahöhlen** und ventral die einheitliche **Perikardhöhle**. Die Pleuroperikardialmembranen werden zum fibrösen *Perikard*.

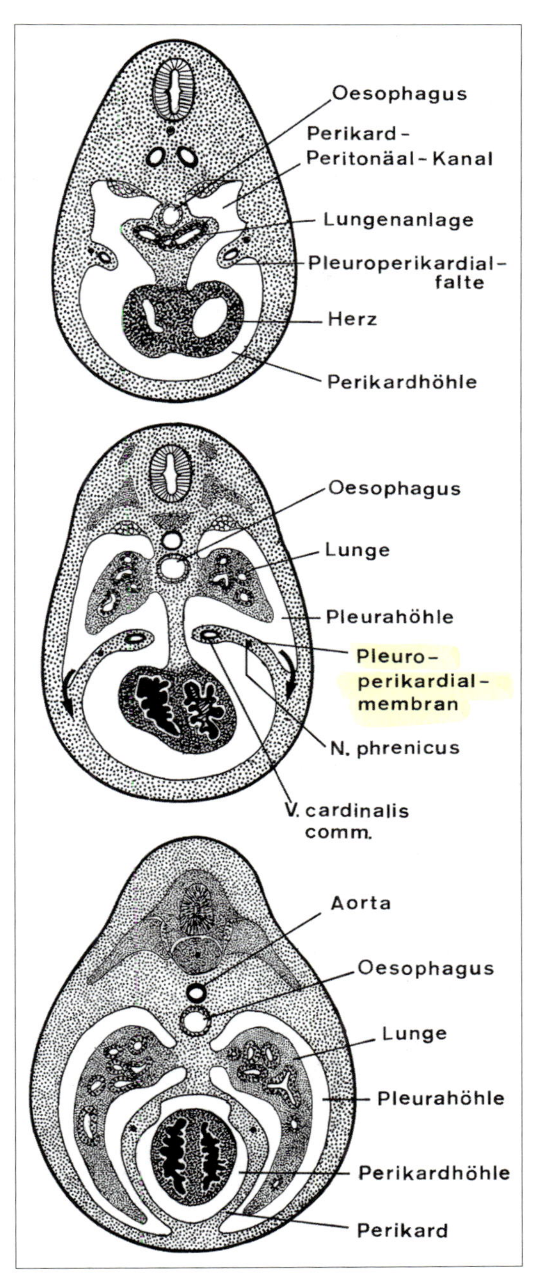

Abb. 28.4 Schematische Darstellung der Trennung von Perikard- und Pleurahöhle

Zusammenfassung

Körperhöhlen

- Durch Hohlraumbildung im Mesoderm der kardiogenen Zone und im Seitenplattenmesoderm entwickelt sich das hufeisenförmige intraembryonale Coelom. Aus dem kranialen bogenförmigen Abschnitt entsteht die sich nach ventral verlagernde Perikardhöhle und aus den lateralen Zölomspalten die Pleura- und Peritonäalhöhle. Die nach Schwund des ventralen Herzgekröses einheitliche Perikardhöhle steht dorsal mit der paarigen primitiven Pleurahöhle (Perikard-Peritonäalkanäle) in Verbindung. Diese gehen kaudal in die einheitliche Peritonäalhöhle über. Die Unterteilung in Brust- und Bauchhöhle erfolgt durch das Zwerchfell und die Trennung von Perikard- und Pleurahöhle durch die Pleuroperikardialmembranen.
- An der **Zwerchfellbildung** sind vier Anteile beteiligt. Das *Septum transversum* bildet den größten Anteil und wächst als Mesodermplatte zwischen Perikardhöhle und Dottergang nach dorsal. Aus den Urnierenfalten entstehen *Pleuroperitonäalmembranen*, die von der dorsolateralen Rumpfwand in die Perikard-Peritonäalkanäle vorwachsen und schrittweise Pleura- von Peritonäalhöhle trennen. Die Pleuroperitonäalmembranen verbinden sich mit dem *dorsalen Mesenterium* des Ösophagus als mittleren Teil. Außerdem ist ein peripherer Streifen aus der *Körperwand* an der Zwerchfellbildung beteiligt.
- Die muskulären Anteile gehen aus Myoblasten des 5., 6. und 7. Halssegmentes hervor. Entsprechend bestehen die Nn. phrenici aus Ästen des 5., 6. und 7. Zervikalsegmentes des Rückenmarkes.
- Die **Unterteilung in Pleura- und Perikardhöhle** erfolgt durch die Pleuroperikardialmembranen (Membranae pleuropericardiales), die von der seitlichen Brustwand nach innen wachsen und sich schließlich mit dem dorsalen Herzgekröse und der Lungenwurzel verbinden. Durch Vergrößerung der Lungenanlage werden die Membranen immer mehr nach ventral fortschreitend aus der Körperwand abgetrennt und legen sich als *Perikard* um das Herz. Dorsal und seitlich von der nun spaltförmigen Perikardhöhle befinden sich die durch das Mediastinum getrennten *definitiven Pleurahöhlen*.

29 Entwicklung der Knochen und Gelenke

Knochengewebe entwickelt sich wie die anderen Binde- und Stützsubstanzen aus dem Mesenchym. Dieses embryonale, faserfreie Bindegewebe besteht aus fortsatzreichen Mesenchymzellen, die ein dreidimensionales Netzwerk bilden. In den Maschen befindet sich eine solartige Interzellularsubstanz.

29.1 Knochenbildung und Knochenwachstum

Bei der Bildung des Skelettes treten zunächst mesenchymale Vorläufer auf. In den meisten Fällen gehen aus ihnen Knorpelmodelle hervor, die später durch die indirekte, chondrale Ossifikation verknöchern (Ersatzknochen). Einige Knochen entstehen jedoch direkt aus dem Mesenchym durch desmale Ossifikation (Belegknochen). Das Ergebnis beider Vorgänge ist der Geflechtknochen, der während der weiteren Entwicklung in Lamellenknochen umgewandelt wird.

Desmale Ossifikation

In den vorgesehenen Verknöcherungszentren kommt es zur Mesenchymverdichtung und stärkeren Durchblutung. Die Zellen werden größer und die Zahl ihrer Zellorganellen und Fortsätze nimmt zu. Die Mesenchymzellen sind so zu **Osteoblasten** geworden, die nun *Prokollagen* und die *Grundsubstanz* (Osteoid) an den Interzellularraum abgeben (**Abb. 29.1**). Extrazellulär bildet sich das Tropokollagen, das zu kollagenen Fibrillen aggregiert. In der Folgezeit setzt nach Zufuhr von Calzium- und Phosphationen die *Mineralisierung* ein. Dabei kommt es in enger Beziehung zu den kollagenen Fibrillen zur Bildung von Hydroxylapatitkristallen. Die Osteoblasten mauern sich ein und verlieren ihr Ergastoplasma. Sie heißen jetzt **Osteozyten**.

Die Knochenbildung geht von einzelnen Zentren (Ossifikationspunkten) aus und setzt sich in die Umgebung fort. Es entstehen *Knochenbälkchen*, die an ihrer Oberfläche in Reihen angeordnete Osteoblasten besitzen. Sie sorgen für die Fortsetzung der Osteogenese. Die Bälkchen verbinden sich zu grö-

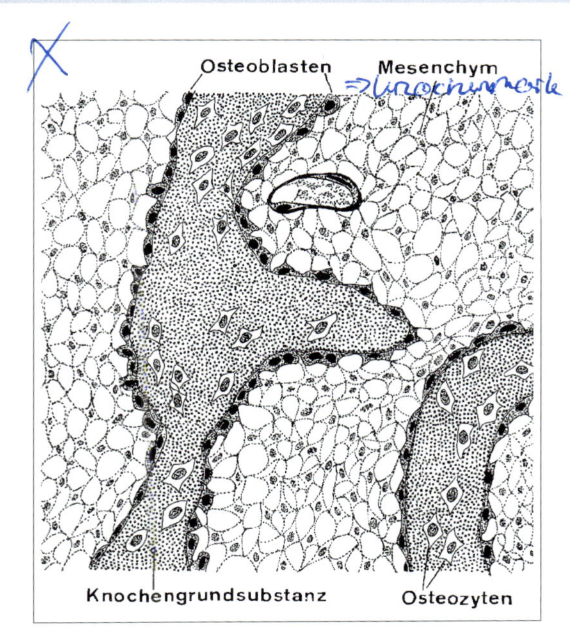

Abb. 29.1 Desmale Ossifikation am Os frontale des Schweines (SSL 65 mm)

ßeren Teilen. Aus dem Mesenchym der Zwischenräume entsteht das *primäre Knochenmark*.

Durch die primäre, desmale Osteogenese entstehen Teile des Schädels und die Knochenmanschette des Röhrenknochens (s. u.).

Am neugebildeten Knochen setzen sehr bald *Umbauvorgänge* ein, bei denen amöboid bewegliche, vielkernige **Osteoklasten** den Abbau durchführen und Osteoblasten neues Knochengewebe aufbauen. Dabei wird der ursprünglich angelegte **Geflechtknochen** in **Lamellenknochen** umgewandelt.

Das Wachstum der durch desmale Ossifikation entstandenen Knochen erfolgt appositionell an der Oberfläche vom umgebenden Mesenchym aus.

Chondrale Ossifikation

Bei der indirekten, chrondralen Ossifikation bildet sich zunächst aus dem Mesenchym ein Modell aus hyalinem Knorpel. Dieses knorpelige Skelett wird durch enchondrale Ossifikation in Geflechtknochen umgewandelt. Am Röhrenknochen geht dieser enchondralen Osteogenese die Bildung einer perichondralen Knochenmanschette voraus, die nach Art der desmalen Knochenentwicklung entsteht. Die Zweckmäßigkeit des primären, knorpeligen Skeletts liegt darin, dass Knorpelgewebe sich schneller entwickelt und die notwendige Stützfunktion vor der Knochenbildung übernehmen kann.

Knorpelbildung. Mesenchymzellen lagern sich zusammen, runden sich ab und verlieren ihre Fortsätze (Vorknorpelstadium). Die Zellen beginnen, Tropokollagen und die glukosaminoglykanhaltige Interzellularsubstanz (Chondroid) abzuscheiden. Sie werden jetzt **Chondroblasten** genannt. Durch die Abscheidung des Chondroids rücken sie auseinander und mauern sich selbst ein. Die Chondroblasten liegen in Knorpelhöhlen, wo sie sich weiter teilen. Nach Beendigung der Mitosefähigkeit heißen sie **Chondrozyten**. Während der Knorpelbildung erfolgt das Wachstum nur interstitiell (intussuszeptionell), später appositionell an der Knorpeloberfläche. Bei der Bildung von elastischem Knorpel scheiden die Zellen zusätzlich Proelastin ab, das extrazellulär zu Elastin umgewandelt wird.

Perichondrale Ossifikation (**Abb. 29.2**). Am Röhrenknochen beginnt die Verknöcherung mit der Bildung eines perichondralen Knochenmantels an der Diaphyse. Die perichondrale Ossifikation geht von osteogenen Zellen des Perichondriums aus und vollzieht sich nach Ablauf der desmalen Verknöcherung. Die Knochenmanschette wächst in die Länge. Ihren Enden sitzen die kugeligen, korpeligen Epiphysen auf. Das Perichondrium wird nun als Periost bezeichnet.

Enchondrale Ossifikation (**Abb. 29.3**). Durch die Ausbildung der diaphysären Knochenmanschette wird der eingeschlossene Knorpel blasig. In die Grundsubstanz lagern sich Kalksalze ein. Die Knorpelzellen gehen teilweise zugrunde, andere verwandeln sich in Mesenchymzellen zurück. Gefäße und Mesenchymzellen dringen vom Periost durch die Knochenmanschette in den veränderten Knorpel ein. Aus den Mesenchymzellen hervorgegangene, mehrkernige **Chondroklasten** lösen den Knorpel auf und liegen dann in Lakunen (Howshipsche Lakunen). Andere Mesenchymzellen differenzieren sich zu **Osteoblasten**, die an der Oberfläche von Knorpelresten *Geflechtknochen* aufbauen. Die entstandenen Knochenbälkchen verbinden sich mit dem peripheren Knochenmantel. Die mit Mesenchym angefüllten Zwischenräume stellen die *primäre Markhöhle* dar. Mit Einsetzen der Blutbildung (beim Rd. im 5. Monat) entstehen aus dem Mesenchym Retikulumzellen.

Von nun ab spricht man vom *sekundären Knochenmark*.

Die enchondrale Verknöcherung schreitet in Richtung auf die Epiphyse fort und lässt am Übergang zum Knorpel eine deutliche Zonengliederung

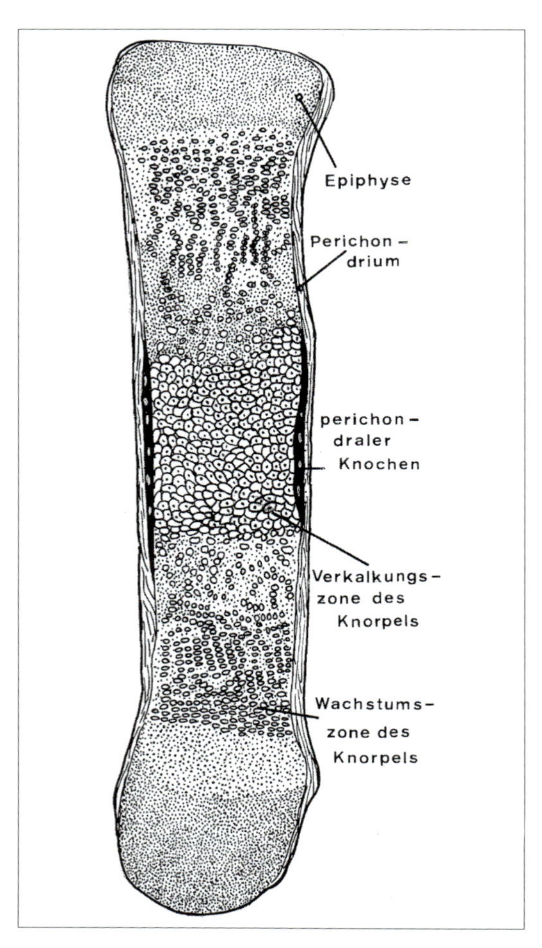

Abb. 29.2 Perichondrale Ossifikation, Metacarpus vom Rind (SSL 65 mm)

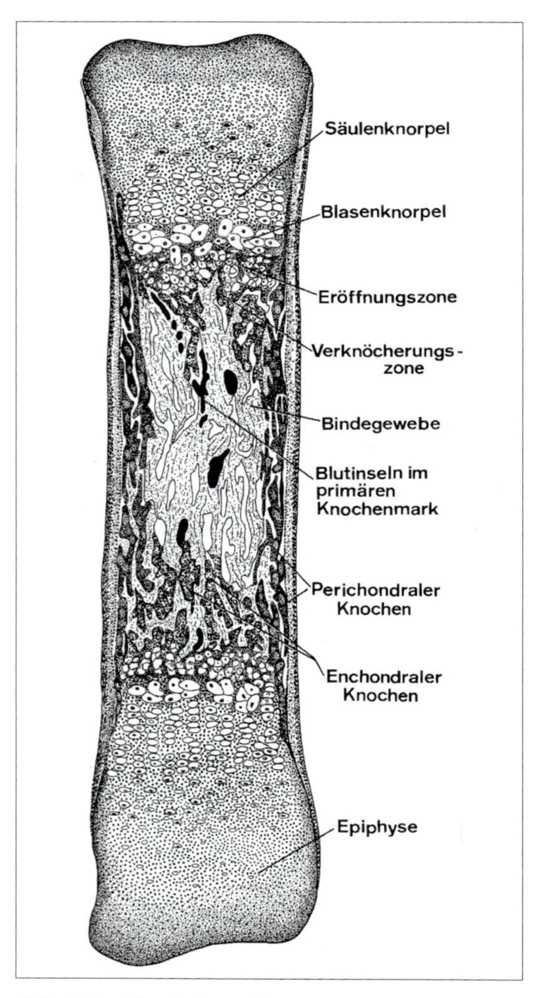

Abb. 29.3 Chondrale Ossifikation, Metatarsus vom Schwein (SSL 150 mm, ca. 3 Monate)

erkennen. In der *Zone des Säulenknorpels* kommt es zu lebhaften Teilungen der Knorpelzellen, weshalb sich diese säulenartig in der Längsachse des Knochens anordnen. Diaphysenwärts folgt die *Zone des Blasenknorpels*, wo sich die Knorpelzellen und ihre Höhlen vergrößern. In der *Eröffnungszone* wird das Knorpelgewebe aufgelöst. In der Verknöcherungszone bauen Osteoblasten den Geflechtknochen auf.

Die **Verknöcherung der Epiphysen** erfolgt später und ausschließlich enchondral. Sie schreitet von Epiphysenkernen zur Peripherie fort und lässt nur das Gebiet des späteren Gelenkknorpels und die Grenze zwischen Epi- und Diaphyse (Wachstums- oder Epiphysenfuge) frei.

Der enchondral gebildete Geflechtknochen wird durch *Umbau* in Lamellenknochen überführt.

Das **Längenwachstum** erfolgt an der Epiphysenfuge, wo die enchondrale Ossifikation sich fortsetzt und die Stärke des Knorpels beibehalten wird. Das **Dickenwachstum** vollzieht sich durch Knochenbildung an der Oberfläche, während innen Knochengewebe abgebaut wird.

Die Verknöcherung platter und kurzer Knochen erfolgt enchondral.

29.2 Rumpfskelett

Bei allen Wirbeltieren ist die **Chorda dorsalis** das erste Stützorgan des Achsenskelettes. Sie reicht als ungegliederter Stab von der Hypophysentasche bis zum Ende des Schwanzes und wird später bis auf die *Nuclei pulposi* der Zwischenwirbelscheiben zurückgebildet (**Abb. 29.4; 29.5**).

Mesenchymaler Wirbel. Nach Auflösung der ventromedialen Wand der Urwirbel, der *primären Sklerotome*, wandern die freigewordenen Sklerotomzellen nach medial aus und umgeben die Chorda dorsalis. Weniger dichtes, intersegmentales Mesenchym mit Intersegmentalarterien grenzt die **sekundären Sklerotome** ab, die noch die gleiche Lage wie die Urwirbel einnehmen. Durch Bildung des *Intrasegmentalspaltes* (Intervertebralspalt) wird bald ein jedes Segment in eine kraniale und eine dichtere, kaudale Hälfte unterteilt. Die kranialen und kaudalen Teile benachbarter Sklerotome verwachsen zum definitiven Wirbel, wobei das intersegmentale Gewebe in die Anlage des **Wirbelkörpers** eingeschlossen wird. Zwischen den Wirbelkörpern entstehen aus Zellen der kranialen Sklerotomsegmente die **Zwischenwirbelscheiben.** Die Chorda wird in den Wirbelkörpern vollständig zurückgebildet; in den Zwischenwirbelscheiben bleibt als Rest der gallertige **Nucleus pulposus** übrig. Er wird später von zirkulären Fasern des Anulus fibrosus umgeben.

Vom Wirbelkörper bilden sich nach dorsal über eine Deckmembran der **Wirbelbogen** (Neuralbogen), ventral der **Hämalbogen** (Arcus haemalis, hypochordale Spange) und seitlich die **Rippenfortsätze** (Procc. costarii) aus. Mit Ausnahme einiger Schwanzwirbel bei Hund und Rind verschmilzt der Hämalbogen mit dem Wirbelkörper. Aus den Procc. costarii entstehen die Rippen und die Querfortsätze der Lendenwirbel. Die Procc. transversarii der anderen Wirbel bilden sich erst später als Wucherung der knorpeligen Bogenanlage.

Die Lage der definitiven Wirbel hat zur Folge, dass die Myotome benachbarte Wirbel verbinden und die Möglichkeit zur Bewegung der Wirbelsäule erhalten. Außerdem laufen nun die Intersegmentalarterien mitten über die Wirbel.

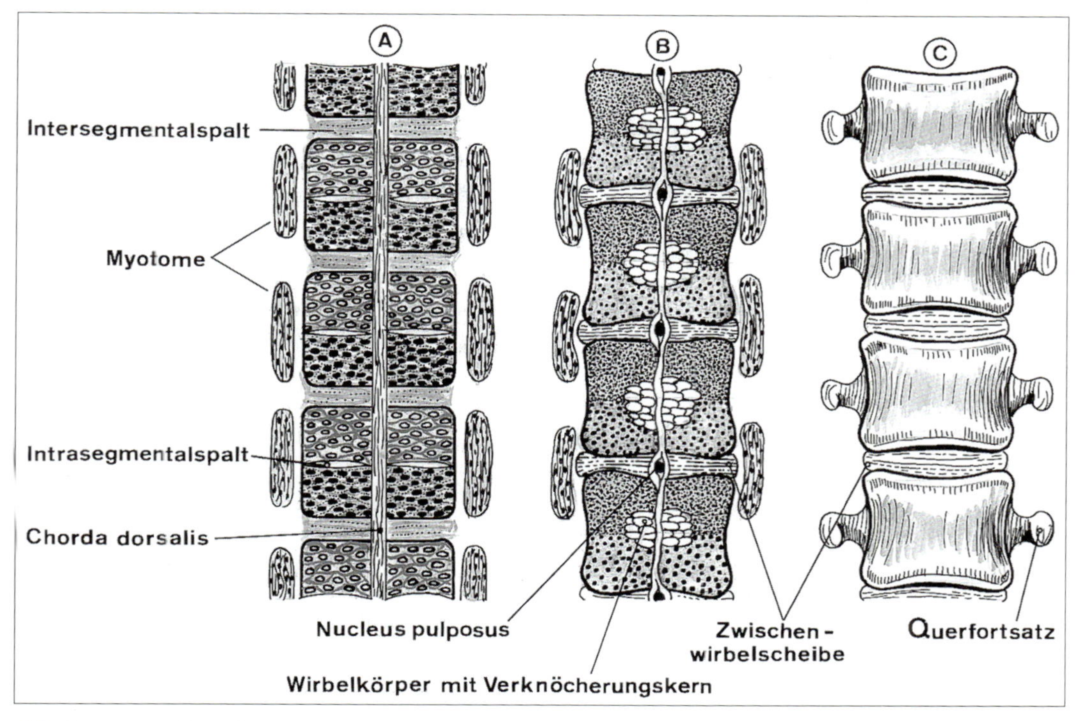

Abb. 29.4 Entwicklung der Wirbelsäule, schematisch (nach Clara 1966, geändert). A) Lage der Sklerotome, B) Lage der definitiven Wirbel, knorpeliges Stadium, c) verknöcherte Wirbel

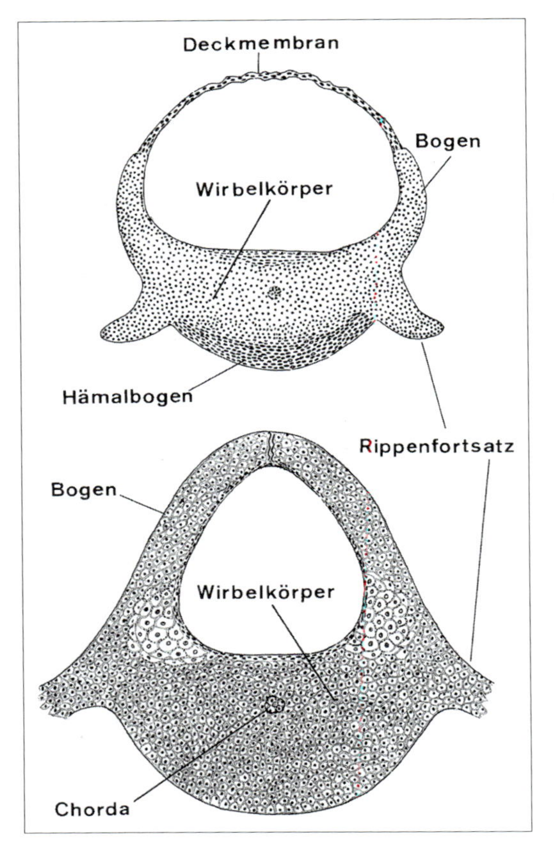

Abb. 29.5 Anlage des Wirbels beim Schwein. Oben: Mesenchymales Stadium (SSL 19 mm, ca. 25 Tage), Vergr. 25 x. Unten: Knorpeliges Stadium (SSL 72 mm, ca. 47 Tage), Vergr. 16 x

Knorpelstadium. Die Verknorpelung geht von paarigen Knorpelzentren aus, die gegen Ende der Embryonalperiode miteinander verschmelzen. Zunächst vereinigen sich die Zentren des Wirbelkörpers. Bald darauf verschmelzen auch die Zentren der Wirbelbögen miteinander und verbinden sich mit dem Wirbelkörper. Dorsal verbinden sich die Wirbelbögen vorübergehend durch die Membrana reuniens. Am kaudalen Bogenansatz bleibt als Lücke die Incisura intervertebralis frei. Die Dornfortsätze, die vorübergehend doppelt ausgebildet sind, und die Gelenkfortsätze entstehen aus Knorpelzentren der Bögen, die fortsatzartig auswachsen.

Verknöcherung der Wirbel. Die Verknöcherung der Wirbel erfolgt durch enchondrale Ossifikation, ausgehend von drei *primären Knochenkernen*. Einer liegt im Wirbelkörper und zwei im Wirbelbogen. Die fortschreitende Verknöcherung lässt den Wirbelkörper und den Wirbelbogen entstehen, die sich beide bei Pferd und Wiederkäuer bereits pränatal vereinigen. Bei Schwein und Fleischfresser erfolgt die Verschmelzung erst in der postnatalen Periode.

Neben den primären Ossifikationszentren kommen auch *sekundäre* vor, die relativ spät angelegt werden. Hierzu gehören die bei Pferd und Wiederkäuer bereits intrauterin, beim Schwein erst 6–8 Wochen nach der Geburt auftretenden *Epiphysenplatten*. Weitere sekundäre Knochenkerne kommen in den Dornfortsätzen des Widerristgebietes und in den Querfortsätzen der Lendenwirbel vor. Die Vereinigung der Kreuzwirbel zum Kreuzbein erfolgt durch Verknöcherung der Zwischenwirbelscheiben.

Rippen (Abb. 29.6). Die Rippen entwickeln sich aus den mesenchymalen Rippenanlagen der thora-

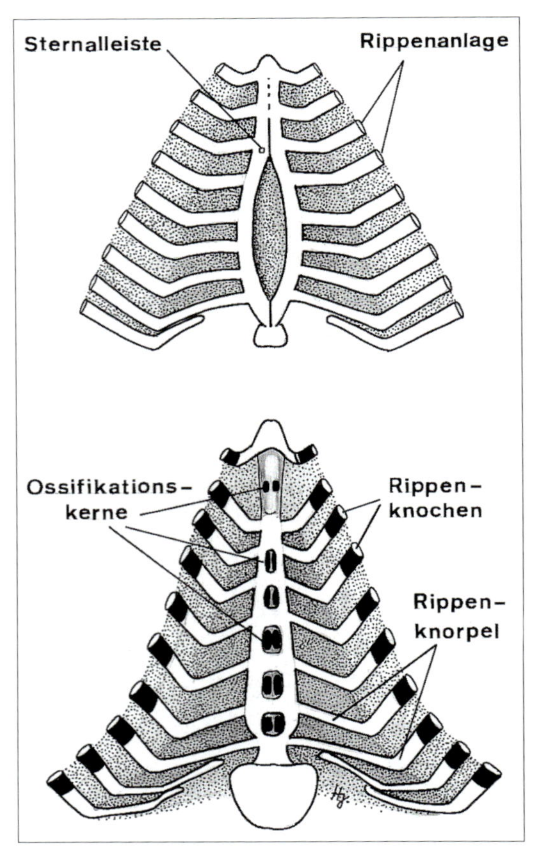

Abb. 29.6 Entwicklung des Sternums beim Rind von 90 mm SSL, ca. 2 Monate (oben) bzw. 280 mm SSL, ca. 4,4 Monate (unten)

kalen Wirbel, die in Myosepten nach ventral auswachsen. Die *Verknorpelung* schreitet von einem eigenen Zentrum von dorsal nach ventral fort, lässt aber am Übergang zum Wirbel Teile frei, aus denen die Rippengelenke entstehen. Die *Verknöcherung* geht von einem Ossifikationszentrum aus, das im dorsalen Teil der Rippe liegt. Zusätzliche „Apophysenkerne" in Tuberculum und in Caput costae führen erst nach der Geburt zur Verknöcherung dieser Rippenteile. Auch die distale Ossifikationsgrenze im Bereich der definitiven Rippensymphyse wird erst postnatal erreicht.

Sternum (**Abb. 29.6**). Das Brustbein entwickelt sich aus zwei mesenchymalen *Sternalleisten*, die vermutlich von der Rippenanlage abstammen. Sie verknorpeln und vereinigen sich mit den sternalen Rippen. In der Folgezeit verschmelzen sie in der Mittellinie in kraniokaudaler Richtung und bilden die knorpelige Sternumanlage mit Manubrium, Corpus sterni und Processus xiphoideus. Die Ossifikation setzt später als die der Rippen ein und kommt erst lange nach der Geburt zum Ende.

29.3 Gliedmaßenskelett

Mesenchymale Anlage (Abb. 29.7; 29.8). Als erste Anlage entsteht zur Zeit des Auftretens der Kiemenbögen die *Extremitätenleiste*, die eine vom Epidermisblatt überzogene Mesenchymwucherung der Seitenzone darstellt. Vermehrtes Wachstum im kranialen und kaudalen Bereich führen zur Bildung der **Extremitätenhöcker** (**Abb. 12.1**), wobei die kranialen früher als die kaudalen entstehen. Der mittlere Bereich der Leiste verschwindet mit dem Wachstum der Körperwand. Aus den Extremitätenhöckern entwickeln sich die abgeflachten, flossenähnlichen **Extremitätenstummel**, die der Körperwand noch sagittal anliegen. Die Drehung in Pronationsstellung erfolgt zu einem späteren Zeitpunkt. In der folgenden Phase grenzt sich der *proximale Zylinder* als Anlage der Gliedmaßensäule deutlich von der distalen *Hand-* bzw. *Fußplatte* ab, an der sich die Finger- bzw. Zehenstrahlen (**Abb. 29.7**) ab-

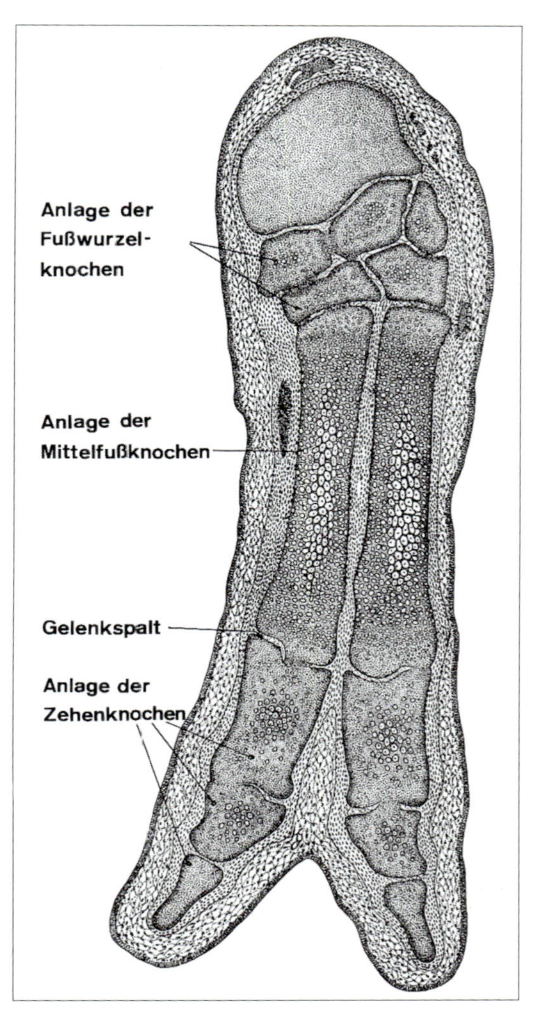

Abb. 29.8 Entwicklung der Gliedmaßenspitze an der Schultergliedmaße beim Rind (SSL 56 mm). Übergang vom mesenchymalen Stadium ins knorpelige, Vergr. 16x

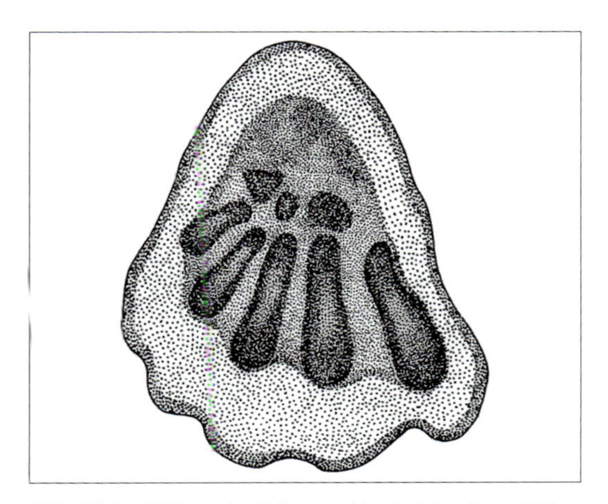

Abb. 29.7 Bildung der Zehenstrahlen bei der Katze (SSL 22 mm, ca. 26 Tage). Schräger Flachschnitt durch die Handplatte, Vergr. 25x

zeichnen. Der freie Rand der Platte wird von einer verdickten epithelialen Randleiste begrenzt. Die Strahlen bleiben vorübergehend durch Interdigitalmembranen verbunden.

Knorpelstadium (Abb. 29.8). Mit Ausnahme eines Teils der Clavicula werden alle Skelettteile knorpelig angelegt. Die Knorpelentwicklung beginnt proximal mit der Bildung des Zonoskeletts sowie der Gliedmaßensäule und schreitet nach distal fort. Die einzelnen Knorpelmodelle dienen als Platzhalter und sind an ihren Enden durch Mesenchym untereinander verbunden. Nicht alle Knorpelelemente werden vollständig in Knochen umgewandelt (Ulna und Fibula mancher Tiere). Andererseits können Knorpelteile miteinander verschmelzen (Basipodium).

Verknöcherung (Abb. 29.9). Mit Ausnahme des Mittelstückes der Klavikula, das desmal verknöchert, bilden sich alle Gliedmaßenknochen durch chondrale Osteogenese. Die platten und kurzen Knochen zeigen nur eine enchondrale, die Röhrenknochen neben dieser auch eine ausgeprägte perichondrale Verknöcherung (s. o.).

Die enchondrale Ossifikation der kurzen und platten Knochen geht meist von einem Hauptpunkt, die der Röhrenknochen jedoch von drei primären Verknöcherungskernen, dem *Diaphysenkern* und den beiden *Epiphysenkernen* aus. Hinzu kommen die *Apophysenkerne*, aus denen die größeren Knochenfortsätze hervorgehen.

Der **zeitliche Ablauf** der Ossifikation am Gliedmaßenskelett zeigt ein gesetzmäßiges und konstantes Verhalten. Die Reihenfolge des Auftretens der primären Knochenkerne richtet sich im wesentlichen nach der Größe der Skelettelemente und läuft nicht in proximo-distaler Richtung ab. Zuerst treten die Diaphysenkerne der Röhrenknochen und Hauptkerne der großen, platten Knochen des Gliedmaßengürtels auf. Es folgen die Kerne der kurzen Fußwurzelknochen. Zuletzt bilden sich die Epiphysen- und Apophysenkerne. Bei *Nestflüchtern* (Pfd., Wdk., Schw.) sind zur Zeit der Geburt fast alle Ossifikationskerne angelegt. Bei den *Nesthockern* (Flfr., Msch.) hingegen fehlen um diese Zeit noch die Epi- und Apophysenkerne sowie teilweise auch die Verknöcherungszentren der kurzen Knochen.

Die Verknöcherung setzt sich postnatal mit der Vereinigung der Ossifikationszentren fort. An den Röhrenknochen bleibt über lange Zeit der für das Längenwachstum verantwortliche Epiphysenfugenknorpel erhalten. Der Abschluss des Knochenwachstums mit Verknöcherung der Epiphysenfugen (Epiphysenschluss) erfolgt bei Katze mit einem Jahr, Hund mit 2, Schwein mit 3,5, Rind und Schaf mit 4,5 sowie Ziege und Pferd mit 7,5 Jahren.

29.4 Schädel

Der Schädel besteht aus dem Hirnschädel, Neurokranium (Cranium), und dem Gesichtsschädel, Splanchnokranium (Facies). Er entwickelt sich teilweise als *Ersatzknochen* über das Primordialkrani-

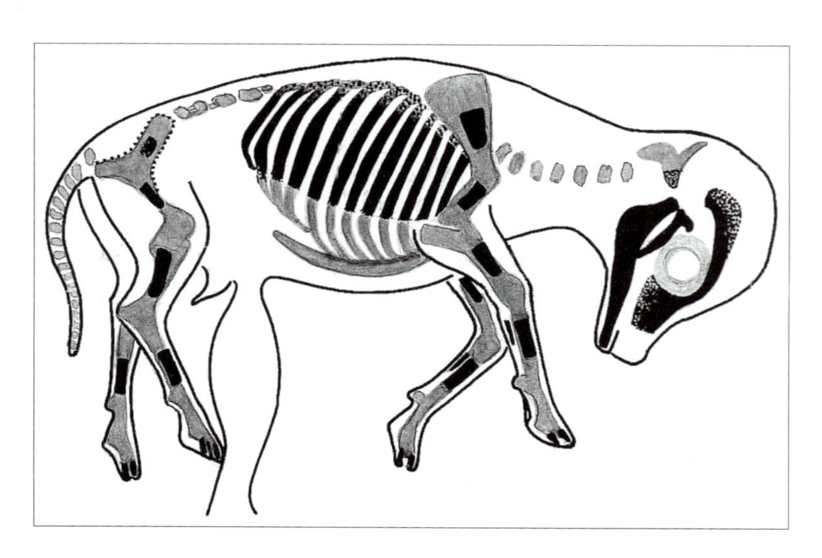

Abb. 29.9 Knochenentwicklung beim Rind (SSL 80 mm) nach einem Aufhellungspräparat. Knochengewebe mit Alizarin gefärbt

um und zum anderen als Beleg- oder Deckknochen durch desmale Ossifikation. Einige Knochen entstehen durch beide Arten der Verknöcherung, es sind Mischknochen.

Ausschließlich enchondral entstehen im Bereich des Hirnschädels das Keilbein und das Siebbein, im Bereich des Viszeralskeletts das Zungenbein, Amboss und Steigbügel sowie die Muschelbeine.

Allein durch *desmale Ossifikation* bilden sich am Neurokranium das Zwischenscheitelbein, Scheitelbein, Stirnbein und im Bereich des Gesichtsschädels das Nasenbein, Tränenbein, Jochbein, Oberkieferbein, Zwischenkieferbein, Gaumenbein, Pflugscharbein, Flügelbein und Unterkiefer.

Als *Mischknochen* werden am Hirnschädel das Hinterhauptsbein und Schläfenbein und im Bereich des Gesichtsschädels der Hammer angelegt.

Mesenchymales Stadium (Abb. 29.10). Das Mesenchym für das *Neurokranium* stammt vom Kopffortsatz sowie den okzipitalen Sklerotomen ab und bildet zunächst auf beiden Seiten die Parachordalia. Aus diesen entwickelt sich der mittlere Schädelbalken, der fortschreitend vom vorderen und hinteren Schädelbalken ergänzt wird. Das Mesenchym umgibt schließlich als vollständige Hülle die Gehirnanlage. Ausgangsmaterial für den *Gesichtsschädel* sind die ersten drei Kiemenbögen. Ihr Mesenchym differenziert sich vorwiegend aus dem Mesektoderm der Kopfneuralleiste.

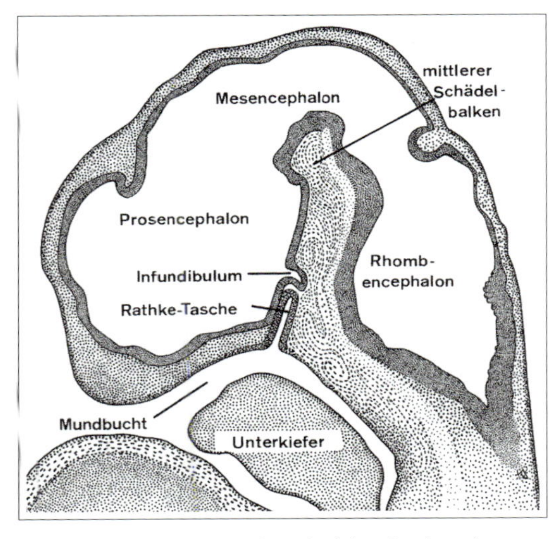

Abb. 29.10 Mesenchymaler Schädel und Anlage der Hypophyse beim Schwein (SSL 13 mm, ca. 20 Tage)

Chondrokranium, Primordialkranium (Abb. 29.11). Am *Neurokranium* erfasst die Verknorpelung im wesentlichen nur die Schädelbasis und lässt eine unvollständige Anlage als Schutz für das Gehirn und die Sinnesorgane entstehen. Der Prozess beginnt mit der Bildung der *Cartilagines parachordalia*, die zur einheitlichen *Basalplatte* verwachsen. Sie vereinigen sich mit der aus den okzipitalen Sklerotomen hervorgegangenen *Cartilago occipitalis*. Rostral vom Ende des Kopffortsatzes entstehen die *Cartilagines hypophyseales*, die sich vor und hinter der Hypophysengrube verbinden. Aus ihnen geht der Keilbeinkörper hervor. Nach rostral bilden sich in Spangenform die *Cartilagines trabeculares*. Sie werden zum Siebbein. Beiderseits der Basalplatte entstehen die Ala orbitalis und Ala temporalis. Um das Ohrbläschen bildet sich die *Ohrkapsel* und um die Nasensäcke die *Nasenkapsel*.

Am *Splanchnokranium* treten Knorpelspangen der Kiemenbögen auf. Aus dem dorsalen Teil des ersten Kiemenbogenknorpels (Meckelscher Knorpel) gehen die Anlagen von Hammer und Amboss hervor. Der Dorsalteil des zweiten Kiemenbogenknorpels (Reichertscher Knorpel) stellt die Anlage des Steigbügels und entwickelt sich selbst zum Aufhängeapparat des Zungenbeins. Der dritte Kiemenbogenknorpel entwickelt sich zum Körper und den Kehlkopfhörnern des Zungenbeins.

Osteokranium. Bei der Verknöcherung des Schädels entstehen im allgemeinen die Deckknochen früher als die Ersatzknochen. Beim Schwein beginnt die Deckknochenbildung an Os parietale und

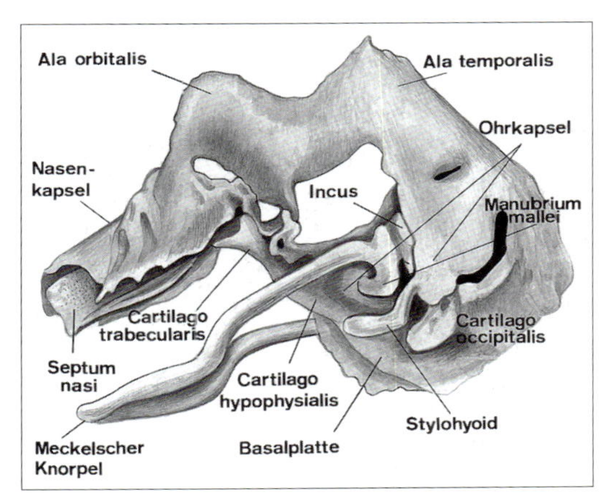

Abb. 29.11 Primordialkranium des Pferdeembryos mit 36 mm SSL (nach Arnold 1928)

Os frontale beim Embryo mit einer Länge von 45 mm. In jedem Skelettelement ist mindestens ein Ossifikationskern vorhanden. Kommen mehrere vor, dann vereinigen sie sich bereits vor der Geburt. Das Wachstum der Ersatzknochen erfolgt durch Umbau des Knorpels im Inneren und gleichzeitige Vermehrung an der Peripherie. Die Deckknochen vergrößern ihre Ossifikationskerne durch Apposition. An den Berührungsstellen der Knochen bleibt nach Beendigung der Entwicklung bei Ersatzknochen der Nahtknorpel und bei Belegknochen das bindegewebige Nahtband übrig. Wo mehrere Deckknochen zusammenstoßen, bleiben von bindegewebigen Platten bedeckte Lücken übrig, die als **Fontanellen** bezeichnet werden. Im Gegensatz zum Menschen schließen sie sich bei den Tieren meist vor der Geburt. Dauerfontanellen können aber auch vorkommen (z. B. Hd., Wdk.).

Der Schädel unterliegt während der pränatalen Entwicklung einer starken Veränderung und zeigt zur Zeit der Geburt bei allen Tieren m.o.w. rundliche Form. Die definitive Gestalt wird erst postnatal erreicht.

29.5 Knochenverbindungen

Die Knochenverbindungen gehen aus mesenchymalem Gewebe hervor, das zwischen benachbarten knorpeligen bzw. knöchernen Skelettelementen übrig geblieben ist (**Abb. 29.8**). Wandelt sich das Mesenchym zu Bindegewebe bzw. Knorpelgewebe um, entstehen die spaltfreien *Articulationes fibrosae* bzw. *cartilagineae*. Schwindet jedoch das Zwischengewebe und kommt es zur Ausbildung eines Hohlraumes (Gelenkhöhle), entsteht ein Gelenk, *Articulatio synovialis*. Die Gelenkkapsel differenziert sich aus der Fortsetzung des Perichondriums. Die Bänder bilden sich aus umgebenden Mesenchymverdichtungen. Der Gelenkknorpel ist ein Rest des knorpeligen Skeletts, der bei der Ossifikation übriggeblieben ist.

Zusammenfassung

Knochen und Gelenke

- **Knochenbildung.** Beim *Knochenaufbau* entstehen in den meisten Fällen aus Mesenchymvorläufern Knorpelmodelle, aus denen sich durch chondrale Ossifikation Ersatzknorpel bilden. Einige Knochen entstehen jedoch direkt aus dem Mesenchym durch desmale Ossifikation (Belegknochen). Das Ergebnis beider Vorgänge ist der Geflechtknochen, der später in Lamellenknochen umgewandelt wird.
- Bei der direkten, **desmalen Ossifikation** geben aus Mesenchymzellen enstandene *Osteoblasten* Prokollagen und Interzellularsubstanz an den Interzellularraum ab, wo kollagene Fibrillen entstehen. Durch Calcium- und Phosphationenzufuhr kommt es zur Mineralisierung und zum Aufbau von *Knochenbälkchen*. Diese haben an ihrer Oberfläche in Reihen angeordnete Osteoblasten. Im Inneren eingemauerte Osteoblasten heißen nun *Osteozyten*. Durch die desmale Ossifikation entstehen Teile des Schädels und die Knochenmanschette des Röhrenknochens.
- Bei der indirekten, **chondralen Ossifikation** werden zunächst durch Tätigkeit von Chondroblasten Modelle aus hyalinem Knorpel gebildet, die durch enchondrale Ossifikation in Geflechtknochen umgewandelt werden. Am Röhrenknochen wird zunächst ein perichondraler Knochenmantel an der Diaphyse gebildet. Diese **perichondrale Ossifikation** läuft nach der Art der desmalen Verknöcherung ab. Durch die Knochenmanschette wird der Knorpel blasig, und vom Periost dringen Mesenchymzellen und Blutgefäße ein. Nun beginnt die **enchondrale Ossifikation**, bei der Chondroklasten den Knorpel abbauen und Osteoblasten Knochenbälkchen aufbauen, die sich mit dem peripheren Knochenmantel verbinden. Innere Zwischenräume bilden die primäre Markhöhle. Die enchondrale Verknöcherung schreitet in Richtung auf die Epiphysen fort und lässt am Übergang zum Knorpel die Zone des Säulenknorpels, Zone des Blasenknorpels, Eröffnungszone und Verknöcherungszone erkennen. Die Verknöcherung der Epiphysen erfolgt später und ausschließlich enchondral von Epiphysenkernen aus. Das Längenwachstum erfolgt an der Epiphysenfuge.
- **Mesenchymaler Wirbel.** Sklerotomzellen der Urwirbel umgeben die Chorda dorsalis und bilden somit die sekundären **Sklerotome**, die durch den Intrasegmentalspalt bald in eine kraniale und eine kaudale Hälfte getrennt werden. Kraniale und kaudale Teile benachbarter Sklerotome verwachsen zum definitiven Wirbel. Zwischen den Wirbelkörpern bildet sich die Zwischenwirbelscheibe mit zentralem Nucleus pulposus als Rest der Chorda dorsalis. Vom Wirbelkörper bilden sich nach dorsal der Wirbelbogen, nach ventral der Hämalbogen und seitlich die Rippenfortsätze.

- **Knorpeliger Wirbel.** Die Verknorpelung geht von paarigen Knorpelzentren der Wirbelkörper und Wirbelbögen aus, die sich vereinigen. Dorn- und Gelenkfortsätze entstehen aus Knorpelzentren der Bögen.
- **Verknöcherung der Wirbel.** Die Verknöcherung erfolgt durch enchondrale Ossifikation, die von drei primären Knochenkernen ausgeht. Einer liegt im Wirbelkörper, zwei im Wirbelbogen. Zusätzlich kommen sekundäre Ossifikationszentren in Epiphysenplatten, Dornfortsätzen und Lendenwirbelquerfortsätzen vor.
- Die **Rippen** entwickeln sich aus mesenchymalen Anlagen der thorakalen Wirbel, die von dorsal nach ventral verknorpeln. Das Ossifikationszentrum liegt ebenfalls im dorsalen Teil der Rippe.
- Das **Brustbein** entwickelt sich aus zwei mesenchymalen Sternalleisten, die verknorpeln und sich mit den sternalen Rippen vereinigen. Die Ossifikation kommt erst lange nach der Geburt zum Ende.
- **Mesenchymale Anlage des Gliedmaßenskelettes.** Aus der seitlichen Extremitätenleiste bilden sich kranial und kaudal die Extremitätenhöcker, die sich zu flossenähnlichen Extremitätenstummeln umbilden. An diesen grenzt sich der proximale Zylinder als Anlage der Gliedmaßensäule von der distalen Hand- bzw. Fußplatte ab, an der sich die Zehenstrahlen abzeichnen.
- **Knorpelstadium des Gliedmaßenskelettes.** Mit Ausnahme eines Teiles der Klavikula werden alle Teile knorpelig angelegt. Die Verknorpelung beginnt proximal mit der Bildung des Zonoskelettes und der Gliedmaßensäule und schreitet nach distal fort.
- **Verknöcherung des Gliedmaßenskelettes.** Mit Ausnahme des Mittelstückes der Klavikula, die desmal verknöchert, entstehen alle Gliedmaßenknochen durch enchondrale Osteogenese und die Röhrenknochen zusätzlich durch ausgeprägte perichondrale Ossifikation. Kurze und platte Knochen besitzen nur ein Verknöcherungszentrum. Röhrenknochen haben neben dem Diaphysenkern und den beiden Epiphysenkernen für größere Fortsätze noch Apophysenkerne.
- Der **Schädel** besteht aus *Hirnschädel* (Neurokranium) und *Gesichtsschädel* (Splanchnokranium). Er entwickelt sich teilweise als Ersatzknochen über das Primordialkranium und zum anderen als Beleg- oder Deckknochen durch desmale Ossifikation. Einige Knochen entstehen durch beide Arten der Ossifikation und sind somit Mischknochen.
- Ausschließlich **enchondral** entstehen am Hirnschädel das Keilbein und Siebbein sowie am Gesichtsschädel das Zungenbein, Amboss und Steigbügel sowie die Muschelbeine.
- Allein **desmal** entstehen am Neurokranium das Zwischenscheitelbein und Scheitelbein, am Splanchnokranium das Nasenbein, Tränenbein, Jochbein, Oberkieferbein, Zwischenkieferbein, Gaumenbein, Pflugscharbein, Flügelbein und der Unterkiefer.
- Als **Mischknochen** bilden sich am Hirnschädel das Hinterhauptsbein und Schläfenbein sowie am Gesichtsschädel der Hammer.
- **Knochenverbindungen** entwickeln sich aus Mesenchym, das zwischen knorpeligen bzw. knöchernen Skeletteilen übriggeblieben ist. Dabei entstehen spaltfreie Articulationes fibrosae und cartilagineae sowie echte Gelenke, Articulationes synoviales, mit Gelenkkapseln und Bändern.

30 Entwicklung der Muskulatur

Mit Ausnahme der Irismuskeln, die ektodermalen Ursprungs sind, entwickelt sich die Muskulatur aus dem Mesoderm.

30.1 Glatte Muskulatur

Die glatte Muskulatur des Darmrohres entsteht aus dem viszeralen Blatt der Seitenplatten (Splanchnopleura), an den übrigen Stellen aus dem Mesenchym der entsprechenden Regionen.

Unter Verlust ihrer Fortsätze wandeln sich die Mesenchymzellen in Myoblasten um. Im Inneren treten feine Filamente auf, die zunächst noch ungeordnet sind. Die Myoblasten wachsen spindelförmig in die Länge und lagern sich zu Muskelhäuten zusammen.

30.2 Quergestreifte Skelettmuskulatur

Die quergestreifte Skelettmuskulatur entwickelt sich aus den *Myotomen* der Urwirbel des Rumpfes und im Kopf- und Halsbereich auch aus dem unsegmentierten Mesoderm (**Abb. 30.1**).

Die Bildung der mehrkernigen Muskelfasern erfolgt nicht durch fortlaufende Kernteilung ohne Zytokinese, sondern durch *Fusion der Myoblasten*. Nach einer Phase lebhafter Zellteilungen vereinigen sich wenig differenzierte, mononukleäre Myoblasten zu einem *Synzytium*, dem multinukleären Myoblasten. Dieser differenziert sich durch Bildung der Myofibrillen und Zellorganellen zur mehrkernigen Faser mit peripher gelagerten Nuclei. Nach der Fusion finden keine Mitosen mehr statt. Das postnatale Wachstum der Muskelfasern erfolgt vorwiegend durch Größenzunahme (Hypertrophie) der vorhandenen Faser. Außerdem werden fortwährend weitere einkernige Satellitenzellen in die Faser einverleibt, was den ständigen Anstieg der Kernzahl erklärt.

Myotome. Die Myotome teilen sich in einen kleinen, dorsalen Abschnitt, das Epimer, und einen größeren, ventralen Teil, das Hypomer. Beide Anteile werden durch ein mesenchymales, intermuskuläres Septum vorübergehend miteinander verbunden.

Aus dem **Epimer** geht die dorsale Stammesmuskulatur hervor, die von den Rami dorsales der Spinalnerven versorgt wird. Die segmentale Anordnung bleibt bei einigen kurzen Muskeln erhalten. Bei den meisten Muskeln verwischt sich jedoch die Metamerie.

Das **Hypomer** wird von den Rami ventrales der Spinalnerven versorgt, dehnt sich nach ventral aus und wird dreischichtig. An der Bauchwand sind dies die Mm. obliquus externus, obliquus internus und transversus abdominis. Im Brustbereich bleibt die segmentale Anordnung erhalten, und die drei Schichten bestehen aus der äußeren und inneren interkostalen sowie der tiefen (transversalen) intrathorakalen Muskulatur.

Am ventralen Ende der Hypomere entsteht eine *Längsmuskelsäule*, aus der im Bauchbereich der M. rectus abdominis und am Hals die infrahyoidalen Muskeln (M. sternothyreoideus, M. thyreohyoideus, M. sternohyoideus, Mm. scaleni, M. serratus ventralis) hervorgehen. Im Brustbereich bildet sich der Längsmuskelstrang zurück.

Zungenmuskeln. Sie entwickeln sich aus den okzipitalen Myotomen. Zunächst werden vier Somitenpaare angelegt, von denen sich das am weitesten rostral gelegene aber bald zurückbildet. Die verbleibenden okzipitalen Myotome wandern ventral und bilden die äußeren und inneren Zungenmuskeln. Sie werden vom N. hypoglossus (XII) innerviert.

Augenmuskeln. Die äußeren Augenmuskeln sollen aus drei präotischen Myotomen hervorgehen, die sich aus dem Mesenchym in der Umgebung der Prächordalplatte bilden. Die Muskelanlagen werden von dem III., IV. und VI. Hirnnerven innerviert.

Kiemenbogenmuskeln. Die branchiogene Muskulatur besteht aus Myoblasten, die von den Kiemenbögen auswandern und von den entsprechenden Kiemenbogennerven innerviert werden. Aus dem 1. Kiemenbogen entwickeln sich die Kaumuskulatur (N. trigeminus V), aus dem 2. Kiemenbogen die mimischen Muskeln (N. facialis VII) sowie aus dem 3. und 4. Kiemenbogen die Kehlkopf- und Schlundkopfmuskeln (N. glossopharyngeus IX und N. vagus X). Abkömmlinge der Kiemenbögen sind auch der M. trapezius und der M. sternocleidomastoideus, die vom N. accessorius (XI) versorgt werden.

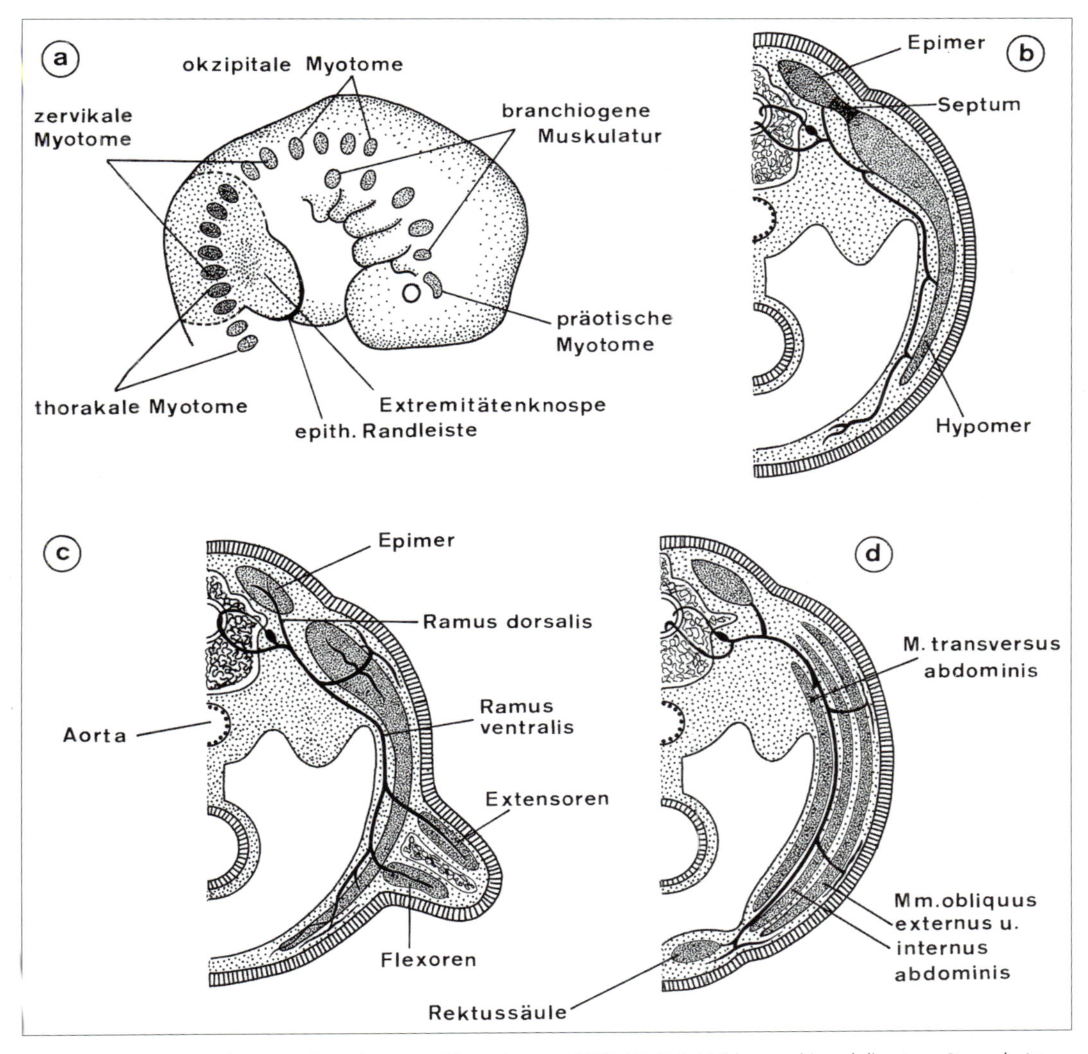

Abb. 30.1 Schematische Darstellung der Entwicklung der Muskulatur des Menschen beim 5 Wochen alten Embryo (a, b, c) und in einer späteren Phase (d) (aus Langman 1985). Die Teilabbildungen b) und d) zeigen Querschnitte im Thoraxbereich und c) im Bereich der Extremitätenknospe

Gliedmaßenmuskulatur. Die Extremitätenmuskulatur entsteht aus undifferenzierten Zellen, die aus Myotomen der Rumpfsomiten in die Gliedmaßenknospen einwandern. Sehnen und Bindegewebe bilden sich aus dem Mesenchym der lateralen Leibeswand. Die myogenen Zellen machen während ihrer Wanderung lebhafte Teilungen durch und differenzieren sich mit dem Auftreten der knorpeligen Skelettanlagen zu mononukleären Myoblasten, die dann zu vielkernigen Muskelfasern verschmelzen. Die Muskelanlagen verbinden sich mit Ventralästen der Spinalnerven und teilen sich in ein dorsales Blastem für die Strecker und ein ventrales Blastem für die Beuger.

30.3 Herzmuskulatur

Die Herzmuskulatur entwickelt sich aus dem *epimyokardialen Mantel*, der sich um den endothelialen Endokardschlauch legt und von der Splanchnopleura abstammt (vgl. hierzu Herzentwicklung). Im Gegensatz zur Skelettmuskulatur bilden die Myoblasten bei der quergestreiften Herzmuskulatur

Muskelzellen, die sich durch Glanzstreifen untereinander verbinden. Die Zellkerne bleiben zeitlebens zentral. In der späten Embryonalphase differenzieren sich auch die Purkinje-Fasern, die das Reizleitungssystem aufbauen.

Zusammenfassung

Muskulatur

- Mit Ausnahme der Irismuskeln entwickelt sich Muskelgewebe aus dem Mesoderm.
- Die **glatte Muskulatur** des Darmrohres entwickelt sich aus dem viszeralen Blatt des lateralen Mesoderms, an anderen Stellen aus dem regionalen Mesenchym.
- Die **quergestreifte Skelettmuskulatur** entsteht aus den Myotomen der Urwirbel und im Hals- und Kopfbereich aus dem unsegmentierten Mesoderm. Dabei bilden sich mehrkernige Muskelfasern durch Fusion von Myoblasten zu einem Synzytium. Aus dem dorsalen *Epimer* der **Myotome** entsteht die dorsale Stammesmuskulatur und aus dem ventralen *Hypomer* die seitlichen Bauchmuskeln und die Interkostalmuskeln. Aus dem ventralen Ende der Hypomere bildet sich eine Längsmuskelsäule, aus der der M. rectus abdominis und am Hals die infrahyoidale Muskulatur hervorgehen.
- Die **Zungenmuskeln** entwickeln sich aus den okzipitalen Myotomen und werden vom N. hypoglossus innerviert.
- Die **Augenmuskeln** bilden sich aus 3 präotischen Myotomen.
- Die **Kiemenbogenmuskeln** entstehen aus Myoblasten der Kiemenbögen. Aus dem ersten Kiemenbogen entwickeln sich die Kaumuskeln (N. trigeminus), aus dem zweiten die mimische Muskulatur (N. fascialis) und aus dem dritten und vierten Kiemenbogen die Kehlkopf- und Schlundmuskeln (N. glossopharyngeus und N. vagus).
- Die **Gliedmaßenmuskeln** entstehen aus undifferenzierten Zellen, die aus Myotomen der Rumpfsomiten in die Gliedmaßenknospe eingewandert sind.
- Die **Herzmuskulatur** entwickelt sich aus dem epimyokardialen Mantel, der sich um den endothelialen Endokardschlauch legt.

Anhang

Tab. 31.1 Angaben zur Trächtigkeit bei einigen Wild- und Zootieren (nach STARCK 1975; MICHEL 1986 u. a.)

Spezies	Trächtigkeit [d]
Damhirsch	231
Rothirsch	235
Reh	290*
Elch	235–285
Wildschwein	130
Gamswild	175–182
Dachs	60–70 210–240*
Fuchs	51–52
Wolf	63–64
Frettchen	42
Baummarder	260–268*
Hase	42
Wildkaninchen	28–31
Nerz	42–52
Waschbär	63–64
Biber	105–107
Eichhörnchen	38
Feldhamster	18–20
Feldmaus	20–21
Igel	31–35
Yak	258
Elefant	630–660
Löwe	108
Tiger	95–114
Kamel	406
Känguruh	30–40, danach 135–220 im Beutel

* mit Entwicklungsruhe

Tab. 31.2 Eizahl und Brutdauer bei verschiedenen Vogelarten (nach HARRISON 1975; NIETHAMMER 1973; STARCK 1975; u. a.)

Spezies	Eizahl im Gelege	Brutdauer [d]	Jahresbruten
Taube	2	13–16	2–3
Huhn	10–20	20,5	1
Hausente	8–16	28	1
Stockente	7–16	28	1
Eiderente	4–6	25–26	1
Gans	6–10	29–33	1
Truthuhn	8–12	28–30	1
Kanarienvogel	3–6	13–14	2
Wellensittich	4–6	18	2–3
Austral. Sittich	2–7	21	1
Nymphensittich	4–7	19	1
Papageien:			
Ara	2	23–25	1
Jako	3–4	30	1
Molukkenkakadu	3–4	25	1
Amazone	3–5	30	1
Strauß	15	42	1
Pfau	3–5	26–28	1
Fasan	8–15	22–27	1
Rebhuhn	12–18	24	1
Sperber	4–5	31	1
Turmfalke	3–5	28	1
Höckerschwan	5–8	35–38	1
Weißstorch	3–5	31–34	1
Amsel	4–6	13	2–3
Rotschwänzchen	5–8	13	2–3
Haussperling	5–6	13–14	3
Rauchschwalbe	4–5	14–16	2–3
Kohlmeise	8–10	13–14	2

Fortpflanzung der Bienen

Zu den Haustieren gehören auch die *Honigbienen* (Apis mellifica), die im Gegensatz zu vielen anderen Insekten nur im Bienenvolk leben und existieren können. Ein *Volk* besteht aus 40.000–80.000 Bienen, unter denen nur die *Königin* (Weisel) als einziges, voll entwickeltes Weibchen Eier legen kann. Sie wird 4–5 Jahre alt. Eine größere Anzahl männlicher Tiere, *Drohnen*, kommen nur im Frühjahr und Frühsommer vor, ehe sie gewaltsam entfernt werden (Drohnenschlacht). Die Mehrzahl des Bienenstaates besteht aus *Arbeitsbienen* (Arbeiterinnen). Dies sind Weibchen, die unter normalen Umständen keine Eier legen, jedoch die Betreuung der Nachkommenschaft und alle Arbeiten im Stock übernehmen. Ihr Leben währt Wochen, bestenfalls Monate.

Den ursprünglich in hohlen Bäumen lebenden Bienenvölkern haben die Imker früher Strohkörbe als Behausung bereitgestellt. Heute verwendet man Holzkästen mit abnehmbarem Deckel, einem Flugspalt und Anflugbrettchen an der Vorderseite und beweglichen Holzrahmen im Inneren, in die die Bienen Waben aus Wachs einbauen. Diese transportablen *Bienenkästen* gestatten dem Imker zu gewissen Jahreszeiten, mit den Bienenvölkern in andere Gegenden zu fahren, wo noch reichlich Honigquellen vorhanden sind (Wanderbienenzucht). Mit Hilfe des Sekretes ihrer Wachsdrüsen bauen die Bienen die Waben auf, die beidseitig einer Mittelwand mehrere tausend kleine, sechseckige Wachskammern besitzen. Diese „Zellen" dienen entweder als Vorratskammern oder als Kinderstube für die Brut.

Die Königin wird in den ersten Lebenswochen auf ihren *Hochzeitsflügen* von einer oder mehreren Drohnen begattet. Die übertragenen Spermien werden im Samenbehälter (Receptaculum seminis), der mit dem medialen Eileiter in Verbindung steht, über Jahre befruchtungsfähig gehalten. Beim Legen setzt die Königin einen Mechanismus in Gang, wodurch entweder die vorbeigleitenden Eier durch Zugabe von Spermien *befruchtet* oder *unbefruchtet* abgelegt werden. Aus den befruchteten Eiern entwickeln sich normalerweise weibliche Tiere (Königinnen und Arbeiterinnen) und aus den unbefruchteten Eiern durch haploide Parthenogenese die Drohnen.

Die Königin legt nach vorhergehender Kontrolle der Zelle und nach einem bestimmten Ordnungsprinzip die Eier in die zentralen Teile der mittleren und vorderen Waben des Bienenstockes. In den an der Peripherie eines solchen „Brutnestes" gelegenen Zellen speichern die Arbeiterinnen Blütenstaub (Pollenzellen) und Honig. Die Arbeitsbienen sorgen ferner dafür, dass eine gleichmäßige Temperatur von 35 °C im Stock herrscht. Aus den dotterreichen Eiern entwickeln sich nun nach beginnender *superfizieller Furchung* binnen 3 Tagen kleine, weiße Maden (Larven) in den unverdeckelten Zellen (offene Brut). Die Maden werden sofort von den Arbeitsbienen reichlich mit Futter versorgt und vollenden innerhalb von 6 Tagen ihr gesamtes Wachstum, wobei ihr Gewicht um das 500-fache zunimmt. Es folgt nun eine Phase der äußeren Ruhe, in der sich die Made in die *fertige Biene* verwandelt. Während dieser Zeit werden die Zellen mit einem zarten Wachshäutchen verdeckelt („gedeckelte Brut"). Bei den Arbeiterinnen verpuppt sich die Made innerhalb von 12 Tagen zur fertigen, geflügelten Biene; die gesamte Entwicklungszeit dieser Tiere dauert somit von der Eiablage bis zum Aufbruch des Deckels 3 Wochen. Drohnen benötigen ca. 3 Tage länger und Königinnen etwa 5 Tage weniger für ihre Entwicklung.

Ob aus den weiblichen Larven eine Königin oder Arbeiterin hervorgeht, ist von der *Brutpflege* durch die Arbeiterinnen, vor allem aber von der Ernährung abhängig. Die in den gewöhnlichen, engen Wabenzellen heranwachsenden Arbeiterinnen-Larven werden anfangs durch ein nährstoffreiches Sekret abgewandelter Speicheldrüsen, den Futtersaft, und später zusätzlich durch Blütenstaub und Honig ernährt. Die Larven, die sich zu Königinnen entwickeln sollen, leben von vornherein in größeren Zellen, den *Weiselwiegen*, und werden ausschließlich und besonders reichlich von den pflegenden Arbeiterinnen mit Weiselfuttersaft ernährt, der einen besonderen Wirkstoff enthält.

Fortpflanzung der Fische

Die Nutzfische gehören zu den oviparen Tieren, die unbefruchtete Eier ablegen. Die Eier werden von den Rognern (Weibchen) und der Samen von den Milchnern (Männchen) nach tierartlich unterschiedlichem Liebesspiel ins Wasser ausgestoßen, wo die Befruchtung durch *äußere Besamung* stattfindet. Die Fische laichen meistens nur einmal im Jahr und vorwiegend im Frühjahr. Karpfen laichen mehrmals im Sommer und die Lachsartigen im Winter. Beim Hering kommen Arten vor, die entweder im Frühling, Sommer oder Herbst Eier legen. Während die Eier von Meeresfischen als Geschwebe (Plankton) im Wasser treiben, sinken die der Süßwasserfische auf den Boden. Die Anzahl der abgelegten Eier zeigt bei den einzelnen Arten erhebliche Unterschiede. Während die Forelle höchsten 3.000 Eier legt, sind es beim Karpfen 20.000 – 70.000, beim Stör 6 Millionen und beim Steinbutt sogar 9 Millionen. Um die passenden Brutplätze zu finden, unternehmen manche Fische ausgedehnte Wanderungen und wechseln zudem vom Süßwasser ins Meer oder umgekehrt. Lachse und Störe wandern flussaufwärts bis in die Nebenflüsse zum Laichen (anadrome Fische). Aale ziehen hingegen vom Süßwasser ins Meer, bis in die Sargassosee im westlichen Atlantik (katadrome Fische).

Die poly- und telolezithalen Eier der Knochenfische zeigen eine scharfe Trennung zwischen Bildungsplasma und öligem Dotter. Nach der Befruchtung beginnt die Entwicklung mit der *partiellen, diskoidalen Furchung* (Meroblastier), die zur Bildung einer vielschichtigen Keimscheibe führt. Sie steht am Rande mit einem den gesamten Dotter umgebenden Periplasma in Verbindung.

Bald entsteht zwischen der Keimscheibe und dem zentralen Periblasten das Blastocoel. Außerhalb der Keimscheibe bedeckt der periphere Periblast die Dotterkugel. Beide Periblastregionen, die vom Rand der Keimscheibe zellularisiert werden, spielen bei der Verarbeitung des Dotters eine besondere Rolle.

Wie bei anderen Meroblastiern bleibt bei Fischen die *Keimblattbildung* auf bestimmte Regionen der Keimscheibe beschränkt. Die Entodermbildung erfolgt entweder durch Delamination oder Invagination, und das Mesoderm entsteht durch Einwanderung am Keimscheibenrand.

Die *Entwicklungszeit* im Ei bis zum Schlüpfen des Jungfisches ist nach Tierart und Jahreszeit verschieden. Sie dauert bei Stören nur 64 – 120 Stunden, bei Karpfenfischen und Barschartigen bis zu 2 Wochen und bei Lachsen bis zu 5 Monaten. In dieser Zeit muss bei einigen Arten eine Brutpflege zum Schutz gegen Laichfresser erfolgen.

Nach dem Schlüpfen bleiben die sich weiter entwickelnden Fischlarven gewöhnlich noch 2 – 3 Wochen zusammen und ernähren sich von ihrem Dottersack.

Im Vergleich zur Fortpflanzung der Fische in der Natur lässt sich die Anzahl der Nachkommen bei der Fischzucht durch „künstliche" Besamung, künstliche Wärme und künstliche Ernährung wesentlich erhöhen. Weltweite Bedeutung bei der Fischzucht besitzen drei Arten: der Karpfen, die Regenbogenforelle und der Mozambique-Buntbarsch.

Die **Karpfenzucht** setzt flache, nicht über 130 cm tiefe Teiche mit einer optimalen Wassertemperatur von 22 – 24 °C voraus. Das Ablaichen erfolgt in 20 – 60 cm tiefen Laichteichen, die wegen Parasiten erst kurz vor dem Besatz mit Wasser gefüllt („bespannt") werden. In den Teich werden ausgewählte, 4 – 6 jährige Elternfische, ein Weibchen und zwei Männchen, eingesetzt, die unmittelbar nach dem Ablaichen Ende Mai bis Anfang Juni wieder entfernt werden. Die schnell heranwachsenden Brütlinge setzt man spätestens nach einer Woche in größere, 80 – 100 cm tiefe Brutvorstreckteiche. Um den Nahrungsbedarf sicherzustellen, werden nach 3 – 8 Wochen die Jungfische auf weitere Brutvorstreckteiche verteilt. So wachsen im ersten Jahr Karpfen mit einer Länge von 9 – 15 cm und einem Gewicht von 20 – 50 g heran. Im zweiten Zuchtjahr erreichen die Karpfen in den Streckteichen ein Gewicht von 250 – 500 g und im dritten Jahr in den Abwachsteichen ihr Endgewicht von 1200 – 1800 g.

Für die **Forellenzucht** muss ausreichend kühles, klares und sauerstoffreiches Wasser zur Verfügung stehen. Die Eier werden der laichreifen Regenbogenforelle durch Druck auf die Bauchwand von Menschenhand abgestreift und in eine trockene Schüssel gebracht. Erst nach Vermengung mit dem Samen wird Wasser zugesetzt, worauf innerhalb von drei Minuten die Befruchtung stattfindet. Die Eier werden zum Brüten in abgedeckte Kästen gebracht, die ständig mit frischem Wasser versorgt werden. Die geschlüpften Brütlinge lässt man nun in einem kleinen Brutgraben bis zu einer Länge von 5 – 8 cm heranwachsen, ehe sie in die Aufzuchtteiche umgesetzt werden. Dies sind 20 – 25 m lange und 5 – 10 m breite, durchströmte Teiche, in denen die Wassertemperatur auch im Sommer nicht über 20 °C steigen darf.

Der **Mozambique-Buntbarsch** wird in vielen Ländern Afrikas und auch in Südost- und Ostasien gezüchtet. Hier werden in besondere Laichteiche jeweils zu drei Weibchen zwei Männchen gesetzt.

Die befruchteten Eier werden von den Weibchen mit dem Mund aufgenommen und hier bis zum Schlüpfen bebrütet. Durch Absenken des Wasserspiegels wird die Mutter gezwungen, die Jungfische auszuspucken, die dann aus dem abfließenden Wasser abgefischt und in Abwachsteiche gesetzt werden. Da der Mozambique-Buntbarsch bereits mit 2 – 3 Monaten geschlechtsreif wird, müssen die Geschlechter früh getrennt werden, damit die Besatzstärke der Teiche nicht zu groß wird.

Literatur

zum Nachweis der Abbildungen

Arnold, E.: Das Primordialcranium eines Pferdeembryos von 3,6 cm SSL. Diss. Med. vet. Gießen 1928

Austin, C.R., Short, R.V.: Fortpflanzungsbiologie der Säugetiere. Parey, Berlin. Bd. 1: Keimzellen und Befruchtung, 1976

Boenig, H., Bertolini, R.: Leitfaden der Entwicklungsgeschichte des Menschen. Thieme, Leipzig 1971

Bonnet, R.: Lehrbuch der Entwicklungsgeschichte. Parey, Berlin 1907

Bonnet, R., Peter, K.: Lehrbuch der Entwicklungsgeschichte. Parey, Berlin 1929

Clara, M.: Entwicklungsgeschichte des Menschen, 6. Aufl., Thieme, Leipzig 1966

Cole, H.H., Cupps, P.T.: Reproduction in Domestic Animals. Academic Press, New York, San Francisco, London 1977

Duval, M.: Etudes histologiques et morphologiques sur les annexes des embryos d'oiseau. J. Anat. Paris 20 (1889) 201 – 241

Eichner,H.: Messungen am Endometrium des Rindes im mittleren Postoestrum und späten Interoestrum. Zbl. Vet. Med. A 10 (1963) 485 – 498

Enders, A.C.: A Comparative Study of the Fine Structure of the Trophoblast in Several Hemochorial Placentas. Am. J. Anat. 116 (1965) 29 – 68

Evans, H.E., Sack, W.O.: Prenatal Development of Domestic and Laboratory Mammals: Growth, External Features and Selected References. Anat. Histol. Embryol. 2 (1973) 11 – 45

Feher, G.: Die ontogenetische Entwicklung des Dottersackstieles der Hausvögel und seine Rolle bei der Absorption des Dotters. Zbl. Vet. Med. C 4 (1975) 113 – 126

Fischel, A.: Lehrbuch der Entwicklung des Menschen. Springer, Wien, Berlin 1929

Ginther, O.J.: Reproductive Biology of the Mare. Mc Naughton and Gunn, Inc. Ann Arbor, Michigan 1979

Goerttler, K.: Entwicklungsgeschichte des Menschen. Springer, Berlin, Göttingen, Heidelberg 1950

Grosser, O.: Frühentwicklung, Eihautbildung und Placentation des Menschen und der Säugetiere. Bergmann, München 1927

Grosser, O., Ortmann, R.: Grundriss der Entwicklungsgeschichte des Menschen. Springer, Berlin, Heidelberg, New York 1970

Grünwald, P.: Die Entwicklung der Vena cava caudalis beim Menschen. Z. mikr.-anat. Forsch. 43 (1938) 275 – 331

Harrison, C.: Jungvögel, Eier und Nester aller Vögel Europas, Nordafrikas und des mittleren Ostens. Parey, Hamburg, Berlin 1975

Habermehl, K.H.: Die Altersbestimmung bei Haus- und Labortieren. Aufl. Parey, Berlin, Hamburg 1975

Hochstetter, F.: Beiträge zur Entwicklungsgeschichte des Venensystems der Amnioten. 1. Vögel. Morph. Jb. 13 (1888) 575 – 585; 2. Reptilien. Morph. Jb. 19 (1892) 428 – 501; 3. Säuger. Morph. Jb. 20 (1893) 543 – 648

Kaliner, G.: Messungen am Endometrium des Rindes im Oestrum und späten Postoestrum. Zbl. Vet. Med. A 10 (1963) 430 – 439

Kallius, E.: Beiträge zur Entwicklung der Zunge. III. Teil: Säugetiere, 1. Sus scrofa. Anat. Hefte 41 (1910) 176 – 332

Keibel, F.: Normentafel zur Entwicklungsgeschichte der Wirbeltiere. Fischer, Jena 1897

King, A.S.: Aves Urogenitalsystem. In: Sisson and Grossmans „The Anatomy of Domestic Animals“ (R. Getty, Ed.) Vol. 2, 5. Aufl. Saunders, Philadelphia 1975

Kühn, A.: Grundriss der allgemeinen Zoologie. Thieme, Stuttgart 1968

Küpfer, M.: Beiträge zur Morphologie der weiblichen Geschlechtsorgane bei den Säugetieren. Denkschrift der Schweizerischen Naturforschenden Gesellschaft, Bd. LVI, Verlag Georg & Co, Basel, Genf, Lyon 1920

Langman, J.: Medizinische Embryologie. 7. Aufl. Thieme, Stuttgart 1985

Martin, P.: Lehrbuch der Anatomie der Haustiere, Bd. 1, 2. Aufl. Schickhardt u. Ebner, Stuttgart 1912

Michel, G.: Kompendium der Embryologie der Haustiere. Fischer, Stuttgart 1986

Moore, H.: Embryologie. 2. Aufl. Schattauer, Stuttgart, New York 1985

Niethammer, G.: Das Reader's Digest Buch der Vogelwelt Mitteleuropas. Das Beste, Stuttgart 1973

Noden, D.M., de Lahunta, A.: Embryology of Domestic and Laboratory Animals. Developmental Mechanisms and Malformations. Williams a. Wilkins, London 1985

Ortavant, R., Courot, M., Hocherean de Reviers, M.T.: Spermatogenesis in Domestic Mammals. In *Cole, H.H.* and *P.T. Cupps*: Reproduction in Domestic Animals. Academic Press, New York, San Francisco, London 1977

Pflugfelder, O.: Lehrbuch der Entwicklungsgeschichte und Entwicklungsphysiologie. Fischer, Jena 1962

Richter, J., Götze, R.: Tiergeburtshilfe, 3. Aufl. Parey, Berlin, Hamburg 1978

Starck, D.: Embryologie. Thieme, Stuttgart 1975

Schiebler, T.H.: Lehrbuch der gesamten Anatomie des Menschen. Springer, Heidelberg, Berlin, New York 1977

Schreiner, K.E.: Über die Entwicklung der Amniotenniere. Z. wiss. Zool. 71 (1902) 1 – 188

Spörri, H.: Physiologische Grundlagen der Follikelhormonmedikation. Schweiz. Arch. Tierheilk. LXXXVIII, H. 10 (1946)

Strahl, H.: Die Embryonalhüllen der Säugetiere und die Placenta. In: Hertwigs Handbuch der vergleichenden und experimentellen Entwicklungsgeschichte der Wirbeltiere, Bd. 1, Fischer, Jena 1906

Streeter, G.L.: The Development of the Cranial and Spinal Nerves in the Occipital Region of the Human Embryo. J. Anat. IV (1904) 83 – 116

Streeter, G.L.: Characteristics of the Primate Egg immideatly preceeding its Attachment to the Uterine Wall. Carmeg Inst. Wash. publ. 501 Coop. In Res. 1938

Töndury, G., Kubik, S.: Zur Ontogenese des lymphatischen Systems. In: Handbuch der Allgemeinen Pathologie, III/6, 1 – 38, Springer, Berlin, Heidelberg, New York 1972

Tröger, U.: Mikroskopische Untersuchungen zum Aufbau des Nebenhodenkopfes beim Stier. Zbl. Vet. Med. A. 16 (1969) 386 – 399

Vitums, A.: The Embryonic Development of the Equine Heart. Zbl. Vet. Med. C, Anat. Histol. Embryol. 10 (1981) 193 – 211

Vollmerhaus, B.: Untersuchungen über die normalen zyklischen Veränderungen der Uterusschleimhaut des Rindes. Diss. med. vet. Gießen (1975). Zbl. Vet. Med. A 4 (1957) 18 – 50

Waddington, C.H.: The Epigenetics of Birds. Cambridge 1952

Weyrauch, K.D., Smollich, A.: Histologie-Kurs für Veterinärmediziner. Enke, Stuttgart 1998

Willadsen: in Sinnowatz/Seitz/Bergmann/Petzold/Fanghänel: Embryologie des Menschen. Deutscher Ärzte-Verlag, Köln 1999

Witschi, E.: Migrations of the Germ Cells of the Human Embryos from Yolk Sac to the Primitive Gonadal Folds. Contrib. Embryol. 32 (1948) 67 – 81

Zietzschmann, O.: Der Darmkanal der Säugetiere, ein vergleichend-anatomisches und entwicklungsgeschichtliches Problem. Erg. H. Anat. 60 (1925) 157 – 172

Zietzschmann, O., Krölling, O.: Lehrbuch der Entwicklungsgeschichte der Haustiere. Parey, Berlin, Hamburg 1955

Sachregister

A

Abnabelung 70
Abort 86
Abstammungsnachweis 43
Abwehrzellen 223
Achsenfaden 9 f
Adeciduata 83
Aderhaut 147
Adhäsionsstadium 81
Adrenalin 138
After 167 f, 173
Afterbucht 64, 151 f
Aftermembran 168, 199
Agenesie 117
Akrosin 10, 37
Akrosom 6 ff
Akrosomenreaktion 37
Ala
- orbitalis 235
- temporalis 235
Allantoamnion 69
Allantochorion 66, 69
- Pferd 92 f
- Vogel 114 f
Allantochorionfalte 92
Allantois 3, 61, 69, 71
- Hund 107
- Pferd 90
- Schwein 95 f
- Vogel 114
- Wiederkäuer 100
Allantoisblase 95 f
Allantoisbucht 69
Allantoisflüssigkeit 69, 87
Allantoishöcker 69
Allantoiskreislauf 69 f, 80, 114, 217
Allantoissack 69
Allantoisscheide 70
Allantoisstiel 69 f, 185
Allantoistrichter 70, 100
Allantoplazenta 85
Altersbeurteilung 77 ff
Alveolarisierung 179
Alveolarsäckchen 177
Alveole 126, 159, 178
- Gasaustauschfläche 179
- primitive 177
Amboss 149 f
Ammonshorn 136
Amniochorion 69
Amnion 68 f, 71
- Hund 106
- beim Menschen 111
- Pferd 90
- Schwein 95 f
- Vogel 69, 114
- Wiederkäuer 99 f
Amnionblase, Palpation 89
Amnionepithel 53
Amnionfalte 69
Amnionflüssigkeit 69, 87
Amnionhöhle 53, 69
Amnionnabel 69
Amnionnabelstrang 69
Amnionscheide 64, 69 f
Amnioplazenta 85
Amniozentese 119
Amphibien 48, 52
Amphioxus 48, 52
Ampulla ductus deferentis 194
Anaphase 25
Anastomosis subcardinalis 215
Androgene 8, 200
Androgenese 39
Androspermium 38
Aneuploidie 118
Angioblasten 205
Anhangsgebilde 60
Anoestrus 26 ff
Anorektalkanal 168, 173
Antikörper, Passage, transplazentare 87
Anti-Müller-Hormon 104, 194, 202
Antrum folliculare 17
Anulus fibrosus 231
Aorta
- ascendens 211
- descendens 213, 217
- - Ast 214 f
- dorsale 213 f
- ventrale 213 f
Aortenbogen 213 f
Apis mellifica 242
Apophyse 128
Apophysenkern 233 f
Appendix testis 188
Appositionsstadium 81
Aquaeductus mesencephali 135 f
Äquationsteilung 25
Äquatorialfurche 48
Arachnoidea 138
Archencephalon 60, 133
Archenteron 53
Arcus haemalis 231
Area
- opaca 56, 58, 66, 69, 205
- pellucida 56, 58, 69
- vasculosa 56, 205
- vitellina 56
Areola 92, 96 f
Areolargewebe 124 f
Arteria (A.), Arteriae (Aa.)
- carotis
- - communis 213 f
- - externa 213 f
- - interna 213 f
- centralis retinae 145
- coeliaca 214
- gonadalis 214
- hyaloidea 145 ff
- iliaca 214
- intercostalis 214
- lumbalis 214
- mesenterica
- - caudalis 214
- - cranialis 163 f, 166, 214 f
- phrenica 214
- pulmonalis 214
- renalis 214
- segmentalis
- - dorsalis 214 f
- - lateralis 214 f
- - ventralis 214 f
- subclavia 213 f
- testicularis 197
- umbilicalis 69 f, 213 f
- uterina, Schwirren 89, 103
- vertebralis 214
- vitellina 68, 90 f, 114, 213 f
Arterien 213 ff, 220
Articulatio
- cartilaginea 236
- synovialis 236
Arytaenoidwulst 155, 175
Arzneimittel, Teratogenität 117
Ascensus medullae spinalis 132
Astrozyten 130 f
Atelektase 179
Atemzentrum 218
Atmung 179, 218
Atmungsorgan 174 ff, 179
Atresie 16
Atrioventrikularkanal 207, 209
Atrioventrikularklappe 211 f
Atrium primitivum 207 ff
- - Unterteilung 210 f
Auge 144 ff, 150 f
Augenbecher 144
Augenblase 72, 144
Augenblasenstiel 144
Augenkammer
- hintere 147
- vordere 147
Augenlid 147

Augenmuskel 147, 238
Augennasenrinne 147
Augenspalte 145
Aurikularhöcker 150
Austreibungsstadium 88
Autosom 24

B

Backe 154 f, 171
Barr-Körper 202
Basalganglien 137
Basilarmembran 149
Bast 128
Bauchhöhle 225
Bauchhöhlenschwangerschaft 35
Bauchspeicheldrüse 151 f, 170 f, 174
Befruchtung 1, 3, 35 ff, 39
- abnorme 38 f
- extrakorporale 40
- Ort 35 f
Begattung 35 f
Behaarung, Auftreten, zeitliches 78 f
Belegknochen 228
Besamung 35, 37 ff
- äußere 242
- künstliche 12, 40
Beuteltier 80
Biene, Fortpflanzung 242
Biotechnologie 40
Bivalente 24
Blasenknorpel 230
Blastemkappe 184 f
Blastemzellen 190
Blastocoel 48 ff, 243
Blastoderm 49
Blastogenese 1
Blastomere 47
- Bedeutung, prospektive 51
- Potenz, prospektive 50
- Pluripotenz 51
- Totipotenz 42, 50
Blastoporus 52
Blastozyste 41, 45, 49 f
- Entwicklung, tierartabhängige 77
- Implantation 80 f
- Pferd 90
- Wiederkäuer 58
Blastula 48
Blättermagen 163 ff, 167
Blindsack 163 f
Blut
- arterielles 217
- venöses 217
Blutbildung 205 f, 219
- hepatolienale 221
Blutgefäße
- Anlage 205, 219
Blut-Hoden-Schranke 7
Blutinsel 205, 230
Blutkreislauf 205 ff, 219 f
- fetaler 217 f
Blutung
- postoestrale 32
- prooestrale 30, 32
Blutzellen 205 f
B-Lymphozyten 206, 223
Bogengang 147 ff
Bovimanes 100
Bowmansche Kapsel 181, 184
Brachygnathie-Trisomie-Syndrom 118
Branchialknorpel 75
Bronchiolus
- respiratorius 177 f
- terminalis 177 f
Bronchopulmonalknospe 177
Bronchus 176
- segmentalis 178
Brücke 135
Brunst 30 f
- Wiedereintritt 27 f
Brunstschnur 30
Brunstzyklus 26, 28
Brustbein 233
Brusthöhle 225
Brut
- gedeckelte 242
- offene 242
Brutdauer 116, 241
Bulboventrikularschleife 208 f
Bulbus
- arteriosus 211 f
- cordis 208
- olfactorius 137, 144, 175
Bulbusleiste 211 f
Bulbuszapfen 122
Bursa
- Fabricii 206, 223
- omentalis 161
- ovarica 196

C

Caecum 151, 164 ff
Calcitonin 142
Calix renalis 182
Canaliculus 177 f
Canalis
- pericardioperitonaealis 225
- vesico-urethralis 185
Capsula interna 137
Cartilago
- hypophysealis 235
- occipitalis 235
- parachordalis 235
- trabecularis 235
Caruncula sublingualis 156
Cauda equina 132
Cavum
- pericardii 225
- peritonaei 225
- pleurae 225
Centrum tendineum 225
Cerebellum 135
Cervix uteri 195
Chalazen 21 f
Chiasma opticum 146
Chimäre 43, 118
Choane
- primäre 153, 174
- sekundäre 154, 175
Chondroblasten 229
Chondroid 229
Chondroklasten 229
Chondrokranium 235
Chondrozyten 229
Chorda 1
- dorsalis 52, 57, 231 f
- - Bildung 59
- - Proliferationszentrum 53
- tympani 156
Chordae tendineae 211 f
Chordakanal 53, 59
Chordarinne 59
Chorioidea 147
Chorion 66 f, 70 f
- frondosum 85, 107
- laeve 85
- Pferd 92 f
- primäres 66
- Schwein 96 f
- sekundäres 66 f, 69
- tertiäres 66 f, 69, 80
- Vogel 114
- Wiederkäuer 100 ff
Choriongonadotropin 86, 93
Choriongürtel 90 f
Chorionlamelle 107
Chorionprotrusion 107
Chorionzellen 93
Chorionzottenbiopsie 119
Chorioplazenta 85
Chromatide 24
Chromatinkondensation 6
Chromatinkörperchen, kondensiertes 202
Chromosom 23 f
- Amphimixis 38
Chromosomenaberration 118
- strukturelle 118 f
Chromosomenanomalie 117
- numerische 118
Chromosomenmosaik 118

Chromosomensatz 3
- diploider 23 f, 38
- haploider 5 f, 23 ff
Chromosomenzahl 3
Cisterna chyli 221
Clitoris 199
Coelom 52, 62 f
- extraembryonales 63
- intraembryonales 62 f, 223 f
Coelothel 63, 176
Colon
- ascendens 164, 166
- descendens 164, 166
- transversum 164, 166
Commissura
- fornicis 137
- grisea 132
- rostralis 137
Conus
- arteriosus 211
- medullaris 132
Copula 155
Corona radiata 15 ff
Corpus
- albicans 15, 18, 32
- callosum 137
- cavernosum penis 200
- ciliare 147
- fibrosum s. albicans
- geniculatum 136
- haemorrhagicum 18
- luteum 15, 18
- - cyclicum s. periodicum 18, 31
- - graviditatis 18
- - persistens 32
- nigrescens 18, 32
- rubrum 18, 32
- spongiosum penis 200
- striatum 136 f
Corticotropin-Releasing-Hormon 88
Cortisches Organ 148
Crista
- ampullaris 148
- dividens 217
Crossing over 24
Crus cerebri 136
Cuboni-Reaktion 88
Cumulus oophorus 15 ff
Curvatura
- major 161 f
- minor 161
Cytotrophoblast 107, 109
C-Zellen 142, 159

D

Darm
- Dorsalgekröse 63
- Histogenese 167
- primitiver 64
Darmanlage 61, 63 f, 66
Darmbucht 64
Darmdrehung 164 ff, 173
Darmfaserblatt 62
Darmkrypte 167
Darmmuskulatur 167
Darmnabel 64, 151
Darmpforte 64, 151
Darmrinne 63
Darmrohr 52
- primitives 1, 151
Darmschleife 162, 167, 226
- primitive 163 f
Darmzotten 167
Decidua 83
- basalis 111
- capsularis 111
- marginalis 111
- parietalis 111
Deciduata 83
Deckakt 36
Deckknochen 235 f
Defektmissbildung 117
Defizienz 118
Dekapazitationsfaktor 37
Delamination 53, 56
Deletion 118
Dendrit 130, 138 f
Dentin 158
Dermatom 62 f, 143
Descensus
- ovarii 198, 204
- testis 196 ff, 204
Determination 51
Determinationsperiode, teratogene 117
Deuterencephalon 60, 133
Dezidua 108
Diakinese 25
Diaphysenkern 234
Dickdarm 163 ff, 173
Diencephalon 133 f, 136 f
- III. Ventrikel 136
Differenzierung 65
Diffusion 86
Diktyotän 14, 17
Dioestrus 28 f, 31 f
- Dauer 32
Diplokaryozyt 102 f
Diplotän 17, 24 f
Discus germinativus 21
Diverticulum
- metanephricum 182
- vitelli 165
DNA, Übertragung 43
DNA-Doppelspirale 24
Dorsalgekröse 64, 163
Dorsallippe 52
Dotter 20
Dotterbett 21
Dottereinlagerung 19
Dottergehalt 19
Dottermembran 21
Dottermenge 20, 47
Dottersack 3, 61, 67 f, 71
- Pferd 67
- Schwein 95 f
- Vogel 68, 114
- Wiederkäuer 67 f, 98
Dottersackhöhle 53
Dottersackkreislauf 68, 80, 90
- Vogel 114
Dottersackplazenta 62, 67, 80, 85
- Hund 106
- Pferd 90 f
- Schwein 95
Dottersackstiel 61, 64, 67, 70
- Rest 165
Dottersackwand 67
Dottervene 68
Dotterverteilung 20, 47
- centrolezithale 20, 57
- isolezithale 20, 47
- telolezithale 20, 47
Dreiblasenstadium 133 ff
Drohne 242
Drüse
- apokrine 124
- endokrine 140 ff
Drüsendeckschicht 108
Drüsenkammer 108
Ductuli
- aberrantes 191, 194
- efferentes 4, 12, 182
- - Differenzierung 188, 190 f, 194
Ductus
- alveolaris 178 f
- arteriosus Botalli 214, 217
- - - Verschluss 218
- choledochus 169 f
- cochlearis 148 f
- Cuvieri 215
- cysticus 169 f
- deferens 4, 188, 191, 197
- endolymphaticus 147 f
- epididymidis 4, 191
- epoophorus longitudinalis 195
- hepaticus 169
- - communis 170
- hepatopancreaticus 169
- mandibularis 156
- mesonephricus 181, 193

- nasolacrimalis 154
- omphaloentericus 64, 151
- pancreaticus 169, 171
- - accessorius 170 f
- papillaris 126
- paramesonephricus 193
- parotideus 156
- pronephricus 181
- reuniens 148
- thoracicus 221
- thyreoglossus 142
- utriculosaccularis 147
- venosus (Arantii) 169, 215 ff
Duldungsreflex 30
Dünndarm 163 ff, 173
Duodenum 151, 163, 165
Dura mater 138

E

Ectomeninx 138
EG-Zellen 45
Ei
- isolezithales 20
- mesolezithales 20, 47 f
- oligolezithales 20, 47 f
- polylezithales 20, 47 f
- telolezithales 20
- zentrolezithales 20
Eiballen 16
Eierstock 189
Eierstocktasche 35
Eierstockzwitter 202
Eihäute 1
Eileiter 188, 191
- Entwicklung 194
- Kontraktion 36
Eileiterampulle 35 f
Eileiterschwangerschaft 35
Eisprung 18
Eizahl 241
Eizelle 3, 18
- Bau 19 ff, 23
- Entwicklung 14 ff
- Gewinnung 40
- Hülle
- - primäre 20 f
- - sekundäre 21
- - tertiäre 21
- Wanderung 35
Ejakulat 12
- Gewinnung 40
Ejakulation 35
Ektoderm 51 ff, 56
- Differenzierung 59 f, 65
Ektodermhöhle 112
Ektoplazentarhöhle 112
Ektoplazentarkonus 112
Ektoplazentarwulst 58
Elongationsstadium 95, 98
Embryo
- Abfaltung 63, 66 f
- Altersbeurteilung 77 ff
- Schwein 73
- uniparentales 39
Embryoblast 50
Embryologie 1
Embryonalhülle 85
- des Vogels 113 ff
Embryonalknoten 49 f, 53, 55
Embryonalperiode 1
- Lungenentwicklung 176 f
Embryonalschild 53
Embryonalzellen, Klonierung 42
Embryotransfer 40 f, 119
Embryotrophe 85 f
Embryozyste 53
Eminentia hypobranchialis 155, 175
Enameloblast 158
Endkörperchen 143
Endocoel 63
Endokard 206
Endokardkissen 210
Endokardschlauch 206 f
Endolymphe 147
Endomeninx 138
Endometrial Cups 93
Endometrium, Proliferation 29, 34
Endothel 221
Endothelschlauch 206
Endothelzellen 205
Endwulst 72
Entoderm 51 ff
- Differenzierung 61
- Vogel 56
Entwicklung
- der Atmungsorgane 174 ff
- des Blutkreislaufes 205 ff
- Drüse, endokrine 140 ff
- der Geschlechtsorgane 180, 187 ff
- der Harnorgane 180 ff
- Haut 121 ff
- körperliche 78 f
- des Lymphsystems 221 ff
- der Muskulatur 238 ff
- des Nervensystems 129 ff
- postpuberale 126 f
- pränatale 77
- der Sinnesorgane 143 ff
- der Verdauungsorgane 151 ff
Entwicklungsperiode, pränatale 1
Ependym 132
Ependymzellen 133
Epiblast 53, 56
Epidermalkragen 128
Epidermis 60, 121 f
Epidermisblatt 52, 59
Epidermisverdickung 127 f
Epiglottiswulst 155, 175
Epikard 206
Epimer 238 f
Epimyokardmantel 206 f, 239
Epiphyse 141
- Verknöcherung 230
Epiphysenfuge 230
Epiphysenkern 234
Epiphysenplatte 232
Epiphysenschluss 234
Epithalamus 136
Epithel 60 f
Epithelkörperchen 142 f, 159 f
Eponychium 127
Epoophoron 188, 191
Erbanlage 23
Ergänzungshöhle 53
Eröffnungsstadium 88
Eröffnungszone 230
Ersatzknochen 228, 234
Ersatzleiste 157 f
Ersatzzahn 158 f
Erythroblasten 206
Erythrozyten 205 f
Erythrozytopoese 206
ES-Zellen 45
Eversionszitze 125 f
Exocoel 63
Exophyse 128
Extravasatzone 109
Extremitätenhöcker 74, 233
Extremitätenleiste 74, 233
Extremitätenmuskulatur 239
Extremitätenstummel 73 f, 233
Exzessmissbildung 117

F

Faltamnion 68
Feder 128
Federscheide 128
Feedback
- negativer 34
- positiver 34
Fehlbildung, abdominale 119
Fertilisation 35 ff
Fetalperiode 1
- Lungenentwicklung 177 ff
α-Fetoprotein 119
Fettgewebe, braunes 121
Fettzellen 121
Fetus
- Altersbeurteilung 77 ff
- Gewicht 78 f
Fibrille, kollagene 228

Fische
- anadrome 243
- Fortpflanzung 242
- katadrome 243
Fischzucht 243
Flosse 74
Follikel
- atretischer 15
- dominanter 18
- postovulatorischer 19
Follikelatresie 18 f, 33
Follikelbildung 203
Follikelepithel 20 f
Follikelreifung, präovulatorische 17
Follikelreifungsphase 28
Follikelwand 19
Follikulogenese 17
Fontanelle 236
Foramen
- caecum 142, 155
- epiploicum 161
- interventriculare 137, 210
- ovale 210 ff
- - Verschluss 218
- primum 210 ff
- secundum 210 ff
Forellenzucht 243
Fortpflanzung 242 f
Fortpflanzungsperiode, Ende 28
Freemartin 104, 202
Freipolarzone 109
Fruchtblase 69
- Rinderfetus 99 f
Fruchthüllen 66 ff
Fruchtsack
- Hund 110
- Pferd 93
- Schwein 97 f
- Wiederkäuer 103
Fruchtschmiere 121
Fruchttod, embryonaler 117
Fruchtwasser 87 f
FSH 8, 29, 33
FSH-Rezeptor 17
Füllzellen 122
Fünfblasenstadium 133 ff
Funiculus umbilicalis 70
Furchtungsteilung, erste 38
Furchung 1, 47 ff, 51
- partielle 48 f
- - diskoidale 49 f, 243
- - superfizielle 47
- Säugetier 49 f
- totale 48
- - adäquale 47 f
- - inäquale 47 f
- Vogel 50
Furchungstyp 47 ff
Fußplatte 233
Fußwurzelballen 127
Fußwurzelknochen 233

G

Galaktopoese 33
Gallenblase 170
Gameten 3, 6
Gametogenese 1, 3, 14
Ganglienzellen 60
Ganglion
- distale 138
- parasympathisches 138, 140
- prävertebrales 139
- proximale 138
- semilunare 138
- spirale 148
- sympathisches 138
- vestibulare 148
Ganzkörperchimäre 43
Gartnerscher Gang 188, 191, 195
Gastroporus 52
Gastrula 52
Gastrulation 51 ff
Gaumen
- primärer 152 ff
- sekundärer 153
- weicher 153 f
Gaumenbildung 171
Gaumenfortsatz 153, 159, 175
- Ossifikation 154
Gaumensegel, primitives 152
Geburt 88
- Ablauf 88
- Umstellung des Blutkreislaufes 218
Geburtsbeginn 88
Geburtseinleitung 34
Gefäße
- extraembryonale 205, 219
- intraembryonale 205, 219
Geflechtknochen 228 ff
Gegenstrom-Typ, Stoffaustausch 85
Gehirn 133 ff, 140
Gehirnanlage 60, 72
Gehirnbläschen 133
Gehirnentwicklung 72
Gehirnhaut 138
Gehirnkammer 133
Gehirnnerv 133, 139
- motorischer 139
- sensorischer 139
Gehörgang, äußerer 150
Gehörknöchelchen 75, 149 f
Geißel 6 f
Gekröse 64, 161, 167
Gekröseplatte 63
Gelbkörper 22 f
- Blütestadium 31
Gelbkörperbildung 18
Gelbkörperphase 31
Gelenkknorpel 236
Gene 23
- geschlechtsgebundene 201
Gene-pharming 44 f
Genomanalyse 43 f
Gentechnik 40, 46
Gentechnikgesetz 44
Gentherapie 119
Gentransfer 43 f
Geruchsorgan 144
Geschlecht
- genetisches 201 f
- gonadales 202
- heterogametisches 38
- homogametisches 38
- männliches 193 f, 200
- weibliches 194 f, 200 f
Geschlechtsbestimmung 38
- progame 38
- syngame 38, 201
Geschlechtschromosomen 24, 201
Geschlechtsdifferenzierung 201 f
Geschlechtsdrüse, akzessorische 194
Geschlechtsfalte 199
Geschlechtsgang 193 ff
- Differenzierung 203 f
Geschlechtsgangfalte 195 f
Geschlechtshöcker 198
Geschlechtsorgane 180, 187 ff, 203 f
- Anlage, indifferente 187 f
- äußeres 198 ff, 204
- Bänder 195 f, 204
Geschlechtsreife 26
Geschlechtswulst 188, 199 f
Geschmackspapille 143 f, 156
Gesichtsform 72, 171
Gesichtsschädel 235
Gesichtswulst 72, 154 f
Geweih 128
Giftpflanzen 117
Glandarlamelle 200 f
Glandula
- bulbourethralis 194
- mandibularis 156
- parathyreoidea 142
- parotis 156
- pinealis 141
- pituitaria 140
- sublingualis
- - monostomatica 156
- - polystomatica 156
- submucosa 167
- suprarenalis 141
- thyreoidea 142
- vesiculosa 194

– vestibularis 201
Glans penis 199 f
Glaskörper 144, 147
Gleichgewichtsapparat 148
Glia, periphere 138
Gliedmaße 74
Gliedmaßenmuskulatur 239
Gliedmaßenskelett 233 f, 237
Glioblasten 130 f
Gliogenese 130
Globus pallidus 137
Glockenstadium, Zahnentwicklung 158
Glomerulus 183
– äußerer 180 ff
Glomus
– aorticum 140
– caroticum 140
Golgi-Apparat 6
Golgi-Phase 6 f
Gonadenanlage 190
Gonadenblastem 188, 190
Gonadotropine 33
Gonadotropin-Releasing Hormon (GNRH) 8, 33
Gonosom 24
Gonozyten 3
Graafscher Follikel 15, 17, 28, 30, 193
Granulosaluteinzellen 18
Granulosazellen 17, 33 f
Granulozyten 206
Granulozytopoese 206
Grenzfalte 68
Grenzstrang 139
Grimmdarm 166
Großhirnhemisphäre 137
Grubenmandel 222
Gubernaculum testis 195, 197
Gürtelplazenta 105 ff
Gürtelzellen 93
Gynäkospermium 38
Gynogenese 38

H

Haar, Durchbruch 122 f
Haare 121 ff
Haarkanalstrang 122
Haarkegel 122
Haarkeim 122
Haarkolben 123
Haarstängel 123
Haarwechsel 123
Haarzapfen 122
Hals 72
Halsdreieck 74
Hämalbogen 231
Hammer 149 f
Hämoglobinbildung 206
Hämotrophe 85 f, 92
Hämozytoblast 205
Handplatte 233
Harnbildung 185
Harnblase 185 ff
Harnleiter s. Ureter
Harnorgan 180 ff, 186 f
Harnröhre s. Urethra
Haut 121 ff
Hautdrüse 122, 124
Hautfaserblatt 62
Haut-Muskelplatte 61
Hautnabelring 92
Hautorgan 121 ff, 128 f
Hemisphärenbläschen 137
Hemmungsmissbildung 117
Hermaphroditismus
– alternans 202
– bilateralis 202
– unilateralis 202
– verus 202
Herz 206 ff
Herzaktion 208
Herzanlage 206 f
– Septierung 209 ff
Herzgallerte 206
Herzgekröse 225, 227
Herzklappe 211 f
Herzmuskulatur 239 f
Herzohr 208
Herzscheidewand 219 f
Herzschlauch 206 ff, 219
Herzschleife 207 ff, 219
Herzwand 212 f
Herzwulst 72 f, 129
Heterotopie 117
Hinterdarm 151 f
Hippocampusformation 137
Hippomanes 90, 92
Hirnmantel 137
Hirnrohr 60, 129
Hirnschenkel 136
Histiotrophe 85 f, 92, 109
Histogenese 1
Histone 24
Hoden 4, 188 ff, 202 f
Hodenabstieg 196 ff
Hodenhülle 196
Hodenhypoplasie 118
Hodenkanälchen 190
Hodenstrang 190
Hodenzwitter 202
Höhlengrau, zentrales 133
Hormon
– follikelstimulierendes 8, 29, 33
– gonadotropes 8
– luteinisierendes 8, 17, 29, 33
– luteotropes s. Prolaktin
Horn 127 f
Hornhautepithel 144
Hörtrompete 149
Howshipsche Lakune 229
Huf 127
Hühnereikeimscheibe 57
Hülle 20 f
– embryonale 85, 113 ff
– Entwicklung 66 ff
Humor corporis vitrei 147
Hyaluronidase 37
Hybridzellen 102
Hydroxylapatitkristalle 228
Hypermastie 124
Hyperthelie 124
Hypertrophie 238
Hypoblast 53, 56
Hypomer 238 f
Hypophyse 140 f
Hypophysengrube 235
Hypophysenvorderlappenhormon 33
Hypothalamus 136

I

ICSH 8, 33
Ileum 151, 165
Immunisierung, passive 87
Implantation 80 f, 89
– exzentrische 81, 112
– Hund 105
– interstitielle 81, 112
– Katze 105
– Schwein 94
– Stute 90
– tierartabhängige 77
– Wiederkäuer 98
– zentrale 81
Implantationskammer 109 f
Imprägnation 35, 37 f
Incisura
– interglobularis 154
– intervertebralis 232
Incus 149 f
Induktion 51
Infundibulum 141, 193
Inhibin 8
Insel 137
Interkotyledonarspalt 112 f
Intermediärzellen 121
Internodien 110
Interoestrus 31 f
Interphasenkern 24
Interplazenta 109
Intersegmentalfurche 61
Intersegmentalseptum 61

Intersexualität 97, 202
Intervertebralspalt 231
Interzellularbrücke 6
Interzellularsubstanz 65
Intramurales System 140
Intrasegmentalspalt 231
Intrusionsstadium 81
Invagination 52
In-vitro-Fertilisation 40
Iris 146 f

Jejunum 151, 163 ff

K

Kalkschale 22
Kappenphase 6 f
Kappenstadium, Zahnentwicklung 157 f
Karpfenzucht 243
Karunkel, Pigmentation 103
Karyoplast 42
Karyotyp 24
Kastanie 127
Katzenschreisyndrom 119
Kaumuskulatur 75
Kehlkopf 175 f
Keilbeinkörper 235
Keimbahn 3
Keimbahntherapie 119
Keimballen 192
Keimblase
- Formveränderung 57 f
- Pferd 58
- Schwein 94 f
- Tonnenform 105 f
- Wiederkäuer 98
- Zitronenform 105
Keimblatt
- äußeres 51
- inneres 51
- mittleres 51
Keimblattbildung 1, 51 ff, 58 f
- Säugetier 53 ff
- Vogel 55 ff
Keimdrüse 187 ff
- Deszensus 196 ff
Keimdrüsenanlage 3
- indifferente 187 f, 191, 203
Keimdrüsenband 188, 191
- Differenzierung 195 f
Keimdrüsenepithel 15, 19, 188, 191, 193
Keimdrüsenfalte 188, 196
Keimdrüsenleiste 187, 190
Keimepithel 4
Keimepithelzyklus 11
Keimscheibe 1, 21 f, 50, 53 f, 56
Keimstrang 188 ff
Keimzellchimärismus 94, 104
Keimzelle 3, 16
- männliche 6
Kern
- afferenter 135
- motorischer 135
- somatoafferenter 133
- viszeroefferenter 133
Kerntransfer 42
Kiemenbogen 74 f, 149, 175
- erster 154
Kiemenbogenapparat 74 ff
Kiemenbogenarterien 75, 208 f, 213 f
Kiemenbogenknorpel 235
Kiemenbogenmembran 74
Kiemenbogenmuskeln 74 f, 238
Kiemenbogennerven 75, 156
Kiemenfurche 74 ff, 150
Kinetochor 24
Klappenzipfel 211
Klaue 127
Klavikula 234
Kleinhirn 135
Klinefelter-Syndrom 118
Klitoris 188, 201
Kloake 151 f, 167 f, 181
Kloakenmembran 64, 151 f, 167 f, 183
Klonen 41 ff
Knochen, Dickenwachstum 230
Knochenbälkchen 228
Knochenbildung 228 ff, 236
Knochenkern 232, 234
Knochenmanschette
- diaphysäre 229
- perichondrale 229
Knochenmark 206
- primäres 229
- sekundäres 229
Knochenverbindung 236
Knochenwachstum 228 ff
- Abschluss 234
Knochenzellen 138
Knorpel 229
- hyaliner 65
Knorpelbildung 229
Knorpelspange 176
Knorpelstadium 232, 234
Knorpelzellen 138
Knospenstadium, Zahnentwicklung 157
Kolbenhaar 123
Kolon 151, 164, 166
Kolonschleife 166
Kolostrum 87, 126
Kommissurenplatte 137
Konjugation 24
Kontaktzone 109
Kopf, primitiver 72
Kopffalte 68 f
Kopffortsatz 53, 57
Kopffortsatzkanal 53, 59
Kopfganglion 138
Korium 121 f
Koriumpapille 128
Kornea 147
Körperform, äußere 72 ff, 76
Körperhöhle 223 ff
Körperwand 225
Kotyledonen 85, 100
- Pigmentation 103
Kralle 127
Kreuzbein 232
Kreuzstrom-Typ, Stoffaustausch 85
Kryptorchismus 198
Kutiswall 125 f

L

Labia
- majora 200 f
- minora 201
- vulvae 188, 199 f
Labialwulst 201
Labmagen 163 ff, 167
Labmagendrehung 163
Labmagenteil 162 f
Labyrinth
- häutiges 147 f
- knöchernes 149
Labyrinthbläschen 147
Labyrinthhämatom 108
Labyrinthplazenta 84
Laktogen, plazentares 102
Lamellenknochen 228 f
Lamellensystem, plazentares 108
Lamina
- continua 21
- extravitellina 21
- parietalis 225
- perivitellina 21
- quadrigemina 135 f
- spiralis ossea 149
- tectoria ventriculi III 136
- terminalis 136 f
- visceralis 225
Längenwachstum 230
Langerhanssche Inseln 171
Lanugohaarkleid 123
Lappenknospen 176
Laryngotrachealrinne 175
Laryngotrachealtubus 175 f

Latebra 21 f
Leber 151 f, 168 ff, 173
– Blutbildung 206
Leberbänder 162, 170, 174
Leberdivertikel 168
Leberläppchen 169 f
Leberparenchym 169
Lebersinusoide 169, 215
Leberwulst 72 f, 169
Leberzellplatte 169
Leibeswand 72
Leistenband 195
Leithaare 123
Leptomeninx 138
Leptotän 24 f
Leukozyten 206
Leydigsche Zwischenzellen 4, 8, 190
LH 8, 17, 29, 33
LH-Rezeptor 17
Liddrüse 144
Ligamentum (Lig.), Ligamenta (Ligg.)
– arteriosum 218
– caudae epididymidis 188, 195 f
– cornarium 170
– falciforme 170
– hepatoduodenale 162, 170
– hepatogastricum 162, 170
– latum 195
– ovarii proprium 188, 191, 196
– pulmonale 176
– suspensorium ovarii 196
– teres
– – hepatis 218
– – uteri 188, 191, 196
– – vesicae 218
– testis proprium 188, 191, 195
– triangulare 170
– venosum 218
– vesicae medianum 185
Linse 144, 146 f
Linsenbläschen 144, 146
Linsenepithel 146
Linsenfaser 146 f
Linsenkern 147
Linsenplakode 60, 144, 146
Lippe 154 f, 171
Liquor follicularis 17
Lobus
– frontalis 137
– occipitalis 137
– olfactorius 137
– parietalis 137
– temporalis 137
Lochien 28
LTH (Luteotropes Hormon) s. Prolaktin
Luft-Blut-Schranke 177
Luftkammer, Vogelei 22
Lumbalarterie 214
Lunge 176 ff
– Durchblutung 218
Lungenarterie 177
Lungendivertikel 175
Lungenknospen 175 f, 227
Lungenlappen 176
Lungenvene 208
Luteinzellen 18
Lymphfollikel 223
Lymphgefäß 221
Lymphknoten 221
Lymphoblasten 206
Lymphozyten 206, 222
Lymphozytopoese 206, 222
Lymphsystem 221 ff

M

Macula statica 148
Magen 151 f, 161 ff
– einhöhliger 161 f, 173
– Histogenese 162
– Schleimhautdifferenzierung 163
Magendrehung 161
Magenrinne 162
Makromere 48
Makrovilli 92
Malleus 149 f
Mammarhaar 126
Mammarknospe 124, 126
Mammarkomplex 124
Mandeln 222
Mandibula 154
Markhöhle, primäre 229
Markscheide 130
Markscheidenbildung 133, 138
Marksegel 135
Maskulinisierung 202
Massa intermedia 136
Meckelscher Knorpel 75, 235
Meckelsches Divertikel 114, 165
Mediastinum testis 190
Medullarrohr 60, 129
Megakaryozyten 206
Megaloblast 205
Meilerzellen 122
Meiosis 5, 23 ff
– Verzögerungsperiode 192
Mekonium 121
Melanoblast 138
Membrana
– cloacalis 64
– obturatoria 74
– oronasalis 153, 174
– oropharyngealis 64, 151
– pleuropericardialis 177
– pleuroperitonaealis 225, 227
– pupillaris 146 f
– reuniens 232
– tympani 150
– urogenitalis 185
Meninx primitiva 135, 138
Menstruationszyklus 33
Mesektoderm 55, 138
Mesencephalon 72, 133 ff
Mesenchym 55
– axiales 61
– rostrales 53
Mesenchymzellen, fortsatzreiche 228
Mesenterialplatte 63
Mesenterium
– dorsale 225 f
– ventrale 162, 225 f
Mesentoderm 55, 59
Mesoderm 51 f, 55, 223
– Differenzierung 61 ff, 65 f
– intermediäres 61, 63, 66
– laterales 61 ff, 66
– – parietales Blatt 62
– – viszerales Blatt 62
– paraxiales 61 f, 65
– – Segmentierung 61
– Proliferationszentrum 53
– Vogel 57
Mesoductus deferens 191, 196
Mesogastrium
– dorsale 161
– ventrale 64, 161 f
Mesometrium 188
Mesonephros 181 f, 186 f
Mesorchium 187 ff, 196
Mesovarium 187, 189, 191, 195 f
Metamyelozyten 206
Metanephrogenes Gewebe 184
Metanephros 182 ff, 187
Metaphase 25
Metathalamus 136
Metencephalon 133 ff
Metoestrus 28 f, 31
– Dauer 32
Mikroglia 130
Mikrokotyledonen 92 f
Mikromere 48
Milchdrüse 124 ff, 128 f
– Entwicklung, postpuberale 126 f
Milchgang 126
Milchhügel 124 f
Milchleiste 124
Milchlinie 124
Milchsekretion 127
Milchzahn 157 f
Milchzisterne 126
Milz 161
– Blutbildung 206, 221
Mineralisierung 228

Mischknochen 235
Missbildungen 117 ff
- genetisch verursachte 118 f
- Infektionskrankheit 118
- kongenitale 117 ff
- Ursache
- - chemische 117 f
- - physikalische 117
- Vererbung 119
Mitochondrien 9 f
Mitose 23, 64
Mitteldarm 151 f
Mitteldarmhöhle 64
Mittelhirnhaube 136
Mittelohr 147, 149 f
Modiolus 149
Molar 159
Monosomie 118
- gonosomale 118
Monozyten 206
Monozytopoese 206
Morphogenese 1, 64 f
Morula 41, 47 ff
- Entwicklung, tierartabhängige 77
Mosaik 118
Mozambique-Bundbarsch 243
Müllerian Inhibiting Factor (MIF) 102, 194, 202
Müllerscher Gang 188 f, 191
- - Entwicklungsstörung 104
- - Hauptstelle 193 ff
- - Paarigkeit 194
Mundbucht 64, 72, 151 f
Mundhöhle 171
- primäre 152
- sekundäre 154
Mundspalte
- primäre 152
- sekundäre 155
Muscularis mucosae 167
Musculus (M.), Musculi (Mm.)
- arrector pili 122 f
- dilatator pupillae 146
- obliquus externus et internus 238 f
- papillaris 212
- rectus abdominis 238
- sphincter pupillae 146
- stapedius 149
- sternocleidomastoideus 238
- tensor tympani 149
- transversus abdominis 238 f
- trapezius 238
Muskel, infrahyoidaler 238
Muskulatur 63, 74, 238 ff
- glatte 238
Mutation 119
Myelencephalon 133 ff
- IV. Ventrikel 133
Myeloblasten 206
Myelogenese 130
Myelozyten 206
Myoblasten 238 f
Myocoel 61
Myokard 206
Myotom 62 f, 231, 238 f

N

Nabel 64
Nabelbläschen 67 f
Nabelblasenfeld 92
- Randzone 90 f
Nabelblasenstiel 67 f
Nabelbruch, physiologischer 165, 167
Nabelring 70
Nabelstrang 70 f
- Hund 107
- Katze 107
- Länge 70
- Pferd 92
- Rissstelle 92
- Schwein 95
- Wiederkäuer 100
Nabelstrangzölom 165
Nabelvene s. Vena umbilicalis
Nachbrunst 31
Nachgeburt 97
Nachgeburtsstadium 88
Nachniere 182 ff
Nachnierenblastem 182 ff
Nackengrube 72
Nackenhöcker 72 f
Nacken-Steiß-Länge 77
Nasengrübchen 174
Nasengrube 144
Nasenhöhle
- primäre 152 f, 174 f
- sekundäre 154, 175
Nasenkapsel 235
Nasenmuschel 175
Nasennebenhöhle 175
Nasenplakode 60, 144, 174
Nasenplatte 72
Nasenrachen 159, 175
Nasensäckchen 144, 174
Nasenseptum 154
Nasenwulst 154
Nasopharynx s. Nasenrachen
Nebenhoden 12, 196 f
Nebenhodenkanal 182, 193
Nebenhodenpassage 14
Nebenhodenschwanz 12
Nebenniere 141, 183
Nebennierenmark 141
Nebennierenrinde 141
Neencephalon 133
Neonatalperiode 2
Nephron 184 f
Nephrostom 180 f
Nephrotom 63, 180
Nervenfaser
- postganglionäre 139
- präganglionäre 140
- somatoafferente 130
- somatoefferente 130
- viszeroafferente 130
- viszeroefferente 132
Nervensystem 129 ff
- peripheres 139
- vegetatives 139 f
Nervenwurzel 132
Nervenzellen 130 f
- bipolare 145
- pseudounipolare 138
Nervus
- abducens 133
- accessorius 75, 139, 238
- facialis 75, 138, 156, 238
- glossopharyngeus 75, 138 f, 156, 238
- hypoglossus 133, 139, 155, 238
- intermediofacialis 139
- lingualis 156
- mandibularis 75
- oculomotorius 139
- olfactorius 144, 175
- opticus 144, 146
- phrenicus 225, 227
- trigeminus 133, 138 f, 149, 156, 238
- trochlearis 139
- vagus 75, 138 f, 156, 238
- vestibulocochlearis 148
Nestflüchter 2, 116, 234
- Alveolarisierung 179
Nesthocker 2, 116, 179
- Ossifikation 234
Netzhaut 145 f
Netzmagen 163 f, 167
Netzmagenleiste 163
Neuralbogen 231
Neuralfalte 59, 129
Neuralleiste 60, 63, 129 f, 138
- ektodermale 55
Neuralplakode 138
Neuralplatte 52, 59, 129
Neuralrinne 59, 129
Neuralrohr 1, 63, 129
- Entwicklung, tierartabhängige 77
Neuralrohrdefekt 119
Neurit 130, 138
Neuroblasten 129 ff, 138
Neuroektoderm 59
Neuroepithel 129

Neurokranium 234 f
Neuroporus
- caudalis 59 f, 72, 74, 129
- rostralis 59 f, 129
Neurozyten 131
Neurulation 59 f, 129, 140
Nidation 80
Niere
- einwarzige 185
- gefurchte 185
- glatte 185
- mehrwarzige 185
Nierenbecken 182 ff
Nierenbläschen 184 f
Noradrenalin 138
Normoblasten 206
Nucleus
- caudatus 137
- lentiformis 137
- pulposus 59, 231
Nukleosom 24

O

Oberkieferwulst 154
Oberlippe 155
Oberlippenfurche 154 f
Odontoblasten 138, 158
Oesophagus 159 ff, 173
- Dorsalgekröse 225
Oestrogene 17, 34
- Nachweis 88
Oestrogensynthese 19
- plazentare 86
Oestrus 26, 28 ff
- Dauer 32
Ohr 147 ff, 151
- äußeres 150
Ohrbläschen 147 f
Ohrgrube 147
Ohrkanal 207, 209
- Unterteilung 210 f
Ohrmuschel 150
Ohrplakode 60, 147
Ohrplatte 72, 147 f
Oligocotyledontophoren 100
Oligodendroglia 130
Oligodendrozyten 131
Omentum
- majus 161
- minus 162
Omphaloplazenta 67, 85
Ontogenese 1
Oozyte s. Ovozyte
Ora serrata 145
Organchimäre 43
Organentwicklung 1
Organon vomeronasale 175
Organspender 44
Os
- frontale 127 f, 236
- incisivum 154
Ossifikation
- chondrale 228 ff, 236
- desmale 228 ff, 235 f
- enchondrale 229 f, 235 f
- perichondrale 229 f, 236
Ossifikationszentrum 231 f, 234
Osteoblasten 228 f
Osteoid 228
Osteoklasten 229
Osteokranium 235 f
Osteozyten 228 f
Ostium
- bulboventriculare 209
- intrapharyngeum 175
- urogenitale 199 f
Ovar 15 f, 191 ff
- Differenzierung 203
- Veränderung, zyklusabhängige 28 ff
Ovarialschwangerschaft 35
Oviduktrepressor 202
Ovimanes 100
Ovogenese 13 ff, 22 f
- Vogel 19, 23
Ovogonie 4, 13, 16, 192
Ovotestis 202
Ovozyten 192
- primäre 16, 18
- Ruhepause 192
- sekundäre 18
- Vogel 21
Ovozyten-Cumulus-Komplex 18
Ovulation 13, 17 f, 27, 31 f
- provozierte 31
Ovum 3, 18 ff
Oxytocin 36, 127

P

Paarungsbereitschaft 30
Pachytänstadium 24
Palaeencephalon 133
Pallium 137
Palpation, rektale 88 f
Pankreas 151 f, 170 f, 174
Pankreasanlage 171
Pankreasknospe 169
Pansen 167
Pansendrehung 163
Pansen-Hauben-Anlage 162 f
Pansenzotte 163, 165
Papilla
- foliata 156
- fungiformis 156
- marginalis 156
- vallata 156
Parachordalia 235
Paradidymis 191, 194
Paraganglion
- parasympathisches 140
- sympathisches 138, 141
Paraplazenta 108 f
Parasympathisches System 140
Paroophoron 195
Pars
- caeca retinae 145
- cervicalis thymi 222
- ciliaris retinae 146 f
- cranialis thymi 222
- cystica 168 ff, 174
- hepatica 168 ff, 173 f
- iridica retinae 146 f
- olfactoria 175
- optica retinae 145
- pelvina 185 f, 188
- - urethrae 188
- penina 185 f, 188, 200
- - urethrae 185 f, 188
- respiratoria 175
- spongiosa urethrae 200
- thoracalis thymi 222
- vesicalis 185 f, 188
Parthenogenese 39
Paukenhöhle 149
PBS-Lösung 41
Pedunculus vitellinus 64
Penis 188, 200
Penisknochen 200
Perichondrium 230
Periderm 121
Perikard, fibröses 227
Perikardhöhle 207, 225 ff
Perikard-Peritonäal-Kanal 225 ff
Perineum 168
Periodontium 159
Peritonäalhöhle 225 ff
Phallus 198 ff
Pharynx 151, 159
Pharynxfalte 153 f, 159, 175
Philtrum 154
Pia mater 138
Pigmentepithel 146
Pinozytose 86
Placenta
- chorioallantoica 83, 85
- chorioamniotica 83, 85
- choriovitellina 83, 85
- choronica 83, 85
- diffusa
- - completa 83, 85
- - incompleta 83, 85
- discoidalis 83, 85, 111
- endotheliochorialis 82 ff, 86

Placenta, endotheliochorialis
- - Hund 107
- epitheliochorialis 82 ff, 86, 93
- - Rind 102
- - Schaf 103
- - Schwein 96
- fetalis 80
- haemochorialis 84, 86, 111
- haemodichorialis 82 ff
- haemomonochorialis 82 ff
- haemotrichorialis 82 ff
- materna 80
- multiplex 85
- - s. cotyledonaria 100
- syndesmochorialis 84
- vera 107
- vitellina 67
- zonaria 83, 85, 107
Placentalia 80
Plakode 60
Plankton 242
Plazenta 89
- adeziduate 81, 83 f
- Altersbeurteilung 78 f
- deziduate 81, 83 f
- Funktion 86
- gedehnte 85
- Immunologie 87
- massige 85
- Stoffaustausch 85
- Verzahnungsstruktur 84
Plazentarlabyrinth 108 f
Plazentarkreislauf 205, 217, 220
Plazentarschranke 83, 86
Plazentation 80 ff, 89
- Hund 105 ff
- Kaninchen 112 f
- Katze 105 ff
- Labortier 112
- Mensch 111
- Pferd 90 ff
- Schwein 94 ff
- Wiederkäuer 98 ff
Plazenta-Typen 82 ff
Plazentom 85, 100 f
- Rind 101 f
- Schaf 102 ff
- Ziege 102 f
Pleura 176
Pleurahöhle 225, 227
Pleuroperikardialfalte 227
Pleuroperikardialmembran 225, 227
Plexus
- chorioideus 133, 135, 138
- lumbosacralis 139
Plica
- ileocaecalis 165
- pleuropericardialis 225
- pleuroperitonaealis 225
- urogenitalis 195 f, 198
Pluripotenz 45, 51
PMSG (Pregnant Mare Serum Gonadotropin) 86, 88 f, 93
Pneumozyten 179
Polkörperchen 18
Polycotyledontophoren 100
Polyspermie 38
- Barriere 38
Postnatalperiode 2
Postoestrus 31
Prächordalplatte 53, 59
- entodermale 55
Prädentin 158
Präimplantationsdiagnostik 119
Präputium 200
Pregnant Mare Serum Gonadotropin 86, 88 f, 93
Primärfollikel 15 ff
Primärsprosse 124 ff
Primitivbildung 53
- Vogel 57
Primitiventwicklung 1, 47 ff
Primitivgrube 53
Primitivknoten 53
Primitivorgan 1, 65 f
- Anlage 59 ff
Primitivrinne 53
Primitivstreifen 1, 53, 57, 77
Primordialfollikel 15 ff, 192
Primordialkeimzellen 3 f, 14, 16, 187, 190
- Differenzierung 192
Primordialkranium 235
Processus
- ciliaris 147
- costarius 231
- transversarius 231
- vaginalis 191, 196 f
Proctodaeum 64, 151
Proerythroblasten 206
Progenese 1, 3 ff
Progenitor-Zellen 45
Progesteron 18, 32, 34
Progesteronbildung
- plazentare 86
- in Trophoblastriesenzellen 102
Prokollagen 228
Prolactin Inhibiting Factor 33
Prolaktin 33, 127
Proliferationsphase 28 f, 31
Proliferationszitze 125 f
Promyelozyten 206
Pronephros 180 f, 186
Pronucleus 38
Prooestrus 28 ff
- Dauer 32
Prophase 24 f
Prosencephalon 57, 72, 133 ff, 174
Prostaglandine 34, 102
- Uteruskontraktion 88
Prostata 188, 194
Psalteranlage 162
Pseudohermaphroditismus
- femininus 202
- masculinus 202
Pupille 145, 147
Purkinje-Faser 240
Putamen 137

R

Rachenmembran 64, 151
Rachenring, lymphatischer 222
Rand, brauner 109
Randhämatom 109
Randschicht 129 f
Rastzeit 88
Rathke-Tasche 140 f, 235
Raubersche Deckschicht 53
Raum
- perilympathischer 149
- perivitelliner 37 f
Receptaculum seminis 242
Recessus
- caudalis omentalis 161
- costodiaphragmaticus 225
- pelvis 182
- terminalis 182
- tubotympanicus 149, 159
Rectum 167
Reduktionsteilung 25
Regio olfactoria 144
Reichertsche Membran 112
Reichertscher Knorpel 75, 235
Reifeteilung 5 f, 13 f, 16
- erste 18, 24 f
- Ovozyte 18
- zweite 18, 25
Reifung, präovulatorische 17
Reifungsperiode 5, 192 f
- erste 16 f
- zweite 17
Reizleitungssystem 240
Reproduktion 46
Reproduktionsbiologische Techniken 40 ff
Residualkörper 6 f, 11
Rete
- blastem 190
- ovarii 188
- testis 12, 188 ff
Retentio secundinarum 88
Retikulumgewebe 222
Retikulumzellen 206, 229

Retina 144 ff
Rheotaxis, positive 10, 37
Rhombencephalon 72, 133 ff
Riechlappen 137
Riechplakode 144, 174 f
Riechschleimhaut 175
Riechzellen 144
Riesenzellen 85
Rindengrau, peripheres 133
Rippe 232 f
Rippenfortsatz 231
Rosenstock 128
Rückenmark 129 ff, 140
- Bodenplatte 129 ff, 132
- Deckplatte 129 f, 132 f, 135
- Dorsalhorn 132
- Dorsalstrang 132
- Flügelplatte 129 f, 132 f, 135
- Grundplatte 129 f, 132 f, 135
- Histogenese 130, 131
- Lageveränderungen 132
- Lateralstrang 132
- Mantelschicht 129, 130
- Randschicht 129, 130
- Segmentierung 132
- Substanz
- - graue 130, 132
- - weiße 132
- Ventralhorn 130
- Ventralstrang 132
- Zentralkanal 130, 132
Rückenmarkhaut 138
Rückenmarksegment 132
Rumpfdarm 172
Rumpfneuralleiste 138
Rumpfskelett 231 ff

S

Sacculus 148
- terminaler 177 f
Saccus
- lymphaticus
- - iliacus 221
- - inguinalis 221
- - jugularis 221
- - retroperitonealis 221
- pharyngealis 74
Samenblasendrüse 191, 193
Samenkanälchen 4, 8, 12
Samenleiter 182, 193
Samenplasma 12
Samenzellen 14
Sammelrohr 182 ff
Säugetier 2
Säuglingsalter 2
Säulenknorpel 230
Saum, grüner 109
Scala
- tympani 149
- vestibuli 149
Schädel 234 ff
Schaf Dolly 42 f
Schalenhaut 21 f
Schamlippe 201
Scheinträchtigkeit 32 f
Scheitelhöcker 72 f
Scheitel-Steiß-Länge 77 ff
Schilddrüse 142 f
Schildknorpel 175
Schlauchdrüse, ekkrine 124
Schleimhautkrater 93 f
Schlingrachen 159, 175
Schlunddarm 159, 172
Schlundtasche 74 ff, 147, 149, 159 f, 222
Schlüpfen 114
Schlussring 6 f, 9
Schmelzbecher 157
Schmelzbildung 158
Schmelzepithel 157
Schmelzglocke 157 f
Schmelzoberhäutchen 158
Schmelzpulpa 157
Schmelzzellen, innere 158
Schnecke 149
Schwannsche Zellen 130 f, 138
Schwanz
- definitiver 72
- embryonaler 72
Schwanzfalte 68
Schwanzknospe 72, 74
Secundinae 88
Segment, bronchopulmonales 177
Segmentalarterie 214 f
Sehhügel 136
Sehventrikel 144
Seitenfalte 68
Seitenhorn 130
Seitenventrikel 137
Sekretionsphase 31, 34
Sekundärfollikel 15 ff, 20
Sekundärsprosse 125 f
Semilunarklappe 211 f
Semiplacenta
- diffusa
- - completa 85, 92
- - incompleta 85, 96
- multiplex s. cotyledonaria 85
Septula testis 190
Septum
- aorticopulmonale 211 f
- bulbi 211
- interventriculare 210, 212
- nasi 175
- primum 208, 210 ff, 218
- secundum 210 ff, 217 f
- spurium 210
- tracheooesophageale 175 f
- transversum 207 f, 225 ff
- urorectale 167 f, 185 f
Sertoli-Zellen 4 ff, 8, 11, 190
Serviceintervall 88
Sexchromatin 202
Sexualzyklus 26 ff, 34 f
- Dauer 27 f
- Steuerung, hormonale 33 f
- Verlauf 32 f
Siebbein 235
Sinnesorgan 143 ff
Sinus
- cervicalis 72, 74
- coronarius 208, 217
- lactiferus 126
- paranasalis 175
- rhomboidalis 59
- terminalis 68, 90 f
- tonsillaris 159 f
- transversus pericardii 207, 209
- urogenitalis 168, 183, 188, 193 f
- - primitivus 185 f, 191
- venosus 207 ff
Sinushaar 121 f
- Durchbruch 123
Sinushaaranlage 124
Sinusklappe 210
Skelett 74, 231 ff, 237
Skelettmuskulatur, quergestreifte 238 f
Sklera 147
Sklerotom 61, 63, 231
Sklerotomzellen 61
Skrotalwulst 196
Skrotum 188, 196 f, 200
Somatopleura 62, 225
Somit 57, 61
Spaltamnion 53
Speicheldrüse 156, 172
Speiseröhre 159 ff, 173, 225
Sperma 12
- Gefrierkonservierung 40
- Konservierung 12, 14
- Konsistenz 12
- Verdünnermedien 12
Spermaaufbereitung 40
Spermakapazitation 37
Spermatide 4 ff, 8, 11
- Vogel 6
Spermatogenese 4 ff, 13
- Ablauf, zeitlicher 11
- Dauer 11
- Steuerung 8
Spermatogenesewelle 11
Spermatogenesezyklus 11
Spermatogonien 8, 11, 13, 190
- Vermehrung 4 f

Spermatozyten
- I. Ordnung 5 f
- II. Ordnung 5
- primäre 4 f, 8
- sekundäre 4 ff, 8
Spermiation 11
Spermien 3 ff
- Anzahl 12
- Bau 8 f
- Forbewegung 10
- Kapazitierung 40
- Länge 12
- Lebenszeit, fertile 37
Spermienabnormität 10
Spermieninjektion, intrazytoplasmatische 41
Spermienkopf 8 ff
Spermienreifung, epididymale 11 f
Spermienschwanz 9 f
Spermientransport 11 f, 35 f
Spermiogenese 6
Spinalganglion 130, 132, 138
Spinalnerv 132, 139, 238
Splanchnokranium 234 f
Splanchnopleura 62, 69, 225, 238
Sporn 127
Stammesmuskulatur 238
Stammspermatogonie 4 f
Stammzellen 45, 222
- adulte 45
- embryonale 45
- fetale 45
- multipotente 130
Stapes 149
Steigbügel 75, 149 f
Sternalleiste 233
Sternum 232 f
Steroidsynthese 17
Stielrinne 145
Stirn-Nasenwulst 154
Stirnwulst 72 f, 154
Stofftransport, aktiver 86
Stomatodaeum 64, 151
Stratum
- granulosum 15 ff, 19
- marginale 129
- nervosum 145
- palliare 129
- pigmentosum 145
Streifenkörper 9 f, 137
Strichkanal 126
Stroma ovarii 193
Stülpzitze 125
Subgerminalhöhle 50, 56
Subkutis 121
Sulcus
- branchialis 74
- hemisphaericus 137
- hypothalamicus 136
- interventricularis 209 f
- labiogingivalis 155 f
- limitans 129 f
- linguogingivalis 155
- nasolacrimalis 154
- urogenitalis 198
Superfecundatio 31
Superfetatio 31
Surfactant 179
Sympathicus 132
Sympathikoblast 138 f, 141
Sympathisches System 139
Symplasma 85
- maternum 108
Synapsis 24
Syncytiotrophoblast 107, 109
Syngamie 38
Synzytium 85, 238

T

Talgdrüse 124
Tegmentum mesencephali 136
Telencephalon 133 f, 137 f
Telophase 25
Teratologie 117 ff
Tertiärfollikel 15 ff, 28, 32
Tertiärsprosse 126
Testis-determinierender Faktor (SRY) 202
Testosteron 193, 202
Thalamus 136
Theca
- externa 15, 17, 19
- folliculi 16 f
- interna 15, 17, 19, 34
Thecaluteinzellen 18
Thecazellen 19
Thromboblasten 206
Thrombozyten 206
Thrombozytopoese 206
Thymozyten 222
Thymus 142, 159 f, 206
- Entwicklung 222
Tier
- dioestrisches 26
- monoestrisches 26
- polyoestrisches 26
- transgenes 43 ff
T-Lymphozyten 206, 222
Tomessche Faser 158
Tonsillarkrypte 222
Tonsille 222
Totipotenz 45, 50
Trabeculae carneae 212
Trachea 175 f
Trächtigkeitsdauer 27, 241
- Hund 105
- Katze 105
- Schwein 94
- Stute 90
- Wiederkäuer 98
Trächtigkeitsdiagnose 88 f
Tränenapparat 144
Tränendrüse 147
Tränennasenfurche 154
Transfektion 44
Transgen 43 f
Translokation 118
Triple-X-Syndrom 118
Trisomie 118
- autosomale 118
- gonosomale 118
Trommelfell 150
Trophoblastdecke 53
Trophoblasten 49 f, 53
- Invasivität 81
- Kontaktstelle 81
Trophoblastriesenzellen 102
Tropokollagen 228 f
Truncus
- arteriosus 208, 211 ff
- brachiocephalicus 214
- costocervicalis 214
- pulmonalis 211
- sympathicus 139
Tuba
- auditiva 149
- uterina (s. auch Eileiter) 188
Tubenwanderung 94, 105
- Wiederkäuer 98
Tuberculum
- genitale 198
- impar 155
- labioscrotale 199 f
Tubulus
- distaler 184
- mesonephricus 181
- proximaler 184
- recti 12
- seminiferus 4, 11, 188, 190
- - contorti 190
Tunica
- albuginea 188 ff, 193
- superficialis 19
- vascularis lentis 146
Turner-Syndrom 118

U

Überbefruchtung 31
Überschwängerung 31
Ultimobranchialer Körper 159 f
Ultraschalldiagnostik 88 f
Unterkieferfortsatz 75
Unterkieferwulst 154

Unterlippe 154 f
Urachus 69 f, 185 f
Urachusnarbe 185
Urdarm 52
Ureter, primitiver 181
Ureterknospe 182 f
Uretermündung 185
Urethra 185 ff, 188
- Pars pelvina 185
- primitiva 185 f
Urkeimzellen 3, 192
Urmund 52
Urniere 61, 164, 180 ff
Urnierenfalte 182, 187, 225
Urnierengang 181, 183
Urnierenkanälchen 181 ff, 188, 191
- Differenzierung 193 f
Urnierenkörperchen 182
Urnierenkugel 181 f
Urnierenwulst 72 f
Urogenitalfalte 188, 198, 200
Urogenitalmembran 168, 199
Urogenitalrinne 198
Urwirbel 1, 61, 129
- Umbildung 63
Uterindrüse 195
Uterinmilch 85, 92 f
- Schwein 96 f
Uteroferrin 96
Uterovagina masculina 191, 194
Uterus 188
- Asymmetrie 89, 103
- bicornis 194
- duplex 194
- Kontraktion 36
- simplex 194
- Veränderung, zyklusabhängige 28 ff
Uteruskarunkel 100 ff
Uteruskontraktion 88
Uterusschleimhaut 80
- Hypertrophie 107
Utriculus 147 f

V

Vagina 188
- duplex 194
- simplex 194
- Entwicklung 194
Vaginalepithel 195
Vaginalplatte 195
Valvula
- foraminis ovalis 210
- sinus coronarii 210
- venae cavae caudalis 210
Velum medullare caudale et rostrale 135
Vena (V.), Venae (Vv.)
- afferens hepatis 169, 215
- azygos 216 f
- brachiocephalica 215, 217
- cardinalis
- - caudalis 215 ff
- - cranialis 215 ff
- cava
- - caudalis 69, 169, 215, 217
- - cranialis 215
- efferens hepatis 169, 215
- hepatica 169, 215 f
- iliaca 215, 217
- intestinalis 169
- jugularis 221
- ovarica 215
- portae 169, 215 f
- sacrocardinalis 215, 217 f
- subcardinalis 215 ff
- subclavia 221
- supracardinalis 216 f
- testicularis 197, 215
- umbilicalis 69 f, 169, 213
- - Umbildung 215 f
- vitellina 68, 90 f, 114, 169, 213
- - Umbildung 215 f
Vene 215 ff, 220
Ventralgekröse 64, 163
Ventrallippe 52
Ventriculus
- lateralis 136 ff
- primitivus 207 ff
- - Unterteilung 210 ff
Verdauungsorgan 151 ff, 171 ff
Verhornung 127
Vermehrungsperiode
- Ovogenese 16
- Spermiogenese 4 f
Vernix caseosa 121
Vesica urinaria 188
Vesicula umbilicalis 67
Vestibulum 149
- bursae omentalis 161
- vaginae 185 f, 188, 195, 200 f
Vielhügelplatte 136
Vitellus 20
Vogel
- Brutdauer 241
- Embryonalhüllen 113 ff
- oviparer 2
Vogelei 23, 55 ff
- Aufbau 21 f
Vollrausche 32
Vorderdarm 151 f
Vorhof 210
- linker, Drucksteigerung 218
Vorkern 38 f
Vorkernschmelzung 38
Vorniere 180 f
Vornierenkanälchen 180 f

W

Wachstum 64, 78 f
Wartonsche Sulze 70
W-Chromosom 38
Weiselwiege 242
Wiederkäuer 36, 166
Wiederkäuerernährungstyp 163
Wiederkäuermagen 162 f, 173
Wimperntrichter 180
Winterschlafdrüse 121
Wirbel
- knorpeliger 237
- mesenchymaler 231, 236
- Verknöcherung 232
Wirbelbogen 231 f
Wirbelkörper 231 f
Wolffscher Gang 181 f, 185, 188 f, 191
- - Hauptstelle 193 ff
Wurzelscheide 159
- epitheliale 158
Wurzelstrang 123

X

X-Chromosom 6, 24, 38, 201
- inaktiviertes 202
X0/XYY-Mosaik 118
X0-Syndrom 118
XX/XY-Chimärismus 104
XXY-Syndrom 118
XY/XYY-Mosaik 118

Y

Y-Chromosom 6, 24, 38, 201

Z

Zahn 172, 157 ff
- mehrwurzeliger 159
- schmelzhöckeriger 159
Zahnanlage 156 f
Zahndurchbruch 159, 172
Zahnentwicklung 157 ff
Zahnfleisch 159
Zahnknospe 157
Zahnleiste 157 ff
Zahnpapille 157 f
Zahnpulpa 158
Zahnsäckcken 158
Zahnwechsel 159
Zahnwurzel 158
Zäkum 151, 164 ff
Z-Chromosom 38

Zehenendorgan 127
Zehenstrahlen 233
Zellen
- binukleäre 102
- chromaffine 138, 141
- mesonephritische 190
- somatische 6
- - Klonierung 43
Zellkerntransfer 45
Zellmasse, innere 49 f
Zellproliferation 64
Zellvergrößerung 65
Zement 158 f
Zementoblasten 158
Zentralhämatom 108
Zentralnervensystem 59
Zentriol 9 f, 38
Zentromer 24
Zervikalsegment 225
Zervixschleim 30
Ziliarkörper 146
Zisterne 126
Zitze 125
Zitzentasche 124
Zölomepithel 187
Zona
- fasciculata 141
- glomerulosa 141
- parenchymatosa 189
- - ovarii 192
- pellucida 15 f, 20 f, 37
- - entleerte 42
- radiata 19, 21
- reticulairs 141
- vasculosa 189
- - ovarii 192
Zonareaktion 38
Zonula occludens 5, 7
Zonulafaser 147
Zottenbüschel 92, 100
Zottenhaut s. Chorion
Zottenplazenta 84
Zuchtreife 26
Zunge 155 f, 172
Zungenbein 75, 235
Zungenmuskulatur 155, 238
Zungenpapille 156
Zwerchfell 223 ff
Zwerchfellband 195
Zwergwuchs 118
Zwicken 104, 202 f
Zwillinge 31
- hetero-sexuelle 94, 202
Zwillingsträchtigkeit 94, 202
- Wiederkäuer 104 f
Zwischenbrunst 31 f
Zwischenkiefersegment 153
Zwischentragezeit 88
Zwischenwirbelscheibe 231
- Verknöcherung 232
Zwitter 202
Zygotän 24 f
Zygote 38
Zyklus
- anovulatorischer 27 f, 33
- ovarieller 26
- pseudogravider 27 f, 32
- steriler 31
- uteriner 26
Zyklusdauer 27
Zyklusphase 28 ff
Zyklusverkürzung 34
Zylinder, proximaler 233
Zylinderepithel, flimmerndes 176
Zytoblasten 42
Zytoplasmabrücke 6
Zytoplasmafusion 37